"Um livro excepcional — fruto dos anos de aprofundamento da compreensão, da prática clínica inovadora, da autorreflexão e da crescente *expertise* de ambas as organizadoras. Os demais autores, também especialistas em terapia cognitivo-comportamental (TCC), demonstram domínio semelhante em capítulos esclarecedores. O texto, vívido e envolvente, incorpora habilmente curiosidade, empatia, respeito e colaboração. Os leitores podem embarcar nessa jornada a partir das atividades de aprendizagem e dos formulários de reflexão apresentados em cada capítulo. Uma contribuição verdadeiramente significativa à literatura sobre o processo de aprendizagem eficaz em psicoterapia."

— **Melanie Fennell**, PhD,
ex-diretora da especialização e do mestrado
em Terapia Cognitivo-comportamental (TCC)
da University of Oxford e codiretora do mestrado em
Terapia Cognitiva Baseada em *Mindfulness* da mesma universidade

"Auxiliar as pessoas a obter *insights* sobre a natureza de sua mente e de seus diferentes estados cerebrais é algo comum em psicoterapias, mas não é uma tarefa fácil. Em seu novo e empolgante livro, renomados terapeutas cognitivos de todo o mundo reúnem sua vasta experiência para guiar o leitor no uso do diálogo socrático a fim de atingir esses objetivos terapêuticos. O livro aponta oportunidades, obstáculos e armadilhas potenciais e e orienta o leitor sobre como lidar com tudo isso. Além de reveladora, a abordagem apresentada ajuda os clientes a descobrir forças internas e significados. Acessível, claro e repleto de *insights* e dicas fascinantes, este livro é essencial tanto para terapeutas experientes quanto para iniciantes, independentemente de sua escola terapêutica."

— **Paul Gilbert**, OBE,
criador da terapia focada na compaixão

"Embora o diálogo socrático e a descoberta guiada sejam há muito tempo encorajados na psicoterapia, somente há cerca de uma década dados suficientes foram reunidos para fornecer orientações clínicas claras sobre seu uso. *Diálogo socrático para a descoberta em psicoterapia* é um recurso excepcional para terapeutas que buscam orientar seus clientes rumo à descoberta e à esperança. Este livro traz orientações práticas e estratégias para lidar com impasses e dilemas terapêuticos comuns, como baixa motivação do cliente, crenças inflexíveis e rupturas na aliança. É um guia clinicamente sofisticado e fundamentado em evidências empíricas e conhecimento teórico. Os diálogos terapeuta-cliente e os diversos exemplos de casos servem como ilustrações poderosas de armadilhas terapêuticas comuns, e estratégias clinicamente sólidas oferecem um caminho a seguir. Com sua abordagem transdiagnóstica e seu foco na orientação da descoberta, este livro é uma ferramenta valiosa para qualquer terapeuta que busque aprimorar sua prática e contribuir para a recuperação e o bem-estar de seus clientes."

— **Steven C. Hayes**, PhD,
Professor Emérito de Psicologia pela University of Nevada,
Reno, e criador da terapia de aceitação e compromisso

"Raramente os psicoterapeutas recebem um presente que seja uma combinação de erudição, sagacidade clínica e ensino prático e acessível por meio de vinhetas clínicas. Parabéns a Christine A. Padesky e Helen Kennerley e seus colegas clinicamente perspicazes por demonstrar como usar o diálogo socrático e procedimentos de descoberta guiada na psicoterapia. Este livro deveria ser lido, estudado e implementado por todos os profissionais da saúde."

— **Donald Meichenbaum**, PhD,
diretor de pesquisa do Melissa Institute
for Violence Prevention (Miami, Flórida)

"*Diálogo socrático para a descoberta em psicoterapia* é revolucionário. Apresenta um modelo que ressoará em terapeutas de todas as escolas de terapia que desejam fazer perguntas mais eficazes e ouvir/responder às respostas dos clientes de modo a ajudá-los a fazer descobertas ativas na terapia. Em um livro amplamente ilustrado com exemplos de casos e orientações pragmáticas, Padesky e Kennerley mostram que colocar a curiosidade e a colaboração no centro do encontro terapêutico leva a mudanças completas de perspectiva."

— **Zindel Segal**, PhD,
professor distinto de Psicologia em Transtornos do Humor
da University of Toronto e cocriador da terapia cognitiva baseada em *mindfulness*

Diálogo socrático para a descoberta em psicoterapia

A Artmed é a editora oficial da FBTC

D536　Diálogo socrático para a descoberta em psicoterapia / Organizadoras, Christine A. Padesky, Helen Kennerley ; tradução: Marcos Vinícius Martim da Silva ; revisão técnica: Melanie Ogliari Pereira. – Porto Alegre : Artmed, 2025.
xix, 496 p. ; 25 cm.

ISBN 978-65-5882-259-2

1. Psicoterapia. 2. Terapia cognitivo-comportamental. I. Padesky, Christine. II. Kennerley, Helen.

CDU 615.851

Catalogação na publicação: Karin Lorien Menoncin – CRB 10/2147

Christine A. **Padesky**
Helen **Kennerley**
(orgs.)

Diálogo socrático para a descoberta em psicoterapia

Tradução
Marcos Vinícius Martim da Silva
Revisão técnica
Melanie Ogliari Pereira
Psiquiatra. Terapeuta Cognitiva com formação no Beck Institute, Filadélfia, Pensilvânia.
Faculty Member do Beck Institute. Membro Fundador da Academy of Cognitive Therapy.
Membro Fundador da Federação Brasileira de Terapias Cognitivas (FBTC).

Porto Alegre
2025

Obra originalmente publicada sob o título *Dialogues for Discovery: Improving Psychotherapys Effectiveness*, 1st Edition
ISBN 9780199586981

Oxford University Press 2023

Dialogues for Discovery: Improving Psychotherapys Effectiveness was originally published in English in 2023. This translation is published by arrangement with Oxford University Press. GA Educação Ltda. is solely responsible for this translation from the original work and Oxford University Press shall have no liability for any errors, omissions or inaccuracies or ambiguities in such translation or for any losses caused by reliance thereon.

Coordenadora editorial
Cláudia Bittencourt

Editor
Lucas Reis Gonçalves

Capa
Paola Manica | Brand&Book

Preparação de originais
Gabriela Dal Bosco Sitta

Leitura final
Nathália Bergamaschi Glasenapp

Editoração
AGE – Assessoria Gráfica Editorial Ltda.

Reservados todos os direitos de publicação, em língua portuguesa, ao
GA EDUCAÇÃO LTDA.
(Artmed é um selo editorial do GA EDUCAÇÃO LTDA.)
Rua Ernesto Alves, 150 – Bairro Floresta
90220-190 – Porto Alegre – RS
Fone: (51) 3027-7000

SAC 0800 703 3444 – www.grupoa.com.br

É proibida a duplicação ou reprodução deste volume, no todo ou em parte, sob quaisquer formas ou por quaisquer meios (eletrônico, mecânico, gravação, fotocópia, distribuição na Web e outros), sem permissão expressa da Editora.

IMPRESSO NO BRASIL
PRINTED IN BRAZIL

Autores

Christine A. Padesky, PhD (Org.). Cofundadora e diretora do Center for Cognitive Therapy (http://www.padesky.com).

Helen Kennerley, DPhil (Org.). Psicóloga clínica consultora do Oxford Cognitive Therapy Centre, Warneford Hospital, Oxford.

Emily A. Holmes. Professora Distinta de Psicologia do Departamento de Psicologia da Uppsala University (Uppsala, Suécia).

Freda McManus. British Association of Behavioural and Cognitive Psychotherapies.

Gillian Butler, PhD, FBPsS, CPsychol. Psicóloga clínica (aposentada).

James L. Shenk, PhD. Diretor do Cognitive Therapy Institute (http://www.cognitive-therapysandiego.com).

Marjorie E. Weishaar, PhD. Professora Emérita do Departamento de Psiquiatria e Comportamento Humano da Alpert Medical School, da Brown University.

Robert D. Friedberg, PhD, ABPP. Professor e chefe de saúde comportamental pediátrica na Palo Alto University.

Stirling Moorey. Terapeuta honorário de TCC (psiquiatra consultor aposentado em TCC), South London e Maudsley Trust London, Reino Unido.

Para Kathleen: desde nosso primeiro diálogo,
nossas descobertas juntas têm sido transformadoras.
C. A. P.

Para Eva e Noah, que me ensinaram muito
sobre curiosidade e não julgamento.
H. K.

Agradecimentos

A ideia original deste livro foi desenvolvida com a doutora Joan Kirk, psicóloga clínica, fundadora do Oxford Cognitive Therapy Centre e ser humano extraordinário. Joan foi uma amiga querida para nós duas e foi mentora de gerações de terapeutas com sua inteligência aguçada, seu humor e suas contribuições criativas para a psicoterapia. Infelizmente, Joan não viveu para ver o livro publicado. Esperamos ter correspondido à sua visão para esta obra.

Kathleen Mooney, uma das psicólogas mais criativas que conhecemos, editou graciosamente nossos capítulos iniciais e desempenhou um papel central ao nos ajudar a refinar o foco do livro. Por exemplo, ela recomendou que definíssemos claramente expressões como "métodos socráticos", "questionamento socrático", "diálogo socrático" e "descoberta guiada", que são frequentemente usadas com significados intercambiáveis e diferentes. Suas sugestões perspicazes ao longo de nossa escrita, da edição e dos estágios de produção não apenas melhoraram o livro, mas também aprimoraram nossa capacidade de pesquisar, ensinar e empregar esses métodos em psicoterapia de maneira mais clara. Obrigada, Kathleen, por seu generoso aconselhamento, que torna cada projeto muito melhor.

Os autores desta obra foram extraordinários em seus esforços para enriquecê-la com sabedoria e habilidade clínica. Eles também foram extremamente pacientes conosco, as organizadoras, enquanto alguns de seus capítulos marinavam por muitos anos, esperando que o texto completo fosse concluído. Expressaram compreensão em vez de impaciência quando lidamos com vários desafios da vida que interferiram em nosso progresso. Somos afortunadas por contar com tantos clínicos talentosos como nossos amigos. Seu acolhimento e seu carinho conosco ao longo desse processo não serão esquecidos.

A Oxford University Press (OUP) também merece nossa gratidão por sua paciência e seu apoio. É raro uma editora que não pressione os organizadores para concluir

x   Agradecimentos

um livro a tempo "a qualquer custo". Martin Baum e os vários editores da OUP que trabalharam conosco na última década foram muito gentis e prestativos a cada passo do caminho. Alguns deles viram seus filhos crescerem enquanto este projeto se desenvolvia. Seu comprometimento conosco permitiu que este livro amadurecesse e se transformasse em um trabalho melhor do que inicialmente imaginávamos. Obrigada! Nossa editora de produção, Clare Jones, merece agradecimentos especiais por conduzir cuidadosamente a produção deste livro e por trabalhar incansavelmente conosco para garantir que ele incluísse os recursos que queríamos.

Este livro é sobre diálogos com clientes. Cada vinheta clínica é criada a partir de nossas experiências com pessoas reais, embora detalhes tenham sido alterados para garantir confidencialidade. Às vezes, eventos clínicos com clientes são representados como composições. Todo cliente visto por cada um de nossos autores merece nossos sinceros agradecimentos. No decorrer de nossas longas carreiras, nossos clientes nos ensinaram muito sobre como manter diálogos frutíferos, mesmo em circunstâncias desafiadoras. Se nos deleitamos com as descobertas dos clientes, também podemos aprender muito quando essas descobertas são bloqueadas. Este livro é um livro melhor por tudo o que aprendemos coletivamente a partir dessas experiências.

Cada uma de nós também ensina e supervisiona psicoterapeutas. A nossos alunos e estagiários, obrigada por todas as perguntas que fizeram e pelos momentos de dúvida e dificuldade que compartilharam. Vocês nos mostram que há muitos caminhos para a descoberta e muitas maneiras de se perder ao longo do caminho. Diálogos com vocês embasaram de maneira fundamental nossos modelos, nossas estratégias para ensiná-los e nossa consciência de armadilhas e bloqueios que exigem atenção. Esperamos que este livro ofereça uma resposta justa às muitas perguntas excelentes que vocês fizeram sobre diálogo socrático e descoberta guiada ao longo das últimas décadas.

Agradecemos especialmente a nossas famílias, em particular a Kathleen, Udo, Eva, Noah, Susan, Bob e Rosanne, que aceitaram nossas muitas ausências e momentos de distração quando estávamos envolvidas neste projeto. Seu apoio e seu amor nos sustentaram nos melhores e nos piores momentos. Também nos beneficiamos do incentivo de tantos amigos e colegas que nos asseguraram que este livro era necessário e seria bem recebido.

Por fim, Christine e Helen iniciaram este livro como amigas próximas. Durante o curso de seu desenvolvimento, navegamos juntas pela morte de três pais, por doenças graves de cada um de nossos cônjuges, mudanças de casa, uma pandemia, cuidados com membros mais jovens da família e pela escrita de outros seis livros. Estamos encantadas em dizer que nossa amizade sobreviveu e prosperou mesmo durante esses desafios da vida pelos quais passamos no desenvolvimento deste livro. Aguardamos ansiosamente por muitos mais anos de amizade, falando sobre outras coisas além de "como está indo o texto".

Christine A. Padesky
Helen Kennerley

Prefácio

Diálogo socrático para a descoberta em psicoterapia foi idealizado para ajudar a encontrar maneiras de auxiliar clientes a experimentar a esperança que surge quando descobertas, pequenas ou grandes, são feitas em cada sessão de terapia. Essa pode ser uma empreitada emocionante para terapeutas. Não há satisfação maior do que contribuir para a recuperação de alguém e aumentar seu senso de bem-estar, especialmente quando ajudamos essa pessoa a aprender a ajudar a si mesma.

Felizmente para terapeutas, as mesmas ideias que guiam a descoberta do cliente revelam caminhos claros para lidar com impasses comuns na terapia, como aparente baixa motivação do cliente, crenças inflexíveis acompanhadas de discussões terapêuticas repetitivas, rupturas na aliança, evitação e comportamentos impulsivos e compulsivos. Neste livro, abordamos detalhadamente esses tipos de desafios terapêuticos. Utilizando diálogos entre terapeuta e cliente e diversos exemplos de casos para ilustrar armadilhas terapêuticas comuns, apresentamos estratégias clinicamente consistentes para fazer a terapia avançar novamente.

Passamos mais de uma década escrevendo este livro. Sua evolução lenta é sua verdadeira força. Quando começamos, não havia evidências empíricas sobre esses métodos de questionamento em psicoterapia, apesar de seu uso de longa data e de seu grande número de defensores. A última década trouxe um crescente corpo de conhecimento teórico e evidências empíricas sobre o uso benéfico do diálogo socrático e da descoberta guiada em psicoterapia. Os autores tiveram tempo para refletir continuamente sobre sua prática de orientar a descoberta do cliente por meio do diálogo socrático e para aprimorar as mensagens de seus capítulos. A sofisticação clínica resultante se destaca nos trechos de diálogos terapeuta-cliente e nas dicas extremamente úteis de solução de problemas incluídas ao longo deste livro.

Originalmente, pensamos em organizar os capítulos em torno dos diagnósticos dos clientes. No final, decidimos desenvolver capítulos divididos por diferentes te-

xii   Prefácio

mas, o que parece se adequar melhor tanto à prática clínica quanto aos movimentos recentes em direção a abordagens transdiagnósticas para conceitualização e planejamento de tratamento. Assim, um terapeuta trabalhando com um cliente com características de transtorno da personalidade *borderline* pode encontrar orientações relevantes e úteis em capítulos que abordam depressão e suicídio, crenças inflexíveis, comportamentos impulsivos e compulsivos, gerenciamento de adversidades significativas na vida e imagens mentais. Encorajamos você a ler mesmo os capítulos que possam não parecer aplicáveis imediatamente à sua prática clínica. Um bom exemplo disso é o Capítulo 5, "Imagem mental: a linguagem da emoção". Esse capítulo argumenta enfaticamente que, se você não está trabalhando com imagens mentais em quase todas as sessões de terapia, sua terapia provavelmente é menos eficaz do que poderia ser.

Ainda que você possa examinar imediatamente os capítulos de maior relevância para sua prática clínica, recomendamos ler primeiro os Capítulos 1 e 2 a fim de obter um panorama do livro e aprender como interagir com ele. O Capítulo 1 traz uma visão geral do papel e da evolução dos métodos de descoberta guiada na psicoterapia. Define também os termos-chave usados ao longo do livro, indica por que e quando o diálogo socrático é recomendado na psicoterapia, ilustra uma ampla gama de métodos terapêuticos usados para orientar a descoberta do cliente e resume pesquisas atuais. No final do Capítulo 1, há uma tabela listando algumas das armadilhas terapêuticas comuns abordadas em cada um dos capítulos seguintes. Os terapeutas considerarão o Quadro 1.2, "Armadilhas comuns abordadas nos capítulos", útil para localizar material clinicamente relevante que pode ajudar a solucionar impasses e bloqueios específicos observados na terapia. Para uma lista completa das armadilhas abordadas neste livro, consulte o Guia de armadilhas, nas páginas 473 a 476.

O Capítulo 2 apresenta uma explicação detalhada do modelo de diálogo socrático de quatro estágios de Padesky (perguntas informativas, escuta empática, sínteses, perguntas analíticas e sintetizadoras), juntamente com diversas ilustrações clínicas de cada estágio em ação. Seus quatro estágios ajudam os terapeutas a manter o foco e a usar o diálogo socrático de maneira mais eficaz, guiando explicitamente a descoberta dos clientes. Seu modelo é colaborativo e fundamentado na curiosidade e em um compromisso genuíno com as descobertas do cliente, independentemente de aonde elas levarão e de estarem alinhadas ou não com o pensamento atual do terapeuta. Isso possibilita uma abordagem radicalmente centrada no cliente que já foi adotada por terapeutas de muitas escolas de psicoterapia nas centenas de *workshops* que Padesky ministrou internacionalmente.

Os Capítulos 3 a 12 podem ser lidos em qualquer ordem, dependendo do seu interesse. Terapeutas com décadas de experiência clínica em suas áreas foram convidados a compartilhar seu conhecimento clínico adquirido em milhares de horas orientando a descoberta do cliente. Tivemos sorte, pois os autores que eram nossa primeira opção concordaram em contribuir para este livro. Os tópicos explorados incluem depressão e suicídio (Capítulo 3), ansiedade (Capítulo 4), imagens mentais (Capítulo 5), crenças inflexíveis (Capítulo 6), comportamentos impulsivos e compulsivos (Capítulo 7), adversidade na vida (Capítulo 8), crianças e adolescentes (Capítulo 9), terapia de grupo (Capítulo 10), supervisão (Capítulo 11) e o futuro do diálogo socrático (Capítulo 12).

Cada capítulo mostra como o modelo de diálogo socrático de quatro estágios de Padesky e outros métodos de descoberta guiada podem ajudar a evitar e a lidar com armadilhas terapêuticas frequentemente encontradas ao trabalhar com esses temas ou populações na terapia. Ao longo do livro, princípios que ajudam a manter o foco são resumidos nos quadros "Mantenha em mente". Ao final de cada capítulo, atividades de aprendizagem sugerem maneiras de adaptar o que você aprendeu à sua própria prática clínica ou de supervisão. Em sala de aula, essas atividades de aprendizagem podem ser direcionadas para a prática e a aprendizagem dos alunos. Para personalizar ainda mais e ajudar a consolidar as habilidades que você aprende neste livro, fornecemos os "Formulários de prática reflexiva" no Apêndice, além de diretrizes para seu uso no Capítulo 12.

Enquanto escrevíamos e revisávamos este livro, nos empolgamos antecipando o momento em que os leitores desembrulhariam essas ideias e as colocariam em bom uso em sessões de terapia. Esperamos que nosso entusiasmo esteja evidente nestas páginas e o inspire a se envolver de maneira criativa e integrar esses métodos na prática clínica, na supervisão, no ensino e na pesquisa. Dedicamos este *Diálogo socrático para a descoberta em psicoterapia* a você. Ao desenvolver essas conversas com seus clientes, observe para onde suas descobertas mútuas os levarão!

Christine A. Padesky
Helen Kennerley
(orgs.)

Sumário

Prefácio		**xi**
Christine A. Padesky e Helen Kennerley		

1 Diálogos para a descoberta: o quê? Por quê? Quando?   **1**
Christine A. Padesky e Helen Kennerley

Boas-vindas a todos os terapeutas	2
Diálogos para a descoberta *versus* mudança da mente dos clientes	2
Definições	5
Métodos de descoberta na psicoterapia: o que são?	6
As raízes do diálogo socrático: uma breve história	6
Sócrates	7
Alfred Adler: perguntas socráticas na psicoterapia	8
Aaron T. Beck: questionamento socrático na terapia cognitiva	8
James C. Overholser: a filosofia e a lógica dos métodos socráticos na psicoterapia	10
Christine A. Padesky: propósitos e usos do diálogo socrático e outros métodos de descoberta guiada	11
Outros métodos de descoberta guiada	18
Diálogos para a descoberta: por que usá-los?	26
Resultados da pesquisa empírica	26
Diálogo socrático: quando utilizar?	29
Quando devemos usar o diálogo socrático?	29
Quando *não* utilizamos o diálogo socrático?	35
Síntese	37
Referências	39

2 Modelo de diálogo socrático de quatro estágios   **43**
Christine A. Padesky

Do questionamento socrático ao diálogo socrático	44
Terapia de três velocidades	44
Modelo de diálogo socrático de quatro estágios	46
Estágio 1: perguntas informativas	47
Estágio 2: escuta empática	57
Estágio 3: síntese das informações coletadas	66
Estágio 4: perguntas analíticas e sintetizadoras	71

xvi Sumário

Ilustração clínica — revisão de uma tarefa de aprendizagem entre sessões	74
O diálogo socrático está incorporado no Registro de Pensamentos em Sete Colunas	78
Incorporando o diálogo socrático em outros métodos de descoberta guiada	79
Uso construtivo do diálogo socrático	79
Quando utilizar o diálogo socrático	84
Quando o diálogo socrático não é útil	84
Síntese	85
Referências	86

3 Descoberta guiada para depressão e suicídio 89

Marjorie E. Weishaar

Visão geral da depressão	90
TCC para depressão	91
Envolvendo clientes deprimidos no tratamento colaborativo	94
Envolvendo o cliente cético no tratamento colaborativo	95
Envolvendo um cliente agitado	102
Ativando clientes deprimidos	106
Quando os clientes apresentam escassa evidência para contrapor um pensamento quente	115
Desesperança	119
Elabore um plano de segurança com clientes suicidas	120
O cliente falta a uma sessão	123
Manejo de recaídas	129
Recuperação de um humor rebaixado	130
Síntese	132
Referências	133

4 Descoberta guiada voltada à ansiedade 135

Gillian Butler e Freda McManus

Compreendendo a ansiedade	135
Características compartilhadas entre ansiedade e transtornos relacionados	137
Armadilhas comuns decorrentes das crenças do cliente	139
Intolerância do cliente à incerteza	140
A necessidade percebida de autoproteção	152
Rigidez em resposta à ansiedade	163
Armadilhas comuns que se originam nas crenças dos terapeutas	165
Medo de ser indelicado	166
Temor de que a vulnerabilidade do cliente seja real	168
Diálogo socrático de ajuste fino	171
Evite perguntas que amplifiquem inutilmente a preocupação	171
Quando os clientes evitam as emoções	172
Quando os clientes não têm confiança	173
Quando um cliente tem experiência limitada de não estar ansioso	174
Síntese	175
Referências	177

Sumário **xvii**

5 Imagem mental: a linguagem da emoção   **181**
Christine A. Padesky e Emily A. Holmes

O que são imagens mentais?   182
A importância das imagens mentais na psicoterapia   183
  As imagens mentais têm um impacto emocional mais intenso
    do que o do processamento verbal   183
  Imagens mentais negativas intrusivas ocorrem em uma ampla gama
    de transtornos   185
  As imagens mentais podem aumentar a confiança do cliente em crenças
    alternativas   185
Negligência do terapeuta com as imagens mentais na terapia:
    armadilhas comuns   186
  Uso do diálogo socrático para identificar imagens mentais   186
Imagens mentais e diálogo socrático   197
  Conceitualização colaborativa de caso   197
  Explorando e testando imagens mentais   203
  Imagens mentais, mudança de comportamento e adesão à tarefa de
    aprendizagem   215
Síntese   220
Referências   221

6 Crenças inflexíveis   **227**
Helen Kennerley e Christine A. Padesky

Compreendendo crenças inflexíveis   229
Abordagens terapêuticas para trabalhar com crenças inflexíveis   230
  A metáfora do preconceito de Padesky   231
Armadilhas comuns em terapia: crenças inflexíveis   234
  As crenças do cliente são muito diferentes das crenças do terapeuta   235
  O cliente desconfia do terapeuta   239
  As crenças do cliente interferem na aliança   243
  Quando as crenças não são formuladas como palavras ou mesmo imagens   246
  O cliente evita explorações terapêuticas por medo de emoções
    avassaladoras ou memórias traumáticas   249
  Seja paciente e mantenha-se ativo   253
  Use humor e uma linguagem que o cliente possa aceitar   254
  Desenvolva imagens mentais e conceitualizações de casos que deem
    vida às ideias   255
  Todas as evidências contrárias às crenças existentes são desconsideradas   257
  Os clientes têm tanto medo de mudanças que pouco ou nada acontece
    entre as sessões   264
  As crenças inflexíveis do cliente são endossadas por redes sociais,
    domésticas ou profissionais   266
Síntese   269
Apêndice: Crenças centrais e estratégias de TCC focadas no esquema   270
Referências   270

xviii Sumário

7 Comportamentos impulsivos e compulsivos — 273
Helen Kennerley

Compreendendo comportamentos impulsivos e compulsivos	274
Cognições centrais: o que procurar	277
Dificuldade de expressar significados: senso de percepção	282
Manejo de recaídas	287
Redução de danos	288
Comportamentos substitutos mais seguros	293
Quando outros métodos são mais apropriados	311
Síntese	311
Referências	312

8 Descoberta guiada com adversidade — 313
Stirling Moorey

Perguntas para ajudar a desbloquear pontos fortes dos clientes	316
Armadilhas comuns no trabalho com clientes que enfrentam adversidades	319
Armadilhas do cliente	320
Armadilhas dos terapeutas	331
Armadilhas ambientais	338
Síntese	345
Agradecimentos	347
Referências	347

9 Perseguindo Janus: diálogo socrático com crianças e adolescentes — 349
Robert D. Friedberg

Armadilhas comuns na terapia com crianças e adolescentes	349
Diferenças entre crianças e adultos ao estruturar um diálogo socrático	350
Navegando em três armadilhas comuns no uso do diálogo socrático	352
Pedindo permissão para testar pensamentos	354
Quando e por que os adolescentes querem manter os pensamentos	356
Barreiras criadas pelo terapeuta	363
Uso socrático de jogos	365
Promova diversão na terapia	367
Descoberta guiada por experiência	370
Acompanhe o nível de processamento de informações da criança	372
Equilibre o diálogo socrático com empatia e dúvida ideal	374
Síntese	377
Referências	378

10 Diálogo socrático na terapia de grupo — 381
James L. Shenk

Uma introdução à terapia cognitivo-comportamental em grupo	384
Diálogo socrático na terapia de grupo	385
Vantagens de usar o diálogo socrático na terapia de grupo	385
Níveis estratégicos do diálogo socrático em terapia de grupo	391
Aplicações específicas do diálogo socrático na terapia de grupo	396

Armadilhas clínicas comuns na TCC em grupo ... 401
Quando o diálogo socrático não é apropriado na terapia de grupo? ... 418
Síntese ... 419
Referências ... 420

11 Supervisão e crenças do terapeuta ... 423
Helen Kennerley e Christine A. Padesky

As múltiplas tarefas de supervisão ... 425
Armadilhas comuns na supervisão ... 426
Supervisão para aprimorar a aprendizagem — encontrando
o equilíbrio ideal ... 427
Envolvendo os supervisionandos na aprendizagem
da estruturação da sessão ... 430
Empregue métodos de aprendizagem ativa na supervisão ... 432
Prática reflexiva ... 434
Enxergando o quadro geral ... 440
A relação de supervisão ... 443
Problemas adicionais na supervisão ... 453
Quando outros métodos podem ser mais adequados ... 453
Síntese ... 454
Referências ... 456

12 Diálogos para a descoberta: e agora? ... 457
Christine A. Padesky

Descobertas realizadas ... 458
Resultados da pesquisa: ganhos súbitos na psicoterapia ... 458
Modelo de diálogo socrático de quatro estágios: recapitulação ... 459
Descobertas ainda por vir ... 460
Pesquisa ... 460
Terapeutas individuais ... 461
Desenvolvendo suas habilidades de "diálogos para a descoberta" ... 462
Formulários de prática reflexiva ... 465
O futuro do *Diálogo socrático para a descoberta em psicoterapia* ... 466
Síntese ... 467
Referências ... 468

Apêndices ... 469
Formulário de prática reflexiva 1 ... 470
Formulário de prática reflexiva 2 ... 471
Formulário de prática reflexiva 3 ... 472

Guia de armadilhas ... 473

Índice ... 477

1

Diálogos para a descoberta:
o quê? Por quê? Quando?

Christine A. Padesky e Helen Kennerley

> *Não há sensação melhor do que a descoberta.*
> — **E. O. Wilson**, *The Scientist Magazine*, 18:1
> (entrevista; 19 de janeiro de 2004)

Pense nos momentos de sua vida em que você experimentou a "sensação" da descoberta. Quando crianças, frequentemente vivenciamos esse entusiasmo porque temos muitas oportunidades para primeiras experiências — ler palavras pela primeira vez, aprender a andar de bicicleta e encontrar um jardim secreto na floresta. Descobertas como essas muitas vezes vêm acompanhadas de um sentimento de admiração e entusiasmo pelo que o futuro trará. Elas estimulam nossa imaginação e nos recompensam com uma sensação de domínio qualitativamente diferente daquela que experimentamos se alguém pega em nossa mão e nos diz passo a passo como realizar uma nova tarefa.

Descobertas que fazemos como adultos nos trazem recompensas semelhantes. Nosso jardim secreto se torna uma praia, uma floresta ou uma loja de antiguidades cheia de itens especiais que não sabíamos que existiam. Aprendemos um novo idioma, que abre descobertas de novas culturas e experiências. Fazemos um novo amigo ou nos apaixonamos e descobrimos as maravilhas de uma alma gêmea, bem como novos espaços dentro de nós mesmos.

Como terapeutas, também prosperamos com a descoberta. Pense nas sessões em que você ou seus clientes fizeram uma descoberta. Mesmo pequenas descobertas podem ser transformadoras. A terapia pode proporcionar terrenos muito férteis para a descoberta. Imagine como seria ter clientes fazendo novas descobertas a cada sessão e usando essas descobertas para transformar gradual ou radicalmente suas vidas.

Isso seria incrível! *Diálogo socrático para a descoberta em psicoterapia* foi projetado para ensinar você a desenvolver exatamente esse tipo de prática terapêutica.

Acreditamos que a descoberta é a pulsação da terapia e que os terapeutas podem aprender métodos para melhorar tanto a frequência quanto a qualidade das descobertas que seus clientes fazem. Este livro ilustra atividades ricamente colaborativas de diálogo e experimentação. Qualquer terapeuta pode aprender esses processos e ajudar seus clientes a descobrir novas perspectivas e possibilidades no caminho para o progresso significativo.

O diálogo socrático é um método fundamental para ajudar os clientes a fazerem descobertas importantes. Como você aprenderá, ele oferece uma estratégia clinicamente flexível para navegar por essas águas turbulentas da psicoterapia de maneiras centradas no cliente, colaborativas e baseadas em pontos fortes. Também ajuda a facilitar a mudança, especialmente quando está incorporado a todos os outros métodos de descoberta guiada ilustrados nos exemplos de casos ao longo deste texto.

Cada autor traz sua própria sabedoria clínica para seus capítulos, orientando os leitores nas melhores práticas para manter a curiosidade do terapeuta e do cliente, sustentando o foco sem sacrificar a criatividade e fornecendo métodos para guiar os clientes em direção a descobertas autênticas. Esperamos que você aproveite sua jornada por esses diálogos para a descoberta. No Capítulo 12, o último capítulo, incentivamos você a fazer um plano que coloque todas as suas descobertas feitas ao longo destas páginas em plena ação em sua própria prática terapêutica.

BOAS-VINDAS A TODOS OS TERAPEUTAS

Este livro não é destinado apenas aos terapeutas da terapia cognitivo-comportamental (TCC), embora os diálogos socráticos sejam mais comumente associados à TCC. Ao longo de nossas carreiras como educadoras, descobrimos que praticantes de muitos outros tipos de terapia também consideram a abordagem do diálogo socrático descrita neste livro extremamente útil. Portanto, esperamos que todos os terapeutas que desejam ajudar seus clientes a fazerem mais descobertas encontrem aqui informações, processos e procedimentos que possam ser prontamente implementados em suas práticas.

DIÁLOGOS PARA A DESCOBERTA *VERSUS* MUDANÇA DA MENTE DOS CLIENTES

O diálogo socrático é uma das melhores habilidades que podemos desenvolver como terapeutas para garantir que nossos clientes façam descobertas regulares e significativas em nossas sessões de terapia. Muitos de vocês, sem dúvida, estão familiarizados com o conceito de diálogo socrático. Esperamos que vocês fiquem agradavelmente

Diálogo socrático para a descoberta em psicoterapia **3**

surpreendidos ao descobrir que não se trata da versão insípida frequentemente representada nos livros de terapia, consistindo em pergunta após pergunta projetada para mudar a mente de um cliente ou convencê-lo de que pontos de vista alternativos têm mérito. Vamos ver isso em ação utilizando um exemplo de uma "versão insípida" do diálogo socrático e depois analisando como podemos melhorá-la:

Cliente: Estou sem esperança, realmente. Nunca vou melhorar.

Terapeuta 1: Você parece angustiado ao dizer isso. Eu me recordo, no entanto, de que você estava se sentindo muito melhor no mês passado. Lembra disso?

Cliente: Sim, mas não durou.

Terapeuta 1: Isso é verdade. Você teve um revés. Se olharmos para suas pontuações de depressão, como as pontuações dessa semana se comparam às de quando você começou a terapia?

Cliente: Elas estão melhores do que quando eu vim pela primeira vez.

Terapeuta 1: E que outras melhorias você teve desde que começou a terapia?

Cliente: Estou trabalhando novamente. E tive alguns dias em que meu humor esteve melhor.

Terapeuta 1: A situação parece completamente sem esperança?

Cliente: Acho que não.

Muitos terapeutas ficariam satisfeitos após terem o diálogo acima com seus clientes, especialmente se isso mudasse a opinião do cliente sobre a situação ser desanimadora. No entanto, defendemos que o propósito mais elevado do diálogo socrático na psicoterapia é ajudar os clientes a fazerem descobertas genuínas e transformadoras na vida, não apenas mudar momentaneamente a mente deles. Observe como uma segunda terapeuta começa a preparar o terreno para uma nova descoberta neste diálogo inicial alternativo com o mesmo cliente:

Cliente: Estou sem esperança, realmente. Nunca vou melhorar.

Terapeuta 2: Você parece angustiado ao dizer isso. O que está acontecendo que faz você pensar que nunca vai melhorar?

Cliente: Estou me sentindo muito pior novamente. Isso sempre acontece. Eu crio expectativas e então... puf! Eu afundo de volta na depressão profunda.

Terapeuta 2: Isso é difícil. Consigo entender por que isso é desanimador. Esse revés desta semana é igual a todos os outros que você já experimentou no passado?

Cliente: Bastante. Não é algo completo ainda. Mas consigo reconhecer os sinais de que estou escorregando para aquele buraco.

Terapeuta 2: Isso é interessante. Pode ser realmente útil se você conseguir reconhecer os sinais de quando está escorregando para aquele buraco. Vamos falar sobre esses sinais, sobre o que você costuma fazer quando eles aparecem, e ver se hoje conseguimos descobrir algo que possa fazer uma diferença positiva para você.

Cliente: Estou disposto a tentar.

Embora as diferenças entre esses dois diálogos terapêuticos possam parecer sutis, eles indicam intenções diferentes. A Terapeuta 1 pretende reduzir a falta de esperança de seu cliente ao reunir rapidamente evidências que a contradigam. Ela está usando o diálogo socrático (sem muito diálogo genuíno) para minar uma crença prejudicial do cliente. A Terapeuta 2, por sua vez, recebe a admissão de falta de esperança do cliente e o convida a unir esforços em busca de caminhos que possam levar a razões para ter mais esperança. A Terapeuta 1 sinaliza que o cliente está vendo as coisas de maneira excessivamente negativa, o que é característico da depressão. A Terapeuta 2 empatiza com a negatividade do cliente e sinaliza que pode haver razões para esperança se eles se unirem para procurar. Ambas as terapeutas estão se esforçando para, ao fim, ter um cliente mais esperançoso. A Terapeuta 1 busca alcançar isso erradicando a base imediata da falta de esperança. A Terapeuta 2 sugere que eles investiguem ativamente juntos razões para ter esperança. Ao fazer isso, a segunda terapeuta envolve o cliente em uma investigação colaborativa que pode levar a descobertas inesperadas e frutíferas.

Os leitores podem se perguntar por que não defendemos a abordagem mais direta da primeira terapeuta e simplesmente minamos a falta de esperança reunindo informações contraditórias. Quando os terapeutas usam o diálogo socrático para guiar a descoberta do cliente em vez de mudar a mente dele (Padesky, 1993), o cliente tem a oportunidade de fazer novas descobertas, que podem ter um impacto mais duradouro em seus estados de humor, suas crenças, seus comportamentos, seus relacionamentos e todas as outras questões que o levam à terapia. A Terapeuta 2 guiará esse cliente para descobrir se há coisas a serem feitas nos estágios iniciais de uma recaída depressiva que "façam uma diferença positiva". Por sua vez, essa descoberta pode reduzir a falta de esperança desse cliente de maneiras mais duradouras do que a admissão, buscada pela Terapeuta 1, de que as coisas podem não ser tão sem esperança quanto parecem no momento.

Aaron T. Beck e colaboradores enfatizaram investigações colaborativas em seu primeiro manual de tratamento de depressão com TCC (Beck et al., 1979). Na verdade, investigar ativamente as crenças de um cliente de maneiras que são colaborativas e guiam a sua descoberta é um processo terapêutico central em todos os modelos de tratamento da terapia cognitiva de Beck (Padesky, 2022). E, em diferentes níveis, a colaboração e a descoberta guiada foram incorporadas a todas as abordagens de TCC desenvolvidas por outros profissionais ao longo das décadas seguintes.

Definições

Houve muita confusão no campo quanto ao uso de termos relacionados à descoberta guiada. Isso ocorreu especialmente no passado, quando escritores, incluindo nós mesmas, se referiram a "métodos socráticos". Em alguns momentos, essa expressão se referia a um processo de questionamento e, em outros momentos, era usada para abranger toda a descoberta guiada. A menos que estejamos citando outro autor que utilize essa expressão, "método socrático" não será usada neste livro. As perguntas utilizadas na psicoterapia serão referidas como "questionamento socrático" ou "diálogo socrático" (Padesky, 1993, 2020a), dependendo de qual tipo de questionamento está sendo referenciado. Portanto, desde o início, fornecemos as definições do Quadro 1.1 como uma "pedra de Roseta" para aqueles que desejam vincular este texto a outros escritos na área. Essas são as definições para esses termos que usamos ao longo deste livro.

QUADRO 1.1 Definições

Descoberta guiada: o *processo* de elaboração e evolução de intervenções terapêuticas para ajudar o cliente a descobrir novas ideias, alcançar novos entendimentos e vislumbrar novas possibilidades.

Métodos de descoberta guiada: uma ampla variedade de intervenções terapêuticas empregadas com o propósito de descoberta guiada. Elas frequentemente incluem questionamento socrático, diálogo socrático, registros de pensamento e outras planilhas, experimentos comportamentais, exercícios de imagens mentais, simulação de papéis e outros tipos de intervenções terapêuticas (por exemplo, hipnose) realizadas durante e fora das sessões de terapia e destinadas a orientar a descoberta do cliente. Qualquer intervenção terapêutica (por exemplo, arte, música) combinada com diálogo socrático pode se tornar parte da descoberta guiada.

Método socrático: uma abordagem de ensino usada por Sócrates, na qual ele não fornecia informações, mas fazia uma sequência de perguntas para orientar os alunos ao conhecimento desejado (Oxford Reference).

Questionamento socrático: processo de fazer perguntas com o propósito de ampliar a perspectiva de um cliente ou examinar crenças existentes.

Diálogo socrático: um processo colaborativo de quatro estágios desenvolvido por Padesky (1993, 2020a) que vincula perguntas informativas, escuta empática, sínteses das informações coletadas e perguntas analíticas/sintetizadoras para orientar a descoberta do cliente.

Os autores destes capítulos são todos terapeutas que são mestres na prática da TCC. A TCC tem vários objetivos: ajudar os clientes (1) a entender as interconexões entre pensamentos, emoções, comportamentos, respostas físicas e ambientes interpessoais/físicos; (2) resolver problemas e aliviar o sofrimento emocional; e (3) aprender estratégias para ajudar a si mesmos, tornando-se mais resilientes e funcionando como seus próprios terapeutas no futuro (Kuyken et al., 2009). Para alcançar esses objetivos, a TCC enfatiza a descoberta guiada. Embora as ilustrações de casos neste livro sejam retiradas de abordagens de TCC, acreditamos que os métodos de descoberta guiada também possam impulsionar a eficácia de outras terapias. Qualquer terapeuta que deseje promover a descoberta do cliente pode se beneficiar ao aprender mais sobre os métodos de descoberta guiada.

Mantenha em mente

- Muitos livros e instrutores ensinam os terapeutas a usar o questionamento socrático como um meio de obter informações contraditórias para minar uma crença prejudicial do cliente.
- Neste texto, defendemos o uso do diálogo socrático como uma forma de exploração genuína para ajudar os clientes a descobrirem novas ideias e maneiras de fazer as coisas que podem ter um impacto duradouro e construtivo em suas vidas.
- Embora comumente usados na TCC, o diálogo socrático e a descoberta guiada podem aprimorar qualquer modalidade de terapia praticada pelos leitores.

MÉTODOS DE DESCOBERTA NA PSICOTERAPIA: O QUE SÃO?

"Descoberta guiada" é uma expressão abrangente usada para designar uma variedade de processos e métodos terapêuticos, que podem incluir diálogo socrático, registros de pensamento, experimentos comportamentais, exercícios de imagens mentais, registros de crenças centrais, psicodrama, simulações de papéis durante as sessões e uma série de outros exercícios estruturados de aprendizado realizados dentro e fora das sessões de terapia. Todos esses métodos podem ser utilizados para ajudar os clientes a examinar experiências pessoais a fim de descobrir princípios para uma vida adaptativa e flexível. Este livro explora o diálogo socrático em detalhes, pois esse processo muitas vezes está incorporado a todos os outros métodos e também pode ser utilizado por si só como uma abordagem estruturada para maximizar a aprendizagem e a descoberta do cliente. O Capítulo 2 esclarece as etapas e as características do diálogo socrático que o tornam um acelerador ideal para a descoberta.

AS RAÍZES DO DIÁLOGO SOCRÁTICO: UMA BREVE HISTÓRIA

Como parte do tecido da descoberta guiada, começamos oferecendo uma história muito breve das raízes do diálogo socrático nos dias atuais. Em vez de narrar uma história abrangente, fazemos referência a pessoas que contribuíram diretamente para a linhagem genealógica do modelo de diálogo socrático de quatro estágios descrito neste texto (Padesky, 1993, 2019, 2020a).

Sócrates

Sócrates foi um filósofo grego (469-399 a.C.) frequentemente considerado um fundador seminal da filosofia ocidental. Embora o método socrático seja nomeado em sua homenagem, Sócrates nunca falou ou escreveu sobre ele. Em vez disso, seu aluno Platão escreveu uma série de "diálogos" nos quais retratou os métodos de ensino de Sócrates, conhecidos agora como "ironia socrática" e "método socrático". A ironia socrática se refere a seções desses diálogos em que Sócrates se descrevia como ignorante e fazia perguntas que revelavam falhas no pensamento de seus alunos. O método socrático descreve uma abordagem de ensino na qual Sócrates fazia perguntas para elicitar as crenças de seus alunos e então apontava falhas lógicas até que atingissem as conclusões desejadas.

Método socrático: significado original

Uma abordagem de ensino usada por Sócrates na qual ele fazia perguntas para elicitar as crenças dos alunos e então apontava falhas lógicas até que os alunos alcançassem as conclusões desejadas.

Sócrates não era um terapeuta. De acordo com as descrições de Platão sobre os seus diálogos, seu estilo de questionamento era mais semelhante ao de um promotor tentando fazer com que uma testemunha admitisse um ponto que Sócrates já tinha em mente. Os problemas propostos por seus alunos eram divididos em pequenas partes. Por exemplo, veja como Sócrates explora o significado da coragem com um aluno no diálogo *Laques ou coragem*:*

Sócrates: Quando uma pessoa pensa em aplicar um medicamento nos olhos, você diria que ela está deliberando sobre o medicamento ou sobre os olhos?

Nícias: Sobre os olhos.

Sócrates: E quando ela considera se deve colocar um bridão em um cavalo e em que momento, ela está pensando no cavalo, e não no bridão?

Nícias: Verdadeiro.

Sócrates: E, em uma palavra, quando ela considera algo em prol de outra coisa, ela pensa no fim, e não nos meios?

Nícias: Certamente.

Sócrates: E, quando você chama um conselheiro, você deve verificar se ele também é habilidoso na realização do fim que você tem em mente?

Nícias: Muito verdadeiro.

---

* N. de T. Plato (380 bc), *Laches or Courage*, translated by Benjamin Jowett (1871), New York: C. Scribner's Sons.

Embora o diálogo de Sócrates com seu aluno seja supostamente sobre coragem, na seção citada, Sócrates está explorando se as pessoas geralmente valorizam mais os meios de realizar algo ou o resultado ulterior. Sócrates está lançando as bases para ajudar seus alunos a discernir que o resultado de uma ação pode ser mais importante do que a ação em si ao julgar a coragem. Por meio da investigação, Sócrates sistematicamente descobre as crenças e as hipóteses não testadas de seus alunos e, em passos muito pequenos, elimina aquelas que levam a contradições com suas experiências anteriores e atuais. Dessa forma, Sócrates oferece o primeiro exemplo do que agora chamamos de "método científico de resolução de problemas". Esse tipo de questionamento socrático é usado em salas de tribunal e procedimentos legais em muitos países ao redor do mundo.

Alfred Adler: perguntas socráticas na psicoterapia

No início dos anos 1900, Alfred Adler pode ter sido o primeiro psicoterapeuta a usar perguntas socráticas na terapia. Um contemporâneo que discordava de Freud em muitas áreas, Adler desenvolveu um dos primeiros sistemas humanistas de psicoterapia. Para ele, o uso de perguntas socráticas era uma maneira respeitosa de ajudar os clientes a pensarem por si mesmos e descobrirem maneiras novas e aprimoradas de viver. Como resumido por Stein (1991, 244):

> Sócrates e Adler esconderam sua perspicácia por trás de perguntas para fazer com que seus sujeitos pensassem por si mesmos e buscassem uma verdade mais profunda. Nenhum deles assumiu o papel de uma autoridade mentalmente superior que apontasse agressivamente os erros dos outros, nem forneceu respostas prontas. Eles modelaram a cooperação no papel de copensadores calorosos, gentis e humildes que estimulavam os outros — por meio de questionamentos habilidosos e, às vezes, brincalhões — a desenvolver seu próprio pensamento e chegar a suas próprias conclusões.

Aaron T. Beck: questionamento socrático na terapia cognitiva

Alfred Adler é um dos terapeutas que influenciaram Aaron T. Beck, fundador da terapia cognitiva. Embora a maioria dos terapeutas entre as eras de Adler e Beck fizesse perguntas frequentes aos clientes, o questionamento intencional se tornou a marca registrada da terapia cognitiva idealizada por Beck na década de 1970. Beck é creditado por introduzir a expressão "questionamento socrático" na terapia cognitiva, embora essa expressão não seja mencionada em seu texto seminal, *Terapia cognitiva da depressão* (Beck et al., 1979). Na verdade, em uma conversa pessoal em 2013, Beck afirmou claramente para a primeira autora que ele não introduziu a expressão "questionamento socrático": "Provavelmente foi um dos meus alunos" (A. T. Beck, comunicação pessoal, 14 de outubro de 2013). Em vez disso, ele e seus colegas escreveram sobre "o questionamento como um importante dispositivo terapêutico" (Beck et al., 1979, 66) e citaram 15 propósitos para perguntas na terapia cognitiva. Esses propósitos variavam da coleta de informações à avaliação, do esclarecimento de significados ao exame das evidências para as conclusões do cliente (67-69). Apesar de não usar as palavras "questionamento socrático", esse primeiro texto de terapia cognitiva oferece exemplos claros dele em seções que discutem a importância do uso de "questionamento em vez de disputa ou doutrinação" (69):

> Observe que toda expressão verbal do terapeuta estava na forma de uma pergunta. Observe também que o terapeuta persistiu em fazer o paciente expressar *ambos* os lados do argumento e até desafiar a validade das razões para se envolver em uma atividade construtiva...
>
> As perguntas constituem uma ferramenta importante e poderosa para identificar, considerar e corrigir cognições e crenças. Assim como outras ferramentas poderosas, elas podem ser mal utilizadas ou aplicadas de maneira desajeitada. O paciente pode sentir que está sendo interrogado ou atacado se as perguntas forem usadas para "encurralá-lo" e fazê-lo contradizer a si mesmo... As perguntas devem ser cuidadosamente cronometradas e formuladas para ajudar o paciente a reconhecer e considerar suas noções reflexivamente — a ponderar seus pensamentos com objetividade (Beck et al., 1979, 71).

Assim, desde o início da terapia cognitiva, Beck enfatizou a importância terapêutica do questionamento habilidoso. Ele até introduziu a ideia de que é desejável que os clientes aprendam a usar o autoquestionamento independentemente do terapeuta "para mudar seu modo de pensar" (195-196).

Quando seu segundo grande manual de tratamento da terapia cognitiva, *Anxiety disorders and phobias: a cognitive perspective*, foi publicado, Beck havia vinculado seus métodos à terminologia atual: "A terapia cognitiva usa primariamente o método socrático" (Beck et al., 1985, 177). As perguntas são de importância central na descrição dos métodos socráticos por Beck e colaboradores:

> O terapeuta cognitivo se esforça para usar a pergunta como um guia com a maior frequência possível. Essa regra geral se aplica a menos que haja restrições de tempo, caso em que o terapeuta precisa fornecer informações diretas para alcançar uma conclusão.
>
> Embora sugestões diretas e explicações possam ajudar a corrigir os pensamentos que causam a ansiedade de uma pessoa, elas são menos poderosas do que o método socrático. As perguntas induzem o paciente (1) a tomar consciência de quais são seus pensamentos, (2) a examiná-los em busca de distorções cognitivas, (3) a fazer substituições por pensamentos mais equilibrados e (4) a fazer planos para desenvolver novos padrões de pensamento (Beck et al., 1985, 177).

Novamente, o grupo de Beck observou a vantagem adicional de que os pacientes que são questionados com frequência aprendem a se fazer perguntas como um método de autoajuda. "Muitas vezes, um paciente relata que, ao enfrentar uma nova situação que causa ansiedade, começará fazendo a si mesmo as mesmas perguntas que ouviu do terapeuta." Embora sutil, a intenção de ajudar os clientes a aprenderem a usar métodos socráticos de maneira independente do terapeuta está incorporada em muitos métodos desenvolvidos para a terapia cognitiva.

> **Questionamento socrático: terapia cognitiva de Beck**
>
> Um sistema de questionamento projetado para: (1) trazer os pensamentos à consciência do cliente, (2) examinar esses pensamentos em busca de distorções e (3) ajudar o cliente a desenvolver pensamentos mais equilibrados, a fim de viabilizar um humor aprimorado, uma maior flexibilidade no pensamento e uma resolução de problemas mais eficaz.

Nas últimas décadas, o questionamento socrático tem sido citado rotineiramente por Beck e outros como central para a prática da terapia cognitiva de Beck (agora considerada uma forma de TCC). Mesmo assim, Beck e seus colegas não escreveram extensivamente sobre o questionamento socrático, exceto por meio de exemplos. Assim, ficou a cargo de outros especificar mais detalhadamente o que se entende por "questionamento socrático". Os dois que o fizeram de maneira mais abrangente nas décadas iniciais foram Overholser e Padesky, que apresentaram modelos independentes para orientar a prática terapêutica a partir de 1993.

James C. Overholser: a filosofia e a lógica dos métodos socráticos na psicoterapia

Overholser publicou três artigos sobre questionamento socrático no início da década de 1990 (Overholser, 1993a, 1993b, 1994). Cada um deles aperfeiçoou o processo em termos de um de seus "três elementos principais": questionamento sistemático, raciocínio indutivo e definições universais. Overholser discutiu a interação de questões de conteúdo e processo, observando que o objetivo do questionamento socrático deve ser ajudar os clientes a desenvolver habilidades independentes de resolução de problemas. Consistente com a terapia cognitiva de Beck, o modelo de Overholser descreveu as perguntas socráticas como um processo colaborativo entre terapeuta e cliente.

Posteriormente, Overholser publicou vários artigos sobre métodos socráticos e eventualmente escreveu um livro integrando suas ideias, intitulado *The socratic method of psychotherapy* (2018). Para Overholser, as perguntas são uma intervenção terapêutica importante por si só. Sua eficácia requer uma aliança terapêutica positiva na qual há um acordo de que tanto o cliente quanto o terapeuta só dirão o que acreditam ser verdadeiro e reconhecerão quando não souberem algo, e na qual o cliente está disposto a não concordar com o terapeuta apenas por educação. Seu livro destaca quatro estratégias principais: "questionamento sistemático, raciocínio indutivo, definições universais e uma sincera renúncia ao conhecimento, com o questionamento constituindo a ferramenta central" (Overholser, 2018, 32).

Overholser detalha uma variedade de maneiras de os terapeutas usarem o *questionamento sistemático* para "manter o diálogo avançando, ao mesmo tempo em que permanecem cuidadosos para permitir que o cliente conduza as respostas por um caminho escolhido" (Overholser, 2018, 38). Ele delineia boas perguntas que podem ser usadas para fins de resolução de problemas e/ou teste de crenças, com ênfase na promoção das habilidades de raciocínio indutivo dos clientes. O *raciocínio indutivo* envolve o uso de lógica e testes de hipóteses e é semelhante à visão de colaboração empírica de Beck, com cliente e terapeuta buscando ativamente juntos evidências que apoiem e não apoiem dada crença. Assim como na abordagem de Beck, as perguntas feitas não são aleatórias, mas são projetadas para elicitar informações relevantes que o terapeuta espera serem úteis. Ao mesmo tempo, as perguntas são abertas o suficiente para permitir que as expectativas do terapeuta sejam refutadas.

A importância de *definições universais* para Overholser é esclarecer o que os clientes querem dizer e como definem os conceitos mais amplos ligados a significados e valores importantes. O que um cliente quer dizer com "Ninguém me ama"? Aqui, Overholser destaca o impacto específico que palavras podem ter em pensamentos, estados de espírito e comportamentos. Por exemplo, "Ninguém me ama" tem um impacto emocional muito diferente do de uma declaração mais específica, como "Ninguém me ligou hoje para ver se me recuperei da minha doença".

Finalmente, Overholser enfatiza a importância de terapeuta e cliente abraçarem uma *sincera renúncia ao conhecimento*. Com isso, ele quer dizer que ambos se beneficiam cultivando "uma atitude de ceticismo e incerteza sobre o conhecimento factual próprio" (2018, 93). Uma mente aberta para testar crenças requer disposição para considerar que as próprias crenças podem não ser precisas. Overholser enfatiza que a disposição de questionar as próprias crenças e suposições é igualmente importante para terapeutas e clientes: "Para ser eficaz, a renúncia ao conhecimento do terapeuta deve ser genuína, representando uma modéstia sincera e um interesse genuíno na vida, nos problemas e na experiência subjetiva do cliente, mesmo quando podem ser diferentes das próprias visões do terapeuta" (2018, 95).

Métodos socráticos: Overholser

Overholser elucidou processos para compreender e empregar efetivamente o questionamento sistemático com os propósitos de (1) resolução de problemas, (2) teste de crenças e (3) promoção das habilidades de raciocínio indutivo dos clientes. Ele também destacou a importância de pedir aos clientes que definam conceitos vinculados a significados e valores importantes.

Christine A. Padesky: propósitos e usos do diálogo socrático e outros métodos de descoberta guiada

Ao mesmo tempo que Overholser redigia seus artigos iniciais sobre o método socrático, Padesky elaborou sua palestra seminal sobre esse tema, intitulada "Questionamento socrático: mudando mentes ou guiando a descoberta?" (Padesky, 1993). Como mencionado no início deste capítulo, ela argumentou que seria mais benéfico para os psicoterapeutas empregar o questionamento socrático para guiar a descoberta do cliente, em vez de utilizá-lo de forma restrita para alterar a mente dos clientes para corresponder a ideias preestabelecidas pelo terapeuta ou previstas pela teoria da TCC. Dessa forma, sua abordagem à pesquisa socrática pede aos terapeutas que sejam empíricos, prestando atenção cuidadosa à experiência do cliente e comparando-a com modelos baseados em evidências, *ao mesmo tempo* que mantêm neutralidade e resistem à vontade de encaixar a experiência do cliente em um modelo favorecido por eles (cf. Padesky, 2020a, 2020b). Sua visão coincide com a orientação inicial de Beck de que os métodos de terapia cognitiva devem ser realizados de maneira "tátil, terapêutica e humana por uma pessoa falível — o terapeuta" (Beck et al., 1979, 46).

Sua discussão sobre esse tema ecoou muitas das ideias destacadas nos anos seguintes por Overholser, como os benefícios de os terapeutas manterem a mente aberta, fazerem perguntas movidas por uma curiosidade genuína e prestarem atenção especial às respostas inesperadas dos clientes. Beck, Overholser e Padesky enfatizam a importância central da colaboração, da curiosidade e da compaixão durante o questionamento socrático.

Padesky (1993, 4) ofereceu uma nova definição de questionamento socrático que incorporava o objetivo da descoberta guiada. Ela afirmou que o questionamento socrático idealmente envolve fazer ao cliente perguntas que:

a. o cliente tem conhecimento para responder;
b. direcionam a atenção do cliente para informações relevantes à questão em discussão, mas que podem estar fora do seu foco atual;
c. geralmente se movem do concreto para o mais abstrato;
d. pedem ao cliente, no final, para aplicar as novas informações a fim de reavaliar uma conclusão anterior ou construir uma nova ideia.

Com base em sete anos de observações clínicas de suas próprias sessões de terapia e das de estagiários, Padesky também introduziu um modelo de quatro estágios (1993) que poderia ser usado para ensinar terapeutas de qualquer escola de psicoterapia a utilizar o questionamento socrático para guiar a descoberta do cliente:

1. Perguntas informativas
2. Escuta empática
3. Síntese
4. Perguntas analíticas e sintetizadoras

Esse modelo, conforme evoluiu nas décadas seguintes, é descrito e elaborado em detalhes no Capítulo 2. Ele foi o primeiro a enfatizar igualmente elementos do questionamento socrático não relacionados às próprias perguntas. Por exemplo, Padesky destacou que, ouvindo de maneira empática vários aspectos da experiência do cliente, o terapeuta pode notar linguagem idiossincrática, imagens mentais ou detalhes da experiência do cliente que são particularmente relevantes. Ela também aconselhou os terapeutas a notar e prestar atenção a informações importantes que possam estar ausentes. Por exemplo, um homem que estava angustiado porque sua vida carecia de amor respondeu às perguntas de seu terapeuta sobre isso por quase 15 minutos sem mencionar sua esposa. Quando seu terapeuta notou essa ausência, ele começou a chorar, redirecionando o diálogo para informações salientes que, de outra forma, poderiam ter passado despercebidas.

Padesky observou que terapeutas de quase todas as escolas de terapia passam a maior parte de suas sessões de terapia envolvidos nos dois primeiros estágios de seu modelo. No entanto, os clientes muitas vezes não estão cientes da relevância das informações coletadas em resposta às perguntas do terapeuta. Portanto, ela sugeriu que o terceiro e o quarto estágios são essenciais para garantir que ocorra uma verdadeira descoberta guiada (Padesky, 2020a). Em vez de destacar as conexões que os terapeutas fazem em suas próprias mentes, a descoberta guiada é promovida quando os terapeutas colaboram com seus clientes para fazer uma síntese das informações mais relevantes coletadas durante os dois primeiros estágios. Quando essa síntese é escrita (estágio 3), o terapeuta pode então sugerir que o cliente a revise para facilitar a resposta (estágio 4) a perguntas analíticas ("Como você poderia usar essas observações para se ajudar esta semana?") e/ou perguntas sintetizadoras ("Como essas coisas que você me disse se encaixam com a ideia de que você é um pai ruim?").

Ao longo da década de 1990, Padesky elaborou os detalhes de sua abordagem de quatro estágios e começou a se referir a ela como diálogo socrático. A mudança da palavra "questionamento" para "diálogo" enfatizou a importância da escuta do terapeuta e a natureza interativa dos processos socráticos que ela defendia.

Diálogo socrático vinculado a outros métodos de descoberta guiada

Nas décadas seguintes à introdução de seu modelo de diálogo socrático de quatro estágios, Padesky destacou, em seus *workshops* e ensinamentos, que o diálogo socrático não era o único método para guiar a descoberta na TCC. Ela observou que, além do diálogo socrático (um método verbal), a descoberta guiada poderia ocorrer por meio de métodos escritos (planilhas e outras observações escritas) e métodos de ação (experimentos comportamentais dentro e fora das sessões de terapia, simulação de papéis, exercícios de imagens mentais).

Padesky considerava o diálogo socrático uma habilidade fundamental para os terapeutas dominarem, pois era frequentemente o meio usado para extrair aprendizagem de todos esses outros métodos de descoberta guiada. Por exemplo, quando um cliente conduzia um experimento comportamental ou um exercício de imagens mentais, o terapeuta podia usar os quatro estágios do diálogo socrático para extrair e destacar aprendizagens relevantes. A síntese escrita de observações feitas e conclusões tiradas pelo cliente em resposta a perguntas analíticas e sintetizadoras frequentemente levava a planos para atividades e práticas pós-sessão.

> **Mantenha em mente**
>
> O diálogo socrático é uma habilidade central a ser desenvolvida pelos terapeutas, pois frequentemente é o meio empregado para extrair aprendizagem de todos os demais métodos de descoberta guiada.

Em sua palestra apresentada no Congresso Mundial de Terapias Cognitivo-Comportamentais em Berlim em 2019, Padesky resumiu mais de um quarto de século de seus pensamentos sobre os métodos e os usos do diálogo socrático na psicoterapia (Padesky, 2019). Ela destacou uma série de mudanças evolutivas em seu próprio uso e no ensino do diálogo socrático:

1. Mudança de um viés implícito voltado à fala para um viés explícito em direção à ação.
2. Evolução nos métodos usados para cada um dos quatro estágios do diálogo socrático.
3. Expansão dos alvos do diálogo socrático para incluir a construção de novas crenças e comportamentos.
4. Mudanças nos papéis do terapeuta e do cliente no diálogo socrático.

Cada um desses pontos é abordado brevemente aqui.

Mudança de um viés implícito voltado à fala para um viés explícito em direção à ação

O diálogo socrático é mais potente quando associado à ação. Uma vez que seu propósito mais elevado é ajudar a guiar a descoberta do cliente, Padesky recomenda combiná-lo com atividades experienciais projetadas para promover a aprendizagem. Em particular, ela recomendou o uso regular de escrita interativa (por exemplo, cliente e terapeuta coconstruindo modelos para entender experiências ou resumos de observações), experimentos comportamentais, exercícios de imagens mentais e simulação de papéis nas sessões de terapia. Os quatro estágios do diálogo socrático podem então ser empregados para extrair, resumir e maximizar a aprendizagem desses métodos de ação. Capítulos deste livro ilustram esses processos.

Associar o diálogo socrático verbal a métodos ativos de terapia experiencial pode levar a uma aprendizagem mais memorável e facilmente traduzida em passos para a mudança. Além disso, os métodos de ação aumentam o envolvimento do cliente e coletam dados aqui e agora sobre os problemas em exploração. Por exemplo, em vez de apenas falar sobre a declaração "Eu simplesmente não tenho energia para fazer nada", feita por um cliente deprimido, o terapeuta e o cliente podem realizar um experimento simples na sessão em que eles se levantam e caminham até a janela, olham para fora e falam sobre coisas que veem, ouvem, cheiram, bem como sobre outras respostas sensoriais. O terapeuta pode incentivar observações do cliente: "Veja se você consegue identificar uma visão/um som/um cheiro/uma sensação que você goste mais do que os demais". Ao pedir ao cliente que avalie sua energia e seu hu-

Diálogo socrático para a descoberta em psicoterapia **15**

mor antes e depois desse experimento, eles podem obter informações aqui e agora sobre (a) se o cliente *consegue* fazer alguma coisa (por exemplo, caminhar até a janela e notar sensações) mesmo quando se sente com energia muito baixa e (b) se fazer algo pode mudar a energia e o humor do indivíduo (ou seja, para melhor ou para pior).

Evolução nos métodos usados para cada um dos quatro estágios do diálogo socrático

Métodos de ação proporcionam novas oportunidades para a descoberta guiada no aqui e agora. O modelo de diálogo socrático de quatro estágios de Padesky pode responder imediatamente a esses métodos de ação.

Estágio 1: perguntas informativas. Perguntas informativas agora incluem observações ativas das experiências do cliente no aqui e agora. Quando são usados experimentos comportamentais, simulação de papéis, exercícios de imagens mentais e escrita interativa na sessão, perguntas informativas são utilizadas para obter informações sobre as experiências *imediatas* que o cliente está vivenciando, e não apenas para coletar informações sobre eventos passados da sua semana. Por exemplo, imagine uma discussão com uma mulher, Klarisse, que sente raiva de seu filho adolescente após uma discussão que tiveram na semana anterior sobre a recusa dele em ajudar nas tarefas domésticas. Em vez de simplesmente fazer perguntas informativas sobre o que aconteceu vários dias antes, seu terapeuta pede a ela para criar a cena, de modo que ele possa interpretar o adolescente e a cliente possa reencenar o que ocorreu. Ao criar a cena, seu terapeuta faz perguntas a Klarisse sobre como representar o adolescente (por exemplo, perguntas sobre a sua postura, o conteúdo da sua linguagem e o seu tom). Seu terapeuta faz perguntas sobre os pensamentos, os sentimentos, as reações físicas e o comportamento de Klarisse durante e após a simulação de papéis.

Estágio 2: escuta empática. Quando trazemos as experiências do cliente à vida na sessão por meio de simulação de papéis e outros métodos, podemos ouvir empaticamente com nossos olhos e outros sentidos, além de nossos ouvidos. Podemos expressar compaixão por nossos clientes tanto no tom quanto na linguagem utilizada. Após a encenação da discussão dela com o filho, o terapeuta de Klarisse fez diversas observações que ilustram essa escuta empática mais multidimensional possibilitada pelas intervenções de ação:

Terapeuta:	Eu pude ouvir sua raiva enquanto discutíamos. Também notei que você estava tremendo.
Klarisse:	Sim, eu fico tão irritada e frustrada por ele não me ouvir nem me tratar com respeito.
Terapeuta:	Sim. Notei que você começou falando com ele sobre o comportamento dele e, à medida que a discussão avançava, você passou a falar com ele sobre a falta de respeito.
Klarisse:	Acho que é a falta de respeito que me incomoda ainda mais do que o comportamento dele. O comportamento dele seria diferente se ele me respeitasse.

Terapeuta: No final, você parecia prestes a chorar e perguntou a ele por que ele não a respeitava. Eu não sabia o que ele diria, então apenas a encarei.

Klarisse: Eu comecei a chorar na semana passada. E é exatamente isso que ele faz. Isso me deixa louca!

Estágio 3: sínteses. Memórias da experiência podem mudar rapidamente. Escrever as coisas logo após ocorrerem é a melhor maneira de capturar os aspectos mais relevantes da experiência do cliente. Ao usar experiências ativas de descoberta guiada na sessão, é importante fazer sínteses escritas dos pontos-chave de aprendizagem. As melhores sínteses escritas registram as observações do cliente o mais fielmente possível. "O uso das palavras exatas do cliente é crucial na construção de sínteses escritas. Queremos que os clientes olhem para uma síntese e digam: 'Sim, essa foi minha experiência. Essas são as minhas ideias'. Dessa forma, eles podem se apropriar das descobertas estimuladas pelo diálogo socrático" (Padesky, 2019, 8).

Estágio 4: perguntas analíticas/sintetizadoras. Uma mudança-chave adicional ao longo das décadas no modelo de diálogo socrático de Padesky é que perguntas analíticas e sintetizadoras não se concentram mais apenas em integrar informações coletadas na síntese com a ideia original do cliente (por exemplo, "Como essas ideias que escrevemos nesta síntese se encaixam na sua crença de que...?"). Além disso, os terapeutas podem perguntar quais ideias em uma síntese escrita são mais propensas a *promover mudanças* na semana seguinte. Perguntas analíticas ou sintetizadoras podem direcionar o cliente a pensar em como ele gostaria que as coisas fossem em sua vida, como gostaria de ser diferente, quais são os próximos passos que pode dar, entre outras tantas perguntas que "apoiam um foco da TCC em avançar, criar oportunidades de mudança e identificar e alcançar metas aspiradas" (Padesky, 2019, 9). Essa expansão de foco acompanhou uma mudança significativa no pensamento de Padesky sobre as ênfases da TCC, como descrito na próxima seção, "Expansão dos alvos do diálogo socrático para incluir a construção de novas crenças e comportamentos".

Expansão dos alvos do diálogo socrático para incluir a construção de novas crenças e comportamentos

Os modelos originais de Adler, Beck, Overholser e Padesky são, em grande parte, modelos de desconstrução. Uma vez que as crenças de uma pessoa são definidas, os elementos são esclarecidos e desmembrados em partes menores, e as bases lógicas e conexões são analisadas. Mooney e Padesky (2000) propuseram que um processo igualmente importante na terapia pode ser a construção de novas crenças, suposições e padrões comportamentais. Elas argumentam que, especialmente quando as dificuldades do cliente são recorrentes, o foco em ajudá-lo a construir novas possibilidades, crenças e comportamentos é mais envolvente e motivador do que testar crenças mantenedoras. Além disso, um foco na construção de novos padrões de crença e comportamento pode ajudar as pessoas a responderem de maneira construtiva quando recaem em padrões antigos. No Capítulo 2, Padesky esclarece como o modelo de diálogo socrático de quatro estágios é modificado quando um terapeuta está seguindo essa abordagem mais construtiva.

Mudanças nos papéis do terapeuta e do cliente no diálogo socrático

Originalmente, considerava-se que o diálogo socrático era conduzido principalmente pelo terapeuta. No final da década de 1980, Padesky começou a anotar cada pergunta que fazia na terapia; depois, enviava essas perguntas para casa com os clientes para obter *feedback* sobre quais perguntas eles achavam mais úteis. Isso a levou a desenvolver listas de "boas perguntas" que se mostraram particularmente úteis para a descoberta guiada. Durante esse mesmo período, ela começou a notar que esses mesmos processos poderiam ser incorporados em planilhas e intervenções escritas que os clientes completavam, seja com o terapeuta na sessão ou de forma independente entre as sessões.

Padesky e Greenberger escreveram um livro de autoajuda para clientes, *A mente vencendo o humor: mude como você se sente, mudando o modo como você pensa* (1995, 2016), que incorporava essas "boas perguntas" que as pessoas poderiam se fazer. Esse manual também incluía uma variedade de planilhas que guiavam os leitores pelos quatro estágios do diálogo socrático: (1) fazer perguntas relevantes para questões específicas, (2) fornecer um formato estruturado para os clientes "ouvirem" suas próprias experiências antes de (3) escrever sínteses com informações relevantes nas planilhas, para que pudessem (4) comparar suas observações com as crenças que estavam testando (perguntas sintetizadoras) e/ou fazer um plano para usar o que aprenderam para se ajudar na semana seguinte (perguntas analíticas). Esse formato ajudou as pessoas a aprenderem a empregar o diálogo socrático com ou sem um terapeuta.

Diálogo socrático: Padesky

Padesky apresentou seu modelo de diálogo socrático de quatro estágios, que auxilia terapeutas na facilitação de processos de descoberta do cliente ao buscar metas terapêuticas tanto de desconstrução quanto de construção. Ela incentivou a participação ativa dos clientes ao combinar esse modelo de quatro estágios com métodos de ação em sessão e planilhas entre as sessões que incorporavam processos do diálogo socrático.

Outros métodos de descoberta guiada

Nesta seção, descrevemos alguns dos métodos de descoberta guiada comumente usados durante a terapia e fazemos referência aos capítulos deste livro que discutem essas áreas com mais detalhes. Os métodos de descoberta guiada discutidos são a conceitualização de caso, o teste de crenças e imagens, a avaliação de comportamentos, a exploração de emoções e questões fisiológicas e a abordagem de fatores ambientais que têm relação com as questões do cliente.

Conceitualização de caso

Muitos terapeutas foram ensinados que a conceitualização de caso é uma tarefa do clínico realizada fora das sessões de terapia. Kuyken et al. (2009) propuseram que a conceitualização colaborativa de caso feita durante a sessão tem mais utilidade para os clientes e aprimora o planejamento do tratamento, assim como a motivação do cliente. O diálogo socrático é fundamental para conduzir a conceitualização colaborativa de caso. Em seu artigo "Collaborative case conceptualization: client knows best", Padesky ilustra diálogos socráticos terapeuta-cliente usados durante a construção de dois tipos de conceitualização colaborativa de caso: (1) o modelo de cinco partes, usado para descobrir conexões entre pensamentos, emoções, comportamentos, respostas físicas e ambientes relacionados a questões terapêuticas, e (2) "caixa/seta dentro/seta fora", projetado para ajudar os clientes a identificar gatilhos e fatores de manutenção para questões específicas (Padesky, 2020b). Seu artigo* destaca perguntas e declarações específicas projetadas para envolver os clientes na coconstrução desses modelos. Também demonstra como fazer sínteses por escrito para capturar elementos-chave da conceitualização e integrar pontos fortes do cliente nesses modelos.

Teste de crenças e imagens

Os métodos preferidos para testar crenças e imagens dependem do nível de pensamento representado. Geralmente, três níveis de pensamento são abordados na TCC: pensamentos automáticos, suposições subjacentes e crenças centrais. Cada um desses níveis de pensamento tem seus próprios métodos projetados para testá-los, todos os quais incorporam o diálogo socrático. Assim, os terapeutas podem escolher os métodos mais eficazes para testar crenças se primeiro identificarem qual nível de pensamento está presente (Padesky, 2020c).

Pensamentos automáticos

Pensamentos automáticos são pensamentos e imagens que surgem em nossa mente em várias situações ao longo do dia. Eles frequentemente podem ser testados usando o diálogo socrático para identificar informações que respaldam ou não o pensamento ou a imagem. Perguntas que ajudam a pessoa a ver a situação em que o pensamento automático surgiu a partir de várias perspectivas são frequentemente as mais úteis. Por exemplo, terapeutas podem perguntar como outras pessoas veriam a mesma situação, ou como a pessoa avaliaria o que aconteceu se estivesse com um humor diferente, se estivesse olhando para trás a partir de algum momento futuro ou se as mesmas circunstâncias acontecessem com outra pessoa.

O Registro de Pensamentos em Sete Colunas (Padesky, 1983) é um exercício escrito que ensina os clientes a usar o diálogo socrático para testar seus próprios pen-

---

* Disponível, em inglês, em https://www.padesky.com/clinical-corner/publication.

samentos automáticos e imagens. Orientações detalhadas para as melhores práticas sobre como ensinar os clientes a usar efetivamente o Registro de Pensamentos em Sete Colunas são fornecidas por Padesky (2020c). O livro de autoajuda popular *A mente vencendo o humor*, de Greenberger e Padesky (2016), também pode ser usado para ensinar os clientes passo a passo a usar o Registro de Pensamentos em Sete Colunas para testar seus pensamentos e imagens automáticos. O Capítulo 3 ilustra essa abordagem.

Suposições subjacentes

Suposições subjacentes são crenças condicionais que geralmente podem ser expressas em um formato "Se..., então...". Como as suposições subjacentes tendem a ser voltadas para o futuro (por exemplo, "Se eu for à festa, então ninguém vai falar comigo"), elas são mais bem testadas com experimentos comportamentais (por exemplo, ir à festa, manter um olhar amigável e ver se alguém fala com você). Algumas questões clínicas, como transtornos de ansiedade, questões de uso de substâncias, comportamentos autolesivos e conflitos de relacionamento, geralmente são desencadeadas e mantidas por suposições subjacentes, como mostram os seguintes exemplos:

- Se algo ruim acontecer, então não conseguirei lidar com isso (transtorno de ansiedade generalizada).
- Se eu sentir vontade de usar, então eu posso muito bem fazer isso, caso contrário, vou me sentir cada vez pior com o tempo (abuso de substâncias).
- Se estou emocionalmente machucado, a única maneira de aliviar essa dor é me cortar (comportamento autolesivo).
- Se alguém não ceder, então isso significa que não me ama ou não se importa comigo (conflito de relacionamento).

Cada um desses tipos de crenças mantenedoras pode ser testado com uma série de experimentos comportamentais, como demonstrado nos capítulos ao longo deste livro. Como descrito no texto clássico de Bennett-Levy et al. (2004), experimentos comportamentais envolvem fazer previsões com base na crença que está sendo testada e, às vezes, em uma crença alternativa que está sendo considerada. Múltiplos experimentos geralmente são realizados para testar de maneira justa a suposição. A evidência acumulada é analisada, frequentemente usando o diálogo socrático, para verificar se a experiência da vida real tende a apoiar a suposição original ou uma alternativa.

Crenças centrais

Crenças centrais são convicções absolutas (tudo ou nada) que podem ser sobre si mesmo, sobre os outros, sobre o mundo ou sobre o futuro. De acordo com a teoria cognitiva, elas vêm em pares (Beck, 1967). Por exemplo, alguém pode ter a crença nuclear de que as pessoas podem ser confiáveis e, ao mesmo tempo, uma crença nuclear de que as pessoas não podem ser confiáveis. Embora seja possível manter em mente duas possibilidades ao mesmo tempo ("algumas pessoas são confiáveis e outras não são confiáveis"), quando sob ameaça ou emoção intensa, uma das crenças centrais provavelmente será ativada. Ao se sentir feliz e seguro, a crença nuclear de que os outros são confiáveis estará ativa. Quando ansioso ou em circunstâncias que parecem perigosas, a crença nuclear de que os outros não podem ser confiáveis pode ser ativada. Uma vez ativadas, as crenças centrais desempenham um grande papel na forma como se interpreta eventos da vida ambíguos. Considere, por exemplo, que alguém que você conhece passa por você e não o olha. Quando sua crença nuclear "as pessoas podem ser confiáveis" está operando, você pode pensar: "Ela não deve ter me visto". No entanto, se sua crença nuclear "as pessoas não podem ser confiáveis" estiver ativada naquele dia, então você pode pensar: "Ela está me dando gelo" ou "Ela está tramando algo".

A crença nuclear negativa de um par será ativada quando emoções como depressão, ansiedade, raiva, culpa e vergonha forem sentidas com intensidade. Uma vez que a pessoa não estiver mais deprimida, ansiosa ou enfurecida, suas crenças centrais mais positivas surgirão naturalmente. Assim, alguns especialistas alertam os terapeutas para não se concentrarem na mudança de crenças centrais antes que questões de humor primárias sejam abordadas na terapia (cf. Padesky, 2020c). Há algumas evidências emergentes de que trabalhar com crenças centrais no início da terapia pode até piorar alguns problemas apresentados, como a depressão (Hawley et al., 2017).

Às vezes, pessoas com problemas crônicos, como aqueles relacionados a estados de ânimo ou transtornos de personalidade, têm crenças centrais fracas ou ausentes. Nesses casos, crenças centrais extremas podem ainda dominar, mesmo quando as circunstâncias são mais positivas. Os terapeutas podem trabalhar com os clientes a fim de ajudá-los a identificar e construir crenças centrais mais positivas para associar às suas crenças centrais negativas. Os métodos clínicos para construir crenças centrais mais positivas geralmente incluem o uso de um *continuum* e registros de crenças centrais. Para informações mais detalhadas sobre esses processos, consulte Padesky (1994, 2020c). Novamente, o diálogo socrático costuma ser usado para impulsionar a aprendizagem do cliente a partir de cada um desses métodos terapêuticos.

Um aviso sobre trabalhar com crenças centrais muito cedo na terapia. Alguns terapeutas identificam e trabalham com crenças centrais muito cedo na terapia. O fato de as crenças serem chamadas de "nucleares" não significa que sejam as mais indicadas para serem trabalhadas primeiro. Uma maneira de os terapeutas se concentrarem prematuramente em crenças centrais consiste em usar a técnica da "seta descendente", na qual, para cada crença declarada pelo cliente, o terapeuta pergunta: "E se isso fosse verdade, o que isso significaria sobre você/para você?". Essa é uma técnica poderosa, e o terapeuta experiente pode se tornar cada vez mais hábil em "desembrulhar" cognições e identificar crenças fundamentais. No entanto, isso se torna antiterapêutico quando o terapeuta fica excessivamente focado em chegar aos significados de crenças centrais sem um ritmo empático adequado ou quando usa esse método nas primeiras sessões de terapia. Essa prática pode fazer com que o cliente veja o terapeuta como insensível. Além disso, os clientes podem se sentir expostos e vulneráveis e ficar com medo da colaboração.

Crenças centrais negativas muitas vezes desencadeiam angústia significativa. Foque-as com cautela e apenas quando necessário para alcançar os objetivos da terapia. Às vezes, seu cliente terá criado maneiras de evitar ativá-las (por exemplo, sempre agradando aos outros para evitar acionar crenças de "Não sou amável"); nesses casos, uma busca incessante de seta descendente pode levá-lo a uma conclusão para a qual não está bem-preparado. Quando um terapeuta está "desembrulhando" significados, é útil perguntar: "Está tudo bem continuarmos com essas perguntas ou você acha que este é um lugar frutífero para parar por enquanto?". Muitos clientes passaram muito tempo, até anos, tentando evitar ativar a dor contida em seus sistemas de crenças centrais, e um terapeuta não deve subestimar o medo e a angústia que a busca por elas pode provocar.

De fato, uma seta descendente precipitada para acessar crenças centrais rapidamente na terapia também pode resultar em oportunidades perdidas de ajudar os clientes a aprender mais sobre a natureza de seu problema, cognições associadas e maneiras de gerenciá-las. Há muito material para ser trabalhado a caminho das crenças centrais, como mostrado no exemplo de caso a seguir.

Niamh, de 30 anos, sentia-se deprimida após seu divórcio e não conseguia manter nenhum emprego ou relacionamento desde então. Ela relutava em colaborar na exploração de seu afeto. Niamh tendia a minimizar suas respostas emocionais, desconsiderando-as ou rindo de seus sentimentos, mas nunca dizendo claramente que estava angustiada com o processo. Ela não se sentia à vontade em identificar crenças centrais (que poderiam ser resumidas como "Eu não tenho valor e os outros vão me rejeitar").

O ritmo lento seguido pelo terapeuta de Niamh ao "desembrulhar" suas cognições proporcionou muitas oportunidades para analisar os processos cognitivos e participar de registros de pensamento e experimentos comportamentais que abordaram cognições que eram menos angustiantes do que suas crenças centrais. Niamh tinha muitas suposições que estavam prontas para uma exploração mais aprofundada, como "Se eu não for boa o suficiente, então não vale a pena tentar: eu tenho que ser a melhor". Essas suposições proporcionaram oportunidades para abordar vieses de pensamento, examinar os prós e contras de manter determinadas suposições, construir modelos explicando a manutenção de suposições prejudiciais, analisar evidências a favor e contra suposições, questionar pensamentos automáticos prejudiciais e introduzir técnicas como trabalho de *continuum* e experimentos comportamentais. Ao fazer todo esse trabalho primeiro, Niamh ficou mais habilidosa e preparada para se concentrar em suas crenças centrais mais tarde na terapia. Nosso Capítulo 6 ilustra como trabalhar efetivamente com crenças centrais.

Avaliação de comportamentos

Comportamentos geralmente são mantidos por suposições subjacentes. O impacto ou as consequências de comportamentos específicos em comparação com outros geralmente são testados usando experimentos comportamentais. A simulação de papéis também pode ser empregada na sessão para avaliar as habilidades do cliente e conduzir experimentos. As simulações de papéis permitem que os clientes experimentem e pratiquem novos comportamentos ou estratégias de comunicação. Ao mudarem de perspectiva durante uma simulação de papéis, podemos usar o diálogo socrático para ajudá-los a descobrir como determinados comportamentos podem ser percebidos por outras pessoas em uma interação. Para comportamentos que não podem ser recriados facilmente na sessão (por exemplo, embarcar em um avião e enfrentar turbulência durante o voo), imagens mentais podem ser usadas com o propósito de exposição, prática e ensaio de novos comportamentos. Ver o Capítulo 5 para uma exploração mais detalhada de imagens mentais e descoberta guiada. O Capítulo 7 deste livro oferece uma variedade de exemplos do uso de descoberta guiada no trabalho com comportamentos impulsivos e compulsivos.

Exploração de emoções

Alguns dos protocolos de TCC mais conhecidos abordam a compreensão e o gerenciamento de emoções como depressão e ansiedade. Clientes que buscam terapia com esses estados de espírito encontrarão uma ampla gama de práticas comprovadas baseadas em evidências que incorporam descoberta guiada. Isso inclui: exercícios envolvendo ativação comportamental, registros de pensamentos e experimentos comportamentais para a depressão (ver o Capítulo 3); experimentos comportamentais e exercícios de exposição para transtornos de ansiedade (ver o Capítulo 4). Outras emoções frequentemente exploradas na terapia, como raiva, culpa e vergonha, também podem ser abordadas usando uma variedade de processos de descoberta guiada, como círculos de responsabilidade, planilhas para avaliar a gravidade de ações tomadas ou não tomadas, e cartas de perdão (cf. Greenberger & Padesky, 2016; Padesky, 2020c).

Quando os clientes têm menos consciência ou disposição para discutir emoções, os terapeutas podem usar métodos de descoberta guiada, como imagens mentais e simulação de papéis, para recriar situações emotivas. Observações físicas e emocionais do cliente e do terapeuta podem ser exploradas durante e após essas experiências usando o diálogo socrático. Conforme descrito no Capítulo 9, métodos de jogo criativo podem ser usados para orientar a conscientização e o processamento das reações emocionais de crianças.

Investigações fisiológicas

Os clientes também procuram terapia com frequência em busca de ajuda para lidar com preocupações de saúde, dores crônicas, doenças graves, sintomas funcionais, insônia debilitante e outras preocupações fisiológicas. No caso de todas as questões apresentadas, uma variedade de métodos de descoberta guiada, como experimentos comportamentais, exercícios de imagens mentais e práticas de aceitação e atenção plena, pode ser empregada para identificar as características centrais dessas preocupações e explorar remédios para ajudar os clientes a gerenciá-las ou aliviá-las. O diálogo socrático pode ser integrado a todos esses métodos. O uso de imagens mentais para gerenciar a dor é ilustrado no Capítulo 5, e o Capítulo 8 detalha uma variedade de abordagens para lidar com adversidades à saúde.

Fatores ambientais

Fatores ambientais podem ser a causa principal e/ou um elemento exacerbante de muitas dificuldades humanas. Eles incluem: ambientes físicos pessoais, como contextos de vida barulhentos ou lotados; ambientes interpessoais, como a família ou o local de trabalho; ou ambientes sociais mais amplos, como a comunidade ou o país. Fatores ambientais tanto passados quanto atuais podem influenciar a saúde mental e o bem-estar de alguém. Por exemplo, a história de relacionamentos na infância de uma pessoa frequentemente está ligada a padrões interpessoais atuais. Às vezes, desafios em seu ambiente podem ser abordados com resolução de problemas, o que frequentemente envolve fazer observações e considerar respostas alternativas a oferecer. Métodos de descoberta guiada, incluindo diálogo socrático, simulação de papéis, ensaio de imagens mentais e experimentos comportamentais, são frequentemente usados para explorar respostas potenciais a problemas ambientais.

Padrões sociais amplos, como racismo sistêmico, homofobia e opressão de certos grupos (por exemplo, com base em cultura, religião, raça, etnia, não conformidade de gênero, condição econômica ou saúde física ou mental), estão ligados a depressão, ansiedade, dificuldades nos relacionamentos, respostas traumáticas e problemas de saúde física (Cormack et al., 2018; Paradies et al., 2015; Van Beusekom et al., 2018). As taxas de depressão, suicídio e ansiedade têm correlação negativa com a renda, e, por sua vez, a má saúde mental agrava a pobreza (Ridley et al., 2020).

O diálogo socrático pode ser usado para ajudar as pessoas a perceberem que a discriminação, a opressão e os ataques interpessoais não são justificados e não significam que um indivíduo é defeituoso ou menos digno do que os outros. Além disso, quando pessoas em uma comunidade específica (família, bairro, local de trabalho, escola, país) estão causando danos a um cliente, os terapeutas são aconselhados a não apenas analisar os pensamentos sobre o dano: ajudamos os clientes que estão sujeitos à adversidade e à discriminação social a elaborar estratégias para se protegerem, como se conectar com aliados e considerar se é benéfico sair dessa comunidade, ou estabelecer um objetivo terapêutico para tentar mudá-la. Mudanças sociais e ambientais podem ser objetivos apropriados para a terapia.

Além disso, os terapeutas podem usar o diálogo socrático para ajudar as pessoas que oprimem ou prejudicam os outros a terem mais consciência dos custos de seus próprios preconceitos, a fim de reduzir seu racismo, sua homofobia e outras visões tendenciosas sobre os outros. O trecho a seguir ilustra esse uso do diálogo socrático para lidar com o preconceito de um cliente.

Roger:	Estou ficando cansado dessa pandemia. Deveríamos simplesmente impedir os imigrantes de virem para cá.
Terapeuta:	A pandemia é realmente difícil, especialmente agora que ela se prolongou por tanto tempo. Estou curioso para saber o que você acha que aconteceria se parássemos a imigração.
Roger:	Isso controlaria a pandemia. É trazida por imigrantes.
Terapeuta:	Eu imagino que alguns imigrantes tenham sido infectados. Você acha que os imigrantes foram a única maneira pela qual a pandemia chegou ao nosso país?
Roger:	Bem, é a principal forma. Agora está se espalhando de muitas maneiras. E eu não consigo fazer tudo o que costumava fazer.
Terapeuta:	Eu posso ver o quanto você está angustiado. E entendo sua frustração com todas as restrições diferentes por causa da pandemia. (Pausa.) Você também parece estar com raiva. Quão irritado você se sente, de 0 a 10?
Roger:	Cerca de 8.
Terapeuta:	Temos conversado sobre como sua raiva aumenta quando você pensa que o comportamento de outras pessoas é projetado para machucá-lo, não é?
Roger:	Sim.
Terapeuta:	Eu me pergunto se pensar nos imigrantes como pessoas que estão machucando você diretamente está fazendo-o se sentir pior durante a pandemia.
Roger:	Mas é verdade. Eles trouxeram a pandemia, e isso está me prejudicando.
Terapeuta:	Você acha que os imigrantes vêm aqui para nos infectar com o vírus?
Roger:	Não.
Terapeuta:	Por que você acha que eles vêm aqui?
Roger:	Para obter os benefícios em nosso país.
Terapeuta:	Você se mudaria para outro país se houvesse benefícios melhores lá?
Roger:	Não.
Terapeuta:	Por quê?
Roger:	Porque sou X [menciona sua identificação com o país].
Terapeuta:	E seria difícil deixar um país que você ama.
Roger:	Isso mesmo.
Terapeuta:	Então, eu me pergunto se alguns imigrantes vêm para cá por outras razões além de apenas obter benefícios. Que outras razões poderiam haver?
Roger:	Bem, eu sei que alguns tiveram que vir por causa da guerra ou porque não havia empregos em seus países.

Terapeuta:	Você acha que esses imigrantes queriam trazer o vírus aqui quando estavam fugindo da guerra ou procurando uma maneira de trabalhar?
Roger:	Não, suponho que não.
Terapeuta:	E você acha que alguns deles estavam saudáveis quando chegaram, estando agora tão frustrados com essa pandemia quanto você?
Roger:	Provavelmente.
Terapeuta:	Como isso afeta seu nível de raiva se você pensar nos imigrantes que vieram aqui por boas razões, que não estavam doentes quando chegaram e que estão tão frustrados com essa pandemia quanto você?
Roger:	Sinto um pouco menos de raiva quando penso nesses imigrantes.
Terapeuta:	Quanta raiva você sente, de 0 a 10?
Roger:	Acho que cerca de 4.
Terapeuta:	Então, pensar nos imigrantes como a causa principal desta pandemia em nosso país faz você sentir raiva em torno de 8. Quando você pensa neles como pessoas que vieram aqui por muitas razões e que não queriam trazer a pandemia, e que na verdade podem estar tão chateados com essa situação quanto você, então você sente cerca de metade da raiva... 4.
Roger:	É.
Terapeuta:	Você consegue pensar em como isso pode ajudá-lo?
Roger:	Como nas outras situações que discutimos, tentar olhar para o quadro geral e considerar o ponto de vista da outra pessoa pode me ajudar a me sentir melhor.
Terapeuta:	Você acha que isso será mais fácil ou mais difícil de fazer no caso dos imigrantes?
Roger:	Um pouco mais difícil. Eu admito que não gosto tanto dos imigrantes.
Terapeuta:	Quais podem ser os benefícios para você de aprender a pensar neles como pessoas com razões para vir para cá que não envolvem machucá-lo pessoalmente?
Roger:	Acho que ficaria menos agitado ao ler as notícias ou ficar em casa.
Terapeuta:	Como você acha que poderia fazer isso? Vamos pensar em uma situação comum em que os imigrantes estão nas notícias. O que você poderia fazer que o ajudaria a se sentir menos agitado?

Observe que o terapeuta de Roger não questiona diretamente os preconceitos do cliente sobre os imigrantes nessa sessão; em vez disso, aborda o impacto dessas crenças nele. Ao abordar a raiva, muitas vezes é importante primeiro simpatizar com o sofrimento da pessoa e estabelecer uma aliança, concentrando-se em maneiras de reduzir o sofrimento dela, mesmo quando as razões para a raiva estão distorcidas (Padesky, 2020c). Essa abordagem também é consistente com os princípios da abordagem ao racismo na psicoterapia (Drustup, 2020).

DIÁLOGOS PARA A DESCOBERTA: POR QUE USÁ-LOS?

Diálogo socrático para a descoberta em psicoterapia ilustra como usar o diálogo socrático para guiar a descoberta do cliente na psicoterapia. Também mostra como evitar ou sair de armadilhas comuns que prejudicam o progresso terapêutico com uma ampla variedade de clientes e questões. Esta seção destaca descobertas empíricas sobre os benefícios do uso de questionamento socrático na psicoterapia e em outros contextos. Há uma crescente evidência empírica de que ele pode ser preferível em comparação com o uso mais direto da psicoeducação ou de outras abordagens terapêuticas.

Resultados da pesquisa empírica

Geralmente se afirma, nas áreas educacionais, que métodos de descoberta guiada promovem uma aprendizagem aprimorada do aluno em comparação com outras abordagens de ensino, mas isso raramente foi testado. O uso do questionamento socrático foi relacionado ao desenvolvimento de habilidades de pensamento crítico em salas de aula (cf. Sahamid, 2016), embora esses estudos tipicamente envolvam um pequeno número de alunos. Em termos de psicoterapia, até recentemente houve escassez de pesquisas sobre o diálogo socrático (questionamento), apesar das frequentes referências a ele na literatura da TCC. Isso é especialmente surpreendente dada a ênfase no suporte empírico para os métodos usados na TCC e a visão geral de que o questionamento socrático é uma competência central para a prática dessa abordagem terapêutica (Roth & Pilling, 2007).

Um dos principais fundamentos para utilizar métodos de descoberta guiada na terapia é que fazer perguntas, criar testes experimentais de ideias e ajudar os clientes a chegarem às suas próprias conclusões com base na experiência pessoal frequentemente resulta em aprendizagem mais eficaz em comparação com a realização de apresentações didáticas de ideias. Estudos experimentais oferecem algum suporte para esse raciocínio no contexto da psicoterapia.

Em um estudo, os participantes foram apresentados a uma série de frases incompletas que terminavam em um fragmento de palavra, como "Você acorda e se sente r_vig_r_d_". Um grupo foi solicitado a gerar ativamente sua própria conclusão sobre como o fragmento de palavra se completava. O outro grupo recebeu simplesmente a resposta correta — nesse exemplo, "revigorado". Os participantes que tiveram que chegar ativamente às suas próprias conclusões mostraram maior mudança tanto na emoção quanto no viés de interpretação (Hoppitt et al., 2010). Esse achado é clinicamente relevante porque o viés de interpretação negativa (ou seja, a tendência de interpretar informações ambíguas como negativas ou ameaçadoras) tem sido associado a vários transtornos clínicos, incluindo depressão e transtorno de ansiedade generalizada (Hirsch et al., 2018).

Clark e Egan (2015) ofereceram uma das primeiras revisões abrangentes de pesquisas diretamente pertinentes ao uso do questionamento socrático na psicoterapia. Em seu artigo, eles se referem ao "método socrático", que, conforme descrito ali, é equivalente ao que estamos chamando de "questionamento socrático". Embora não tenham encontrado evidências empíricas diretas naquela época para os benefícios do método socrático ou mesmo para uma compreensão comum dentro do campo do que são os métodos socráticos em termos de aparência e som, Clark e Egan resumiram várias descobertas empíricas consistentes com seus benefícios potenciais. Essas descobertas variaram desde evidências de que o questionamento socrático promove o envolvimento do aluno (Yengin & Karahoca, 2012) até o sucesso da entrevista motivacional (Miller & Rollnick, 2013), que cria uma relação terapeuta-cliente igualmente não diretiva.

Em sua crítica, Clark e Egan atribuíram a relativa falta de pesquisa aos seguintes fatores:

> (1) a imprecisão da definição do Método Socrático e as diferenças potenciais que podem existir no que o termo conota; (2) a falta de clareza sobre como o Método Socrático é aplicado nas intervenções baseadas em CBT com evidências; (3) a falta de um mecanismo claramente operacionalizado pelo qual uma abordagem socrática operaria; e (4) a falta de dados empíricos para afirmar se os benefícios propostos do Método Socrático estão presentes/ausentes (Clark & Egan, 2015, 876-877).

Esperamos que este texto contribua para a compreensão dessas duas primeiras questões em nosso campo. Clark e Egan também observam que a pesquisa sobre o questionamento socrático tem sido prejudicada pela falta de medidas para avaliar sua presença e sua qualidade. Nesse sentido, Padesky desenvolveu e publicou a escala e cartilha de avaliação do diálogo socrático (Padesky, 2020a) para avaliar o uso, pelo terapeuta, de seu modelo de diálogo socrático de quatro estágios, descrito neste texto.

Desde o artigo de revisão de Clark e Egan, eles e outros pesquisadores conduziram estudos empíricos para começar a abordar as lacunas na pesquisa. Estudos publicados até o momento oferecem encorajamento adicional quanto à utilidade do questionamento socrático na terapia. Um estudo (Heiniger et al., 2018) utilizou um experimento de vídeo analógico para verificar se as pessoas preferiam o uso do questionamento socrático ou a apresentação didática de informações em uma sessão de terapia para transtorno do pânico. Os observadores leigos do vídeo preferiram a abordagem socrática e classificaram o terapeuta naquele vídeo como melhor em termos de aliança e empatia do que o mesmo terapeuta visto no vídeo didático. Esse estudo fornece suporte preliminar à ideia de que os clientes podem achar o diálogo socrático atraente e de que ele pode aprimorar a aliança terapêutica.

Na prática clínica real, há evidências de que o questionamento socrático proporciona benefícios nos resultados da terapia para além de seu impacto positivo na aliança terapêutica. O primeiro estudo sobre a relação entre o questionamento socrático e a mudança de sintomas descobriu que o uso do questionamento socrático pelo terapeuta previa mudanças nos sintomas de uma sessão para outra na depressão, mesmo após controlar as avaliações dos clientes sobre a aliança (Braun et al., 2015).

Um estudo sobre a terapia de processamento cognitivo para o transtorno de estresse pós-traumático (TEPT) (Resick et al., 2016) descobriu que a habilidade do terapeuta no questionamento socrático estava relacionada a uma melhora mais significativa do cliente (Farmer et al., 2017).

Até o momento, um estudo investigou especificamente se o questionamento socrático alcança a melhoria dos sintomas promovendo a mudança cognitiva (Vittorio et al., 2022). Esse estudo analisou dados de 123 clientes participantes de TCC para depressão. Ele encontrou evidências consistentes com a ideia de que a mudança cognitiva media o impacto do questionamento socrático nas alterações dos sintomas de depressão. Além disso, o estudo mostrou que os clientes que iniciaram o tratamento com níveis mais baixos de habilidades em TCC se beneficiaram mais do uso do questionamento socrático. Esse último achado contradiz a intuição de alguns terapeutas que reservam o questionamento socrático para clientes mais habilidosos. Sugerimos que o diálogo socrático (questionamento) é útil com a maioria dos clientes e talvez especialmente para aqueles com níveis mais baixos de habilidades em TCC.

Estudos têm constatado que o uso do questionamento socrático é uma das habilidades mais difíceis para os terapeutas aprenderem (Roscoe et al., 2022; Waltman et al., 2017). Os terapeutas nesses estudos aprenderam a usar o questionamento socrático por meio de palestras didáticas, demonstrações clínicas e supervisões que não utilizaram o modelo de diálogo socrático de quatro estágios ensinado neste texto. Pesquisas futuras podem avaliar se um modelo estruturado como o oferecido aqui torna essa habilidade mais fácil de ser aprendida pelos terapeutas. Temos evidências anedóticas de nossos próprios programas de treinamento que sugerem que isso ocorre.

Claramente, ainda estamos nos estágios iniciais da pesquisa sobre o uso do diálogo socrático na psicoterapia. Questões amplas relevantes para este capítulo ainda estão sem resposta:

- Em que circunstâncias o diálogo socrático aprimora ou prejudica a aprendizagem e o progresso do cliente em comparação com outros tipos de comunicação do terapeuta?
- O uso de um modelo estruturado, como o proposto por Padesky (1993, 2019, 2020a), ajuda os terapeutas a adquirirem e alcançarem proficiência na utilização do diálogo socrático?
- A combinação do diálogo socrático com ação em sessão faz diferença?

É possível que algumas questões clínicas (por exemplo, fobias) possam ser abordadas de maneira eficaz apenas com ação (ou seja, exposição) e que outras questões (por exemplo, depressão, transtorno de ansiedade generalizada) possam ser abordadas de maneira mais eficaz com uma combinação de ação e diálogo socrático. Também é possível, dadas as diferentes maneiras como as pessoas se relacionam e aprendem, que os clientes respondam diferencialmente a abordagens didáticas ou socráticas — e nós, terapeutas, precisamos ser sensíveis ao que funciona melhor para quem (e quando).

A fim de estudar esse tipo de questão, é necessário desenvolver uma compreensão comum do que é o diálogo socrático. Esperamos que este livro ofereça uma estrutura útil para clínicos e pesquisadores compreenderem tanto o diálogo socrático quanto como combiná-lo melhor com outros métodos de descoberta guiada na prática clínica.

DIÁLOGO SOCRÁTICO: QUANDO UTILIZAR?

O diálogo socrático é uma ferramenta útil para expressar nosso interesse na situação do cliente enquanto exploramos com ele suas fortalezas, necessidades e dificuldades. Sempre que empregamos métodos de diálogo socrático, exemplificamos as habilidades analíticas e de síntese essenciais que nossos clientes poderão utilizar de forma autônoma posteriormente. Existem diversas circunstâncias terapêuticas nas quais o diálogo socrático pode quase sempre ser aplicado, e outras situações nas quais ele não é necessário ou é, até mesmo, contraproducente. Aqui, delineamos alguns dos exemplos mais comuns de cada caso.

Quando devemos usar o diálogo socrático?

O diálogo socrático é empregado estrategicamente para potencializar a aprendizagem do cliente e fomentar sua autodescoberta. Frequentemente, é utilizado para explorar crenças associadas a afetos intensos ou comportamentos-alvo que os clientes desejam modificar. Há três momentos em cada sessão terapêutica nos quais um terapeuta provavelmente recorrerá ao diálogo socrático. Ele é utilizado para promover a descoberta:

1. na revisão de atividades de aprendizagem entre sessões, também conhecidas como "tarefas de casa" (início da sessão);
2. na exploração de crenças, comportamentos, emoções, reações fisiológicas e circunstâncias de vida (meio da sessão);
3. na síntese da aprendizagem da sessão e no planejamento das próximas etapas do tratamento (ao longo da sessão/no final da sessão).

Essa lista pode sugerir que o diálogo socrático é aplicado a cada momento de cada sessão. Na realidade, cada uma dessas três instâncias pode durar de 5 a 15 minutos. Portanto, frequentemente, não mais que metade do tempo da sessão envolverá o diálogo socrático.

Revendo atividades de aprendizagem entre sessões, também conhecidas como "tarefas de casa". Clientes de TCC geralmente realizam atividades de aprendizagem entre as sessões para praticar habilidades, testar crenças ou experimentar novos comportamentos. O diálogo socrático é um método ideal para ajudar os terapeutas a revisar minuciosamente essas atividades. O uso do diálogo socrático quase sempre resulta em aprendizagem significativa a partir das atividades entre sessões e alcança três objetivos:

a. O aprendizado é identificado e escrito de maneira que o cliente terá uma maior possibilidade de lembrá-lo.
b. O processo de revisão cria uma ponte entre as sessões, conectando discussões e descobertas da sessão anterior ao planejamento da sessão atual.
c. Essas interações esclarecem e reforçam o valor dos esforços do cliente, aumentando a motivação para esses tipos de atividades.

A vinheta a seguir ilustra o uso do diálogo socrático para revisão das experiências de Jemma durante a semana em que ela anotou e avaliou seus estados de ânimo antes de entrar em casa após o trabalho. Aspectos importantes do uso do diálogo socrático por parte da terapeuta estão destacados entre parênteses no texto transcrito.

Terapeuta: Tenho me questionado sobre o que aprenderíamos nesta semana com suas anotações sobre seus estados de ânimo após o trabalho. Você conseguiu identificar e avaliar seus estados de ânimo em alguns ou todos os dias? (Expressa interesse nos esforços de Jemma.)

Jemma: Fiz isso em quatro dias. Esqueci de fazer ontem à noite porque fui fazer compras a caminho de casa e estava com pressa para levar a comida para dentro de casa.

Terapeuta: (Sorrindo.) Tudo bem. Acho que seremos capazes de aprender coisas importantes a partir das anotações que você fez durante quatro dias. (Enfatiza que o objetivo é a aprendizagem.) Você se lembra da razão pela qual combinamos de você anotar e avaliar seus estados de ânimo antes de entrar em casa? (Conecta-se à sessão anterior.)

Jemma: Sim. Quero parar de gritar com as crianças quando chego em casa. Não tinha certeza se meu comportamento tinha totalmente a ver com elas ou, em parte, tinha a ver comigo.

Terapeuta: Isso é o que também recordo. Você pode mostrar suas anotações e dizer o que percebeu? (Inicia perguntas informativas.)

Jemma: Aqui estão os quatro dias. Meus estados de ânimo foram diferentes em cada um dos dias, e alguns dias foram mais intensos do que outros.

Terapeuta: (Analisando as anotações de Jemma.) Parece que você identificou tristeza em 40% no primeiro dia, chateação em 80% no segundo dia, frustração em 75% no terceiro dia e desânimo em 90% no quarto dia. Bom trabalho ao identificar e avaliar todos esses estados de ânimo. Você acha que esses estados de ânimo se relacionavam com estar em casa ou a algo mais?

Jemma: Ah, não tinham a ver com a casa. Tenho muito tempo para pensar quando estou indo para casa. Geralmente, revejo meu dia de trabalho e, como pode ver, não gosto muito do meu trabalho, é um lugar difícil para trabalhar. Costumo me sentir muito mal no final do dia.

Terapeuta:	E, com esses estados de ânimo a bordo, fico pensando se você consegue lembrar como se sentiu fisicamente. Por exemplo, se sentiu cansada? Sem energia? Ou agitada?
Jemma:	Diria que me senti desanimada e exausta. Sinto que todo o ar sai de mim no final do dia.
Terapeuta:	Desanimada e exausta. Todo o ar foi expirado... Isso pinta uma imagem visual e física bastante clara. (Estimula imagens mentais úteis.) Isso é difícil. (Escuta empática.)
Jemma:	Sim. Alguns dias, chegar em casa consome toda a minha energia.

A terapeuta continuou fazendo perguntas informativas e indicando a Jemma que estava ouvindo de forma empática. Perguntou a ela sobre o principal acontecimento no trabalho a cada dia relacionado ao humor daquele dia. As duas também consideraram se os quatro estados de ânimo estavam relacionados entre si e como esses estados de ânimo influenciavam Jemma ao entrar em casa. Após cerca de sete minutos de discussão, a terapeuta pediu a Jemma para fazer uma síntese por escrito.

Terapeuta:	Agradeço por me ajudar a entender suas experiências relacionadas às anotações que fez nesta semana, Jemma. Vamos fazer uma síntese do que aprendemos até agora. Por exemplo, o que devemos escrever sobre os estados de ânimo que você já estava sentindo quando chegou em casa e quão intensos eles eram?
Jemma:	(Escrevendo enquanto fala.) Geralmente, estou sentindo estados de ânimo bastante intensos quando chego em casa. Esses estados de ânimo se relacionam principalmente ao que aconteceu no trabalho naquele dia.
Terapeuta:	E provavelmente devemos escrever algo em nossa síntese sobre como esses estados de ânimo estão ligados ao seu nível de energia... aquela ideia de que todo o seu ar foi expulso. (Usa as palavras e a imagem exatas da cliente.)

Mantenha em mente

As avaliações de humor e outros detalhes das observações do cliente são enfatizados na medida em que contribuem para avaliar e analisar as suas experiências e acompanhar o progresso. Embora Jemma tenha sido solicitada a classificar seus estados de ânimo e tenha feito isso, o terapeuta não direciona o foco para essas classificações aqui, pois esse resumo tem a intenção de criar uma visão mais abrangente da experiência dessa cliente.

Jemma:	Me sinto realmente exausta quando chego em casa e bastante carente de qualquer energia positiva.

Terapeuta:	Bem formulado. Você deveria anotar isso também. (Pausa.) E lembro que você disse algo sobre como isso afeta sua paciência.
Jemma:	Quando me sinto exausta do trabalho, assim que entro em casa, não tenho paciência para nada fora do lugar, barulhos altos ou tarefas deixadas por fazer.
Terapeuta:	Coloque isso na sua síntese também. (Aguarda Jemma escrever.) Houve mais alguma coisa importante que discutimos e que você queira incluir na síntese?
Jemma:	(Revisando.) Apenas a ideia de que meus estados de ânimo antes de entrar em casa são todos estados de ânimo que podem facilmente se transformar em raiva.
Terapeuta:	Sim. É importante incluir isso na síntese também. (Pausa enquanto Jemma faz isso.) Tire um momento para olhar sua síntese. Aprendemos muito com as notas que você fez. Analisar todas essas ideias ajuda você a entender ou traz novas ideias relacionadas ao seu objetivo de não gritar com seus filhos quando chega em casa do trabalho? (Pergunta analítica/sintetizadora.)
Jemma:	Bem, certamente não ajuda que eu chegue em casa já me sentindo no limite.
Terapeuta:	Aham. (Permanece em silêncio para que Jemma faça sua própria descoberta.)
Jemma:	Acho injusto para as crianças que elas recebam o impacto das minhas frustrações no trabalho. Se eu pudesse de alguma forma entrar em um estado de espírito melhor antes de passar pela porta, isso ajudaria. Preciso fazer tábula rasa em relação aos meus estados de ânimo e recomeçar, mas não sei como fazer isso.
Terapeuta:	Isso seria bom para você também? Aprender a fazer tábula rasa? (Terapeuta usa as palavras exatas de Jemma.)
Jemma:	Sim. Não gosto de ser tão grosseira em casa.
Terapeuta:	Deveríamos fazer desse o nosso objetivo para a sessão de hoje, então? Descobrir algumas maneiras de fazer tábula rasa e recomeçar quando você chegar em casa? (Terapeuta usa as palavras exatas de Jemma.)
Jemma:	Sim. Se você acha que é possível.

Conforme demonstrado nesse diálogo entre Jemma e sua terapeuta, o diálogo socrático pode ser facilmente utilizado para revisar as observações e os experimentos do cliente entre as sessões. Quando o terapeuta dedica tempo para ajudar o cliente a extrair aprendizagens valiosas das atividades entre as sessões, o cliente frequentemente responde a perguntas analíticas e de síntese com ideias para a próxima etapa

Diálogo socrático para a descoberta em psicoterapia   **33**

no planejamento do tratamento. O terapeuta de Jemma poderia ter pulado imediatamente da visualização das avaliações de humor da cliente para a sugestão de que a sessão seja dedicada a ajudá-la a se acalmar antes de entrar em casa. No entanto, implementar uma intervenção dirigida pelo terapeuta coloca Jemma em um papel mais passivo, de receptora, na terapia. *O uso do diálogo socrático coloca Jemma em um papel colaborativo ativo com sua terapeuta.* A consideração ativa de Jemma sobre suas próprias experiências a coloca em uma posição na qual ela pode ajudar a desenvolver seu plano de tratamento. O diálogo socrático também aproveita sua motivação para a mudança antes do início das intervenções de tratamento.

Explorando crenças, comportamentos, emoções, reações fisiológicas e circunstâncias de vida

Após a revisão das tarefas de aprendizagem, terapeuta e cliente começam a abordar a agenda da sessão. Alguns itens da agenda, como descrito mais tarde neste capítulo, não exigirão o uso do diálogo socrático. Exemplos de momentos em que o diálogo socrático provavelmente será utilizado incluem partes da sessão em que terapeuta e cliente estão conceituando questões terapêuticas ou se concentrando em testar crenças, explorar reações emocionais ou fisiológicas, avaliar respostas comportamentais ou resolver desafios de vida.

Por exemplo, Jemma e sua terapeuta podem praticar habilidades de gerenciamento de humor mais tarde nessa sessão. O diálogo socrático poderia ser usado para destacar aspectos-chave dessas habilidades que Jemma deseja praticar na próxima semana e para resumir as etapas envolvidas. Jemma e sua terapeuta podem usar o jogo de papéis para praticar respostas alternativas a serem dadas aos filhos da cliente quando ela está em modo de "resfriamento" ao entrar em casa. Se forem identificadas suposições subjacentes específicas que possam interferir em quaisquer comportamentos alternativos que Jemma esteja disposta a praticar, ela e sua terapeuta podem anotar essas suposições e elaborar experimentos comportamentais para testá-las, escrevendo previsões para suas suposições existentes e para as alternativas. Também podem ser praticados métodos de imagens que Jemma poderia implementar para dissipar as consequências emocionais de seu dia antes de entrar em casa.

A terapeuta de Jemma pode escolher entre uma ampla variedade de métodos terapêuticos para ajudá-la a gerenciar seus estados de ânimo e aprender novas estratégias para lidar com seus desafios parentais e relacionados ao trabalho. Quaisquer que sejam os métodos escolhidos, sua terapeuta pode usar a descoberta guiada (por meio de experimentos comportamentais, registros de pensamentos, simulação de papéis, imagens mentais, diálogo socrático) para maximizar a aprendizagem de Jemma e, em seguida, criar uma síntese escrita do que ela aprender.

Sintetizando a aprendizagem da sessão e planejando os próximos passos do tratamento

Um terceiro momento natural para usar o diálogo socrático em sessões de terapia é ao sintetizar o que foi discutido na sessão. O uso do diálogo socrático nesse ponto ajuda a consolidar a aprendizagem e incentiva os clientes a considerar como aplicar o que foi descoberto nas semanas seguintes. Perguntas informativas (a primeira etapa do diálogo socrático) podem ajudar a determinar qual aprendizado foi mais significativo para o cliente: "Vamos recapitular a sessão de hoje. O que você diria que foram as coisas mais importantes que discutimos?". Nesse ponto, o terapeuta pode incentivar o cliente a fazer uma síntese escrita das ideias-chave ou a se referir às sínteses já escritas anteriormente na sessão. Se ideias importantes estiverem ausentes da síntese da sessão feita pelo cliente, o terapeuta pode lembrá-las a ele — por exemplo, "Lembre-se de que também falamos sobre como a evitação parece piorar sua ansiedade. Vamos garantir que adicionemos isso à sua lista". Em seguida, o terapeuta pode pedir ao cliente para olhar sua síntese e responder a várias perguntas analíticas e sintetizadoras, por exemplo: "Como essas ideias podem ajudar você nesta semana?", "Que experimentos você pode fazer nesta semana para testar essas ideias?" ou "Qual próximo passo você se sente pronto para dar?". Um dos benefícios desse enfoque é que a pesquisa mostra que os clientes têm mais probabilidade de realizar futuras atividades de aprendizagem (também conhecidas como "tarefas") que se relacionem com as ideias que desejam lembrar das sessões (Jensen et al., 2020).

Uma vez que um cliente tenha escolhido os próximos passos em seu plano de tratamento, uma ampla gama de métodos de descoberta guiada pode aumentar ainda mais a probabilidade de que ele os realize. Se os próximos passos forem interpessoais, o jogo de papéis pode ser usado para ensaiar conversas e praticar o gerenciamento de obstáculos potenciais. Além disso, a prática imaginária de atividades planejadas aumenta a probabilidade de que uma pessoa as realize (Libby et al., 2007). Os terapeutas podem revisar a simulação de papéis e a prática de imagens mentais usando o diálogo socrático para destacar informações que apoiem a autoeficácia do cliente e benefícios de dar esses passos, bem como para ajudar o cliente a ultrapassar quaisquer barreiras à ação que forem descobertas.

Da mesma forma, no final da terapia, esses mesmos métodos podem ser uma parte integrante da preparação para o manejo de recaídas. Se os clientes rotineiramente fizeram sínteses escritas das sessões, essas sínteses podem ser reunidas para compor uma síntese final da terapia. Sínteses de fim de terapia abrangerão toda a terapia em vez de uma única sessão. Além disso, é útil pedir aos clientes que considerem quais eventos ou experiências futuras podem ser desafiadores para eles. Os terapeutas podem ajudar os clientes a listar as habilidades aprendidas na terapia que podem ser mais úteis para gerenciar esses desafios futuros, a fim de fazer um plano de ação escrito (Greenberger & Padesky, 2016, 285-289). O ensaio imaginário de desafios e a aplicação de habilidades/respostas relevantes podem ser usados para testar se o plano de ação da pessoa tende a ser útil (Padesky, 2020c).

Diálogo socrático para a descoberta em psicoterapia **35**

Quando *não* utilizamos o diálogo socrático?

O diálogo socrático não é empregado a todo minuto de uma sessão terapêutica. Algumas sessões envolverão mais minutos nos quais o diálogo socrático não está sendo utilizado do que minutos nos quais está. Perguntas, empatia, escuta e sínteses são elementos comuns na terapia. Os terapeutas só precisam unir sistematicamente esses elementos quando desejam ajudar os clientes a se concentrarem em testar crenças ou aprender sistematicamente com experiências. O diálogo socrático não é necessário quando os terapeutas estão esclarecendo as comunicações do cliente e reunindo informações para avaliação, ou sempre que oferecer informações diretas parecer mais terapêutico.

Em uma sessão típica, terapeuta e cliente entrarão e sairão do diálogo socrático. Os primeiros minutos podem envolver verificações rápidas sobre a vida do cliente e até mesmo um pouco de conversa casual para restabelecer a empatia e a aliança. Terapeuta e cliente definirão a agenda da sessão, o que geralmente envolve alguma troca e negociação de tópicos. O diálogo socrático provavelmente será empregado ao revisar as tarefas de aprendizagem do cliente. Em seguida, pode haver alguma conversa sobre outros itens da agenda, que podem envolver discussão, solução direta de problemas ou escuta e empatia geral para as preocupações do cliente. Se uma crença ou comportamento específico se torna o foco da sessão, o diálogo socrático pode ser utilizado para explorar e investigar essa crença ou comportamento. Em seguida, terapeuta e cliente usarão as ideias reunidas e geradas (e anotadas!) para planejar tarefas de casa futuras. Isso provavelmente será feito de maneira criativa, em um processo de *brainstorming* entre cliente e terapeuta.

Em muitas situações, a intenção do terapeuta influenciará se uma pergunta faz parte do diálogo socrático ou não. Por exemplo, a pergunta "Como você avaliaria a ansiedade quando...?" pode ser feita puramente com o propósito de coletar informações durante a avaliação. A mesma pergunta pode ser um questionamento do diálogo socrático se usada no final de um experimento comportamental com a intenção de que o cliente perceba e reflita sobre ele e/ou o compare com as previsões feitas.

Existem três circunstâncias amplas em que o diálogo socrático provavelmente não será necessário:

1. Quando a exploração para entender a experiência do cliente é suficiente.
2. Quando o propósito atual da terapia envolve coleta de informações ou discussão (e não descoberta ou teste de crenças).
3. Quando o ensino direto e didático é uma abordagem mais eficaz.

Vamos examinar mais de perto essas situações.

Quando a exploração para entender a experiência do cliente é suficiente

Com cada cliente, haverá momentos nas sessões em que o diálogo terapêutico se concentrará mais na compreensão e na exploração do que na descoberta. Isso ocorre no início das sessões ao restabelecer a aliança, quando novas questões são introduzidas pelo cliente, ao reunir informações para ajudar a resolver crises ou dilemas e durante a avaliação inicial de questões, como descrito na próxima seção, "Quando o propósito atual da terapia envolve coleta de informações ou discussão (e não descoberta ou teste de crenças)".

Alguns clientes podem precisar de mais compreensão e exploração nas primeiras sessões de terapia antes de estarem prontos para participar ativamente dos processos de descoberta da terapia. Por exemplo, muitas vezes são realizadas várias sessões de terapia com crianças e adolescentes antes que sejam reveladas questões que podem ser frutiferamente exploradas usando o diálogo socrático. O Capítulo 9 deste livro ilustra o uso de métodos de descoberta guiada que são envolventes para clientes mais jovens.

Algumas questões, como o luto agudo, são mais bem abordadas ouvindo empaticamente a experiência da pessoa. Quando alguém está passando por uma perda, é terapêutico fazer perguntas e reflexões puramente com o propósito de entender e apoiar as reações dessa pessoa. O luto é geralmente um processo que leva tempo, e oferecer compaixão e evocar as memórias do cliente sobre uma pessoa, um animal de estimação ou uma capacidade perdida é a essência da terapia para essa questão, especialmente nos primeiros meses após uma perda.

Quando o propósito atual da terapia envolve coleta de informações ou discussão (e não descoberta ou teste de crenças)

É difícil saber quais áreas de descoberta serão mais úteis para um cliente até que você tenha coletado informações suficientes para entender as preocupações e os objetivos dele. Durante uma sessão inicial e em sessões posteriores em que novos tópicos são introduzidos, geralmente há a necessidade de coletar informações e discutir com o cliente como, quando, onde e por que questões específicas são importantes. Perguntas diretas e sínteses escritas frequentemente são a abordagem mais eficaz ao coletar informações. Às vezes, as informações coletadas e resumidas são adequadas para processos de descoberta posteriores. Outras vezes, são suficientes por si sós.

Um exemplo claro disso é a realização de avaliações de risco. Os terapeutas combinam empatia e preocupação com perguntas claras e inequívocas. Perguntas diretas devem ser feitas para obter as informações mais pertinentes, como "Você diz que sente que não vale a pena o esforço — você já teve pensamentos suicidas?"; "Você assinalou na declaração deste formulário que tem pensamentos relacionados a morrer — você tem planos de colocá-los em prática?". As respostas do cliente ajudarão o terapeuta a avaliar o risco e decidir se a terapia pode prosseguir com segurança como de costume ou se seu foco deve mudar para intervenções voltadas a abordar e reduzir o risco de suicídio.

Quando o ensino direto e didático é uma abordagem mais eficaz

É importante ter em mente que boas perguntas socráticas são aquelas simples, às quais o cliente pode responder. Se um terapeuta deseja educar um cliente sobre os ciclos de sono para conectar essas informações à conceitualização da insônia do cliente, a educação direta será mais eficaz do que o diálogo socrático, a menos que o cliente seja um pesquisador do sono. Mesmo assim, se um ponto de educação puder ser derivado da experiência do cliente, em vez de ser apresentado de maneira acadêmica, o ensino a partir da experiência do cliente é preferível. Isso ocorre porque os clientes têm mais probabilidade de se envolver, lembrar e posteriormente usar informações que vêm de sua própria experiência. Portanto, a comunicação direta personalizada com o cliente, como "Você já percebeu que, quando está em um sono muito profundo, é mais difícil acordar?", é preferível, mesmo quando o diálogo socrático não é empregado.

Às vezes, é crucial fornecer informações de forma direta ao cliente, especialmente quando ele não possui conhecimento para construir suas próprias conclusões, mesmo com ajuda. Nessas situações, é necessário oferecer informações ou dirigi-lo a materiais de leitura ou áudio/vídeo. Por exemplo, é crucial que alguém com anorexia nervosa compreenda totalmente as consequências da autoinanição. Da mesma forma, os riscos potenciais de tomar medicamentos de maneira errática ou em excesso precisam ser comunicados diretamente aos clientes. Descobrir que pensamentos intrusivos são normais frequentemente proporciona alívio rápido aos clientes. Após fornecer informações, é possível prosseguir com uma abordagem de descoberta. Por exemplo, ao ter a hipótese de que o cliente ignorará a literatura sobre os perigos da autoinanição, o terapeuta poderia questionar: "O que você acha disso?" ou "Como isso pode se aplicar a você?".

Às vezes, os terapeutas relatam a um supervisor que foram didáticos na sessão porque não havia tempo suficiente para usar o diálogo socrático e extrair informações sobre as experiências do cliente. Isso é verdade em alguns casos. No entanto, os terapeutas que preferem regularmente os métodos didáticos aos socráticos devem lembrar de que as pesquisas sugerem que as pessoas têm atitudes mais positivas em relação a terapeutas que adotam abordagens socráticas em vez de didáticas (Heiniger et al., 2018) e que o material autogerado é mais bem lembrado. Não há problema em ser didático na terapia quando isso atende melhor ao cliente. Entretanto, os terapeutas que preferem um estilo didático, por ser mais confortável ou fácil para eles, devem estar cientes de que essa abordagem pode não ser tão benéfica para os clientes, por todas as razões descritas neste capítulo. No Capítulo 2, Padesky fornece diretrizes específicas e exemplos de diálogo socrático para ajudar a desenvolver essa habilidade e aumentar a confiança ao usá-la.

SÍNTESE

Este capítulo oferece uma síntese de como o questionamento socrático e o diálogo socrático evoluíram desde sua introdução na terapia até os dias atuais. Uma base de evidências para seu uso é apresentada, assim como orientações sobre quando o diálogo socrático tende ou não a ser útil na terapia. O modelo de diálogo socrático de quatro estágios de Padesky é brevemente ilustrado, com ênfase nos aspectos colaborativos e empíricos desses processos, bem como na importância da curiosidade e da empatia do terapeuta.

A descoberta guiada não se limita a métodos verbais. Frequentemente, pedimos aos clientes que façam observações e participem de exercícios de imagens mentais, simulações de papéis e experimentos comportamentais. Quando o diálogo socrático é combinado com esses outros métodos de descoberta guiada, é usado para extrair aprendizagem e consolidar descobertas do cliente. Sugerimos que você leia o Capítulo 2, a seguir, para obter mais informações sobre o modelo de diálogo socrático de quatro estágios de Padesky. Os capítulos restantes deste livro ilustram em maior detalhe como usar o diálogo socrático e outros métodos de descoberta guiada ao lidar com diversas questões e populações de clientes. Após ler o Capítulo 2, leia os capítulos mais relevantes para sua prática clínica ou supervisão.

Os terapeutas desejam que seus clientes se sintam melhor e resolvam as dificuldades da vida o mais rápido possível. Paradoxalmente, essa boa intenção às vezes pode levar os terapeutas em direções subótimas, o que pode custar tempo e tensionar a relação terapêutica. Cada um dos capítulos seguintes deste livro identifica armadilhas comuns que interferem no progresso da terapia e frustram tanto os terapeutas quanto os clientes. Você pode ver uma listagem parcial dessas armadilhas no Quadro 1.2, "Armadilhas comuns abordadas nos capítulos". Uma listagem completa das armadilhas abordadas pode ser encontrada nas páginas 473 a 476. Reconhecendo essas armadilhas desde cedo, os terapeutas têm a oportunidade de evitá-las ou lidar com elas de maneira mais eficaz. Esses esforços aumentam as chances de os clientes conseguirem fazer mais descobertas e usá-las de maneira eficaz para melhorar suas vidas.

QUADRO 1.2 Armadilhas comuns abordadas nos capítulos

Capítulo 2: armadilhas relacionadas ao uso do diálogo socrático em si. Por exemplo: clientes que dizem "Sim, mas...", que consideram perguntas invalidantes e que procuram respostas nos terapeutas; diálogos que abordam os pensamentos tangenciais em vez dos centrais; perigos de ignorar as três velocidades da terapia.

Capítulo 3: dificuldades em envolver clientes deprimidos e/ou suicidas em terapia colaborativa; pessimismo e desesperança do cliente; esquecimento de estabelecer um plano de manejo de recaídas.

Capítulo 4: armadilhas comuns no tratamento da ansiedade, como intolerância do cliente à incerteza, busca de conselhos e tranquilização, evitação, necessidades percebidas de autoproteção, dificuldades em abrir mão do controle e medo do terapeuta de aumentar o desconforto do cliente.

Capítulo 5: desprezo do terapeuta pelas imagens mentais, incerteza sobre como ajudar os clientes a identificar imagens mentais, falta de consciência do terapeuta sobre métodos criativos para avaliar imagens mentais, incerteza sobre quais aspectos das imagens mentais são importantes de abordar ou sobre como avaliar imagens mentais que envolvem cheiros, sensações cinestésicas ou outros conteúdos não verbais.

Capítulo 6: dificuldades em formar e manter uma aliança de trabalho consistente diante de crenças inflexíveis, repetição das mesmas questões em sessões sucessivas, desesperança do terapeuta, manejo de rupturas na aliança e desengajamento, que frequentemente acompanham crenças inflexíveis.

Capítulo 7: compreensão deficiente dos significados pessoais e dos riscos de comportamentos impulsivos e compulsivos, avaliação inadequada do risco, subestimação da probabilidade de recaída, natureza flutuante da motivação para a mudança e consequências negativas ou perigosas da mudança para clientes com esse tipo de comportamento.

Capítulo 8: clientes lidando com adversidades que acham difícil considerar que seus pensamentos são relevantes para seu sofrimento; pensamento do tipo "tudo ou nada" em relação à superação de adversidades; terapeutas que são muito "racionais" ou se sentem sobrecarregados pela adversidade do cliente; opções limitadas para a resolução de problemas devido a condições adversas ou cronicidade.

Capítulo 9: adaptações necessárias no uso do diálogo socrático com crianças e adolescentes devido a diferenças no desenvolvimento em relação a adultos; por exemplo, jovens que veem perguntas como interrogatório ou que têm baixa tolerância para ambiguidade, abstração e frustração.

Capítulo 10: armadilhas na terapia de grupo, como quando membros específicos dominam o tempo da terapia ou contribuem para interações hostis no grupo, ou quando os membros têm grandes discrepâncias na participação ou na aquisição de habilidades. Além disso, são abordadas armadilhas de passividade ou dependência excessiva de métodos didáticos por parte do terapeuta.

Capítulo 11: armadilhas de supervisão, como ser excessivamente didático, negligenciar suposições do terapeuta ou supervisor, perder de vista o contexto maior fora da supervisão e da terapia e negligenciar o relacionamento de supervisão.

Atividades de aprendizagem do leitor

Dada essa visão geral do diálogo socrático na psicoterapia, responda às perguntas a seguir.

- Você acredita que utiliza o diálogo socrático em sua terapia pouco, muito ou na quantidade adequada?
- Identifique um ou dois clientes com os quais seria ideal experimentar uma mudança em seu uso do diálogo socrático.
- Considere avaliar seu uso do diálogo socrático por meio da Escala e Manual de Avaliação do Diálogo Socrático (Padesky, 2020a), disponível (em inglês) em https://www.padesky.com/clinical-corner/clinical-tools/.

Se as ideias deste capítulo são novas para você, leia o Capítulo 2 antes de usar a escala de avaliação ou experimentar essas ideias com os clientes.

REFERÊNCIAS

Beck, A. T. (1967). *Depression: Clinical, experimental, and theoretical aspects.* New York: Harper & Row. (Republished as *Depression: Causes and treatment*, Philadelphia: University of Pennsylvania Press, 1972).

Beck, A. T., Emery, G., & Greenberg, R. L. (1985). *Anxiety disorders and phobias: A cognitive perspective.* New York: Basic Books.

Beck, A. T., Rush, A. J., Shaw, B. F., & Emery, G. (1979). *Cognitive therapy of depression.* New York: Guilford Press.

Bennett-Levy, J., Butler, G., Fennell, M., Hackmann, A., Mueller, M., & Westbrook, D. (Eds.) (2004). *Oxford guide to behavioural experiments in cognitive therapy.* Oxford: Oxford University Press.

Braun, J. D., Strunk, D. R., Sasso, K. E., & Cooper, A. A. (2015). Therapist use of Socratic questioning predicts session-to-session symptom change in cognitive therapy for depression. *Behaviour Research and Therapy, 70*(7), 32–37. https://doi.org/10.1016/j.brat.2015.05.004

Clark, G. I., & Egan, S. J. (2015). The Socratic method in cognitive behavioural therapy: A narrative review. *Cognitive Therapy and Research, 39*(6), 863–879. https://doi.org/10.1007/s10608-015-9707-3

Cormack, D., Stanley, J., & Harris, R. (2018). Multiple forms of discrimination and relationships with health and wellbeing: Findings from national cross-sectional surveys in Aotearoa/New Zealand. *International Journal for Equity in Health, 17,* 26. https://doi.org/10.1186/s12939-018-0735-y

Drustup, D. (2020). White therapists addressing racism in psychotherapy: An ethical and clinical model for practice. *Ethics & Behavior, 30*(3), 181–196. https://doi.org/10.1080/10508422.2019.1588732

Farmer, C. C., Mitchell, K. S., Parker-Guilbert, K., & Galovski, T. E. (2017). Fidelity to the cognitive processing therapy protocol: Evaluation of critical elements. *Behavior Therapy, 48*(2), 195–206. https://doi.org/10.1016/j.beth.2016.02.009

Greenberger, D., & Padesky, C. A. (2016). *Mind over mood: Change how you feel by changing the way you think* (2nd ed.). New York: Guilford Press.

Hawley, L. L., Padesky, C. A., Hollon, S. D., Mancuso, E., Laposa, J. M., Brozina, K., & Segal, Z. V. (2017). Cognitive behavioral therapy for depression using Mind Over Mood: CBT skill use and differential symptom alleviation. *Behavior Therapy, 48*(1), 29–44. https://doi.org/10.1016/j.beth.2016.09.003

Heiniger, L. E., Clark, G. I., & Egan, S. J. (2018). Perceptions of Socratic and non-Socratic presentation of information in cognitive behaviour therapy. *Journal of Behavior Therapy and Experimental Psychiatry, 58,* 106–113. https://doi.org/10.1016/j.jbtep.2017.09.004

Hirsch, C. R., Krahé C., Whyte J., Loizou S., Bridge L., Norton S., & Mathews A. (2018). Interpretation training to target repetitive negative thinking in generalized anxiety disorder and depression. *Journal of Consulting and Clinical Psychology, 86* (12),1017–1030. https://doi.org/10.1037/ccp0000310

Hoppitt, L. Mathews, A., Yiend, J., & Mackintosh, B. (2010). Cognitive bias modification: The critical role of active training in modifying emotional responses. *Behavior Therapy, 41*(1), 73–81. https://doi.org/10.1016/j.beth.2009.01.002

Jensen, A., Fee, C., Miles, A. L., Beckner, V. L., Owen, D., & Persons, J. B. (2020). Congruence of patient takeaways and homework assignment content predicts homework compliance in psychotherapy. *Behavior Therapy, 51*(3), 424–433. https://doi.org/10.1016/j.beth.2019.07.005

Kuyken, W., Padesky, C. A., & Dudley, R. (2009). *Collaborative case conceptualization: Working effectively with clients in cognitive-behavioral therapy.* New York: Guilford Press.

Libby, L. K., Shaeffer, E. M., Eibach, R. P., & Slemmer, J. A. (2007). Picture yourself at the polls: Visual perspective in mental imagery affects self-perception and behavior. *Psychological Science, 18*(3), 199–203. https://doi.org/10.1111/j.1467-9280.2007.01872.x

Miller, W. R., & Rollnick, S. (2013). *Motivational interviewing: Helping people change* (3rd ed.). New York: Guilford Press.

Mooney, K. A., & Padesky, C. A. (2000). Applying client creativity to recurrent problems: Constructing possibilities and tolerating doubt. *Journal of Cognitive Psychotherapy: An International Quarterly, 14*(2), 149–161. https://doi.org/10.1891/0889-8391.14.2.149

Overholser, J. C. (1993a). Elements of the Socratic method: I. Systematic questioning. *Psychotherapy, 30*(1), 67–74. https://doi.org/10.1037/0033-3204.30.1.67

Overholser, J. C. (1993b). Elements of the Socratic method: II. Inductive reasoning. *Psychotherapy, 30*(1), 75–85. https://doi.org/10.1037/0033-3204.30.1.75

Overholser, J. C. (1994). Elements of the Socratic method: III. Universal definitions. *Psychotherapy, 31*(2), 286–293. https://doi.org/10.1037/h0090222

Overholser, J. C. (2018). *The Socratic method of psychotherapy.* New York: Columbia University Press.

Oxford Reference. (n.d.) Retrieved August 8, 2022 from https://www.oxfordreference.com

Padesky, C. A. (1983). *7-Column Thought Record.* Huntington Beach, CA: Center for Cognitive Therapy, Huntington Beach. Retrieved from https://www.mindovermood.com/worksheets.html

Padesky, C. A. (1993, September 24). *Socratic questioning: Changing minds or guiding discovery?* Invited speech delivered at the European Congress of Behavioural and Cognitive Therapies, London. Retrieved from https://www.padesky.com/clinical-corner/publications/

Padesky, C. A. (1994). Schema change processes in cognitive therapy, *Clinical Psychology and Psychotherapy, 1*(5), 267–278. https://doi.org/10.1002/cpp.5640010502

Padesky, C.A. (2019, July 18). *Action, dialogue & discovery: Reflections on Socratic questioning 25 years later.* Invited address presented at the Ninth World Congress of Behavioural and Cognitive Therapies, Berlin, Germany. Retrieved from https://www.padesky.com/clinical-corner/publications/

Padesky, C. A. (2020a). *Socratic dialogue rating scale and manual.* https://www.padesky.com/clinical-corner/clinical-tools/

Padesky, C. A. (2020b). Collaborative case conceptualization: Client knows best. *Cognitive and Behavioral Practice, 27,* 392–404. https://doi.org/10.1016/j.cbpra.2020.06.003

Padesky, C. A. (2020c). *The clinician's guide to CBT using Mind over Mood* (2nd ed.). New York: Guilford Press.

Padesky, C. A. (2022). Collaboration and guided discovery. *Journal of Cognitive and Behavioral Practice, 29*(3), 545–548. https://doi.org/10.1016/j.cbpra.2022.02.003

Paradies, Y., Ben, J., Denson, N., Elias, A., Priest, N., et al. (2015). Racism as a determinant of health: A systematic review and meta-analysis. *PLoS ONE 10*(9): e0138511. https://doi.org/10.1371/journal.pone.0138511

Resick, P. A., Monson, C. M., & Chard, K. M. (2016). *Cognitive processing therapy for PTSD: A comprehensive manual.* New York: Guilford Press.

Ridley, M., Rao, G., Schilbach, F., & Patel, V. (2020). Poverty, depression, and anxiety: Causal evidence and mechanisms. *Science, 370*(6522). https://doi.org/10.1126/science.aay0214

Roscoe, J., Bates, E.A., and Blackley, R. (2022). "It was like the unicorn of the therapeutic world": CBT trainee experiences of acquiring skills in guided discovery. *The Cognitive Behaviour Therapist, 15*(32), e32. https://doi.org/10.1017/S1754470X22000277

Roth, A. D., & Pilling, S. (2007). *The competences required to deliver effective cognitive and behavioural therapy for people with depression and with anxiety disorders*. London: HMSO, Department of Health.

Sahamid, H. (2016). Developing critical thinking through Socratic questioning: An action research study. *International Journal of Education and Literacy Studies*, 4(3), 62–72. https://doi.org/10.7575/aiac.ijels.v.4n.3p.62

Stein, H. T. (1991) Adler and Socrates: Similarities and difference. *Individual Psychology*, 47, 241–246.

Van Beusekom, G., Bos, H. M. W., Kuyper, L., Overbeek, G., & Sandfort, T. G. M. (2018). Gender nonconformity and mental health among lesbian, gay, and bisexual adults: Homophobic stigmatization and internalized homophobia as mediators. *Journal of Health Psychology*, 23(9), 1211–1222. https://doi.org/10.1177/1359105316643378

Vittorio, L. N., Murphy, S. T., Braun, J. D., & Strunk, D. R. (2022). Using Socratic questioning to promote cognitive change and achieve depressive symptom reduction: Evidence of cognitive change as a mediator. *Behaviour Research and Therapy*, 150, 104035. https://doi.org/10.1016/j.brat.2022.104035

Waltman, S., Hall, B. C., McFarr, L. M., Beck, A. T., & Creed, T. A. (2017). In-session stuck points and pitfalls of community clinicians learning CBT: Qualitative investigation. *Cognitive and Behavioral Practice*, 24(2), 256–267. https://doi.org/10.1016/j.cbpra.2016.04.002

Yengin, I., & Karahoca, A. (2012). "What is Socratic method?" The analysis of Socratic method through "self determination theory" and "unified learning model". *Global Journal on Technology*, 2, 357–365.

2

Modelo de diálogo socrático de quatro estágios

Christine A. Padesky

As pessoas geralmente são mais persuadidas pelos motivos que elas mesmas descobriram do que pelos que surgiram na mente dos outros.
— **Blaise Pascal** (1623-1662)

A expressão questionamento socrático tem sido associada à terapia cognitiva de Beck desde o final da década de 1970. Então, como e por que desenvolvi minha própria compreensão de que seria útil criar práticas terapêuticas melhores se progredíssemos do questionamento socrático para o diálogo socrático? Em 1986, eu estava ministrando um curso intensivo de terapia cognitivo-comportamental (TCC) e acabara de realizar uma demonstração clínica quando um terapeuta me perguntou: "Mas como você sabe quais perguntas fazer?". Minha resposta rápida foi: "Siga sua curiosidade. Simplesmente faço as perguntas que surgem na minha cabeça". Ao ouvir-me responder dessa forma, tive uma série de pensamentos automáticos: "Essa é uma resposta realmente pouco útil para uma pergunta válida do aluno. Devo estar seguindo alguns princípios. Quais são eles? Minha resposta sugere que os terapeutas precisam praticar por alguns anos e depois se tornarão sábios socráticos. Eu realmente acredito nisso?".

É testemunho do poder de uma boa pergunta que esse questionamento do aprendiz tenha me levado a examinar as perguntas que eu fazia na terapia com muito mais curiosidade. Pelos sete anos seguintes, prestei muita atenção e refleti sobre as perguntas que fazia. Ao ouvir gravações de sessões de aprendizes, dei mais atenção às perguntas dos terapeutas e às respostas dos clientes. Durante parte desse período, anotei cada pergunta que fiz aos meus próprios clientes na terapia. Quando os clientes diziam que uma sessão havia sido particularmente útil, eu perguntava:

"O que você acha que foi mais útil?". Se indicavam que as perguntas que eu fazia eram úteis, eu fazia uma cópia para eles de todas as perguntas que havia feito naquela sessão. Enviava-os para casa com essas listas de perguntas e pedia que me dissessem quais achavam mais significativas ou úteis.

DO QUESTIONAMENTO SOCRÁTICO AO DIÁLOGO SOCRÁTICO

Minhas reflexões sobre minhas próprias intervenções como terapeuta e observações de terapeutas que eu estava ensinando nas décadas de 1980 e 1990 me levaram a concluir que era mais terapêutico quando o questionamento socrático era usado para orientar a descoberta do cliente do que quando era utilizado para tentar mudar as suas crenças. Eu observava que as perguntas específicas feitas pelo terapeuta muitas vezes eram menos importantes do que o que acontecia depois que as perguntas eram feitas. Por exemplo, ouvia terapeutas fazendo perguntas maravilhosas e, então, quando seus clientes respondiam de maneiras inesperadas e clinicamente significativas, eles simplesmente passavam para a próxima pergunta, em vez de responder com empatia e curiosidade às respostas oferecidas. Portanto, em vez de usar a expressão "questionamento socrático", que enfatiza as perguntas feitas, comecei a usar a expressão "diálogo socrático".

O diálogo socrático descrevia melhor o processo que eu observava quando as investigações socráticas pareciam ser particularmente úteis para os clientes. Em 1993, desenvolvi e publiquei um modelo de questionamento socrático de quatro estágios (Padesky, 1993), que finalmente pensei que respondia adequadamente à pergunta "Como você sabe quais perguntas fazer?". Posteriormente, isso evoluiu para o que agora refiro como o "modelo de diálogo socrático de quatro estágios". Como brevemente descrito no Capítulo 1, os quatro estágios do diálogo socrático são:

1. Perguntas informativas
2. Escuta empática
3. Síntese das informações coletadas
4. Perguntas analíticas ou sintetizadoras

Há algum movimento de ida e volta entre esses estágios, mas, ao longo do diálogo socrático, todos os quatro estágios geralmente progridem nessa ordem, como ilustrado ao longo deste capítulo.

TERAPIA DE TRÊS VELOCIDADES

Por volta do mesmo período, comecei a falar com terapeutas sobre a importância de prestar atenção ao que eu chamava de "terapia de três velocidades" (Padesky & Mooney, 1993). Esse conceito ajudou os terapeutas a serem mais cuidadosos com as perguntas que faziam, as respostas empáticas que davam e o ritmo de avanço

Diálogo socrático para a descoberta em psicoterapia **45**

pelo diálogo socrático e por outras intervenções terapêuticas. O que quero dizer com "terapia de três velocidades"?

Na minha perspectiva, a velocidade mais rápida da terapia é o ritmo dos pensamentos que correm na mente do terapeuta. Ao realizar a terapia, pensamos sobre o que o cliente está dizendo, observamos sinais não verbais que podem ser relevantes, avaliamos hipóteses sobre o que achamos que está acontecendo e consideramos e pesamos os possíveis benefícios das intervenções que achamos que podem ser úteis. A maioria dos terapeutas entende que não é terapêutico despejar todos esses pensamentos no cliente. No entanto, quando bombardeamos os clientes com perguntas, geralmente é porque já temos um conjunto de perguntas em mente que estamos ansiosos para fazer, e prosseguimos fazendo-as sem considerar a resposta dos clientes.

A segunda velocidade da terapia é o que realmente dizemos em voz alta ao cliente. Essa velocidade deve ser mais lenta e refletir as melhores e mais úteis ideias que passam por nossa mente. O que dizemos ao cliente deve ser ajustado ao seu nível de compreensão, humor e estilo pessoal e às ideias mais propensas a proporcionar benefícios imediatos. Consideramos o que tende a ser mais útil para este cliente em particular neste momento específico.

A terceira velocidade da terapia é o que pedimos aos clientes para fazerem entre as sessões. Na minha visão, isso geralmente deve ser mais lento do que o que aconteceu na sessão, porque pode levar algum tempo para os clientes aplicarem independentemente novas ideias em sua vida. Por exemplo, no início de uma segunda sessão, podemos começar a elaborar mentalmente um plano de tratamento para um cliente que luta contra uma depressão moderada. Mentalmente, registramos as pressões da vida e os padrões de pensamento que podem estar mantendo seu baixo estado de espírito e começamos a pensar em como configurar efetivamente experimentos de ativação comportamental para que o cliente possa aprender que tipos de atividades melhoram mais rápido o seu humor (velocidade mais rápida, em nossa mente). Em vez de dizer tudo isso ao cliente, podemos formular algumas perguntas sobre o que ele faz durante o dia e conversar com ele sobre como pode ser útil aprender mais sobre as conexões entre o que faz e como se sente (velocidade um pouco mais lenta). Em seguida, reconhecendo que pode ser difícil nos lembrarmos das coisas, especialmente quando nos sentimos deprimidos, criamos um gráfico simples para o cliente preencher listando suas atividades ao longo do dia junto com classificações de humor. Praticamos o preenchimento desse gráfico na sessão para garantir que o cliente consiga fazê-lo e depois o enviamos para casa para "fazer o máximo que puder" na semana seguinte, de modo a nos ajudar a aprender o que podemos sobre as conexões entre as atividades que realiza durante a semana e o seu humor (velocidade mais lenta das três).

Prestar atenção à terapia de três velocidades nos incentiva a considerar constantemente o impacto em nossos clientes do que dizemos e fazemos. Pede-nos para imaginar como nossos clientes podem estar ouvindo o que dizemos e experimentando o que fazemos nas sessões de terapia. Lembra-nos de que a terapia não acontece "mais rápido" se sobrecarregarmos os clientes com tarefas de aprendizagem (também conhecidas como "tarefas de casa") avassaladoras ou confusas, ou se pularmos de intervenção em intervenção. Assim, é um bom conceito complementar ao modelo de diálogo socrático de quatro estágios, que é projetado para criar um processo de descoberta guiada adaptado às necessidades e capacidades de aprendizagem atuais de cada cliente.

Ao longo deste livro, diálogos entre terapeuta e cliente ilustram a segunda velocidade da terapia e, às vezes, descrevem as atividades de aprendizagem planejadas para casa na sessão (terceira velocidade). Muitos desses diálogos são acompanhados de um quadro "Na mente do terapeuta", que descreve o que está acontecendo na primeira e mais rápida velocidade da terapia, para que você possa entender o que está orientando as escolhas de intervenção desse terapeuta.

Terapia de três velocidades

1. Velocidade mais rápida: pensamentos acelerados na mente do terapeuta.
2. Velocidade um pouco mais lenta: o que de fato expressamos ao cliente em voz alta.
3. Velocidade mais lenta das três: instruções dadas aos clientes entre as sessões.

MODELO DE DIÁLOGO SOCRÁTICO DE QUATRO ESTÁGIOS

Este capítulo destaca como empregar efetivamente o diálogo socrático para investigar crenças, respostas comportamentais e outros alvos terapêuticos. Também apresenta maneiras de utilizar o diálogo socrático para maximizar a aprendizagem do cliente a partir de outros métodos de descoberta guiada, como experimentos comportamentais, simulação de papéis e exercícios de imagens mentais (Padesky, 2019, 2020a). Por fim, o uso do diálogo socrático para ajudar a construir novas crenças, reações emocionais e padrões comportamentais é discutido em termos de suas aplicações na TCC baseada em pontos fortes (Padesky & Mooney, 2012).

Proponho dois benefícios do aprendizado desse modelo de diálogo socrático de quatro estágios. O primeiro é que, como indica minha experiência de mais de 40 anos conduzindo treinamento clínico, esse modelo ajuda os terapeutas a adquirirem as habilidades do diálogo socrático mais rapidamente. Em segundo lugar, esses quatro estágios oferecem caminhos claros para superar armadilhas terapêuticas comuns que os terapeutas frequentemente encontram ao usar o diálogo socrático. As primeiras quatro das cinco armadilhas listadas no Quadro 2.1 serão abordadas ao longo da nossa discussão dos quatro estágios. A quinta armadilha é discutida mais adiante neste capítulo, na seção intitulada "Quando o diálogo socrático não é útil".

As seções a seguir oferecem explorações detalhadas dos processos e fundamentos para cada estágio do diálogo socrático. Você aprenderá a usar o diálogo socrático para orientar a descoberta do cliente em vez de cair na armadilha de fazer perguntas para tentar mudar a mente dele, o que muitas vezes enfraquece a confiança e a aliança terapêutica. Como parte desse processo, incentivo os terapeutas a adotar uma postura de neutralidade em relação às crenças do cliente e não prejulgá-las como "racionais" ou "irracionais", como "adaptativas" ou "mal-adaptativas". Em vez disso, os terapeutas se beneficiam genuinamente da curiosidade, da compaixão pelos pontos de vista do cliente e de um espírito investigativo.

QUADRO 2.1 Diálogo socrático: armadilhas comuns

Armadilha 1
Os terapeutas fazem tantas perguntas que os clientes se sentem bombardeados, achando que seu ponto de vista não é compreendido nem aceito.

Armadilha 2
O terapeuta formula diversas boas perguntas e obtém informações úteis, mas nem ele nem o cliente sabem como aplicar esses dados aos problemas específicos do cliente.

Armadilha 3
O cliente busca respostas no terapeuta. Este se esforça cada vez mais ao longo do tempo, enquanto a terapia progride de maneira bastante lenta.

Armadilha 4
O cliente solicita sugestões ao terapeuta e, sempre que ideias úteis são oferecidas, o cliente responde com um "Sim, mas...".

Armadilha 5
O terapeuta utiliza o diálogo socrático apropriadamente, porém sem eficácia, pois não aborda as crenças ou os comportamentos centrais e mantenedores relacionados aos problemas do cliente.

Estágio 1: perguntas informativas

O propósito de fazer perguntas informativas a um cliente é reunir uma variedade de informações relevantes que o cliente pode usar para avaliar crenças, comportamentos ou decisões específicas. Ao longo dos anos, identifiquei sete diretrizes que embasam minha própria escolha de perguntas a fazer, conforme mostrado no Quadro 2.2.

QUADRO 2.2 Diretrizes para perguntas informativas

1. Faça perguntas que o cliente possa responder.
2. Seja específico.
3. Comece solicitando informações consistentes com as crenças do cliente.
4. Demonstre curiosidade neutra.
5. Faça perguntas que ampliem a perspectiva do cliente.
6. Recorra às suas próprias bases de conhecimento relevantes:
   a. curiosidade relevante;
   b. conhecimento de experiências humanas comuns;
   c. história e cultura do cliente;
   d. história compartilhada de cliente e terapeuta.
7. Permita o silêncio.

Faça perguntas que o cliente possa responder

Perguntas informativas são projetadas para ajudar alguém a acessar informações que já conhece, mesmo que estejam fora da consciência. Por exemplo, Brianna sempre foi uma mulher reclusa e deseja aprimorar suas habilidades sociais. *Não seria* útil perguntar a ela: "Quais são os tópicos comuns de discussão em uma festa?". Se Brianna não foi a festas recentemente, ela não saberia como responder a essa pergunta. Uma pergunta desse tipo pode reforçar sua visão (e talvez a realidade) de que ela não tem habilidades sociais. Em vez disso, seria melhor perguntar: "O que você fez, leu ou ouviu recentemente que lhe interessa?".

O conceito de chamar a atenção do cliente para informações relevantes à discussão, mas fora da consciência atual dele, parece difícil em abstrato, mas na realidade é simples. Um tipo comum de pergunta informativa é pedir a alguém que procure em suas memórias por experiências de vida diferentes das que estão agora em mente. Por exemplo, você poderia perguntar a Brianna: "Há alguém em alguma das lojas que você visita com quem você conversa, mesmo que por um minuto?". Perguntas de acompanhamento podem explorar suas experiências com essas conversas.

O diálogo socrático é frequentemente usado para explorar crenças altamente associadas a afetos intensos. Sempre que o afeto está alto, as pessoas recuperam cognitivamente informações consistentes com esse afeto e esquecem informações contraditórias às emoções ativadas (Dalgleish & Watts, 1990). Além disso, uma vez que novas memórias são acessadas (por exemplo, associadas a um humor ou conteúdo diferente), as pessoas são mais capazes e propensas a lembrar eventos consistentes com esse novo conteúdo estimulado (Mace & Petersen, 2020). Portanto, você poderia perguntar a uma pessoa deprimida: "Como você veria essa situação de forma diferente se estivesse feliz e tudo estivesse indo bem para você?".

Seja específico

Como ilustrado com a pergunta a Brianna sobre as conversas que ela poderia ter nas lojas que visita, as perguntas informativas são mais úteis quando sondam experiências específicas na vida do cliente. Na verdade, uma pergunta genérica informativa é: "Você pode me dar um exemplo específico do que você quer dizer?". Os terapeutas coletam informações sobre quem, o quê, onde, quando e como. É útil perguntar aos clientes: "Como você se sentiu?", "O que você fez?", "Quais pensamentos passaram por sua mente?". Formular essa última pergunta é melhor do que perguntar: "O que você pensou?", porque perguntar o que passou pela mente de alguém convida a imagens e memórias, assim como a pensamentos verbais. Depois que os detalhes de uma situação específica são explorados, os terapeutas frequentemente sondam os significados ("O que isso significa para você?", "Quais são as melhores/piores/mais problemáticas partes disso para você?") e o contexto histórico ("O que você fez no passado?", "Como você lidou com isso até agora?").

Comece solicitando informações consistentes com as crenças do cliente

O ritmo e a ordem das perguntas são importantes. Geralmente, é uma boa ideia começar com perguntas que ajudem o cliente a elaborar as razões pelas quais chegou a determinada conclusão. Marcus se sente deprimido e diz à terapeuta: "Eu sou um fracasso total". Se a *primeira* resposta da terapeuta for: "Há algo em sua vida que correu pelo menos parcialmente bem?", Marcus provavelmente perceberá sua terapeuta como invalidadora ou interessada em mudar sua opinião. O significado da pergunta da terapeuta muda se ela perguntar primeiro a Marcus: "Em quais experiências de vida você está pensando quando diz que é um fracasso total?". Marcus facilmente se lembra de instâncias de fracasso ao longo de sua vida, mas não se lembra espontaneamente de sucessos.

É importante que a terapeuta ouça suas recordações por alguns minutos e até as anote em uma síntese. Então, quando ela pergunta a Marcus "Há algo em sua vida que correu pelo menos parcialmente bem?", sua pergunta agora tem mais probabilidade de ser percebida como curiosa e útil. Marcus será mais propenso a pensar sobre a pergunta e dar uma resposta ponderada se já teve a oportunidade de discutir a ideia que mais o preocupa: seus fracassos. Embora Marcus possa inicialmente negar qualquer sucesso, perguntas mais específicas que incentivem uma busca mental geralmente o levarão a lembrar alguns sucessos (por exemplo, "Você se formou na escola?", "Você acha que é um bom pai?"). Essas recordações podem surpreender Marcus; memórias de seus sucessos estarão muito distantes de sua consciência atual até serem estimuladas por perguntas específicas.

Demonstre curiosidade neutra

Além do ritmo e da ordem das perguntas, o tom de voz, a expressão facial e outras comunicações não verbais sinalizam ao cliente se o terapeuta está realmente curioso ou tentando mudar sua opinião. Imagine que, depois de Marcus descrever alguns fracassos que o preocupam, sua terapeuta pergunte a ele com um tom animado: "Há algo em sua vida que correu pelo menos parcialmente bem?". Embora a pergunta seja bem cronometrada, o tom é uma mudança abrupta. Seria muito melhor ela manter um olhar pensativo no rosto, fazer contato visual direto e formular essa pergunta com um tom de voz suavemente curioso. As palavras também podem enfatizar a neutralidade do terapeuta. Por exemplo, sua terapeuta poderia anteceder a pergunta desta forma: "Só para ser justa, antes de prosseguirmos, há algo em sua vida que correu pelo menos parcialmente bem?".

Expressar neutralidade na curiosidade significa que o terapeuta não anota informações angustiantes com relutância e informações encorajadoras com entusiasmo. É melhor demonstrar um nível igual de interesse em todas as informações que o cliente oferece. Na verdade, detalhes angustiantes da vida do cliente que apoiam suas crenças são detalhes realmente cruciais a serem entendidos. Precisamos saber se os "fracassos" de Marcus se relacionam a comportamentos como "Eu grito com as crianças, meu chefe diz que estou sempre atrasado para o trabalho" ou a desapontamentos pessoais como "Eu nunca terminei a escola e, portanto, nunca me tornei médico como havia sonhado".

Faça perguntas que ampliem a perspectiva do cliente

Um objetivo do diálogo socrático é ampliar a perspectiva do cliente. Existem várias perguntas informativas que ajudam a fazer isso (cf. Greenberger & Padesky, 2016, p. 75), como:

- "O que você diria a um amigo se ele pensasse assim?"
- "O que alguém que se importa com você (nomeie uma pessoa específica) destacaria se fizesse parte dessa discussão?"
- "Quando você não está se sentindo como está agora, você pensa de maneira diferente sobre essas coisas?"
- "Se você olhasse para este momento daqui a cinco anos, acha que veria as coisas de maneira diferente?"

Cada uma dessas perguntas solicita aos clientes que se desloquem de sua experiência pessoal atual, seja adotando a mentalidade de outra pessoa (nas duas primeiras perguntas) ou mudando seu humor (terceira pergunta) ou o período de tempo (quarta pergunta). Quando as pessoas mudam de perspectiva dessa forma, geralmente conseguem se lembrar de novas informações e pensar de maneira mais flexível.

Recorra às suas próprias bases de conhecimento relevantes

Existe um número infinito de perguntas informativas que podem ser feitas na terapia. O terapeuta mencionado no início deste capítulo perguntou: "Como você sabe quais perguntas fazer?". Embutido nessa pergunta está o reconhecimento de que algumas perguntas informativas são mais úteis do que outras. Por exemplo, um engenheiro altamente bem-sucedido, Ben, afirma: "Qualquer coisa abaixo da perfeição é inútil". Perguntar a Ben perguntas informativas como "O que você diria a uma amiga se ela pensasse assim?" pode não ser útil, porque Ben provavelmente responderá: "Eu diria a ela que ela está absolutamente certa!". Como um terapeuta decide quais perguntas informativas fazer? Aqui estão quatro bases de conhecimento que aprendi a utilizar:

a. Curiosidade relevante
b. Conhecimento de experiências humanas comuns
c. História e cultura do cliente
d. História compartilhada do cliente em terapia

Curiosidade relevante

A curiosidade relevante se refere às perguntas que surgem naturalmente ao ouvir o cliente falar sobre o assunto em questão. Quando Ben afirma "Qualquer coisa abaixo da perfeição é inútil", imediatamente surge a curiosidade de pedir a ele que defina seus termos para compreender o que quer dizer com sua afirmação. As perguntas a fazer incluem: "O que você quer dizer com perfeição?", "Pode me dar um exemplo do que você quer dizer?" e "Você acha que isso é verdade para todos ou apenas para você?". Se aplicável a todos, surge a curiosidade de perguntar: "Então, se eu o ajudasse 99%, você consideraria meu esforço inútil?". Se aplicável apenas a ele mesmo, surge a curiosidade de saber: "Então, como você avalia o desempenho de outras pessoas que é menos do que perfeito?".

Os terapeutas, por natureza, costumam ser curiosos, então muitas perguntas curiosas surgirão durante a terapia (maior velocidade da terapia). Cuidado para fazer apenas perguntas *relevantes* para a questão tratada (segunda velocidade, um pouco mais lenta). Por exemplo, se Ben mencionar um grande projeto de engenharia urbana que tenho acompanhado nas notícias, não é apropriado fazer perguntas sobre esse projeto para satisfazer minha curiosidade pessoal se essas perguntas não estiverem relacionadas às preocupações do cliente. Esse exemplo pode parecer óbvio, mas observei muitos terapeutas fazendo perguntas sobre coisas que lhes interessam, mas que têm pouca relevância para atender às necessidades imediatas do cliente.

Conhecimento de experiências humanas comuns

Após essas perguntas iniciais de curiosidade relevante serem feitas e respondidas, começo a pensar em quais perguntas podem ampliar a perspectiva de Ben. A primeira área de exploração é frequentemente orientada pelo meu conhecimento de experiências humanas normativas. No caso de Ben, pergunto a mim mesma: quais são as experiências humanas comuns que não são perfeitas e, no entanto, a maioria das pessoas valoriza? A resposta a essa pergunta nos levará a um novo território, que pode não se alinhar com a crença atual de Ben.

Em minha vida, observei que a maioria das pessoas aprecia presentes imperfeitos de crianças, aproveita o processo de melhoria de habilidades, mesmo que a perfeição não seja alcançada, e valoriza se apaixonar acima de outros empreendimentos humanos. Refletir sobre essas experiências humanas pode me levar a fazer uma série de perguntas em tantas dessas áreas quanto necessário, até que nossa discussão comece a intrigar Ben e eu possa ver que ele está demonstrando maior curiosidade ou até alguma dúvida quanto à universalidade de sua afirmação "Qualquer coisa abaixo da perfeição é inútil". Observe como perguntas informativas se constroem umas sobre as outras:

Terapeuta:	Você já recebeu um presente de uma criança?
Ben:	Claro, meu sobrinho me dá presentes nas festas.
Terapeuta:	Qual é o nome dele? (Quantos anos ele tem?... uma série de perguntas para personalizar a investigação.)
Ben:	(Responde a todas as perguntas, ficando relaxado enquanto descreve com orgulho seu sobrinho de 6 anos.)

Terapeuta:	Qual presente ele deu a você que mais o agradou?
Ben:	Ele me deu uma caneca de café. Ele fez em uma oficina de cerâmica no centro comunitário.
Terapeuta:	É uma caneca bem-feita?
Ben:	(Rindo.) Bem, para um garoto de 6 anos. Ficou um pouco torta, mas ele a pintou de vermelho e azul, minhas cores favoritas. Então, eu gosto dela.
Terapeuta:	Então não é perfeita, mas parece que você a valoriza muito.
Ben:	Sim. Bem, como eu disse, é quase perfeita para um garoto de 6 anos. Não teria nenhum valor em uma loja de cerâmica.
Terapeuta:	Sim, entendo. Ao mesmo tempo, estou um pouco confusa sobre como ela pode ser tão valiosa para você quanto é, considerando que definitivamente não é perfeita.
Ben:	Bem... às vezes, acho que o valor está no significado de algo.
Terapeuta:	Me explique melhor o que você quer dizer com isso.

A maioria dos minutos de diálogo não leva a mudanças significativas nas crenças do cliente e, portanto, é útil que o terapeuta seja flexível e pense em vários caminhos de investigação a seguir. Por exemplo, Ben pode participar dessa conversa por um tempo e depois afirmar: "Uma vez que você não é mais uma criança, qualquer coisa abaixo da perfeição é inútil". Isso poderia sinalizar um beco sem saída nessa linha de discussão, embora seu terapeuta pudesse perguntar: "Com que idade a perfeição começa a ser necessária?", "A idade é a mesma para alguém com grande intelecto e talento e para alguém que carece de talento intelectual e outros tipos de talento?". É importante que essas perguntas sejam feitas com curiosidade genuína, e não com o objetivo de mudar a mente de Ben ou de "flagrá-lo" em um erro lógico. Em vez disso, o objetivo dessas perguntas é ajudá-lo a desenvolver um sistema de crenças mais flexível, embora Ben seja o árbitro das crenças que mantém.

Além de recorrer à experiência pessoal e ao conhecimento das experiências de outras pessoas como material para formular perguntas, os terapeutas podem considerar livros, filmes e arquétipos sociais na busca por perguntas que explorem diferentes aspectos da experiência humana. Por exemplo, o terapeuta pode perguntar a Ben se ele está familiarizado com o filme *Náufrago* (Zemeckis, 2000). Esse filme retrata um supervisor apressado e perfeccionista que naufraga em uma ilha deserta e não pode contar com nenhuma de suas estratégias normais para o sucesso na vida. Tudo o que ele valoriza é tirado dele. Se o cliente viu esse filme, pode haver uma discussão sobre se e como ele se identificou com o protagonista. Conexões podem ser estabelecidas com seus dilemas atuais em relação à perfeição e ao valor. Se o cliente não viu o filme e o terapeuta acredita que seria uma correspondência temática para os problemas dele, pode pedir ao cliente que assista ao filme antes da próxima sessão para que possam discuti-lo.

História e cultura do cliente

Terapeutas também podem explorar o conhecimento da história e da cultura do cliente para descobrir caminhos eficazes de investigação. Utilizar a história do cliente como fonte de perguntas é prudente, pois a maioria das pessoas considera sua própria experiência mais relevante do que as experiências de terceiros. Isso é especialmente verdadeiro para aqueles que se veem como diferentes ou de alguma forma à margem das "normas" sociais. Indivíduos de grupos marginalizados com frequência são justificadamente sensíveis a comparações com outros de grupos mais privilegiados na comunidade. Assim, buscar na história pessoal do cliente por experiências que respaldem crenças mais flexíveis pode ter um impacto mais expressivo do que relatar histórias pessoais próprias ou de outras pessoas conhecidas.

Crenças e comportamentos abordados na terapia estão quase sempre enraizados em culturas que fazem parte da vida do cliente. Portanto, é crucial estar familiarizado com essas culturas, sejam étnicas, raciais, geracionais, baseadas em gênero, religiosas ou ancoradas em qualquer uma das muitas dimensões intersseccionais da cultura (cf. Iwamasa & Hays, 2018). Algumas culturas valorizam muito a conquista e os esforços perfeccionistas individuais. Outras são mais propensas a valorizar a participação na comunidade e a harmonia grupal. A terapia com Ben terá uma aparência muito distinta dependendo de seu contexto cultural e seus valores atuais. De fato, Ben cresceu em uma família e uma comunidade religiosas que valorizavam a conquista quase acima de tudo. Seus pais compartilhavam das mesmas crenças perfeccionistas que ele expressava.

Entretanto, o terapeuta de Ben recorda incidentes da história pessoal do cliente relatados em sessões anteriores que contradizem sua crença de que, se algo não é perfeito, não tem valor:

Terapeuta: Lembrei-me de uma conversa que tivemos no mês passado, quando você me falou sobre sua nova chefe no trabalho.

Ben: Qual das conversas?

Terapeuta: Você estava me contando como sua chefe parecia entrar e começar a criticar a todos. Você não a considerava uma boa gestora.

Ben: Não, ainda não a considero.

Terapeuta: Você me falou sobre um projeto que estava começando e achava que ela estava sendo realmente irracional ao criticar as falhas, pois era um trabalho em progresso.

Ben: É verdade. Eu me lembro.

Terapeuta: Nossa conversa de hoje me faz pensar se sua supervisora tem a crença de que, se algo não é perfeito, não tem valor. Talvez seja por isso que ela o criticou quando encontrou falhas no seu projeto.

Ben: Eu não acho. Acho que ela é apenas uma pessoa ruim.

Terapeuta: Mesmo assim, se ela dissesse a você "Seu projeto não tem valor porque não é perfeito", o que você responderia a ela?

Ben:	Eu diria a ela que o projeto precisa de mais tempo. Nenhum projeto pode ser perfeito logo de início. Uma das maneiras de descobrirmos como configurá-lo é fazer experimentos e usar os fracassos e as fraquezas para orientar nosso planejamento.
Terapeuta:	Hum. Isso é interessante. É algo que você costuma fazer em projetos assim?
Ben:	Sim. Não há como saber ao certo como algo vai funcionar no mundo real até você tentar.
Terapeuta:	Então, o processo de tentativa e erro realmente ajuda você a fazer o projeto funcionar da melhor maneira possível, mesmo que haja falhas ao longo do caminho.
Ben:	Certo. Ela simplesmente não entende como nosso trabalho precisa operar.
Terapeuta:	Deixando sua supervisora de lado por um momento, você acha que há alguma possibilidade de você ser como seu projeto no trabalho?
Ben:	Não entendo o que você quer dizer.
Terapeuta:	O que quero dizer é: é possível que às vezes não seja esperado que você seja perfeito desde o início? Que talvez seus fracassos e erros possam orientá-lo em vez de serem sinais de que seus esforços carecem de valor?
Ben:	(Pausa.) Eu não sei. (Pensativo.) Teria que pensar sobre isso.

Na mente do terapeuta

O terapeuta de Ben revirou sua memória em busca de um momento em que a regra perfeccionista do cliente foi aplicada a ele por outra pessoa, na esperança de que isso contribuísse para uma mudança em sua percepção desse problema. Quando ele recordou a irritação de Ben com a crítica de sua nova chefe ao seu trabalho em andamento, essa pareceu uma situação ideal para buscar novas ideias. Observe que o terapeuta não reagiu prontamente às observações de Ben sobre "fazer experimentos e usar os fracassos e as fraquezas para orientar nosso planejamento", embora reconhecesse que essa ideia poderia ser usada para mudar sua crença. Se o terapeuta tivesse agido assim, poderia ter parecido que ele estava tentando mudar a mente de Ben em vez de manter uma postura de curiosidade neutra para orientar o processo de descoberta do cliente. Uma vez que Ben parece afirmar contundentemente sua visão sobre a utilidade do teste e erro, o terapeuta pergunta tentativamente se isso poderia estar relacionado às suas crenças perfeccionistas: "você acha que há alguma possibilidade...". Quando Ben diz que teria que pensar sobre isso, o terapeuta permite o silêncio, em vez de pressioná-lo para chegar a uma conclusão naquele momento. É mais importante para ele que Ben considere essa ideia de forma profunda do que fazê-lo dizer prematuramente "Ah, é verdade".

História compartilhada de cliente e terapeuta

Da mesma forma, a descoberta guiada que utiliza a própria história compartilhada entre terapeuta e cliente pode ser emocional e cognitivamente muito significativa.

O uso de experiências interpessoais compartilhadas como base para o diálogo socrático frequentemente aumenta a intensidade emocional da discussão. Isso é particularmente desejável com clientes que tendem a evitar emoções ou com aqueles que abordam as discussões terapêuticas com intelectualismo abstrato. O exemplo a seguir captura o espírito do que ocorre quando a relação terapêutica é usada como fonte de informação em um diálogo socrático:

Terapeuta: Você consegue se recordar de alguma vez em que eu não fui perfeito como terapeuta para você?

Ben: Bem, eu suponho que sim.

Terapeuta: Qual é a ocasião que vem à mente? (Especifica.)

Ben: (Devagar.) Teve aquela vez em que vim ao seu consultório e você ainda não estava aqui. Tive que esperar 10 minutos e quase fui embora antes de você aparecer.

Terapeuta: OK. Vamos usar isso como um exemplo. Você se lembra daquela sessão?

Ben: Com certeza. Fiquei realmente irritado com você.

Terapeuta: Eu lembro. O que mais você recorda sobre aquela sessão?

Ben: Estava pensando em desistir da terapia. Disse que você era um terapeuta bem atrapalhado.

Terapeuta: O que mais?

Ben: Você me ouviu, mesmo enquanto eu gritava com você. Depois, você pediu desculpas.

Terapeuta: O que aconteceu depois?

Ben: Depois que parei de gritar, começamos a falar sobre a terapia e como estava indo. Falei sobre algumas coisas de que não gostava em você. Acho que foi também a primeira vez que disse que queria me matar.

Terapeuta: Sim, acho que foi.

Ben: É engraçado. Aquela sessão mudou as coisas para mim.

Terapeuta: Como assim?

Ben: Comecei a confiar em você naquele momento.

Terapeuta: Mesmo que eu tenha sido imperfeito ao chegar tão tarde ao meu consultório, algo bom aconteceu na sessão, algo que não tinha acontecido em outras sessões em que eu cheguei no horário.

Ben: Sim. Acho que, quando fiquei irritado e você concordou com minha raiva sem me rebaixar, isso me surpreendeu. Normalmente, as pessoas brigam comigo quando aponto seus erros. Então, isso me fez pensar que talvez você fosse diferente... diferente dos outros terapeutas que já vi.

Terapeuta: Foi um ponto de virada em nosso relacionamento. Você acha que podemos aprender algo com isso que possa nos ajudar com essa ideia de que você se vê como sem valor quando não é perfeito?

56 Padesky & Kennerley

Ben:	(Rindo.) Talvez se você gritasse comigo quando eu não fosse perfeito, chegaríamos a algum lugar.
Terapeuta:	(Rindo.) Essa seria uma abordagem! (Silêncio até Ben falar.)
Ben:	Acho que apreciei que você parecia se importar em fazer um bom trabalho, mesmo que tivesse cometido um erro. Talvez haja algo nisso. (Silêncio por alguns segundos.) Quando cometo um erro, foco o erro. Talvez se eu prestasse atenção no quanto estou tentando fazer um bom trabalho, eu me sentiria diferente. Quero dizer, não quero errar. Se pudesse confiar em você depois do que fez, talvez pudesse aprender a confiar um pouco mais em mim, mesmo quando cometo um erro.
Terapeuta:	São ideias interessantes. Vamos escrevê-las para que as lembremos e possamos considerá-las mais nas próximas semanas.

Observe como esse terapeuta faz uma variedade de perguntas informativas relacionadas à experiência interpessoal compartilhada que Ben lembrou. Todas as perguntas são do tipo que Ben pode responder facilmente. Ao responder, o cliente se lembra ativamente do evento e recorda detalhes de forma mais vívida. Isso recria uma proximidade emocional entre Ben e seu terapeuta nessa sessão. A piada e o riso de Ben indicam uma mudança de perspectiva. Ele encontra humor na ideia de o terapeuta gritar com ele quando comete um erro, mesmo que isso seja o que ele comumente faz consigo mesmo com seriedade sombria.

Permita o silêncio

No diálogo anterior, observe como o terapeuta de Ben utiliza momentos de silêncio para conceder ao cliente o espaço necessário para criar novas aprendizagens a partir da experiência compartilhada na terapia. As considerações finais de Ben refletem uma profunda ponderação e uma séria reflexão sobre uma abordagem diferente para lidar com os erros, algo que talvez não tivesse ocorrido a ele se seu terapeuta continuasse a falar. O silêncio desempenha um papel crucial ao formular perguntas informativas. Como veremos na seção "Estágio 2: escuta empática", ele também é uma parte fundamental da segunda etapa do diálogo socrático, a escuta empática.

Mantenha em mente: perguntas informativas

- Perguntas informativas almejam reunir uma variedade de informações relevantes fora da consciência atual dos clientes, auxiliando na avaliação de crenças, comportamentos e decisões.
- Quando o afeto é intenso, informações congruentes com esse afeto são mais facilmente acessadas. Portanto, em certos momentos, é útil indagar como o cliente perceberia a mesma situação em um estado de espírito diferente.
- Solicite exemplos específicos — Quem? O quê? Quando? Onde? Como? — antes de explorar os significados: "O que passou pela sua mente?".

- A ordem das perguntas é crucial. Comece indagando sobre memórias e experiências que sustentem as crenças do cliente, anotando-as antes de buscar informações que não as respaldem. Assim, ao perguntar se houve experiências que não confirmam suas crenças, isso será percebido como um interesse autêntico.
- Perguntas informativas são elaboradas para ampliar a perspectiva do cliente. Ao induzirem o cliente a visualizar algo da perspectiva de outra pessoa ou de um período temporal diferente, podem evocar informações novas ou diferentes, estimulando um pensamento mais flexível.
- As perguntas informativas mais úteis refletem uma curiosidade neutra e relevante, bem como o conhecimento de experiências humanas comuns, da história pessoal e cultural do cliente e da história compartilhada na terapia.
- Permita o silêncio para que o cliente tenha tempo de refletir sobre e considerar novas ideias.

Estágio 2: escuta empática

A maioria dos terapeutas é naturalmente curiosa e frequentemente formula perguntas com facilidade. Infelizmente, às vezes há tantas perguntas em nossa mente que nos esquecemos de ouvir com empatia a resposta do cliente antes de prosseguir com a próxima pergunta. No entanto, a escuta empática é essencial para o processo de descoberta guiada. Caso contrário, os clientes podem se sentir sobrecarregados pelas perguntas e até pensar que não compreendemos ou aceitamos seu ponto de vista. Um estilo de questionamento desse tipo muitas vezes compromete a aliança terapêutica, como exemplificado no caso a seguir.

Armadilha 1

Os terapeutas fazem tantas perguntas que os clientes se sentem bombardeados, achando que seu ponto de vista não é compreendido nem aceito.

Jindal:	Não consigo fazer nada certo ultimamente.
Terapeuta:	O que leva você a pensar isso?
Jindal:	Eu erro em tudo. Cometo tantos erros. Estou decepcionando todos na minha vida.
Terapeuta:	Há quanto tempo isso ocorre?
Jindal:	A maior parte do último ano.
Terapeuta:	Há algo que você não tenha estragado no último ano?
Jindal:	Tenho certeza que sim. Mas eu estrago a maioria das coisas.
Terapeuta:	Vamos analisar o dia de hoje. Você chegou pontualmente ao meu consultório?
Jindal:	Sim.
Terapeuta:	Houve algum erro ao vir para cá?

Jindal:	Não, na verdade não.
Terapeuta:	Você acha que está me decepcionando?
Jindal:	Não tenho certeza.

Nesse diálogo, o terapeuta está tão focado em questionar a crença de Jindal de que ele não consegue fazer nada certo que questões mais amplas são ignoradas. Considere como a conversa poderia ser diferente se, em vez de tentar mudar de modo direto a mente do cliente no que diz respeito à sua capacidade de fazer algo certo, o terapeuta mantivesse a curiosidade, ouvisse com empatia e orientasse o cliente a considerar várias informações diferentes que eventualmente poderiam levá-lo a uma nova conclusão própria:

Jindal:	Eu realmente não consigo mais fazer nada certo.
Terapeuta:	O que leva você a pensar isso?
Jindal:	Eu erro em tudo. Cometo tantos erros. Estou decepcionando todos na minha vida.
Terapeuta:	Há quanto tempo isso ocorre?
Jindal:	A maior parte do último ano.
Terapeuta:	Deve ser difícil. Um longo período se sentindo como se não estivesse fazendo nada certo.
Jindal:	Sim, é realmente desanimador.
Terapeuta:	Eu entendo. Pode me contar sobre algo que aconteceu recentemente e que está fresco na sua memória?
Jindal:	Claro. Ontem eu deveria ter chegado cedo em casa para ajudar a preparar a festa de aniversário da minha filha. Meu chefe me deu um grande volume de trabalho no meio da tarde e eu só terminei horas depois. Cheguei tarde em vez de cedo.
Terapeuta:	Oh, não! Como foi para você?
Jindal:	Eu me senti terrível. O tempo todo a caminho de casa, eu imaginava a decepção da minha filha e a raiva da minha esposa.
Terapeuta:	O que aconteceu quando você chegou em casa?
Jindal:	Minha esposa foi até compreensiva. Eu a avisei à tarde sobre o que aconteceu. E minha filha estava tão animada com a festa que nem disse nada.
Terapeuta:	Como você se sentiu quando elas reagiram assim?
Jindal:	Terrível. Elas não deveriam ter que sempre aceitar que eu estrague tudo.
Terapeuta:	Parece que, mesmo que elas não tenham expressado decepção, você se sentiu muito decepcionado e chateado consigo mesmo por não ter cumprido sua promessa de chegar cedo em casa.
Jindal:	Sim, exatamente!

Apesar de o terapeuta fazer diversas perguntas, elas são feitas de maneira equilibrada e em sintonia com o que Jindal está comunicando. Além disso, as perguntas não têm a intenção de modificar o pensamento de Jindal, e sim de compreender sua perspectiva. Ao escutar com empatia, o terapeuta se mantém responsivo ao que Jindal está expressando e, ao mesmo tempo, começa a desvelar detalhes que serão úteis para ampliar a visão do cliente sobre seu problema mais adiante na sessão. Por exemplo, nesse caso, o "errar" de Jindal aconteceu porque ele se viu diante de um dilema, sendo provável que ele "errasse" tanto no trabalho quanto em casa. Também não fica claro se os outros estão tão decepcionados com ele quanto ele mesmo está. O terapeuta está reunindo muitas informações úteis sobre o problema dele e, simultaneamente, expressa empatia e preocupação com suas reações.

Como demonstrado nesse exemplo, escutar com empatia preserva uma aliança terapêutica. Essa é a primeira das seis consequências positivas elencadas no Quadro 2.3, "Consequências positivas da escuta empática". As seções seguintes exploram cada uma delas em sequência.

QUADRO 2.3 Consequências positivas da escuta empática

1. Preserva a aliança terapêutica.
2. Auxilia o terapeuta na escolha de caminhos frutíferos de investigação.
3. Desenvolve uma linguagem consonante com o cliente.
4. Alerta o terapeuta sobre conteúdos ocultos ou ausentes.
5. Utiliza o silêncio para estimular os clientes a considerar, processar e reagir.
6. Fornece pistas para a compreensão da cultura do cliente.

Preserva a aliança terapêutica

A escuta empática preserva a aliança terapêutica, que pode se desgastar caso os clientes percebam desinteresse em compreender seus pensamentos e sentimentos. A forma como ouvimos pode transmitir empatia e cuidado ao cliente, fundamentais para uma aliança terapêutica positiva (Del Re et al., 2021; Nienhuis et al., 2018). A escuta empática é central no segundo estágio do diálogo socrático. Terapeutas transmitem empatia por meio de pistas verbais e não verbais de escuta. Sinais verbais de escuta empática incluem marcadores periódicos de atenção, como "Ah, entendi", "Percebo" ou "É mesmo?", além de comentários reflexivos como "Parece que foi um momento difícil para você", "Posso ver o quanto isso é importante para você" e "Aposto que você se sentiu aliviado quando isso acabou". Sinais não verbais são igualmente importantes e devem ser congruentes com as declarações verbais feitas. A atenção por meio de contato visual, postura relaxada ou até inclinação para a frente com expressão facial interessada pode transmitir abertura, preocupação e cuidado. Gestos com as mãos e expressões faciais (testa franzida, sorriso) também contribuem para a percepção do cliente sobre a empatia e a conexão do terapeuta.

O tom vocal é outro elemento que pode ser interpretado como empático ou não. Tons calmos e suaves provavelmente transmitem uma escuta ponderada. Comentários altos e enérgicos podem expressar envolvimento entusiástico com a comunicação do cliente ou desconsideração, dependendo do contexto. Tom vocal e ritmo são mais eficazes quando combinados de maneira precisa com o tom do cliente (por exemplo, reflexões silenciosas em resposta a comunicações silenciosas do cliente, reflexões com ritmo acelerado para comunicações rápidas do cliente). A exceção a essa regra ocorre quando o terapeuta está tentando terapeuticamente mudar o tom do cliente. Nesse caso, o tom e o ritmo do terapeuta devem ser apenas ligeiramente diferentes dos do cliente para manter e aprimorar a empatia.

Por exemplo, um terapeuta pode sinalizar escuta empática com um tom um pouco otimista em resposta a um cliente relatando sentimentos desanimadores:

Cliente: As coisas parecem bem sem esperança agora. (Suspiro e encolher de ombros.)

Terapeuta: Vamos ver se conseguimos descobrir algumas coisas que vão ajudá-lo a se sentir mais esperançoso antes de você sair hoje. (Contato visual preocupado, sorriso suave e aceno de cabeça.)

Essa resposta do terapeuta injeta um pouco de esperança ao mesmo tempo que sinaliza que a profundidade do desespero do cliente foi compreendida. Essa é uma resposta mais empática a esse cliente altamente deprimido do que um entusiasmado "Tenho certeza de que podemos encontrar soluções para esses problemas!", que é excessivamente animado e pode ser percebido como negação da gravidade do desespero do cliente.

Auxilia o terapeuta na escolha de caminhos frutíferos de investigação

Além de transmitir empatia ao cliente, a escuta ajuda a direcionar a atenção do terapeuta para informações que podem guiar a escolha de caminhos frutíferos para as investigações socráticas. Terapeutas habilidosos ouvem mais do que o conteúdo direto daquilo que o cliente está dizendo. Os clientes revelam significados de eventos, reações emocionais, hábitos comportamentais, conexões sociais e muitos outros tipos de informações ao falar. Felizmente, costuma haver amplas oportunidades para "ouvir" a mensagem do cliente, mesmo se perdermos as primeiras pistas. E muitas vezes há mensagens múltiplas abaixo da superfície.

Lembre-se do exemplo anterior com Jindal. Ele descreveu como seu chefe deu a ele trabalho extra no meio da tarde, o que o fez chegar tarde em casa no dia da festa de aniversário de sua filha. Sua esposa não ficou chateada com ele e sua filha não expressou decepção como ele esperava. Esse breve exemplo nos diz muito sobre Jindal e sua vida. Primeiro, ele parece ser altamente responsável. Ele ficou no trabalho mesmo querendo ir para casa. Não sabemos por que ele não comunicou ao chefe que queria sair mais cedo para a festa da filha. Jindal tem poucas habilidades de assertividade? Seu emprego exige que todo o trabalho seja feito em determinado prazo? Seu chefe provavelmente não responderia positivamente a um pedido pessoal?

Ouvir cuidadosamente também indica que Jindal parece ter um bom relacionamento com sua esposa. Ele foi atencioso ao mandar mensagem para ela antecipadamente dizendo que precisava trabalhar até mais tarde do que o planejado, e ela não ficou chateada quando ele chegou em casa. Além disso, sua filha estava animada com a festa, o que sugere que ela pode se sentir segura e feliz na família deles.

Todos esses detalhes, quando considerados em conjunto, sugerem que a angústia de Jindal — "Eu erro em tudo. Cometo tantos erros. Estou decepcionando todos na minha vida" — pode se relacionar mais com seus valores e padrões internos do que com o *feedback* externo que ele recebe dos outros em sua vida. Essa hipótese precisará ser verificada com Jindal, é claro. Se estiver correta, pode ser mais proveitoso começar a explorar suas definições de "errar" e suas suposições pessoais sobre o que significa "cometer erros" e "decepcionar pessoas" do que iniciar investigações sobre as reações dos outros a ele.

Desenvolve uma linguagem consonante com o cliente

Enquanto escutamos, podemos notar cuidadosamente a linguagem, as metáforas e as imagens utilizadas pelos nossos clientes. Preste atenção minuciosa à escolha de linguagem, metáforas e imagens de cada cliente e incorpore-as em seus comentários empáticos e no léxico terapêutico a partir de então. Dessa forma, desenvolvemos uma linguagem que ressoa nos corações e mentes de nossos clientes. A forma da linguagem de um cliente oferece pistas sobre sua identidade interna e seu mundo.

José tinha um estilo de personalidade narcisista e se descrevia como "um *maverick*" em seus negócios. Seu terapeuta explorou as imagens associadas à autoidentidade de José como um *maverick* e descobriu que ele havia desenvolvido uma fantasia de si mesmo como um *cowboy* solitário, cavalgando sozinho com uma espingarda, enfrentando desafios e, depois, "partindo da cidade" quando finalizava seus negócios. Essa fantasia capturava tanto a crueldade quanto a solidão que marcavam sua vida. José e seu terapeuta exploraram essa metáfora extensivamente no início da terapia. Essas discussões ajudaram José a considerar novas opções para sua vida e seus relacionamentos mais facilmente do que discussões diretas sobre suas estratégias na vida real.

O uso das palavras e imagens exatas do cliente, em sínteses tanto verbais quanto escritas na sessão, aprimora a empatia e facilita a colaboração do cliente. Kim disse: "Eu sou incapaz quando se trata de confronto". Seu terapeuta observou essa imagem e, mais tarde, ao analisar uma discussão que Kim teve com o marido, perguntou: "Você se sentiu incapaz quando ele elevou a voz?". O uso da linguagem do cliente, especialmente linguagem repleta de associações emocionais e cinestésicas, ajuda a envolver os clientes mais completamente porque evoca tanto a sua mente experiencial quanto a racional (Epstein, 2014; Teasdale, 1996, 1997). Utilizar linguagem personalizada, como "incapaz", evoca estruturas de significado mais profundas do que fazer uma pergunta padronizada e impessoal como "Você recuou quando ele elevou a voz?".

Da mesma forma, os terapeutas são incentivados a combinar a linguagem geral do cliente em nível educacional, de complexidade linguística, informalidade ou formalidade. Uma correspondência próxima na linguagem permite que a conversa terapêutica flua mais facilmente, pois o cliente não precisa traduzir mentalmente os comentários do terapeuta para uma linguagem familiar antes de responder. Por exemplo, um cliente que diz "Eu viro de um lado para o outro a noite toda, mesmo quando estou com sono" provavelmente terá dificuldade se o terapeuta perguntar: "Você experimentou despertar noturno intermitente novamente esta semana?".

Um exemplo tão extremo destaca a importância da congruência entre a linguagem dos terapeutas e a dos clientes. Poucos terapeutas errariam tanto. Todavia, a escuta cuidadosa pode ajudar um terapeuta a dizer "Você se sentiu legal essa semana?" em vez da forma gramaticalmente correta "Você se sentiu bem esta semana?", o que pode criar uma pequena barreira na comunicação com alguns clientes. Da mesma forma, chamar uma cliente idosa de "senhora Guidugli" em vez de "Klara" pode manter a aliança terapêutica no caminho certo, especialmente se a cliente, na primeira sessão, se apresentou como senhora Guidugli e o chamou de "doutor".

Adaptar nossa linguagem à linguagem de nossos clientes também ajuda a evitar a introdução da influência do terapeuta nas imagens mentais e nas memórias do cliente. Loftus e Palmer (1974) conduziram um experimento agora clássico no qual mostraram aos participantes um filme de um acidente de carro. Após assistir ao filme, os participantes foram solicitados a estimar a velocidade dos veículos em movimento no acidente. Se a pergunta feita fosse "Com que velocidade os carros estavam indo quando 'bateram'?", os participantes davam estimativas de velocidade muito mais altas do que quando eram perguntados "Com que velocidade os carros estavam indo quando 'se chocaram'?". Palavras diferentes evocam diferentes imagens. Dessa forma, a linguagem que usamos como terapeutas pode realmente alterar as memórias dos eventos de nossos clientes. Por esse motivo, recomendo que os terapeutas desempenhem o papel de "papagaio humilde" e tentem usar as palavras exatas dos clientes durante reflexões empáticas (Padesky, 2019). O Capítulo 5 explora o impacto das imagens mentais com mais profundidade.

Alerta o terapeuta sobre conteúdos ocultos ou ausentes

Notar o que não ouvimos ao escutar atentamente nossos clientes pode alertar-nos sobre conteúdos ocultos ou ausentes que podem ser importantes para compreendê-los e ajudá-los. Precisamos prestar tanta atenção ao que os clientes não dizem quanto ao que dizem. Tashi veio me ver por que sentia que não havia sentido em sua vida. Durante os 15 minutos iniciais de nossa primeira consulta, pedi a ele que me contasse sobre sua vida. Ele descreveu as pressões no seu trabalho e a fadiga física em grande detalhe. Nunca mencionou sua esposa ou seus três filhos. Isso me pareceu significativo. Para muitas pessoas, os relacionamentos são o centro do significado da vida.

Quando perguntei sobre sua família, ele a descreveu de maneira um tanto distante, como se fossem pessoas que ele visitava ocasionalmente. As coisas que Tashi não disse nessa conversa inicial forneceram muitas pistas sobre porque sua vida carecia de significado.

Às vezes, os clientes omitem coisas de maneiras mais sutis. Serenity sempre estava pronta para descrever seus sentimentos em situações específicas, mas ficou em silêncio sobre esse assunto durante a discussão a respeito de um almoço com uma amiga. Ao ser questionada pelo terapeuta, revelou que sentia raiva da amiga, mas achava que não era uma emoção apropriada para sentir, então estava constrangida de mencionar. Outra cliente, Yimmi, envolvia-se frequentemente em comportamentos de automutilação. Quando ela usou uma camisa de manga comprida em uma sessão de terapia no verão, seu terapeuta observou a camisa e as descrições cuidadosas de Yimmi sobre uma semana incomumente sem graça, que de alguma forma pareciam evitativas, e decidiu perguntar diretamente sobre automutilação.

Como esses exemplos mostram, quando um terapeuta percebe que algo esperado está ausente no relato de eventos ou reações de um cliente, há várias possibilidades. É possível que o terapeuta perceba como ausente algo que não estava realmente presente na experiência do cliente. Os elementos ausentes podem ter estado presentes, mas fora da consciência do cliente. O cliente pode estar evitando ativamente as peças ausentes. Às vezes, os clientes estão cientes de suas experiências e deixam intencionalmente detalhes de fora dos relatos fornecidos aos terapeutas porque se sentem desconfortáveis em revelá-los. Prestar atenção ao que não ouvimos pode ajudar a descobrir pistas ocultas que, por sua vez, levam a uma melhor compreensão compartilhada dos desejos e das questões de um cliente.

Utiliza o silêncio para estimular os clientes a considerar, processar e reagir

Uma vez, quando estávamos editando uma sessão de terapia filmada, um engenheiro de som me disse que poderia encurtar significativamente o vídeo apenas removendo os silêncios. Que grande erro teria sido! O silêncio é um componente crítico da escuta empática, proporcionando espaço para o cliente ouvir, considerar, reagir e processar o que está sendo discutido. É completamente normal fazer um comentário empático e, em seguida, permanecer em silêncio. Ao fazer isso, os clientes frequentemente continuam com uma observação mais aprofundada ou uma resposta emocional.

Chidinma: Quando voltei para a universidade, finalmente pude respirar novamente.

Terapeuta: (Silenciosamente, respirando fundo.) Você pôde respirar novamente. (Silêncio.)

Chidinma: Sim. (Após cerca de 20 segundos de silêncio.) Sabe, é engraçado. Acho que a universidade é onde me sinto mais em casa. É meu lugar feliz. Agora sei que pertenço a esse lugar. Isso é o que sempre quis sentir. Nunca pensei que teria esse sentimento.

Fornece pistas para a compreensão da cultura do cliente

A escuta empática pode ser especialmente útil como meio de entender e validar a cultura do cliente. Ao ouvir e incorporar a linguagem, as metáforas e as imagens do cliente na terapia, aumentamos a profundidade de nosso envolvimento. O uso da linguagem do cliente também pode validar a sua cultura e os seus valores, como demonstrado no seguinte diálogo com Isabella e Mia, um casal lésbico lidando com a decisão de ter um filho:

Isabella: Eu gostaria de ter um bebê com a Mia. Mas eu sei que, se tivermos um filho, ele será alvo de *bullying*. Não tenho certeza de que quero submeter outra criança a isso.

Mia: Mas podemos começar a mudar as coisas. Se formos mães amorosas, podemos ajudar nosso filho a lidar com as coisas ruins que as outras pessoas dizem.

Isabella: Duas mães legais não são suficientes para aliviar a dor dos *trolls* da internet e dos valentões da escola. Eu não quero que meu filho tenha sempre o nariz sangrando.

Terapeuta: Esse é um dilema real. Ambas desejam ter um filho e sabem que podem ser mães amorosas. Mia acredita que o amor das duas será protetor, mas Isabella teme que todo o amor de ambas não seja suficiente para impedir *trolls* e valentões de machucar a vida de seu filho. Como esses sentimentos sobre ter um filho se relacionam com suas próprias experiências?

Isabella: Eu sofri *bullying* durante toda a escola porque era diferente. As crianças me chamavam de lésbica e diziam coisas odiosas para mim. E as redes sociais nem eram uma coisa que as crianças usavam quando eu era criança. Eu tremo só de pensar no que teria que suportar se isso existisse na época.

Mia: Eu sei que Isabella passou por um inferno. Eu não tive que enfrentar tanto isso porque namorei caras até alguns anos atrás. Mas vejo o mundo mudando tão rapidamente que não acho que será tão ruim para nosso filho quanto Isabella pensa.

Terapeuta: Então, cada uma de vocês cresceu em realidades diferentes. Faz sentido que sua história pessoal afete sua visão do futuro que vocês veem para o seu filho. Ouço ambas querendo o melhor para o seu filho.

(Isabella e Mia concordam com a cabeça.)

Terapeuta: Para você, Isabella, se trata de proteger um filho dos *trolls* e dos valentões, mesmo que isso signifique desistir da chance de ter um filho. E, Mia, você acha que o mundo será um lugar melhor nos próximos anos. Estou entendendo vocês duas?

Isabella e Mia: Sim.

Terapeuta: Nenhuma de nós realmente sabe como será a vida de uma criança. Mas poderíamos considerar o pior cenário a partir desta discussão e falar sobre como vocês responderiam como casal se *trolls* e valentões atacassem seu filho. Parece importante considerar se o poder maternal coletivo de vocês poderia lidar com valentões no mundo real e nas redes sociais.

Nessa sessão, a terapeuta pede a Isabella e Mia que descrevam experiências de vida que se encaixem em suas preocupações e ideias sobre ter um filho. Ao fazer isso, a terapeuta descobre que esse casal lésbico vem de contextos culturais muito diferentes. Isabella se identificou como lésbica durante toda a infância e a adolescência e foi alvo de *bullying* por sua identidade. Mia cresceu com uma identidade heterossexual e não sofreu nenhum tipo de *bullying*. A terapeuta rotula o objetivo comum delas, "querer o melhor para o seu filho", e, ao mesmo tempo, valida que contextos culturais diferentes podem levar a ideias muito diferentes sobre alcançar esse objetivo. Ao pedir a elas que considerem como responderiam como casal se *trolls* e valentões atacassem seu filho, a terapeuta valida ambas as perspectivas culturais usando a linguagem das clientes.

A cultura é multifacetada, e essas diferentes partes de nossa experiência se intersectam. O exemplo anterior considera apenas um aspecto dos contextos culturais de Isabella e Mia. Raça, gênero, geração, *status* econômico, religião, etnia, identidade cultural, habilidades ou diferenças físicas e neurológicas, e muitas outras dimensões da cultura e da identidade, podem ser relevantes para entender os clientes, nossas próprias reações, nossos preconceitos e nossa relação terapêutica. Escutar a linguagem, expressar curiosidade sobre as experiências e identidades culturais de nossos clientes e manter uma consciência ativa de nossas próprias identidades e nossos preconceitos culturais faz parte das práticas terapêuticas culturalmente responsivas (Iwamasa & Hays, 2018).

Mantenha em mente: escuta empática

- A escuta empática é um dos blocos de construção cruciais para uma aliança terapêutica positiva.
- Os terapeutas transmitem empatia quando há congruência entre suas escolhas verbais, não verbais, tonais e de linguagem e quando elas refletem com precisão o que o cliente está dizendo sobre suas experiências.
- A escuta cuidadosa ajuda os terapeutas a entender os significados dos eventos para o cliente, bem como reações emocionais, hábitos comportamentais e conexões sociais, e ajuda a identificar caminhos frutíferos para investigações socráticas.
- Preste atenção à linguagem, às metáforas e às imagens do cliente, como se fossem janelas para o mundo interno dele.
- Adote a linguagem, as metáforas e as imagens do cliente e faça referência a elas para incentivar o envolvimento dele nas sessões.

- Os terapeutas são incentivados a ser "papagaios humildes" e espelhar as palavras exatas dos clientes em declarações reflexivas.
- Observe o que o cliente não diz, especialmente quando informações esperadas estão ausentes. Investigações sobre elementos ausentes podem revelar pistas importantes para entender desejos e problemas do cliente.
- O silêncio permite espaço para o cliente ouvir, considerar, reagir e processar o que está sendo discutido. O silêncio após uma expressão de empatia frequentemente leva a um processamento mais profundo das experiências.
- Escutar a linguagem do cliente, expressar curiosidade sobre as suas experiências e identidades culturais e manter uma consciência ativa de nossas próprias identidades culturais e preconceitos faz parte das práticas terapêuticas culturalmente responsivas.

Estágio 3: síntese das informações coletadas

Praticamente todas as abordagens terapêuticas ensinam aos terapeutas diretrizes para formular perguntas e ouvir de maneira empática as respostas dos clientes. Entretanto, se apenas essas duas etapas do diálogo socrático forem seguidas, há o risco de se encontrar na situação em que nem o terapeuta nem o cliente sabem como aplicar efetivamente as informações coletadas aos problemas do cliente.

Armadilha 2

O terapeuta formula diversas boas perguntas e obtém informações úteis, mas nem ele nem o cliente sabem como aplicar esses dados aos problemas específicos do cliente.

As sínteses são o elemento-chave do diálogo socrático e proporcionam uma plataforma para novas descobertas. Elas oferecem *feedback* tangível ao cliente de que o terapeuta está ouvindo e permitem que ambos saibam mutuamente o que foi dito e ouvido. Isso é crucial, pois os clientes geralmente não estão acompanhando suas respostas às perguntas. Uma síntese ajuda os clientes a verem a relevância potencial coletiva do que já disseram sobre os problemas em discussão. Quando os terapeutas não compreendem ou deixam passar um comentário importante, os clientes podem fazer modificações cruciais na síntese. Nesse contexto, sínteses escritas são mais eficazes do que sínteses verbais, especialmente se é esperado que o cliente faça conexões ou identifique padrões nas informações discutidas.

Para começar a coconstruir uma síntese escrita, o terapeuta pode dizer, após um período de discussão: "Vamos listar algumas partes-chave da sua experiência e do que você me contou até agora. Isso pode nos ajudar a decidir como essas informações podem ser úteis". Uma síntese escrita cria uma ponte entre a coleta de informações úteis e a quarta etapa do diálogo socrático, que envolve fazer ao cliente perguntas analíticas/sintetizadoras. Sem uma síntese escrita, os clientes podem ficar perdidos ao descrever o que aprenderam ou o que fazer a seguir. Além disso, uma cópia da síntese escrita pode ser inserida nas anotações terapêuticas tanto do terapeuta quanto do cliente para revisão futura.

Faça sínteses orais e escritas frequentes

Sínteses frequentes são necessárias para facilitar a aprendizagem do cliente. Ao ouvir gravações de minhas próprias sessões de terapia, contei até seis declarações de síntese em cinco minutos. Algumas dessas sínteses são listas breves de argumentos que haviam acabado de ser apresentados pelo cliente. Além dessas sínteses orais breves, outras abrangem vários tópicos para permitir que meu cliente e eu vejamos conexões entre os problemas discutidos. É importante escrever as sínteses porque os clientes muitas vezes estão muito envolvidos ou muito distantes emocionalmente ao falar que não estão realmente cientes de todas as possíveis relações entre as informações transmitidas. Quando a síntese é escrita pelo terapeuta, o cliente é convidado a revisar, comentar, corrigir e emendar. Os clientes muitas vezes desempenham um papel de líder, ou pelo menos de colaborador, na redação da síntese.

As sínteses escritas frequentemente levam a comentários mais detalhados e aprofundados pelo cliente. Talvez isso ocorra porque sínteses escritas frequentemente evocam mais emoção do que sínteses orais. Uma mulher falou calmamente sobre suas experiências em um incêndio em casa. Seu terapeuta escreveu uma síntese de sua descrição usando as próprias palavras da mulher para capturar momentos-chave. Quando a mulher leu a síntese escrita, ela ficou visivelmente abalada. Ela comentou lacrimejante: "Eu não percebi até ver essas palavras o quão assustador isso tem sido para mim. Meu Deus, estou sem casa!".

Como já discutido, um dos princípios de uma boa escuta é prestar atenção e usar a linguagem do cliente. Essa prática de escuta facilita a criação de sínteses que usam a linguagem exata dos clientes. Utilizar a linguagem deles é validador e também incentiva que mais seja dito, como ilustrado no exemplo a seguir:

Terapeuta:	Quando você diz que não tem certeza de que pode confiar em mim, o que vem à mente que faz você questionar minha confiabilidade?
Megan:	Eu tive experiências ruins com terapeutas antes.
Terapeuta:	Sim, você descreveu algumas dessas experiências ruins para mim. Há algo em nosso relacionamento até agora que também faz você pensar que serei outra experiência ruim?
Megan:	(Depois de uma pausa.) Às vezes, você parece um pouco distante para mim.
Terapeuta:	Isso é um sentimento intuitivo que você tem ou faço coisas ou ajo de certas maneiras que parecem distantes?
Megan:	Às vezes, você me olha fixamente. Acho que você acha que sou um pouco estranha. E você olha para o relógio de vez em quando, então parece que você quer se livrar de mim o mais rápido possível.

Terapeuta:	Posso ver como essas coisas podem parecer "distantes". Mais alguma coisa?
Megan:	Você sorri como meu último terapeuta. Isso me dá arrepios.
Terapeuta:	Por que seu último terapeuta fez uma investida sexual em você? Meu sorriso faz você pensar que farei uma investida sexual em você?
Megan:	Sim, às vezes. Tive experiências ruins.
Terapeuta:	Sim, teve. Parece que você acha provável ter más experiências comigo também.
Megan:	Aham.
Terapeuta:	Em parte, devido às suas experiências passadas com outros terapeutas e especificamente porque às vezes olho fixamente para você e olho para o relógio. Além disso, quando sorrio, isso a lembra do último terapeuta, que teve uma postura sexual com você, o que lhe dá arrepios.
Megan:	Sim.
Terapeuta:	Vamos fazer uma lista aqui neste papel. Tudo bem se escrevermos isso?
Megan:	Ok.
Terapeuta:	Parece que você acredita que há duas principais maneiras de eu trair sua confiança. Uma é sendo distante. Faremos uma lista de "muito distante" aqui: olho fixamente para você e olho para o relógio. Que tal fazermos uma segunda coluna descrevendo o que esse comportamento significa para você?
Megan:	Ok.
Terapeuta:	Você acredita que meu olhar significa que acho você um pouco estranha. Vamos escrever isso ao lado de "você olha fixamente para mim".
Megan:	(Inclinando-se para ver o resumo.) Sim.
Terapeuta:	Outra forma de parecer muito distante é olhar para o relógio. Vou escrever isso na coluna "muito distante". Você acha que quero me livrar de você. Vamos escrever isso ao lado de "olhar para o relógio", na coluna sobre o que isso significa para você. Está certo?
Megan:	Sim.
Terapeuta:	A segunda maneira, de acordo com você, de eu trair sua confiança é sendo muito próximo. Vamos também fazer uma lista de "muito próximo" e uma segunda coluna sobre o que essas coisas significam para você. Meu sorriso a lembra do terapeuta que abusou sexualmente de você. Vamos escrever isso abaixo de "muito próximo". O que devemos escrever aqui sobre o que isso significa para você?
Megan:	Me faz pensar que você também pode abusar de mim.
Terapeuta:	Quer escrever isso ou prefere que eu escreva?
Megan:	Você escreve. (O terapeuta faz como mostrado na Figura 2.1.)
Terapeuta:	Essas listas capturam o que faz você não confiar em mim?

Muito distante	O que significa para mim
Você olha fixamente para mim.	Você acha que eu sou um pouco estranha.
Você olha para o seu relógio.	Você quer se livrar de mim.
Você não me viu dois sábados atrás, quando eu me sentia suicida.	Você não se importa de verdade comigo.
Muito próximo	**O que significa para mim**
Seu sorriso me lembra do terapeuta que abusou sexualmente de mim.	Você também pode abusar de mim.
Você uma vez me chamou de Meg, como a minha irmã faz.	Você está agindo com mais proximidade de mim do que deveria.

FIGURA 2.1 Síntese das observações de Megan sobre seu terapeuta estar muito distante ou muito próximo.

Megan: Sim. Também tem o fato de que você não me viu dois sábados atrás, quando me senti meio suicida.

Terapeuta: Onde devemos escrever isso?

Megan: Em "muito distante".

Terapeuta: Aqui, por que não pega esta caneta e escreve? (Entrega a caneta para a cliente.) Escreva o que isso significa para você. (Pausa enquanto ela escreve "Você não se importa realmente comigo".) Mais alguma coisa?

[Se a terapia for via telessaúde, ambos estariam escrevendo a mesma síntese e o terapeuta diria: "Eu vou escrever isso na minha síntese e você escreve na sua".]

Megan: Uma vez você me chamou de "Meg" em vez de "Megan". É assim que a minha irmã me chama.

Terapeuta: Onde isso deveria estar?

Megan: Em "muito próximo". (Escreve essa observação na lista "muito próximo" e o que isso significa para ela ao lado, como mostrado na Figura 2.1.)

Terapeuta: Mais alguma coisa?

Megan: Você não acha suficiente?

Terapeuta: São muitos sinais de perigo. Vamos analisar todas as coisas que levam você a não ter certeza de que pode confiar em mim. (Lê todos os itens.) O que você percebe ao olhar para essas coisas (apontando para a síntese mostrada na Figura 2.1)?

Megan: Bem, não percebi que não confiaria se você ficasse muito próximo ou muito distante.

Terapeuta: Parece que há um lugar "certo" para confiar em mim e que você se preocupa que as coisas fiquem muito próximas ou muito distantes, e às vezes meu comportamento parece pender para um lado ou para o outro.

Megan:	Exatamente.
Terapeuta:	Não quero que nossa terapia seja nem muito próxima nem muito distante para ser confiável. Você acha que seria útil falar mais sobre esses itens da lista que fizemos? Isso pode nos ajudar a entender como e por que me comporto da maneira como me comporto enquanto seu terapeuta, e como podemos resolver o que a incomoda de uma forma que aumente sua confiança em vez de traí-la.
Megan:	Ok. Estou um pouco surpresa que você esteja disposto a falar sobre isso.

Essa vinheta demonstra como as sínteses ajudam a construir clareza em um diálogo com um cliente. O uso da linguagem do cliente valida as preocupações e mostra que o terapeuta não está na defensiva diante da crítica. Observe como o terapeuta primeiro concluiu a lista de preocupações do cliente e anotou todos os seus significados. Somente então propôs conversar mais para entender como e por que estava se comportando de certas maneiras. Isso criou uma atmosfera que encorajou Megan a trazer mais preocupações à tona. Pode-se imaginar que essa sessão teria sido menos produtiva se o terapeuta tivesse imediatamente fornecido explicações alternativas para "olhar fixamente" ou "olhar para o relógio". Isso poderia ter fornecido evidências adicionais de que o terapeuta não se importava com os sentimentos da cliente e não podia ser confiável.

Escrever a síntese aumenta seu poder. Como mostrado na Figura 2.1, uma síntese escrita pode ser mais organizada do que uma discussão verbal. Duas preocupações principais são identificadas na síntese escrita, com exemplos específicos de cada uma listados: o medo de o terapeuta estar muito próximo e o medo de ele estar muito distante. Quando a cliente vê a síntese escrita, ela se lembra de preocupações adicionais em cada área. O terapeuta torna esse processo mais pessoal e também mais colaborativo ao entregar a caneta à cliente para que ela comece a adicionar itens à lista. Esse gesto não verbal transmite confiança à cliente e indica a abertura do terapeuta para conhecer melhor a perspectiva dela. Do ponto de vista prático, enquanto a cliente escreve, o terapeuta tem tempo para refletir e considerar caminhos para processar as informações coletadas.

Uma síntese escrita garante que as informações não se percam. Ela fornece uma estrutura para organizar informações do cliente, o que às vezes realmente aumenta seu valor (por exemplo, "não percebi que não confiaria se você ficasse muito próximo ou muito distante"). Dessa forma, às vezes, a estrutura organizacional de uma síntese pode destacar dimensões importantes das preocupações do cliente. Também ajuda o terapeuta e o cliente a lembrar pontos críticos de informações que podem exigir mais discussão. Finalmente, a síntese fornece uma plataforma importante para a descoberta guiada. Ela apresenta ao cliente tudo o que ele precisa saber para responder às perguntas analíticas ou de síntese, que completam o processo de diálogo socrático.

Observe, nesse exemplo da sessão de terapia de Megan, que, mesmo antes da última etapa do diálogo socrático, quando são feitas perguntas analíticas e sintetizadoras, *uma síntese escrita já iniciou um rico processo de descoberta*. Megan já está aprendendo coisas novas sobre sua confiança nesse terapeuta. Ela observa que a confiança é ameaçada quando o terapeuta parece muito distante ou muito próximo. Megan comenta espontaneamente: "Estou um pouco surpresa que você esteja disposto a falar sobre isso", o que indica outra descoberta importante sobre esse terapeuta em comparação com os anteriores. As perspectivas de Megan sobre confiar no terapeuta estão começando a mudar em resposta à curiosidade (neutra) e às interações respeitosas do terapeuta ao longo das primeiras três etapas do diálogo socrático. Isso prepara o terreno para descobrir novas possibilidades para construir, reparar e manter a confiança.

Mantenha em mente: síntese das informações coletadas

- As sínteses são a peça-chave do diálogo socrático.
- Elas demonstram ao cliente que o terapeuta esteve ouvindo profundamente.
- As sínteses fornecem uma ponte entre as respostas do cliente a perguntas informativas e perguntas analíticas/sintetizadoras.
- As sínteses escritas são as melhores. Elas são coconstruídas com o cliente e usam as exatas palavras, imagens e metáforas dele.
- As sínteses escritas são frequentemente mais organizadas do que as discussões verbais; às vezes, a estrutura organizacional pode destacar dimensões importantes das preocupações do cliente.
- As sínteses escritas fornecem uma plataforma para a descoberta, pois permitem ao cliente e ao terapeuta lembrar e refletir sobre todas as informações relevantes coletadas.

Estágio 4: perguntas analíticas e sintetizadoras

Uma vez feita a síntese, o terapeuta pede ao cliente que examine as informações coletadas e veja como se aplicam ao que está sendo avaliado. Essa última etapa do diálogo socrático é projetada para garantir que o cliente tenha a chance de fazer uma nova descoberta e considerá-la como própria. O terapeuta prepara o cenário para que o cliente faça suas próprias descobertas formulando perguntas analíticas e/ou sintetizadoras que vinculam a síntese das informações coletadas à crença ou ideia original que está sendo avaliada por meio do processo de diálogo socrático.

As melhores perguntas sintetizadoras e analíticas podem ser bastante simples. Por exemplo, uma boa pergunta sintetizadora é: "Como essas informações que escrevemos aqui na síntese se encaixam na sua ideia de [preencha com a ideia original que está sendo avaliada]?". O terapeuta também poderia perguntar em um tom perplexo: "Estou tentando ver como essas informações se encaixam na sua ideia de [declaração original do cliente que iniciou o processo de descoberta guiada]. Pode me ajudar?".

Boas perguntas analíticas incluem (apontando para a síntese das informações coletadas): "Quando olha para esta lista, o que você percebe?", "O que faz disso?" e "Dadas essas experiências, o que você acha que o ajudará?".

Quando as sínteses escritas são combinadas com perguntas analíticas ou sintetizadoras, os terapeutas podem gerenciar facilmente a situação em que o cliente procura respostas do terapeuta em vez de se manter envolvido em um processo de descoberta.

Armadilha 3

O cliente busca respostas no terapeuta. Este se esforça cada vez mais ao longo do tempo, enquanto a terapia progride de maneira bem lenta.

Se o terapeuta está trabalhando mais do que o cliente ou se o cliente está apenas observando o terapeuta trabalhar, são sinais de que o engajamento do cliente não é o ideal. Três motivos comuns para os clientes se desengajarem são: (1) eles não sabem como se ajudar, (2) eles não acreditam ter o conhecimento para se ajudar ou (3) eles se sentem sem esperança. Quando os clientes não sabem como se ajudar ou não acreditam ter o conhecimento para isso, uma síntese escrita das informações discutidas naquela sessão oferece uma ótima plataforma para ajudá-los a responder à pergunta "Você consegue pensar em uma maneira de usar essas ideias para ajudá-lo nesta semana?". Se o cliente não souber como responder, o terapeuta pode ser ainda mais específico: "Vamos pegar a primeira observação que escrevemos. Como você poderia usar essa ideia para se ajudar nesta semana?".

Pedir aos clientes que observem as sínteses e considerem maneiras de aplicar essas ideias aos seus problemas aumenta o engajamento. Além disso, clientes que elaboram seus próprios planos de ação, experimentos ou formas alternativas de pensar têm mais probabilidade de seguir adiante com sua implementação. Portanto, perguntas analíticas e sintetizadoras dão aos clientes a chance de experimentar a apropriação de novas aprendizagens e soluções criativas. Esse processo também reduz frequentemente a sensação de desesperança do cliente. O Capítulo 3 descreve ideias adicionais para usar o diálogo socrático com clientes que veem situações como sem esperança, especialmente quando essa falta de esperança está ligada à depressão e à ideação suicida.

Perguntas analíticas e sintetizadoras também oferecem a solução para a quarta armadilha discutida neste capítulo: clientes que dizem "Sim, mas..." às sugestões do terapeuta.

Armadilha 4

O cliente solicita sugestões ao terapeuta. Sempre que ideias úteis são oferecidas, o cliente responde com um "Sim, mas...".

Um erro comum que os terapeutas cometem é seguir as três primeiras etapas do diálogo socrático e, em seguida, apontar entusiasticamente uma nova ideia para o cliente. Eles fazem perguntas informativas (Estágio 1), ouvem com empatia (Estágio 2) e resumem as informações coletadas (Estágio 3), mas não fazem perguntas analíticas e sintetizadoras (Estágio 4). Em outras palavras, o terapeuta deixa de usar o diálogo socrático. Comumente, os terapeutas fazem isso destacando uma conclusão lógica para o cliente ou dando conselhos com base nas informações coletadas:

- *Então parece que, com base nesta síntese do que você me contou hoje, você pode ter sucesso neste novo emprego se der a si mesmo mais algumas semanas.*
- *Parece que, a partir do que você disse, você deveria sair da cama 30 minutos mais cedo para garantir que chegue ao trabalho a tempo.*

Felizmente, quando os terapeutas cometem esses erros, nossos clientes nos supervisionam dizendo "Sim, mas...". Sempre que seu cliente diz isso, preste atenção ao que você acabou de dizer. Quase todas as vezes, você acabou de dar a ele algum conselho ou tirou uma conclusão para ele.

Quando os terapeutas tiram conclusões para seus clientes ou oferecem conselhos, os clientes estão livres para voltar aos seus antigos sistemas de crenças e hábitos comportamentais. Em contraste, quando os terapeutas mantêm uma postura de descoberta guiada (ou seja, fazem perguntas analíticas e sintetizadoras), os clientes são solicitados a chegar às suas próprias novas conclusões ou ideias sobre o que poderiam fazer. Eles são convidados a integrar as informações que deram ao terapeuta (resumidas em suas próprias palavras exatas) com seus objetivos, a compreensão de seu desconforto e seus planos de melhoria. O processo ativo de trabalhar com suas próprias ideias ajuda os clientes a gerar novas ideias ou descobrir incompatibilidades entre uma ideia familiar e sua experiência. Os clientes raramente dizem "Sim, mas..." a esses tipos de descobertas autogeradas. Em vez disso, eles frequentemente manifestam curiosidade ou surpresa genuínas, reações que podem aumentar a energia, a motivação e a esperança.

Mantenha em mente: perguntas analíticas e sintetizadoras

- Perguntas analíticas e sintetizadoras permitem que o cliente faça suas próprias descobertas.
- Pedir aos clientes que observem as sínteses e considerem maneiras de *aplicar* essas ideias aos seus problemas aumenta o engajamento e pode reduzir a sensação de desesperança.
- As melhores perguntas analíticas e sintetizadoras são muito simples, por exemplo: "Como isso se encaixa naquilo?" e "Como você pode usar essas ideias para se ajudar nesta semana?".
- Perguntas analíticas e sintetizadoras incentivam os clientes a integrar as informações coletadas na sessão com seus objetivos, a compreensão de seu desconforto e seus planos de melhoria.

- Os clientes dizem "Sim, mas..." quando os terapeutas fazem sugestões, dão conselhos ou tiram conclusões a partir da síntese para eles. Eles não são propensos a responder dessa forma às suas próprias ideias. Portanto, fazer perguntas analíticas e sintetizadoras quase sempre elimina as respostas "Sim, mas..." dos clientes.

Ilustração clínica — revisão de uma tarefa de aprendizagem entre sessões

Conforme descrito anteriormente, o diálogo socrático com frequência é usado para revisar tarefas de aprendizagem (também chamadas de "tarefas de casa") feitas entre as sessões. Essas tarefas podem incluir observações, experimentos comportamentais, exercícios de imagens mentais, planilhas escritas e uma variedade de outras tarefas de ação ou observação. Na vinheta a seguir, o terapeuta está usando o diálogo socrático para ajudar Martin a capturar informações relevantes de suas atividades entre as sessões. Martin é um homem de 73 anos sendo tratado para depressão. O diálogo a seguir ilustra como o diálogo socrático é usado para revisar as experiências de Martin com a ativação comportamental.

Para destacar o processo de diálogo socrático, cada comentário do terapeuta na vinheta a seguir é marcado de acordo com qual dos quatro estágios está sendo expresso. Comentários adicionais entre parênteses destacam outros aspectos significativos dos comentários do cliente e do terapeuta. Observe que há um fluxo de ida e volta entre os estágios, mas há um movimento geral através dos quatro estágios.

Terapeuta: Olá, Martin. Como você está se sentindo esta semana? (*Estágio 1 – pergunta informativa*)

Martin: Ainda meio para baixo.

Terapeuta: Sinto ouvir isso. (*Estágio 2 – escuta empática*) Vamos ver o que podemos descobrir esta semana para ajudá-lo.

Martin: Ok.

Terapeuta: (*Continua fazendo perguntas informativas com escuta empática.*) Você conseguiu experimentar algumas daquelas atividades que discutimos da última vez?

Martin: Sim. Na terça e na quinta-feira, levantei-me da cama imediatamente, como discutimos.

Terapeuta: E ficou na cama na quarta-feira e fez algumas anotações sobre como se sentiu em cada um desses dias? (*Pergunta informativa*)

Martin: Tenho minhas anotações aqui. (Toca seu celular.)

Terapeuta: Muito bom. Foi fácil ou difícil para você fazer isso? Fazer as anotações? (*Perguntas informativas*)

Martin: Não foi muito difícil. Mas não tenho certeza de que fiz certo.

Terapeuta: Vamos ver o que você percebeu. Pode me mostrar? (*Pergunta informativa*)

Diálogo socrático para a descoberta em psicoterapia **75**

Martin:	Na terça-feira, levantei e fiz um café imediatamente. Estava me sentindo deprimido, cerca de 9 em 10, quando acordei. Na hora em que me sentei para beber meu café, meu humor estava por volta de 8.
Terapeuta:	Essa é uma informação útil. Fico feliz que tenha se lembrado de avaliar seu humor. Como você previu, você se sentiu realmente deprimido quando acordou. E depois, o que aconteceu? *(Escuta empática; pergunta informativa)*
Martin:	Li as notícias e depois me vesti e dei uma caminhada, como combinamos.
Terapeuta:	E como estava seu humor durante a caminhada? *(Pergunta informativa)*
Martin:	No começo, caiu para cerca de 7, mas, até o momento em que cheguei em casa, subiu para 9.
Terapeuta:	Isso é interessante. O que acha que estava acontecendo ali? *(Pergunta informativa)*
Martin:	Fiquei feliz por ter seguido nosso plano e me senti bem com isso quando comecei. Mas então meu quadril começou a doer, e comecei a pensar que era velho demais para essa terapia funcionar para mim.
Terapeuta:	Então começou a se sentir desencorajado. Um quadril dolorido não é divertido. Seria aceitável para você revisarmos todas as três manhãs primeiro e vermos se podemos aprender algo para ajudar a lidar com esse pensamento? *(Escuta empática; pergunta informativa)*
Martin:	Claro. (Martin e seu terapeuta continuam revisando todas as três manhãs de experimentos.)

Martin encontra-se profundamente deprimido. A empatia intensifica as respostas emocionais. Assim, em vez de proferir observações empáticas profundas, como "Oh, sinto muito que você tenha acordado tão deprimido", o terapeuta de Martin opta por fazer observações factuais e encorajadoras, como "Fico feliz que você tenha se lembrado de avaliar seu humor", ou emite comentários levemente empáticos combinados com uma declaração de ação, como "Um quadril dolorido não é nada divertido. Seria aceitável para você revisarmos todas as três manhãs primeiro e vermos se podemos aprender algo para ajudar...?". Utilizando empatia leve em conjunto com declarações de ação/aprendizagem, o terapeuta busca instigar alguma esperança em Martin. Simultaneamente, o terapeuta observa Martin para garantir que essa abordagem esteja tendo o efeito desejado. Martin continua participando da conversa e parece envolvido, então esse nível de empatia parece ser apropriado para essa sessão.

Terapeuta:	*(Estágio 3 – síntese escrita das informações coletadas)* Agradeço por todas as suas observações úteis, Martin. Tomei algumas notas e quero mostrá-las a você para ter certeza de que captei tudo de importante. (Mostra a Martin a síntese escrita na Figura 2.2.)
Terapeuta:	O que escrevi coincide com suas anotações? *(Pergunta informativa)*

	Terça/quinta – Levantei-me da cama	Quarta – Fiquei na cama
Humor ao acordar	9,8	9
Humor 1 hora depois	9,6	10
Melhor humor	7,6	9
Melhor ponto	Começar a caminhar (terça) Conversar com Frank (quinta)	(Nada)
Pior ponto	Dor no quadril (terça) Acordar (quinta)	Pensar que não valho nada

FIGURA 2.2 Síntese dos experimentos comportamentais de Martin.

Martin: Sim. Vejo que é uma maneira diferente de escrever. Eu não pensei em fazer assim.

Terapeuta: Suas notas estão ótimas da maneira que você fez. Enquanto você falava, eu estava apenas tentando pensar em alguma forma de comparar os dias. Não era para você fazer isso. (*Esclarecimento*)

Martin: Entendi.

Terapeuta: Você mudaria ou adicionaria algo a essa lista? (*Síntese escrita*)

Martin: Não tenho certeza de que colocaria meu quadril doendo como o pior ponto da terça-feira.

Terapeuta: Ok. O que deveríamos escrever então? (*Síntese escrita*)

Martin: Posso lidar com meu quadril doendo. Foi mais a ideia de que essa terapia não vai me ajudar.

Na mente do terapeuta

O terapeuta de Martin está se sentindo um pouco envergonhado e tolo por escolher o quadril dolorido em vez do pensamento depressivo para registrar como o pior ponto da terça-feira. Por outro lado, o terapeuta reconhece que foi um erro afortunado. Martin tem a oportunidade de se ver como competente ao corrigir o erro do terapeuta. Ao permitir que Martin faça a mudança na síntese, o cliente se torna mais envolvido e um participante ativo na síntese. O terapeuta observa que o humor de Martin parece um pouco mais leve mesmo enquanto ele escreve seu pensamento depressivo sobre "ser velho demais" para a terapia.

Terapeuta: Fico feliz que você tenha apontado isso. É bom saber. Sim, vamos mudar o pior ponto da terça-feira para esse pensamento que você teve.

	Aqui está a caneta, por que você não faz a mudança? (Pausa enquanto Martin risca "O quadril dói" e escreve "Sou velho demais para fazer esta terapia".) (*Síntese escrita*)
Terapeuta:	Obrigado por fazer essa correção, Martin. Essa síntese parece correta para você agora? (*Síntese escrita*)
Martin:	Acho que sim.
Terapeuta:	Excelente. Vamos olhar para ela por um minuto e ver o que podemos aprender. (Silêncio após alguns momentos.) O que você percebe? (*Estágio 4 – pergunta sintetizadora*)
Martin:	Tive alguns pontos bons nos dias em que me levantei, e não quando fiquei na cama.
Terapeuta:	O que podemos aprender com isso? (*Estágio 4 – pergunta analítica*)
Martin:	Acho que é como na loteria. Você não tem como ganhar a menos que compre um bilhete.
Terapeuta:	(Sorrindo.) Gosto disso. Vamos escrever isso abaixo da síntese. (Martin escreve.) Acho que entendi o que você quer dizer, mas como essa ideia pode ajudá-lo quando você estiver se sentindo deprimido? (*Pergunta analítica*)
Martin:	Quando me sinto realmente deprimido, não quero fazer nada. Mas vejo que há uma chance de eu me sentir melhor se fizer algo.
Terapeuta:	Sim. Eu também consigo ver isso. Você se lembrará dessa ideia do bilhete de loteria ou quer registrá-la também? (*Síntese escrita*)
Martin:	Acho que poderia escrever: "Não fazer nada não traz nada. Fazer algo pode ajudar". (O terapeuta concorda com a cabeça e Martin escreve isso.)
Terapeuta:	Percebo que seu humor estava melhor na manhã em que encontrou Frank enquanto dava uma caminhada. Há algo que você possa aprender com isso para se ajudar nesta semana? (*Pergunta analítica*)
Martin:	Eu costumo ficar dentro de casa sozinho quando meu humor está ruim. Mas acho que me sinto melhor quando tenho alguém para conversar.
Terapeuta:	Como você pode usar essa ideia para se ajudar nesta semana? (*Pergunta analítica*)
Martin:	Talvez ajude ver ou conversar com meus amigos pelo telefone. (Longa pausa.) E talvez seja melhor sair de casa todos os dias, mesmo que eu só vá a lojas e veja pessoas lá.

Como esse exemplo ilustra, o modelo de diálogo socrático de quatro estágios é ideal como um modelo para ajudar os clientes a aprender com tarefas de casa e outras experiências dentro e fora da sessão:

1. Perguntas informativas são usadas para reunir observações relevantes.

2. A escuta empática pode ser ajustada para se adequar às necessidades do cliente e fornecer suporte ideal para os seus esforços.
3. Sínteses escritas das observações do cliente ajudam a atrair a atenção dele para aspectos úteis e desafiadores de suas experiências. Essas sínteses orientam a atenção do cliente para ideias úteis e metáforas ("bilhete de loteria") que podem fornecer um trampolim para novas aprendizagens.
4. Perguntas analíticas e sintetizadoras são as ferramentas do terapeuta para incentivar os clientes a derivar novas ideias úteis de suas experiências.

Por sua vez, as novas ideias promovidas pelas perguntas analíticas e sintetizadoras podem ser anotadas para começar a integrar uma "síntese de aprendizagem" para a sessão. Sínteses de aprendizagem podem ser usadas para planejar futuros experimentos e tarefas de casa. Dessa forma, o diálogo socrático fomenta a capacidade dos clientes de aprender com a experiência e cria um registro escrito para que cada sessão de terapia se baseie em aprendizagens anteriores.

Mantenha em mente

- Na prática, há um fluxo de ida e volta entre os quatro estágios do diálogo socrático, com um movimento geral através deles.
- Novas ideias promovidas pelas perguntas analíticas e sintetizadoras podem ser anotadas para começar a integrar uma "síntese de aprendizagem" para a sessão.
- O diálogo socrático promove a capacidade dos clientes de aprender com a experiência e cria um registro escrito para que cada sessão de terapia possa se basear em aprendizagens anteriores.

O diálogo socrático está incorporado no Registro de Pensamentos em Sete Colunas

Desenvolvi o Registro de Pensamentos em Sete Colunas para auxiliar as pessoas a utilizarem processos de diálogo socrático consigo mesmas na avaliação das crenças centrais que mantêm seus estados de humor perturbados (Padesky, 1983). Esse registro ajuda os clientes a desenvolverem habilidades para testar e avaliar seus pensamentos, conforme descrito no popular livro de autoajuda *A mente vencendo o humor* (Greenberger & Padesky, 2016). Os capítulos sobre registro de pensamentos nesse livro guiam os leitores a fazerem uma série de perguntas informativas (Estágio 1 do diálogo socrático). Primeiramente, são feitas perguntas simples sobre a situação em que os clientes tiveram um humor intenso (Onde estavam? Com quem estavam? O que estavam fazendo? Quando foi?). Em segundo lugar, eles são solicitados a identificar e avaliar a intensidade de seus humores. Em terceiro lugar, uma série de perguntas os ajuda a identificar os pensamentos e imagens automáticos conectados aos humores que tiveram nessa situação. Em seguida, são solicitados a determinar quais pensamentos são "pensamentos quentes", ou seja, pensamentos mais diretamente ligados ao humor que desejam investigar. Um conjunto final de perguntas informativas ajuda os usuários do Registro de Pensamentos em Sete Colunas a buscar informações que apoiem ou não apoiem seus pensamentos quentes.

Escrever todas essas informações no Registro de Pensamentos em Sete Colunas funciona como uma oportunidade para a pessoa ouvir empaticamente a si mesma (Estágio 2 do diálogo socrático) e também para fazer uma síntese escrita (Estágio 3 do diálogo socrático) do que está acontecendo durante um estado de humor intenso. Perguntas analíticas e sintetizadoras (Estágio 4 do diálogo socrático) são introduzidas quando a pessoa preenche a sexta coluna do registro de pensamento, "Pensamento alternativo ou equilibrado". Para preencher essa coluna, as pessoas são solicitadas a revisar todas as evidências escritas da quarta e da quinta colunas do registro de pensamentos e escrever uma síntese equilibrada dessas evidências e/ou uma visão alternativa ao seu pensamento quente original. Se a evidência apoiar seu pensamento quente, então a pessoa é solicitada a fazer um plano de ação para resolver o problema encapsulado por esse Registro de Pensamentos em Sete Colunas ou desenvolver maior aceitação ou maneiras de lidar com a situação ligada ao seu desconforto (Padesky, 2020b).

Incorporando o diálogo socrático em outros métodos de descoberta guiada

Diálogos socráticos podem ser incorporados em muitas intervenções terapêuticas. Clientes que realizam experimentos comportamentais ou que usam um *continuum* para avaliar suas experiências podem ser questionados sobre diversas questões informativas relacionadas às suas avaliações e observações. Em seguida, podem ser incentivados a observar essas avaliações com autocompaixão (escuta empática), anotar observações que pareçam úteis (síntese) e se questionar "Como posso usar essas ideias para me ajudar nesta semana?", que é uma excelente pergunta analítica/sintetizadora. Para uma discussão mais detalhada e uma exploração de como vincular o diálogo socrático a folhas de exercícios dos clientes, consulte Padesky (2020b).

Uso construtivo do diálogo socrático

Na TCC clássica, o diálogo socrático é usado para testar crenças existentes e extrair aprendizagem das experiências do cliente (uso desconstrutivo). Como parte de sua abordagem de TCC baseada em forças (TCC-BF), Mooney e Padesky demonstram que o diálogo socrático também pode ser usado para ajudar os clientes a construir novas crenças ou aspirações e avaliar sua utilidade (Mooney & Padesky, 2000; Padesky & Mooney, 2012). Quando usado para construir novas crenças ou aspirações, são feitas modificações no comportamento do terapeuta em cada um dos quatro estágios (Padesky, 2019), como destacado nas seções a seguir.

Perguntas informativas

Perguntas informativas comuns ao tentar ajudar alguém a desenvolver novas crenças ou aspirações incluem: "Como você gostaria que fosse?" ou "Como você gostaria de ser/se ver?". Ao fazer perguntas destinadas a evocar possibilidades novas e desejadas, os aspectos não verbais do diálogo socrático são tão importantes quanto os verbais. Os clientes sintonizam com os comportamentos não verbais do terapeuta em busca de orientação. Se essa pergunta for feita por um terapeuta com uma expressão neutra ou testa franzida, a pessoa provavelmente dará uma resposta cautelosa. Se o terapeuta, por outro lado, fizer uma pergunta aspiracional com olhos brilhantes e um sorriso encorajador, inclinando-se para demonstrar interesse aguçado na resposta, então o cliente será mais propenso a expressar um desejo sincero.

A linguagem corporal não verbal é considerada um aspecto-chave do uso construtivo do diálogo socrático. Padesky enfatiza o que chama de "sorriso terapêutico" (Padesky, 2005):

> Imagine-me perguntando com uma expressão neutra e tom calmo: "Como você gostaria que as coisas fossem em sua vida?". Agora, imagine-me perguntando com um sorriso convidativo e um tom vocal mais suave de profundo interesse: "Como você gostaria que as coisas fossem em sua vida?" (Padesky, 2019, 11).

Um sorriso do terapeuta altera todo o contexto dessa pergunta significativa. Quando feita por alguém com expressão séria ou neutra, a pergunta pode ser percebida como um desafio e até evocar ansiedade ou hostilidade no cliente. Ansiedade e hostilidade estão relacionadas à ativação das amígdalas em uma rede de medo ou raiva, colocando a pessoa no modo de sobrevivência em vez de em um espaço de imaginação criativa. Um sorriso humano genuíno ativa a rede de aprendizagem de recompensa e estimula as amígdalas a gerar uma emoção positiva em vez da rede de medo/raiva (Mühlberger et al., 2010). O sorriso humano também ativa o córtex orbitofrontal (COF), que, entre outras funções, está ativo na codificação e na memorização de experiências de recompensa (Tsukiura & Cabeza, 2008).

Um sorriso humano genuíno envolve os olhos, assim como a boca. O tom vocal também muda com um sorriso. Felizmente, quando as pessoas não conseguem ver o rosto do terapeuta (por exemplo, se os olhos do cliente estão fechados, a terapia é feita por telefone ou o terapeuta está usando uma máscara), elas percebem as pistas auditivas de um sorriso. Pesquisas demonstram que as pessoas respondem da mesma maneira a um sorriso que é ouvido, e não visto (Arias et al., 2018).

Escuta empática

Depois que os clientes oferecem respostas a perguntas construtivas, os terapeutas são incentivados a ouvir como aliados de apoio, em vez de observadores neutros. Na TCC-BF, os terapeutas respondem de maneiras que apoiam ativamente as ideias dos clientes em vez de fazer reflexões neutras a partir das respostas deles. Por exemplo, um terapeuta pode dizer com um grande sorriso: "Você gostaria de se conectar mais com as pessoas. Posso ver como isso seria bom para você!". Quando os clientes dão respostas mais cautelosas, o terapeuta da TCC-BF os incentiva a imaginar as mudanças mais positivas possíveis, como ilustrado no diálogo a seguir:

Terapeuta: Como você deseja se apresentar nos seus relacionamentos?

Devante: Acho que gostaria de ser um pouco mais... amigável.

Terapeuta: Amigável (sorrindo). Percebo como isso pode ser bom para você! (Pausa.) Sabe, quando você menciona "amigável", me questiono se surge na sua mente uma imagem de como você se pareceria ou se comportaria. (Inclina a cabeça, demonstrando curiosidade com um leve sorriso.)

Devante: Ah, eu não sei. Acho que me aproximaria das pessoas e demonstraria interesse.

Terapeuta: Interesse. Certo. (Sorrindo.) O que mais?

Devante: Bem, acho que talvez eu brincasse um pouco com elas.

Terapeuta: Ok. Então, seria amigável, demonstraria interesse, brincaria um pouco com elas. (Pausa.) Já que estamos imaginando as melhores maneiras como você gostaria de ser, acho que podemos sonhar grande. (Sorrindo.) Isso é o melhor que você consegue imaginar ou há ainda mais?

Devante: (Silêncio longo.) Não tenho certeza de que mais mudanças são possíveis mesmo.

Terapeuta: Não vamos ficar presos ao que é possível agora. Estamos apenas sonhando juntos sobre como poderia ser o melhor cenário possível (sorrindo). Se absolutamente qualquer coisa fosse possível, como você gostaria que fosse?

Devante: (Pausa, depois falando calmamente com emoção sincera.) Eu gostaria de me aproximar das pessoas com confiança, como se eu realmente acreditasse em mim mesmo. Gostaria de pensar que elas estão interessadas em mim e felizes em me ver. Seria uma conexão real.

Terapeuta: Uau. (Acenando com a cabeça.) Isso seria realmente importante, não é? (Dito calmamente com emoção sincera e seguido por uma pausa.) Eu adoraria ajudar você a chegar a esse ponto de conexão real. (Sorrindo com contato visual direto.)

Embora as respostas iniciais de Devante tenham sido positivas, ele as expressou de maneira um tanto monótona. A terapeuta esperava que Devante mostrasse algum entusiasmo ou até um brilho nos olhos. Sorrindo a cada resposta e incentivando-o a dizer um pouco mais, ela esperava que Devante começasse a imaginar mudanças ainda maiores. Quando Devante expressou ceticismo de que mais mudanças seriam possíveis, sua terapeuta falou em "sonhar" com "qualquer coisa possível". Ela também permitiu o silêncio, observando que Devante parecia estar pensando em suas perguntas. Em suas observações finais dessa sessão, Devante demonstrou alguma emoção profunda relacionada às suas palavras. Ela tentou combinar sua emotividade silenciosa e endossou seu sonho verbal e não verbalmente.

Enquanto perguntas desconstrutivas como "O que aconteceu?" no geral podem ser respondidas rapidamente, perguntas construtivas a exemplo de "Como você gostaria de ser?" muitas vezes exigem tempo para reflexão. Portanto, o silêncio é uma intervenção terapêutica importante durante o uso construtivo do diálogo socrático. Quando as perguntas exigem que alguém gere novas ideias ou imagine maneiras diferentes de ser no mundo, as respostas mais significativas muitas vezes requerem tempo para uma consideração profunda. Assim, terapeutas que oferecem um silêncio relaxado com encorajamentos ocasionais como "Leve o tempo que precisar e veja o que vem à mente" têm mais chances de ajudar seus clientes a construir novas ideias. Recomendo frequentemente um "silêncio amigável", no qual o terapeuta mantém uma postura relaxada e aberta com um leve sorriso ou uma expressão de curiosidade. Pode ser útil encorajar os clientes a considerar uma pergunta entre as sessões e ver que ideias ocorrem ao longo de um período ainda mais longo.

Como Devante, os clientes frequentemente expressam ceticismo ou autocrítica mesmo quando são feitas perguntas construtivas. Quando os objetivos terapêuticos atuais são construtivos, os terapeutas são incentivados a ouvir esses comentários negativos e respondê-los com perguntas ou comentários construtivos redirecionadores. Por exemplo, se alguém disser "Eu sou tão idiota", o terapeuta pode responder: "Quando você se vê assim, não deve ser bom. Se qualquer coisa fosse possível, como você gostaria de se ver em vez de desse modo?".

Sínteses escritas

Ao usar o diálogo socrático para fins construtivos, a síntese escrita capturará *apenas* as ideias construtivas oferecidas pelo cliente. Como os sonhos aspiracionais muitas vezes estão ligados a imagens mentais e metáforas, é especialmente importante que as sínteses escritas capturem esses elementos também. Por exemplo, mais tarde na sessão destacada acima, Devante equiparou a conexão que ele queria sentir com os outros ao sentimento de "irmandade" que ele tinha com colegas soldados durante o combate. Foi importante incluir a palavra "irmandade" na síntese escrita. Esse termo estava conectado a memórias e experiências profundamente emocionais que capturavam de perto muitos aspectos da conexão importante para Devante. Outras palavras só capturavam essa essência de maneiras vagas e intelectuais que não ressoavam seus desejos mais profundos.

Perguntas analíticas e sintetizadoras

Ao usar o diálogo socrático para ajudar os clientes a construir algo novo, as perguntas analíticas e sintetizadoras muitas vezes adotam uma perspectiva prospectiva. Por exemplo:

Diálogo socrático para a descoberta em psicoterapia   **83**

- Quanto você gostaria que isso acontecesse?
- Como seria para você alcançar esse sonho?
- Se isso/você fosse assim, o que você seria capaz de fazer? Pensar? Sentir?
- Que qualidades você já possui que poderiam ajudá-lo a alcançar isso?
- Que passo você poderia dar para experimentar essa nova maneira?

Além das respostas verbais a esses tipos de perguntas, também pode ser muito útil pedir aos clientes que usem sua imaginação para visualizar as respostas. Por exemplo, você pode dizer ao seu cliente: "Tire alguns minutos e se imagine entrando em uma sala cheia de pessoas. Você é exatamente como gostaria de ser e eles são exatamente como você gostaria que os outros fossem. Imagine a situação se desenrolando da melhor maneira possível". Como elaborado no Capítulo 5, o uso da imaginação pode capturar emoções, sensações físicas, memórias e metáforas frequentemente perdidas quando perguntas e respostas são puramente verbais. Como descrito para perguntas informativas, perguntas analíticas e sintetizadoras são aprimoradas quando o terapeuta sorri ao fazê-las, permite silêncio suficiente para uma resposta significativa emergir e oferece encorajamento ao cliente durante todo o processo.

Mantenha em mente: uso construtivo do diálogo socrático

Quando o diálogo socrático é usado para ajudar os clientes a construir novas crenças ou aspirações, os terapeutas são aconselhados a modificar sua implementação em cada estágio:

- O comportamento não verbal do terapeuta pode ser um fator determinante para que os clientes se envolvam totalmente nos processos terapêuticos construtivos.
- Perguntas aspiracionais são melhores quando associadas a um sorriso expresso nos olhos, assim como na boca, para demonstrar um interesse aguçado na resposta.
- Associar perguntas aspiracionais a uma expressão facial neutra do terapeuta pode evocar ansiedade no cliente em vez de imaginação construtiva.
- As pessoas percebem e respondem a pistas auditivas de um sorriso, então o sorriso do terapeuta é importante mesmo quando os clientes não podem vê-lo.
- Os terapeutas são incentivados a expressar ativamente apoio às ideias do cliente como um aliado, em vez de fazer reflexões neutras das declarações aspiracionais dele.
- O silêncio é uma intervenção terapêutica importante para dar tempo à consideração profunda de perguntas construtivas, por exemplo: "Como você gostaria de ser?". Permita silêncios descontraídos e "amigáveis".
- As sínteses escritas devem incluir imagens e metáforas ligadas a sonhos aspiracionais.
- Perguntas analíticas e sintetizadoras muitas vezes adotam uma perspectiva prospectiva, como "O que você poderia fazer para experimentar essa nova maneira?".
- O uso de imagens mentais para imaginar um futuro melhor pode capturar emoções, sensações físicas, memórias e metáforas frequentemente perdidas quando perguntas e respostas são puramente verbais.

Seja utilizado de maneiras clássicas ou para propósitos construtivos, o diálogo socrático se baseia na habilidade do terapeuta de mesclar, de maneira conversacional, perguntas que suscitem experiências relevantes do cliente com comentários empáticos. Uma escuta cuidadosa conduz a perguntas mais produtivas e a sínteses úteis. Sínteses escritas focam tanto o cliente quanto o terapeuta na relação entre as informações obtidas e as ideias que estão sendo testadas ou construídas. Perguntas analíticas e sintetizadoras ajudam a guiar o cliente para ele desenvolver novas ideias e desfrutar da experiência da descoberta.

Quando utilizar o diálogo socrático

Conforme descrito no Capítulo 1, o diálogo socrático tende a ser utilizado em toda sessão, mas não em todo momento da psicoterapia. Além disso, é frequentemente empregado ao desenvolver uma conceitualização colaborativa do caso e vincular essa conceitualização ao planejamento do tratamento (Padesky, 2020c).

Quando utilizar o diálogo socrático

1. Na revisão de atividades de aprendizagem entre sessões, também conhecidas como "tarefas de casa" (início da sessão).
2. Na exploração de crenças, comportamentos, emoções, reações fisiológicas e circunstâncias de vida (meio da sessão).
3. Na síntese da aprendizagem da sessão e no planejamento das próximas etapas do tratamento (ao longo da sessão/no final da sessão).
4. Ao desenvolver uma conceitualização colaborativa do caso e vinculá-la ao planejamento do tratamento.

Quando o diálogo socrático não é útil

É improvável que mesmo o diálogo socrático mais elegante seja útil quando aplicado para avaliar crenças ou comportamentos que não desempenham um papel central no desencadeamento ou na manutenção dos problemas dos clientes. Se ele não levar a lugar nenhum, mesmo quando se seguem os princípios detalhados neste capítulo, considere se está focando os aspectos mais relevantes da experiência do seu cliente.

Armadilha 5

O terapeuta utiliza o diálogo socrático apropriadamente, porém sem eficácia, pois não aborda as crenças ou os comportamentos centrais e mantenedores relacionados aos problemas do cliente.

A conceitualização colaborativa de caso é um bom primeiro passo para identificar os gatilhos e ciclos de manutenção mais importantes ligados às preocupações do cliente (Kuyken et al., 2009). Na verdade, o diálogo socrático muitas vezes está incorporado à conceitualização colaborativa de caso. Em um método que chamo de "caixa, seta entrando, seta saindo", os clientes são solicitados a identificar os gatilhos emocionais, cognitivos, comportamentais, interpessoais e situacionais para um problema específico, juntamente com suas respostas uma vez que ele tenha sido desencadeado (Padesky, 2020c). Esse método de conceitualização de caso guia os clientes a descobrir quais de suas respostas cognitivas, comportamentais, interpessoais ou emocionais são úteis e quais realmente mantêm os problemas que desejam abordar. Durante os processos de conceitualização colaborativa de caso, clientes e terapeutas muitas vezes tomam consciência de gatilhos ou respostas que precisam ser abordados.

Também é útil que os terapeutas tenham um bom conhecimento prático sobre quais tipos de crenças e comportamentos são geralmente centrais para preocupações comuns dos clientes, como depressão, ansiedade, problemas de relacionamento, transtornos alimentares ou outros objetivos de tratamento. Por exemplo, com o transtorno obsessivo-compulsivo (TOC), é muito menos provável que seja útil usar o diálogo socrático para avaliar um pensamento automático como "Preciso rezar para protegê-la quando penso na minha mãe sofrendo um acidente" do que para testar a suposição subjacente mais central "Se eu tiver um pensamento perturbador, isso significa que algo ruim acontecerá". Os capítulos restantes deste livro se aprofundam em diagnósticos específicos, tipos de clientes e processos terapêuticos para destacar como o diálogo socrático pode ser aplicado da melhor forma às questões centrais de cada um.

SÍNTESE

O diálogo socrático pode ser uma ferramenta poderosa para orientar a descoberta e a aprendizagem do cliente. Neste capítulo, foram abordados os quatro estágios do processo de diálogo socrático, que enfatizam:

1. perguntas informativas;
2. escuta empática;
3. sínteses escritas;
4. perguntas analíticas/sintetizadoras.

Orientações detalhadas sobre como navegar efetivamente por essas etapas foram ilustradas em exemplos de casos ao longo deste capítulo. Esse modelo de diálogo socrático de quatro estágios pode ajudar a alcançar uma aliança terapêutica positiva, manter o engajamento ideal do cliente na terapia, fomentar uma aprendizagem profunda e criar uma plataforma para uma descoberta consistente e memorável do cliente. Ele pode apoiar processos terapêuticos desconstrutivos e construtivos, desde que os terapeutas adaptem seus processos verbais e não verbais às necessidades de cada um.

Os terapeutas também são incentivados a considerar a terapia de três velocidades e a analisar quais das ideias passando por suas mentes (primeira velocidade, mais rápida) será mais benéfico expressar ao cliente (segunda velocidade, um pouco mais lenta) em dado momento da terapia. As ideias que o cliente aplicará ou praticará entre as sessões (terceira velocidade, a mais lenta das três) muitas vezes serão pelo menos parcialmente geradas por ele em resposta a perguntas analíticas feitas durante o diálogo socrático. Assim, a terapia de três velocidades e o diálogo socrático podem trabalhar juntos para manter o ponto de vista do cliente sempre em destaque na mente do terapeuta.

Embora o diálogo socrático não seja usado o tempo todo na terapia, é um método preferível para envolver ativamente os clientes no uso de seu conhecimento e sua experiência a fim de avaliar as crenças, os comportamentos, as emoções, as respostas físicas e os contextos ambientais centrais às suas preocupações. Esse processo maximiza a aprendizagem, a descoberta e a lembrança do cliente, fornecendo sínteses escritas frequentes das suas observações e *insights*. Essas sínteses escritas constituem uma base de conhecimento em crescimento para ajudar cada sessão terapêutica subsequente a se basear em aprendizagens anteriores.

Atividades de aprendizagem do leitor

Agora que o modelo de diálogo socrático de quatro estágios foi descrito, siga as instruções a seguir:

- Observe e identifique essas quatro etapas em vinhetas ao longo deste livro.
- Pratique os elementos do diálogo socrático conforme descrito neste capítulo em suas sessões de terapia. É frequentemente útil começar sua prática usando o diálogo socrático para revisar algo que o cliente tentou ou praticou entre as sessões de terapia.
- Considere avaliar seu uso do diálogo socrático utilizando a Escala e Manual de Avaliação do Diálogo Socrático (Padesky, 2020a), disponível (em inglês) em https://www.padesky.com/clinical-corner/clinical-tools/.
- Lembre-se de que um terapeuta de TCC nem sempre usa o diálogo socrático. Muitas vezes, os terapeutas fazem perguntas, ouvem ou fazem sínteses apenas para esclarecer a compreensão das comunicações do cliente. Só é necessário usar esse modelo de diálogo socrático de quatro estágios de maneira sistemática quando o objetivo de um diálogo é testar ativamente crenças ou promover a descoberta do cliente.

REFERÊNCIAS

Arias, P., Belin, P., & Aucouturier, J-J. (2018). Auditory smiles trigger unconscious facial imitation. *Current Biology, 28*(14), R782–783. https://doi.org/10.1016/j.cub.2018.05.084

Dalgleish T., & Watts, F. N. (1990). Biases of attention and memory in disorders of anxiety and depression. *Clinical Psychology Review, 10*(5), 589–604. https://doi.org/10.1016/0272-7358(90)90098-U

Del Re, A. C., Flückiger, C., Horvath, A. O., & Wampold, B. E. (2021). Examining therapist effects in the alliance–outcome relationship: A multilevel meta-analysis. *Journal of Consulting and Clinical Psychology, 89*(5), 371–378. https://doi.org/10.1037/ccp0000637

Epstein, S. (2014). *Cognitive-experiential theory: An integrative theory of personality.* Oxford: Oxford University Press.

Greenberger, D., & Padesky, C. A. (2016). *Mind over mood: Change how you feel by changing the way you think* (2nd ed.). New York: Guilford Press.

Iwamasa, G. Y., & Hays, P. A. (2018). *Culturally Responsive Cognitive Behavior Therapy: Practice and Supervision* (2nd ed.). Washington, DC: American Psychological Association.

Kuyken, W., Padesky, C. A., & Dudley, R. (2009). *Collaborative case conceptualization: Working effectively with clients in cognitive-behavioral therapy.* New York: Guilford Press.

Loftus, E. F., & Palmer, J. C. (1974). Reconstruction of automobile destruction: An example of the interaction between language and memory. *Journal of Verbal Learning and Verbal Behavior, 13*(5), 585–589. https://doi.org/10.1016/S0022-5371(74)80011-3

Mace, J. H., & Petersen, E. P. (2020). Priming autobiographical memories: How recalling the past may affect everyday forms of autobiographical remembering. *Consciousness and Cognition, 85,* 103018. https://doi.org/10.1016/j.concog.2020.103018

Mooney, K. A., & Padesky, C. A. (2000). Applying client creativity to recurrent problems: Constructing possibilities and tolerating doubt. *Journal of Cognitive Psychotherapy: An International Quarterly, 14*(2), 149–161. https://doi.org/10.1891/0889-8391.14.2.149

Mühlberger, A., Wieser, M. J., Gerdes, A. B. M., Frey, M. C. M., Weyers, P., & Pauli, P. (2010). Stop looking angry and smile, please: Start and stop of the very same facial expression differentially activate threat- and reward-related brain networks. *Social and Cognitive Affective Neuroscience, 6*(3), 321–329. https://doi.org/10.1093/scan/nsq039

Nienhuis, J. B., Owen, J., Valentine, J. C., Winkeljohn Black, S., Halford, T. C., Parazak, S. E., Budge, S., & Hilsenroth, M. (2018). Therapeutic alliance, empathy, and genuineness in individual adult psychotherapy: A meta-analytic review, *Psychotherapy Research, 28*(4), 593–605. https://doi.org/10.1080/10503307.2016.1204023

Padesky, C. A. (1983). *7-Column Thought Record.* Huntington Beach, CA: Center for Cognitive Therapy, Huntington Beach. Retrieved from https://www.mindovermood.com/worksheets.html

Padesky, C. A. (1993, September 24). *Socratic questioning: Changing minds or guiding discovery?* Invited speech delivered at the European Congress of Behavioural and Cognitive Therapies, London. Retrieved fromhttps://www.padesky.com/clinical-corner/publications/

Padesky, C. A. (2005, May). *Constructing a NEW self: Cognitive therapy for personality disorders.* 12-hour workshop presented London, UK.

Padesky, C. A. (2019, July 18). *Action, dialogue & discovery: Reflections on Socratic Questioning 25 years later.* Invited address presented at the Ninth World Congress of Behavioural and Cognitive Therapies, Berlin, Germany. Retrieved from https://www.padesky.com/clinical-corner/publications/

Padesky, C. A. (2020a). *Socratic dialogue rating scale and manual.* Retrieved from https://www.padesky.com/clinical-corner/clinical-tools/

Padesky, C. A. (2020b). *The clinician's guide to CBT using mind over mood* (2nd ed.). New York: Guilford Press.

Padesky, C. A., (2020c). Collaborative case conceptualization: Client knows best. *Cognitive and Behavioral Practice, 27,* 392–404. https://doi.org/10.1016/j.cbpra.2020.06.003

Padesky, C. A., & Mooney, K. A. (1993, February). *Winter workshop cognitive therapy: essential skills and supervised application to complex cases.* 24-hour workshop presented in Palm Desert, CA.

Padesky, C. A., & Mooney, K. A. (2012). Strengths-based cognitive-behavioural therapy: A four-step model to build resilience. *Clinical Psychology and Psychotherapy, 19*(4), 283–90. https://doi.org/10.1002/cpp.1795

Teasdale, J. D. (1996). Clinically relevant theory: Integrating clinical insight with cognitive science. In P. M. Salkovskis (Ed.), *Frontiers of Cognitive Therapy* (pp. 26–47). New York: Guilford Press.

Teasdale, J. D. (1997). The transformation of meaning: The Interacting Cognitive Subsystems approach. In M. J. Power & C. R. Brewin (Eds.), *The transformation of meaning in psychological therapies: Integrating theory and practice* (pp. 141–156). New York: Wiley.

Tsukiura, T., & Cabeza, R. (2008). Orbitofrontal and hippocampal contributions to memory for face-name associations: The rewarding power of a smile. *Neuropsychologia, 46*(9). 2310–2319. https://doi.org/10.1016/j.neuropsychologia.2008.03.013

Zemeckis, R. (Director). (2000). *Cast away.* [Film].Twentieth Century Fox.

3

Descoberta guiada para depressão e suicídio

Marjorie E. Weishaar

> *Se você tentar me oferecer soluções, vou dispensá-lo; se você concordar comigo que não há esperança, vou me matar.*
> — **Jamal**, um cliente deprimido e suicida

O dilema apresentado pela declaração desse cliente captura algumas das dificuldades encontradas ao trabalhar com pessoas deprimidas e suicidas. O raciocínio é rígido, perigosamente dicotômico e não está prontamente aberto a testes de hipóteses. A colaboração às vezes é recusada. A resolução de problemas, um alicerce na terapia com clientes deprimidos, é comprometida pela falta de esperança e pelo pessimismo do cliente. Isso, por sua vez, pode levar os terapeutas a quererem oferecer conselhos e acolhimento. Como ser socrático e curioso quando as apostas entre vida e morte parecem tão altas?

Este capítulo ilustra como a descoberta guiada pode reduzir a falta de esperança do cliente e ajudá-lo a aprender a desvendar seu próprio pensamento negativo. Exemplos de casos ilustram métodos para navegar por armadilhas comuns na terapia para clientes deprimidos e suicidas, incluindo momentos em que os terapeutas fazem mais e mais do trabalho em vez de colaborar, por razões como:

- Os clientes se fecham ou ficam passivos na terapia.
- Os clientes exibem baixa energia com pouca motivação ou, ao contrário, estão agitados ou ruminativos.
- Os clientes têm poucas evidências para contestar seus pensamentos negativos, e os terapeutas se sentem presos junto com eles.
- Os terapeutas não têm certeza de como superar a persistente falta de esperança do cliente.

VISÃO GERAL DA DEPRESSÃO

Marianne é uma mãe solteira que trabalha limpando casas com outras duas mulheres que ela emprega. Devido a uma recessão econômica, o negócio diminuiu. Marianne teve que parar de empregar as outras mulheres e agora trabalha sozinha. Ultimamente, ela se sente triste e culpada por ter demitido as outras mulheres, ansiosa com a economia e incapaz de vislumbrar um futuro melhor. Ela consegue levar as crianças para a escola de manhã, mas depois se pega assistindo à televisão o dia todo e pensando nos arrependimentos de sua vida. Apesar de se sentir extremamente solitária, ela não quer ver amigos nem ir à igreja, anteriormente uma fonte de força espiritual e uma conexão com uma comunidade acolhedora.

Marianne ilustra muitos sintomas da depressão, um transtorno de humor caracterizado por tristeza profunda. Arrependimento, culpa, sensação de fracasso, impotência, desamparo, falta de esperança, irritabilidade e ansiedade frequentemente fazem parte do quadro. A retração social, a letargia e a perda de interesse nas coisas anteriormente apreciadas resultam de pensamentos e expectativas negativas. A redução da participação em atividades, por sua vez, alimenta mais sentimentos negativos. O pensamento deprimido é lento e inflexível, a concentração e a memória são precárias, e erros lógicos, ou distorções cognitivas, distorcem os pensamentos em uma direção negativa (Beck, 1967, 1976; Beck et al., 1979).

Assim como pode haver contribuições biológicas para a depressão, como genética, doenças físicas, lesões cerebrais e reações a medicamentos, também existem contribuições cognitivas. As crenças e suposições negativas que as pessoas têm sobre si mesmas, outras pessoas e o futuro podem predispor à depressão. Quando essas crenças e suposições são desencadeadas por eventos da vida, as pessoas experimentam uma mudança em seu pensamento, prestando atenção apenas às informações que parecem apoiar suas crenças negativas. Marianne, por exemplo, trabalhara muito para conquistar tudo o que havia alcançado na vida. Seus pais lhe deram pouco apoio emocional ou prático durante a infância. Suas crenças positivas sobre ser autossuficiente eram acompanhadas pela crença de que ninguém a ajudaria e de que ela era responsável por outras pessoas. Assim, ela se sentiu impotente e especialmente angustiada quando precisou parar de empregar as mulheres que trabalhavam para ela.

A mudança no pensamento que ocorre na depressão inclui até mesmo memórias negativamente enviesadas. Deitada no sofá, Marianne ruminava sobre outros momentos de sua vida em que enfrentara dificuldades financeiras. Ela desconsiderou suas repetidas vitórias sobre a instabilidade econômica. Criar filhos saudáveis e ser uma boa mãe nem passou por sua mente quando julgou sua vida. Sua dificuldade para dormir e a perda de apetite contribuíram para sua fadiga, e ela não tinha interesse em ver outras pessoas. Seu afastamento social de amigos e da igreja tornou-se um problema em si, pois a falta de contato com outras pessoas impediu Marianne de obter novas informações e outras perspectivas sobre sua situação. Ela ficou sozinha com seus pensamentos negativos e não contestados, incluindo julgamentos negativos sobre o quão miserável ela se sentia e o quão pouco estava fazendo. Em seu ponto mais baixo, Marianne se perguntava se o suicídio era a única saída de sua dor insuportável, e imaginava que seus filhos poderiam ser criados por sua irmã tão bem quanto se fossem criados por ela.

Quando pessoas deprimidas se tornam suicidas, as características cognitivas da depressão são ainda mais pronunciadas, a ponto de se tornarem fatores de risco para o suicídio. Marianne mostra alguns deles. Eles incluem resolução de problemas inadequada, ruminação (uma lista interminável de preocupações e remorsos), rigidez cognitiva (incluindo perfeccionismo e pensamento tudo ou nada [pensamento dicotômico]), suposições disfuncionais, memória generalizada (incapacidade de lembrar eventos específicos, especialmente positivos) e falta de esperança (Wenzel et al., 2009). Esses fatores de risco se tornam ainda mais perigosos quando combinados com a impulsividade.

Este capítulo ilustra como um terapeuta pode acolher clientes deprimidos e suicidas e motivá-los a permanecer na terapia apesar desses desafios diversos. Ao mesmo tempo, considera como gerenciar as armadilhas que apresentam obstáculos para envolver esses clientes em um tratamento colaborativo. Em seguida, aborda o conteúdo do mundo interior da pessoa deprimida e indica como a descoberta guiada é usada para ajudar a mudar pensamentos e ações improdutivos. Por fim, e de forma crucial, o capítulo aborda como usar a descoberta guiada para manter um cliente seguro quando a falta de esperança e os pensamentos suicidas estão presentes. Também são descritas estratégias para reconhecer e gerenciar a armadilha da falta de esperança vicária na qual o terapeuta pode cair. Para preparar o terreno para essas discussões, segue-se uma breve visão geral da terapia cognitivo-comportamental (TCC) para depressão.

TCC PARA DEPRESSÃO

A TCC para depressão entrelaça métodos cognitivos e comportamentais conforme necessário ao longo do curso da terapia. Tipicamente, intervenções comportamentais são iniciadas primeiro, em especial com clientes mais gravemente deprimidos que estão inativos, letárgicos, relativamente isolados e incapazes de se concentrar por longos períodos (Beck et al., 1979; Young et al., 2008). A ativação comportamental, um plano de aumentar gradualmente o envolvimento do cliente em atividades prazerosas e satisfatórias, é usada para estimular o interesse do cliente na terapia (Wright et al., 2009), diminuir a evitação de tarefas ou outras pessoas, reduzir a ruminação (Dimidjian et al., 2008) e expor o cliente a experiências e informações que contradizem suas crenças negativas sobre si mesmo ou sua situação. Isso oferece uma poderosa oportunidade para a descoberta guiada.

Por exemplo, como um experimento recomendado por seu terapeuta, um dia Marianne deu uma breve caminhada em vez de assistir a um programa de televisão. Essa experiência a ajudou a começar a perceber as conexões entre seu comportamento e seu humor. Marianne percebeu que até mesmo esse leve exercício ao ar livre a ajudou a se sentir um pouco melhor. Dessa forma, a ativação comportamental pode servir como uma forma de regulação afetiva (Jobes, 2016). Outras estratégias comportamentais incluem: treinamento de autoconfiança ou assumir mais responsabilidade por tarefas diárias e autocuidado, simulação de papéis na sessão de terapia para praticar novos comportamentos, atividade física e contato social (Young et al., 2008).

Experimentos comportamentais, tarefas projetadas para examinar as crenças de um cliente por meio da exposição *in vivo* a novas informações ou do uso de novas habilidades (Beck et al., 1979), são extremamente importantes na TCC para depressão. Experimentos comportamentais não são conduzidos apenas para praticar um novo comportamento (por exemplo, assertividade, planejamento do dia), mas para ver se uma nova maneira de pensar, revelada por meio de novos comportamentos, é possível e útil (por exemplo, "Posso pedir o que quero a ele sem discutir sobre isso", "Consegui fazer as compras porque planejei isso"). Dessa forma, eles são um método importante para a descoberta guiada no repertório do terapeuta.

Como descrito no Capítulo 1, quando os experimentos comportamentais são projetados para testar crenças específicas, eles podem aprimorar a eficácia da terapia, pois demonstração e experiências pessoais geralmente são mais eficazes e memoráveis do que persuasão verbal. Experimentos comportamentais influenciam a mudança cognitiva testando antigas crenças e, ao mesmo tempo, fornecendo informações para apoiar novas crenças. Eles são geralmente revisados usando o diálogo socrático, que pode afiar o foco na crença examinada e ajudar a fazer interpretações e atribuições precisas dos resultados dos experimentos.

Marianne se encontrou com um terapeuta de TCC a pedido de sua irmã. Seu humor melhorado ao dar uma breve caminhada demonstrou a ela que seria uma boa ideia sair de casa e interagir mais com sua vizinhança. Seu terapeuta a ajudou a identificar alguns outros comportamentos, que Marianne concordou em tentar implementar para ver como afetavam seu humor. Ela escolheu ir à igreja em um domingo e ficar para o café depois do serviço. À medida que Marianne descobria e começava a se dedicar às atividades que melhoravam seu humor, ela e seu terapeuta começaram a explorar seus pensamentos negativos e suposições que pareciam contribuir para sua depressão. Seu pensamento "A menos que eu proveja para meus filhos, eu não sou nada" precisava ser examinado. Marianne se orgulhava de ser confiável e de superar a pobreza.

Um terapeuta que não estivesse familiarizado com o diálogo socrático poderia tentar convencer Marianne de que ela era valiosa mesmo que não estivesse provendo economicamente para seus filhos no momento. Isso seria difícil de fazer, dadas suas crenças. Duas outras abordagens pareciam mais úteis, levando em consideração o sistema de crenças de Marianne descrito na seção "Visão geral da depressão". A primeira era adotar uma visão de longo prazo e resolver o problema do que Marianne poderia fazer para ajudar sua família ao longo do tempo. Ela poderia pedir ajuda para colocar seu negócio em uma base sólida. Isso exigia testar sua crença de que não deveria pedir ajuda a ninguém. Seu terapeuta desenvolveu hipóteses que poderiam ser exploradas usando o diálogo socrático: se ela estivesse disposta a deixar sua irmã cuidar de seus filhos, estaria disposta a pedir outros tipos de ajuda a ela? E quanto a pedir trabalho a outras pessoas?

Uma segunda abordagem foi observar todas as maneiras pelas quais Marianne poderia ser e era confiável, mesmo durante esse momento desafiador em sua vida. Quando ela poderia demonstrar melhor sua confiabilidade do que durante momentos difíceis? Como ela poderia demonstrar sua confiabilidade agora?

Examinar as crenças e suposições de um cliente tende a ser mais útil quando o terapeuta mantém uma apreciação de quais pensamentos e suposições são úteis para testar e quais são importantes de manter porque fortalecem o cliente. Para Marianne, foi útil continuar a se ver como uma provedora de sustento confiável e não deslocar o foco dessa identidade para algo como o quanto ela valia como pessoa por outras razões. Era mais produtivo testar sua crença de que pessoas confiáveis e autoconfiantes não devem buscar ajuda. Ao testar essa crença, ela foi capaz de ver que pessoas confiáveis podem usar muitos recursos, incluindo outras pessoas. Essa era uma ideia nova e lhe deu alguma esperança de que poderia resolver suas dificuldades.

No auge de sua depressão, Marianne lutava para se concentrar e permanecer focada em tarefas diárias, como fazer almoço para seus filhos e levá-los para a escola. A estrutura de suas sessões de TCC, que incluíam definição de agenda, estabelecimento de metas, atribuições comportamentais, sínteses frequentes e *feedback* contínuo entre ela e seu terapeuta, ajudou Marianne a se manter focada e organizada. Ela foi capaz de usar essas mesmas habilidades fora da terapia para estruturar seu dia e concluir tarefas passo a passo.

As muitas habilidades aprendidas na terapia — identificação de gatilhos para o humor diminuído, teste de pensamentos e crenças negativas e resposta mais adaptativa a situações difíceis — são reforçadas ao longo da terapia. Ao praticar regularmente essas habilidades fora da sessão e usar o diálogo socrático para revisar essas experiências na sessão, um objetivo da TCC é tornar essas habilidades uma parte explícita do repertório do cliente quando a terapia termina. Dessa forma, as habilidades aprendidas ao longo da TCC também ajudam os clientes a se preparar e manejar recaídas. Isso é muito importante, pois a depressão é uma doença recorrente para muitos.

Um aspecto desafiador de trabalhar com clientes deprimidos é que, quando você os vê pela primeira vez, sua lógica falha é hermética. A depressão simplifica demais. A terapia pode ser uma empreitada frustrante se o terapeuta abordar a depressão sem explorar a situação sendo curioso, fazendo muitas perguntas e obtendo detalhes. Justo no momento em que um cliente desesperadamente quer uma resposta, o terapeuta deve fazer perguntas para obter uma imagem mais clara da situação e verificar como o cliente está pensando sobre ela, o que o cliente pode ter tentado fazer para resolver os problemas, que recursos o cliente tem e como ajudá-lo da melhor maneira a descobrir esses recursos.

Essa não é uma tarefa fácil, especialmente quando os sintomas de depressão de um cliente apresentam desafios para o terapeuta e as respostas do terapeuta a esses desafios os prendem em becos sem saída. Por exemplo, os terapeutas correm o risco de dar conselhos ou se tornarem argumentativos em resposta ao pensamento rígido dos clientes. Da mesma forma, a capacidade de um terapeuta de ouvir e se identificar pode ser comprometida se ele sentir muita urgência em alterar o pensamento suicida de um cliente. Além disso, um terapeuta pode se tornar excessivamente falante para contrariar o silêncio do cliente ou se sentir sem esperança diante do pessimismo avassalador de um cliente. Os exemplos clínicos a seguir demonstram como o modelo de diálogo socrático de quatro estágios (1993) — perguntas informativas, escuta empática, sínteses por escrito e perguntas analíticas e sintetizadoras — pode ajudar terapeutas e seus clientes a sair dessas armadilhas.

ENVOLVENDO CLIENTES DEPRIMIDOS NO TRATAMENTO COLABORATIVO

Um desafio para terapeutas que lidam com clientes deprimidos e suicidas é envolvê--los em um tratamento colaborativo. Pensamentos negativos, rígidos e sem esperança frequentemente levam os clientes a concluir que não há utilidade em tentar coisas novas ou testar crenças. Métodos de descoberta guiada fornecem ferramentas úteis para alcançar esse objetivo, conforme ilustrado em numerosos exemplos de casos ao longo deste capítulo. Sinais comuns de que a terapia não está atualmente colaborativa incluem:

- O cliente frequentemente pede conselhos, e o terapeuta os dá.
- O terapeuta fica frustrado quando o cliente concorda com tudo o que é sugerido, mas não segue adiante fora das sessões de terapia.
- O terapeuta se torna complacente e faz cada vez menos com um cliente que está inativo fora da terapia.
- O cliente está desengajado, e o terapeuta dá conselhos ou se torna excessivamente direcionador ou otimista para adicionar energia às interações.

Não se pode esperar que os clientes compreendam como colaborar em seu próprio tratamento a menos que o terapeuta os eduque a respeito e mostre como isso pode funcionar e ser útil. Os clientes vão para a terapia com um modelo de tratamento, assim como o terapeuta. Identificar pensamentos e suposições do cliente e do terapeuta e avaliar sua utilidade pode ser fundamental. O engajamento é um processo contínuo ao longo do curso da terapia. As seguintes perguntas, estímulos e sugestões podem ser usadas para começar a compartilhar expectativas e suposições de tratamento:

- Como você escolheu este tipo de terapia? O que você espera que aconteça como resultado de estar aqui?
- Você já fez terapia antes? Como foi? O que foi útil? O que não foi útil? Você aprendeu habilidades para ajudar a lidar com seu humor? Você tinha com o que trabalhar entre as sessões?
- O que você ouviu sobre esse tipo de terapia? Quais são suas reações ao que você ouviu?

Diálogo socrático para a descoberta em psicoterapia **95**

- Como você se sentiria em relação a um estilo de colaboração de dar e receber? Juntos, vamos criar metas para trabalhar e fazer um plano para alcançar essas metas.
- Cada vez que nos encontrarmos, ambos contribuiremos com uma agenda ou plano para nossa reunião, a fim de manter o foco.
- Mediremos seu nível de depressão regularmente para podermos ambos acompanhar se as abordagens que estamos tentando estão ajudando.

Às vezes, fornecer informações ao cliente sobre as expectativas do terapeuta (por exemplo, "Juntos, criaremos um plano com o qual ambos nos sintamos confortáveis e comprometidos") pode levar a perguntas exploratórias sobre suas expectativas. Se um cliente tem uma crença que pode interferir na colaboração, como "Não acho que sou capaz de fazer muito na terapia" ou "Não consigo fazer nada certo, incluindo terapia", o terapeuta e o cliente podem projetar um experimento comportamental para realizar na sessão e, em seguida, revisar o experimento usando o diálogo socrático.

Para aumentar a colaboração, é uma boa prática sempre pedir ao cliente que identifique itens que deseja adicionar à agenda da sessão. Sínteses frequentes durante a sessão ajudam o cliente e o terapeuta a permanecer no caminho certo e lembrar de informações importantes. Além disso, o terapeuta pode pedir *feedback* ao cliente regularmente, inclusive sobre como o trabalho feito na sessão se encaixa em seus objetivos ou em uma crença que está sendo examinada.

Armadilhas comuns no envolvimento de clientes deprimidos na terapia

Armadilha 1
O cliente é pessimista desde o início e quer prova de que a terapia funcionará; o terapeuta se sente desafiado.

Armadilha 2
O cliente está muito agitado para se concentrar; o terapeuta assume o controle.

Quando os clientes são altamente céticos ou agitados, pode ser mais difícil promover a colaboração nas sessões iniciais. As duas seções a seguir ilustram como a descoberta guiada pode ajudar ambos os tipos de clientes nas fases iniciais da terapia.

Envolvendo o cliente cético no tratamento colaborativo

Stephen é um engenheiro de 50 anos. Ele parece contido em sua primeira sessão e não tem certeza de que é capaz de fazer o trabalho da terapia. Ele relata ter períodos de depressão desde a adolescência, mas o episódio atual é muito pior do que os outros. Ele tem um novo chefe na empresa de engenharia onde trabalha, que trouxe sua própria equipe de gerentes escolhidos a dedo. Stephen foi substituído como gerente e rebaixado, apesar de fazer um trabalho muito bom por muitos anos. Durante seus episódios anteriores de depressão, ele diz que apenas "se forçava a continuar" e eventualmente a depressão diminuía. O terapeuta revisou sua história, assim como os sintomas relatados no Inventário de Depressão de Beck (*Beck Depression Inventory* — BDI; Beck et al., 1961). Sua pontuação total no BDI foi de 25, o que indica um nível moderado alto de depressão. No diálogo a seguir, seu terapeuta explorou as expectativas de Stephen e sugeriu um experimento comportamental para testá-las.

Stephen: Eu tenho estado deprimido, intermitentemente, na maior parte da minha vida, na verdade. Quando eu era jovem, eu não sabia que era depressão. Eu só achava que havia algo errado comigo. Eu uso todos os tipos de medicamentos. No passado, eu costumava me tirar da depressão me forçando a ir trabalhar e apenas seguir em frente, mas desta vez é diferente. Simplesmente não consigo superar isso. Meu psiquiatra diz que necessito de TCC.

Terapeuta: Como você se sente em relação a isso?

Stephen: (Suspira.) Eu suponho que preciso.

Terapeuta: Você parece resignado.

Stephen: Eu simplesmente não sei se vai adiantar alguma coisa. Dirigindo para cá hoje, eu apenas pensei: "De que adianta?". Falar sobre minha depressão só vai piorar as coisas.

Terapeuta: Você está preocupado que apenas falar sobre a depressão vai deixá-lo ainda mais deprimido.

Stephen: (Assente e olha para baixo.)

Terapeuta: No passado, você tentou algum tipo de psicoterapia além de tomar medicamentos?

Stephen: Na verdade, não. Meu psiquiatra está fazendo o melhor possível com a medicação, mas nada parece ajudar por muito tempo. Ele conversa comigo, mas meu humor não melhora muito.

Terapeuta: Percebo que você tem tentado se ajudar por um tempo. Seu psiquiatra lhe disse algo sobre a TCC?

Stephen: Eu ouvi que vou ter que fazer tarefas.

Terapeuta: Sim, é verdade que vamos descobrir coisas que você pode fazer entre as sessões para manter nosso trabalho em andamento. O que você acha disso?

Stephen: Parece diferente da minha compreensão de terapia. Eu não tenho certeza de que tenho energia para isso. Eu só pensava que falaria e você me diria o que fazer.

Terapeuta: Como você se sentiria com um estilo mais de dar e receber, uma parceria?

Stephen: O que você quer dizer?

Terapeuta:	Juntos, criaríamos uma lista de metas para a terapia e decidiríamos sobre o que trabalhar. Trabalharemos juntos para resolver problemas e verificar se há novas maneiras de ver as coisas.
Stephen:	Parece que dá muito trabalho. Eu não estou convencido de que ajudaria.
Terapeuta:	Você estaria disposto a experimentar ambos os estilos agora para ver o que acha?
Stephen:	O que você quer dizer?
Terapeuta:	Que tal me contar sobre a sua depressão por cerca de três minutos, e eu apenas vou ouvir. Depois, vamos ver como você se sente.

Stephen fala sobre como é estar deprimido e por que ele acha que está deprimido; conta que se vê como um "mimado" por reclamar da vida e que acha que seu foco em si mesmo deve ser "narcisista". Conforme fala mais sobre estar deprimido, ele parece abatido e cansado.

Terapeuta:	Stephen, vou interrompê-lo agora e perguntar como você se sente. Você está mais deprimido, menos deprimido ou na mesma que há alguns minutos?
Stephen:	Mais deprimido. Ficar pensando na depressão piora, mas eu não consigo me controlar.

Na mente do terapeuta

Stephen parece bastante cético em relação à terapia. Decidi convidá-lo para falar por alguns minutos, já que isso é algo que ele pensava que a terapia poderia ser: "Eu só pensava que falaria e você me diria o que fazer". Em seguida, descrevi o modelo de TCC para depressão de maneira didática, sem fazer referência aos pensamentos, sentimentos ou comportamentos específicos de Stephen. Depois de tentar isso por dois minutos, ele relatou sentir-se "distante, entorpecido e ausente". Ele disse: "Eu não estava realmente ouvindo. Depois de um tempo, apenas me desconectei e tive mais pensamentos sobre minha depressão". Agora, acho que é o momento certo para retratar uma abordagem mais ativa e colaborativa e ver como ele reage a isso.

Terapeuta:	(Começa fazendo perguntas informativas.) Vamos tentar de outra forma. Você disse que é um "mimado" quando não tem energia para fazer as coisas, quando não sente vontade de trabalhar. Para você, o que é alguém mimado?
Stephen:	Alguém mimado é uma pessoa mal-acostumada, preguiçosa e reclamona, e se incomoda com qualquer coisa mínima.
Terapeuta:	E o que você está pensando quando se chama de mimado?
Stephen:	Nada está terrivelmente errado com a minha vida. Eu só deveria superar isso e seguir em frente. Em vez disso, me sinto mal por ter sido rebaixado no trabalho.

Terapeuta:	Você trabalhou duro para a sua empresa. Ser rebaixado parece uma perda. (*Escuta empática*)
Stephen:	Sim, é difícil para mim me orientar, sentir que sou valorizado no trabalho. Sinto tédio lá. E sinto raiva.
Terapeuta:	Tudo compreensível. Por causa do que aconteceu no trabalho, você se sente triste e com raiva. Você não tem certeza do seu valor no trabalho e se sente entediado. (Stephen assente.) Se um bom amigo viesse até você com essa situação, o que você diria a ele? (Ainda fazendo *perguntas informativas*, mas mudando sua perspectiva para que Stephen possa se distanciar de sua experiência atual.)
Stephen:	Eu me sentiria mal por ele e me solidarizaria com sua situação. Mudanças de emprego podem acontecer com qualquer um.
Terapeuta:	Ele seria irritante por reclamar?
Stephen:	Não. Eu provavelmente perceberia que ele estava abalado.
Terapeuta:	Você acha que poderia dar a si mesmo o mesmo grau de compreensão? (Tentando uma *pergunta analítica*.)
Stephen:	Não tenho certeza. Eu teria que pensar sobre isso. Eu nunca fiz isso.
Terapeuta:	Você me disse antes que tenta responder aos seus pensamentos negativos sendo muito racional, mas não necessariamente simpático consigo mesmo. Certo? (*Pergunta informativa* sobre enfrentamento anterior.)
Stephen:	Certo. É por isso que não acho que vou me sair muito bem na TCC. Tento ser muito racional sozinho e isso não faz eu me sentir melhor. Eu digo: "Ninguém mais ficaria chateado. Se recomponha".
Terapeuta:	Isso soa familiar para você? Alguém falava assim com você?
Stephen:	Bem, meus pais não eram calorosos ou carinhosos. Basicamente, queriam que eu ficasse quieto e não os incomodasse. Eles realmente acreditavam em manter a compostura, como se diz. Eu nunca os vi chateados. Quando eu estava chateado, eu não mostrava a eles, porque eu sabia que eles apenas me diriam para "superar".
Terapeuta:	Havia mais alguém, um parente ou um professor talvez, que fosse mais compassivo? (*Pergunta informativa* sobre uma experiência diferente que está fora de sua consciência atual.)
Stephen:	Sim, eu diria que tive muitos professores apoiadores ao longo da minha vida.
Terapeuta:	Me conte sobre um deles.
Stephen:	(Ele pausa e reflete por alguns segundos.) Lembro-me de uma professora quando eu tinha cerca de sete anos, a senhora Wetzel. Nossa, eu não penso nela há anos. Ela era carinhosa e solidária.
Terapeuta:	Como assim?
Stephen:	Bem, como eu disse, eu era muito tagarela. (Ele sorri consigo mesmo.) Eu ficava falando sobre meus interesses mais recentes, e ela me ouvia.

Ela não me mandava calar a boca ou ir embora. Eu percebo agora que provavelmente dizia coisas muito bobas, mas ela ouvia e era paciente.

Terapeuta: Houve momentos desconfortáveis com a senhora Wetzel, como se ela tivesse que disciplinar você? (Como resolveram problemas ou como ele lidou com sentimentos desconfortáveis?)

Stephen: Não consigo me lembrar de nenhum. Ela me orientava a fazer as coisas corretamente, mas não me criticava. Por exemplo, eu tinha dificuldade em aprender a ler e ela me ajudou a encontrar livros de que eu realmente poderia gostar. Ela passou muito tempo me ajudando a me tornar um leitor melhor. (Ele pausa.) Acho que talvez eu até estivesse deprimido tão cedo na minha vida e ela percebeu isso.

Terapeuta: Como ela reagiu?

Stephen: Ela me fazia sentar ao seu lado quando ela lia uma história para a turma. Eu apenas ficava lá, mas aquilo fazia eu me sentir cuidado e próximo dela. Eu sei que tudo isso parece muito simples, mas fazia eu me sentir melhor.

Terapeuta: (Silencioso por um momento, deixando o cliente se lembrar dos bons sentimentos.) Quando você pensa em como se sentia aprendendo com a senhora Wetzel, há algo que você pode tirar dessa experiência e usar em sua vida agora? (*Pergunta analítica ou sintetizadora*)

Stephen: Bem, eu não sou muito paciente comigo mesmo. Desisto de muitas coisas que poderiam me ajudar quando estou deprimido e ansioso — relaxamento, por exemplo — porque sou impaciente comigo mesmo. Eu espero de mim mesmo que simplesmente supere essa depressão. Talvez, ao tentar uma tarefa, eu possa pensar nela me dando todo o tempo que preciso.

Terapeuta: (Assente e fala gentilmente.) Você poderia escolher uma tarefa e tentar se dar mais tempo do que o habitual. (Pausa.) A propósito, você está se sentindo mais deprimido, menos deprimido ou na mesma que há alguns minutos?

Stephen: Estou um pouco menos deprimido. É interessante o que você acabou de dizer sobre me dar um pouco de compreensão. Preciso pensar mais sobre isso.

Na mente do terapeuta

Até agora, apenas perguntas e declarações empáticas foram usadas para ajudar Stephen a identificar sentimentos e a aprender que ele não foi muito confortado por seus pais enquanto crescia. Ele revela que teve algumas necessidades emocionais atendidas por professores como a senhora Wetzel. Uma síntese nesse ponto consolidaria essas informações e o ajudaria a se lembrar delas nas próximas semanas. A ideia de tentar ser compassivo consigo mesmo ainda é intrigante para Stephen, então uma síntese escrita parece especialmente importante. Ele poderia ler essa síntese antes da próxima sessão.

Terapeuta:	Vamos fazer uma síntese de onde estamos até agora. Você prefere escrever ou quer que eu escreva?
Stephen:	Prefiro que você escreva.
Terapeuta:	Certo, eu escrevo e você me ajuda a lembrar o que discutimos. (Escrevendo.) Você passou por um rebaixamento no trabalho porque seu novo chefe trouxe seus próprios gerentes. Você se sente deprimido, entediado e com raiva, mas acha difícil ter compreensão pelos seus sentimentos, certo?
Stephen:	(Assente.) Certo. Meus pais não me confortavam quando eu estava chateado. Eles simplesmente não conseguiam lidar com minha tristeza e se afastavam de mim.
Terapeuta:	(Escrevendo o que ele disse.) E o que você entendeu disso?
Stephen:	Que eu não deveria me sentir triste, senão afastaria as pessoas. (Dá um suspiro profundo.) Mas então a senhora Wetzel me deixava ficar perto dela quando eu estava chateado. Ela se interessava por mim, assim como alguns outros professores.
Terapeuta:	Mais alguma coisa?
Stephen:	Não, acho que é tudo o que lembro.
Terapeuta:	Parece que também havia a ideia de que talvez você precise se dar mais tempo e ser mais paciente consigo mesmo, como a senhora Wetzel fazia.
Stephen:	Ah, é verdade. Esqueci disso.
Terapeuta:	Devo escrever isso? (Escrevendo, depois que Stephen concorda.) Isso é bom. Como você se sente agora em comparação com cinco minutos atrás, quando começamos essa conversa? Melhor? Pior? Ou mais ou menos a mesma coisa?
Stephen:	Acho que um pouco melhor.
Terapeuta:	Ok. Eu sei que estamos apenas começando, mas vamos comparar o momento em que você falou comigo sobre se sentir deprimido com esses últimos minutos em que conversamos sobre algumas experiências que você teve que podem nos ajudar a entender como lidar com sua depressão. Você pareceu se sentir um pouco melhor quando conversamos. Há algo que você percebe sobre esses dois tipos de experiências? Existe uma maneira de essa informação nos ser útil? (*Perguntas sintetizadoras*)
Stephen:	Não tenho certeza. Elas são muito diferentes entre si. Preciso realmente pensar sobre isso.
Terapeuta:	Ok. E se você pegar o que escrevemos juntos e ler durante a semana antes de nos encontrarmos novamente? Talvez você se lembre de informações que gostaria de adicionar.
Stephen:	Tudo bem. Acho que posso fazer isso.

Terapeuta:	Está tudo bem se mudarmos de assunto agora? (Stephen assente.) Agora, eu gostaria de falar um pouco mais sobre nossas expectativas para a terapia. Você tem alguma pergunta sobre o que leu a respeito da TCC ou sobre o que eu disse hoje?
Stephen:	Não quero que seja muito difícil. Não me sinto muito capaz. Podemos decidir as tarefas de casa juntos?
Terapeuta:	Combinado. Você e eu vamos decidir juntos no que vamos trabalhar e o que você fará entre as sessões. E eu vou continuar checando com você para garantir que sente que estamos tomando decisões juntos.
Stephen:	Isso é bom.
Terapeuta:	Lembro que você começou nossa sessão com algumas perguntas sobre como a TCC poderia ser útil. Você acha que poderia dar uma chance justa ao nosso trabalho e concordar em trabalhar comigo por seis sessões mesmo que tenha mais pensamentos do tipo "Por que me incomodar?".
Stephen:	Posso tentar.
Terapeuta:	Enquanto isso, podemos trabalhar para definir alguns objetivos claros.
Stephen:	Como o quê, exatamente?
Terapeuta:	Bem, como você gostaria que as coisas fossem?

Na mente do terapeuta

Eu não deveria ter feito essa pergunta dessa forma. É uma pergunta muito ambiciosa nesse estágio inicial. É muito difícil ser criativo e construtivo durante o estágio inicial da TCC, quando a depressão cria déficits cognitivos. Além disso, o senso de dever de Stephen pode dificultar pensar no que ele quer para si mesmo. Uma pergunta mais concreta pode funcionar melhor.

Stephen:	Agora, eu não consigo imaginar como quero que as coisas sejam.
Terapeuta:	Você consegue pensar em duas ou três coisas que, se conseguirmos alcançar, farão com que você se sinta melhor?
Stephen:	Gostaria de encontrar maneiras de lidar com a ansiedade. Gostaria de me sentir menos deprimido. E gostaria de descobrir o que me faz feliz. Acho que nunca realmente aprendi a ser feliz.
Terapeuta:	Esses são bons objetivos. (Anotando-os na folha de síntese que Stephen levará para casa.) Talvez para cada um deles possamos identificar alguns marcos que mostram que estamos progredindo. Por exemplo, que coisas você faria mais ou menos em sua vida se estivesse menos deprimido?

Stephen e seu terapeuta desenvolvem dois ou três marcos de mudança para depressão e ansiedade e concordam em descobrir marcos para a felicidade mais tarde, quando o cliente estiver se sentindo um pouco melhor.

Terapeuta:	Como você se sente ao imaginar que é possível alcançar esses objetivos?
Stephen:	Cauteloso, com medo de esperar por tanta mudança, mas disposto a tentar.
Terapeuta:	Quando começamos hoje, você expressou dúvidas de que teria energia para fazer a TCC. Como se sente em relação à sua capacidade de fazer a TCC até agora? Você identificou alguns objetivos e teve uma discussão de ida e volta comigo.
Stephen:	Acho que consigo fazer isso até agora e sinto que poderia dizer se estivesse tendo dificuldades.

Na mente do terapeuta

Os objetivos de Stephen podem se tornar ainda mais específicos nas próximas sessões. Agora, é importante que ele possa identificar quaisquer objetivos. Sua cautela e seu ceticismo são características úteis e autoprotetoras (por exemplo, a cautela pode impedi-lo de tirar conclusões precipitadas; o ceticismo pode ajudá-lo a estar aberto a visões alternativas ou disposto a testar uma suposição). Além disso, ele me contou que foi "persistente" em um projeto anterior em sua vida. Todas essas características podem ser aproveitadas para o bem em futuros experimentos comportamentais e ao testar pensamentos negativos.

Envolvendo um cliente agitado

Alguns clientes são tão ruminativos que os terapeutas respondem tentando arduamente encontrar evidências de que as crenças deles não são verdadeiras. A intensidade do cliente é correspondida pela determinação do terapeuta de desafiar pensamentos negativos, como "Eu fiz algo terrível e mereço ser punido". O terapeuta pode ganhar a argumentação, mas perder a colaboração do cliente.

Ao contrário dos clientes deprimidos com pensamento lento, pouca energia e interesse reduzido, os clientes deprimidos e agitados podem ter ruminações ativas que os impedem de se concentrar na tarefa em questão. Eles estão tão preocupados que precisam de redirecionamento. Shea (1998) usa o termo "engaiolamento" para descrever como, na depressão agitada, a mente de alguém fica presa em uma pequena rede de temas. Tais ruminações depressivas "engaiolam" ou prendem a pessoa em suas preocupações sobre o passado, o presente ou o futuro, impedindo-a de prestar atenção e incorporar novas informações. Clientes com depressão agitada podem retornar repetidamente ao mesmo tópico ou fazer as mesmas perguntas várias vezes. Isso é particularmente preocupante se o tópico de ruminação for o suicídio.

Sid tinha uma depressão agitada grave. Em seu BDI inicial (Beck et al., 1961), ele endossou o item "Tenho pensamentos de me matar, mas não os levaria adiante". Ele expressou pensamentos suicidas em todas as sessões e, em seguida, minimizou a preocupação do terapeuta com sua segurança repetindo que não se mataria. No entanto, Sid não parecia envolvido em listar seus motivos para viver, aspectos de sua vida que permaneciam estáveis e bons ou coisas a fazer quando estava preso em ruminações. Os pensamentos de que merecia morrer eram persistentes e contínuos quando não estava em sessões de terapia. Na sessão, Sid focava em tentar convencer o terapeuta de que tinha feito algo realmente terrível e deveria ser punido. Ele repetia que não conseguia tolerar os sentimentos de culpa e arrependimento que o assombravam. As ruminações de Sid o prendiam, tornando difícil esclarecer o problema, e ainda mais começar a resolvê-lo. Mesmo na quarta sessão, Sid permanecia preso em ruminações.

Sid: Fiz algo terrível, terrível. Fui incrivelmente estúpido. É tortura. Alguém deveria me tirar desse sofrimento. Eu gostaria de poder me matar, mas tenho muitos motivos para viver. (Ele não parece convincente sobre ter muitos motivos para viver.)

Terapeuta: Sim. Sid, poderíamos voltar, por um minuto, aos seus motivos para viver? Começamos essa lista em nosso primeiro encontro e você ia completá-la.

Sid: Claro, claro. É só que arruinei a vida de todos. Alguém deveria apenas me matar. Você tem que admitir que o que fiz é incrivelmente estúpido.

Terapeuta: Eu sei que você está passando por muita angústia e que se sente preso.

Sid: Você já viu alguém tão deprimido quanto eu? Já trabalhou com alguém que cometeu um erro colossal como eu? Eles melhoraram? Sou a pessoa mais deprimida que você já conheceu? Como essa terapia funciona? Como pode funcionar?

Na mente do terapeuta

Para saber como responder, preciso conceitualizar o que está acontecendo. Isso é uma busca reafirmadora da ansiedade que não deve ser reforçada? Ele está questionando minha competência? Ele deseja se sentir especial mesmo em sua depressão? Ele se sente sem esperança? Talvez eu possa começar perguntando a Sid se ele está ciente de sua ruminação. A partir daí, posso perguntar sobre como isso funciona para ele (por exemplo, ele sente que tem controle sobre isso? Quais são as consequências de pensar dessa maneira, e como ele pode sair do ciclo de ruminação?). Focar o conteúdo de suas preocupações e remorsos pode resultar em um debate com Sid sobre quão ruins acreditamos que foram suas transgressões. O ato de ruminação é um problema em si, então vou me concentrar nesse processo.

Terapeuta: Sid, você está ciente da frequência com que me faz essas perguntas?

Sid: Sim, em todas as sessões, mas é realmente importante para mim saber que posso superar isso.

Terapeuta:	Eu acredito que você tem uma ótima chance de se sentir melhor se trabalharmos juntos. Até agora, você acha que entendi como você se sente em relação ao que fez?
Sid:	Sim.
Terapeuta:	E você acha que entendi quão urgentemente você quer ajuda?
Sid:	Sim.
Terapeuta:	Você acha que podemos passar a descobrir algumas soluções?
Sid:	Sim, tudo bem.

Quando o "engaiolamento" ocorre, uma vez que o terapeuta tem uma ideia da mensagem pretendida pelo cliente, é aceitável e muitas vezes necessário interromper e redirecionar. Certifique-se de que o cliente se sinta compreendido antes de passar para outro tópico. A interrupção pode não parecer muito socrática, mas você precisa saber se há um problema a ser resolvido ou se estratégias de atenção plena ou regulação de afeto seriam úteis para acalmar a agitação.

Depois de várias sessões, Sid permanecia desconectado da terapia, e suas pontuações no BDI e de ideação suicida estavam aumentando. Ele não estava envolvido no tratamento porque, embora seu terapeuta estivesse tentando reduzir seu risco de suicídio de forma responsável, com um plano de segurança (Wenzel et al., 2009; Wright et al., 2009), uma lista de seus motivos para viver, uma lista de todos os motivos para sua decisão na época e suas vantagens e desvantagens identificadas de se perdoar, o humor deprimido de Sid não estava melhorando. Ele tentava repetidamente convencer seu terapeuta da gravidade de sua transgressão.

Na mente do terapeuta

Continuar debatendo a gravidade do erro de Sid não é útil, por mais lógico que seja, porque ele sente culpa e dor em um nível emocional profundo. O lado punitivo de Sid, aquele que desperta culpa por sua má ação, geralmente toma o controle entre as sessões porque é emocionalmente mais intenso do que o lado que oferecerá perdão. Em vez de questionar sua culpa, considero mais terapêutico direcionar o foco para a conquista do autoperdão por meio de reparos.

Sid:	Cometi um erro terrível. Como posso me perdoar?
Terapeuta:	Essa é uma pergunta crucial. Podemos trabalhar nisso?
Sid:	Pondero isso constantemente há meses. Não consigo me perdoar. Como seria possível?
Terapeuta:	Podemos explorar maneiras de resolver as coisas em vez de considerar o suicídio?
Sid:	Não consigo me absolver. Alguém deveria apenas me acertar uma bala.
Terapeuta:	Dado que você sente tanto remorso, especialmente em relação à sua família, há uma maneira de corrigir ou, pelo menos, melhorar as coisas?

Diálogo socrático para a descoberta em psicoterapia **105**

Sid:	Fiz algo realmente estúpido.
Terapeuta:	O suicídio resolveria isso, tornaria as coisas aceitáveis para sua família?
Sid:	Não, arruinaria a vida dos meus filhos. Eu não poderia fazer isso com eles. Seria lembrado como o pai que fez algo ruim e depois se matou.
Terapeuta:	Há uma maneira de reparar o mal que você causou? Você pode fazer algo para buscar o perdão?
Sid:	Tentei desfazer a decisão que tomei, mas não foi possível. Agora, só posso viver nesse inferno.
Terapeuta:	Parece que há uma parte de você incomodada com o que fez. Não é a parte que quer puni-lo, mas a parte que valoriza algo que você ignorou. O que você negligenciou ao tomar essa decisão? Quais valores estão por trás do seu remorso?
Sid:	Ignorei como realmente me sentia e os sentimentos da minha família. Suspeitava que estava errado, mas afastei esses pensamentos. Essa decisão fez sentido financeiramente, mas não tinha ideia de que me faria sentir tão instável. Não quero perder o amor e o respeito da minha família.
Terapeuta:	Você conhece alguém que cometeu algo terrível e tentou melhorar as coisas?
Sid:	Bem, lê-se sobre gênios financeiros que quebraram leis, foram para a prisão e "encontraram a religião" ou iniciaram instituições de caridade após serem libertados, mas duvido da sinceridade deles.
Terapeuta:	Sinceros ou não, tentaram promover mudanças positivas. E quanto a pessoas realmente sinceras que tentaram fazer reparações?
Sid:	Meu amigo Calvin fez grandes mudanças. Ele é um alcoolista em recuperação, perdeu muito dinheiro e foi preso por dirigir embriagado. Ingressou no Alcoólicos Anônimos. Certamente, não sei tudo que Calvin fez de errado, mas sei que não está bebendo agora e está seguindo o programa, fazendo as pazes com quem prejudicou. Ele disse que, ao começar sua recuperação, tentou apenas fazer a próxima coisa certa.
Terapeuta:	O que você acha das mudanças de Calvin? Há algo na história dele que ajude você a decidir o que fazer?
Sid:	Tentei a ruminação e ela me desgasta. Não consigo encontrar uma saída quando estou ocupado me condenando e pensando em suicídio. Quero fazer as pazes, mas levaria muito tempo.
Terapeuta:	Levaria tempo fazendo a coisa certa.
Sid:	Sim, mas estaria assumindo a responsabilidade. Eu seria responsável.
Terapeuta:	Como se sentiria consigo mesmo então?
Sid:	Estaria pagando um preço, sem dúvida. Seria difícil e doloroso, mas quero ser melhor para minha família. Quero compensar meu erro.

Terapeuta: Como você começaria? Que comportamento tentaria como primeiro passo para fazer as pazes?

Sid: Pediria desculpas às pessoas que machuquei.

Experimentos comportamentais podem ser usados para implementar os valores por trás do remorso do cliente. Se Sid não tivesse alguns bons valores, não sentiria remorso. Nesse caso, Sid ignorou suas próprias necessidades emocionais, assim como as de sua família. Seu experimento comportamental pode incluir trabalhar em uma comunicação melhor com sua família, expressando mais empatia por seus sentimentos. O trabalho em sua crença de que a autopunição vitalícia era necessária seguiria. Para outros clientes, a reparação pode incluir pedidos de desculpas às pessoas que sofreram, doações a organizações relevantes ou prestação de serviços aos outros de uma forma significativa. Fazer as pazes, um princípio que pode ser colocado em prática de muitas maneiras, pode ajudar a promover o autoperdão. Às vezes, o terapeuta precisa aceitar a crença do cliente de que ele fez algo seriamente errado, em vez de tentar reduzir a culpa examinando evidências de que sua transgressão não é tão grave.

Ativando clientes deprimidos

Clientes deprimidos tendem a ter baixa motivação e energia. Isso pode levar os terapeutas a cair na Armadilha 3 e abandonar ou entregar inadequadamente métodos de tratamento que provavelmente ajudariam um cliente com depressão. Algumas das situações comuns que levam os terapeutas a cair nessa armadilha são:

- Os clientes dizem que não têm motivação ou energia para tentar um novo comportamento, então o terapeuta define expectativas baixas para o que pode ser realizado.
- Os clientes dizem que já tentaram um comportamento e não funciona, e o terapeuta fica argumentativo ou abandona uma intervenção potencialmente útil.
- Os clientes dizem que não querem que ninguém lhes diga o que fazer, e o terapeuta se torna menos ativo ao propor etapas de tratamento.
- Os clientes dizem que "talvez" tentem um experimento comportamental, e o terapeuta assume que eles têm baixa motivação para a mudança.
- Os clientes dizem que não podem tentar um comportamento porque não é característico deles (não têm as habilidades, a tarefa parece irrealista, não conseguem imaginar fazê-lo), e o terapeuta não consegue pensar em um comportamento diferente para experimentar.

Armadilha 3

Quando um cliente apresenta baixa motivação ou energia, os terapeutas podem tender a ser inativos ou a pular etapas na terapia. Como resultado, o cliente percebe a terapia como ineficaz, pois a dose de tratamento recebida é insuficiente para ser útil.

Diálogo socrático para a descoberta em psicoterapia **107**

É útil recordar que a inatividade do cliente frequentemente é impulsionada pela desesperança, uma sensação reduzida de autoeficácia e baixa autoestima. Clientes deprimidos frequentemente fazem previsões imprecisas de fracasso ou crítica. Também é possível que tenham se desvinculado das tarefas terapêuticas por discordarem da justificativa para as atribuições comportamentais. Faça ao cliente as seguintes perguntas para identificar razões para a relutância:

- Quais são as vantagens e desvantagens de ser mais ativo, realizar um comportamento específico ou experimentar um novo comportamento?
- Quais previsões negativas você está fazendo?
- Suas previsões negativas podem ser formuladas como hipóteses a serem testadas?
- Quais resultados alternativos são possíveis?
- Quais pensamentos, sentimentos ou circunstâncias estão impedindo você de tentar essas atividades?
- Como você poderia lidar com esses obstáculos?

Mantenha em mente

- A ativação comportamental, assim como todos os experimentos comportamentais, inicia-se com uma postura experimental. Vocês estão descobrindo juntos o que ajuda e o que não ajuda.
- Em vez de desencorajar-se pela relutância do cliente em incrementar ou iniciar atividades, utilize a descoberta guiada para aumentar a curiosidade e a motivação dele para testar se e quais atividades podem auxiliar na melhora do humor.

Daniel se mudou para a cidade há um ano e trabalha na cozinha de um restaurante. Ele sente falta dos amigos que ficaram para trás. Ele se mudou de uma área rural com costumes locais, cultura e atividades sociais para uma cidade onde parece que a vida é acelerada, as piadas são sarcásticas e as pessoas são cínicas. Embora conheça algumas pessoas do trabalho, ele se sente solitário na maior parte do tempo. Ele está deprimido e um pouco socialmente ansioso. Quando está mais deprimido, ele se sente muito desconectado dos outros. Devido à previsão de rejeição, Daniel tem dificuldade em sair do apartamento ou convidar alguém para fazer alguma coisa com ele. Nesta sessão, Daniel começa a descrever o que deseja trabalhar na terapia ao contar ao terapeuta como a ativação comportamental falhou.

Daniel: Fui a três terapeutas diferentes, e todos me dizem a mesma coisa: preciso sair mais. Vou a bares e festas, mas nada acontece.

Terapeuta: O que você espera que ocorra?

Daniel: Quero ter amigos próximos e um relacionamento com uma mulher. No entanto, não me encaixo. Tento seguir o que os outros fazem, mas não sou habilidoso nisso. Sinto que não pertenço.

Terapeuta:	Você pode me contar sobre a última vez que saiu? O que aconteceu?
Daniel:	Fui a uma festa no último final de semana. Não gostei das pessoas lá, então, depois de uns 15 minutos, voltei para casa e assisti à televisão.
Terapeuta:	Por que saiu tão rapidamente?
Daniel:	As pessoas lá só falavam sobre elas mesmas, era difícil chamar atenção. Sinto que preciso causar boa impressão rapidamente ou serei rejeitado. Mas é aí que encontro problemas.
Terapeuta:	Como assim?
Daniel:	Os caras que vejo tendo sucesso social são um pouco agressivos, sendo rudes e desinteressados com as mulheres nos bares. Tento ser assertivo assim, mas preciso beber muito antes.
Terapeuta:	E o que acontece depois?
Daniel:	Faço comentários sarcásticos, piadas, chego perto delas. Mas não funciona. Não recebo a atenção positiva que quero, e sinto-me mal e mais deprimido no dia seguinte. Isso funciona para os outros, então o que estou fazendo de errado?

Na mente do terapeuta

Embora seja tentador ajudar Daniel a perceber que seu estilo direto pode ser desagradável, pode parecer uma crítica inútil informá-lo do que está fazendo errado desde o início, especialmente porque ele sabe, de maneira dolorosa, que a tática não está funcionando. Em vez disso, pode ser mais útil descobrir o que foi bem-sucedido para ele no passado fazendo perguntas informativas. Preciso descobrir: *Quais são as habilidades de Daniel? Qual foi sua experiência anterior com interações sociais? O que ele gosta de fazer?* Focar em melhorar seu comportamento nessa fase inicial apoiaria sua suposição de que há uma fórmula simples para interações sociais bem-sucedidas. De fato, isso poderia soar como a mensagem que ele aprendeu em sua terapia anterior: "Apenas faça X e tudo dará certo".

Terapeuta:	Daniel, percebo que você está se sentindo preso e desencorajado. Mudar para um lugar novo e encontrar pessoas para fazer coisas junto é difícil. Você poderia contar sobre sua vida antes de se mudar? O que você gostava de fazer?
Daniel:	Gostava de tocar guitarra; ainda gosto. Gosto de ler. Gosto de filmes e programas de televisão sombrios e realistas. Antes de me mudar, dividia um apartamento com outros quatro caras, então sempre havia alguém para fazer coisas junto.
Terapeuta:	Vocês tinham muito em comum?
Daniel:	No início, não. Íamos para o bar juntos, jogávamos dardos ou sinuca. Com o tempo, tornaram-se meus amigos. Não éramos iguais, mas isso tornava a coisa interessante. Passando tempo juntos, acabamos nos tornando amigos e nos conhecendo bem.

Diálogo socrático para a descoberta em psicoterapia **109**

Terapeuta:	Então, com o tempo, a amizade se desenvolveu porque vocês passavam tempo juntos?
Daniel:	Sim, acho que é isso. Depois, começaram a me ouvir tocar guitarra em noites de palco livre na cafeteria.
Terapeuta:	Você tocava guitarra na frente de uma plateia? Como era isso?
Daniel:	Eu gostava de tocar para uma plateia, sozinho ou com outros músicos. Me perdia na música. Não faria isso agora; estou autoconsciente demais.
Terapeuta:	Quando morava com eles, precisava convencê-los a sair?
Daniel:	Raramente, mas, quando precisava, dizia "Vamos lá, não é nada demais. Vamos ver o que está acontecendo, jogar sinuca, tomar uma cerveja".
Terapeuta:	E como respondiam?
Daniel:	Funcionava. Saíamos, às vezes por pouco tempo, às vezes por horas.
Terapeuta:	O que passa pela sua mente hoje quando está prestes a sair?
Daniel:	Penso "Aqui está outra noite miserável. Tenho que fazer isso para me encaixar e ter amigos".
Terapeuta:	E como se sente?
Daniel:	Terrível. Não espero ansiosamente para sair para outra cena barulhenta.
Terapeuta:	Então, a perspectiva de sair com seus amigos da cidade natal não era nada demais, mas a tarefa de sair hoje em dia é...
Daniel:	ENORME. É caso de vida ou morte. Todas as vezes parece importante demais. Se não me encaixar, serei rejeitado novamente.
Terapeuta:	Essas apostas parecem bastante altas.
Daniel:	Sim. Quero que minha vida seja mais fácil, como costumava ser.
Terapeuta:	Qual seria a melhor maneira de fazer isso?
Daniel:	Não sei. Estou tentando o máximo que posso. Continuo tentando as mesmas coisas repetidamente — indo para bares barulhentos e grandes festas em que não consigo conversar com ninguém. Não tenho certeza de como poderia fazer as coisas de maneira diferente.
Terapeuta:	Até agora, você me contou algumas das coisas que gosta de fazer e me disse que apenas passar tempo com as mesmas pessoas regularmente às vezes pode levar a ter amigos. Você já sugeriu duas coisas importantes que seriam diferentes ao sair: fazer algo que gosta e estar com as mesmas pessoas rotineiramente.

Na mente do terapeuta

Ah, não. Acabei de tirar uma conclusão por ele em vez de orientar a descoberta de Daniel. Eu poderia ter feito uma síntese escrita para ajudá-lo a chegar a essa ideia. Poderíamos ter feito duas listas: uma de comportamentos (por exemplo, passar tempo com

> pessoas regularmente, fazer coisas que gosta) ou princípios (por exemplo, encarar sair como algo casual em vez de um teste, lembrar que as diferenças das pessoas as tornam interessantes) que funcionaram no passado, quando Daniel tinha amigos em sua cidade antiga; em seguida, poderíamos ter feito uma segunda lista de comportamentos (por exemplo, ficar barulhento e com postura confrontativa para chamar a atenção, beber) ou princípios (por exemplo, ser notado rapidamente) que orientam seu comportamento agora. Então, eu poderia perguntar a Daniel: *O que você percebe sobre essas duas listas? Como essas informações podem ajudá-lo agora?* Acho que vou seguir adiante agora, mas quero ajudá-lo a fazer uma síntese em breve.

Daniel: Não tenho certeza de que tenho algo em comum com as pessoas daqui. Sou muito diferente.

Terapeuta: Você acha que alguém está realmente conhecendo você?

Daniel: Bem, não nos dias de hoje. Eu realmente não deixo as pessoas me conhecerem. Fiquei tão chocado com a maneira como as pessoas falam umas com as outras aqui que decidi não me machucar. Sinto que escondo meu verdadeiro eu e tento ser tão cínico quanto as outras pessoas apenas para me encaixar, mas esse não parece o meu verdadeiro eu. Ainda assim, me sinto magoado quando não me sinto aceito. Eu sei que é meu sarcasmo que estão rejeitando, mas parece que estão me rejeitando.

Terapeuta: Então, seus sentimentos ficam feridos mesmo quando está tentando proteger seu verdadeiro eu, agradável. Haveria alguma vantagem em mostrar seu verdadeiro eu, fazer coisas que gosta com alguém?

Daniel: Não sei. Eu só penso em todas as desvantagens: teria que fazer o esforço de encontrar alguém para fazer algo junto, podem não gostar de mim, e minha depressão pode piorar. Se eu mostrar meu verdadeiro eu, posso descobrir que as pessoas realmente não gostam de mim.

Terapeuta: Eu entendo como isso parece arriscado. (Pausa.) Pode haver alguma *vantagem* em mostrar seu verdadeiro eu fazendo algo que gosta?

Daniel: Bem, acho que tornaria mais fácil conviver comigo mesmo. Eu poderia simplesmente ser quem sou. Algumas pessoas gostaram de mim no passado. Só levo toda essa rejeição a sério. Queria que isso não me causasse tanto sofrimento. Eu simplesmente não sei se tenho vontade de tentar mais.

Terapeuta: Você consegue imaginar uma maneira de pensar sobre socializar que o ajudaria a se sentir melhor?

Daniel: Se eu pudesse encontrar uma maneira de não levar tudo tão pessoalmente, isso ajudaria. É difícil se recuperar da rejeição.

Terapeuta: Você gostaria de levar as coisas menos pessoalmente, talvez considerar algumas explicações diferentes para o comportamento das pessoas e se recuperar da rejeição. É isso mesmo? (Daniel acena com a

	cabeça.) Existe alguma parte da sua vida com a qual você se sinta satisfeito ou até mesmo bem nos dias de hoje? (*Pergunta informativa* para ver como ele pensa quando se sente bem com algo que faz.)
Daniel:	Claro. O trabalho é algo em que realmente me sinto confiante.
Terapeuta:	Você me disse que, quando começou no seu trabalho, sua preparação de alimentos não estava indo muito bem. Isso está correto? (*Pergunta informativa* para ver como ele superou obstáculos fazendo algo que gosta.)
Daniel:	Sim, exato. Tudo o que me deprime agora me deprimia naquela época, além de meu trabalho não estar indo bem. Foi horrível.
Terapeuta:	Parece muito desanimador. O que o manteve indo em frente?
Daniel:	Além do fato de que era meu trabalho continuar, eu sabia que podia cozinhar com base em trabalhos anteriores em cozinhas. Sabe, quando cozinho para mim mesmo, eu experimento. Mesmo quando minhas experiências culinárias não dão certo, ainda é interessante. Decidi adotar uma visão de longo prazo e me disse "Isso é apenas a ocorrência natural do ruim e do bom. Terei resultados ruins e bons. Às vezes, tenho que descobrir o que não funciona antes de encontrar uma boa receita".
Terapeuta:	Isso é interessante.
Daniel:	Sim, quando cozinho para mim mesmo, nem sempre obtenho exatamente o que prevejo, mas ainda posso aprender algo que posso usar de alguma forma mais tarde.
Terapeuta:	Então, como você resumiria o que aprendeu cozinhando?
Daniel:	A experimentação faz parte de se tornar um cozinheiro melhor. Nem toda receita dará certo, mas aprendo com cada prato que tento fazer.
Terapeuta:	São ideias interessantes. Vamos anotá-las. (Pausa enquanto Daniel escreve. Em seguida, aponta para a síntese.) Você consegue pensar em como essas ideias poderiam ajudá-lo em termos de socialização?
Daniel:	Acho que poderia tentar algumas coisas que funcionaram no passado e evitar coisas que não funcionaram tão bem recentemente.
Terapeuta:	Como seria isso?
Daniel:	Eu sei que você quer que eu saia e seja meu "verdadeiro eu", mas, honestamente, isso é muito arriscado. Gostaria de ficar longe de bares e festas por um tempo. Tem um vizinho meu que toca guitarra. Já conversamos sobre tocar algumas músicas juntos. Acho que poderia fazer isso.

Na mente do terapeuta

Mesmo que Daniel esteja lendo meus pensamentos sobre minha posição, não vale a pena travar um debate. É empolgante que Daniel tenha criado seu próprio experimento comportamental e saiba que é uma ideia própria. Vou seguir com isso.

Terapeuta:	Você tem uma previsão sobre o que vai acontecer?
Daniel:	Acho que, se eu for mais tranquilo com minhas expectativas e com o modo como ajo, não me sentirei tão devastado por qualquer rejeição. Eu sei tocar guitarra e apenas encararei isso como passar o tempo com alguém. Talvez seja tolerável ou até mesmo agradável.
Terapeuta:	Consegue se imaginar tocando guitarra com seu vizinho?
Daniel:	Consigo agora, mas até o final de semana posso me sentir cansado demais para bater à porta dele e perguntar.
Terapeuta:	Há algo que você poderia fazer para aumentar a probabilidade de convidá-lo para tocar guitarra com você?
Daniel:	Acho que poderia perguntar a ele hoje à noite se está livre para tocar nesse final de semana. Além disso, poderia escolher algumas músicas para tocar.
Terapeuta:	E se ele disser que está ocupado demais?
Daniel:	Posso tentar novamente em algum momento. Além disso, posso ir ouvir música em uma noite de palco livre em uma cafeteria nesse final de semana.
Terapeuta:	Parecem experimentos bons. Vamos anotá-los e resolver qualquer coisa que possa impedir você de realizá-los.

Daniel conseguiu utilizar sua experiência como cozinheiro para abordar princípios que aprendeu ao fazer testes na cozinha: identificar o que funciona, aproveitar algo de cada experimento culinário e adotar uma visão de longo prazo, compreendendo que altos e baixos são esperados. O terapeuta poderia ter feito a mesma pergunta sobre sua habilidade com a guitarra para identificar princípios que ele utilizava para se ajudar ao aprender uma nova música ou técnica.

Mantenha em mente

- Clientes podem ser indagados sobre qualquer experiência de vida que considerem gratificante, prazerosa ou satisfatória com o objetivo de identificar princípios que os auxiliaram a superar dificuldades.
- Os princípios, não necessariamente o comportamento exato, podem ser transferidos para a situação atual, proporcionando-lhes uma sensação de maior capacidade e mais recursos.

Embora parecesse provável que Daniel pudesse realizar seu experimento comportamental, não conseguiu. Ele disse que não convidou seu vizinho para tocar guitarra com ele porque se sentiu muito deprimido. Daniel e seu terapeuta preencheram um Registro de Pensamentos em Sete Colunas para ver o que o impediu de tentar o experimento. Conforme descrito no Capítulo 2, o Registro de Pensamentos em Sete Colunas de Padesky (Greenberger & Padesky, 2016; Padesky, 1983, 2020) guia o cliente por um processo semelhante ao diálogo socrático. Ele solicita que alguém forneça uma descrição da situação, seus estados de espírito, seus pensamentos negativos relacionados a um dos estados de espírito, informações usadas para apoiar esses pensamentos negativos, uma busca por informações não consideradas prontamente apoiadoras de seus pensamentos negativos e, em seguida, que crie um pensamento equilibrado ou uma síntese das evidências fornecidas antes de reavaliar seus estados de espírito.

O terapeuta de Daniel o ajudou a começar a preencher um Registro de Pensamentos em Sete Colunas para a situação durante a semana anterior, quando o cliente decidiu ficar em casa em vez de convidar seu vizinho para tocar guitarra com ele. Daniel relatou que se sentia deprimido, decepcionado consigo mesmo e desencorajado. Comparando com o momento em que se sentia mais deprimido, ele classificou sua depressão nessa situação em 75%. O pensamento automático mais poderoso ou mais intenso ligado à sua depressão foi "Eu não consigo fazer amigos, então por que tentar?". Outros pensamentos relacionados ao seu estado de espírito foram: "Ele vai me rejeitar" e "Não sou uma companhia divertida".

Terapeuta: Daniel, vamos analisar o pensamento que você mencionou como o mais depressivo nesta semana. Você disse que era "Eu não consigo fazer amigos, então por que tentar?". Está correto?

Daniel: Sim, é inútil.

Terapeuta: E esse é o pensamento que o impediu de convidar seu vizinho para tocar guitarra?

Daniel: Sim, eu não sou divertido, e pensei que ele me daria um fora.

Terapeuta: Ok. Portanto, essa ideia de que você não pode fazer amigos parece ser o pensamento mais intenso, certo? Que tal circular esse pensamento no seu registro de pensamentos? (Daniel circula seu pensamento quente na terceira coluna do registro de pensamentos.)

Terapeuta: Posso ver como esse pensamento realmente desencorajou você a tentar. Agora, o que faz você acreditar nesse pensamento? Qual é a evidência de que é verdadeiro?

Daniel: Eu não fiz amigos até agora.

Terapeuta: Certo, isso vai na coluna de evidências que apoiam seu pensamento (quarta coluna). Você tem alguma outra evidência para justificar esse pensamento?

Daniel: Outras pessoas parecem saber o que fazer.

Terapeuta: Essa é uma evidência sobre sua capacidade de fazer amigos?

Daniel: Não realmente. Não consigo pensar em nenhuma outra evidência.

Terapeuta: E quanto a evidências que não apoiam o pensamento "Eu não consigo fazer amigos, então por que tentar?".

Daniel: Bem, eu deveria ser capaz de fazer amigos. (Esse é outro pensamento automático.)

Terapeuta:	Isso parece ser outro pensamento que pode deixar você desencorajado. E quanto a evidências do passado ou presente que sugerem que você pode fazer amigos?
Daniel:	Eu tinha amigos antes de me mudar para cá.
Terapeuta:	Ok. Vamos escrever isso na coluna de evidências que não apoiam seu pensamento negativo (quinta coluna). O que ajudou você a fazer amigos no passado?
Daniel:	Levou um tempo, mas fazíamos coisas que eu gosto, como jogar dardos, sinuca e ouvir música.
Terapeuta:	Alguma outra evidência de que você pode fazer amigos?
Daniel:	Bem, algumas pessoas me convidaram para fazer coisas com elas ultimamente, mas não sei se elas se tornarão amigas próximas.
Terapeuta:	Ah, então algumas pessoas talvez tenham desejado ser suas amigas, ou pelo menos fazer algo junto com você.
Daniel:	Sim. (Daniel pausa enquanto essa nova informação é registrada.)
Terapeuta:	Vamos escrever quem e o quê na quinta coluna. (O terapeuta pausa enquanto Daniel anota os dois exemplos conforme mostrado na Figura 3.1.) Houve algum outro gesto amigável de outras pessoas?
Daniel:	Meu vizinho sempre me cumprimenta. E algumas pessoas do trabalho às vezes fazem uma pausa para fumar comigo. Devo escrever isso também? (O terapeuta assente com a cabeça, e Daniel escreve.)
Terapeuta:	Ao olhar para essas duas listas — evidências que apoiam seu pensamento e evidências que não apoiam seu pensamento —, há uma maneira de combiná-las para ajudá-lo? (*Pergunta sintetizadora*)
Daniel:	Bem, no passado, consegui fazer amigos fazendo coisas que eu não estou fazendo agora, coisas que gosto de fazer. Além disso, às vezes eu nem sempre percebo quando as pessoas estão tentando ser amigáveis; isso pode ser um problema.
Terapeuta:	Ao reconsiderar o pensamento "Eu não consigo fazer amigos, então por que tentar?" à luz dessas evidências, o que você pensa?
Daniel:	Pode não ser totalmente verdadeiro. Acho que, se eu der um tempo e estiver disposto a fazer coisas com as pessoas, posso fazer alguns amigos aqui.
Terapeuta:	Vamos capturar esse novo pensamento na sexta coluna. Como você diria isso?
Daniel:	Acho que tive uma atitude derrotista esta semana. Eu acho que meu vizinho é uma pessoa legal, então, mesmo que ele não possa tocar guitarra comigo, ele não seria rude a respeito. Eu poderia tentar novamente.
Terapeuta:	Se você se sentir relutante, o que você poderia fazer para se ajudar?
Daniel:	Acho que posso me lembrar de que leva tempo para fazer amigos e de que vale a pena tentar novamente. Isso é meio o que aprendi no passado quando as coisas deram certo.

Terapeuta:	Por que você não adiciona essa ideia à sexta coluna do seu registro de pensamentos? (Espera enquanto Daniel escreve o pensamento na sexta coluna da Figura 3.1.)
Terapeuta:	Como você está se sentindo agora?
Daniel:	Um pouco menos desencorajado e menos deprimido, em torno de 50%.

Daniel começou a terapia se sentindo frustrado com sugestões de outras pessoas sobre que atividades fazer para se sentir melhor. Ao identificar o que gosta de fazer, ele começou a sentir que a mudança estava sob seu controle. Experimentos comportamentais se tornaram mais fáceis de considerar quando ele os planejava com a atitude que aprendeu como cozinheiro: a experimentação leva a novas aprendizagens. Finalmente, aprender a usar um Registro de Pensamentos em Sete Colunas ajudou Daniel a usar a descoberta guiada consigo mesmo. Dessa forma, ele se tornou mais responsável por seu progresso e mais preparado para se recuperar de possíveis contratempos no futuro.

Quando os clientes apresentam escassa evidência para contrapor um pensamento quente

Preencher de maneira suficientemente eficaz um Registro de Pensamentos em Sete Colunas, de modo que o cliente consiga gerar um pensamento alternativo ou equilibrado que seja convincente para ele mesmo, frequentemente demanda semanas de prática. Para obter informações adicionais sobre como auxiliar os clientes no desenvolvimento dessas habilidades, consulte Padesky (2020). Enquanto os clientes aprimoram essas habilidades, os terapeutas revisam e ajudam a aperfeiçoar esses registros de pensamento durante as sessões. Utilizando perguntas e sínteses, os terapeutas podem auxiliar os clientes a aprender a construir pensamentos mais equilibrados que levem em consideração todas as evidências. No exemplo de caso a seguir, a cliente não acreditava em seu pensamento equilibrado, pois tinha pouquíssimas evidências para contrapor seu pensamento quente "Não consigo fazer isso".

Roz precisava redigir um relatório para a agência de serviços sociais onde trabalhava a fim de resumir uma pesquisa realizada pela agência sobre as necessidades da comunidade. Ela se sentia sobrecarregada tanto pela tarefa quanto pela carência de muitas pessoas. Sentia-se incapaz de redigir o relatório e estava pessimista quanto ao impacto positivo dele na vida das pessoas. Em casa, ela preencheu um Registro de Pensamentos em Sete Colunas, mas afirmou que se sentiu pior, pois seu pensamento equilibrado "EU POSSO fazer isso" não era convincente para ela. Dos dois pensamentos automáticos em seu registro de pensamentos — "Não consigo fazer isso" e "Este relatório não vai adiantar nada" —, ela optou por trabalhar no primeiro com sua terapeuta. Não conseguia pensar em evidências de que era capaz de realizar a tarefa. Estava com pouca energia e, sempre que pensava em tudo o que seria necessário para o relatório, sentia-se incompetente e evitava escrever. Quanto mais procrastinava, menos capaz se sentia. A terapeuta pede a Roz evidências que não sustentem seu pensamento quente.

1. Situação	2. Estados de espírito	3. Pensamentos automáticos (imagens)	4. Evidências que apoiam o pensamento quente	5. Evidências que não apoiam o pensamento quente	6. Pensamentos alternativos/ equilibrados	7. Avalie os estados de espírito no momento
Terça-feira à noite após a terapia. Decidi não chamar o meu vizinho para tocar guitarra comigo.	75% Deprimido 50% Decepcionado comigo mesmo 70% Desencorajado	Eu não sou uma companhia divertida. Ele vai me rejeitar. Eu não consigo fazer amigos, então por que tentar?	Não fiz amigos até agora. Outras pessoas parecem saber o que fazer.	Eu tinha amigos antes de me mudar para cá. No passado, levou um tempo, mas fazíamos coisas de que eu gostava, como jogar dardos, jogar sinuca e ouvir música. Algumas pessoas me pediram para fazer coisas com elas ultimamente. O meu vizinho sempre me cumprimenta. Algumas pessoas do trabalho às vezes fazem uma pausa para fumar comigo.	Leva tempo para fazer amigos e vale a pena tentar novamente.	50% Deprimido 50% Desencorajado

FIGURA 3.1 Registro de Pensamentos em Sete Colunas de Daniel.

Fonte: Adaptado, com permissão, de 7-Column Thought Record Copyright 1983-2022 by Christine A. Padesky, PhD | www.padesky.com | Todos os direitos reservados.

Diálogo socrático para a descoberta em psicoterapia **117**

Terapeuta:	(*Perguntas informativas*) Roz, vamos dar uma olhada no seu pensamento equilibrado "EU POSSO fazer isso". O quanto você acredita nisso?
Roz:	Não muito, mas acho que é o que eu deveria estar pensando se quiser escrever o relatório.
Terapeuta:	0%? 50%? Quão intensamente você acredita nisso?
Roz:	Talvez 5%, no máximo.
Terapeuta:	Bem, voltemos para as evidências, e veja se há uma visão diferente que possa ajudar você. Fale-me a respeito desse relatório: sobre o que ele é, o que você precisa incluir, qual deve ser a extensão, tudo isso. (*Perguntas informativas*)
Roz:	Não é tão longo. É uma lista de estatísticas que eu já tenho e alguns parágrafos de resumo sobre o que as estatísticas significam. Eu deveria ser capaz de fazer, mas simplesmente não consigo.
Terapeuta:	Você já escreveu um relatório como esse antes?
Roz:	Nunca. Em nosso escritório, Tom costumava fazer, mas este ano pediram para mim. Eu não faço ideia do porquê nem sei como começar.
Terapeuta:	Você acha que Tom estaria disposto a discutir a preparação do relatório com você?
Roz:	Não sei. Acho que ele pode se ofender por terem pedido para mim e não para ele. Mas, francamente, eu não sei como começar e ele provavelmente sabe.
Terapeuta:	Se Tom não quiser ajudá-la, há mais alguém que poderia dar algumas dicas?
Roz:	Nossa assistente de escritório, Lucy, já viu dezenas desses relatórios ao longo dos anos. Ela provavelmente poderia me dizer o que incluir. Mesmo com essa informação, ainda me sinto exausta só de pensar em escrever o relatório.
Terapeuta:	Ok, então me deixe ver se entendi. Você nunca escreveu um relatório como esse antes, mas Tom e Lucy estão familiarizados com tais relatórios e podem orientá-la um pouco. Mesmo assim, é difícil imaginar ter energia para esse projeto.
Roz:	Certo. Além disso, acho que deveria querer escrever o relatório e não quero. Não tenho tanto interesse.
Terapeuta:	Concordo que é difícil se obrigar a querer fazer algo. Você já fez algo que realmente odiava fazer?
Roz:	Sim, jardinagem. Eu deteste cortar a grama, mas corto.
Terapeuta:	Como você se sente depois?
Roz:	Como se tivesse ganhado na loteria.
Terapeuta:	(Rindo.) O que você acha disso?
Roz:	Bem, às vezes a recompensa vem no final, eu acho. Mesmo algo difícil pode dar uma sensação de satisfação no final, suponho. Mas traba-

lhar no jardim não é o mesmo que escrever um relatório. Eu tenho que pensar e ser organizada ao escrever um relatório.

Terapeuta: Você tem alguma experiência em fazer algo de forma organizada que não era agradável?

Roz: (Pensa por um minuto.) Eu estava encarregada das vendas de biscoitos da minha filha para sua tropa escoteira. Isso foi uma verdadeira dor de cabeça, mas acabou bem.

Terapeuta: Como você conseguiu fazer isso?

Roz: Bem, assim como com o trabalho no jardim, eu fui sistemática. Eu tinha vários passos a seguir: acompanhar os pedidos, arrecadar dinheiro, pegar os biscoitos no depósito, distribuir os biscoitos para as escoteiras e assim por diante.

Terapeuta: (*Síntese*) Vamos resumir o que falamos. Você não tem experiência em escrever um relatório como o que você está escrevendo agora. No entanto, você tem experiência em realizar tarefas difíceis que não são muito divertidas, incluindo tarefas que exigem organização. Podemos usar algo disso como evidência que não apoia seu pensamento quente?

Roz: Sim, vejo a conexão. Eu não preciso amar esse relatório para trabalhar nele. Eu fiz coisas difíceis no passado — trabalhar no jardim, gerenciar a venda de biscoitos — sendo sistemática e agindo passo a passo. Além disso, talvez Tom e Lucy possam me ajudar. (Roz lista esses fatos na coluna de evidências que não apoiam o pensamento quente.)

Terapeuta: Que pensamento equilibrado poderia derivar de todas as evidências na quarta e na quinta colunas?

Roz: Esse relatório é um desafio real, mas talvez Tom e Lucy possam me ajudar a começar. Além disso, eu sei como ser sistemática mesmo quando não estou especialmente motivada.

Terapeuta: Quanto você acredita nesse pensamento equilibrado?

Roz: Cerca de 70%.

Terapeuta: E quanto você acredita agora no pensamento "EU POSSO fazer isso"?

Roz: Cerca de 50%.

Terapeuta: Como você pode usar essas ideias para ajudá-la nesta semana?

Roz: Preciso descobrir uma maneira de lembrar delas.

Terapeuta: Você consegue pensar em uma maneira de fazer isso?

Roz: (*Fica quieta por um minuto.*) Gostaria de escrevê-las em um cartão para manter em minha bolsa. Além disso, gostaria de trabalhar em uma maneira de abordar Tom para pedir sua ajuda. Eu não tenho medo de abordar Lucy.

Nesse caso, a terapeuta conseguiu auxiliar Roz a encontrar evidências que não sustentassem seu pensamento quente. Em outros casos, os clientes podem confron-

Diálogo socrático para a descoberta em psicoterapia **119**

tar situações em que a maioria das evidências corrobora seu pensamento quente. Por exemplo, talvez o cliente tenha um pensamento quente — "Não consigo fazer este relatório" — e de fato não tenha as habilidades necessárias ou a capacidade de aprendê-las a tempo. Quando todas as evidências apoiam um pensamento quente, isso significa que o pensamento quente é um problema que precisa ser resolvido. Nesse caso, é necessário um plano de ação. Após formular um plano de ação, o cliente frequentemente se sente melhor, assim como Roz se sentiu ao elaborar seu plano para falar com Tom e Lucy. A descoberta guiada não depende apenas de encontrar e corrigir erros cognitivos. Resolver problemas também é uma boa estratégia.

DESESPERANÇA

Cada uma das seguintes situações comuns no tratamento da depressão pode estar relacionada à desesperança do cliente. Por sua vez, cada uma pode desencadear a desesperança do terapeuta ou contribuir para o seu desânimo em relação ao prognóstico do tratamento do cliente.

- Um cliente parece desengajado na terapia (por exemplo, não faz as tarefas de casa), e o terapeuta assume que a atribuição foi muito difícil ou a motivação do cliente era muito baixa, então não explora as razões dele para não realizar a atividade.
- Um cliente falta a sessões sem uma causa externa compreensível, e o terapeuta se resigna a isso.
- Um cliente pergunta "De que adianta?" e o terapeuta dá razões para tentar.
- Um cliente frequentemente diz "Eu não sei" e parece desinteressado em resolver as coisas, e o terapeuta perde a motivação.
- Um cliente foca em autolesão e/ou suicídio dentro ou fora das sessões, e a ansiedade do terapeuta começa a interferir no tratamento.

Após esse tipo de circunstâncias terapêuticas, os terapeutas às vezes pensam: "Como posso ajudar alguém que não quer se ajudar?" e "Se ele não faz a tarefa de casa, eu não posso ser eficaz". Esses pensamentos são sinais de alerta para a quarta armadilha comum no tratamento da depressão, desesperança e desengajamento do terapeuta.

Armadilha 4
Os terapeutas ficam sem esperança diante da desesperança do cliente e perdem a motivação para permanecer engajados e colaborativos e para continuar a resolução ativa de problemas.

A desesperança do cliente é esperada ao trabalhar com clientes deprimidos e suicidas. Os terapeutas podem usar métodos de descoberta guiada para envolver ativamente os clientes na identificação e na investigação das crenças e dos comportamentos que mantêm a desesperança deles, bem como na exploração de sua própria desesperança. Nesse sentido, Fennell fornece orientações úteis (Kennerley et al., 2010, 71) e incentiva os terapeutas a aprimorarem a habilidade de se distanciar de suas próprias cognições desesperançadas para desenvolver uma postura de curiosidade em relação à sua própria mentalidade.

Mantenha em mente

- Os clientes precisam acreditar que é possível que seus esforços e os esforços do terapeuta possam ajudá-los.
- A experiência da terapia, sendo útil, é mais poderosa do que discussões sobre sua utilidade.
- A desesperança pode ser crônica ("Eu sou um fracasso completo") ou aguda ("Há problemas insuperáveis no momento que não consigo tolerar"). É útil saber com qual tipo você está lidando, pois crenças cronicamente mantidas podem exigir o uso paciente da descoberta guiada ao longo do tempo (consulte o Capítulo 6), e a desesperança aguda pode responder muito rapidamente à resolução de problemas.
- A desesperança está ligada a risco de suicídio, autolesão e desengajamento na terapia. Peça ao cliente para expressar sua desesperança em palavras.
- Descubra que tipos de evidências seriam significativas para o cliente na busca de aproveitar a esperança (por exemplo, melhorar um problema concreto, demonstrar que a mudança é possível ou alcançar uma compreensão mais clara do que é o problema).
- Os terapeutas também podem se tornar desesperançados, e essas cognições podem ser abordadas usando as mesmas estratégias que empregamos com os clientes.

Elabore um plano de segurança com clientes suicidas

Quando os clientes estão em risco de suicídio, é importante desenvolver alternativas para o suicídio, bem como elaborar um plano de segurança para o que farão se começarem a pensar em suicídio durante a semana. Planos de segurança são uma intervenção de prevenção ao suicídio baseada em evidências (Stanley & Brown, 2012; Stanley et al., 2018). *Métodos de descoberta guiada* associados à resolução de problemas mais direta são idealmente adequados para desenvolver alternativas ao suicídio e elaborar planos de segurança, como ilustra o exemplo de caso a seguir.

Jamal voltou à faculdade após uma licença médica de um ano depois de uma tentativa de suicídio. Nas primeiras sessões, ele contou à sua terapeuta sobre sua tentativa de se matar como parte de uma avaliação de seu risco atual. Ele havia reprovado em uma disciplina na primavera e depois feito um estágio de alto nível durante as férias de verão. Durante o verão, ele compartilhou um apartamento com um bom amigo da faculdade, Roy. Ele achou o estágio exaustivo e avassalador, mas considerou que se manifestar (por exemplo, falar com seu supervisor para esclarecer as instruções, admitir que não sabia como fazer algo) seria pedir ajuda demais e indicaria fraqueza. Ele acreditava que, se não pudesse fazer seu trabalho completamente sozinho, era um fracasso. À medida que sua depressão piorava, Jamal tinha menos inclinação para compartilhar suas dúvidas com qualquer pessoa, incluindo Roy. Beber álcool o ajudava a entorpecer suas emoções, mas no dia seguinte ele tinha dificuldades no trabalho. Ele tomou uma overdose de um medicamento prescrito depois que Roy saiu para trabalhar uma manhã, mas ainda estava vivo e foi encontrado quando Roy voltou para casa naquela noite.

Como contexto adicional, Jamal relatou que seu pai tem expectativas altas e inflexíveis para a vida do filho e exige que ele se saia muito bem na faculdade. Após reunir essas informações, a terapeuta de Jamal decidiu que queria entrar em um acordo com Jamal para colaborar na prevenção de outra tentativa de suicídio. Ela também imaginava que Jamal poderia querer ter metas para gerenciar seu humor e diminuir sua desesperança. No entanto, ela reconheceu que era importante que o paciente colaborasse na definição dessas metas.

Na mente do terapeuta

Trabalhar na prevenção do suicídio e na restrição ao acesso a meios letais é imperativo, mas a conversa precisa ser recíproca, especialmente porque Jamal já se sentiu coagido e impotente no passado.

Terapeuta: Jamal, na nossa última sessão, começamos a estabelecer alguns objetivos para a terapia. Concordamos em criar um plano de segurança para quando você se sentir suicida.

Jamal: Já faz um tempo que não me sinto assim. Penso nisso, mas não faria nada. Por que deveria trabalhar nisso agora? Realmente não quero pensar nisso.

Terapeuta: (Fornecendo uma justificativa.) Fico feliz que você não esteja se sentindo suicida. As coisas não estão tão estressantes agora, mas podem ficar em algum momento no futuro. Agora é um bom momento, enquanto sua mente está clara e seu humor está estável, para pensar nessas coisas e criar maneiras de se manter seguro se você se sentir suicida. Vamos escrever isso para que você possa ter o plano de segurança consigo.

Jamal: (Dá de ombros. Olha para baixo.)

Terapeuta: Como você está se sentindo agora?

Jamal: Não sei. (Terapeuta espera.) Eu realmente não me importo. Não sei se vou melhorar, então talvez eu queira manter o suicídio como uma opção se as coisas não derem certo para mim. Se eu trabalhar em um plano de segurança com você, vou ter que desistir do suicídio.

Terapeuta: É difícil desistir do suicídio quando não se consegue imaginar outra solução. E se pudéssemos encontrar algo mais para fazer quando você se sentir tão mal?

Jamal:	(Silêncio. Balança lentamente a cabeça de um lado para o outro.)
Terapeuta:	Jamal, parece que você está dividido, como se uma parte de você quisesse viver e outra parte quisesse morrer. (Jamal concorda.)
Terapeuta:	(Escrevendo.) O que diz a parte que quer morrer?
Jamal:	Se eu estivesse morto, deixaria de ser uma decepção para meu pai. Essa é a principal razão. Qual é o sentido de viver se você não pode ser um sucesso?
Terapeuta:	Você tem mais algum motivo para morrer?
Jamal:	A vida parece muito difícil. E estou cansado de estar deprimido.
Terapeuta:	Certo, estou anotando isso. Mais alguma coisa?
Jamal:	Não, é isso.
Terapeuta:	E a outra parte de você? O que a parte que quer viver tem a dizer?
Jamal:	Bem, minha cadela precisa de mim.
Terapeuta:	Conte-me sobre sua cadela.
Jamal:	Minha cadela pertence a toda a família, mas ela é realmente minha. Ela me ama mais e cuido dela melhor. Eu sei o que ela gosta de comer, sei quais são seus lugares favoritos para correr e sei como treiná-la. Ela me fez companhia quando eu estava em casa no ano passado.
Terapeuta:	Você e sua cadela são companheiros próximos. Você ficaria vivo para cuidar dela.
Jamal:	Sim. Além disso, Roy sempre esteve ao meu lado. Às vezes, sinto-me culpado por ser ele quem me encontrou, e ainda assim ele é um bom amigo. Ele ainda gosta de mim por alguma razão. Por causa dele, eu não tentaria morrer de novo.
Terapeuta:	Jamal, além de suas conexões sólidas com Roy e sua cadela, você tem mais alguma razão para viver com base no que você pode querer para si mesmo?
Jamal:	Às vezes — raramente —, penso que poderia fazer algo com minha vida, não em ciência da computação ou medicina como meu pai quer, mas algo que eu queira fazer. É difícil para mim entender, porque estou muito confuso. Eu poderia muito bem estar morto se nem consigo decidir o que quero fazer com a minha vida. Falhei em tudo o que meu pai queria que eu fizesse. Toda vez que tive um problema na escola, ele me dizia o que fazer e não funcionava. Nesse ponto, se você tentar me dar soluções, vou dispensá-lo, e, se concordar que não há esperança, vou me matar.
Terapeuta:	Jamal, sinto muito pelo que você passou. Mesmo nas profundezas da depressão, você manteve Roy como seu amigo e cuidou de sua cadela. Eu quero ajudá-lo a encontrar soluções que funcionem para você. (*Escuta empática*) Poderíamos revisar os principais pontos que você mencionou para que ambos possamos lembrar essas partes importantes

Diálogo socrático para a descoberta em psicoterapia **123**

	de sua experiência? (Jamal concorda.) (Neste ponto, a terapeuta compartilha as duas listas escritas: motivos para morrer e motivos para viver.) Neste momento, uma parte de você quer morrer porque a vida parece difícil e você não quer decepcionar seu pai com seu trabalho acadêmico. Há outra parte de você que quer viver. Essa é a parte que se sente próxima de Roy e ama sua cadela. É também a parte que quer fazer algo que você escolhe com sua vida, seja lá o que for, ainda a ser determinado.
Jamal:	Sim, a ser determinado por mim. (Jamal relaxa um pouco.)
Terapeuta:	(Continua com a síntese.) Como você acha que essas listas podem nos ajudar na terapia?
Jamal:	Não faço ideia.
Terapeuta:	Bem, estou pensando se podemos facilitar um pouco a sua vida fazendo um plano, como um plano de segurança, de coisas que poderiam melhorar seu ânimo quando você estiver pensando nesses motivos para morrer. Isso ajudaria?
Jamal:	Acho que sim.

Antes de avaliar qualquer motivo específico para morrer, é útil ouvir toda a lista de motivos. O humor de Jamal mudou de forma rápida: depois de falar amorosamente sobre sua cadela e sua camaradagem com Roy, ele passou a expressar uma profunda mágoa e raiva quando sua crença central "Eu sou um fracasso" foi acionada. Isso indica que pode ser necessário mais do que resolver problemas para lidar com sua desesperança ao longo do tempo. Também pode ser útil começar a identificar os pontos fortes de Jamal. Sobreviver a uma tentativa de suicídio geralmente requer alguma capacidade. Certamente, ele exerceu algumas forças para realizar isso. Identificar forças fundamentadas na realidade da situação transmite empatia e começa a ajudar o sujeito a reconhecer sua capacidade de sobrevivência. A terapeuta pode tornar-se mais esperançosa, e Jamal pode se ver como alguém mais resiliente à medida que suas forças são identificadas.

Finalmente, ao construir um plano de segurança, é aceitável para a terapeuta contribuir com a lista de atividades alternativas que o cliente pode fazer quando estiver pensando em suicídio, tanto formulando perguntas quanto oferecendo sugestões com base no conhecimento da vida do cliente. A rigidez cognitiva frequentemente impede que clientes deprimidos construam criativamente alternativas para si mesmos quando estão pensando em suicídio.

O cliente falta a uma sessão

Como parte do desenvolvimento de seu plano de segurança, Jamal e sua terapeuta trabalharam reconhecendo seus sinais pessoais de aumento da desesperança e dos pensamentos suicidas. A necessidade disso ficou aparente quando Jamal faltou a uma sessão sem uma desculpa compreensível. Sua ausência também ofereceu uma oportunidade para a resolução de problemas.

Terapeuta: Jamal, você pode me contar sobre a sua ausência em nossa última consulta? Eu sei que, ao telefone, você disse que dormiu demais. Há mais alguma coisa que impediu você de estar aqui?

Jamal: (Olha para baixo. Dá de ombros. Pausa longa.) Eu não sei.

Terapeuta: Houve algo que eu disse ou fiz que o incomodou?

Jamal: Não.

Terapeuta: Algo aconteceu nesta semana para perturbá-lo?

Jamal: Eu não sei. (Dá de ombros. Pausa.) Recebi uma ligação da reitoria. Como tirei uma licença da faculdade, a reitora quer trabalhar num plano comigo para verificar meu progresso acadêmico neste semestre. Eu tenho que ir ao escritório dela a cada duas semanas para revisar como estou me saindo.

Terapeuta: Como você se sente em relação a isso?

Jamal: Eu não preciso da ajuda dela. Eu posso conseguir sozinho. Me inscrevi para cursos extras neste semestre para poder passar pela faculdade mais rápido e mostrar a todos que posso fazer o trabalho.

Terapeuta: Até agora, como você está lidando com a carga de trabalho?

Jamal: Não consigo fazer tudo, mas preciso.

Terapeuta: No passado, o que aconteceu quando você não conseguia fazer seu trabalho?

Jamal: Eu ficava nervoso, começava a faltar às aulas e depois desistia. A situação era sem esperança. Eu não quero me sentir sobrecarregado como da última vez.

Terapeuta: Deixe-me ver se entendi o problema. Parece que você não tem certeza de como vai fazer seu trabalho. Você quer se sair bem, até fazer cursos extras, mas sem se sentir sobrecarregado. (Jamal concorda.) Vamos analisar as alternativas. Que soluções vêm à mente?

Jamal: Eu simplesmente vou trabalhar mais. Costumava trapacear, mas isso só deu errado, e eu me senti estúpido.

Terapeuta: Alguma outra ideia além de trabalhar mais sozinho, sem ajuda?

Jamal: Não consigo pensar em nenhuma. Eu quero passar em todas as minhas disciplinas sem pedir ajuda. Pessoas inteligentes não precisam de ajuda.

Terapeuta: Você se lembra de ver algum aluno que se saiu bem pedir ajuda para fazer seu trabalho?

Jamal: Sim, tinha essa garota na minha aula de ciência da computação que se saiu bem. Ela era muito inteligente. Todo mundo a conhecia porque ela organizava um grupo de estudos e participava de todas as sessões de revisão. Roy também se saiu bem em seus cursos. Eu invejava as notas dele. Eu sempre achei que ele era naturalmente bom em escrever, mas ele me disse que buscava ajuda no Centro de Escrita. Ele até se encontrava com alguns de seus professores quando tinha dúvidas sobre as aulas.

Terapeuta: Isso é interessante. Então, por mais inteligentes que fossem, a garota da ciência da computação e Roy procuraram outras pessoas enquanto estudavam. O que você acha disso?

Jamal: Talvez eles não fossem tão inteligentes.

Terapeuta: Essa é uma possibilidade. Algo mais?

Jamal: Talvez até pessoas inteligentes possam receber ajuda?

Terapeuta: Quando você observa Roy e a garota da ciência da computação, como suas observações se encaixam com sua ideia de que você deve trabalhar sozinho para ter sucesso? (*Pergunta analítica*)

Jamal: Bem, eu acho que conseguir alguma ajuda é ok se funcionou para eles. Mas eu não sei se tenho tempo para ir às sessões de revisão e outras coisas porque estou muito ocupado. Estou fazendo tantos cursos. Talvez eu devesse desistir de um curso.

Terapeuta: Poderíamos colocar algumas das soluções deles, como se encontrar com professores, ir às sessões de revisão ou fazer parte de um grupo de estudos, na lista de soluções possíveis?

Jamal: Eu não acho que essas soluções funcionariam para mim. Sinto como se você estivesse me dizendo que eu não posso fazer o trabalho.

Terapeuta: Eu quero listar o maior número possível de soluções. Depois podemos analisar as vantagens e desvantagens de cada uma delas, e você pode decidir quais está disposto a tentar.

Jamal: Ok.

Terapeuta: (Depois de mais um pouco de discussão.) Quando você olha para a lista de soluções — trabalhar mais sozinho, obter ajuda nas sessões de revisão, fazer perguntas aos professores, participar de um grupo de estudos ou fazer um plano com a reitora para desistir de um curso, se for preciso —, quais soluções parecem mais úteis?

Jamal: Trabalhar sozinho ou fazer um plano com a reitora, apenas no caso de meu trabalho acadêmico ficar mais difícil.

Jamal e a terapeuta escrevem as vantagens e desvantagens das duas soluções que parecem mais viáveis para ele. Trabalhar sozinho sem ajuda tem a vantagem de fazer Jamal se sentir capaz se tudo correr bem, mas a desvantagem de fazê-lo se sentir um fracasso se começar a ter dificuldades. Elaborar um plano com a reitora tem a vantagem de ajudá-lo potencialmente a fazer o trabalho com expectativas razoáveis, mas pode fazê-lo se sentir menos independente.

Terapeuta:	O que você acha dessas duas soluções ao antecipar experimentar qualquer uma delas?
Jamal:	Acho que realmente quero tentar fazer isso sozinho, mas poderia falar com a reitora sobre um plano de *backup*, como talvez desistir de uma aula, se precisar.
Terapeuta:	Você consegue se ver falando com a reitora sobre um plano de *backup* em sua reunião?
Jamal:	Sim, na verdade, a reitora mencionou isso quando viu em quantas aulas eu me matriculei.
Terapeuta:	Como você se sente em relação à reunião agora?
Jamal:	Ainda não estou muito animado em ter que fazê-la, mas posso ir.
Terapeuta:	Ok. Tudo bem se voltarmos a falar sobre desesperança?
Jamal:	Se for preciso.
Terapeuta:	Sabe aqueles sentimentos de pânico e sobrecarga de que você estava falando?
Jamal:	Sim.
Terapeuta:	Parecem indícios de que você está se sentindo pior.
Jamal:	Sim, os experimentei antes de iniciar a medicação. Esses sentimentos voltaram esta semana, quando soube que teria uma consulta com a reitora.
Terapeuta:	Quando você vivencia esses sentimentos, o que passa pela sua mente?
Jamal:	Começo a me autocriticar e me comparar com os outros. Chego a pensar que sou um fracasso. Essa ideia me assombra frequentemente, mas, nos momentos mais difíceis, só desejo dormir e não acordar mais.
Terapeuta:	O que você costuma fazer nos dias em que se sente sem esperança?
Jamal:	Geralmente, permaneço no meu quarto. Às vezes, recorro à bebida para afastar os pensamentos e sentimentos, mas isso só agrava as coisas. Lembro da última vez...
Terapeuta:	Alguma lembrança específica ou imagem?
Jamal:	Sim, me vejo no apartamento encarando os comprimidos. Isso é tudo. É como uma imagem congelada.
Terapeuta:	Como você se sente na imagem?
Jamal:	Confuso. Às vezes, me arrependo de não ter seguido em frente. Também sinto culpa por Roy me encontrar naquele estado. Uma parte de mim reluta em retornar àquele lugar na minha mente. Às vezes, na imagem, me vejo descartando os comprimidos em vez de ingeri-los.
Terapeuta:	Percebo que falar sobre isso é doloroso.
Jamal:	Estou bem.

Terapeuta:	Ok. Vamos explorar estratégias que possam ajudar quando esses pensamentos e sentimentos surgirem. Alguma ação ou experiência intensa já ajudou a romper a sensação de pânico?
Jamal:	Às vezes, corro quando sinto que estou à beira do desespero. Além disso, a natação me acalma.
Terapeuta:	Excelente. Vamos registrar essas opções. (Entrega uma caneta e um cartão.) E se não puder correr ou nadar? Há algo mais que experimentou para lidar com esses sentimentos?
Jamal:	Levantar peso. Consigo fazer isso até mesmo em casa.
Terapeuta:	Às vezes, uma experiência intensa, mas inofensiva, também pode ajudar, como um banho quente ou frio.
Jamal:	Nunca tentei. Segurar uma xícara de chá quente às vezes funciona. É intenso, mas ao mesmo tempo me acalma. Me dá espaço para pensar em outras coisas.
Terapeuta:	Existem outras estratégias que você utiliza para se acalmar ou se confortar?
Jamal:	Não entendo o que você quer dizer.
Terapeuta:	Seria reconfortante olhar fotos da sua cadela?
Jamal:	Ah, sim. Tenho algumas no meu computador. Também posso ligar para minha mãe e saber como está minha cachorra.
Terapeuta:	Há mais alguém com quem você poderia conversar nos momentos difíceis?
Jamal:	Meu tio. Ele é irmão do meu pai e compreende como meu pai pode ser difícil. Após minha saída do hospital, ele me escreveu uma carta expressando amor e me encorajando a não desistir. Ainda guardo essa carta.
Terapeuta:	Fico feliz que a tenha guardado. Além dele, há mais alguém com quem pensaria em falar?
Jamal:	Roy. Ele está sempre disponível. Se perder minha ligação, ele retorna. Embora troquemos mensagens, quando estou mal, gosto de ouvir sua voz. Poderia procurar distração em outras pessoas, mas ele é a primeira opção se precisar de ajuda.
Terapeuta:	Vamos adicionar alguns contatos à lista, caso seus amigos e familiares não estejam disponíveis. (Incluem os números do psiquiatra de plantão no hospital, uma linha de prevenção ao suicídio e o telefone do trabalho da terapeuta.) Como se sente ao ter esse plano em mãos?
Jamal:	Um pouco melhor. Pelo menos tenho algo a que recorrer quando estiver realmente mal.
Terapeuta:	Jamal, você fez um ótimo trabalho identificando sinais de alerta e desenvolvendo estratégias para quando se sentir sobrecarregado ou sem

	esperança. Como posso saber quando você está se sentindo sem esperança?
Jamal:	(Dá de ombros e sorri levemente, mas ainda olha para baixo.) Simplesmente não aparecerei para a consulta.
Terapeuta:	E se algo que eu disser durante a sessão o incomodar?
Jamal:	Vou me retrair e evitar olhar ou falar. Nessas situações, prefiro não abordar temas perturbadores.
Terapeuta:	Como prefere que eu reaja quando você se retrair? Quer que eu fique em silêncio e lhe dê espaço até que esteja pronto para falar, ou prefere que eu "o alcance" onde quer que esteja em sua mente?
Jamal:	Se puder me encontrar, pode funcionar.
Terapeuta:	Então, interromperei seu fluxo de pensamento e farei algumas perguntas para ajudá-lo a se reconectar. Talvez possamos explorar os pensamentos e desencadeadores por trás da sensação de desesperança.
Jamal:	Ok. Só quero que esses pensamentos desapareçam.
Terapeuta:	Ok. Encontraremos maneiras de lidar com os pensamentos negativos. Quanto às ações no seu plano de segurança, acha que podem distraí-lo de pensamentos suicidas e melhorar seu humor?
Jamal:	Não sei. Nunca tentei. Poderia dar uma chance.

Ao longo dessa conversa, houve várias oportunidades de intervenção: questionar as razões para morrer e fortalecer as razões para viver, criar um plano de segurança com atividades específicas para diferentes momentos do dia e testar empiricamente as cognições desesperançosas à medida que Jamal alcança pequenas metas. Cada abordagem visa à transformação do cliente de um estado de desesperança para um de esperança. Transmitir esperança ocorre de diversas formas, incluindo ter um plano de segurança como uma saída do ciclo de pensamento suicida. O plano é aprimorado ao longo da terapia, à medida que novas atividades e formas de pensar são descobertas. Outras maneiras de cultivar a esperança incluem esclarecer problemas, demonstrar a possibilidade de mudança por meio de experimentos comportamentais, identificar pontos fortes e crenças centrais positivas do cliente e visualizar ou alcançar metas realistas de curto prazo.

Terapeutas muitas vezes enfrentam ansiedade ao lidar com clientes suicidas, desejando rapidamente fortalecê-los e garantir sua segurança. Contudo, é essencial considerar a energia e o funcionamento cognitivo do cliente, evitando metas e tarefas excessivamente ambiciosas. Estrutura, perguntas concretas, sínteses e *feedback* ajudam o cliente a participar da sessão. Quando a energia está baixa, o terapeuta deve garantir comprometimento com a meta em que estão trabalhando. As metas de curto prazo geralmente são o foco, porque o esforço e, muitas vezes, o compromisso podem ser sustentados apenas por curtos períodos. Escrever as coisas em um cartão de enfrentamento oferece um auxílio concreto à memória para tarefas e novas aprendizagens.

MANEJO DE RECAÍDAS

A depressão é uma questão recorrente para muitas pessoas. Portanto, é recomendável que os clientes aprendam a manejar a recaída (ver Ludgate, 2009, e Segal et al., 2018, para descrições mais detalhadas do manejo de recaídas na TCC). Isso inclui agendar sessões periódicas de reforço com o cliente após o término da terapia e incentivar a prática independente e regular das habilidades da TCC ao longo do curso da terapia, bem como depois dela (Jarrett et al., 2008). O ensino aos clientes para que se tornem seus próprios terapeutas é um objetivo explícito da TCC, o qual é promovido quando aprendem a identificar e testar pensamentos automáticos, testar e modificar suposições subjacentes e crenças centrais e praticar comportamentos congruentes com novas maneiras adaptativas de pensar. A ênfase contínua na prática de habilidades é considerada uma das razões pelas quais o tratamento de TCC para a depressão tem menor probabilidade de recaída do que a continuação dos medicamentos antidepressivos (Cuijpers et al., 2013).

Os clientes deprimidos também podem aprender a sintonizar os sinais de alerta de reincidência, como alterações nos padrões de sono, reclusão social, irritabilidade ou o retorno de pensamentos negativos familiares. Pensamentos negativos comuns abordados no manejo da recaída da depressão são pensamentos dicotômicos, como pensamentos sobre estar no controle *versus* estar impotente. Quando o pensamento dicotômico está em operação, qualquer sinal de humor baixo ou comportamentos antigos pode ser interpretado como prova de que a depressão retornou e provavelmente piorará se a pessoa não implementar um plano de manejo da recaída. Assim como em outros pensamentos dicotômicos, esforços são feitos para que o cliente use linguagem menos absoluta, veja seus sintomas atuais em um *continuum* de gravidade ou compare seu funcionamento em vários aspectos com o que era quando começou a terapia. Um plano eficaz de manejo de recaídas geralmente inclui uma lista de sinais de alerta pessoais de que o humor-alvo está retornando, uma lista de habilidades aprendidas na terapia que podem ajudar a reduzir o risco de recaída e um plano específico para implementar essas habilidades (Greenberger & Padesky, 2016).

A atenção plena, ou permanecer presente no momento sem julgar seus pensamentos, pode ser incorporada ao tratamento uma vez que os clientes estejam em remissão da depressão (Segal et al., 2018). Além disso, fazer o cliente lembrar de todo o progresso feito e mantido até o momento pode ajudar a restaurar uma perspectiva equilibrada. Às vezes, os clientes se concentram seletivamente no que não está indo bem, então o terapeuta pode pedir a eles para direcionar a atenção para tudo o que aprenderam, bem como para a resiliência que deriva de praticar as habilidades novamente. Finalmente, uma vez que a vida real está repleta de problemas a serem resolvidos, o que pode parecer o início de uma recaída pode ser, na verdade, um sinal de que a resolução de problemas é necessária.

Recuperação de um humor rebaixado

Selena fez avanços substanciais na TCC para a depressão e estava participando de sessões mensais de reforço. Ela iniciou a terapia depois de se mudar para a cidade para morar com seu namorado. Não conhecia mais ninguém na cidade, não tinha emprego e não sabia dirigir. Ela se sentia isolada e sozinha durante o dia, enquanto o namorado estava no trabalho. Ao longo de sua terapia, ela encontrou um emprego a uma curta distância, aprendeu a dirigir, fez amigos próprios e começou a se exercitar, chegando até a participar de uma pequena corrida. Essas atividades e o foco em questões de autoestima ajudaram a mudar a maneira como Selena se via. No entanto, ela ficou assustada uma semana quando seu humor baixo retornou, prevendo que estava prestes a entrar em uma depressão grave.

Selena: Não sei o que está acontecendo comigo. Meu humor está baixo há alguns dias. Estou ficando irritada com meu namorado e com as pessoas no trabalho. Tenho medo de estar ficando deprimida novamente. Depois de todo o trabalho que fiz na terapia, não consigo acreditar que estou voltando ao zero.

Terapeuta: Selena, parece que seu humor a pegou de surpresa. Posso perceber que você está preocupada. Pode me contar mais sobre como você está interpretando o que está acontecendo?

Selena: Eu pensei que estava bem e no controle do meu humor. Esses sintomas significam que estou de volta ao ponto de partida. Ou estou no controle, ou estou deprimida, e eu não quero estar deprimida. Como posso retomar o controle?

Terapeuta: Vamos desacelerar um pouco para conseguirmos entender isso. Primeiramente, o que você percebe sobre como está pensando em sua situação?

Selena: (Pausa.) Bem, parece que é minha forma antiga de pensar, bastante preto e branco.

Terapeuta: Podemos construir uma nova forma de pensar sobre sua situação?

Selena: Não tenho certeza. Sinto que ou estou deprimida, ou não estou.

Terapeuta: Você se sente como se sentia quando começamos a trabalhar juntas?

Selena: Não, eu estava realmente triste e solitária naquela época.

Terapeuta: Havia mais alguma coisa que era diferente?

Selena: Sim, muitas coisas. Eu dormia muito porque não tinha nada para fazer durante o dia. Não sabia se conseguiria encontrar trabalho e me sentia dependente do meu namorado para dinheiro e amigos.

Terapeuta: Vamos desenhar um *continuum*. (Desenha uma linha horizontal no papel.) Então, se pegarmos esses sintomas de depressão quando você estava no seu ponto mais baixo como um extremo do *continuum*, o que fica no outro extremo, o ideal, do *continuum*?

Selena:	(Rindo para si mesma.) Eu nunca me sentiria para baixo. Teria meu emprego ideal e resolveria problemas facilmente. Estaria totalmente no controle.
Terapeuta:	O que há de engraçado nisso?
Selena:	Não é possível estar totalmente no controle o tempo todo. A vida não é tão fácil ou previsível.
Terapeuta:	Bem, considerando como você tem visto as coisas, onde você se colocaria nesse *continuum* hoje?
Selena:	(Marca no *continuum*.) Mais ou menos no meio do quão deprimida eu comecei e como imagino que seja estar completamente bem e no controle.
Terapeuta:	E parece que você está questionando seus critérios para estar "completamente bem e no controle".
Selena:	É irrealista. É só que eu estava me sentindo muito bem e fiquei assustada quando meu humor começou a piorar.
Terapeuta:	Há algo que você pode pensar que poderia ajudá-la a se sentir melhor?
Selena:	Bem, na verdade, parei de fazer meus registros de pensamento porque estava me sentindo bem. Parece que meu pensamento "tudo ou nada" ainda pode me afetar se eu não estiver prestando atenção. Além disso, não tenho me exercitado nas últimas semanas, e isso costuma ajudar meu humor. Acho que devo voltar para a academia.
Terapeuta:	Estou pensando sobre essa ideia de qualquer um de nós ficar "completamente bem". O que você acha disso?
Selena:	Acho que nunca terminamos de trabalhar nas coisas. Sei que ainda tenho que cuidar do meu peso, mesmo que esteja comendo melhor do que costumava. Meu peso é uma luta interminável. Só porque estou feliz com meu peso agora, isso não significa que posso esquecer do que como.
Terapeuta:	Isso é um ótimo exemplo de gerenciar uma parte da sua vida. Como você pode usar essa experiência?
Selena:	Acho que não terminei de me ajudar, nem com o peso, nem com o humor. Nunca estou no controle perfeito e não estou onde costumava estar. Estou em algum lugar no meio do caminho e posso melhorar as coisas — não deixá-las perfeitas, apenas melhores.

Um dos benefícios de experimentar altos e baixos ao longo da terapia é que os clientes podem aprender a se recuperar de contratempos antes do término da terapia. Essa experiência isolada de recuperação de contratempos demonstra que um humor baixo não necessariamente prevê uma piora na depressão.

Para clientes que já tiveram pensamentos suicidas, o plano de segurança para suicídio é uma ferramenta para o manejo de recaídas. Além disso, recursos como registros de pensamento, cartões de enfrentamento com novas perspectivas significativas escritas neles e uma lista de atividades que melhoram o humor podem ser usados se sinais de depressão reaparecerem. No final de sua terapia, Jamal e sua terapeuta discutiram maneiras de responder aos sinais de recaída da depressão. Seu plano de final de terapia e os métodos que Jamal estava usando para se sentir melhor compuseram um plano pós-terapia para o manejo de recaídas.

Terapeuta: Jamal, sei que você tem um caderno cheio de registros de pensamento e cartões de enfrentamento para situações difíceis. Eu me pergunto se podemos incrementar seus recursos escrevendo alguns sinais de alerta de que seu humor pode estar ficando baixo e como você poderia responder a eles.

Jamal: Quando fico excessivamente autocrítico, sei que meu humor está piorando. Além disso, se me sinto sobrecarregado e em pânico como costumava sentir com o trabalho escolar, isso é um sinal de perigo. Se não quero ver meus amigos e penso que tenho que resolver todos os meus problemas sozinho, isso é um sinal real de perigo.

Terapeuta: Ok, vamos escrever esses como sinais de alerta e escrever o que ajuda você nesses momentos.

Jamal: Fazer um registro de pensamentos ajuda com a autodúvida e a crítica. Além disso, ainda tenho meu plano de segurança que fizemos no início da terapia, e, quando faço algumas dessas atividades, como olhar fotos do meu cachorro, me sinto melhor. Uma das melhores coisas que posso fazer é o oposto do que sinto vontade de fazer; então, quando sinto vontade de me esconder, ligo para um amigo para não ficar sozinho. (Escreve uma síntese por escrito dessas ideias em seu plano de manejo de recaídas.)

SÍNTESE

Um benefício do uso da descoberta guiada com clientes deprimidos e suicidas é que eles chegam a novas conclusões por conta própria, em vez de receberem conselhos. Isso pode ajudá-los a se sentir mais capazes e esperançosos. Quando a energia e a motivação estão baixas ou déficits cognitivos (por exemplo, atenção, memória, recordação, criatividade) são evidentes, a estrutura é útil. A ativação comportamental é um tipo de descoberta guiada que ajuda os clientes a descobrirem conexões entre suas atividades e seus humores, aprendendo quais tipos de atividades são mais antidepressivas. O diálogo socrático pode ser utilizado para ajudar a testar e reformular as crenças negativamente tendenciosas dos clientes, facilitar a resolução de problemas, recordar outras pessoas que modelaram comportamentos desejados e lembrar o cliente de recursos ou habilidades de enfrentamento que eles esqueceram. Sínteses escritas frequentes durante a sessão ajudam a consolidar informações, tarefas de casa escritas registram o que realmente aconteceu, e cartões de enfrentamento ajudam os clientes a lembrarem das conclusões geradas em resposta a perguntas sintetizadoras.

Para clientes suicidas, um plano de segurança é elaborado para manejar crises suicidas futuras. Ele contém uma lista de respostas de enfrentamento que podem ser utilizadas para evitar se prejudicar. A construção de um plano de segurança combina a descoberta guiada com intervenções mais diretas. Por exemplo, tanto o cliente quanto o terapeuta geram ativamente a lista de atividades seguras que o cliente pode fazer quando se sente suicida. Conforme a terapia avança, o plano de segurança é revisado regularmente. À medida que o funcionamento do cliente melhora, pode-se orientá-lo a desempenhar um papel maior na edição e na expansão de ideias em seu plano de segurança.

O manejo de recaídas se concentra na identificação de sinais de alerta de depressão e estratégias que funcionaram para melhorar o humor no passado. Preparar o cliente para a possibilidade de recaída é uma parte importante do final da terapia. Um plano de segurança para clientes suicidas faz parte do manejo de recaídas.

Atividades de aprendizagem do leitor

- Quais dessas armadilhas são familiares no meu trabalho?
- Quais dos meus clientes se encaixam nessas armadilhas?
- Quais dos métodos de descoberta guiada ilustrados podem ser úteis para eles?
- Que pontos fortes têm os meus clientes deprimidos e suicidas?
- Como posso usar a descoberta guiada para aproveitar ao máximo os pontos fortes deles?
- Quando caio em armadilhas?
- Que pontos fortes trago para o meu trabalho que me ajudarão a navegar pelas armadilhas?
- O que preciso aprender ou praticar antes de tentar isso com esses clientes?
- Como aumentarei minha compreensão dessas questões ou minhas habilidades (por exemplo, leitura, treinamento, supervisão ou consulta)?
- Como, especificamente, farei isso acontecer?

REFERÊNCIAS

Beck, A. T. (1967). *Depression: Causes and treatment*. Philadelphia: University of Pennsylvania Press.

Beck, A. T. (1976). *Cognitive therapy and the emotional disorders*. New York: New American Library.

Beck, A. T., Rush, A. J., Shaw, B. F., & Emery, G. (1979). *Cognitive therapy of depression*. New York: Guilford.

Beck, A. T., Ward, C. H., Mendelson, M., Mock, J., & Erbaugh, J. (1961). An inventory for measuring depression. *Archives of General Psychiatry, 4*, 561–571. https://doi.org/10.1001/archpsyc.1961.01710120031004

Cuijpers, P., Hollon, S. D., van Straten, A., Berking, M., Bockting, C. L. H., & Andersson, G. (2013). Does cognitive behaviour therapy have an enduring effect that is superior to keeping patients on continuation medication?: A meta-analysis. *British Medical Journal Open, 26*(3), e002542. https://doi.org/10.1136/bmjopen-2012-002542

Dimidjian, S., Martell, C. R., Addis, M. E., & Herman-Dunn, R. (2008). Behavioral activation for depression. In D. Barlow (Ed.). *Clinical handbook of psychological disorders* (4th ed., pp. 328–364). New York: Guilford.

Greenberger, D., & Padesky, C. A. (2016). *Mind over mood: Change how you feel by changing the way you think*. New York: Guilford Press.

Jarrett, R. B., Vittengl, J. R., & Clark, L. A. (2008). How much cognitive therapy, for which patients, will prevent depressive relapse? *Journal of Affective Disorders, 111*(2-3), 185–192. https://doi.org/10.1016/j.jad.2008.02.011

Jobes, D. A. (2016). *Managing suicidal risk: A collaborative approach* (2nd ed.). New York: Guilford.

Kennerley. H., Mueller, M., & Fennell, M. (2010). Looking after yourself. In M. Mueller, H. Kennerley, F. McManus, & D. Westbrook (Eds.), *The Oxford guide to surviving as a CBT therapist* (pp. 57–82). Oxford: Oxford University Press.

Ludgate, J. W. (2009). *Cognitive-behavioral therapy and relapse prevention for depression and anxiety.* Sarasota, FL: Professional Resource Press.

Padesky, C. A. (1983). *7-Column Thought Record.* Huntington Beach, CA: Center for Cognitive Therapy, Huntington Beach. Retrieved from https://www.mindovermood.com/worksheets.html

Padesky, C. A. (1993, September 24). *Socratic questioning: Changing minds or guiding discovery?* Invited speech delivered at the European Congress of Behavioural and Cognitive Therapies, London. Retrieved from https://www.padesky.com/clinical-corner/publications/

Padesky, C. A. (2020). *The clinician's guide to CBT using Mind over Mood.* New York: Guilford.

Segal, Z. V., Williams, J. M. G., & Teasdale, J. D. (2018). *Mindfulness-based cognitive therapy for depression* (2nd ed.). New York: Guilford.

Shea, S. C. (1998). *Psychiatric interviewing: The art of understanding* (2nd ed.). Philadelphia: W.B. Saunders.

Stanley, B., & Brown, G. K. (2012). Safety planning intervention: A brief intervention to mitigate suicide risk. *Cognitive and Behavioral Practice, 19*(2), 256–264. https://doi.org/10.1016/j.cbpra.2011.01.001

Stanley, B., Brown, G. K., Brenner, L. A., Galfalvy, H. C., Currier, G. W., Knox, K. L., Chaudhury, S. R., Bush, A. L., & Green, K. L. (2018). Comparison of the Safety Planning Intervention with follow-up vs usual care of suicidal patients treated in the emergency department. *JAMA Psychiatry, 75*(9), 894–900. https://doi.org/10.1001/jamapsychiatry.2018.1776

Wenzel, A., Brown, G. K., & Beck, A. T. (2009). *Cognitive therapy for suicidal patients.* Washington, DC: American Psychological Association.

Wright, J. H., Turkington, D., Kingdon, D., & Basco, M. (2009). *Cognitive Therapy for severe mental illness: An illustrated guide.* Arlington, VA: American Psychiatric Publishing.

Young, J., Rygh, ,J. L., Weinberger, A. D., & Beck, A. T. (2008). Cognitive therapy for depression. In: Barlow (Ed.). *Clinical Handbook of Psychological Disorders.* (4th ed., pp. 250-305). New York: Guilford.

4

Descoberta guiada voltada à ansiedade

Gillian Butler e Freda McManus

> *Algo terrível pode acontecer, e eu posso não ser capaz de lidar com isso. E se o carro quebrasse e eu ficasse presa? Ou se uma das crianças sofresse um acidente? Ou se eu perdesse o emprego? Ou se a mamãe tivesse Alzheimer e eu tivesse que cuidar dela? Sinto-me tão fora de controle e exausta. Algo horrível pode acontecer a qualquer momento, então você nunca está realmente seguro. Preocupar-me constantemente com tudo o que poderia dar errado estraga minha alegria com quase tudo e me impede de fazer todo tipo de coisas porque elas parecem muito assustadoras. Eu realmente preciso saber que vou ficar bem. Alguém pode me ajudar? Você acha que sou louca? Às vezes acho que estou completamente louca.*
>
> — **Comentário da cliente sobre sua ansiedade**

COMPREENDENDO A ANSIEDADE

A ansiedade é uma emoção universal e uma resposta saudável ao perigo percebido, tendo funções protetoras importantes. Ela se torna um problema quando é tão frequente, grave ou prolongada que interfere na capacidade das pessoas de viver suas vidas. Os transtornos de ansiedade, em geral, são caracterizados por uma *superestimação incapacitante* de ameaça, risco e perigo, juntamente com uma *subestimação* da capacidade de lidar com essas coisas. A ansiedade é marcada pelo aumento da excitação fisiológica e pelo esforço feito para se proteger, usando predominantemente comportamentos de evitação e busca por segurança. A experiência da ansiedade é, portanto, psicológica e fisiológica e inclui componentes cognitivos, somáticos, emocionais e comportamentais.

Esses quatro componentes se combinam de forma diferente em pessoas diferentes, em circunstâncias diferentes e em diferentes transtornos de ansiedade. Embora todos reconheçamos o sentimento de ansiedade, temos vários nomes para ele: ansiedade, medo, estresse, aflição, preocupação, angústia, apreensão e nervosismo, entre outros. Por essas razões, os clínicos precisam coletar informações de seus clientes para definir o tipo específico (ou tipos) de ansiedade que sofrem e identificar as maneiras pelas quais a ansiedade é experimentada por cada indivíduo. Na terapia cognitivo-comportamental (TCC), será dada especial atenção aos pensamentos e às imagens de cada pessoa, e os métodos de descoberta guiada são ideais para esse fim.

A ansiedade surge ao pensar no futuro: sobre coisas negativas que podem ou poderiam acontecer. O pensamento ansioso está, portanto, focado nas ameaças, nos riscos e nos perigos percebidos. O que é percebido como uma ameaça dependerá tanto de como uma situação é interpretada quanto de suposições e crenças subjacentes. Dois tipos de crenças são especialmente relevantes: crenças sobre os possíveis riscos e perigos que podem nos ameaçar (quais são e quão prováveis são) e crenças sobre nossos recursos para lidar com esses eventos que provocam ansiedade. Os recursos percebidos podem ser capacidades internas ou recursos externos para suporte ou resolução de problemas.

Os recursos incluem outras pessoas, rotas de fuga, formas de minimizar o impacto de um desastre previsto e estratégias disponíveis para gerenciar situações difíceis ou arriscadas. Se pensarmos que podemos lidar bem com as ameaças e os riscos que enfrentamos, podemos nos sentir mais animados ou desafiados do que ansiosos. A ansiedade predomina quando as ameaças percebidas superam nossa capacidade percebida de lidar com elas. Teoricamente, a suscetibilidade à ansiedade está enraizada em um senso de vulnerabilidade, o que é compreensível se os perigos percebidos ameaçam superar nossas habilidades de enfrentamento percebidas. Como resultado, a ansiedade ocorre quando "a percepção de uma pessoa sobre si mesma [está] sujeita a perigos internos ou externos sobre os quais seu controle é inexistente ou insuficiente para lhe proporcionar uma sensação de segurança" (Beck et al., 1985, 67).

Lembre-se de que a ansiedade também é uma emoção saudável e normal que desempenha uma função útil. Presumivelmente, evoluiu para nos proteger do perigo, e ainda nos ajuda a lidar com situações estressantes, levando-nos a mobilizar recursos para lidar com as dificuldades onde quer que elas surjam: no trabalho, na escola, em nossos relacionamentos ou em outro contexto. É fácil entender como é importante que os seres humanos se concentrem na detecção de ameaças e nas fontes de possíveis danos futuros. Mobilizar recursos para nos defender contra essas ameaças, particularmente contra ameaças de danos físicos, provavelmente nos manterá mais seguros e até prolongará a vida — se de repente tivermos que tomar medidas defensivas ao atravessar uma estrada movimentada, por exemplo.

Características compartilhadas entre ansiedade e transtornos relacionados

A 5ª edição do *Manual diagnóstico e estatístico de transtornos mentais* (DSM-5, na sigla em inglês; APA, 2013) especifica 11 diagnósticos diferentes de transtorno de ansiedade, incluindo transtorno do pânico, agorafobia, transtorno de ansiedade generalizada, fobias específicas, fobia social, transtorno de ansiedade de separação, mutismo seletivo e "transtorno de ansiedade não especificado". Outros distúrbios, como transtorno obsessivo-compulsivo (TOC), transtorno de ansiedade da doença e transtorno de estresse pós-traumático (TEPT), também costumam incluir ansiedade significativa em sua apresentação. Há uma ampla gama de sintomas que ocorrem nesses transtornos que apresentam ansiedade. As crises de pânico podem ocorrer como um sintoma em qualquer um desses transtornos, assim como a compulsão alimentar pode ocorrer nos vários tipos de transtorno alimentar. Os sintomas fisiológicos mais comuns relatados aos médicos de família por pessoas ansiosas são tensão, dores de cabeça, insônia e fadiga. Padrões comuns de pensamento incluem tirar conclusões sobre a probabilidade de ocorrências negativas e catastrofização.

O TOC e o TEPT são caracterizados por pensamentos, imagens ou impulsos persistentes indesejados que são percebidos como intrusivos e provocadores de ansiedade (Huppert et al., 2005). A verificação repetida, que é uma característica dos problemas obsessivo-compulsivos, também pode ocorrer no transtorno de ansiedade generalizada (TAG) (Mahoney et al., 2018). Pensamentos intrusivos e checagem também são comuns na doença de transtorno de ansiedade e, da mesma forma, quase dois terços dos clientes com transtorno do pânico têm pelo menos um sintoma de TOC (Torres et al., 2004). Além disso, Dugas e Ladouceur mostraram que muitas pessoas que sofrem de transtornos de ansiedade têm dificuldade em tolerar a incerteza (por exemplo, Buhr & Dugas, 2012; Dugas et al., 1998; Hebert & Dugas, 2019). Isso é particularmente proeminente no TAG, assim como a rigidez cognitiva, que foi amplamente documentada por Borkovec e colegas (por exemplo, Borkovec et al., 1993; Borkovec & Newman, 1998). Há uma falta de flexibilidade nas respostas somáticas, cognitivas e comportamentais das pessoas ansiosas — como se elas estivessem usando suas energias na tentativa de manter o controle para se sentir mais seguras e, claro, menos vulneráveis ou em risco.

Não é tão surpreendente que os sintomas se sobreponham aos transtornos de ansiedade, pois os próprios transtornos são difíceis de diferenciar em um nível conceitual. Considere as definições de fobia social e agorafobia. A fobia social é definida principalmente como um medo de situações em que o constrangimento pode ocorrer, e a agorafobia é definida como a ansiedade relativa a situações em que a fuga pode ser difícil ou *embaraçosa* (APA, 2013). As pessoas com TAG tendem a se preocupar com uma série de situações, que podem incluir situações sociais, medos de constrangimento ou ansiedade relativa a sintomas físicos (como na agorafobia). O alto grau em que os sintomas são compartilhados entre os transtornos de ansiedade é reconhecido no DSM-5 e, como resultado, são fornecidas orientações extensivas sobre diagnósticos diferentes; além disso, uma série de "regras de priorização" são fornecidas para ajudar os clínicos a fazer diagnósticos específicos.

Também pode haver fatores de manutenção comuns em todos os transtornos de ansiedade. Por exemplo, o estudo experimental seminal de 162 clientes com transtorno de ansiedade de Arntz et al. (1995) demonstrou raciocínio emocional (raciocínio *ex-consequentia*: por exemplo, "Se eu me sinto ansioso, deve haver perigo") em clientes com fobia simples, fobia social e transtorno do pânico, bem como em um grupo com transtorno misto de ansiedade. Da mesma forma, dados de tarefas de processamento de informações indicam que pessoas com muitos transtornos de ansiedade diferentes prestam atenção seletiva a estímulos externos e internos ameaçadores e que há evasão e evitação de ameaça em fobia específica, fobia social e transtorno de ansiedade generalizada (Harvey et al., 2004; Mansell et al., 2009). Embora essas tarefas de processamento de informações demonstrem atenção seletiva a estímulos distintos em clientes individuais, o processo de atenção seletiva à ameaça parece ser comum nos transtornos de ansiedade (Bar-Hiam et al., 2007). Também foram encontrados vieses interpretativos e de expectativa, demonstrando tendências para interpretar informações ambíguas de maneira ameaçadora e para prever que eventos negativos provavelmente acontecerão. Uma variedade de paradigmas fornece dados que convergem para demonstrar que os vieses de processamento comuns mantêm diferentes manifestações de ansiedade (Cisler & Koster, 2010; Harvey et al., 2004; Hirsch & Mathews, 2000).

Um fator complicador comum é que muitas das pessoas que procuram tratamento para sua ansiedade estão ansiosas há muitos anos e, durante esse período, desenvolveram problemas secundários. Muitas vezes há sobreposição com características de traços de personalidade evitativos ou dependentes, e outros problemas secundários comuns incluem: depressão (estar ansioso "deixa você para baixo"); emoções como raiva, frustração e vergonha; baixa autoconfiança; e baixa autoestima. A ansiedade tende a se espalhar de uma coisa para outra. As formas secundárias comuns de ansiedade são ansiedade generalizada (qualquer que seja o seu problema, você pode se preocupar com ele) e ansiedade social. Isso faz sentido porque as pessoas ansiosas muitas vezes percebem os outros como mais fortes do que elas mesmas e, portanto, temem que os outros as julguem fracas, inadequadas ou "estúpidas" por causa de sua ansiedade. A soma total dos problemas enfrentados por pessoas cuja ansiedade é persistente ou crônica, e por terapeutas que trabalham com elas, pode, portanto, ser confusa e aumentar a incerteza: "O que pode acontecer a seguir?", "Por onde devemos começar o tratamento?".

Dado que existem tratamentos eficazes específicos para cada um dos transtornos de ansiedade, é importante que o clínico avalie e compreenda a(s) forma(s) específica(s) de ansiedade de que cada cliente sofre. Consistente com os comentários feitos anteriormente, este capítulo enfatiza sintomas comuns, fatores mantenedores e problemas secundários, bem como o uso da descoberta guiada para resolver uma série de dificuldades clínicas. Os diferentes modelos para as ordens específicas de ansiedade não serão descritos em detalhes (cf. Bennett-Levy et al., 2004; Clark & Beck, 2011; Kennerley et al., 2017; Padesky, 2020). Em vez disso, a teoria geral descrita anteriormente fornece a base para a compreensão de pensamentos e crenças típicos, sentimentos, respostas fisiológicas e comportamentos envolvidos. Exemplos serão extraídos da variedade de transtornos de ansiedade, e os temas recorrentes incluem:

- dificuldades em tolerar a incerteza sobre o que o futuro pode trazer;
- uso de comportamentos excessivamente autoprotetores e outros comportamentos inúteis;
- rigidez em resposta à ansiedade.

ARMADILHAS COMUNS DECORRENTES DAS CRENÇAS DO CLIENTE

Muitos manuais de tratamento estão disponíveis para aprender a tratar eficazmente a ansiedade e distúrbios relacionados (cf. Clark & Beck, 2011; Leahy et al., 2012; Simos & Hofmann, 2013). A prática clínica é frequentemente mais difícil (e mais interessante) do que se poderia supor depois de ler sobre como realizá-la ou participar de um *workshop* prático conduzido por especialistas. Métodos aparentemente simples acabam por ser surpreendentemente difíceis de aplicar bem. Por exemplo, embora entendam o valor do uso da descoberta guiada, os terapeutas que trabalham com clientes ansiosos podem oferecer tranquilidade, fazer sugestões diretivas ou explicar o significado dos resultados de um experimento.

Vendo a ansiedade da perspectiva do cliente, conforme descrito na seção "Características compartilhadas entre ansiedade e transtornos relacionados", há três contextos nos quais os terapeutas provavelmente cairão nesses comportamentos geralmente inúteis:

- Ao enfrentar a incerteza, as pessoas ansiosas querem ter "certeza" de que ficarão bem e muitas vezes buscam a garantia de que será assim.
- Quando ameaças, riscos ou perigos percebidos surgem, os clientes ansiosos sentem uma necessidade urgente de se protegerem para se manterem seguros e, portanto, frequentemente pedem conselhos.
- Ao se sentirem ansiosas, as pessoas que sofrem de ansiedade tentam manter um controle estrito sobre si mesmas por medo de que, ao se deixarem levar, possam sofrer consequências terríveis.

Armadilhas comuns no trabalho com a ansiedade

Armadilha 1
O cliente tem alta intolerância à incerteza, e o terapeuta oferece tranquilidade.

Armadilha 2
O cliente tem alta necessidade percebida de autoproteção e busca muitos conselhos do terapeuta, que faz sugestões diretivas frequentes para que o cliente pare de evitar e usar comportamentos de busca de segurança.

> **Armadilha 3**
> O cliente é excessivamente rígido no comportamento e no processamento cognitivo. O terapeuta inadvertidamente conluia com o cliente construindo tarefas de casa que reforçam a necessidade de estar no controle, em vez de ajudá-lo a tolerar mais flexibilidade.

Os terapeutas, que também são suscetíveis à ansiedade, podem facilmente ser afetados pelas crenças e pelos comportamentos de seus clientes que refletem essas atitudes. Portanto, esta seção está organizada em torno de três temas: (1) intolerância à incerteza, (2) necessidade percebida de autoproteção e (3) rigidez em resposta à ansiedade. Abordaremos cada um deles e descreveremos os desafios clínicos comuns antes de ilustrar como a descoberta guiada pode ajudar a resolvê-los.

Intolerância do cliente à incerteza

> **Armadilha 1**
>
> O cliente tem alta intolerância à incerteza, e o terapeuta oferece tranquilidade.

O desejo de certeza em um mundo incerto está fadado a causar problemas, pois é pedir o impossível. Nunca se pode ter certeza de que nada vai dar errado, ou, quando algo ruim acontece, de que se vai lidar bem com isso (ver Butler et al., 2008, e Capítulo 9 para um relato detalhado dos efeitos da incerteza). Quando dúvidas e incertezas surgem, a ansiedade tende a acompanhar os padrões de pensamento ansioso. Sentir-se ansioso faz com que os desastres pareçam mais prováveis e, quando os desastres parecem prováveis, a ansiedade aumenta (Butler & Mathews, 1983; Butler et al., 1995; Williams et al., 1997; Yiend, 2004). Em seguida, as pessoas ansiosas se sentem fora de controle, ou temem que possam perder o controle e apelar aos outros para reafirmação. Como é ilustrado no Exemplo 1, mesmo desastres improváveis podem parecer prováveis quando as pessoas se sentem altamente ansiosas.

Exemplo 1: algo terrível poderia acontecer

Rebecca procurou tratamento para as crises de pânico que a atormentavam desde que testemunhara um ataque violento em um trem três anos antes. Desde a crise, ela tem evitado viajar de trem, e sua viagem para o trabalho de ônibus e a pé tornou-se tão cansativa que ela estava considerando uma mudança de carreira. Rebecca estava altamente motivada para superar suas dificuldades e participou ativamente do tratamento, desenvolvendo um excelente relacionamento com a terapeuta e alcançando uma considerável melhora nas primeiras semanas. O diálogo resumido a seguir ocorreu depois disso, quando ela e sua terapeuta estavam conversando sobre se ela estava pronta para tentar uma viagem de trem.

Rebecca:	Se não estivesse lotado, eu poderia conseguir.
Terapeuta:	Ok. Qual é a preocupação em estar lotado? Como isso pode tornar as coisas mais difíceis para você?
Rebecca:	Só acho que vou entrar em pânico. Um ataque daqueles muito ruins que parecem me atropelar de repente, como um trem, na verdade, e continuar para sempre. Preciso ter certeza de que isso não vai acontecer antes que eu possa arriscar entrar no trem novamente.
Terapeuta:	Sim. Entendo que se sinta assim.
Rebecca:	Estou preocupada em fazer algo louco e fazer papel de boba.
Terapeuta:	Como assim? O que você faria?
Rebecca:	Bem, eu perderia a cabeça completamente. Eu enlouqueceria. Eu não sei o que eu faria... ficaria tão louca que não seria capaz de voltar a ser eu mesma novamente. Apenas fora de controle e... inacessível, e sem saber onde estou ou o que fazer... (Ficando cada vez mais angustiada.) Eu ficaria completamente psicótica. Eu teria que ser levada embora, e provavelmente amarrada para me manter quieta, e estaria gritando... e... apenas ficaria louca...
Terapeuta:	Mas isso não vai acontecer. Crises de pânico não deixam as pessoas psicóticas. As coisas não funcionam assim. Até agora, você tem sido tão boa em descobrir que tem muito mais controle do que pensa, e sabe agora que o pânico não dura para sempre. Pense em todas as coisas que você fez tão bem nas últimas semanas.

Mantenha em mente

O diálogo socrático é mais fácil de manter quando os clientes estão calmos e responsivos às perguntas feitas, mas é importante continuar essa forma de diálogo na tempestade interna de ansiedade. Observe que a terapeuta de Rebecca usou bem os dois primeiros estágios do diálogo socrático no início dessa mudança, e isso pareceu ajudar Rebecca a falar com mais detalhes sobre seus medos. No entanto, uma vez que esses medos se tornaram mais extremos, e Rebecca — com alguma angústia — ficou imersa em imagens mentais do que aconteceria se enlouquecesse, a terapeuta simpatizou com sua angústia e começou a oferecer tranquilidade. Ela disse "isso não vai acontecer" e forneceu lembretes de informações sobre crises de pânico (eles não duram para sempre e não estão ligados à psicose), e mais lembretes sobre os recentes sucessos de Rebecca. A última coisa que a terapeuta disse foi "Pense em todas as coisas que você fez tão bem nas últimas semanas", mas a essa altura Rebecca estava tão chateada que não conseguia pensar com clareza. Ela não conseguia se lembrar facilmente do que havia alcançado, muito menos ver as coisas que havia feito recentemente como conquistas. A saída da terapeuta do diálogo socrático, por mais bem-intencionado e preciso que fosse o conteúdo, interrompeu uma exploração potencialmente produtiva.

A seguir, continuamos a conversa, retomando no ponto em que Rebecca começa a descrever suas imagens mentais ansiosas em detalhes. Observe como a situação muda quando a terapeuta de Rebecca continua a usar o diálogo socrático para orientar a sua descoberta:

Rebecca: Bem, eu perderia a cabeça completamente. Eu enlouqueceria. Eu não sei o que eu faria... ficaria tão louca que não seria capaz de voltar a ser eu mesma novamente. Apenas fora de controle e... inacessível, e sem saber onde estou ou o que fazer... (Ficando cada vez mais angustiada.) Eu ficaria completamente psicótica. Eu teria que ser levada embora, e provavelmente amarrada para me manter quieta, e estaria gritando... e... apenas ficaria louca...

Terapeuta: Hummm... Isso parece aterrorizante — e realmente angustiante de se pensar. Posso notar quão perturbadora é para você só a ideia de passar por isso.

Na mente do terapeuta

O terapeuta passa das perguntas informativas para a escuta empática. O objetivo é ajudar Rebecca a se sentir compreendida — validar seus sentimentos e ajudá-la a se acalmar o suficiente para poder continuar. O que acontece a seguir, e a velocidade com que isso acontece, depende de muitas coisas, como quão chateada Rebecca fica e quão fácil ela achará retomar o trabalho da sessão. O diálogo a seguir foi editado para esclarecer esses pontos principais.

Rebecca: Eu posso ver coisas terríveis acontecendo comigo, e estou com muito medo de me perder completamente.

Terapeuta: Hummm. Sim. Não admira que isso seja tão assustador.

Rebecca: Eu sou uma covarde de verdade. Estou com muito, muito medo de voltar a pegar um trem.

Terapeuta: Claro. Dadas essas imagens que você constrói, faz sentido que se sinta assim. Que tal pensarmos um pouco juntas e vermos se há alguma maneira de tornar a perspectiva menos assustadora para você?

Rebecca: Ok. Não tenho certeza se fará alguma diferença, mas vou tentar.

Terapeuta: O que eu quero saber é o que aconteceria se você tivesse outra crise de pânico. O que aprendeu até agora na terapia sobre as suas crises de pânico?

Rebecca: Bem... Eu as tenho há três anos, e muitas delas por semana... e, desde que cheguei aqui, na verdade, tive menos crises do que antes, mas as ruins ainda acontecem às vezes.

Terapeuta: Vamos anotar isso. (Começa a fazer uma síntese escrita da aprendizagem de Rebecca até o momento.) E, quando tem, o que acontece com você?

Diálogo socrático para a descoberta em psicoterapia **143**

Rebecca:	É horrível. Meu coração bate e dispara, não consigo respirar direito e não consigo pensar com clareza. Eu tremo e meu estômago revira. Acontece muito rápido, e acho que vou desmaiar, ou cair morta, ou perder o controle, ou algo horrível.
Terapeuta:	E depois o que acontece?
Rebecca:	Bem, é mais ou menos isso — eu me sinto péssima. E, quando tudo acaba, estou completamente exausta.
Terapeuta:	Sim. Bastante desgastada por isso. Então... pode me contar um pouco mais sobre o que a faz pensar que pode enlouquecer?
Rebecca:	É porque tudo acontece muito rápido. Não sei onde poderia acabar se continuasse aumentando.
Terapeuta:	E loucura é a sua conclusão, por assim dizer?
Rebecca:	Sim, mesmo que você tenha me falado sobre crises de pânico. E eu sei que você está certa quando diz que os sintomas sempre desaparecem no final. Talvez porque eu tive tantos deles, as dúvidas ainda surgem. Eu sei que não vou enlouquecer — acho que isso já teria acontecido se fosse o caso, de qualquer maneira. Eu apenas perco a noção de tudo, como se eu tivesse perdido os sentidos.
Terapeuta:	Por que será?
Rebecca:	Eu acho que é porque tudo acontece muito rápido, e eu esqueço todo o resto — e porque algo terrível sempre pode acontecer de novo, então você nunca sabe se vai ficar bem.
Terapeuta:	Absolutamente. Tenho a certeza de que você está correta aí. Isso acontece muito rapidamente, e os sintomas são tão intensos que todo o resto é empurrado para fora da sua mente. E você está certa de que coisas ruins podem acontecer. O que aprendeu até agora sobre a sua capacidade de gerir as coisas ruins? E sobre a sua capacidade de lidar com as crises de pânico?

Rebecca havia aprendido muito, e aqui a terapeuta está ajudando-a a aproveitar esse conhecimento para facilitar a manutenção das coisas em perspectiva quando a cliente se sente angustiada. Ao fazer uma síntese escrita do que Rebecca diz ter aprendido até o momento, a terapeuta ajuda a criar um banco de memória que Rebecca pode consultar quando ficar com medo. A discussão continuou de forma semelhante, explorando seus pensamentos e sentimentos com alguma profundidade. O plano da terapeuta era ajudar Rebecca a usar o conhecimento que ela agora tinha, bem como a evidência de seu trabalho recente, para reconsiderar seus pensamentos catastróficos e refletir com mais calma se ela estava pronta para tentar entrar em um trem.

A discussão foi longa porque havia muito a cobrir — ou melhor, a descobrir. Os exemplos incluíram: ligações entre pânico e "loucura" ou psicose; informações sobre como a ansiedade nas crises de pânico aumenta rapidamente e, em seguida, passa por platôs e declínios, deixando a pessoa em pânico se sentindo exausta (e com sua confiança abalada, mas não psicótica); e tudo o que Rebecca aprendeu sobre como lidar com sentimentos de pânico, como reconhecer padrões de pensamento catastrófico e o que pode ser aprendido ao enfrentar coisas que anteriormente foram evitadas. Elas também reiteraram quais seriam os benefícios para Rebecca se ela enfrentasse sua ansiedade e testasse suas previsões catastróficas, em vez de continuar a evitar situações difíceis.

No final dessa sessão, depois de terem resumido suas conclusões, a terapeuta perguntou a Rebecca como ela entendeu o momento anterior em que ela tinha pensado em enlouquecer e ficado tão angustiada. A resposta imediata de Rebecca foi que ela se sentiu envergonhada com a rapidez com que se deixou levar pela maneira apavorada de ver as coisas, e ela estava preocupada que isso pudesse acontecer novamente. Uma breve exploração adicional buscou ajudar Rebecca a entender seu medo de enlouquecer. Essa exploração revelou que sua família não tinha histórico de doença mental, que Rebecca não tinha fatores de risco específicos para esse tipo de doença, que sabia pouco sobre como ela seria na prática e que não havia sofrido experiências alarmantes ou estranhas depois de tomar medicamentos não prescritos.

Rebecca pensou, ponderando, que o que a assustava era a velocidade e a intensidade de suas reações de pânico, desencadeadas apenas por pensar em estar em uma situação difícil — uma demonstração "aqui e agora" do poder da cognição, mas também um exemplo de que ela não está perdendo o controle. Elaborar uma síntese escrita das informações que ela agora tinha sobre pânico e sobre suas experiências mais recentes encorajou Rebecca a continuar a planejar experiências comportamentais e a começar a pensar em termos práticos sobre como e quando viajar de trem mais uma vez, apesar de estar incerta sobre o que aconteceria quando o fizesse.

A armadilha geral ilustrada aqui é uma armadilha comum que ocorre em muitas formas de ansiedade. Em resumo, o cliente diz "Algo horrível pode acontecer", e o terapeuta responde: "Não, isso não é provável". Essa resposta interrompe a exploração que ajuda o cliente a repensar e se envolver novamente com situações assustadoras, apesar de estar incerto sobre o que pode acontecer. Pensamentos típicos que provocam tais reações podem ser, na ansiedade social, "Eles não gostam de mim"; na ansiedade da doença, "Há algo seriamente errado"; no TOC, "Coloquei outra pessoa em risco"; e no TEPT, "Não estou seguro".

Mantenha em mente

- Adote uma "atitude socrática". Seja genuinamente curioso sobre todos os aspectos das reações do cliente: seus sentimentos, suas interpretações, suas conclusões, as implicações que ele tira de si mesmo, dos outros ou do futuro, e assim por diante. Usar o diálogo socrático geralmente leva mais tempo do que tranquilizar ou fornecer respostas, mas ajuda o cliente a obter uma compreensão mais profunda e maior confiança em perspectivas alternativas.
- Não interrompa uma exploração porque o cliente fica angustiado. Em vez disso, ouça com empatia, valide os sentimentos e continue a explorar quando o cliente estiver pronto. A tranquilidade é muito menos útil na prática do que muitos terapeutas gostariam que fosse.

Diálogo socrático para a descoberta em psicoterapia **145**

- O fato de o cliente ficar angustiado pode ser visto como uma oportunidade de acessar cognições quentes e descobrir mais sobre o que mantém o problema em andamento.
- Sínteses escritas das experiências de aprendizagem de um cliente são um auxílio importante, porque as pessoas perdem facilmente de vista as coisas que souberam ou aprenderam recentemente.
- Aceite e ajude o cliente a aceitar e viver com o fato de que os resultados nunca são certos.

Exemplo 2: e se? Necessidade de ter certeza

A descoberta guiada é particularmente útil quando ajuda os clientes a recuar e avaliar sua estratégia atual para lidar com a incerteza que os incomoda. Talvez o marcador mais claro de incerteza seja o "E se...?", e os dois exemplos a seguir ilustram diferentes maneiras de responder com o diálogo socrático quando essa atitude domina o pensamento de um cliente.

Ted havia se envolvido bem na TCC para o transtorno de ansiedade da doença e poderia usar as técnicas para lidar com preocupações específicas quando surgissem. No entanto, tanto ele como o seu terapeuta ficaram frustrados porque tiveram dificuldade em generalizar a sua nova aprendizagem. Ted rapidamente voltou aos velhos hábitos de pensamento, dominado pela incerteza dos pensamentos "E se...?" e por sua antiga maneira de lidar, procurando informações para remover todas as dúvidas possíveis.

Ted: A preocupação com o câncer parece estar melhor agora, mas, em vez disso, como estou com a cabeça fria, estive pensando que poderia ser um tumor cerebral...

Terapeuta: Aham. Então, eu me pergunto se seria útil para nós analisarmos se há alguma coisa que você fez que ajudou com a preocupação que você teve nas últimas semanas com relação ao câncer de estômago. Há algo que poderíamos aplicar a essa nova preocupação com o tumor cerebral?

Ted: Ok. Bem, ajudou um pouco fazer o registro de pensamentos — nem toda dor estomacal é câncer — e perguntar a outras pessoas se elas já tiveram sintomas semelhantes — indigestão e gases. E eu acho que os pensamentos só passaram um pouco com o tempo, eles costumam passar. Mas há sempre um outro... assim que ouço falar de alguém que tem algo, ou percebo um sintoma, então vou procurar o que poderia ser.

Terapeuta: E isso ajuda?

Ted: Eu não sei — às vezes acontece como se os sintomas fossem realmente específicos. Mas, com o câncer de estômago, não há sintomas realmente específicos até que seja muito tarde. Portanto, pode ser apenas indigestão, ou pode ser câncer. O mesmo com um tumor cerebral —

pode ser um resfriado ou pode ser um tumor. Mas sinto que tenho que saber...

Terapeuta: Bem, talvez pudéssemos tentar usar o registro de pensamentos novamente para essa preocupação e ver se isso ajuda?

Nesse ponto, Ted e seu terapeuta preencheram um registro de pensamentos escrito, o que reduziu um pouco a preocupação, mas, como previsto, logo surgiu outra preocupação. Testar a probabilidade de um medo específico em um registro de pensamentos geralmente não é tão útil quanto identificar e trabalhar diretamente com suposições subjacentes temáticas que mantêm a ansiedade (Padesky, 2020). Portanto, o terapeuta de Ted decidiu mudar de rumo e, em vez disso, trabalhar na necessidade de Ted ter certeza e nas estratégias que entravam em jogo quando a dúvida surgia.

Terapeuta: Uma das coisas que você falou é sobre a necessidade de saber se um sintoma é sinal de uma doença grave ou não, certo?

Ted: Sim, eu só sinto que, se eu pudesse saber de uma forma ou de outra, e ter certeza de que não era um sinal precoce de algo sério, então eu não estaria me preocupando com isso o tempo todo.

Terapeuta: Podemos dedicar um pouco de tempo para pensar nisso hoje?

Ted: Ok.

Terapeuta: Parece que você tem uma suposição: "Se eu puder saber com certeza que não é um sinal de algo sério, então posso parar de me preocupar".

Ted: Isso mesmo.

Terapeuta: Bem, eu me pergunto se a "necessidade de saber com certeza" pode ser uma das coisas que realmente estão mantendo o problema.

Ted: Não sei. Parece importante saber — e isso ocupa toda a minha atenção quando me sinto assim. É como se eu só tivesse que descobrir com certeza de uma forma ou de outra, e então eu poderia pelo menos planejar e fazer o meu melhor.

Terapeuta: Então, o que faria se soubesse com certeza que se trata de uma doença grave? Como seria isso?

Ted: Bem, seria horrível, mas pelo menos eu teria algum tempo — eu poderia preparar minha família, começar a fazer arranjos... colocar as coisas em ordem... Pelo menos eu saberia qual era o cenário provável.

Terapeuta: E isso seria melhor?

Ted: Acho que sim...

Terapeuta: Parece que você está dizendo que se sentiria melhor se pudesse saber exatamente o que vai acontecer no futuro. Mesmo que seja uma má notícia?

Ted: Sim, eu sempre gostei de estar no controle. Eu gosto de ter um plano, saber para onde estou indo e fazer um plano para isso. Mas isso é realmente difícil de fazer com a saúde — você simplesmente não sabe o que vai acontecer ou quando.

Terapeuta: Seria realmente melhor se soubesse? Você pode falar um pouco sobre como imagina que isso seja?

Ted: Bem, eu ficaria arrasado, mas pelo menos eu poderia contar à minha esposa e colocar as coisas em ordem com ela e com as crianças. Teria a oportunidade de fazer as pazes e me despedir. Deixaria as pessoas saberem o que elas significaram para mim.

Terapeuta: Então parece que você está dizendo que prefere saber exatamente o que vai lhe acontecer no futuro e quando isso vai ocorrer. Mesmo quando ficará doente, quando e como vai morrer?

Ted: Acho que sim... Não tenho certeza. Eu achava que sim, mas não tenho tanta certeza agora! Talvez eu não gostaria de saber exatamente quando vou morrer — pode ser um pouco mórbido sentir que você sabe exatamente quantos dias ainda tem e quando vai começar a sofrer.

Terapeuta: Então você está dizendo que alguma incerteza sobre o futuro é útil? Seria melhor, para algumas coisas, não saber?

Ted: Acho que seria um pouco estranho saber tudo o que vai acontecer.

A partir dessa discussão, o foco do trabalho mudou para as maneiras pelas quais Ted poderia lidar de forma mais eficaz com suas dúvidas e medos. Ele começou a explorar as ideias de que talvez fosse melhor não saber tudo com antecedência, e de que talvez ele pudesse obter algumas das coisas que achava que a certeza lhe daria (como alívio da preocupação com sua saúde) mantendo os benefícios da incerteza. Ele decidiu tentar dizer às principais pessoas com as quais se importava o quanto elas significavam para ele, mesmo que sua morte não fosse iminente, e também ter uma discussão geral com sua parceira sobre arranjos práticos no caso de um deles morrer inesperadamente.

Depois de fazer essas coisas, ele foi mais capaz de se concentrar no desenvolvimento de padrões reais para o monitoramento e a verificação de sintomas: padrões que não eram impulsionados por sua necessidade de ter certeza. Ted e seu terapeuta trabalharam na elaboração de uma estratégia mais geral, formulada nas próprias palavras do cliente, que lhe permitisse tolerar um maior grau de incerteza e, ao mesmo tempo, procurar consultas médicas apenas para, de sua perspectiva, promover a boa saúde. Ted fez uma síntese escrita disso e a manteve em seu celular para que pudesse consultá-la em momentos de ansiedade.

Mantenha em mente

- O terapeuta de Ted o ajudou a falar abertamente sobre "E se..." o desastre antecipado acontecesse. Às vezes, isso é difícil de fazer e deve, é claro, ser feito com sensibilidade e no contexto de uma aliança de trabalho respeitosa. Pode parecer óbvio ou cruel,

> mas, a menos que os terapeutas estejam preparados para perguntar diretamente sobre o pior que poderia acontecer, incluindo antes e depois da morte, os medos subjacentes são difíceis de discernir. A exploração de crenças alternativas requer o conhecimento das especificidades dos pensamentos e imagens ansiosos.
> - É essencial levar a sério a incerteza e a angústia que a acompanha, a fim de descobrir exatamente o que está fazendo com que o cliente se sinta vulnerável.
> - Pode ser útil esclarecer as ligações entre os pressupostos "E se...?" e os comportamentos, ou estratégias, que os acompanham.
> - Fazer, ou ensaiar, um plano para lidar com os piores cenários possíveis pode ajudar a aumentar os recursos de enfrentamento de um cliente e sua confiança em usá-los.

Exemplo 3: preocupação interminável

As pessoas que sofrem de transtorno de ansiedade generalizada são caracterizadas especificamente por sua intolerância à incerteza (Hebert & Dugas, 2019). Preocupar-se pode parecer interminável, pois uma preocupação leva à outra. Os terapeutas costumam observar que, se apagarem o fogo em um lugar, ele aparecerá em outro. É fácil cair na armadilha de tomar cada uma das preocupações por sua vez e se concentrar em lidar com cada uma separadamente. Os terapeutas que fazem isso usam o diálogo socrático para explicar o que é especificamente cada preocupação, se o resultado temido provavelmente acontecerá, quão ruim seria se acontecesse, como outras pessoas poderiam lidar com essa preocupação em particular e assim por diante. Esses métodos certamente podem fazer as pessoas se sentirem melhor por um tempo, mas a preocupação costuma retornar (como no caso de Ted no Exemplo 2), às vezes com o mesmo foco, mas muitas vezes com um diferente.

Em vez disso, é útil trabalhar no processo de preocupação e não no contexto (Nordahl et al., 2018). Na prática, isso às vezes é difícil de fazer, em especial se o terapeuta quiser introduzir essa ideia socraticamente. É muito fácil ser desviado por uma preocupação específica e urgente, a "preocupação do dia". É difícil recuar o suficiente para ajudar os clientes a pensar sobre o processo de preocupação — sobre o padrão de pensamento que se tornou habitual para eles — em vez de se concentrar nas preocupações atuais, aqui e agora. Às vezes, também é difícil encontrar a linguagem certa para apresentar ao seu cliente, de uma forma que faça sentido, a ideia de que será mais útil pensar no processo do que no conteúdo da preocupação.

O exemplo a seguir ilustra como uma terapeuta conseguiu fazer isso com um homem que sofre com TAG e que se descreveu como alguém preocupado ao longo da vida. O cliente, Dave, era proprietário e gerente de uma pequena loja de ferragens cujo negócio estava ameaçado pela recessão econômica. Ele tinha quase 60 anos quando começou a terapia, e o diálogo a seguir ocorreu durante a oitava sessão, depois que ele aprendeu a usar os métodos de TCC para lidar com preocupações específicas. No início dessa sessão, sua terapeuta estava tateando o caminho, tentando encontrar uma maneira de fazer Dave recuar e pensar sobre a preocupação em si. Em vez de responder ao que ela dizia, Dave continuou falando sobre uma preocupação particular e como ela o afetara na semana anterior.

Diálogo socrático para a descoberta em psicoterapia **149**

Sua terapeuta tentou ajudar Dave a refletir sobre o processo e, quando ele não respondeu, ela disse: "Isso me sugere que o problema é a preocupação, e não o conteúdo". Esse comentário poderia ter sido extraído de um livro didático, e pode não ser surpreendente que Dave realmente não tenha respondido a ele, continuando a descrever sua preocupação. Mais tarde, a terapeuta encontrou uma maneira mais produtiva — e mais socrática — de voltar a esse ponto. O diálogo a seguir ilustra como ela fez isso. Ele começa com Dave falando sobre uma crise de preocupação particularmente angustiante da semana anterior. Observe como a terapeuta tenta voltar sua atenção para o processo de se preocupar sem pedir mais detalhes sobre o conteúdo.

Dave: ... essa preocupação durou uma semana inteira — eu não conseguia parar. É exaustivo. É assim que eu sou. Mas eu quero muito uma pausa disso...

Terapeuta: O que isso lhe diz sobre a natureza da preocupação?

Dave: Que eu vou pegar qualquer coisa... apodrecer com ela.

Terapeuta: Você precisa se preocupar? O que isso lhe diz sobre essa condição?

Dave: Não tenho certeza... parece que é um pouco um hábito.

Terapeuta: Eu me pergunto se o problema é a preocupação, e não o conteúdo real de cada preocupação. O que você acha?

Dave: Eu analiso cada situação até ficar triste — não faz diferença. Como posso saber se é apenas uma preocupação ou um problema real? Foi isso que me impressionou...

Terapeuta: Se fosse um problema real, a preocupação ajudaria?

Dave: Não. É a sensação que eu tenho. Então tenho que me preocupar.

Na mente do terapeuta

Parece haver duas questões aqui: (1) a preocupação é útil? e (2) como você pode diferenciar os problemas reais das preocupações? Nesse ponto, a terapeuta se esforça para que Dave se concentre no processo de preocupação, em vez de se desviar para a segunda questão, que pode ser discutida em outro momento.

Terapeuta: O que você pensa sobre a utilidade da preocupação?

Dave: Eu acredito que preciso me preocupar para resolver problemas — ou seria enganado ao pensar que estava bem quando... algo ruim ou negativo poderia acontecer.

Terapeuta: Por que isso importa?

Dave: Medo — para não baixar a guarda. Alguma coisa ruim pode acontecer.

Terapeuta: Como a preocupação evita isso?

Dave: Assim eu me certifico — verifico. Isso me mantém mais alerta. Me dá uma rede de segurança.

Terapeuta:	Do que isso pode estar protegendo você?
Dave:	As coisas estão correndo mal. Estou o tempo todo com muito medo de algo dar errado.
Terapeuta:	Portanto, faz sentido que você se preocupe — se isso o protege. Você acha que a preocupação impede que as coisas deem errado?
Dave:	Não, na verdade não. E, no final, isso me deixa para baixo. Eu só fico deprimido, então mais coisas dão errado.
Terapeuta:	A preocupação parece um processo pelo qual você passa automaticamente?
Dave:	É como um saco de pancadas — você bate nele, e ele sempre retorna...
Terapeuta:	Então as preocupações sempre retornam... Parece que a preocupação é um pouco como um valentão?
Dave:	Como assim?
Terapeuta:	Um valentão precisa de uma vítima — como um parasita precisa de um hospedeiro... A preocupação pode ser como um valentão que força você a lhe dar atenção. Um valentão ameaça você: "Se você não me pagar, eu voltarei e o espancarei". A preocupação faz a mesma coisa: "Se você não prestar atenção em mim, então algo ruim vai acontecer".
Dave:	Ah, sim!
Terapeuta:	O que você pensa...
Dave:	Eu preciso ser mais forte antes de poder enfrentar o valentão.
Terapeuta:	O que você acha da analogia?
Dave:	Sim, você está esperando para ser mais forte, mas ficando mais fraco com a preocupação. Isso o desgasta. Enquanto eu continuar fazendo isso — me preocupando —, não estarei servindo a nenhum propósito, estarei piorando a mim mesmo.
Terapeuta:	Quanto acredita nisso?
Dave:	Cem por cento! Na verdade, a preocupação é inútil.
Terapeuta:	Então, a preocupação já impediu que as coisas dessem errado?
Dave:	Não muito, mas deve ter feito isso às vezes.

Na mente do terapeuta

A terapeuta considera explorar o último comentário de Dave em detalhes, mas, com isso, arriscaria perder o fio da discussão. Portanto, ela decide seguir a nova metáfora em vez de se desviar para ouvir sobre momentos em que a preocupação aparentemente foi útil.

Terapeuta:	Uma vítima precisa parar de dar dinheiro ao agressor antes que ele se sinta forte.

Diálogo socrático para a descoberta em psicoterapia **151**

Dave:	Eu preciso correr um risco e dizer: "Eu não preciso me preocupar". Essa é uma ideia completamente nova para mim... que a preocupação não impede as coisas de acontecerem... só as torna piores.
Terapeuta:	Então, o que você precisa fazer de diferente?
Dave:	Experimentar? Não me preocupar por apenas uma semana... correr o risco de que as coisas não deem errado.
Terapeuta:	Algo pode dar errado — estamos testando.
Dave:	Estou pronto para tentar. É como dizer que vou pular do penhasco esta semana e não me deixar preocupar com as coisas.
Terapeuta:	Ok... Então, quando as preocupações voltarem, como você gostaria de responder?
Dave:	Alguma atividade mental para fazer em vez disso — *sudoku* ou algo assim? Algo que envolva a mente e o corpo, para que eu possa correr o risco de não recair na preocupação.
Terapeuta:	Então você vai tentar não se envolver na preocupação?
Dave:	Sim, vou tentar fazer isso.
Terapeuta:	O que você vai fazer se for prejudicado por isso?
Dave:	Eu tenho que deixar para lá. É apenas um experimento esta semana — não vai me colocar em grave perigo em uma semana, vai?

Na mente do terapeuta

A terapeuta considera três opções principais nesse momento: fornecer a garantia que Dave está pedindo, comentar e ajudá-lo a entender sua necessidade de garantia ou resumir a decisão tomada. Fornecer tranquilidade cairia na armadilha de tentar satisfazer a ansiedade de Dave quanto à incerteza. Em vez disso, ela decide que será mais útil continuar com o diálogo socrático e fazer uma síntese, porque a sessão está chegando ao fim.

A terapeuta pediu a Dave que registrasse a tarefa de casa, porque era importante garantir que ele fosse claro sobre exatamente o que faria durante a próxima semana e qual era o propósito disso. Essa estratégia também o ajudou a manter a nova ideia sobre o valor (ou a inutilidade) da preocupação em mente e o encorajou a continuar pensando enquanto testava seu comportamento. Fazer uma síntese e um plano de tarefa de casa por escrito foi uma decisão sábia. Ela ancorou a clareza dessa sessão. É provável que haja muito mais oportunidades de voltar ao tema da busca por tranquilidade.

Nessa sessão, Dave explicou à sua terapeuta que acreditava que, se não se preocupasse, algo poderia dar errado. Isso se encaixa na ideia de que a preocupação reflete um senso de vulnerabilidade e de que o senso idiossincrático de vulnerabilidade de cada pessoa determinará com o que ela se preocupa. O questionamento socrático que provocou a explicação de Dave nesse contexto foi: "Do que isso [a preocupação] poderia protegê-lo?". Contudo, a sequência de perguntas que levaram a ela provavelmente ajudou Dave a se sintonizar com o significado da preocupação para ele. Outros significados comuns que os clientes geralmente relatam incluem não ser capaz de lidar, ser rejeitado e se machucar de alguma forma. O uso do diálogo socrático ajuda a evitar que os terapeutas tirem conclusões precipitadas sobre porque alguém se preocupa e também dá ao cliente tempo e espaço para descobrir significados idiossincráticos relevantes.

Mantenha em mente

- Evite usar jargão ou linguagem técnica — use a linguagem do cliente. Observe como o cliente começa a refletir sobre o processo depois de ser questionado: "O que você pensa sobre a utilidade da preocupação?".
- Afaste-se da pressão de considerar ou testar a probabilidade de preocupações específicas.
- Use metáforas que façam sentido para o cliente. Elas podem demonstrar que o terapeuta entende a situação. Verifique se a metáfora se encaixa na experiência do cliente. Se os clientes usarem uma linguagem metafórica útil, adote a linguagem deles em vez de usar sua própria metáfora.
- O cliente pode parecer entender o ponto 100% de repente (como no caso de Dave). Verifique se isso é um pensamento "tudo ou nada" ou um sinal de conformidade com as ideias do terapeuta. Não importa o grau de crença do cliente, faça um experimento comportamental. Revise os resultados desse experimento com o diálogo socrático para que as oportunidades de aprendizagem do cliente sejam maximizadas.
- Ao planejar uma experiência para testar uma nova ideia, pense no que pode correr mal. Defina e pergunte ao cliente como ele quer lidar com as dificuldades com experimentos, para que ele não os abandone.
- Perceba o sentimento de vulnerabilidade do indivíduo e expresse empatia.

A necessidade percebida de autoproteção

Proteger-se parece sensato se você estiver em perigo, ou mesmo se perceber que está em perigo. No entanto, numerosos estudos experimentais confirmaram o papel da evitação e/ou de comportamentos de busca de segurança na manutenção da ansiedade (por exemplo, McManus et al., 2008; Salkovskis, 1991; Salkovskis et al., 1996). Outros estudos também demonstraram reduções na ansiedade quando esses comportamentos são alterados (Blakey & Abramowitz, 2016; McManus et al., 2009; Salkovskis et al., 1999). No entanto, incentivar os clientes a interromper comportamentos de evitação e busca de segurança é difícil, porque o perigo percebido muitas vezes parece real para eles. Obviamente, se o perigo (ameaça ou risco) não for real, a autoproteção é desnecessária. Mas muitos clientes não sabem disso no início e se sentem extremamente vulneráveis se param de se proteger. Um dos principais propósitos dos experimentos comportamentais é, portanto, ajudar os clientes na aprendizagem de que ficarão bem sem usar comportamentos de busca de segurança ou evitação, e de que esses comportamentos contribuem mais para a manutenção do que para a resolução de sua ansiedade.

Diálogo socrático para a descoberta em psicoterapia **153**

Armadilha 2
O cliente tem alta necessidade percebida de autoproteção e busca muitos conselhos do terapeuta, que faz sugestões diretivas frequentes para que o cliente pare de evitar e usar comportamentos de busca de segurança.

Os terapeutas podem facilmente cair na armadilha de persuadir os clientes a reduzir os comportamentos de autoproteção que claramente mantêm a ansiedade. Mas a persuasão pode ter a consequência indesejada de que os "sucessos" sejam atribuídos ao bom trabalho do terapeuta, ou ao acaso, e não aos próprios esforços do cliente. Os sucessos são prontamente descartados por pessoas com transtornos de ansiedade persistentes, especialmente quando a autoconfiança e a autoestima são baixas. Os Exemplos 4 e 5 ilustram maneiras de os terapeutas usarem o diálogo socrático em vez da persuasão para ajudar os clientes a testar o valor das crenças e estratégias de autoproteção.

Exemplo 4: assumindo um risco

O diálogo a seguir demonstra como pode ser difícil reduzir comportamentos de evitação e segurança quando um cliente confiou nessas estratégias como um meio de gerenciar sua ansiedade de forma eficaz. Carson estava buscando tratamento para superar a ansiedade social que ele sentia, que o estava prejudicando profissional e socialmente. Depois de algumas sessões, a terapeuta percebeu que estava se tornando muito didática e sendo atraída para discutir com Carson sobre a utilidade de reduzir sua evitação e seu uso de comportamentos de segurança. Ao perceber isso, ela decidiu "recuar" e pedir a Carson que refletisse sobre as vantagens e desvantagens de tentar uma estratégia diferente, em vez de continuar tentando convencê-lo do que fazer. Isso levou à seguinte discussão:

Terapeuta: Parece um pouco como se tivéssemos chegado a um impasse, com você pensando que o melhor caminho a seguir é usar muitos comportamentos de busca de segurança para gerenciar sua ansiedade e evitar as situações em que você não pode impedir que a ansiedade se agrave, e eu tentando convencê-lo a tentar uma abordagem diferente. Também parece assim para você?

Carson: Acho que sim.

Terapeuta: Será que podemos passar alguns minutos falando sobre isso?

Carson: Claro.

Terapeuta: Eu entendo por que você sente que os comportamentos de busca de segurança realmente ajudaram. Afinal, eles o trouxeram até aqui.

Carson: Eu sei.

Terapeuta: E parece que você tem alguns medos muito graves relacionados a como as coisas seriam horríveis se você não usasse esses comportamentos.

Carson:	Sim... Acho que, se as pessoas vissem o meu verdadeiro eu, seria cem vezes pior. Se eu não tentasse esconder a ansiedade, acho que pareceria um tolo total, e meus colegas perderiam todo o respeito por mim. Isso teria consequências ao longo da vida para a minha carreira. Se eu não me preparasse para conversas, eu literalmente ficaria mudo, e pareceria que eu sou realmente estranho, ou que há algo muito errado comigo.
Terapeuta:	Percebo que deve ser muito aterrorizante até mesmo considerar fazer algo diferente. E tenho que reconhecer que essas estratégias o trouxeram até aqui para lidar com um problema muito difícil.
Carson:	Sim, elas fizeram isso. Por outro lado, ainda não estou onde quero estar...
Terapeuta:	Eu sei. Acho que sabemos como são as coisas quando você usa os comportamentos de busca de segurança e as estratégias de evitação, mas não sabemos muito sobre qual poderia ter sido a alternativa.
Carson:	Sim, só não consigo deixar de imaginar que seria pior.
Terapeuta:	Acho que não há garantias de que não será, o que torna a tentativa de fazer mudanças bastante assustadora. No entanto, usar essas estratégias não o levou aonde você quer estar. (Pausa.) Você sente que deu uma boa chance ao seu método atual de gerenciar o problema — proteger-se sempre que puder, evitando ou usando comportamentos de busca de segurança? Você já deu a essa estratégia uma chance justa para ver se ela o levará aonde você quer estar em termos de sua ansiedade social?
Carson:	(Risos.) Ah, sim, acho que se pode dizer isso...
Terapeuta:	Como você sabe que fez uma tentativa justa?
Carson:	Porque é isso que tenho feito nos últimos 15 anos. Encontrei maneiras cada vez mais complicadas de evitar e me proteger para impedir que as pessoas descobrissem como eu realmente sou. Portanto, agora é como se fizesse uma série complicada de manobras sempre que me insiro em qualquer situação social.
Terapeuta:	Então você deu à evitação uma chance justa, vendo até onde ela o levava, mas ela realmente não o levou aonde você quer estar?
Carson:	Acho que não. Se tivesse levado, eu não estaria sentado aqui...
Terapeuta:	Então, você consegue ver alguma vantagem em experimentar uma estratégia diferente?
Carson:	Acho que sim. Há uma possibilidade de que funcione melhor.
Terapeuta:	Ok. Quanto tempo você acha que teria que fazer algo diferente se quisesse fazer uma "tentativa justa"?
Carson:	Bem, eu não acho que precise ser por 15 anos. Talvez eu possa tentar por algumas semanas e ver se há algum benefício, então?

Terapeuta:	Isso faz sentido. Existe alguma coisa que você poderia fazer nessas poucas semanas, ou qualquer maneira de abordar essa situação, que maximizaria a chance de dar a uma nova estratégia uma "chance justa"?
Carson:	Bem, talvez parar de questionar se vai funcionar, porque isso mina minha motivação para tentar. Talvez apenas tratar isso como outro experimento — definir uma data para revisar o quão bem ele funciona e, entre agora e depois, tentar o máximo que puder.
Terapeuta:	Parece um bom plano — como poderíamos colocá-lo em prática?

Observe que Carson não está realmente convencido de que é melhor não evitar ou usar comportamentos de segurança. Tudo o que aconteceu é que ele concordou que vale a pena tentar uma estratégia diferente para gerenciar sua ansiedade social. E ele parece mais motivado a dar a uma nova estratégia um julgamento justo, em vez de ser empurrado para esse caminho pela terapeuta. Aqui, tanto a atitude socrática da terapeuta — aceitando que realmente não se sabe o que funcionará melhor ou pior para o cliente — quanto o uso do questionamento socrático lhes permitiram recuperar sua colaboração no enfrentamento das dificuldades de Carson.

Mantenha em mente

- Certifique-se de que os clientes entendam exatamente o que significam palavras como "evitação" e "comportamentos de busca de segurança". Usar exemplos específicos da experiência do cliente é essencial.
- Se possível, valide o que o cliente está tentando fazer (sentir-se melhor), mas não a forma como está fazendo isso (usando a autoproteção).
- Deixe claro que você não está pedindo que ele se esforce mais — ele provavelmente já está se esforçando ao máximo —, mas que tente de forma *diferente*.
- Certifique-se de que ele tenha clareza sobre o que fazer, sobre exatamente qual é o método alternativo a ser utilizado.
- Trabalhe em algo específico e, em seguida, generalize para outras questões.
- Aceite (e estimule a expressão de) dúvidas e reservas e incentive experimentos comportamentais para testá-las.

Exemplo 5: quatro aspectos da tarefa de casa

As teorias de ansiedade da TCC nos dizem que todos os tipos de busca de segurança mantêm a ansiedade, e décadas de pesquisa (meio século até agora, se contarmos os primeiros trabalhos sobre métodos de exposição) mostram que a maneira mais eficaz de construir confiança e reduzir todos os tipos de ansiedade é enfrentar o medo. Portanto, atribuições comportamentais para abordar situações que evocam ansiedade, geralmente sob a forma de experimentos comportamentais (Bennett-Levy et al., 2004), são uma parte essencial do tratamento. Os experimentos devem ser inseridos em um contexto cognitivo e construídos de modo a possibilitar a confirmação ou desconfirmação de crenças. Isso significa descobrir o que os clientes estão pensando e desenvolver hipóteses sobre suposições e crenças subjacentes. Incorporar essas informações na construção de tarefas de casa ajuda a tornar essas atribuições eficazes ao máximo.

O diálogo socrático é essencial para capturar o aprendizado dessas experiências. Esteja atento às muitas vezes, no processo de revisão da tarefa de casa, em que até mesmo terapeutas experientes são tentados a dizer às pessoas o que fazer ou a explicar-lhes o que tudo isso significa. Em vez de ilustrar essas dificuldades usando um exemplo estendido, nesta seção do capítulo, fornecemos quatro trechos curtos de diálogos que lidam com as dificuldades que surgem em diferentes estágios do desenvolvimento e da revisão da tarefa de casa.

Decidir o que fazer a seguir

Devido à sua fobia dentária de longa data, Anja não fazia um *check-up* com um dentista há sete anos. Consequentemente, ela sofria de dor de dente intermitente. Seu principal medo era sufocar. Ela tinha inúmeros pensamentos e imagens sobre asfixia e sobre o que aconteceria se isso ocorresse. Durante a terapia, ela praticou com o parceiro em casa, abrindo a boca como se fosse para uma inspeção e deixando-o tocar nos dentes com uma escova de dentes e depois com um garfo. Ela e seu parceiro inventaram várias outras experiências, todas as quais contribuíram para aumentar sua confiança. Anja e seu terapeuta então conversaram mais detalhadamente sobre o medo de engasgar-se e sobre explicá-lo a um dentista. Elas resumiram essa parte do trabalho da seguinte forma:

Terapeuta:	Então você estava dizendo que se sentiria muito melhor se o dentista soubesse como você se sente e se você fosse capaz de explicar a ele que talvez precise de uma respirada ou de uma pausa se as coisas ficarem muito assustadoras. Está correto?
Anja:	Sim. E também que isso seria como fazer outra experiência como as que fiz em casa, só que dessa vez seria um pouco mais difícil. Também quero que o dentista saiba o que realmente me incomoda.
Terapeuta:	Então, por que você não marca uma consulta apenas para um *check-up* antes do próximo encontro? Você poderia fazer isso?
Anja:	Não tenho certeza de que essa é a melhor semana, porque tenho muito trabalho a fazer.

É fácil se deixar levar pelo entusiasmo e pela motivação de alguém e fazer o que parece uma sugestão óbvia. Também é tentador fazer isso quando alguém é, ao contrário de Anja nesse caso, incapaz de pensar por si mesmo o que fazer a seguir. No entanto, conforme descrito no Capítulo 2, dar ao cliente uma sugestão provavelmente provocará uma resposta "Sim, mas...", incluindo pensamentos sobre o que está errado ou é prematuro na sugestão.

Mantenha em mente

Transformar uma sugestão em uma pergunta rapidamente restabelece o espírito colaborativo do diálogo socrático. As pessoas são mais propensas a agir de acordo com as decisões que tomaram do que com as sugestões feitas por outros. As perguntas "O quê?" e "Como" são boas para obter ideias e sugestões do cliente. Por exemplo:

• O que você gostaria de fazer na próxima semana para levar isso adiante?

• Como você pode descobrir isso?

• Parece que você trabalhou muito bem — qual você acha que pode ser o próximo passo para continuar a trabalhar com base nas mudanças que você fez?

Convites também podem funcionar bem:

• Vamos pensar juntos sobre o que fazer a seguir?

É importante que os terapeutas desenvolvam seu próprio estilo de diálogo socrático e expandam seu repertório de perguntas, de modo que estejam bem-preparados para resistir à tentação de fazer sugestões.

Fornecer respostas tranquilizadoras às perguntas

Miriam tinha preocupações obsessivas com a limpeza. Ela temia que seus filhos pequenos, um de 3 anos e outro de 18 meses, ficassem doentes se não mantivesse a casa impecavelmente limpa. A quantidade de tempo que ela passava limpando aumentava e começava a interferir na sua capacidade de cuidar das crianças. Ela tinha a ajuda da mãe e do parceiro e, portanto, enquanto eles estavam em casa, ela dedicava todo o seu tempo a lavar e limpar. Miriam estava profundamente envergonhada de seu problema e procurou ajuda com relutância. Ela acreditava que os outros a desprezariam e pensariam que ela não amava seus filhos.

Miriam entendeu as razões pelas quais seu tratamento envolveria fazer algumas das coisas que ela temia (a justificativa para a exposição e a prevenção de respostas). Mesmo assim, ela sempre precisou se esforçar para realizar experiências comportamentais que concordara em fazer em casa, como não lavar roupas limpas que simplesmente caíram no chão ou brincar com as crianças por meia hora sem limpar. Ao discutir isso, ela ficou com lágrimas nos olhos e disse:

Miriam:	Parece tão perigoso. Estou com tanto medo de que eles fiquem doentes.
Terapeuta:	Vamos pensar na quantidade de roupa que você lava? Conte-me um pouco mais sobre isso.
Miriam:	Estou lavando meia dúzia de cargas na máquina todos os dias, e algumas coisas à mão também.
Terapeuta:	Quanto acha que deveria lavar?
Miriam:	Minha mãe diz que uma carga por dia seria o bastante — e ela fica tão zangada comigo... por exemplo, quando troco as roupas das crianças depois que ficam amassadas, ou quando elas estão brincando no chão.

Terapeuta:	O que você pensa?
Miriam:	Eu sei que estou fazendo demais. Eu simplesmente não consigo fazer o que os outros esperam.
Terapeuta:	O que torna isso tão difícil para você?
Miriam:	Assim que percebo que algo está sujo, começo a pensar em um deles deitado doente em uma cama de hospital, com soro e tudo mais... sendo tudo culpa minha, porque eu poderia ter evitado isso se tivesse tomado um pouco mais de cuidado. Nunca tenho certeza de que tenho as coisas limpas o suficiente. Como sei o que é suficiente? Como posso dizer que eles estarão seguros se eu deixar as coisas acontecerem?
Terapeuta:	Pensando no que os outros fazem e no que você costumava fazer antes de tudo isso começar. Eles estariam perfeitamente seguros se você reduzisse a sua lavagem pela metade, ou até menos do que isso.

Observe a mudança de tom no final, quando a terapeuta para de usar o diálogo socrático. Esses últimos pontos foram, nesse caso, pouco ouvidos por Miriam. Ela continuou falando sobre ter vergonha de ser uma mãe tão ruim, sobre seu medo de prejudicar as crianças e sobre o constrangimento de ter que confiar tanto nos outros. Quando os clientes fazem perguntas diretas ao terapeuta, é claro que é tentador respondê-las: "Como sei o que é suficiente?", "Como posso dizer que eles estarão seguros se eu deixar as coisas acontecerem?". Mas, em vez disso, é mais útil continuar com o diálogo socrático e convidar o seu cliente a refletir sobre as perguntas, ou sobre os seus medos, ou sobre as suas razões para os seus medos.

Por exemplo, a terapeuta de Miriam poderia ter dito: "Eu me pergunto como os outros sabem quando fizeram o suficiente", "Como eles conseguem o equilíbrio certo para eles e seus filhos?", "Você descobriu que lavar mais faz você se sentir mais segura?" ou "Como a afeta pensar que eles não estão seguros? O que vem à sua mente? Como isso afeta a sua preocupação?". As reflexões também são úteis: "Soa como se as dúvidas surgissem. Vamos pensar mais sobre o porquê disso?" ou "Parece que você está com medo de ser responsável por eles ficarem gravemente doentes se não limpar tudo ao *enésimo* grau". O tipo de pergunta que será útil aqui dependerá do contexto preciso e de o cliente estar pronto para considerar suposições e crenças. O ponto principal é que a tentativa de fornecer respostas diretas a tais perguntas, em vez de permanecer socrático, tende a encerrar o processo reflexivo e, portanto, interromper o trabalho da terapia.

Revendo o progresso

Haley era uma pessoa não binária que sofria de agorafobia e não fazia compras sem companhia há anos. Seus filhos faziam compras na volta da escola, e Haley recebeu a orientação de procurar ajuda quando seu filho mais novo estava prestes a sair de casa. Haley fez um bom progresso na terapia nas primeiras semanas e se surpreendeu ao descobrir que poderia caminhar até o mercado local na esquina da rua sem muita dificuldade. Em pouco tempo, Haley fazia isso todos os dias, e, ao revisar o trabalho, a terapeuta comentou: "Você se saiu muito bem. O que gostaria de fazer a seguir?". Haley decidiu ir com um vizinho a um centro comercial próximo.

Mais uma vez, Haley completou essa tarefa de casa. Em vez de usar o diálogo socrático para revisar esse experimento, a terapeuta disse "Muito bem, isso é excelente", e rapidamente começou a planejar o que fazer a seguir. Mas ela tirou conclusões precipitadas demais. Haley ainda não sabia o que esperar em termos de progresso e não queria decepcionar a terapeuta ou revelar o quão em pânico estava. Na verdade, Haley evitara fazer qualquer coisa sem ajuda durante essa última tarefa e agora estava achando difícil continuar com as idas regulares ao mercado local. A seguir, estão alguns exemplos de perguntas socráticas que a terapeuta poderia ter feito ao ouvir sobre a visita aparentemente bem-sucedida ao *shopping center*:

> *O que você fez?*
> *O que acha de ter feito isso?*
> *Qual foi a coisa mais difícil no que você fez?*
> *Quanto você foi capaz de fazer quando estava lá?*
> *Como foi a experiência, do seu ponto de vista?*
> *Foi mais fácil ou mais difícil do que esperava?*

O objetivo dessas perguntas informativas é descobrir mais sobre a percepção e a reação da cliente à experiência recente. Sem essas informações detalhadas, é difícil para ambas as partes trabalharem juntas e planejar as próximas etapas de maneira a vincular os aspectos comportamentais e cognitivos do tratamento. Quanto mais intimamente ligadas estiverem, mais eficaz será a aprendizagem da cliente.

Revisando o dever de casa

Quando Rafael tinha 13 anos, chegou em casa da escola e encontrou o pai morto na sala de estar. Naquela manhã, até onde ele sabia, seu pai estava perfeitamente bem. Desde então, Rafael passou a temer que também pudesse ficar gravemente doente e morrer de modo repentino. Ele buscou tratamento quando tinha 45 anos, idade em que seu pai morreu. Sua ansiedade aumentara ao longo do ano anterior e ele não conseguia mais trabalhar. Quando a terapia começou, ele estava deprimido e ansioso.

Quando sua família estava fora, Rafael passava a maior parte do dia se examinando física e mentalmente para se certificar de que estava bem. Seus principais pensamentos, consistentes com sua crença subjacente, eram sobre ter algo sério, e potencialmente fatal, acontecendo com ele. Suas principais suposições, que ditavam seu comportamento, eram formuladas de forma persuasiva: "Preciso verificar isso", "Você deve sempre consultar o médico rapidamente se não se sentir bem", "Devo consultar um especialista o mais rápido possível".

A terapia se concentrou no uso de experimentos destinados a testar as suposições de Rafael. No diálogo a seguir, Rafael e sua terapeuta conversam sobre os resultados de um experimento para descobrir o que aconteceu com os sintomas quando ele demorou a procurar orientação médica.

Rafael: Eu fiz isso! Consegui passar uma semana inteira sem ligar para o médico de família — e ainda estou aqui para contar a história.

Terapeuta: Isso é fantástico. Você parece muito satisfeito com isso.

Rafael: Sim, estou. Realmente fez uma grande diferença em relação ao que conversamos, e planejar um teste adequado me ajudou a me acalmar e não ficar tão preso aos pensamentos terríveis e à verificação.

Terapeuta: Fale-me mais sobre isso. Você teve algum sintoma preocupante?

Rafael: Sim, muitos. Tive uma forte dor de cabeça na terça-feira e fiquei muito preocupado com isso. Mas repassei as ideias que escrevemos após a última sessão e consegui aguentar o dia todo sem ligar para o meu médico.

Terapeuta: O que aconteceu com a dor de cabeça?

Rafael: Pela manhã, já tinha ido embora. Esse foi o primeiro sintoma que tive — e acho que tive sorte porque assistimos ao futebol muito tarde naquela noite e foi ótimo. Isso ajudou a tirar minha mente da situação e eu dormi muito melhor. Mas no final da semana eu tive muitos outros sintomas preocupantes — anotei todos eles aqui. Contudo, eu apenas mantive em mente a ideia de que, se eu conseguisse resistir a verificá-los ou ir ao médico, então eu seria capaz de descobrir se eles iriam passar naturalmente.

Terapeuta: E eles passaram?

Rafael: Sim, todos eles.

Terapeuta: Então, o que acha disso? O que isso diz a você?

Rafael: Que foi uma boa experiência. Não tenho certeza de que poderia fazer isso de novo, ou continuar por muito mais tempo, mas ajudou.

Terapeuta: Qual é a coisa mais importante para se agarrar?

Rafael: Ajudou muito ver futebol, e ter o meu filho comigo fazendo isso.

Terapeuta: E o que mais você aprendeu com isso?

Rafael: Eu senti que tinha sido tão tolo. Eu tenho sido um idiota mesmo.

Terapeuta: Eu não acho que você tenha sido. Vamos pensar nisso juntos. Você está dizendo que a experiência correu muito bem, e certamente hoje você chegou muito satisfeito com o que conseguiu fazer. Acho que isso prova que você não precisa ligar para o médico de família com tanta frequência. E mostra que não precisa pedir aconselhamento médico sempre que tiver um desses sintomas. Afinal, eles não querem dizer que há algo seriamente errado com você. Na verdade, são sintomas leves perfeitamente normais que nem duram muito tempo. Isso é razoável?

Rafael: Suponho que sim... (falando com alguma incerteza).

No final desse diálogo, a terapeuta tenta encorajar Rafael a pensar sobre o significado de seu experimento comportamental, mas Rafael primeiro se concentra em algo específico para a situação particular ("Ajudou muito ver futebol...") e depois fala sobre seus sentimentos de uma maneira um tanto disparatada: "Eu me senti tão tolo. Eu tenho sido um idiota mesmo". Depois de ter feito um bom trabalho nas duas primeiras etapas do diálogo socrático (perguntas informativas e escuta empática), a terapeuta pula as duas últimas etapas. Em vez de fazer uma síntese escrita com Rafael do que ele aprendeu e depois fazer uma pergunta analítica ou sintetizadora para vincular suas experiências com as suposições que estavam testando, ela tira conclusões pelo cliente.

É claro que as conclusões declaradas por sua terapeuta são aquelas que queremos que Rafael gere. Lendo o diálogo, também podemos pensar que as conclusões são justificadas com base em suas novas observações, ou mesmo que o próprio Rafael já chegou a essas conclusões, embora ainda não o tenha dito. Mas, se vamos ser capazes de ajudar Rafael a avaliar suas suposições e crenças, então ele precisa repensar por si mesmo — e, claro, seus processos de pensamento podem ser bem diferentes dos de sua terapeuta. Particularmente, ele pode ter suas próprias reservas sobre as implicações do que acabou de fazer.

Sua terapeuta poderia ter continuado essa discussão enquanto mantinha uma abordagem socrática. Por exemplo, ela poderia descobrir o que Rafael está pensando sobre porque os sintomas desapareceram, que tipos de sintomas eram ou o que aconteceria se ele tivesse esses sintomas novamente — e se fossem piores, ficassem com ele por mais tempo e assim por diante. Eles poderiam discutir a compreensão de Rafael de como suas novas observações se encaixam nas suposições anteriores. Pode ser útil perguntar: "Você se lembra do que disse anteriormente sobre o que *deve* fazer quando tem dor de cabeça?", e, em seguida, descobrir se os resultados do experimento recente se encaixam nessa suposição. Como as suposições se relacionam tão estreitamente com os comportamentos (por exemplo, se você acha que deve verificar seus sintomas, é provável que marque uma consulta com um médico), também é importante ajudar Rafael, se a antiga suposição for questionável, a redigir uma nova suposição e identificar novos comportamentos que possam se encaixar nela.

Experimentos bem construídos também têm implicações para as crenças subjacentes. Sabemos que a experiência de Rafael com a morte rápida e inesperada de seu pai foi sua razão para acreditar que ele próprio poderia ter algo sério e potencialmente fatal. É claro que os resultados das experiências de uma semana dificilmente mudarão uma crença subjacente fortemente mantida, em especial para alguém com a história de Rafael. O diálogo socrático ajuda o terapeuta a levar o cliente a reconhecer a antiga crença e seus efeitos sobre ele, e a começar a construir um corpo de evidências que pode ajudar a elaborar uma nova crença. Uma maneira de fazer isso é ilustrada no diálogo a seguir:

Rafael: Eu senti que tinha sido tão tolo. Eu tenho sido um idiota mesmo.

Terapeuta: O que faz você dizer isso?

Rafael:	Há anos e anos, dou a outras pessoas o controle sobre a minha vida.
Terapeuta:	Não tenho certeza de que sei o que você quer dizer com isso.
Rafael:	Bem, o que eu estou pensando é que eu deixei todo mundo ser o juiz do que está acontecendo dentro de mim — como se apenas os médicos pudessem ser os especialistas. Como se vê-los fosse a única maneira de saber se eu estava realmente doente. Eu apenas presumi que nunca seria capaz de descobrir coisas por mim mesmo.
Terapeuta:	Que tipo de coisas você quer dizer?
Rafael:	Tipo se eu preciso levar os meus sintomas a sério. É incrível descobrir que aqueles que realmente me assustam podem simplesmente desaparecer se eu não pensar neles o tempo todo.
Terapeuta:	Certo. Eu concordo. Então, o que você pode dizer a si mesmo quando o próximo surgir, em vez de pensar "apenas os médicos podem ser especialistas"?
Rafael:	"Não seja idiota. Faça algo para se distrair e ver se passa."
Terapeuta:	Ok, mas como você sabe que essa é a coisa certa a fazer?
Rafael:	Não tenho certeza.
Terapeuta:	Você disse algo sobre perceber que poderia descobrir coisas por si mesmo... Isso é algo em que você realmente acredita?
Rafael:	Isso realmente me atingiu na cara agora, mas não tenho certeza de que serei capaz de me agarrar à ideia se as coisas ficarem difíceis. Acho que devo tentar descobrir primeiro e só ir ao médico muito mais tarde.
Terapeuta:	Como se você pudesse se tornar o juiz do que se passa dentro de você...
Rafael:	Sim. Eu deveria confiar mais em mim e no meu corpo também. Confiar no meu corpo para consertar as coisas simples. Eu deveria dar uma chance e descobrir como usar o meu próprio julgamento.
Terapeuta:	Essa parece uma aprendizagem muito importante. Talvez devêssemos anotar isso na síntese da sessão para não esquecermos.

Serão necessários mais experimentos e discussões com Rafael. No entanto, esse diálogo forneceu um contexto no qual é muito mais fácil abordar as dúvidas e reservas que inevitavelmente surgirão à medida que Rafael trabalha para mudar suas crenças e seu comportamento.

Mantenha em mente

Ao revisar o dever de casa:

- Use questões "O quê?" e "Como?".
- Resista à tentação de fazer sugestões. Elas são menos propensas a serem postas em prática do que as ideias vindas do cliente. Ideias vagas podem ser refinadas durante a discussão.

Diálogo socrático para a descoberta em psicoterapia **163**

- Não leve os relatórios de tarefas de casa pelo valor nominal. Descubra o máximo que puder sobre o que aconteceu, lembrando que os clientes podem ter achado as coisas mais difíceis do que gostam de admitir, ou podem desconsiderar os sucessos.
- Resista à tentação de tirar conclusões para o cliente. Em vez disso, explore as maneiras pelas quais os clientes interpretam os resultados de sua tarefa de casa. Faça sínteses escritas de ideias úteis geradas pelo cliente para que elas não sejam esquecidas.
- Ajude os clientes a considerarem como as evidências coletadas durante as tarefas de casa se encaixam ou contradizem antigas suposições e crenças. Quando apropriado, use essas evidências para elaborar novas suposições e crenças.
- Lembre-se de que os clientes podem ter reservas sobre tirar conclusões que parecem óbvias para o terapeuta.
- Peça ao cliente sugestões sobre os melhores passos a dar ou sobre como ele pode resolver qualquer incerteza remanescente.

Rigidez em resposta à ansiedade

É compreensível que as pessoas queiram tentar manter um controle estrito sobre si mesmas depois de uma experiência em que estiveram seriamente assustadas ou de um longo período de ansiedade, em especial se houver uma crença de que você pode manter o medo e seus sintomas alarmantes sob controle. As pessoas às vezes desenvolvem hábitos rígidos e rotinas destinadas a prevenir a ansiedade. Os clientes podem se sentir excessivamente ansiosos para mudar esses hábitos. Quando eles tentam fazer uma mudança, a sensação de estar fora de controle parece estar prestes a emergir. Os terapeutas podem então cair na armadilha de construir tarefas de casa que reforçam inadvertidamente a necessidade de estar no controle, em vez de ajudar o cliente a tolerar mais flexibilidade. Uma maneira de superar essa dificuldade é ilustrada no próximo exemplo.

Armadilha 3

O cliente é excessivamente rígido no comportamento e no processamento cognitivo. O terapeuta inadvertidamente colabora com o cliente construindo tarefas de casa que reforçam a necessidade de estar no controle, em vez de ajudá-lo a tolerar mais flexibilidade.

Exemplo 6: abandonando o controle

Cecil sofreu de ansiedade de doença e TOC ao longo da vida. Ele se aposentou recentemente de uma carreira militar bem-sucedida. Desde que se aposentou, Cecil teve mais tempo desestruturado. Seus rituais se expandiram para preencher o tempo disponível. Sua esposa o levou a procurar terapia. Ficou claro que as rotinas obsessivas de Cecil estavam colocando uma tensão significativa em suas relações familiares. As primeiras sessões se concentraram em revisar o histórico do problema e elaborar uma hierarquia para exposição e prevenção de resposta. O trecho a seguir começa com o terapeuta e Cecil revisando seu progresso com a exposição e a prevenção de resposta.

Cecil: Foi muito bom. Consegui deixar as coisas fora do lugar todos os dias, e um dia até deixei a cozinha uma bagunça completa por 3 horas.

Terapeuta: Isso parece ótimo. Como foi fazer isso?

Cecil: Fiquei surpreso por não ter me deixado tão ansioso. Coisas que normalmente me fazem explodir não me incomodaram muito.

Terapeuta: Então, o que acha disso?

Cecil: Bem, eu acho que está tudo bem porque eu sei que em exatamente 2 horas e 59 minutos eu vou entrar lá e resolver isso, então não é o mesmo que quando minha esposa deixa tudo uma bagunça.

Terapeuta: O que você quer dizer?

Cecil: Bem, esta semana minha filha me visitou, e isso me deixou maluco — ela ficava colocando as coisas de volta no lugar errado, como as toalhas de hóspede que ela deixou no banheiro principal. Eu apenas virei e comecei a gritar com ela, então todos ficaram chateados, e ela disse que eu não a queria lá.

Terapeuta: Então, qual é a diferença entre quando a sua filha faz isso e quando você propositadamente deixa as coisas no lugar errado?

Cecil: Bem, acho que é o controle — quando o faço, pelo menos sei onde está.

Ao manter um senso de curiosidade sobre as experiências de Cecil durante a semana, o questionamento socrático de seu terapeuta descobriu que a tarefa de casa anterior era um tanto equivocada, pois se concentrava na exposição a coisas fora do lugar, mas não envolvia a exposição ao seu elemento cognitivo central de não estar no controle total de seu ambiente.

Cecil e seu terapeuta trabalharam em conjunto para elaborar uma formulação das dificuldades atuais do cliente que colocaram o seu desejo de estar no controle do seu ambiente num papel central na manutenção dos seus problemas. Essa formulação revisada explicava melhor por que ele mesmo era capaz de criar bagunça, mas ficava extremamente chateado, ansioso e zangado se outra pessoa interferisse em seu ambiente. Uma exploração mais aprofundada da história de Cecil esclareceu como sua necessidade de estar no controle de seu ambiente havia se desenvolvido, e ele foi capaz de perceber que essa estratégia tinha mais desvantagens do que vantagens em casa.

As tarefas de terapia subsequentes se concentraram em experimentos comportamentais mais orientados cognitivamente, projetados para testar as consequências de não estar no controle. Cecil experimentou situações que achou angustiantes, como tolerar que a esposa reorganizasse alguns armários. Ele também tentou agir de maneira espontânea e positiva — por exemplo, decidindo sair durante o dia porque um

Diálogo socrático para a descoberta em psicoterapia **165**

convite de última hora apareceu, ou porque o tempo estava bom, em vez de planejar tudo com antecedência.

Mantenha em mente

- Trabalhe com os seus clientes para desenvolver uma formulação longitudinal das crenças deles e considere o quão bem elas funcionam para eles no seu ambiente atual.
- Certifique-se de permanecer curioso e explorar os significados por trás do progresso e da falta de progresso na terapia.
- Envolva seus clientes no trabalho criativo para superar os obstáculos ao progresso.
- Procure maneiras de aumentar a flexibilidade para que seus clientes possam se adaptar a novas situações.

ARMADILHAS COMUNS QUE SE ORIGINAM NAS CRENÇAS DOS TERAPEUTAS

Exemplos anteriores ilustraram armadilhas comuns que surgem ao trabalhar com pessoas que lutam contra a ansiedade e indicaram como a descoberta guiada pode ser usada para aliviar essas dificuldades, mantendo em mente os princípios de tratamento da ansiedade. Nesta seção, mostramos que, às vezes, as crenças dos terapeutas, como "Ela é muito frágil" ou "Ele ainda não está pronto para isso", também podem interferir no progresso da terapia.

Você reconhece estas armadilhas?

Armadilha 4
Ser conivente com a evitação do cliente por medo de ser indelicado.

Armadilha 5
Ser conivente com a evitação do cliente devido a temores de que a vulnerabilidade dele seja real.

A terapia bem-sucedida envolve necessariamente um foco na ansiedade do cliente e nas fontes de ameaça percebidas. Essa exposição é muitas vezes difícil e perturbadora para pessoas com altos níveis de ansiedade. Os terapeutas que trabalham com ansiedade às vezes acham difícil saber como tolerar e responder a níveis adequadamente altos de afeto na sala. Para a maioria dos terapeutas, é contraproducente fazer qualquer coisa que leve o cliente a se sentir pior, mesmo que apenas temporariamente. Na medida em que esse tipo de desconforto do terapeuta reduz a exposição de um cliente a intervenções de tratamento eficazes, evitar o desconforto do cliente pode reduzir o benefício que ele obtém com o tratamento (Farrell et al., 2013; Waller,

Medo de ser indelicado

2009). Por exemplo, a base de evidências para o tratamento do TEPT sugere que a terapia deve envolver a exposição a todas as imagens traumáticas específicas (Bryant et al., 2008; Cusack et al., 2015; Foa & Rothbaum, 1998; Foa et al., 2007; Watkins et al., 2018) e que os terapeutas muitas vezes evitam fazer isso (Becker et al., 2004; Farrell et al., 2013).

Medo de ser indelicado

> **Armadilha 4**
>
> Ser conivente com a evitação por medo de ser indelicado.

Exemplo 7: medo de ser indelicado

Julie tinha sido agredida e violentada voltando de uma festa para casa quando tinha 18 anos. Durante o tratamento para TEPT, três anos depois, ela concordou em participar de um exercício detalhado de revivência, projetado para identificar os principais temas cognitivos envolvidos. A intenção era identificar *hotspots*, ou os piores momentos (mais emocionais) da experiência traumática (ver Foa & Rothbaum, 1998; Grey, 2009), e uma sessão de terapia mais longa havia sido planejada para deixar tempo suficiente para isso. Julie ficou extremamente angustiada ao descrever detalhes do estupro. Ela gritou, abriu os olhos, sentou-se de repente e disse que não podia continuar. Depois de uma pausa e algumas palavras reconfortantes, ela se acalmou e disse que estava pronta para começar de novo. Sua terapeuta disse:

Terapeuta: Ok. Isso é uma coisa muito dolorosa. Provavelmente a pior parte de todas. Respire fundo. Vamos parar e pensar juntas sobre o que devemos fazer agora.

Julie: Eu realmente não quero falar mais sobre isso hoje.

Terapeuta: Não me surpreende. Você pode pensar e me dizer como se sente sobre a primeira parte do exercício de revivência, antes de chegar à pior parte?

Julie: Eu não percebi até passarmos por isso em detalhes o quão impotente eu me sentia.

Terapeuta: Isso parece muito importante. Vamos anotar isso. Você já me disse antes que conseguiu, no final, fugir e pedir ajuda. Está correto?

Julie: Sim.

Terapeuta: Então você encontrou força para fugir. Como você fez isso?

Julie: Eu consigo me lembrar exatamente...

Terapeuta: O que acha de explorarmos "encontrar força"?

Julie: Isso seria bom, eu acho. Encontrar essa força foi o que fez a diferença.

Terapeuta: Poderíamos fazer isso revivendo, para termos uma boa ideia de como você conseguiu fugir. Poderíamos começar do ponto em que você encontrou força para escapar. Você está pronta para isso? Você poderia fazer isso se começássemos do ponto em que estava prestes a fugir?

Julie foi capaz de retomar a revivência e descrever o resto da experiência traumática em detalhes. Quando a sessão terminou, ela havia aprendido algo importante (sobre a sensação de impotência). Ela saiu com uma sensação de realização, e o trabalho de acompanhamento se concentrou em seus pensamentos e sentimentos sobre ser impotente, predominantemente usando técnicas de reestruturação cognitiva. Tanto Julie quanto sua terapeuta estavam relutantes em falar mais sobre a pior parte do trauma, que permaneceu inexplorado.

Teoricamente, a evitação limitará a recuperação de Julie. A convivência com a evitação é compreensível, mas, em última análise, não é útil para ela, e, é claro, a terapeuta pode resolver esse problema em supervisão ou por meio de discussão de casos entre colegas. A autorreflexão, no entanto, está sempre disponível, enquanto os supervisores e colegas podem não estar. Aqui está uma lista de perguntas socráticas que os terapeutas podem fazer a si mesmos durante o processo de autossupervisão:

- O que correu bem nesta sessão? O que não correu tão bem?
- Se continuarmos dessa maneira, o cliente provavelmente fará mudanças duradouras?
- O que a literatura me diz sobre métodos eficazes para esse problema?
- Teoricamente, o que devo fazer com este cliente?
- Quais são as prováveis limitações ao progresso com essa pessoa se eu seguir as diretrizes baseadas em evidências? E se eu não fizer isso?
- Como me sinto em relação ao trabalho com este cliente? Há alguma coisa que estou evitando fazer?
- Tem alguma coisa que eu tenha medo de falar com essa pessoa?
- Este cliente é forte o suficiente (por exemplo, para completar o exercício de revivência)?
- Como me sinto ao chatear alguém que já foi ferido?
- O que um terapeuta ideal faria aqui?
- Se eu estivesse em tratamento, o que gostaria que meu terapeuta me encorajasse a fazer? Posso lidar com isso, mesmo que seja difícil ou desconfortável?

Essa lista de perguntas pode ser elaborada, é claro. O ponto é que as questões socráticas são extremamente úteis quando se reflete sobre o trabalho de uma sessão. As respostas a essas perguntas também podem ajudar a identificar suposições para que possam ser testadas. Um terapeuta que está pensando "Se eu pressionar essa pessoa, ela ficará muito angustiada para continuar nosso trabalho" tem menos probabilidade de ajudar alguém a enfrentar suas intrusões traumáticas do que alguém que pensa: "Se completarmos este exercício de revivência, então a recuperação será mais provável".

Temor de que a vulnerabilidade do cliente seja real

> **Armadilha 5**
>
> Ser conivente com a evitação devido a temores de que a vulnerabilidade do cliente possa ser real.

A TCC para transtornos de ansiedade requer exposição a preocupações centrais, gatilhos e situações e sentimentos associados. Os terapeutas em geral estão preocupados com o que seus clientes podem fazer quando se sentem severamente ansiosos. Será que eles podem ter certeza, por exemplo, quando sua cliente com TOC faz experiências ao lado de uma janela aberta segurando seu bebê, de que ela não fará o que teme, realmente jogando o bebê para fora? Eles podem ter certeza de que o cliente não terá um ataque cardíaco se provocar uma crise de pânico na sessão? O motorista ansioso também estará seguro? Os terapeutas podem usar os mesmos métodos de descoberta guiada para explorar seus próprios medos, seja durante as sessões ou fora delas. Essa exploração é muitas vezes uma etapa necessária para resolver as dificuldades da terapia.

Exemplo 8: a vulnerabilidade pode ser real

Mark tinha um extenso histórico familiar de insuficiência cardíaca. Durante seu tratamento para transtorno de pânico grave, era compreensível que ele estivesse relutante em se envolver em quaisquer tarefas terapêuticas que achasse que pudessem causar um ataque cardíaco. Por meio da discussão com o seu médico e de pesquisas na internet, Mark compreendeu que não havia evidências de que houvesse algo de errado com o seu coração. Ele também aprendeu que nem todas as condições cardíacas eram detectáveis. Ele entendeu que, em raras circunstâncias, o esforço poderia ser perigoso para aqueles com uma condição preexistente. A terapeuta reconheceu que eles haviam chegado a um impasse quando ambos ficaram com muito receio de testar os medos de Mark de que qualquer esforço ou estresse pudesse realmente provocar um ataque cardíaco.

Terapeuta: Parece que temos uma boa compreensão do que mantém suas crises de pânico. Você tem a ideia de que pode haver algo errado com o seu coração e de que, se você deixar a ansiedade aumentar ou se esforçar fisicamente, isso pode causar um ataque cardíaco. Sentir-se estressado ou fazer exercícios é realmente assustador, então você evita essas coisas.

Mark: Sim, sinto que não tenho muita escolha. Assim que o pânico começa, eu só tenho que sair da situação. Se não, pode ser o fim.

Terapeuta: Parece que você vive todos os dias sentindo como se tivesse escapado por pouco da morte?

Diálogo socrático para a descoberta em psicoterapia **169**

Mark: Praticamente!

Terapeuta: Normalmente, o caminho a seguir seria verificar se seus medos são realistas — para tentar testar se essas sensações de pânico são sinais de um ataque cardíaco. Acha que há alguma maneira de fazermos isso?

Mark: Não, definitivamente não. Eu realmente não quero correr o risco.

Terapeuta: Eu entendo, e por isso quero pensar na melhor forma de ajudar.

Na mente do terapeuta

Nesse ponto, Mark e sua terapeuta sentiram-se encurralados. A terapeuta decidiu voltar ao básico e examinar as evidências de Mark sobre sua crença de que seu coração poderia ser especialmente vulnerável. Descobriu-se que os homens de sua família que morreram de insuficiência cardíaca estavam em sua maioria na faixa dos 50 anos, enquanto Mark tinha apenas 34 anos, e até agora ele estava com a saúde em dia. Então, a terapeuta tentou envolver Mark na resolução de problemas para verificar como eles poderiam levar o trabalho adiante.

Terapeuta: Então, você pode resumir o que aprendemos sobre o seu histórico familiar de doença cardíaca para mim?

Mark: Bem, a maioria dos meus tios que morreram o fizeram quando tinham 50 anos — muito mais velhos do que eu, e eu poderia seguir o mesmo caminho.

Terapeuta: Sim, temos que reconhecer que você poderia ter herdado uma vulnerabilidade real, embora haja todos os sinais de que está bem agora.

Mark: Sim.

Terapeuta: Como você entende essa vulnerabilidade? Você pode me dizer mais sobre isso?

Mark: Bem, acho que realmente sou mais vulnerável do que outras pessoas, então não quero fazer nada que possa ser perigoso.

Terapeuta: Aham.

Mark: Parece muito assustador deixar os sentimentos aumentarem e correr o risco de morrer...

Terapeuta: Eu entendo. Por muito tempo, você pensou que seu coração poderia ceder de repente, e diz que evitou quaisquer situações que o colocassem sob estresse, então seria muito assustador agir contra isso.

Mark: Sim, mas também não quero continuar assim — sinto que estou vivendo uma meia-vida. Para me manter vivo, estou sacrificando a vida ao máximo... Há tantas coisas que não posso fazer por causa do medo.

Terapeuta: Então parece que você está ansioso para tentar encontrar uma maneira de contornar isso e recuperar a outra metade da sua vida?

Mark:	Sim.
Terapeuta:	Mas também quer tentar minimizar o risco de deixar seu coração sob estresse?
Mark:	Exatamente. Mas acho que tenho que colocar meu coração sob estresse se quiser recuperar a outra metade da minha vida.
Terapeuta:	Até certo ponto, sim, mas eu também estava me perguntando se havia alguma maneira de fazer isso que pudesse ser um pouco mais fácil para você.
Mark:	Bem, acho que seria mais fácil se tivéssemos uma equipe completa de paramédicos de plantão caso algo desse errado (risos).
Terapeuta:	(Rindo também.) Mas isso seria realmente útil? O que você aprenderia com isso?
Mark:	Não tenho certeza... Talvez algo sobre o quão importante é não me colocar sob estresse e tensão, a menos que eu tenha certeza de que estou seguro.
Terapeuta:	Ok. E meu medo é que isso faça com que você se sinta igualmente vulnerável no final. Em vez disso, vamos pensar em como você está agora. Quanto você tem se exercitado ultimamente?
Mark:	Quase nada. Estou certamente menos em forma do que há um ano. Mesmo carregando as compras, paro e descanso se ficar sem fôlego.
Terapeuta:	Então, você acha que há uma possibilidade de que ser relativamente inapto tenha piorado ainda mais o seu senso de vulnerabilidade?
Mark:	Eu mesmo pensei sobre isso. Eu acho que sim.
Terapeuta:	O que você acha de verificar com o seu médico se um programa de exercícios pode ajudá-lo? E descobrir que tipo de programa? Será que começar devagar seria apropriado? Ou o que ajudaria a mantê-lo fisicamente em boa forma?
Mark:	Eu sei que ajudaria estar mais em forma — e me daria uma chance melhor de sobreviver se realmente houvesse uma crise. Mas fico com muito medo quando fico sem fôlego. Não tenho a certeza de que conseguiria gerir um programa de exercícios. Mas vou falar com o médico.
Terapeuta:	E você me daria permissão para falar com o seu médico também? Se todos nós concordarmos, então você e eu poderíamos elaborar o tipo de programa que aumentaria sua confiança e o tornaria mais apto ao mesmo tempo. Enquanto isso, você poderia começar mantendo um registro do exercício que fizer esta semana?

Mark e sua terapeuta levaram muito tempo para chegar a esse ponto, e levarão ainda mais tempo para elaborar os detalhes de um programa em que ele seja capaz e esteja disposto a se envolver. No entanto, esse é um tempo bem gasto nessas circunstâncias e ilustra como é importante que os terapeutas levem esses medos a sério se o cliente quiser permanecer motivado.

Além disso, abandonar todos os comportamentos de busca de segurança durante experimentos ou tarefas de exposição pode provocar a ansiedade de Mark e sua equipe. Mesmo assim, nem tudo está perdido se o cliente não estiver disposto a abandonar todos os comportamentos de busca de segurança imediatamente — Rachman et al. (2008) concluem que há justificativa teórica suficiente, evidências experimentais e observação clínica mostrando que o uso criterioso de comportamentos de busca de segurança, especialmente nos estágios iniciais do tratamento, pode ser facilitador e não necessariamente evita experiências de desconfirmação. Durante a sessão da qual um recorte foi apresentado anteriormente, a terapeuta de Mark foi capaz de usar o diálogo socrático para: (1) explorar as evidências por trás das crenças problemáticas, (2) obter novas informações sobre o problema, (3) ajudar Mark a sintetizar novas informações em suas crenças preexistentes e, o mais importante, (4) superar o "bloqueio" com que eles se depararam mutuamente ao testar suas crenças.

DIÁLOGO SOCRÁTICO DE AJUSTE FINO

Uma das muitas vantagens de usar o diálogo socrático é que ele ajuda as pessoas a aprender e a se lembrar do que aprenderam. Sínteses escritas e anotações feitas ao ouvir uma gravação de sessões de terapia também ajudam nisso. Quando os clientes são encorajados a descobrir mais sobre suas vidas e, em seguida, tirar suas próprias conclusões, é provável que esse aprendizado seja mais memorável para eles. No entanto, existem algumas situações em que o uso do diálogo socrático ou outros métodos de descoberta guiada provoca respostas inúteis, ou em que eles parecem inibir a aprendizagem e interferir (temporariamente) no progresso. Quatro delas são descritas a seguir, juntamente com ideias sobre como "ajustar" os métodos quando tais dificuldades surgirem.

Evite perguntas que amplifiquem inutilmente a preocupação

O diálogo socrático pode ser útil ou problemático, dependendo de as perguntas e sínteses feitas serem consistentes com a conceitualicão de uma questão específica de ansiedade. Por exemplo, alguns clientes são super habilidosos e têm prática na identificação de possíveis resultados negativos para eventos futuros. Os mais habilidosos de todos são provavelmente aqueles com TAG cujo pensamento está focado nas coisas terríveis que podem (mas também podem não) acontecer. Esses especialistas em preocupação perguntam repetidamente a si mesmos e aos outros: "E se... ?". Fazer uma pergunta socrática padrão, como "O que pode acontecer então?", pode amplificar e expandir o processo de preocupação. Isso pode ser útil quando o objetivo é conhecer os resultados mais catastróficos temidos pelo cliente. Uma pessoa que se preocupa responderá a "O que pode acontecer?" com um número crescente de possíveis cenários de desastre.

No entanto, no tratamento da preocupação, o diálogo socrático é mais útil para reorientar o processo de preocupação no que diz respeito a maneiras de lidar com os medos e à busca de soluções específicas, e não ao conteúdo das preocupações. Assim, perguntas socráticas mais úteis questionam: "O que você poderia fazer quando essa catástrofe acontecer? Como você poderia lidar com ela? Que recursos poderiam ajudá-lo?". Isso foi ilustrado no Exemplo 3 anteriormente neste capítulo.

Quando os clientes evitam as emoções

A descoberta guiada pode não gerar as vantagens esperadas quando alguém evita as emoções implicadas. As pessoas que habitualmente evitam a experiência e/ou a expressão de emoção, e tentam não deixar que seus sentimentos transpareçam, muitas vezes fazem isso porque têm medo de ter sentimentos, falar sobre sentimentos e/ou provocar sentimentos ou expressões de sentimentos nos outros. Evitar afetos pode coexistir com a incapacidade de distinguir pensamentos, sentimentos e comportamentos com precisão. Também pode estar associado a graus de alexitimia, o que dificulta nomear sentimentos ou mesmo reconhecê-los (para relatos mais detalhados de evitação do afeto e seu tratamento, ver Butler et al., 2008; Butler & Surawy, 2004; Padesky & Beck, 2014).

Ao trabalhar com clientes que evitam o afeto, é importante chegar a algum entendimento sobre porque isso pode acontecer. Às vezes, esses clientes chegam cedo com experiências que envolveram negligência ou abuso emocional e a sensação de que não são valorizados pelos outros e são mais propensos a serem criticados ou humilhados por eles. Esses clientes podem ficar angustiados ou retraídos quando questionados sobre seus sentimentos ou ao tentar descrever suas reações a experiências difíceis. Concentrar-se mais do que o habitual no segundo estágio do diálogo socrático, a escuta empática, muitas vezes é útil. Pode-se, por exemplo, dizer: "Isso parece alarmante", "Você parece triste quando diz isso", "Eu posso ver que isso deixa você desconfortável" ou "No fundo, você parece um pouco sem esperança". Uma ênfase na escuta empática pode ser muito eficaz nesses casos e permite que o terapeuta mantenha uma atitude socrática o tempo todo.

As pessoas que evitam o afeto também se beneficiam imensamente do terceiro estágio do diálogo socrático, as sínteses, que as levam a refletir sobre o trabalho que acabou de ser feito, em vez de tirá-lo rapidamente da cabeça. Perguntas úteis para resumir o aprendizado em uma sessão ou para incentivar um cliente a refletir sobre seu valor potencial incluem: "O que você vai lembrar sobre a nossa discussão de hoje?" e "Qual é a parte mais importante disso para você?". Uma vez que uma síntese é escrita, uma pergunta analítica útil (quarto estágio do modelo de diálogo socrático de quatro estágios) é "Como você gostaria de levar isso adiante durante a semana?". Sínteses escritas e perguntas analíticas são especialmente importantes para clientes propensos a evitar pensar em problemas entre as sessões.

Quando os clientes não têm confiança

Alguns clientes que estão seriamente carentes de confiança e aqueles que são habitualmente reticentes podem trabalhar muito para agradar o terapeuta e ser relutantes em oferecer suas próprias opiniões. Isso pode gerar problemas para eles na resposta a perguntas socráticas. Eles podem responder a perguntas abertas com "Eu não sei" ou "O que você acha?", ou mesmo com silêncio. Os terapeutas precisam estar confortáveis com o silêncio, dispostos a levar as coisas devagar, esperando talvez que uma resposta seja formulada. O diálogo socrático pode ajudar se o terapeuta usar perguntas para chamar a atenção do cliente para informações que estão fora da consciência atual, por exemplo: "O que funcionou para você antes em situações semelhantes?", "O que você poderia aconselhar outra pessoa a fazer nesta situação?" ou "Que ideias você tem sobre qual pode ser a gama de respostas possíveis?". Se essas perguntas forem respondidas com um olhar vazio, o terapeuta pode oferecer uma série de sugestões e pedir aos clientes que escolham entre elas.

Alternativamente, os terapeutas podem abordar essa questão do processo diretamente, usando o diálogo socrático para orientar o cliente a examinar seus pensamentos, sentimentos ou comportamentos, incluindo o que está na mente do cliente quando ele acha difícil responder.

Terapeuta: Podemos tirar um momento para pensarmos juntos sobre como a terapia está funcionando para você?

Joe: Aham... Sim.

Terapeuta: Percebi que às vezes parece difícil responder às perguntas que faço ou pensar no que dizer. Sinto que coloco você sob os refletores e faço você se sentir desconfortável.

Joe: (Devagar.) Muitas vezes não sei o que dizer. Não consigo pensar na coisa certa a dizer. E não sei como dizê-la direito...

Terapeuta: Quando você tenta me contar mais sobre si mesmo e sobre como se sente, é muito mais fácil para mim pensar sobre a melhor forma de ajudar.

Joe: ... mas às vezes me dá um "branco".

Terapeuta: Como se sente, então, quando lhe dá um "branco"?

Joe: Um pouco estressado mesmo...

Terapeuta: Você sabe que me ajudaria saber disso no momento? Você acha que poderia me avisar quando estiver se sentindo estressado?

Joe: Ok.

Terapeuta: Se você pudesse fazer isso, eu seria capaz de lhe dar mais tempo, ou não continuaria a pressioná-lo com tanta intensidade. Poderíamos trabalhar juntos para encontrar uma maneira de lidar com o estresse. Como você se sente em relação a isso?

Como de costume, orientar a descoberta leva tempo. Se, no futuro, Joe for capaz de identificar um momento em que se sente "estressado", seu terapeuta poderá ajudá-lo a identificar pensamentos e sentimentos adicionais. Isso pode levar a experimentos comportamentais em sessão para testar crenças sobre como ele se sente ao expressar uma opinião e verificar se o terapeuta responde da maneira esperada ou temida.

Quando um cliente tem experiência limitada de não estar ansioso

Pode ser especialmente desafiador utilizar a descoberta guiada de forma eficaz ao trabalhar com alguém que tem uma longa história de ansiedade. Pessoas que viveram com ansiedade crônica podem se apresentar para tratamento com problemas complexos e de longa data, originados na primeira infância. Além disso, às vezes as pessoas que cresceram em circunstâncias cheias de violência ou abuso podem continuar hipervigilantes em relação a sinais de rejeição, violência ou abuso, de modo que elas vivem com altos níveis de ansiedade, mesmo quando sua situação mudou. Pedir às pessoas que viveram com ansiedade a maior parte da vida que pensem em outras maneiras de ver as coisas ou de lidar com as dificuldades pode gerar silêncio. É como se não houvesse um conjunto alternativo de informações a que recorrer.

Normalmente, com o diálogo socrático, usamos perguntas para chamar a atenção para algo dentro do domínio do conhecimento da pessoa, mas atualmente fora da consciência. Quando o domínio do conhecimento é unilateral ou unidimensional, pode haver poucas outras coisas para destacar.

Quando esse é o caso, alguns clientes se beneficiam de aprender a usar exercícios de relaxamento ou exercícios simples de meditação. Isso lhes dá uma experiência não ansiosa para aproveitar, uma experiência que pode ser levada adiante em um experimento comportamental.

Com pessoas que experimentaram ansiedade crônica, também é muito útil procurar interpretações alternativas das experiências atuais. Ao focar primeiro na compreensão do que está no conhecimento e na consciência do cliente, o terapeuta pode ajudá-lo a se concentrar em informações que sugerem que os perigos podem não ser tão grandes quanto imaginado e que o enfrentamento pode ser mais eficaz do que ele acredita. É bem útil realizar pequenos experimentos comportamentais, primeiro no consultório e depois fora da terapia, com previsões claras antecipadas para o que a "ansiedade prevê" e o que uma crença alternativa prevê. Pode ser útil entrelaçar momentos relativamente didáticos com outros mais socráticos (sejam eles comportamentais ou verbais). Por exemplo, um terapeuta poderia explicar a um jovem que está começando um novo emprego o que se pode esperar dele em seu novo ambiente de trabalho. Em seguida, eles poderiam refletir juntos sobre como usar essa informação em um experimento comportamental e considerar o que vários resultados podem significar.

Diálogo socrático para a descoberta em psicoterapia **175**

SÍNTESE

Neste capítulo, ilustramos muitas maneiras de usar o diálogo socrático e outras formas de descoberta guiada ao trabalhar com pessoas que sofrem de uma (ou mais de uma) ansiedade ou distúrbios relacionados. Nós nos concentramos em alguns dos problemas mais comuns que surgem na prática clínica normal, e nossos exemplos ilustram muitos tipos diferentes de ansiedade. Lembre-se de que esses problemas mais comuns surgem na maioria dos transtornos de ansiedade, portanto, os pontos apresentados pelos exemplos e os quadros "Mantenha em mente" no final de cada um deles se aplicam em termos gerais. As armadilhas abordadas estão listadas no Quadro 4.1, e essa lista pode ser usada para encontrar ideias relevantes quando surgem problemas na prática.

Acreditamos que os exemplos descritos no Quadro 4.1, "Resumo das armadilhas abordadas", estão intimamente ligados às ideias teóricas com as quais este capítulo começou. Quando aplicados à prática clínica, os métodos ilustrados exemplificam os princípios fundamentais apresentados no quadro "Mantenha em mente" a seguir.

QUADRO 4.1 Resumo das armadilhas abordadas

Armadilhas comuns decorrentes das crenças dos clientes

Armadilha 1: intolerância à incerteza; o terapeuta cai na armadilha da tranquilidade.
1. Algo terrível pode acontecer
2. Necessidade de ter certeza
3. Preocupação sem fim

Armadilha 2: necessidade percebida de autoproteção; o terapeuta se torna muito diretivo.
4. Assumir um risco
5. Quatro aspectos do dever de casa
    Decidindo o que fazer a seguir
    Fornecendo respostas reconfortantes às perguntas
    Analisando o progresso
    Revisando o dever de casa

Armadilha 3: rigidez em resposta à ansiedade; o terapeuta é conivente com o desejo de manter o controle.
6. Abandono do controle

Armadilhas comuns que se originam nas crenças dos terapeutas

7. Medo de ser indelicado
8. A vulnerabilidade de um cliente pode ser real

Mantenha em mente

- Certifique-se de entender as razões para usar o diálogo socrático a fim de lidar com a ansiedade e, portanto, também entenda quando usar outros métodos de descoberta guiada.
- Desenvolva seu próprio estilo de ser socrático, em vez de se basear em outra pessoa. A variedade de exemplos fornecidos neste capítulo destina-se a ilustrar que não existe um único caminho certo.
- Trabalhe mais no processo de preocupação do que no conteúdo. À medida que a terapia avança, desloque mais atenção para os processos que mantêm a ansiedade.
- Use o diálogo socrático para esclarecer significados pessoais, especialmente aqueles que se ligam à vulnerabilidade pessoal.
- Use métodos de ação de descoberta guiada, especialmente experiências comportamentais. Quando novas ideias ou perspectivas vêm à mente, os experimentos comportamentais fornecem uma fonte de novos dados e um meio de comparar crenças ansiosas com perspectivas alternativas.
- Calcular probabilidades raramente é útil. Imagens de um acidente aéreo, por mais improvável que pareça, ainda podem assustar um cliente. É o custo pessoal do perigo que importa para o cliente. O diálogo socrático pode ajudar um cliente a avaliar esse custo e descobrir maneiras de mitigá-lo e lidar com ele.

Embora os terapeutas que usam métodos cognitivo-comportamentais possam ler a mesma literatura, aplicar a mesma teoria e, em geral, usar os mesmos métodos, todos temos personalidades diferentes e estilos clínicos distintos. Portanto, esperamos que os leitores considerem as ideias deste capítulo como alimento para o pensamento, e não como regras. O melhor uso dos princípios discutidos exige que cada clínico considere como adaptar esses conceitos às suas próprias circunstâncias e aos contextos culturais relevantes para eles e seus clientes.

Atividades de aprendizagem do leitor

- Releia os exemplos clínicos. Pensando nas dificuldades clínicas descritas, considere como você usaria a descoberta guiada em cada tipo de situação. Faça uma simulação mental com as palavras e/ou os experimentos que você usaria para identificar, explorar ou testar as crenças de seus clientes.
- Ouça uma gravação de si mesmo em terapia com um cliente que sofre de ansiedade. Pergunte a si mesmo quão socrático o processo soa. Pense em como tornar as interações mais socráticas. Identifique quaisquer declarações que você fez e pergunte a si mesmo se poderia ter permitido que o cliente acessasse essas informações por conta própria, usando perguntas.
- Pense nas vantagens e desvantagens do seu estilo específico para trabalhar com pessoas que sofrem de ansiedade. Como você pode desenvolver e aproveitar ao máximo o seu estilo?
- Elabore sua própria lista de questionamento socrático para autossupervisão. Use as perguntas da página 169 como ponto de partida.

REFERÊNCIAS

American Psychiatric Association. (2013). *Diagnostic and statistical manual of mental disorders: DSM-5* (5th ed.). Washington, DC: American Psychiatric Association.

Arntz, A., Rauner, M., & Van den Hout, M. (1995). "If I feel anxious, then it must be dangerous": Ex-consequentia reasoning in inferring danger in anxiety disorders. *Behavior Research and Therapy, 33*, 917–925. https://doi.org/10.1016/0005-7967(95)00032-S

Bar-Hiam, Y., Lamy, D., Pergamin, L., Bakermans-Kranenburg, M. J., & Van Ijzendoorn, M. H. (2007). Threat-related attentional bias in anxious and non-anxious individuals: A meta-analytic study. *Psychological Bulletin, 133*, 1–24. https://doi.org/10.1037/0033-2909.133.1.1

Beck, A. T., Emery, G., & Greenberg, R. (1985). *Anxiety disorders and phobias: A cognitive perspective.* New York: Guilford Press.

Becker, C. B., Zayfert, C., & Anderson, E. (2004). A survey of psychologists' attitudes towards and utilization of exposure therapy for PTSD. *Behavior Research &Therapy, 42*, 277–292. https://doi.org/10.1016/S0005-7967(03)00138-4

Bennett-Levy, J., Butler, G., Fennell, M., Hackmann, A., Mueller, M., & Westbrook, D. (Eds.). (2004). *Oxford guide to behavioural experiments in cognitive therapy.* Oxford: Oxford University Press.

Blakey, S. M., & Abramowitz, J. S. (2016). The effects of safety behaviors during exposure therapy for anxiety: Critical analysis from an inhibitory learning perspective. *Clinical Psychology Review, 49*, 1–15. https://doi.org/10.1016/j.cpr.2016.07.002

Borkovec, T. D., Lyonfields, J. D., Wiser, S. L., & Deihl, L. (1993). The role of worrisome thinking in the suppression of cardiovascular response to phobic imagery. *Behaviour Research and Therapy, 31*, 321–324. https://doi.org/10.1016/0005-7967(93)90031-O

Borkovec, T. D. & Newman, M. G. (1998). Worry and generalised anxiety disorder. In P. Salkovskis (Ed.), *Comprehensive clinical psychology* (vol 6, pp. 439–59). Oxford: Elsevier.

Bryant, R. A., Mastrodomenico, J., Felmingham, K., Hopwood, S., Kenny, L., Kandris, E., Cahill, C., & Creamer, M. (2008). Treating acute stress disorder: A randomized controlled trial. *Archives of General Psychiatry, 65*, 659–667. https://doi.org/10.1001/archpsyc.65.6.659

Buhr, K., & Dugas, M. J. (2012). Fear of emotions, experiential avoidance, and intolerance of uncertainty in worry and generalized anxiety disorder. *International Journal of Cognitive Therapy, 5*(1), 1–17. https://doi.org/10.1521/ijct.2012.5.1.1

Butler, G., Fennell, M., & Hackmann, A. (2008). *Cognitive-behavioral therapy for anxiety disorders: Mastering clinical challenges.* New York: Guilford Press.

Butler, G., & Mathews, A. (1983). Cognitive processes in anxiety. *Advances in Behaviour Therapy and Research, 5*, 51–62. https://doi.org/10.1016/0146-6402(83)90015-2

Butler, G., & Surawy, C. (2004). Avoidance of affect. In J. Bennett-Levy, G. Butler, M. Fennell, A Hackmann, M. Mueller, & D. Westbrook (Eds.), (2004, pp. 351–69). *Oxford guide to behavioural experiments in cognitive therapy.* Oxford: Oxford University Press.

Butler, G., Wells, A., and Dewick, H. (1995). Differential effect of worry and imagery after exposure to stressful stimulus. *Behavioural and Cognitive Psychotherapy, 25*, 45–56. https://doi.org/10.1017/S1352465800017628

Cisler, J. M., & Koster, E. H. (2010). Mechanisms of attentional biases towards threat in anxiety disorders: An integrative review. *Clinical psychology review, 30*(2), 203–216. https://doi.org/10.1016/j.cpr.2009.11.003

Clark, D. A., & Beck, A. T. (2011). *Cognitive therapy of anxiety disorders: Science and practice.* New York: Guilford Press.

Cusack, K., Jonas, D. E., Forneris, C. A., Wines, C., Sonis, J., Middleton, J. C., Feltner, C., Brownley, K. A., Olmsted, K. R., Greenblatt, A., Weil, A., & Gaynes, B. N. (2016). Psychological treatments for adults with posttraumatic stress disorder: A systematic review and meta-analysis. *Clinical Psychology Review, 43*, 128–141. https://doi.org/10.1016/j.cpr.2015.10.003

Dugas, M. J., Gagnon, F., Ladouceur, R., & Freeston, M. H. (1998). Generalized anxiety disorder: A preliminary test of a conceptual model. *Behaviour Research and Therapy, 36*, 215–226. https://doi.org/10.1016/S0005-7967(97)00070-3

Farrell, N. R., Deacon, B. J., Kemp, J. J., Dixon, L. J., & Sy, J. T. (2013). Do negative beliefs about exposure therapy cause its suboptimal delivery? An experimental investigation. *Journal of Anxiety Disorders, 27*, 763–771. https://doi.org/10.1016/j.janxdis.2013.03.007

Foa, E. B., & Rothbaum, B. O. (1998). *Treating the trauma of rape: Cognitive behavioral therapy for PTSD.* New York: Guilford Press.

Foa, E. B., Hembree, E. A., & Rothbaum, B. O. (2007). *Prolonged exposure therapy for PTSD: Emotional processing of traumatic experiences: Therapist guide.* New York: Oxford University Press.

Grey, N. (Ed.). (2009). *A casebook of cognitive therapy for traumatic stress reactions.* New York: Routledge.

Harvey, A., Watkins, E., Mansell, W., & Shafran, R. (2004). *Cognitive behavioural processes across psychological disorders: A transdiagnostic approach to research and treatment.* Oxford: Oxford University Press.

Hebert, E. A., & Dugas, M. J. (2019). Behavioral experiments for intolerance of uncertainty: Challenging the unknown in the treatment of generalized anxiety disorder. *Cognitive and Behavioral Practice, 26*(2), 421–436. https://doi.org/10.1016/j.cbpra.2018.07.007

Hirsch, C., & Mathews, A. (2000). Impaired positive inferential bias in social phobia. *Journal of Abnormal Psychology, 109*, 705–712. https://doi.org/10.1037/0021-843X.109.4.705

Huppert, J. D., Moser, J. S., Gershuny, B. S., Riggs, D. S., Spokas, M., Filip, J., Hajcak, G., Parker, H. A., & Baer, L. (2005). The relationship between obsessive-compulsive and post-traumatic stress symptoms in clinical and non-clinical samples. *Journal of Anxiety Disorders, 19*, 127–136. https://doi.org/10.1016/j.janxdis.2004.01.001

Kennerley, H., Kirk, J., & Westbrook, D. (2017). *An introduction to cognitive therapy: Skills and applications* (3rd ed.). London: Sage.

Leahy, R. L., Holland, S. J. F., & McGinn, L. K. (2012). *Treatment plans and interventions for depression and anxiety disorders* (2nd ed.). New York: Guilford Press.

McManus, F., Clark, D. M., Grey, N., Wild, J., Hirsch, C., Fennell, M., Hackman, A., Waddington, L., Liness, S., & Manley, J. (2009). A demonstration of the efficacy of two of the components of cognitive therapy for social phobia. *Journal of Anxiety Disorders, 23*, 496–503. https://doi.org/10.1016/j.janxdis.2008.10.010

McManus, F., Sacadura, C., & Clark, D. M. (2008). Why social anxiety persists: An experimental manipulation of the role of safety behaviors as a possible maintaining factor. *Journal of Behavior Therapy and Experimental Psychiatry, 39*, 147–61. https://doi.org/10.1016/j.jbtep.2006.12.002

Mahoney, A., Hobbs, M., Newby, J., Williams, A., & Andrews, G. (2018). Maladaptive behaviours associated with generalized anxiety disorder: An item response theory analysis. *Behavioural and Cognitive Psychotherapy, 46*(4), 479–496. https://doi.org/10.1017/S1352465818000127

Mansell, W., Harvey, A., Watkins, E., & Shafran, R. (2009). Conceptual foundations of a transdiagnostic approach to CBT. *Journal of Cognitive Psychotherapy, 23*, 6–19. https://doi.org/10.1891/0889-8391.23.1.6

Nordahl, H. M., Borkovec, T. D., Hagen, R., Kennair, L. E. O., Hjemdal, O., Solem, S., Hansen, B., Haseth, S., & Wells, A. (2018). Metacognitive therapy versus cognitive-behavioural therapy in adults with generalised anxiety disorder, *British Journal of Psychiatry*, 4(5), 393–400. https://doi.org/10.1192/bjo.2018.54

Padesky, C. A. (2020). *The clinician's guide to CBT using Mind Over Mood, 2nd ed.* New York: Guilford Press.

Padesky, C. A. & Beck, J. S. (2014). Avoidant personality disorder. In A. T. Beck, D. D. Davis, & A. Freeman (Eds.), *Cognitive therapy of personality disorders* (3rd ed., pp. 174–202). New York: Guilford Press.

Rachman, S., Radomsky, A. S., & Sahfran, R. (2008). Safety behaviours: A reconsideration. *Behaviour, Research and Therapy, 46*, 163–173. https://doi.org/10.1016/j.brat.2007.11.008

Salkovskis, P. M. (1991). The importance of behaviour in the maintenance of anxiety and panic: A cognitive account. *Behavioural Psychotherapy, 19*, 6–19. https://doi.org/10.1017/S0141347300011472

Salkovskis, P. M., Clark, D. M., & Gelder, M. (1996). Cognition behaviour links in the persistence of panic, *Behaviour Research and Therapy, 34*, 453–458. https://doi.org/10.1016/0005-7967(95)00083-6

Salkovskis, P. M., Clark, D. M., Hackmann, A., Wells, A., & Gelder, M. (1999). An experimental investigation of the role of safety-seeking behaviors in the maintenance of panic disorder with agoraphobia. *Behavior Research and Therapy, 37*, 559–574. https://doi.org/10.1016/S0005-7967(98)00153-3

Simos, G., & Hofmann, S. G. (2013). *CBT for anxiety disorders: A practitioner book.* Chichester: Wiley-Blackwell.

Torres, A. R., Dedomenico, A. M., Crepaldi, A. L., & Miguel, E. C. (2004). Obsessive-compulsive symptoms in patients with panic disorder. *Comprehensive Psychiatry, 45*, 219–224. https:// doi.org/10.1016/j.comppsych.2004.02.011

Waller, G. (2009). Evidence-based treatment and therapist drift. *Behaviour Research and Therapy, 47*, 119–127. https://doi.org/10.1016/j.brat.2008.10.018

Watkins, L. E., Sprang, K. R., & Rothbaum, B. O. (2018). Treating PTSD: A review of evidence-based psychotherapy interventions. *Frontiers of Behavioral Neuroscience, 12*, 1–9. https://doi.org/10.3389/fnbeh.2018.00258

Williams, J. M. G., Watts, F. N., MacLeod, C. & Mathews, A. (1997). *Cognitive psychology and emotional disorders* (2nd ed.). Chichester: Wiley.

Yiend, J. (2004). *Cognition, emotion and psychopathology: Theoretical, empirical and clinical directions.* Cambridge, UK: Cambridge University Press.

5

Imagem mental:
a linguagem da emoção

Christine A. Padesky e Emily A. Holmes

Imagine um evento recente muito agradável na sua vida. Reserve alguns minutos para se concentrar nessas imagens mentais* antes de continuar a ler este parágrafo. O que você viu? Ouviu? Sentiu no seu corpo? Experimentou? A sua memória desse evento é igual à experiência do evento em si? Como é semelhante ou diferente? A sua lembrança foi acompanhada de alguma reação física ou emocional? Reserve um momento e experiencie totalmente sua memória no maior número possível de dimensões.

Agora imagine um evento positivo futuro que ainda não ocorreu, mas que você espera que aconteça. Você pode imaginar uma celebração, um feriado, uma promoção, a conclusão de uma tarefa desafiadora, um novo amigo ou um bebê. Reserve alguns momentos para desenvolver imagens mentais vívidas desse evento futuro antes de continuar lendo este parágrafo. O que você vê? Ouve? Sente no seu corpo? Experimenta? Você acha que a sua imaginação desse evento é semelhante ou diferente de como será o evento em si? Em que sentido? Você experimentou reações emocionais em relação ao que imaginava? Essas emoções pareciam reais mesmo que o evento que as evocou não tenha ocorrido?

Quer estejamos conscientes disto ou não, as imagens mentais desempenham um papel importante em nossos pensamentos sobre o passado e o futuro. As imagens mentais podem direcionar e mudar nossas memórias, nossas aspirações ou metas e nossas reações emocionais a tudo o que experimentamos na vida. Assim como nos sonhos, quando estamos acordados, as imagens mentais compõem uma proporção significativa de nossos processos de pensamento em comparação com palavras ou pensamentos de raciocínio direto. E, no entanto, muitos terapeutas negligenciam avaliar ativamente e trabalhar com imagens mentais na terapia. Quando os terapeu-

---

* N. de T. Do inglês, *imagery*. Também traduzida no Brasil como "imaginário" e "imageamento".

tas acessam as imagens mentais do cliente, às vezes se sentem hesitantes ou incertos sobre como trabalhar com elas. Este capítulo resume pesquisas relevantes sobre imagens mentais em psicoterapia e também demonstra como a descoberta guiada pode ser especialmente importante na exploração e na aprendizagem de imagens mentais.

O QUE SÃO IMAGENS MENTAIS?

As imagens mentais se referem ao processamento sensorial na ausência de estímulos sensoriais. Elas são diferentes da percepção, que é uma resposta a estímulos sensoriais. Por exemplo, você pode olhar diretamente para uma maçã ou experimentar um jantar em família (percepção). Como no exercício no início deste capítulo, você também pode trazer à mente uma imagem daquela maçã ou uma memória sensorial vívida daquele jantar em família quando a maçã ou a família não estão realmente presentes (imagem mental). Podemos construir imagens mentais de objetos individuais (como a maçã), eventos gerais (um jantar familiar típico) ou eventos muito específicos (por exemplo, um jantar em família em que a vela incendeia a toalha de mesa).

A palavra "imagem" evoca a ideia de uma representação visual, mas é importante lembrar que as imagens, aqui, não são apenas visuais. As imagens mentais podem ocorrer em qualquer modalidade sensorial: pode-se ver com o "olho da mente", ouvir com o "ouvido da mente" e assim por diante (Kosslyn et al., 2001). Em uma imagem mental de um jantar em família, pode-se, simultaneamente, visualizar os rostos das pessoas sentadas ao redor da mesa, construir imagens auditivas do tilintar de facas e garfos, desenvolver imagens olfativas do cheiro de um *curry* fumegante e imaginar prová-lo. As imagens mentais podem ser multimodais — isto é, incorporar várias modalidades sensoriais ao mesmo tempo, como na vida real — ou podem usar predominantemente apenas uma modalidade. Por exemplo, pode-se imaginar o som da música "Parabéns para você" e apenas imaginar a melodia sem qualquer imagem visual. Ao usar a descoberta guiada em relação às imagens mentais do cliente, é importante evitar um viés em busca de imagens visuais.

Mantenha em mente

As imagens mentais podem envolver qualquer um ou todos os sentidos: visão, paladar, olfato, audição ou sensações corporais. Certifique-se de perguntar aos clientes sobre várias modalidades.

Também somos adeptos de combinar imagens de novas maneiras para construir coisas que nunca percebemos diretamente juntas. Por exemplo, se em algum momento você viu uma macieira e em outro momento viu um relógio, você pode imaginar faces de relógio penduradas como maçãs nos galhos da macieira, apesar de nunca ter visto um objeto tão surreal na vida real. Assim, as imagens mentais podem capturar memórias reais e precisas ou criar combinações de coisas que nunca foram percebidas antes. Na verdade, uma das vantagens da capacidade do cérebro de gerar imagens mentais é que podemos usá-las para "viagem mental no tempo" e, ao fazê-lo, usar nossa imaginação para antecipar e simular o que pode acontecer em eventos futuros (Schacter et al., 2007). Imaginar o futuro pode ser útil para planejar um evento futuro. Imaginar resultados futuros ruins pode ser inútil e aumentar os sentimentos de ansiedade e depressão, ou pode ser usado como motivação para se preparar e mitigar problemas futuros (Norem, 2001).

A IMPORTÂNCIA DAS IMAGENS MENTAIS NA PSICOTERAPIA

Há uma longa história de pesquisas em psicologia experimental sobre o tema das imagens mentais. De fato, as imagens mentais têm sido um tópico de interesse desde os primeiros dias da psicologia como disciplina e geraram um debate animado ao longo das décadas (Baddeley & Andrade, 2000). Aaron T. Beck enfatizou a importância das imagens mentais no início da terapia cognitivo-comportamental (TCC) (Beck et al., 1974). No entanto, foi apenas nas últimas duas décadas que a pesquisa de psicologia experimental sobre imagens mentais foi ligada diretamente à TCC. Um dos primeiros livros a abordar integralmente o tema foi o *Oxford guide to imagery in cognitive therapy* (Hackmann et al., 2011). Mais recentemente, esse tópico foi explorado em ricos detalhes por Stopa (2021), e várias técnicas de imagens mentais são descritas mais detalhadamente em Holmes et al. (2019).

As imagens mentais são importantes para o tratamento de transtornos emocionais por uma variedade de razões (Holmes & Mathews, 2010), e os psicoterapeutas podem estar limitando a eficácia do tratamento se não incorporam imagens em seu trabalho (Blackwell, 2019, 2021; Pearson et al., 2015). As próximas seções destacam descobertas empíricas sobre imagens mentais relevantes para a terapia e ilustram o importante papel que o diálogo socrático pode desempenhar na revelação de sua utilidade terapêutica.

As imagens mentais têm um impacto emocional mais intenso do que o do processamento verbal

O conteúdo consciente de nossa cognição pode assumir a forma de pensamentos verbais ou imagens mentais. Por exemplo, pode-se ter o pensamento verbal "Estou preso", usando uma linguagem do tipo que utilizamos quando escrevemos ou falamos. Alternativamente, pode-se imaginar a experiência de ficar preso, como ficar preso em um elevador sem as luzes acesas, ficar com cada vez mais calor e começar a sentir pânico. As pesquisas apoiam a hipótese de que, em comparação com os pensamentos verbais, as imagens mentais sobre o mesmo tópico têm um impacto maior na emoção (Holmes & Mathews, 2010). Talvez uma razão para essas descobertas seja que as imagens mentais parecem mais "reais" do que os pensamentos verbais (Mathews et al., 2013). Uma miríade de significados cognitivos e reações emocionais pode ser anexada às imagens mentais, independentemente dos modos sensoriais envolvidos. Como emoções fortes podem estar ligadas às imagens, os terapeutas devem estar alertas para a possibilidade de que alguns clientes se sintam sobrecarregados pelo impacto emocional das imagens.

Mantenha em mente

É uma boa prática avaliar a capacidade do cliente de gerenciar emoções intensas ao trabalhar com imagens traumáticas ou outras imagens potencialmente esmagadoras. Quando os clientes não têm recursos internos para o gerenciamento de emoções, ensine-lhes métodos para fundamentar e gerenciar emoções intensas antes de trabalhar com as imagens mais angustiantes.

Em uma série de experimentos, os participantes foram convidados a ouvir diversas descrições sobre eventos. Para cada descrição que ouviram, foram convidados a se concentrar nas palavras e no significado (condição verbal) ou a imaginá-la (condição imaginária). Em um experimento, todas as descrições tiveram resultados negativos — por exemplo, "Você ouve passos atrás de você e percebe que é um assaltante". Os participantes que foram designados para a condição de imagens mentais tinham níveis significativamente maiores de ansiedade do que o daqueles na condição verbal (Holmes & Mathews, 2005). Em outro experimento, todas as descrições foram resolvidas positivamente — por exemplo, "Você ouve um barulho repentino à noite e percebe com alívio que é o seu parceiro voltando para casa" ou "Você estava ansioso pelas suas férias. Quando você chega ao seu destino, percebe que é ainda melhor do que esperava". Em comparação com aqueles que receberam instruções de pensamentos verbais, os participantes que imaginaram os eventos positivos experimentaram aumentos significativamente maiores no afeto positivo (Holmes, Mathews et al., 2006). Surpreendentemente, pensar nos mesmos eventos positivos em uma condição verbal não só foi menos eficaz do que usar imagens mentais como até fez as pessoas se sentirem pior (Holmes et al., 2009). Esse padrão geral de resultados foi repetido usando um tipo diferente de paradigma experimental (Holmes, Mathews et al., 2008).

No geral, esses resultados sugerem que, em comparação com o pensamento verbal, a imaginação mental tem um impacto mais poderoso na emoção. O impacto se aplica a ambos os eventos e a humores negativos e positivos. É útil que os terapeutas saibam disso, pois essa informação ressalta que é importante trabalhar com imagens mentais (não apenas pensamentos verbais). Durante a avaliação, é importante verificar a presença de imagens mentais inúteis, porque elas podem ter um impacto mais tóxico nas emoções do que o dos pensamentos verbais. A fim de incentivar emoções positivas ao longo do tratamento, é importante usar imagens mentais de eventos e ganhos positivos em vez de simples descrições de palavras. Os experimentos mencionados demonstram que as imagens mentais são mais poderosas como uma indução para o humor positivo e que, quando os pensamentos sobre eventos positivos são apenas verbais, o humor pode piorar.

Imagens mentais negativas intrusivas ocorrem em uma ampla gama de transtornos

Muitos dos principais pensamentos negativos que um terapeuta de TCC vai querer atingir assumem a forma de imagens. Por exemplo, clientes com transtorno de estresse pós-traumático (TEPT) geralmente constroem imagens mentais de *flashback* para trauma (Holmes et al., 2005); clientes com ansiedade social relatam imagens de si mesmos com mau desempenho em situações sociais (Hackmann et al., 2000); e imagens de aprisionamento e humilhação ocorrem na agorafobia (Day et al., 2004). As imagens também são encontradas na hipocondria (Wells & Hackmann, 1993), no transtorno de ansiedade generalizada (Tallon et al., 2020), na depressão (Patel et al., 2007), nos pensamentos suicidas (Holmes, Crane et al., 2007), no transtorno bipolar (Holmes, Geddes et al., 2008), na esquizofrenia (Malcolm et al., 2015; Morrison et al., 2002) e assim por diante. Isso levou os pesquisadores a sugerir que as imagens mentais são difundidas em transtornos psicológicos e devem ser rotineiramente solicitadas na avaliação (Blackwell, 2021; Brewin et al., 2010; Di Simplicio et al., 2012; Hackmann & Holmes, 2004; Holmes, Arntz et al., 2007; Holmes & Mathews, 2010; Ji et al., 2019).

As imagens mentais podem aumentar a confiança do cliente em crenças alternativas

Na terapia, é comum que os clientes testem uma crença e depois digam: "Eu *sei* logicamente que não é verdade, mas ainda *parece* verdade". Dado o impacto especial das imagens mentais na emoção, para que um cliente também *sinta* que algo é verdade, ele pode precisar usar imagens mentais para imaginar uma perspectiva alternativa e as emoções que a acompanham. Por esse motivo, muitas abordagens bem-sucedidas de TCC levam os clientes a usar a imaginação vívida durante os procedimentos de tratamento. Por exemplo, o protocolo de TEPT de Ehlers e Clark (2000) introduz significados reestruturados e atualizados em uma imagem traumática durante exercícios de revivência. As intervenções da TCC para o suicídio incluem imagens mentais construtivas ativas de como lidar com a crise de vida pós-suicídio, bem como um programa de manejo de recaídas que se baseia em exercícios de imagens mentais para avaliar a capacidade da pessoa de lidar com crises suicidas passadas e futuras usando habilidades aprendidas na terapia (Wenzel et al., 2009). A exposição usando modificação de imagens mentais demonstrou ser tão eficaz quanto a exposição *in vivo* no tratamento de fobias de cobras e levou a uma melhor resposta em indivíduos altamente temerosos (Hunt et al., 2006). Josefowitz (2017) sugere que os terapeutas podem aumentar os benefícios do uso de registros de pensamento para depressão e outros humores se as imagens mentais forem incorporadas a esses registros. Por exemplo, ela sugere que os terapeutas podem aumentar o envolvimento e a confiança do cliente em pensamentos alternativos ou equilibrados imaginando vividamente situações consistentes com eles.

Mantenha em mente

- As imagens mentais constituem uma parte significativa dos nossos processos de pensamento e podem incluir todas as modalidades sensoriais (visão, som, olfato, paladar, tato).
- Os terapeutas que não incluem imagens mentais em seu trabalho provavelmente estão limitando a eficácia da terapia.
- As imagens mentais têm um impacto emocional mais intenso do que o dos pensamentos expressos em palavras.
- As imagens mentais estão presentes na maioria dos transtornos psicológicos e devem ser sempre questionadas na avaliação.
- Os terapeutas podem aumentar o envolvimento e a confiança do cliente em crenças alternativas auxiliando-os a imaginar vividamente situações consistentes com elas.

NEGLIGÊNCIA DO TERAPEUTA COM AS IMAGENS MENTAIS NA TERAPIA: ARMADILHAS COMUNS

Se as imagens mentais são tão comuns, por que todos os terapeutas não fazem perguntas a respeito delas? Muitas vezes, os terapeutas nem sequer pensam em perguntar sobre imagens mentais porque a sua formação não incluiu informações sobre a importância delas. Mesmo os terapeutas que sabem que as imagens mentais são importantes podem não perguntar sobre elas porque se sentem incertos ou menos habilidosos em avaliar e processar imagens mentais do que em discutir outros tipos de pensamento. O primeiro passo para lidar com essas armadilhas é reconhecer que os mesmos métodos de descoberta guiada usados com outros tipos de pensamento funcionam bem com imagens mentais.

Imagens mentais em psicoterapia: armadilhas comuns

Armadilha 1
Quando questionado, o cliente nega construir imagens, e o terapeuta não pergunta mais.

Armadilha 2
O terapeuta está ansioso ou incerto sobre como lidar com imagens mentais e, portanto, pergunta sobre elas de forma muito superficial ou se abstém de questionar.

Uso do diálogo socrático para identificar imagens mentais

Armadilha 1

Quando questionado, o cliente nega construir imagens, e o terapeuta não pergunta mais.

Não é incomum que os clientes digam que não constroem imagens se o terapeuta simplesmente pergunta: "Você cria imagens?". Essa resposta do cliente às vezes é o resultado da incerteza dele sobre o que o terapeuta quer dizer com "imagens mentais". A negação da imagem mental também reflete a natureza rápida e fugaz de algumas imagens. Assim como os clientes muitas vezes não estão cientes dos pensamentos verbais automáticos no início da terapia, eles podem não estar cientes de suas imagens automáticas. Alguns clientes temem que construir imagens mentais seja um sinal de que são "loucos" e, portanto, relutam em relatar imagens ao terapeuta. Algumas imagens podem provocar sentimentos desconfortáveis no cliente, como constrangimento ou vergonha, e os clientes podem relutar em contar isso a um terapeuta, particularmente nas primeiras sessões. Como quase todos os clientes constroem imagens mentais, é importante que os terapeutas investiguem ativamente e os ajudem a identificar as imagens conectadas aos humores e comportamentos ligados aos objetivos da terapia.

Armadilha 2

O terapeuta pergunta sobre imagens de forma muito superficial ou se abstém de questionar.

Assim como os clientes muitas vezes desconhecem suas próprias imagens mentais ou relutam em revelar detalhes sobre elas, os terapeutas às vezes evitam buscar a identificação de imagens. Quando os terapeutas conhecem a importância das imagens mentais, a evitação dessas imagens muitas vezes resulta da sua incerteza sobre como trabalhar com elas. Os terapeutas se perguntam:

- Como falo com o meu cliente sobre imagens mentais?
- Como faço para ajudar meu cliente a identificar imagens?
- E se o meu cliente não relatar ou experimentar imagens mentais?
- O que devo fazer quando um cliente relata imagens mentais?
- E se isso abrir um vespeiro ou meu cliente achar que sou instável para perguntar sobre imagens?

As seções a seguir abordam essas questões e demonstram como usar o diálogo socrático para trabalhar de forma eficaz com as imagens mentais dos clientes.

Como falar com os clientes sobre imagens mentais

As imagens mentais são uma parte tão comum da experiência humana que há muitas maneiras de introduzi-las nas discussões terapêuticas. Nas primeiras sessões, as imagens mentais podem ser incluídas nas informações educacionais sobre a identificação de pensamentos:

Terapeuta:	Percebo que você parece um pouco triste agora. O que passou pela sua cabeça?
Rob:	Pensei que você provavelmente estivesse desapontado comigo.
Terapeuta:	Você tinha alguma imagem ou lembrança relacionada a isso?
Rob:	(Pausa.) Quando você me perguntou sobre a minha tarefa de casa, me senti um pouco como costumava me sentir quando o meu pai me perguntava sobre as minhas tarefas. Sempre me senti uma decepção para ele.
Terapeuta:	Isso se encaixa na sua expressão facial. Será que uma imagem do seu pai passou pela sua cabeça? Ou o som da voz dele? Ou o cheiro dele, ou qualquer outra sensação intensa?
Rob:	Agora que penso nisso, pude sentir o cheiro da loção pós-barba dele. E ouvir o tom da voz dele... "Agora, Robbie!".
Terapeuta:	Você o viu?
Rob:	Eu acho que não. Estava olhando para você, mas o ouvi.
Terapeuta:	Obrigado por essa informação. Parece que a sua tristeza está ligada ao seu pensamento de que você pode estar me decepcionando e também a algumas imagens mentais poderosas conectadas às lembranças do seu pai perguntando sobre as suas tarefas.
Rob:	Acho que sim.
Terapeuta:	Você acha que essas imagens — o cheiro e o som da voz do seu pai — foram um gatilho importante para os seus sentimentos de tristeza?
Rob:	Sim, com certeza.
Terapeuta:	Muitas vezes, quando temos sentimentos intensos, há imagens ligadas a esses sentimentos. Não me refiro apenas a imagens mentais. Como você experimentou hoje, as imagens podem ser na forma de cheiros, sons ou até sensações corporais... como um calafrio que sobe pelo pescoço pouco antes de você se assustar em um filme. É muito importante que você tente perceber essas imagens e os outros pensamentos que passam pela sua mente, porque eles podem nos ajudar a descobrir por que seus humores mudam dessa maneira.
Rob:	Aham.
Terapeuta:	Com a sua permissão, vou perguntar sobre pensamentos e imagens para ajudar a lembrá-lo.
Rob:	Ok.
Terapeuta:	Vamos olhar agora para esse pensamento que você teve, o pensamento de que você provavelmente me desapontou, juntamente com a imagem do cheiro e do tom de voz desapontado do seu pai. Como você acha que isso se relaciona com o que eu estava perguntando sobre a sua tarefa de casa?

Na mente do terapeuta

O terapeuta pergunta a Rob sobre imagens ou memórias, reconhecendo que as imagens podem ser ligadas a memórias e que as memórias assumem a forma de imagens. O cliente não relata inicialmente imagens mentais, mas, quando ele oferece uma memória, o terapeuta pergunta sobre sensações visuais, auditivas, olfativas e outras ligadas a essa memória. Dessa forma, o terapeuta socrático orienta o cliente a tomar consciência dos processos de imagens mentais. Antes de processar os significados ligados à imagem mental, o terapeuta justifica a importância dela e convida Rob a colaborar em futuras buscas por imagens mentais.

Como ajudar os clientes a identificar imagens

Os clientes normalmente não mencionam imagens, a menos que isso seja explicitamente solicitado pelo seu terapeuta (Hales et al., 2014). Perguntas sobre imagens mentais podem ser precedidas por informações educacionais para normalizar a presença de imagens que o cliente pode achar perturbadoras ou hesitar em relatar. Isso pode ser especialmente importante no tratamento de ansiedade, psicose e suicídio, por exemplo. Considere o seguinte intercâmbio com uma mulher com um grave transtorno obsessivo-compulsivo (TOC) pós-parto:

Terapeuta: Você construiu alguma imagem?

Marta: Não.

Terapeuta: Isso é interessante. A maioria das pessoas ansiosas constrói imagens que acompanham seus outros pensamentos. Na verdade, é bastante comum construir imagens bem estranhas ou até mesmo perturbadoras.

Marta: Como o quê?

Terapeuta: Bem, algumas mulheres constroem imagens em que machucam o bebê de alguma forma. Outras podem imaginar-se gritando coisas terríveis para o bebê. Essas imagens podem ser bastante assustadoras, especialmente se você tiver receio de realmente agir assim. E pode ser assustador relatar essas imagens a um terapeuta, porque você pode se preocupar em ser vista como um perigo para o seu filho, especialmente se não souber que esse tipo de pensamento é comum em casos de ansiedade.

Marta: Às vezes eu tenho pensamentos assim.

Terapeuta: Você estaria disposta a me falar sobre essas imagens para que possamos ver como elas podem estar ligadas à sua ansiedade?

Observe que esse terapeuta é muito direto em dar exemplos de imagens mentais que são comuns para as novas mães. Dar alguns exemplos de imagens mentais "estranhas" ou socialmente inaceitáveis pode abrir caminho para que um cliente revele suas próprias imagens mentais, especialmente se o terapeuta for realista sobre a recorrência dessas imagens e a ligação delas com a ansiedade.**

Com a psicose, pode ser importante reconhecer as convicções do cliente sobre se uma experiência é imaginada ou real, especialmente quando a imagem mental é uma alucinação ou um delírio vívido. Também é importante julgar com sensibilidade quando é o momento certo para discutir essas questões.

Terapeuta: Você falou que ocasionalmente as vozes lhe dizem para fazer coisas dolorosas.

Gomez: Sim.

Terapeuta: Você acha que essas vozes estão fora de você ou estão na sua mente?

Gomez: Elas estão do lado de fora.

Terapeuta: O que o convence disso?

Gomez: Eu posso ouvi-las muito claramente. Não estou inventando isso.

Terapeuta: Eu não acho que você esteja inventando. Só sei que às vezes ouço vozes que parecem estar bem ali na sala comigo e mais tarde percebo que estavam na minha mente.

Gomez: Estas estão realmente lá.

Terapeuta: Ok. Precisaremos aprender mais sobre essas vozes para que possamos entender de onde elas vêm. Você tem mais alguma ideia?

Gomez: Eu sei que elas são ruins.

Terapeuta: O que lhe dá essa ideia?

Na mente do terapeuta

Esse terapeuta decide que é prematuro pedir ao cliente que considere que as vozes podem ser uma forma de imagem mental que chamamos de "alucinação". Essa ideia pode ser introduzida mais lentamente ao longo do tempo por meio de métodos de descoberta guiada, como uma série de observações guiadas e experimentos sobre as vozes que Gomez ouve.

Quando as pessoas estão convencidas de que as alucinações são reais, geralmente é vantajoso para um terapeuta assumir a posição de um investigador curioso em

---

**   Observe que o terapeuta de Marta dá uma variedade de exemplos gerais e comuns de "imagens estranhas" e, em seguida, faz uma pergunta aberta que convida a cliente a relatar suas próprias imagens. Isso é bem diferente de um terapeuta que repetidamente pede a um cliente para relatar imagens relacionadas a um evento específico na ausência de relatos de tais eventos (por exemplo, "Alguém molestou você? Que imagens ou memórias você tem de ser molestada?"). Perguntas que orientam os clientes a imaginar repetidamente coisas que não experimentaram podem levar a falsas memórias e devem ser evitadas (Hyman & Pentland, 1996; Loftus, 1997a; Otgaar et al., 2019).

vez de tentar convencer alguém de que suas crenças são imprecisas. Uma abordagem socrática reduz o risco de uma ruptura de aliança, que pode ocorrer facilmente se o terapeuta desafiar de maneira direta as crenças rígidas de um cliente. Com o tempo, o terapeuta pode obter a cooperação de um cliente para considerar duas hipóteses: (1) as vozes são de entidades reais ou (2) as vozes vêm da mente do cliente. Experimentos podem ser elaborados para avaliar qual delas é mais consistente com as experiências do cliente. Por exemplo, se as vozes estão realmente na sala, há evidências de que outras pessoas as ouvem? O cliente esperaria que elas aparecessem em um gravador de voz? Se o cliente ignorar as instruções das vozes, coisas ruins acontecerão conforme as vozes predizem/ameaçam? O uso de métodos de descoberta guiada para testar alucinações e delírios é abordado em mais detalhes por Beck et al. (2020), Morrison (2001) e Wright et al. (2009).

E se os clientes não relatarem ou experimentarem imagens mentais?

Trauma cerebral ou danos neurológicos podem interferir na capacidade de experimentar ou relatar imagens mentais. Recentemente, uma condição chamada "afantasia" foi identificada em menos de 1% da população; pessoas com essa condição não têm a capacidade de visualizar de modo voluntário, embora normalmente possam sonhar (Wicken et al., 2021). Os terapeutas, é claro, não precisam acessar imagens mentais com os raros casos de clientes que realmente não as experimentam. No entanto, a menos que exista esse tipo de déficit cerebral, quase todas as pessoas experimentam imagens mentais — embora as pessoas possam alegar que não até entenderem o que o terapeuta quer dizer. Assim, quando um cliente não relata imagens mentais, a primeira abordagem é educá-lo sobre o que se entende pela expressão "imagens mentais".

Assumindo que os terapeutas já seguiram os métodos descritos anteriormente neste capítulo, eles podem usar a descoberta guiada para ajudar os clientes a examinarem suas próprias experiências, na esperança de que isso leve a uma melhor compreensão das imagens. Uma abordagem é pedir a alguém que imagine e descreva algum lugar seguro que não esteja ligado a problemas terapêuticos, como um lugar favorito. Alternativamente, o cliente pode ser solicitado a cantar silenciosamente uma música ou lembrar como é ficar exposto a um vento frio. Se o cliente for capaz de realizar qualquer uma dessas tarefas, isso significa que ele é capaz de experimentar imagens mentais em pelo menos uma modalidade, mas não está ciente o suficiente para relatá-las. Nesse caso, o terapeuta pode explicar por que é tão importante observar as imagens mentais (por exemplo, "As imagens mentais geralmente fornecem pistas importantes sobre por que nos comportamos e nos sentimos da maneira como fazemos"). Em seguida, o terapeuta pode continuar a demonstrar interesse em imagens mentais e permitir que o cliente tenha tempo de silêncio na sessão para acessá-las.

Os terapeutas são aconselhados a ficar atentos aos seus próprios vieses na busca de imagens. Muitos terapeutas perguntam predominantemente sobre imagens men-

192 Padesky & Kennerley

tais visuais. Algumas experiências do cliente, como traumas de infância, podem estar ligadas a imagens codificadas em outras modalidades sensoriais mais do que às imagens visuais. O diálogo a seguir ilustra isso:

Maija: (Com os olhos fechados.) Estou ficando muito assustada. Não quero mais falar sobre isso.

Terapeuta: Tudo bem. Você pode me dizer para parar quando quiser. (Pausa.) Tudo bem se eu fizer apenas mais algumas perguntas para me ajudar a entender por que isso é difícil para você?

Maija: (Assente silenciosamente.)

Terapeuta: O que está passando pela sua mente?

Maija: (Balança a cabeça silenciosamente indicando uma negativa.)

Terapeuta: Você sente alguma coisa no seu corpo?

Maija: (A cliente acena levemente com a cabeça.)

Terapeuta: O que você sente?

Maija: (Pausa.) Frio.

Terapeuta: O frio tem uma cor ou forma?

Maija: Dura. Vermelho.

Terapeuta: O frio está por todo lado ou num determinado local?

Maija: Nos meus braços e pernas.

Terapeuta: O resto do seu corpo está quente?

Maija: (Balança a cabeça negativamente.) Não consigo sentir.

Terapeuta: Então, seus braços e pernas sentem essa sensação dura, vermelha e fria, mas você não sente nada no resto do corpo. Está correto?

Maija: (Assente.)

Terapeuta: Vamos fazer um experimento para ver se conseguimos nos livrar da sensação de frio. Tudo bem?

Maija: (Concorda.)

Nessa sessão, a terapeuta reconhece que Maija começa a dissociar quando a discussão da terapia aborda um tópico que pode desencadear memórias do abuso que ela experimentou quando criança. A terapeuta sabe que esse abuso começou antes dos 8 anos de idade, ocorreu no escuro, e que o agressor permaneceu em silêncio. Assim, pode ser mais provável que a cliente tenha associações sensoriais cinestésicas/não visuais do que verbais. Também é comum que as experiências de trauma em qualquer idade sejam codificadas em sensações cinestésicas, experiências sensoriais corporais ou táteis, incluindo temperatura, peso ou equilíbrio. Assim, a terapeuta passa a fazer perguntas sobre sensações corporais quando Maija relata que "nada" está se passando por sua mente. A terapeuta também pode perguntar sobre outras experiências sensoriais, como sons, cheiros, sabores ou experiências visuais, mantendo em mente que cada uma dessas dimensões pode evocar emoções intensas quando associada ao trauma.

> **Mantenha em mente**
>
> - Os clientes muitas vezes desconhecem suas imagens mentais ou relutam em revelá-las. Portanto, os terapeutas precisam perguntar diretamente a respeito delas.
> - As memórias são codificadas em imagens mentais. Solicitar memórias aos clientes e levá-los a descrever visões, cheiros, sons e outras experiências sensoriais ligadas a essas memórias pode ser uma boa introdução ao que se entende por imagens mentais.
> - Mesmo que alguém tenha uma memória imaginada vívida, isso não significa necessariamente que sua memória seja uma representação exata do evento. As pessoas são capazes de construir memórias *post hoc* que podem ou não refletir o que realmente aconteceu.
> - Normalizar a ocorrência comum de imagens perturbadoras pode ajudar pessoas que sofrem de ansiedade, trauma, desordem obsessivo-compulsiva, psicose e ideação suicida, que provavelmente também experimentam imagens perturbadoras.
> - Os terapeutas podem ficar cientes de seus próprios vieses (por exemplo, perguntar principalmente sobre imagens mentais visuais) e combater esses hábitos, mostrando consciência de que o trauma e outras questões clínicas são frequentemente codificados em outras modalidades sensoriais.

Como saber se uma imagem é importante

Assim como ocorre com outros tipos de pensamento, os terapeutas procuram imagens mentais mais intimamente ligadas às emoções ou comportamentos que são o foco das discussões terapêuticas. Logo, é menos provável que uma imagem do jantar de hoje seja relevante para um cliente altamente perfeccionista do que a imagem de cometer um erro. A teoria da especificidade cognitiva de Beck (Beck, 1976) orienta os terapeutas sobre os tipos de conteúdo com maior probabilidade de associação a emoções específicas. Temas de perda e fracasso acompanhados de pensamentos negativos sobre si mesmo, sobre os outros e sobre o futuro caracterizam a depressão (Beck et al., 1979); temas de ameaça, perigo e incapacidade de lidar estão associados à ansiedade (Beck et al., 1985); a raiva muitas vezes reflete medos ou sentimentos feridos relacionados a violações percebidas de regras ou de confiança, acompanhados de pensamentos negativos sobre outras pessoas e seus motivos (Beck, 1988; 1999).

Pesquisas sobre imagens mentais relacionadas a transtornos específicos fornecem orientações adicionais para os terapeutas. Por exemplo, pesquisas sobre imagens mentais que as pessoas constroem enquanto suicidas ou planejando autolesões não suicidas revelam que há imagens quase sempre detalhadas de futuras tentativas de suicídio ou autolesão (Hasking et al., 2018). Essas imagens em pessoas que contemplam o suicídio foram chamadas de *flashforwards* (prolepses) (Holmes & Butler, 2009; Holmes et al., 2007). É preocupante que essas imagens sejam frequentemente acompanhadas de afeto positivo, o que pode servir para reforçar as imagens mentais e aumentar a quantidade de tempo que a pessoa passa pensando em suicídio. Portanto, pode ser terapêutico identificar tais imagens suicidas e transformar seus significados positivos em significados mais negativos. Uma estratégia é estender a imagem além do ponto da morte e considerar aspectos da morte para além do alívio do sofrimento. Por exemplo, o terapeuta pode pedir ao cliente que imagine o impacto sobre amigos e familiares quando descobrirem o corpo ou souberem do suicídio, e as lutas emocionais ao longo da vida que essas pessoas podem experimentar para atribuir sentido a essa morte.

Algumas das pesquisas mais extensas sobre imagens mentais foram conduzidas em relação a eventos traumáticos. Embora os terapeutas reconheçam há décadas a importância terapêutica dos *flashbacks* para transtornos de trauma, estudos mais recentes revelam que as pessoas que sofreram trauma frequentemente têm três ou quatro imagens diferentes que compõem esses *flashbacks*. Essas imagens-chave estão frequentemente ligadas a momentos e significados traumáticos que carregam a maior intensidade emocional para a pessoa. Por esse motivo, essas imagens específicas foram chamadas de *hotspots* (Holmes et al., 2005). Os terapeutas ajudam os clientes a vincular emoções (por exemplo, raiva) e cognições (por exemplo, "Eles não podem se defender") a imagens mentais identificadas (por exemplo, soldados estão cercados e sendo metodicamente baleados).

O que fazer depois de um cliente relatar imagens mentais

As mesmas intervenções usadas para testar e avaliar pensamentos verbais podem ser usadas com imagens mentais. Por exemplo, no tratamento do TEPT, os especialistas em trauma recomendam que os terapeutas priorizem os pontos críticos em vez de memórias menos carregadas emocionalmente do trauma, a fim de ajudar os clientes a se recuperarem mais rapidamente. As principais tarefas da terapia são usar o diálogo socrático para testar distorções em imagens mentais de *hotspots* e transformar os significados associados a esses *hotspots* (Grey & Holmes, 2008; Grey et al., 2001; Grey et al., 2002; Holmes et al., 2005).

O diálogo a seguir ilustra esses dois processos. A discussão começa quando o terapeuta está prestes a testar uma imagem de *hotspot* por meio da qual um soldado lembra de um dia traumático em que todo o seu pelotão foi cercado e morto pelas forças opostas.

Terapeuta:	Vamos examinar esse evento mais de perto. Se entendi bem, você está se culpando pelas mortes deles porque os viu cercados e não avançou com rapidez suficiente para atirar no inimigo.
Rich:	Sim. A cena se repete na minha mente. A culpa foi minha. Eu não me movi rápido o suficiente.
Terapeuta:	Por favor, me ajude a entender melhor a situação. (O terapeuta reúne muitos detalhes sobre a localização do soldado, a localização dos outros soldados, a hora do dia, o clima, etc. Desenhos à mão são feitos para garantir que o terapeuta e Rich estejam falando sobre os mesmos locais e distâncias relativas.) Então, dadas essas localizações, como você teria avançado para matar os atacantes dos seus homens?

Diálogo socrático para a descoberta em psicoterapia **195**

Rich:	(Apontando para os desenhos.) Eu teria seguido esta linha de cobertura aqui. Por causa dos franco-atiradores, eu teria rastejado de joelhos por esta seção (apontando).
Terapeuta:	Por quantos metros você acha que teria de engatinhar?
Rich:	Cerca de 10.
Terapeuta:	Quanto tempo acha que levaria para fazer isso?
Rich:	Talvez 10 segundos.
Terapeuta:	Você estaria disposto a testar isso aqui?
Rich:	Como assim?
Terapeuta:	Meu consultório tem cerca de 4 metros. Talvez você possa me mostrar como precisaria engatinhar, carregando todo o seu equipamento. Deixe-me ver se consegue ir de um lado para o outro em cerca de 4 segundos.
Rich:	Não teria sido um caminho reto como aqui. Eu teria que passar por um monte de escombros.
Terapeuta:	E manter a cabeça baixa e carregar todo o seu equipamento?
Rich:	(Assente pensativo.)

Discussões adicionais e um experimento cronometrado em que o cliente rasteja com equipamentos simulados entre escombros revelam que Rich provavelmente teria levado pelo menos um minuto para se posicionar com suas armas e disparar contra os soldados que haviam capturado seus homens.

Rich:	Sempre que imaginei isso, pensei que poderia tê-los salvado muito rapidamente.
Terapeuta:	Você se move e se posiciona muito mais rapidamente na imaginação.
Rich:	Sim.
Terapeuta:	Quanto tempo você acha que passou entre o momento em que viu os seus homens serem cercados e o momento em que foram baleados?
Rich:	Aconteceu em câmera lenta. Parecia muito tempo. Mas acho que foram apenas alguns segundos.
Terapeuta:	E você poderia ter disparado contra os soldados atacantes da sua posição quando os viu?
Rich:	Não. Não sem matar meus próprios homens, porque eles estavam entre nós.
Terapeuta:	O que essas novas informações sobre a distância e o tempo significam para você? Quanta responsabilidade você tem pela morte deles?
Rich:	(Devagar.) Não houve tempo suficiente, mesmo que eu pudesse vê-los e soubesse o que ia acontecer... Era um pesadelo que eu não conseguia parar.
Terapeuta:	Sim, um pesadelo. Uma tragédia. (Longo silêncio.) Uma que não se podia evitar.

Rich: (Lágrimas nos olhos.) Eu sinto muito. (Pausa.) Mas talvez a culpa não tenha sido minha.

Nessa sessão, o terapeuta explora cuidadosamente a imagem de um evento de guerra que atormenta Rich há muitos anos. Acontece que os detalhes da imagem contêm distorções (por exemplo, a imagem de Rich permite que ele se mova para um novo local muito mais rapidamente do que teria sido possível; sua imagem negligencia os escombros pelos quais ele precisaria rastejar). Uma vez que essas distorções são identificadas e corrigidas, Rich chega a uma nova conclusão sobre sua responsabilidade, o que transforma o significado desse evento para ele. Se sua imagem não tivesse sido distorcida, o terapeuta teria se concentrado no significado da ação de Rich. Ele ficou travado? Como ele pode entender isso? Isso o ajudou a salvar a própria vida? Salvar sua própria vida foi a única causa da morte dos outros homens? Como ele pode chegar a alguma aceitação das consequências de seu comportamento? Ele sente a necessidade de fazer reparações de algum tipo aos seus companheiros de pelotão mortos? Conforme descrito no Capítulo 2, as explorações socráticas não têm um fim fixo em mente.

O terapeuta teme abrir um vespeiro ou que os clientes pensem que é esquisito perguntar sobre imagens

Como mostrado no diálogo anterior com Rich, há muitas direções de descoberta que o terapeuta pode tomar, dependendo do que um cliente revela sobre o conteúdo e o significado das imagens mentais relatadas. Se as reações do cliente são mistas e complexas — o proverbial "vespeiro" —, o terapeuta muitas vezes tem sorte de trabalhar com imagens mentais, porque mudanças simples nessas imagens podem levar a mudanças multiníveis nas emoções e crenças. Isso ocorre porque as imagens mentais são mais multidimensionais do que os pensamentos verbais. Considere a diferença entre mudar a crença central "Eu sou inadequado" e alterar uma imagem relacionada de si mesmo deitado inanimado em um sofá. Pode ser muito mais fácil ajudar alguém a imaginar sentar-se e agir gradualmente do que mudar o seu pensamento verbal para "Eu posso ser eficaz".

Se um cliente acha que identificar e falar sobre imagens mentais é "esquisito", o terapeuta pode voltar atrás e educar mais o cliente sobre o papel e a importância das imagens mentais na compreensão das reações emocionais. Mesmo obter uma imagem de como o terapeuta se parecerá ou agirá se for esquisito e compará-la com a realidade das explorações de imagens mentais que foram feitas até então pode ajudar. Um exercício de descoberta guiada que trabalhe com uma imagem simples também pode ajudar o cliente a entender a utilidade da exploração de imagens e testar se ela parece esquisita. Por exemplo, o cliente pode ser solicitado a imaginar um evento futuro de maneiras positivas e negativas. O terapeuta pode desenhar e anotar os humores, a motivação e os comportamentos gerados por cada imagem. Em seguida,

Diálogo socrático para a descoberta em psicoterapia **197**

ele pode fazer ao cliente uma pergunta analítica, por exemplo: "Considerando essas observações que resumimos aqui, como você acha que as imagens mentais podem ser úteis para nós na terapia?"

O restante deste capítulo destaca uma variedade de intervenções de imagens mentais úteis. E você verá que a pesquisa pode ser muito útil para orientar as escolhas dos terapeutas sobre quando e como intervir com imagens mentais.

IMAGENS MENTAIS E DIÁLOGO SOCRÁTICO

Como afirmado na seção anterior, praticamente qualquer intervenção terapêutica que possa ser feita com pensamentos verbais pode ser feita com imagens. Assim, as imagens mentais podem desempenhar um papel importante na conceitualização de caso, no exame de crenças-chave, nas intervenções de mudança de comportamento, no desenvolvimento de tarefas de casa e em todos os outros processos de tratamento familiares aos terapeutas. Ao longo desse trabalho, o diálogo socrático pode ser usado para ajudar a garantir que as ligações descobertas entre imagens mentais e emoções, crenças, comportamentos e respostas fisiológicas reflitam e explorem significados que vêm do cliente, e não do terapeuta. À medida que explorarmos os usos do diálogo socrático com imagens mentais, abordaremos as seguintes armadilhas comuns:

Diálogo socrático e imagens mentais: armadilhas comuns

Armadilha 3
O cliente relata uma imagem que evoca uma variedade de significados e associações na mente do terapeuta; estes interferem no processamento das reações do cliente pelo terapeuta.

Armadilha 4
As imagens mentais evocam reações intensas, e o cliente e/ou o terapeuta se sentem sobrecarregados emocionalmente.

Armadilha 5
O cliente relata várias imagens, e o terapeuta não tem certeza de quais delas é importante explorar.

Armadilha 6
As imagens mentais envolvem cheiros, sensações cinestésicas ou outros conteúdos não verbais, e o terapeuta não sabe como proceder.

Armadilha 7
O terapeuta tem certeza de que as imagens mentais descritas não ocorreram, no entanto, o cliente tem reações emocionais intensas a elas e não consegue tirá-las da mente com facilidade.

Conceitualização colaborativa de caso

Pode ser muito útil incluir imagens mentais durante a conceitualização de caso, porque as imagens mentais geralmente incorporam as experiências cognitivas, afetivas, comportamentais e físicas do cliente que têm importância central para a compreensão de um problema específico. Os terapeutas são encorajados a usar o diálogo socrático durante a conceitualização de caso, a fim de desenvolver uma compreensão compartilhada das origens e dos fatores principais associados aos problemas. Realizar a conceitualização de forma colaborativa ajuda os terapeutas a se protegerem contra o viés clínico que é introduzido quando eles se baseiam mais em suas próprias ideias sobre os problemas do cliente do que na perspectiva deste (Kuyken et al., 2009; Padesky, 2020).

A conceitualização geralmente depende das memórias de eventos da vida de uma pessoa. A memória sobre o *self* é chamada de "memória autobiográfica". Existe uma vasta literatura de psicologia experimental e neurociência sobre esse tema. Um aspecto particularmente relevante relativo à construção de imagens e à conceitualização de caso é que nossa memória de eventos passados assume a forma de imagens mentais, em vez de apenas pensamentos verbais. Esse tipo de memória tem sido referido como "memória episódica sensorial-perceptual" (Conway, 2001). Por exemplo, se você for solicitado a se lembrar da última visita que fez ao dentista, é provável que se lembre dela na forma de uma imagem mental sensorial da visão da sala de tratamento, do cheiro do enxaguante bucal e talvez do som de uma broca. Nossas memórias do passado informam nosso senso de *self* — quem pensamos que somos e quem pensamos que nos tornaremos. Tais memórias ajudam a moldar as metas que estabelecemos e buscamos (Conway et al., 2004; Stopa, 2009).

Os médicos estão bem cientes do poder da memória, de seu efeito no senso de *self* do cliente e nas esperanças dele para o futuro. Como as pesquisas nos dizem que as memórias episódicas assumem a forma de imagens, quando nossos clientes nos oferecem declarações factuais e lógicas durante a avaliação, é improvável que eles estejam acessando memórias de um evento específico. Pedir detalhes mais concretos pode ajudar a reunir as informações importantes para uma conceitualização. Observe como o terapeuta de Ali usa imagens mentais para reunir informações que podem ajudá-los a entender alguns dos fatores que contribuem para as dificuldades no casamento do cliente:

Ali: Adilah e eu fomos felizes nos primeiros anos do nosso casamento. Depois de cinco anos, as coisas começaram a desmoronar. (*Declaração factual e lógica.*)

Terapeuta: Você pode descrever para mim um evento no início do seu casamento que mostre o quão feliz você era?

Ali: Sim. Abrimos um pequeno restaurante e ficamos muito animados na noite de abertura.

Terapeuta: Imagine aquela noite. Descreva para mim o que você vê, cheira, ouve e sente, especialmente as partes que capturam a sua felicidade com Adilah. (Ali descreve a noite de abertura com algum detalhe, falando sobre os momentos íntimos que ele e Adilah compartilharam.)

Terapeuta: Parece que vocês dois eram muito felizes juntos. E vocês dois estavam atentos um ao outro, mesmo no meio de uma noite agitada.

Ali: Sim, mas então tudo desmoronou.

Terapeuta: Desmoronou tudo de uma vez ou ao longo do tempo?

Ali: Devagar, com o tempo.

Terapeuta: Existe algum evento ou interação que simbolize para você como as coisas eram quando começaram a "desmoronar"?

Na mente do terapeuta

Ao pedir a Ali que escolha memórias para representar diferentes estágios de seu casamento, seu terapeuta espera aprender mais sobre os significados e temas relacionados ao relacionamento que são mais importantes para Ali. Esses temas são elaborados por meio de suas imagens mentais vívidas desses eventos. Suas imagens mentais capturam momentos emocionais e significados que provavelmente estarão ausentes de uma discussão puramente verbal sobre sua história conjugal.

Às vezes, as imagens do cliente correspondem às imagens do próprio terapeuta. Isso pode fazer com que o terapeuta cometa o erro de assumir que os detalhes ou significados da imagem são os mesmos para o cliente e para ele mesmo. Considere um cliente que relata a imagem de uma vela em um barco para um terapeuta que é um ávido marinheiro. Esse terapeuta precisará se proteger ativamente contra a fusão das suas próprias associações com as do cliente. Manter uma postura socrática e pedir ao cliente para explorar sua própria imagem ajudará a fazer isso.

Armadilha 3

O cliente relata uma imagem que evoca uma variedade de significados e associações na mente do terapeuta; estes interferem no processamento das reações do cliente pelo terapeuta.

Quando as imagens evocam reações emocionais intensas no terapeuta

O potencial de viés clínico pode aumentar quando as imagens são identificadas como parte de um processo de conceitualização. Isso ocorre porque as imagens também evocam reações emocionais mais intensas no terapeuta em comparação com as palavras sozinhas.

200 Padesky & Kennerley

> **Armadilha 4**
>
> As imagens mentais evocam reações intensas, e o cliente e/ou o terapeuta se sentem sobrecarregados de emoção.

No diálogo a seguir, a terapeuta inicialmente faz um bom trabalho ao usar o diálogo socrático para ajudar Akiko a identificar imagens. No entanto, quando as imagens relatadas por Akiko evocam reações emocionais intensas na terapeuta, o uso do diálogo socrático por ela descarrilha.

Terapeuta: Até agora, Akiko, listamos três coisas que você sabe que aumentam sua tristeza: ficar deitada na cama por mais de 10 minutos, olhar para as pilhas de papel na sua mesa e encarar seu namorado lhe dizendo que está desapontado com você. Há alguma imagem que você sabe que aumenta a sua tristeza? As imagens podem ser imagens mentais, sons, cheiros ou sensações corporais.

Akiko: Às vezes, eu só ouço um tom na voz do meu namorado e sei que ele está infeliz comigo. É isso que você quer dizer?

Terapeuta: Pode ser, especialmente se você ouvir esse tom mesmo quando o seu namorado não estiver presente. Ou se, quando você ouvir esse tom na voz dele e ele estiver presente, isso trouxer à mente alguns pensamentos e memórias que vão além da situação em que você está.

Akiko: Sim, acho que entendi. Às vezes, quando ouço esse tom na voz dele, isso me lembra o vento nas árvores que ouvia do meu quarto quando criança. Eu estava tão sozinha depois da morte da minha mãe e me sentia tão triste.

Terapeuta: Quando você ouve esse tom na voz dele, vem à mente uma lembrança vívida de si mesma quando criança ouvindo o vento nas árvores e se sentindo muito solitária e triste por sua mãe ter partido?

Akiko: Sim. Não é sempre. Mas, quando isso acontece, eu sinto uma tristeza profunda no meu peito.

Terapeuta: **Perder um dos pais é muito difícil. Me pergunto se você se preocupa em perder o seu namorado se ele estiver desapontado com você.**

Akiko: Hummm... Não tenho certeza.

Terapeuta: **Quando somos próximos dos nossos pais, a morte deles pode ser uma grande perda. Isso pode dificultar ainda mais o enfrentamento da possibilidade de perda de outras pessoas importantes em nossa vida.**

Essa terapeuta fez um bom trabalho ao solicitar a Akiko imagens ligadas aos seus sentimentos de tristeza. No entanto, nos dois últimos comentários da terapeuta (em negrito), observamos que ela tem uma teoria que liga a perda da mãe de Akiko na infância à tristeza da cliente em reação à decepção do namorado. Em vez de seguir uma linha socrática de questionamento para descobrir as associações de Akiko entre a infância e sua situação atual, a terapeuta oferece sua própria interpretação. Mesmo quando Akiko indica que tal interpretação pode não estar correta ("Hummm... Não tenho certeza"), a terapeuta prossegue apresentando essa hipótese.

Como isso ocorreu, dado que essa terapeuta geralmente tenta ser socrática? A mãe dessa terapeuta estava envelhecendo, e a terapeuta percebeu que ela provavelmente morreria nos próximos anos. A imagem, construída por Akiko, do vento nas árvores era tão vívida que levou a terapeuta a imaginar a morte de sua própria mãe, e ela sentiu uma profunda tristeza em resposta a essa imagem. Quando a terapeuta voltou sua mente para a questão da tristeza de Akiko relacionada ao desapontamento do seu namorado, procurou ligações com a morte de sua mãe, porque essa era a parte mais saliente das imagens mentais de Akiko na sua própria mente. Com suas próprias associações e significados ativados, a terapeuta imaginou o quão difícil seria contemplar a perda de um relacionamento amoroso ao mesmo tempo que sua mãe estava morrendo, mesmo que essa não fosse a situação de Akiko.

Quando sentimos emoções e reações intensas às imagens dos clientes, é muito útil solicitar supervisão ou consulta para nos ajudar a gerir e separar as nossas próprias reações das deles. Se essas reações forem frequentes ou particularmente intensas, podemos até decidir encontrar um terapeuta para as processarmos. Vamos observar as diferenças que ocorrem quando a terapeuta de Akiko se livra da imersão em suas próprias imagens mentais, seus significados e suas associações com a imagem de Akiko e, em vez disso, mantém uma postura socrática. As novas perguntas e respostas da terapeuta estão em negrito para indicar quando ela investiga os significados atribuídos por Akiko às suas imagens mentais. O diálogo começa no ponto que corresponde a dois terços do exemplo anterior:

Terapeuta: Quando você ouve esse tom na voz dele, vem à mente uma lembrança vívida de si mesma quando criança ouvindo o vento nas árvores e se sentindo muito solitária e triste por sua mãe ter partido?

Akiko: Sim. Não é sempre. Mas, quando isso acontece, eu sinto uma tristeza profunda no meu peito.

Terapeuta: **Como você acha que essa imagem e essa memória da infância se relacionam com o que você está vivenciando agora?**

Akiko: (Pausa.) Quando eu ouvia o vento nas árvores quando criança, a tristeza era muito profunda porque eu amava minha mãe e era difícil entender que ela se fora para sempre. Mas não havia nada que eu pudesse fazer. O "nada a fazer" me deixava especialmente triste. Quando meu namorado está desapontado, às vezes, se estou deprimida, parece que sou incapaz de fazer o que quero para melhorar as coisas. É como se eu pudesse ver o caminho, mas não conseguisse dar o primeiro passo, minhas pernas ficam muito pesadas.

Terapeuta: Então a sua tristeza está ligada a se sentir incapaz de fazer o que você consegue imaginar para melhorar o seu relacionamento? Suas pernas ficam muito pesadas?

Akiko: Sim. Quero estar mais conectada a ele e me divertir como costumávamos, mas minha tristeza torna quase impossível fazer isso, mesmo quando percebo que isso nos ajudaria.

Terapeuta: Quais partes dessa imagem são mais importantes para serem registradas em nossa conceitualização?

Akiko: Acho que devemos escrever: "Como quando eu era criança, me sinto incapaz de mudar as coisas. Minhas pernas ficam muito pesadas".

Quando sua terapeuta se abstém de expressar suas hipóteses, geradas pessoalmente, que ligam a morte da mãe de Akiko ao medo da cliente de perder o namorado, Akiko fica mais envolvida na conceitualização. Ela estabelece uma ligação que não era óbvia para a terapeuta. Sua imagem de infância está ligada, em virtude de uma similaridade, à dificuldade de fazer algo para mudar a situação. Ela também oferece uma imagem contemporânea adicional: "Não consigo dar o primeiro passo, minhas pernas ficam muito pesadas". Essa imagem pode ser usada metaforicamente na terapia para ajudar Akiko a começar a dar pequenos passos positivos, mesmo quando suas pernas parecem "muito pesadas".

Quando as imagens evocam reações emocionais intensas no cliente

Às vezes, é o cliente que fica sobrecarregado com a emotividade de uma imagem. Quando um cliente chora ou fica assustado em resposta a uma imagem, essas reações emocionais podem ser exploradas com compaixão, assim como é feito com pensamentos verbais. O terapeuta pode perguntar o que a imagem significa para o cliente e quais partes ou significados dela evocam as emoções experimentadas. Alguns clientes que experimentam reações emocionais particularmente intensas podem dissociar em resposta a imagens. Como mostrado no exemplo com Maija no início deste capítulo, essa resposta pode ocorrer em clientes que sofreram traumas graves.

Como a terapeuta de Maija demonstrou, o uso do diálogo socrático pode ajudar os terapeutas a permanecerem envolvidos com um cliente que está dissociando. Nesse caso, o terapeuta combinará o diálogo socrático com métodos mais diretos desenvolvidos para ajudar o cliente a ficar ancorado e deixar o estado dissociado. O capítulo de Kennerley intitulado "Comportamentos impulsivos e compulsivos" (Capítulo 7) descreve esses métodos e sua lógica em mais detalhes.

Armadilha 5

O cliente relata várias imagens, e o terapeuta não tem certeza de quais delas é importante explorar.

O que fazer quando há várias imagens

Como aconteceu com Akiko, às vezes uma imagem leva a outra. Às vezes, os terapeutas enfrentam uma cornucópia de imagens. Como se decide quais das imagens são suficientemente importantes para serem incluídas em uma conceitualização ou exploradas na terapia? Geralmente, o cliente é o melhor guia para fazer essas escolhas. A terapeuta de Akiko pergunta: "Quais partes dessa imagem são mais importantes para serem registradas em nossa conceitualização?". Quando há várias imagens, é útil perguntar: "Quais dessas imagens você acha que são mais importantes para registrarmos e explorarmos?"

Uma diretriz adicional é que as imagens mentais mais conectadas aos problemas de apresentação do cliente geralmente são as mais importantes. Assim, para os clientes ansiosos, as imagens que se conectam aos *hotspots* — a ansiedade mais intensa — são provavelmente as mais importantes a serem examinadas na terapia (Holmes et al., 2005). Da mesma forma, as imagens quentes ligadas a depressão, raiva ou outros humores que são o foco da terapia devem ser priorizadas. Se o objetivo da terapia é a mudança de comportamento, as imagens que se conectam mais fortemente com os comportamentos-alvo podem ser as mais importantes a serem examinadas. Por exemplo, imagens que ativam o uso indevido de substâncias ou problemas alimentares são importantes para identificar e explorar se esses comportamentos são focos de tratamento. Além disso, imagens que promovem comportamentos desejados podem aumentar a eficácia da terapia, conforme descrito mais adiante neste capítulo.

Explorando e testando imagens mentais

Como testamos as crenças centrais quando elas assumem a forma de imagens mentais? Os mesmos métodos discutidos em outras partes deste livro se aplicam. Pode-se usar diálogo socrático, experimentos comportamentais, registros de pensamento, simulação de papéis e outros métodos para testar e examinar imagens mentais. Isso funciona se as imagens mentais pertencem a experiências reais ou imaginárias. Para contextualizar essas afirmações, é útil perceber que as imagens mentais são como a percepção real e usam os mesmos processos neurais.

Sabemos disso a partir de pesquisas de neuroimagem cerebral que investigam quais sistemas neurais são ativados quando os participantes realizam tarefas específicas. Muitas experiências foram conduzidas contrastando a percepção direta com as imagens mentais correspondentes. Por exemplo, se você escanear o cérebro de alguém vendo diretamente a letra A ou formando uma imagem visual da letra A, os resultados mostrarão que as mesmas partes ou partes semelhantes do cérebro são usadas na percepção direta e nas imagens mentais (Ganis et al., 2004; Kosslyn et al., 2001; Pearson et al., 2015). Essa sobreposição das regiões cerebrais usadas se aplica não apenas a diferentes aspectos das imagens mentais visuais (por exemplo, cor e tamanho), mas também a outras modalidades sensoriais. Por exemplo, a prática mental do movimento produz padrões de ativação cortical semelhantes ao movimento real. O poder das imagens mentais é tal que a prática de imaginar o movimento pode afetar a recuperação física dele em pacientes com acidente vascular cerebral (AVC; Carrasco & Cantalapiedra, 2016). Embora estímulos mais complexos tenham sido bem menos pesquisados, um padrão semelhante de resultados está surgindo. Por exemplo, olhar para um rosto assustador ativa uma região do cérebro associada ao medo — a amígdala. Simplesmente imaginar esses rostos também ativa essa região (Kim et al., 2007).

No geral, esse tipo de estudo nos diz que as imagens mentais e a percepção direta são semelhantes em termos de resposta cerebral. É útil que os terapeutas saibam disso, pois tal informação sugere que imaginar um evento pode ter o mesmo impacto que realmente ver/ouvir esse evento acontecer. Pode ser útil normalizar para um cliente que suas imagens mentais negativas são compreensivelmente perturbadoras, pois podem ter um impacto semelhante ao de experienciar um evento real. Os terapeutas infantis podem estar cientes de que as crianças talvez tenham reações traumáticas ao testemunhar eventos na vida real ou na televisão. Isso pode explicar por que as crianças que assistem a mais cobertura de televisão de um desastre são mais propensas a experimentar sintomas de estresse traumático, especialmente se tiverem sintomas preexistentes de TEPT (Weems et al., 2012). Da mesma forma, as imagens mentais positivas podem levar ao mesmo grau de alegria e felicidade que as experiências do mundo real.

Armadilha 6

As imagens mentais envolvem cheiros, sensações cinestésicas ou outro conteúdo não verbal, e o terapeuta não sabe como proceder.

Como explorar imagens mentais que envolvam cheiros, sensações cinestésicas ou outro conteúdo não verbal

Em termos de diálogo socrático, a pesquisa sugere que, quando as cognições-alvo são imagens, o terapeuta deve responder a elas da mesma forma que aos pensamentos verbais. Isso se aplica mesmo quando as imagens mentais envolvem cheiros, sensações corporais ou outro conteúdo não verbal. Ao usar o diálogo socrático, as evidências obtidas para testar uma crença podem ser derivadas exclusivamente de informações coletadas na imagem em si, conforme demonstrado no seguinte trecho de uma sessão de terapia com Saul, que sofre de artrite reumatoide crônica:

Saul: A dor tem sido tão ruim ultimamente. Eu não acho que consiga lidar com ela.

Terapeuta: Você pode descrever a sua dor para mim? (*Pergunta informativa*)

Saul: Como eu disse à minha esposa esta manhã, parece que há carvão em brasa nas minhas articulações.

Terapeuta:	Oh! Isso parece muito doloroso. (*Escuta empática*)
Saul:	Sim, não consigo aguentar.
Terapeuta:	(Depois de reunir mais informações sobre articulações afetadas, classificações de dor e outras informações relevantes para o tratamento da dor.) Vamos voltar a essa imagem que você construiu de um carvão em brasa nas articulações.
Saul:	(Revirando os olhos.) Nós temos que fazer isso?
Terapeuta:	(Sorrindo.) Bem, depende de você, mas discutimos a importância das imagens que você constrói.
Saul:	Sim, estou apenas brincando. Eu sei que essa imagem do carvão em brasa piora a minha dor.
Terapeuta:	E a dor é como um carvão em brasa?
Saul:	Parece que as minhas articulações estão queimando. E a dor é muito intensa. Vejo a dor como uma cor laranja e vermelha. E minha articulação parece do mesmo tamanho de um pedaço de carvão.
Terapeuta:	Há algo na sua experiência que não seja como um carvão em brasa?
Saul:	Bem, se fosse um carvão em brasa, eu poderia derramar água sobre ele e esfriá-lo.
Terapeuta:	Bom argumento. (Escreve.) Algo mais?
Saul:	Acho que um carvão em brasa gradualmente fica mais frio com o tempo. Ele queima por conta própria. Minhas articulações não se acalmaram a semana toda.
Terapeuta:	Essa é uma observação interessante. O que você pode pensar que é quente como a sua dor e pode ficar quente sem esfriar?
Saul:	Bem, um radiador faria isso se você mantivesse o aquecimento ligado.
Terapeuta:	Bom. Escrevi suas três ideias aqui: (1) se for um carvão em brasa, eu posso derramar água sobre ele e esfriá-lo; (2) se for um carvão em brasa, ele queimará por conta própria; e, (3) se não esfriar, então é mais como um radiador que precisa ser desligado. (*Síntese escrita*)
Saul:	Ok. O que devo fazer com isso?
Terapeuta:	Não tenho certeza. Por que você não contempla essas três ideias aqui e vê o que vem à sua mente? Talvez seja necessário ser um pouco criativo. (*Solicitação analítica em vez de uma pergunta*)
Saul:	(Depois de um minuto de silêncio.) Suponho que eu poderia usar imagens mentais para derramar um pouco de água fria sobre as minhas articulações. (Ainda olhando para a lista escrita.) Isso poderia ajudar a saber que a dor não será tão intensa para sempre; ela vai esfriar. E, se não esfriar, isso significa que preciso encontrar uma maneira de ir à fonte e desligá-la.
Terapeuta:	Como você faria isso?

Saul:	Bem, a enfermeira do consultório do meu médico me mostrou como aplicar pressão em certos pontos para ajudar a aliviar a dor. E você me ensinou como as imagens mentais podem ajudar a aliviá-la. Talvez eu pudesse começar com a ideia de derramar água fria sobre a articulação e dar um pouco de tempo para que essa imagem refrescante funcione. Se isso não ajudar, posso imaginar que esses pontos de pressão são a válvula de desligamento do radiador. Eu poderia pressionar o botão "Desligar" e esperar o radiador esfriar.
Terapeuta:	O que você acha desse plano?
Saul:	Vale a pena tentar. Eu poderia suportar a dor melhor se soubesse que não durará o dia todo e que há algo que eu posso fazer a respeito.

A terapeuta de Saul usou o diálogo socrático para ajudá-lo a testar se sua dor artrítica era como um carvão em brasa e a gerar ideias para avaliar se ele poderia administrar ou lidar com isso. Ela ficou concentrada na imagem construída pelo cliente e pediu ideias, ouviu com empatia e fez uma síntese escrita de suas observações. Então ela encorajou Saul a ser criativo e usar as ideias da síntese para ver como elas poderiam ajudá-lo. Observe que o plano sugerido por Saul envolvia uma série de imagens. Os clientes geralmente são muito criativos ao usar imagens de maneiras metafóricas para resolver um problema. Trabalhar diretamente com a imagem do carvão em brasa construída por Saul levou a uma resolução que ele poderia lembrar e implementar com mais facilidade do que ideias derivadas de um diálogo sobre o controle da dor que não incorporasse suas imagens mentais. Apesar da natureza imaginativa de suas metáforas, elas podem parecer mais "reais" para Saul do que o diálogo verbal.

Alucinações auditivas como imagens mentais

As alucinações auditivas são um tipo de imagem mental muito comum na psicose. Métodos de descoberta guiada podem ser usados para testar crenças e interpretações sobre as vozes ouvidas durante alucinações auditivas (Beck et al., 2020; Beck et al., 2009; Morrison, 2001, 2009). Tal como acontece com a maioria das imagens mentais, as vozes ouvidas em alucinações soam muito reais, tão reais quanto as vozes em qualquer outra conversa. Assim, tentar "convencer" o cliente de que essas vozes estão em sua mente e não na sala geralmente não é a melhor estratégia. Em vez disso, os terapeutas podem usar métodos de descoberta guiada, como experimentos comportamentais, para testar crenças relevantes sobre as vozes e permitir que as pessoas cheguem às suas próprias conclusões sobre a origem delas.

Por exemplo, Jamal e seu terapeuta criaram uma série de experiências comportamentais relativas à voz que ele ouviu. Inicialmente, esses experimentos testaram se a voz estava na sala. Jamal concordou que, se a voz estivesse na sala, outras pessoas reagiriam, pelo menos não verbalmente, quando ela começasse a gritar com ele. Além disso, ele previu que a voz poderia ser gravada no gravador de áudio do telefone para que o terapeuta também pudesse ouvi-la. Tal como acontece com todas as experiências comportamentais, Jamal escreveu suas previsões com antecedência e registrou suas observações quando cada experimento terminou (Bennett-Levy et al., 2004). Ele ficou genuinamente surpreso quando outras pessoas não reagiram à voz. Quando ele perguntou a dois de seus amigos "Vocês acabaram de ouvir alguém gritando?", eles disseram que não. Suas tentativas de gravar a voz em seu gravador de áudio também falharam. Essa série de experimentos levou Jamal a mudar sua crença de que a voz podia ser ouvida por qualquer pessoa.

No entanto, mesmo que apenas ele ouvisse a voz, Jamal acreditava que ela tinha grande poder sobre ele. Assim, o terapeuta de Jamal trabalhou com ele para construir uma hierarquia de experimentos a fim de testar essa crença. A Figura 5.1 mostra alguns dos experimentos comportamentais de Jamal e seus resultados.

O tipo de experimento que Jamal e seu terapeuta conduziram pode ter um poderoso efeito terapêutico em pessoas que ouvem vozes. Quando as vozes são percebidas como onipotentes ou perigosas, aumenta tanto a sua frequência quanto a angústia em relação a elas (Chadwick & Birchwood, 1994; Gaudiano & Herbert, 2006). Experimentos comportamentais fornecem o tipo de experiência do mundo real que tem credibilidade muito maior para a pessoa que ouve vozes em comparação com a fornecida por informações educacionais verbais. Assim, os experimentos comportamentais são uma forma importante de descoberta guiada a ser realizada com alucinações auditivas. Como mostra a Figura 5.1, o terapeuta de Jamal revisou e debateu esses experimentos usando os métodos de descoberta guiada de previsão, observação, sín-

Experimento	Previsão	O que aconteceu?	O que eu aprendi?
Atraso na resposta por 5 segundos.	A voz vai ficar zangada e me magoar.	Nada.	A voz não é tão perigosa quanto eu pensava. Se eu não fizer o que ela diz ou se eu ignorar ou colocar uma música, ainda estarei bem. Isso não me magoa. Posso decidir se a ouço ou não.
Atraso na resposta por 15 segundos.	A voz vai ficar zangada e me magoar.	Eu estava com medo, mas nada aconteceu.	
Coloque uma música e deixe bem alta.	A voz vai ficar mais alta. Ele pode desligar a música.	A música tocou sem parar. Eu não conseguia ouvir a voz e, quando desliguei a música, a voz se foi.	
Diga "Você é apenas uma voz e não tem poder sobre mim".	Algo ruim. A voz não vai gostar disso.	Perdi o ônibus para casa, mas não tenho certeza de que a voz causou isso. Não foi tão ruim.	

FIGURA 5.1 Experimentos comportamentais de Jamal para testar o poder da voz que ele ouve.

Distorções nas imagens mentais

Nossas percepções dos eventos são muitas vezes distorcidas, por isso não é surpreendente que a imagem também inclua distorções. Ajudar as pessoas a reconhecer e corrigir distorções nas imagens mentais pode ser um caminho frutífero para mudar os significados atribuídos a essas imagens e as reações emocionais a elas. Considere Charlene, que tem estado deprimida e com tendências suicidas. Ela se vê como "inútil" e, portanto, afirma que não há razão para viver. Como uma pequena parte de um plano de intervenção suicida, a sua terapeuta explorou imagens relacionadas com a crença da cliente de que era inútil.

Terapeuta: Quando você diz a palavra "inútil", parece desgostosa consigo mesma.

Charlene: Estou. Essa é uma boa palavra para isso.

Terapeuta: Alguma imagem vem à mente quando você diz "Eu sou inútil"?

Charlene: Suponho que sim. Eu me vejo como sou.

Terapeuta: Como é isso? Me diga exatamente o que você vê.

Charlene: Bem, eu sou feia e suja, uso roupas esfarrapadas. Sou fedorenta como um sem-teto. Mas eu não tenho dignidade como um sem-teto que está sem abrigo por causa da má sorte. Sou nojenta, porque a culpa é minha por ser tão inútil.

Terapeuta: Essa imagem que você tem de si mesma como feia, suja, esfarrapada, fedorenta — você pode descrever mais suas roupas, seu cabelo, qualquer outra coisa que pareça importante? (Charlene oferece mais detalhes, e a terapeuta anota todos eles.)

Terapeuta: Experimentamos muita emoção em reação às nossas imagens. É por isso que pode ser útil garantir que nossas imagens sejam justas e equilibradas.

Charlene: Eu sou inútil.

Terapeuta: Vamos colocar "inútil" de lado por enquanto. Anotei a descrição que você fez da sua imagem. Vamos analisar cada parte e ver se é uma descrição justa de você. Por exemplo, na sua imagem, o seu cabelo está emaranhado e sujo. Seu cabelo não parece assim para mim. Como você descreveria o seu cabelo hoje?

Charlene: Não tenho certeza.

Terapeuta: Seria aceitável tirar uma foto sua com a câmera do seu telefone? Então podemos olhar para a sua foto e compará-la com a sua imagem mental de si mesma.

Charlene: Sim, tudo bem.

Quando os clientes relatam imagens negativas ou perturbadoras, é importante obter o máximo de detalhes possível. Se as imagens estiverem relacionadas a pessoas ou eventos reais, os detalhes delas podem ser comparados com a observação direta. É isso que a terapeuta de Charlene está começando a fazer com ela. Uma vez que as distorções são reveladas, o cliente pode ser convidado a ver como suas reações são diferentes quando a imagem está mais alinhada com suas observações do evento ao vivo ou das pessoas. Por exemplo, uma mulher que se sentiu intimidada por um homem que gritava com ela percebeu que, na imagem que ela tinha dele, ele parecia mais alto do que ela, mas, na realidade, ele era mais baixo. Quando ela ajustou a imagem para vê-lo olhando para cima enquanto gritava, ela se sentiu mais no controle de suas emoções. No final do encontro, a terapeuta de Charlene pediu que ela refletisse sobre o impacto de sua imagem ajustada:

Terapeuta: Quando você se vê mais parecida com esta foto, isso tem algum efeito sobre os seus sentimentos em relação a si mesma?

Charlene: Sim. Realmente fez diferença quando falamos sobre os meus olhos. Eu pareço tão cansada. Na minha mente, meus olhos são desagradáveis e dizem ao mundo: "Eu não dou a mínima". Meus olhos aqui (apontando para a foto) estão apenas cansados. Não admira que eu não faça coisas. Estou exausta por me sentir tão para baixo e ter tantos problemas por tanto tempo. Um sofá desgastado não é inútil, é apenas usado.

Terapeuta: Sim. E um sofá desgastado pode ser recuperado e preenchido com novo estofamento, tornando-se renovado e útil novamente.

Charlene: Não tenho certeza de que estou à altura, mas é uma boa ideia.

Mais uma vez, observe que a terapeuta está sintonizada para notar pequenas mudanças nas imagens mentais que oferecem esperança a Charlene. Quando Charlene se refere metaforicamente a si mesma como um sofá desgastado, sua terapeuta estende essa metáfora e fala sobre como um sofá pode ser reconstruído e tornado útil novamente. As imagens mentais fornecem um terreno fértil para metáforas que oferecem possibilidades de mudança, crescimento e recuperação.

Mantenha em mente

- A conceituação de caso e a pesquisa empírica são bons guias para os temas imaginários com maior probabilidade de serem importantes para um problema específico.
- As mesmas intervenções usadas para testar e avaliar pensamentos verbais podem ser utilizadas com imagens mentais.
- Obtenha o máximo de detalhes possível sobre as imagens. Os detalhes ajudam a revelar as distorções e os aspectos da imagem que podem ser testados.
- Evidências relevantes para avaliar e aprender com uma imagem muitas vezes podem ser encontradas na própria imagem.

- As imagens mentais muitas vezes podem levar os clientes a gerar ideias criativas para se ajudarem.
- Assim como os pensamentos verbais, as imagens mentais geralmente incluem distorções. Identificar e fornecer informações corretivas para essas distorções geralmente alivia o sofrimento associado a imagens perturbadoras.

Como as imagens de eventos que realmente não ocorreram podem ser testadas?

Às vezes, as pessoas constroem imagens de situações que nunca ocorreram e, no entanto, têm reações emocionais intensas a elas e não podem facilmente descartá-las. Na verdade, as imagens mentais aumentam a probabilidade de a pessoa acreditar que algo ocorrerá. Uma série de estudos mostra que, quando as pessoas são convidadas a imaginar um evento, é mais provável que acreditem mais tarde que o evento imaginado realmente ocorreu. Por exemplo, alguém que é instruído a imaginar derrubar uma jarra de ponche em um casamento quando era jovem provavelmente acreditará mais tarde que isso realmente ocorreu (Loftus, 1997a e 1997b). As pessoas variam em quão bem são capazes de distinguir entre eventos reais e imaginários — um processo conhecido como "monitoramento da realidade" (Johnson & Raye, 1981). Além disso, imaginar um evento no futuro aumenta a probabilidade de alguém acreditar que esse evento ocorrerá. Por exemplo, a facilidade de imaginar os sintomas de uma doença faz com que as pessoas avaliem como maior a probabilidade de contraírem essa doença (Sherman et al., 1985). As pessoas que imaginam ganhar na loteria são mais propensas a avaliar positivamente suas probabilidades de ganhar.

Armadilha 7

O terapeuta tem certeza de que as imagens mentais descritas realmente não ocorreram, no entanto, o cliente tem reações emocionais intensas a elas e não consegue tirá-las da mente com facilidade.

Uma implicação dessas descobertas de que as imagens mentais fortalecem as crenças de que algo realmente aconteceu ou acontecerá é encontrada na literatura sobre "falsa memória" (Andrews et al., 1995). Os terapeutas que perguntam repetidamente sobre traumas de infância quando os clientes não relataram tais experiências provavelmente induzirão os clientes a acreditar que foram vítimas de traumas de infância. Os terapeutas nunca devem pedir aos clientes que imaginem deliberadamente eventos traumáticos que não tenham sido relatados por eles, porque isso aumenta a probabilidade de acreditarem que tais eventos imaginados realmente ocorreram (Otgaar et al., 2019). Claro, sugerir o que os clientes imaginam não é consistente com o diálogo socrático em nenhum caso.

Quando as imagens são problemáticas para os clientes e, no entanto, não se relacionam com pessoas ou eventos reais, os terapeutas podem intervir da mesma forma que fariam com imagens relacionadas a experiências reais. Breves exemplos de caso ilustram cada uma destas quatro estratégias principais:

- Sondar distorções na imagem.
- Transformar a imagem de maneiras úteis.
- Ajudar o cliente a construir uma imagem alternativa.
- Avaliar de forma colaborativa os significados e as implicações da imagem.

Sondagem em busca de distorções

Lee sentiu-se muito culpado por três de seus amigos terem morrido em um acidente de carro fatal que ocorreu quando eles voltavam para casa depois de uma aula noturna. Uma imagem continuava vindo à sua cabeça; nela, Lee dizia aos amigos: "Deixe-me levá-los para casa". Nessa imagem, todos os seus amigos entraram em seu carro e foram levados para casa sem pressa. Lee não conseguiu se livrar da culpa porque pensou que poderia ter intervindo para evitar a morte deles. Seu terapeuta usou o diálogo socrático com Lee para testar a realidade dessa imagem e ver se ela poderia estar distorcida de alguma forma. No final da sessão, Lee reconheceu que era muito improvável que ele tivesse feito tal oferta ou que seus amigos a tivessem aceitado, porque: (1) eles moravam em uma região da cidade diferente daquela em que Lee vivia; (2) um de seus amigos havia dirigido com seu próprio carro para a aula e, para aceitar uma carona, esse amigo teria que deixar seu carro na universidade durante a noite; e (3) Lee tinha instrumentos musicais em seu carro, de modo que teria sido impossível todos os três amigos caberem no espaço restante. Assim que percebeu as distorções em sua imagem, Lee foi capaz de deixar de lado sua culpa e lamentar a perda de seus amigos.

Transformação da imagem

Maria tinha pesadelos recorrentes. Frequentemente, tratava-se de sonhos que ela e a sua terapeuta acreditavam estar relacionados com o abuso sexual que a cliente sofrera na infância. Um pesadelo recorrente incluía um homem com muitas cabeças andando lentamente em direção a ela. Cada cabeça tinha muitos olhos, que a observavam de uma maneira ameaçadora. Em seu sonho, ela estava encostada contra uma parede ao lado de uma cama e não conseguia identificar um lugar onde se esconder ou para onde correr. Sua terapeuta decidiu ajudar Maria a transformar as imagens mentais desse sonho usando métodos da terapia de ensaio de imagens mentais (IRT, do inglês *imagery rehearsal therapy*), que demonstrou ser um tratamento eficaz para pesadelos recorrentes (Krakow, 2004). Uma vez que ela e Maria documentaram os vários elementos do pesadelo, a terapeuta deu à cliente as seguintes instruções:

Terapeuta: Quero que você pense no seu pesadelo como um filme.

Maria:	Um filme muito assustador!
Terapeuta:	Isso mesmo. Imagine que você é a realizadora de um novo filme. Esse novo filme começa da mesma forma que o seu pesadelo. Mas, nesse novo filme, você tem todos os efeitos especiais que deseja e dos quais precisa. Você pode fazer qualquer coisa acontecer. Quero que descubra algo que mude o seu sonho de alguma forma, de modo que você consiga tomar medidas que a ajudem a se sentir segura e protegida.
Maria:	Que tipo de mudanças devo fazer no sonho?
Terapeuta:	O que quiser. Reserve alguns minutos agora e veja o que vem à sua mente.
Maria:	(Depois de alguns minutos de silêncio, um grande sorriso aparece no rosto de Maria.) Já sei!
Terapeuta:	Quer me contar?
Maria:	O homem vem na minha direção. Quando ele se aproxima, eu puxo o cobertor da cama e o jogo sobre ele!
Terapeuta:	O que acontece depois?
Maria:	Ele desaparece!

Enquanto o pesadelo inicial implicava que Maria era impotente para se proteger de ameaças de abuso, seu sonho transformado incorporou uma ação que a levou a sentir que poderia se proteger. Maria foi instruída pela sua terapeuta a ensaiar esse novo sonho enquanto estava acordada várias vezes ao dia durante a semana seguinte. Esse ensaio pretendia aumentar a probabilidade de ela ser capaz de transformar seu sonho antes que ele se tornasse um pesadelo caso ocorresse novamente. Como acontece em cerca de 90% dos casos nas pesquisas sobre IRT (Krakow, 2004), o pesadelo de Maria com o homem de muitas cabeças nunca se repetiu. Depois que ela passou por esses mesmos passos para transformar a imagem de outro pesadelo recorrente, seus pesadelos pararam completamente pela primeira vez em sua vida.

Observe que a transformação de imagens mentais não precisa seguir as regras do mundo real. Os pesadelos de Maria começaram quando ela tinha 4 anos, e sua transformação do sonho em questão foi a solução de uma criança dessa idade. Jogar um cobertor sobre o homem monstruoso o fez desaparecer. Esse exemplo de caso ressalta a importância de o terapeuta manter uma postura socrática durante a transformação de imagens mentais. As sugestões do terapeuta nunca tendem a ser tão eficazes quanto as ideias dos clientes sobre como alterar as imagens mentais pessoais.

Às vezes, os terapeutas vão querer incentivar os clientes a editar as transformações iniciais que propõem para a imagem. Por exemplo, alguns sobreviventes de abuso inicialmente proporão imagens mentais que envolvam ferir seu agressor. Esse tipo de imagem transformada pode fazer com que os sobreviventes de abuso se vejam como maus, abusivos ou "não melhores do que o agressor". Quando imagens violentas são propostas, peça aos clientes que pensem em desenvolver uma imagem que lhes permita se sentirem seguros, livres de culpa e estigma e, o mais importan-

Diálogo socrático para a descoberta em psicoterapia **213**

te, fundamentalmente diferentes de seu agressor de maneiras congruentes com seus valores pessoais.

Construção de uma imagem alternativa

Pesquisas demonstram que imagens mentais angustiantes fortalecem a convicção de uma pessoa de que dado evento é real ou acontecerá. Esse efeito pode ocorrer mesmo quando uma pessoa percebe que é improvável que as imagens mentais sejam verdadeiras. A lógica pode ser ineficaz no combate a tais crenças. Recrutar imagens mentais alternativas pode ser mais eficaz do que contestar a veracidade das imagens mentais existentes. Considere Viola, que ainda estava em luto agudo três anos após a morte do marido, Victor. Quando começou a terapia, ela estava quase reclusa em casa; ela acreditava que seria desleal à memória de Victor participar e desfrutar de atividades sociais.

Sua terapeuta perguntou se Viola acreditava que Victor gostaria que ela ficasse em casa de luto. Viola não pensava assim, mas descreveu uma imagem de Victor em seu leito de morte e pontuou como ele parecia fraco e triste. Ela não conseguia abalar essa imagem, embora soubesse que ele não estava mais doente. Não parecia aceitável que Viola risse e se divertisse enquanto ele ainda estava doente em sua mente. Sua terapeuta decidiu que poderia ajudar Viola se a cliente conseguisse construir uma imagem alternativa. Ela começou investigando se Viola poderia substituir sua imagem da morte do marido por uma imagem mais feliz, como as pessoas são capazes de imaginar quando acreditam na vida após a morte:

Terapeuta:	Você acredita em vida após a morte, Viola?
Viola:	Sim... Não tenho certeza, mas espero que haja uma.
Terapeuta:	Se houver uma, como você acha que Victor está agora?
Viola:	Não sei. Não consigo imaginar. Não tenho certeza.
Terapeuta:	Às vezes, depois que as pessoas morrem, os membros da família sentem sua presença. Você já sentiu que Victor estava na sala ou que ele voltou para se comunicar com você?
Viola:	Não. Às vezes, eu desejei isso. Isso nunca aconteceu.

Na mente do terapeuta

Viola não parece ter uma imagem clara da vida após a morte e, portanto, não tem nenhuma imagem pré-formada em que se basear. Talvez seja melhor sugerir um processo mais criativo para gerar uma imagem alternativa. Às vezes, os sonhos podem ser usados para esse fim.

Terapeuta:	Eu gostaria de saber se você estaria disposta a tentar ter um sonho que lhe enviaria uma mensagem para ajudá-la a lidar com esse dilema.
Viola:	O que você quer dizer?

Terapeuta:	Ouvi algumas pessoas contarem que seu ente querido apareceu em um sonho muito depois da morte e lhes transmitiu uma mensagem. Talvez você possa pedir a Victor para vir até você em um sonho e lhe oferecer uma mensagem sobre o que ele quer para você agora. Ou você pode esperar por algum outro tipo de sonho que lhe daria uma mensagem que a ajudaria.
Viola:	Essa é uma ideia estranha. Nunca pensei em fazer isso.
Terapeuta:	Não é algo que eu costumo pensar em fazer em terapia. Mas, como algumas pessoas acham útil, você pode tentar ver o que acontece. O que acha?
Viola:	Eu só espero uma mensagem?
Terapeuta:	Não sei como ou se isso vai funcionar. Talvez um pouco antes de ir dormir você pudesse esperar por uma mensagem de Victor. Faça isso por várias noites e veja o que acontece.

Viola voltou para a sessão de terapia seguinte e relatou que Victor havia aparecido em um sonho interessante. Em vez de parecer doente, ele parecia tão saudável quanto antes da doença e tocava violão como na juventude. Quando Viola tentou se aproximar dele, Victor balançou a cabeça com um sorriso e se afastou. Quando acordou, Viola ficou triste por vê-lo partir, no entanto, experimentou uma sensação de calma.

Terapeuta:	O que você acha que esse sonho significa?
Viola:	Acho que Victor quer que eu saiba que ele está feliz e seguiu em frente. Ele também me deu permissão para seguir em frente.
Terapeuta:	Que partes do sonho se destacam para você e passam essa mensagem?
Viola:	O fato de ele estar tocando guitarra novamente. Ele sempre gostou de música e agora pode tocar o quanto quiser. Quando se afastou de mim, ele sorriu, o que me diz que ele está feliz. Eu podia ver nos seus olhos que ele também queria que eu fosse feliz, e isso não pode acontecer se ele for o centro da minha vida agora. (Pausa.) Ele se afastou não porque estava me rejeitando, mas porque queria que eu encontrasse uma nova felicidade.
Terapeuta:	Que diferença essa mensagem faz para você?
Viola:	Eu me sinto mais em paz agora. Acho que posso começar a fazer as coisas e manter essa nova imagem de Victor em minha mente para me sentir bem.

A imagem alternativa que surgiu para Viola em um sonho a ajudou a atravessar o luto diário de forma mais eficaz do que horas de discussão sobre terapia. Esse exemplo de caso ilustra mais uma vez que as imagens mentais alternativas que o cliente constrói, mesmo em um sonho, são muito mais potentes do que qualquer imagem mental que um terapeuta possa sugerir.

Avaliação dos significados e das implicações de uma imagem

Pessoas com hipocondria constroem imagens mentais frequentes sobre doenças (Wells & Hackmann, 1993). A pesquisa de psicologia experimental citada anteriormente sugere que essas imagens aumentarão a crença do cliente de que ele realmente contrairá doenças. Esse tipo de crença se presta prontamente ao diálogo socrático, nos níveis (1) de crenças metacognitivas sobre imagens mentais (por exemplo, "Já que posso ver isso acontecer comigo, deve ser real") e (2) do conteúdo das imagens mentais (por exemplo, a imagem de contrair HIV/aids e morrer). Além disso, explorar os significados e as implicações das imagens mentais às vezes pode levar a intervenções úteis.

A hipocondria de Roberto centrou-se no medo de que ele contraísse HIV e depois ficasse extremamente doente com aids. Um tema recorrente nas suas imagens mentais era que os seus pais e as pessoas no seu local de trabalho deduziam da sua doença que ele era *gay* e o rejeitavam. Em vez de simplesmente testar seus medos sobre a doença, o terapeuta de Roberto explorou as implicações dessa doença em particular:

Terapeuta: O que é pior para você quando imagina isso: desenvolver aids ou que as pessoas descubram que você é *gay*?

Roberto: Não ter controle sobre as pessoas descobrirem que sou *gay*. Tenho tido tanto cuidado em dizer apenas às pessoas que sei que me apoiarão. Não quero viver com o julgamento e a rejeição pelos quais terei que passar.

Para Roberto, os significados e as implicações mais assustadores da imagem construída consistiam na descoberta, por seus pais e por outras pessoas, da sua identidade como homem *gay*, o que levaria a consequências desastrosas. Seu terapeuta usou o diálogo socrático para ajudar Roberto a examinar a probabilidade de as consequências temidas ocorrerem e a sua capacidade de lidar com elas de uma forma que preservasse sua autoestima como um homem *gay*. Conforme descrito por Padesky (1989), essas intervenções incluíram discussões sobre como gerenciar construtivamente as crenças homofóbicas de seus pais para aumentar a probabilidade de eles aceitarem Roberto ao longo do tempo. Além disso, eles exploraram estratégias para gerenciar as pressões sociais que ele poderia enfrentar em seu local de trabalho e em outros lugares. Essas discussões aliviaram muito os temores de Roberto sobre as consequências interpessoais que poderiam ocorrer se ele contraísse aids e se as pessoas posteriormente soubessem que ele é *gay*. Roberto foi então capaz de se beneficiar mais facilmente dos protocolos-padrão de tratamento de ansiedade em saúde (Axelsson et al., 2020; Clark et al., 1998; Furer et al., 2007; Taylor & Asmundson, 2004).

Imagens mentais, mudança de comportamento e adesão à tarefa de aprendizagem

Além de afetar muito as crenças e emoções das pessoas, as imagens mentais também aumentam as chances de elas agirem. Em um estudo seminal sobre eleições nos

Estados Unidos, um grupo de participantes foi convidado a imaginar (apenas uma vez!) a votação, e outro grupo não. Aqueles que se envolveram em imagens mentais relacionadas ao voto, em comparação com aqueles que não o fizeram, eram significativamente mais propensos a realmente votar nas urnas na próxima eleição (real) (Libby et al., 2007). Outros experimentos mostram que o poder das imagens mentais para aumentar a probabilidade de agir se aplica a uma série de eventos — desde a contratação de TV a cabo (Gregory et al., 1982) até a revisão para avaliações (Pham & Taylor, 1999) e a doação de sangue (Carroll, 1978). Assim, quando queremos que os clientes realizem uma ação positiva, pode ser útil primeiro pedir-lhes que se imaginem fazendo essa ação.

Imaginar comportamentos desejados ou mesmo futuros esforços de atribuição de aprendizagem tem o benefício adicional de identificar recursos úteis que podem contribuir para a mudança e obstáculos que podem bloqueá-la. O exemplo a seguir ilustra essas possibilidades:

Terapeuta: Antes de encerrar hoje, vamos tirar alguns minutos para que você possa imaginar essa conversa com Kim no trabalho.

Sean: Só fazer na minha cabeça?

Terapeuta: Sim, mas tente imaginá-la da forma mais vívida possível. Veja se consegue sentir o cheiro do café na sala de descanso. Preste atenção aos sons que ouve e à "sensação" da sala. Parece quente e abafado ou fresco e arejado? Quando estiver vividamente "lá", imagine você e Kim na sala e comece a conversa. Leve o tempo que precisar; depois, você pode me falar sobre a experiência.

Sean: (Silêncio por cerca de 90 segundos.) Isso foi inesperado!

Terapeuta: Como assim?

Sean: Bem, eu me imaginei na sala... Senti o cheiro de café e vi Kim servindo-se de uma xícara. Então perguntei se ela tinha um minuto. Ela disse que sim e começamos a conversar como você e eu praticamos, mas então Jim entrou na sala e começou a falar sobre o fim de semana dele, e foi difícil fazê-lo parar de falar. Então, Kim e eu não conseguimos terminar nossa conversa.

Terapeuta: Isso é tão engraçado. Você acha que isso poderia acontecer?

Sean: Realmente poderia. Jim segue Kim para a sala de descanso o tempo todo.

Terapeuta: Então, como isso afeta o seu plano?

Sean: Acho que devo pedir a Kim para conversarmos em outro lugar que não seja a sala de descanso.

Terapeuta: Você pensou que a sala de descanso seria o lugar mais natural. Que outras ideias você tem?

Sean: Bem, quando eu estava imaginando falar com ela agora há pouco, percebi que ela estava muito feliz em falar comigo. Acho que, quando

Diálogo socrático para a descoberta em psicoterapia **217**

	penso nisso, é mais fácil conversar com ela do que costumo imaginar quando estou ansioso. Então, talvez eu pudesse apenas pedir a ela que fizesse uma pausa comigo e saísse para tomar um ar fresco, para que eu pudesse conversar com ela sobre algo.
Terapeuta:	Veja se consegue imaginar isso vividamente agora, e vamos ver como as coisas ocorrem.

Pode-se argumentar que quase todas as tarefas de aprendizagem em casa podem se beneficiar do ensaio de imagens mentais antes do final da sessão. O ensaio de imagens também pode ser inserido em outras intervenções da TCC, como os registros de pensamento. Por exemplo, os clientes podem ser solicitados a desenvolver imagens vívidas relacionadas a um pensamento alternativo ou mais equilibrado na sexta coluna do Registro de Pensamentos em Sete Colunas (Greenberger & Padesky, 2016) e a se concentrar nessas imagens antes de avaliar o quão intensamente eles acreditam nesses pensamentos (Josefowitz, 2017).

Uso do diálogo socrático para desenvolver imagens positivas que promovam a mudança

Muitas pessoas se imaginam tendo vários comportamentos antes de um evento (por exemplo, participar de entrevistas de emprego, fazer um discurso, disciplinar uma criança, dar um presente). O ensaio de imagens mentais nos ajuda a refinar nossa abordagem e nos dá oportunidades de desenvolver experiência para que possamos agir com mais confiança e aumentar a probabilidade de nos comportarmos da maneira que queremos. Incluir ensaios imaginários na terapia e nas tarefas de casa ajuda os clientes a ganhar experiência e confiança em novos comportamentos que desejam desenvolver. Lembre-se de que a visualização de eventos positivos, em comparação com o pensamento verbal a respeito deles, está associada a um humor mais positivo (Holmes et al., 2009).

Embora as imagens possam ser de objetos e eventos, elas também podem representar domínios muito mais amplos, como o senso de identidade de uma pessoa. A geração de imagens mentais positivas sobre si mesmo no passado e no futuro é uma parte importante das abordagens de tratamento da TCC para o transtorno de personalidade (Arntz & Weertman, 1999; Padesky & Mooney, 2007). Para desenvolver um senso de identidade mais positivo e crível, é importante que o cliente gere suas próprias imagens mentais. Mais recentemente, Hallford e colegas (Hallford, Barry et al., 2020; Hallford, Sharma et al., 2020) demonstraram empiricamente os benefícios do incremento de imagens futuras positivas no tratamento da depressão maior. Para uma revisão das intervenções de imagens mentais e de seu papel no tratamento de transtornos relacionados ao humor, à ansiedade e ao estresse, ver Hitchcock et al. (2017).

As imagens mentais positivas também são centrais para a abordagem da TCC baseada em pontos fortes de Padesky e Mooney (2012), voltada à construção de resiliência. Conforme descrito no Capítulo 2, destaca-se uma série de diferenças não verbais e verbais que são importantes para os terapeutas incorporarem ao usar o diálogo socrático com o intuito de ajudar os clientes a gerar novas crenças e imagens mentais mais positivas. Primeiro, os clientes geralmente precisam de incentivo positivo para desenvolver imagens mentais positivas e novos sistemas de crenças. Na verdade, a neutralidade do terapeuta pode ser considerada uma intervenção negativa no contexto de imaginar algo novo. Considere as diferenças nas duas respostas a seguir, dadas a Gina, uma cliente com transtorno de personalidade *borderline* que diz: "Eu gostaria de estar mais conectada com outras pessoas".

Terapeuta neutro: Como seria estar mais conectada com os outros?

Terapeuta positivo: Eu percebo como isso seria bom para você. Como seria estar mais conectada aos outros?

Embora a resposta neutra seja aceitável, essa cliente pode se sentir desconfortável por não saber se o terapeuta apoia o seu objetivo positivo ou está cético. A resposta positiva e encorajadora do terapeuta endossa abertamente as aspirações da cliente antes de perguntar mais. Isso apoia o objetivo positivo da cliente.

É claro que, como enfatizado ao longo deste capítulo, as palavras não são tão poderosas quanto as imagens mentais. Na verdade, a resposta do terapeuta positivo é reforçada ainda mais quando acompanhada por um grande sorriso e quando um intenso interesse é transmitido no tom vocal com que a pergunta é feita:

Terapeuta positivo: (Grande sorriso genuíno.) Eu percebo como isso seria bom para você. (Com interesse entusiástico na voz.) Como seria estar mais conectada aos outros?

Além do apoio positivo expresso e do sorriso terapêutico, Padesky e Mooney (2012) recomendam que os terapeutas que estão trabalhando com os clientes para o desenvolvimento de novas qualidades positivas ou do senso de *self* permitam períodos de silêncio terapêutico para incentivar que os clientes sejam criativos na construção de algo novo. O uso de imagens mentais e metáforas positivas também é enfatizado. Por fim, elas sugerem que as perguntas no diálogo socrático sejam construtivas em vez de desconstrutivas ao desenvolver crenças e imagens mentais positivas (Mooney & Padesky, 2000). Compare as diferenças entre esses dois tipos de perguntas no diálogo socrático a seguir:

Terapeuta: (Com um sorriso encorajador.) Gina, pare um minuto e imagine como seria se estivesse conectada a outras pessoas.

Gina: Eu não seria tão próxima delas.

Terapeuta desconstrutivo: O que acontece quando está próxima?

Terapeuta construtivo: Como você gostaria de ser?

Diálogo socrático para a descoberta em psicoterapia **219**

A pergunta desconstrutiva exige que Gina pense em seu antigo estilo de interação. A pergunta construtiva a incentiva a imaginar algo novo, a criar uma imagem mais positiva de suas interações. É assim que Gina responde à pergunta construtiva:

Gina: Hummm. Não tenho certeza. (Silêncio.) Acho que ficaria mais relaxada. (Silêncio.) Se eu estivesse relaxada, poderia ser eu mesma, talvez até ser engraçada e confiar que eles não me julgariam.

Terapeuta desconstrutivo: Você já teve experiências assim?

Terapeuta construtivo: (Sorrindo.) Isso seria tão bom. Se não estivessem a julgando, como eles pensariam sobre você? O que gostaria que pensassem de você?

Gina: (Calmamente.) Eu gostaria que eles gostassem de mim. (Pausa.) Eu gostaria que eles ficassem felizes por estarem comigo.

Novamente, a pergunta desconstrutiva afasta Gina de sua imagem positiva, enquanto as respostas construtivas apoiam e aprimoram o desenvolvimento de suas imagens mentais positivas.

Ao usar o diálogo socrático para desenvolver imagens mentais positivas, é importante que os terapeutas incorporem estes elementos positivos e construtivos nos quatro estágios do diálogo socrático:

- Estágio 1 — Perguntas informativas: faça perguntas construtivas, sorria e incentive ativamente as imagens mentais positivas do cliente.
- Estágio 2 — Escuta empática: ouça com encorajamento (acene com a cabeça, sorria conforme apropriado).
- Estágio 3 — Sínteses escritas: faça sínteses que eliminem elementos negativos e retenham elementos positivos.
- Estágio 4 — Perguntas analíticas/sintetizadoras: faça ao cliente perguntas analíticas/sintetizadoras, por exemplo: "Como seria para você?", "Como você se sente quando imagina isso?", "Isso é o melhor que você pode imaginar ou há algo ainda mais positivo?" e "O que essa imagem permite que você faça/sinta/experimente?"

Imagens mentais positivas como as que Gina está começando a desenvolver podem ser usadas na terapia para ajudar as pessoas a imaginar um futuro diferente, bem como novos comportamentos, emoções e crenças. No caso apresentado, essas imagens mentais podem ser usadas para orientar e incentivar Gina enquanto ela experimenta novos comportamentos e atitudes em suas interações interpessoais. Experimentos comportamentais podem ser utilizados de uma maneira um tanto nova para testar a viabilidade de suas imagens mentais positivas (Padesky & Mooney, 2012). Esses experimentos comportamentais podem ser revisados usando os aspectos construtivos do diálogo socrático resumidos aqui, de modo que Gina tenha oportunidades de avançar para a representação de suas imagens mentais positivas com ou sem modificações, com base em suas experiências.

Mantenha em mente

- Imaginar uma ação aumenta a probabilidade de alguém realizar essa ação.
- É provável que a adesão às tarefas de aprendizagem em casa seja melhorada pelo ensaio inicial antes do encerramento de uma sessão de terapia.
- Imagens mentais de eventos positivos futuros podem aumentar o humor positivo, mesmo em clientes que sofrem de depressão.
- Ao ajudar os clientes a desenvolver imagens mentais positivas, os terapeutas são aconselhados a empregar incentivo positivo, linguagem construtiva e sorriso genuíno, refletindo metáforas geradas pelo cliente e permitindo que maiores períodos de silêncio abram espaço para a criatividade dele.

SÍNTESE

Como as pesquisas sobre os aspectos-chave das imagens mentais demonstram, essas imagens são centrais para nossos processos mentais e têm uma profunda influência na maneira como nossa mente funciona. Os terapeutas são encorajados a identificar e trabalhar com a imagem mental do cliente porque ela tem um impacto emocional mais forte nele do que as sínteses verbais de cognições e eventos. Conforme ilustrado neste capítulo, as imagens mentais têm um papel a desempenhar em todos os métodos de descoberta guiada comumente usados na TCC (por exemplo, diálogo socrático, experimentos comportamentais, registros de pensamento, simulação de papéis, exposição).

Imagens mentais negativas intrusivas ocorrem em uma ampla gama de transtornos. O diálogo socrático pode ser usado para explorar os detalhes e significados da imagem, para que o terapeuta e o cliente possam entender por que as pessoas fazem coisas que não querem fazer. Por exemplo, a verificação repetida de um fogão como parte do TOC de um cliente pode ser alimentada por uma imagem recorrente da casa em chamas. Este capítulo ilustra uma variedade de usos dos métodos de descoberta guiada para identificar imagens mentais, mesmo quando os clientes inicialmente podem não estar cientes de quais imagens mentais são comparadas ao pensamento verbal. Muitos exemplos de casos e diálogos entre terapeuta e cliente são apresentados para demonstrar métodos para explorar, examinar, testar e transformar uma variedade de tipos de imagens mentais — visuais, auditivas, cinestésicas e olfativas —, sejam elas ligadas a experiências da vida real, sonhos, alucinações ou falsas memórias.

Além disso, os métodos de descoberta guiada podem ser usados para empregar imagens mentais como um caminho para a transformação positiva. Um foco em imagens mentais pode aumentar a confiança do cliente em crenças alternativas, seja em um registro de pensamento, em um diálogo socrático ou durante a revisão de um experimento comportamental. As imagens mentais podem ser usadas para aumentar a probabilidade de mudança de comportamento ou para imaginar e avaliar a utilidade de novos comportamentos e experimentos comportamentais. Para as quatro etapas do diálogo socrático, foram apresentadas modificações verbais e não verbais que podem potencializar sua eficácia no desenvolvimento de imagens mentais positivas.

Ao longo de todas as fases da terapia, desde a conceitualização de caso até o planejamento do manejo de recaída, as imagens mentais podem ser integradas ao tecido das intervenções terapêuticas. Felizmente, os mesmos métodos de descoberta guiada que funcionam efetivamente na identificação e na exploração de cognições verbais funcionam igualmente bem com imagens mentais. Na verdade, por todas as razões descritas neste capítulo, incorporar imagens mentais em todos os aspectos da descoberta guiada provavelmente aumentará seu impacto terapêutico.

Atividades de aprendizagem do leitor

- Que porcentagem das suas sessões de terapia incorporou imagens mentais antes de você ler este capítulo? Que porcentagem das suas sessões de terapia você acha que se beneficiaria da incorporação de imagens mentais à luz das informações deste capítulo?
- Identifique duas maneiras de aumentar o uso intencional de imagens mentais nas suas sessões (por exemplo, perguntando sobre imagens mentais e seus detalhes durante a conceitualização de caso, dando tempo para o ensaio imaginado das tarefas de aprendizagem).
- Identifique quaisquer imagens que você tenha que o impeçam de utilizar mais as imagens mentais na terapia.
- Que métodos de descoberta guiada você poderia usar para lidar com imagens mentais inúteis que você ou seus clientes experimentam (por exemplo, diálogo socrático, experimentos comportamentais, ensaio imaginado, simulação de papéis)?
- Que métodos de descoberta guiada você pode usar consigo mesmo ou com os seus clientes para promover imagens mentais mais construtivas e gratificantes?
- Escolha um método socrático ilustrado neste capítulo que você acha que seria útil experimentar com os clientes apropriados nas próximas semanas. Preveja o que acha que vai acontecer quando o usar. Experimente-o pelo menos cinco vezes e veja como os resultados se comparam às suas previsões.
- Se você tiver dificuldade em extrair e trabalhar com imagens mentais mesmo depois de experimentar os métodos descritos neste capítulo, leia mais sobre imagens mentais e considere obter supervisão ou consulta de alguém com experiência no uso dessas imagens em terapia.

REFERÊNCIAS

Andrews, B., Morton, J., Bekerian, D. A., Brewin, C. R., Davies, G. M., & Mollon, P. (1995). The recovery of memories in clinical-practice—experiences and beliefs of British-Psychological-Society practitioners. *The Psychologist, 8*(5), 209–214.

Arntz, A., & Weertman, A. (1999). Treatment of childhood memories: Theory and practice. *Behaviour Research and Therapy, 37*(8), 715–740. https://doi.org/10.1016/S0005-7967(98)00173-9

Axelsson E., Andersson E., Ljótsson B., Björkander D., Hedman-Lagerlöf, M., & Hedman-Lagerlöf, E. (2020). Effect of internet vs face-to-face cognitive behavior therapy for health anxiety: A randomized noninferiority clinical trial. *JAMA Psychiatry, 77*(9), 915–924. https://doi.org/10.1001/jamapsychiatry.2020.0940

Baddeley, A. D., & Andrade, J. (2000). Working memory and the vividness of imagery. *Journal of Experimental Psychology-General, 129*(1), 126–145. https://doi.org/10.1037/0096-3445.129.1.126

Beck, A. T. (1976). *Cognitive therapy and the emotional disorders.* New York: New American Library.

Beck, A. T. (1988). *Love is never enough.* New York: Harper & Row.

Beck, A. T., (1999). *Prisoners of hate: The cognitive basis of anger, hostility and violence.* New York: Harper-Collins.

Beck, A. T., & Emery, G. (with Greenberg, R. L.). (1985). *Anxiety disorders and phobias: A cognitive perspective.* New York: Basic Books.

Beck, A. T., Grant, P., Inverson, E., Brinen, A. P., & Perivoliotis, D. (2020). *Recovery-oriented cognitive therapy for serious mental health conditions.* New York: Guilford Press.

Beck, A. T., Laude, R., & Bohnert, M. (1974). Ideational components of anxiety neurosis. *Archives of General Psychiatry, 31,* 319–325. https://doi.org/10.1001/archpsyc.1974.0176015 0035005

Beck, A. T., Rector, N.A., Stolar, N., & Grant, P. (2009). *Schizophrenia: Cognitive theory, research, and therapy.* New York: Guilford Press.

Beck, A. T., Rush, A. J., Shaw, B. F., & Emery, G. (1979). *Cognitive therapy of depression.* New York: Guilford Press.

Bennett-Levy, J., Butler, G., Fennell, M., Hackmann, A., Mueller, M., & Westbrook, D. (2004). *Oxford guide to behavioural experiments in cognitive therapy.* Oxford: Oxford University Press.

Blackwell, S. E. (2019). Mental imagery: From basic research to clinical practice. *Journal of Psychotherapy Integration, 29,* 235–247. https://doi.org/10.1037/int0000108

Blackwell, S. E. (2021). Mental imagery in the science and practice of cognitive behaviour therapy: Past, present, and future perspectives. *International Journal of Cognitive Therapy, 14*(2), 160–181. https://doi.org/10.1007/s41811-021-00102-0

Brewin, C. R., Gregory, J. D., Lipton, M., & Burgess, N. (2010). Intrusive images in psychological disorders: Characteristics, neural mechanisms, and treatment implications, *Psychological Review, 117*(1), 210–232. https://doi.org/10.1037/a0018113

Carrasco, D. G., & Cantalapiedra, J. A. (2016). Effectiveness of motor imagery or mental practice in functional recovery after stroke: a systematic review. *Neurología* (English Edition), *31*(1), 43–52. https://doi.org/10.1016/j.nrleng.2013.02.008

Carroll, J. S. (1978). The effect of imagining an event on expectations for the event: An interpretation in terms of the availability heuristic. *Journal of Experimental Social Psychology, 14,* 88–96. https://doi.org/10.1016/0022-1031(78)90062-8

Chadwick, P., & Birchwood, M. (1994). The omnipotence of voices: A cognitive approach to auditory hallucinations. *British Journal of Psychiatry, 164,* 190–201. https://doi.org/10.1192/bjp.164.2.190

Clark, D. M., Salkovskis, P. M., Hackmann, A., Wells, A., Fennell, M., Ludgate, J., Ahmad, S., Richards, H. C., & Gelder, M. (1998). Two psychological treatments for hypochondriasis. A randomised controlled trial. *British Journal of Psychiatry, 173,* 218–225. https://doi.org/ 10.1192/bjp.173.3.218

Conway, M. A. (2001). Sensory-perceptual episodic memory and its context: Autobiographical memory. *Philosophical Transactions of the Royal Society of London Series B-Biological Sciences, 356*(1413), 1375–1384. https://doi.org/10.1098/rstb.2001.0940

Conway, M. A., Meares, K., & Standart, S. (2004). Images and goals. *Memory, 12*(4), 525–531. https://doi.org/10.1080/09658210444000151

Day, S. J., Holmes, E. A., & Hackmann, A. (2004). Occurrence of imagery and its link with early memories in agoraphobia. *Memory, 12*(4), 416–427. https://doi.org/10.1080/0965821044 4000034

Di Simplicio, M, McInerney, J. E., Goodwin, G. M., Attenburrow, M. J., & Holmes, E. A. (2012). Revealing the mind's eye: bringing (mental) images into psychiatry. *American Journal of Psychiatry, 169*(12), 1245–1246. https://doi.org/10.1176/appi.ajp.2012.12040499

Ehlers, A., & Clark, D. M. (2000). A cognitive model of posttraumatic stress disorder. *Behaviour Research and Therapy, 38*(4), 319–345. https://doi.org/10.1016/s0005-7967(99)00123-0

Furer, P., Walker, J. R., & Stein, M. B. (2007). *Treating health anxiety and fear of death: A practitioner's guide*. New York: Springer.

Ganis, G., Thompson, W. L., & Kosslyn, S. M. (2004). Brain areas underlying visual mental imagery and visual perception: An fMRI study. *Cognitive Brain Research, 20*(2), 226–241. https://doi.org/10.1016/j.cogbrainres.2004.02.012

Gaudiano, B. A., & Herbert, J. D. (2006). Believability of hallucinations as a potential mediator of their frequency and associated distress in psychotic inpatients. *Behavioural and Cognitive Psychotherapy, 34*(4), 497–502. https://doi.org/10.1017/S1352465806003080

Greenberger, D., & Padesky, C. A. (2016). *Mind over mood: Change how you feel by changing the way you think* (2nd ed.). New York: Guilford Press.

Gregory, W. L., Cialdini, R. B., & Carpenter, K. M. (1982). Self-relevant scenarios as mediators of likelihood estimates and compliance—does imagining make it so. *Journal of Personality and Social Psychology, 43*(1), 89–99. https://doi.org/10.1037/0022-3514.43.1.89

Grey, N., & Holmes, E. A. (2008). "Hotspots" in trauma memories in the treatment of post traumatic stress disorder: a replication. *Memory, 16*(7), 788–796. https://doi.org/10.1080/09658210802266446

Grey, N., Holmes, E. A., & Brewin, C. R. (2001). Peritraumatic emotional "hot spots" in memory. *Behavioural and Cognitive Psychotherapy, 29*(3), 357–362. https://doi.org/10.1017/S1352465801003095

Grey, N., Young, K., & Holmes, E. A. (2002). Cognitive restructuring within reliving: a treatment for peritraumatic emotional hotspots in PTSD. *Behavioural and Cognitive Psychotherapy, 30*(1), 37–56. https://doi.org/10.1017/S1352465802001054

Hackmann, A., Bennett-Levy, J. & Holmes, E. A. (2011). *Oxford guide to imagery in cognitive therapy*. Oxford: Oxford University Press.

Hackmann, A., Clark, D. M., & McManus, F. (2000). Recurrent images and early memories in social phobia. *Behaviour Research and Therapy, 38*(6), 601–610. https://doi.org/10.1016/S0005-7967(99)00161-8

Hackmann, A., & Holmes, E. A. (2004). Reflecting on imagery: A clinical perspective and overview of the special edition on mental imagery and memory in psychopathology. *Memory, 12*(4), 389–402. https://doi.org/10.1080/09658210444000133

Hales, S. A., Blackwell, S. E., Di Simplicio, M., Iyadurai, L., Young, K., & Holmes, E. A. (2014). Imagery based cognitive-behavioral assessment. In G. P. Brown & D. A. Clark (Eds.), *Assessment in Cognitive Therapy*. New York: Guilford Press.

Hallford, D. J., Barry, T. J., Austin, D. W., Raes, F., Takano, K., & Klein, B. (2020). Impairments in episodic future thinking for positive events and anticipatory pleasure in major depression. *Journal of Affective Disorders, 260*, 536–543. https://doi.org/10.1016/j.jad.2019.09.039

Hallford, D. J., Sharma, M. K., & Austin, D. W. (2020). Increasing anticipatory pleasure in major depression through enhancing episodic future thinking: A randomized single-case series trial. *Journal of Psychopathology and Behavioral Assessment, 42*, 751–764. https://doi.org/10.1007/s10862-020-09820-9

Hasking, P. A., Di Simplicio, M., McEvoy, P. M., & Rees, C. S. (2018). Emotional cascade theory and non-suicidal self-injury: The importance of imagery and positive affect. *Cognition and Emotion*, 32(5), 941–952. https://doi.org/10.1080/02699931.2017.1368456

Hitchcock, C., Werner-Seidler, A., Blackwell, S. E., & Dalgleish, T. (2017). Autobiographical episodic memory-based training for the treatment of mood, anxiety and stress-related disorders: A systematic review and meta-analysis. *Clinical Psychology Review*, 52, 92–107. https://doi.org/10.1016/j.cpr.2016.12.003

Holmes, E. A., Arntz, A., & Smucker, M. R. (2007). Imagery rescripting in cognitive behaviour therapy: Images, treatment techniques and outcomes. *Journal of Behavior Therapy and Experimental Psychiatry*, 38(4), 297–305. https://doi.org/10.1016/j.jbtep.2007.10.007

Holmes, E. A., & Butler, G. (2009). Cognitive therapy and suicidality in PTSD: And recent thoughts on flashbacks to trauma versus 'flashforwards to suicide'. In N. Grey (Ed.), *A case book of cognitive therapy for traumatic stress reactions* (pp. 178–194). Hove: Routledge.

Holmes, E. A., Crane, C., Fennell, M. J. V., & Williams, J. M. G. (2007). Imagery about suicide in depression—"Flash-forwards"? *Journal of Behavior Therapy and Experimental Psychiatry*, 38(4), 423–434. https://doi.org/10.1016/j.jbtep.2007.10.004

Holmes, E. A., Geddes, J. R., Colom, F., & Goodwin, G. M. (2008). Mental imagery as an emotional amplifier: Application to bipolar disorder. *Behaviour Research and Therapy*, 46(12), 1251–1258. https://doi.org/10.1016/j.brat.2008.09.005

Holmes, E. A., Grey, N., & Young, K. A. D. (2005). Intrusive images and "hotspots" of trauma memories in posttraumatic stress disorder: An exploratory investigation of emotions and cognitive themes. *Journal of Behavior Therapy and Experimental Psychiatry*, 36(1), 3–17. https://doi.org/10.1016/j.jbtep.2004.11.002

Holmes, E. A., Hales, S. A., Young, K., & Di Simplicio, M. (2019). *Imagery-based cognitive therapy for bipolar disorder and mood instability*. New York: Guilford Press.

Holmes, E. A., Lang, T. J., & Shah, D. M. (2009). Developing interpretation bias modification as a 'cognitive vaccine' for depressed mood—Imagining positive events makes you feel better than thinking about them verbally. *Journal of Abnormal Psychology*, 118(1), 76–88. https://doi.org/10.1037/a0012590

Holmes, E. A., & Mathews, A. (2005). Mental imagery and emotion: A special relationship? *Emotion*, 5(4), 489–497. https://doi.org/10.1037/1528-3542.5.4.489

Holmes, E. A., & Mathews, A. (2010). Mental imagery in emotion and emotional disorders. *Clinical Psychology Review*, 30(3), 349–362. https://doi.org/10.1016/j.cpr.2010.01.001

Holmes, E. A., Mathews, A., Dalgleish, T., & Mackintosh, B. (2006). Positive interpretation training: Effects of mental imagery versus verbal training on positive mood. *Behavior Therapy*, 37(3), 237–247. https://doi.org/10.1016/j.beth.2006.02.002

Holmes, E. A., Mathews, A., Mackintosh, B., & Dalgleish, T. (2008). The causal effect of mental imagery on emotion assessed using picture-word cues. *Emotion*, 8(3), 395–409. https://doi.org/10.1037/1528-3542.8.3.395

Hunt, M., Bylsma, L., Brock, J., Fenton, M., Goldberg, A., Miller, R., Tran, T., & Urgelles, J. (2006). The role of imagery in the maintenance and treatment of snake fear. *Journal of Behavior Therapy and Experimental Psychiatry*, 37, 283–298. https://doi.org/10.1016/j.jbtep.2005.12.002

Hyman, I. E., & Pentland, J. (1996). The role of mental imagery in the creation of false childhood memories. *Journal of Memory and Language*, 35, 101–117. https://doi.org/10.1006/jmla.1996.0006

Ji, J. L., Kavanagh, D. J., Holmes, E. A., MacLeod, C., & Di Simplicio, M. (2019). Mental imagery in psychiatry: Conceptual and clinical implications. *CNS Spectrums*, 24(1), 114–126. https://doi.org/10.1017/S1092852918001487

Johnson, M. K., & Raye, C. L. (1981). Reality monitoring. *Psychological Review, 88*(1), 67–85. https://doi.org/10.1037/0033-295X.88.1.67

Josefowitz, N. (2017). Incorporating imagery into thought records: Increasing engagement in balanced thoughts. *Cognitive and Behavioral Practice, 24*(1), 90–100. https://doi.org/10.1016/j.cbpra.2016.03.005

Kim, S. E., Kim, J. W., Kim, J. J., Jeong, B. S., Choi, E. A., Jeong, Y. G., Kim, J. H., Ku, J., & Ki, S. W. (2007). The neural mechanism of imagining facial affective expression. *Brain Research, 1145*, 128–137. https://doi.org/10.1016/j.brainres.2006.12.048

Kosslyn, S. M., Ganis, G., & Thompson, W. L. (2001). Neural foundations of imagery. *Nature Reviews: Neuroscience, 2*(9), 635–642. https://doi.org/10.1038/35090055

Krakow, B. (2004). Imagery rehearsal therapy for chronic posttraumatic nightmares: A mind's eye view. In R. I., Rosner, W. J., Lyddon, & A. Freeman (Eds.), *Cognitive therapy and dreams* pp. 89–109. New York: Springer Publishing.

Kuyken, W., Padesky, C.A., & Dudley, R. (2009). *Collaborative case conceptualization: Working effectively with clients in cognitive-behavioral therapy.* New York: Guilford Press.

Libby, L. K., Shaeffer, E. M., Eibach, R. P., & Slemmer, J. A. (2007). Picture yourself at the polls: Visual perspective in mental imagery affects self-perception and behavior. *Psychological Science, 18*(3), 199–203. https://doi.org/10.1111/j.1467-9280.2007.01872.x

Loftus, E. F. (1997a). Creating false memories. *Scientific American, 277*, 70–75. https://doi.org/10.1038/scientificamerican0997-70

Loftus, E. F. (1997b). Memory for a past that never was. *Current Directions in Psychological Science, 6*(3), 60–65. https://doi.org/10.1111/1467-8721.ep11512654

Malcolm, C. P., Picchioni, M. M., & Ellett, L. (2015). Intrusive prospective imagery, post-traumatic intrusions and anxiety in schizophrenia. *Psychiatry Research, 230*(3), 899–904. https://doi.org/10.1016/j.psychres.2015.11.029

Mathews, A., Ridgeway, V., & Holmes, E. A. (2013). Feels like the real thing: Imagery is both more realistic and emotional than verbal thought, *Cognitive and Emotion, 27*(2), 217–229. https://doi.org/10.1080/02699931.2012.698252

Mooney, K.A., & Padesky, C.A. (2000) Applying client creativity to recurrent problems: Constructing possibilities and tolerating doubt. *Journal of Cognitive Psychotherapy: An International Quarterly, 14*(2), 149–161. https://doi.org/10.1891/0889-8391.14.2.149

Morrison, A. P. (2001), Cognitive therapy for auditory hallucinations as an alternative to antipsychotic medication: A case series. *Clinical Psychology & Psychotherapy, 8*, 136–147. https://doi.org/10.1002/cpp.269

Morrison, A. P. (2009). Cognitive behaviour therapy for first episode psychosis: Good for nothing or fit for purpose? *Psychosis: Psychological, Social and Integrative Approaches, 1* (2), 103–112. https://doi.org/10.1080/17522430903026393

Morrison, A. P., Beck, A. T., Glentworth, D., Dunn, H., Reid, G. S., Larkin, W., & Williams, S. (2002). Imagery and psychotic symptoms: A preliminary investigation. *Behaviour Research and Therapy, 40*(9), 1053–1062. https://doi.org/10.1016/S0005-7967(01)00128-0

Norem, J. K. (2001). *The positive power of negative thinking: Using defensive pessimism to harness anxiety and perform at your peak.* Cambridge, MA: Basic Books.

Otgaar, H., Howe, M. L., Patihis, L., Merckelbach, H., Lynn, S. J., Lilienfeld, S. O., & Loftus, E. F. (2019). The return of the repressed: The persistent and problematic claims of long-forgotten trauma. *Perspectives on Psychological Science, 14*(6), 1072–1095. https://doi.org/10.1177/1745691619862306

Padesky, C. A. (1989). Attaining and maintaining positive lesbian self-identity: A cognitive therapy approach. *Women & Therapy, 8* (1, 2), 145–156. https://doi.org/10.1300/J015v08n01_12 [available from: http://padesky.com/clinical-corner/publications].

Padesky, C.A., (2020). Collaborative case conceptualization: Client knows best. *Cognitive and Behavioral Practice, 27*, 392–404. https://doi.org/10.1016/j.cbpra.2020.06.003

Padesky, C. A., & Mooney, K. A. (2007). *The NEW Paradigm CBT approach to personality disorders.* Unpublished manuscript.

Padesky, C. A., & Mooney, K. A. (2012). Strengths-based cognitive-behavioural therapy: A four--step model to build resilience. *Clinical Psychology and Psychotherapy, 19* (4), 283–290. https://doi.org/10.1002/cpp.1795

Patel, T., Brewin, C. R., Wheatley, J., Wells, A., Fisher, P., & Myers, S. (2007). Intrusive images and memories in major depression. *Behaviour Research and Therapy, 45*(11), 2573–2580. https://doi.org/10.1016/j.brat.2007.06.004

Pearson, J., Naselaris, T., Holmes, E. A., & Kosslyn, S. M. (2015). Mental imagery: Functional mechanisms and clinical applications, *Trends in Cognitive Sciences, 19*(10), 590–602. https://doi.org/10.1016/j.tics.2015.08.003

Pham, L. B., & Taylor, S. E. (1999). From thought to action: Effects of proces-sversus outcome--based mental simulations on performance. *Personality and Social Psychology Bulletin, 25*(2), 250–260. https://doi.org/10.1177/0146167299025002010

Schacter, D. L., Addis, D. R., & Buckner, R. L. (2007). Remembering the past to imagine the future: The prospective brain. *Nature Reviews: Neuroscience, 8*(Sept), 657–661. https://doi.org/10.1038/nrn2213

Sherman, S. J., Cialdini, R. B., Schwartzman, D. F., & Reynolds, K. D. (1985). Imagining can heighten or lower the perceived likelihood of contracting a disease: The mediating effect of ease of imagery. *Personality and Social Psychology Bulletin, 11*(1), 118–127. https://doi.org/10.1177/0146167285111011

Stopa, L. (Ed.). (2009). *Imagery and the threatened self: Perspectives on mental imagery and the self in cognitive therapy.* Hove: Routledge.

Stopa, L. (2021) *Imagery in cognitive-behavioral therapy.* New York: Guilford Press.

Tallon, K., Ovanessian, M. M., Koerner, N., & Dugas, M. J. (2020). Mental imagery in generalized anxiety disorder: A comparison with healthy control participants. *Behaviour Research and Therapy, 127*, 103571. https://doi.org/10.1016/j.brat.2020.103571

Taylor, S., & Asmundson, G. J. G. (2004) *Treating health anxiety: A cognitive–behavioral approach.* New York: Guilford Press.

Weems, C. F., Scott, B. G., Banks, D. M., & Graham, R. A. (2012). Is TV traumatic for all youths? The role of preexisting posttraumatic-stress symptoms in the link between disaster coverage and stress. *Psychological Science, 23*(11). 1293–1297. https://doi.org/10.1177/095679761 2446952

Wells, A., & Hackmann, A. (1993). Imagery and core beliefs in health anxiety: Content and origins. *Behavioural & Cognitive Psychotherapy, 21*, 265–273. https://doi.org/10.1017/S13524 65800010511

Wenzel, A., Brown, G. K., Beck, A. T. (2009). *Cognitive therapy for suicidal patients: Scientific and clinical applications.* Washington, DC: American Psychological Association.

Wicken, M., Keogh, R., & Pearson, J. (2021). The critical role of mental imagery in human emotion: Insights from fear-based imagery and aphantasia. *Proceedings of the Royal Society B, 288*(1946), 20210267. https://doi.org/10.1098/rspb.2021.0267

Wright J. H., Turkington D., Kingdon D., & Basco M. (2009). *Cognitive therapy for severe mental illness: An illustrated guide.* Arlington, VA: American Psychiatric Publishing.

6

Crenças inflexíveis

Helen Kennerley e Christine A. Padesky

> *Um homem estava tão convencido de que estava morto que sua família finalmente o levou a uma terapeuta. Sua terapeuta tentou muitas intervenções diferentes para ajudá-lo a ver que ele estava vivo. Nada mudou a crença do homem de que estava morto.*
>
> *Finalmente, sua terapeuta mostrou-lhe livros didáticos e sites que forneciam muitas evidências de que homens mortos não sangram. Depois de horas analisando todas essas informações, o homem finalmente parecia convencido de que os mortos não sangram.*
>
> **Terapeuta:** *Você concorda agora que homens mortos não sangram?*
> **Homem:** *Sim.*
> **Terapeuta:** *Ok. Vou espetar o seu dedo com este alfinete. (Quando ela pica o dedo dele, ele começa a sangrar.)*
> **Homem:** *O que você sabe?... Homens mortos também sangram!*
>
> — **Piada de origem desconhecida**

O homem da piada anterior é pego na armadilha das crenças inflexíveis: como acredita estar morto, ele interpreta suas experiências sob essa luz; e, como interpreta suas experiências sob essa luz, ele "confirma" que está morto. Com que frequência você e outras pessoas ficam presos em armadilhas semelhantes?

Não sou atraente, então não acredito em elogios. Não recebo elogios críveis, portanto devo ser pouco atraente.

Sou estúpido e só consigo as coisas por sorte, não por causa da minha habilidade; como não obtenho conquistas reais, devo ser estúpido.

Pode ser muito frustrante para os terapeutas quando as crenças do cliente permanecem inflexíveis mesmo diante de evidências claras e contraditórias ou de múltiplas tentativas de flexibilizá-las por meio da descoberta guiada. Ao mesmo tempo, os clientes também podem ficar frustrados ou considerar os terapeutas não solidários quando são continuamente questionados sobre ideias que acreditam ser absolutamente "verdadeiras". Infelizmente, a frustração prolongada pode levar à desesperança e ao desengajamento de ambas as partes. Os sinais de alerta de desesperança podem incluir clientes que não se envolvem em tarefas de casa ou faltam às sessões, ou terapeutas que se sentem desencorajados ao ver o nome de um cliente em sua agenda, por exemplo.

Este capítulo descreve métodos para usar a descoberta guiada com pessoas com crenças inflexíveis de maneiras que não são alienantes e que minimizam o risco de criar um impasse terapêutico. Para começar, oferecemos uma série de princípios orientadores que são ilustrados ao longo deste capítulo para ajudar os terapeutas a enfrentar desafios comuns.

Mantenha em mente

- **Entenda o que está por trás das crenças inflexíveis.** Os clientes sempre têm "boas razões" para suas crenças (Mooney & Padesky, 2004).
- **Adote uma postura genuinamente curiosa, em vez de desafiadora,** e mantenha uma abordagem aberta e investigativa.
- **Gere crenças alternativas** para que as experiências do seu cliente possam ser ponderadas em termos de se elas se encaixam melhor com a crença inflexível ou a crença alternativa. Quando nenhuma alternativa é identificada, pode ser mais difícil reconsiderar uma crença inflexível.
- **Preste atenção à relação.** Teste crenças inflexíveis somente quando a aliança for relativamente consistente.
- **Adapte a intervenção ao nível de cognição** (Mooney & Padesky, 2000, 160; Padesky, 2020a):
  - pensamentos automáticos — reúna evidências do(s) evento(s) específico(s);
  - suposições subjacentes — use experimentos comportamentais;
  - crenças centrais — realize trabalho contínuo, registros de dados positivos e dramatizações.
- **Mantenha o trabalho leve** mesmo quando se estender por muito tempo:
  - use o humor (com sensibilidade);
  - desenvolva uma nova linguagem de ideias em conjunto com o seu cliente;
  - seja paciente e mantenha-se ativo.

COMPREENDENDO CRENÇAS INFLEXÍVEIS

É interessante como um mesmo gesto simples pode desencadear respostas muito diferentes:

> Um estranho oferece um assento de ônibus a uma mulher, ela agradece pela oferta e aproveita a oportunidade para se sentar.
>
> Um estranho oferece um assento de ônibus a uma mulher, ela rejeita a oferta e fica de olho nele pelo resto da viagem.
>
> Um estranho oferece um assento de ônibus a uma mulher, ela aceita a oferta, mas fica sentada desconfortavelmente imaginando que os outros também têm pena dela.

Para entender essas diferentes reações, precisamos conhecer as crenças de cada mulher. As crenças vêm em todas as formas e tamanhos — algumas são emocionalmente carregadas, outras não; algumas crenças são flexíveis e facilmente modificadas e outras são difíceis de mudar. No entanto, todas as crenças têm uma base na realidade pessoal. Elas são compreensíveis no contexto das experiências da vida pessoal de alguém, e nossa primeira tarefa é apreciar isso. Os métodos de descoberta guiada nos ajudam a entender por que as crenças fazem sentido para indivíduos específicos.

Ao longo da vida, construímos crenças sobre nós mesmos, o mundo ao nosso redor e o futuro. Desenvolvemos uma noção de quem somos, do que podemos fazer e do que podemos esperar. Isso começa antes mesmo de termos a capacidade de usar a linguagem ou construir imagens duradouras. Nossas crenças e os significados que atribuímos ao nosso mundo fazem sentido pessoal à luz de nossas experiências, e esses significados podem ser mantidos como palavras, imagens ou simplesmente um "faz sentido". Nossa estrutura de crenças dá origem às nossas "regras de vida" — nossa visão da vida — e molda nossas expectativas e as conclusões que tiramos das situações.

Assim, alguém que é tratado de forma indulgente quando criança pode acreditar que é extraordinariamente especial e assumir que os outros devem atender às suas demandas, enquanto um jovem negligenciado ou abusado pode desenvolver crenças de que não é digno e de que os outros são prejudiciais, podendo prever que será machucado por eles. Essas crenças farão sentido para a criança, parecerão "verdadeiras" e podem se tornar muito bem estabelecidas. Crenças que são suficientemente "fixas" ou rígidas perduram na idade adulta e continuam a influenciar interpretações e comportamentos, mesmo quando o ambiente e os relacionamentos tenham mudado.

Voltando aos cenários do ônibus, o estranho poderia ter oferecido o assento a uma mulher que teve uma infância de indulgência razoável e que encaixaria o gesto na noção de que os outros fazem coisas por ela, de que suas necessidades importam; ela provavelmente se sentaria e se sentiria melhor por causa disso. Sem problemas para ela. O mesmo ato poderia desencadear pensamentos suspeitos em uma mulher que sofreu mágoa ou negligência ("Por que ele está fazendo isso? Ele provavelmente está

tramando alguma coisa. Qual é o motivo oculto dele? Provavelmente é doloroso.")
ou em uma mulher que experienciou uma vida inteira de difamação ("Devo parecer desesperada — que criatura triste eu sou."). Essas duas últimas mulheres podem
muito bem rejeitar a oferta do homem ou aceitá-la e depois se sentir desconfiadas,
preocupadas ou irritadas. Suas crenças as impediriam de considerar que o gesto dele
era amigável ou educado. É improvável que experimentem prazer ou sentimentos de
aceitação, ou que vejam os outros como respostas benignas que podem ajudar a consolidar uma experiência positiva.

É comum que crenças inúteis de longa data sejam rígidas e extremas. Essa combinação de conteúdo inútil e inflexibilidade é poderosa. As crenças de alguns clientes
são tão firmemente mantidas que os terapeutas têm dificuldades para fazer qualquer
progresso, o que pode desencadear suas próprias crenças inflexíveis:

Eu sou uma péssima terapeuta.
Outros terapeutas saberiam o que fazer — todos eles são melhores do que eu.

Você provavelmente conhece o seu próprio calcanhar de Aquiles. Ele nos lembra
como é importante monitorar a terapia de perto, considerar nossas próprias reações e nossas próprias contribuições para os pontos emperrados. Pode ser útil testar
nossas próprias crenças usando métodos de descoberta guiada em autossupervisão
(Padesky, 2006), com um supervisor ou outro terapeuta. Esse é um tema recorrente
neste capítulo, porque é crucial que reflitamos sobre nossa prática e recebamos supervisão quando tivermos dificuldades na terapia, e os desafios da terapia são comuns ao trabalhar com sistemas de crenças inflexíveis.

ABORDAGENS TERAPÊUTICAS PARA
TRABALHAR COM CRENÇAS INFLEXÍVEIS

Na terapia cognitivo-comportamental (TCC), tendemos a abordar as *crenças emocionalmente carregadas* que causam ou mantêm o sofrimento. Elas assumem diferentes formas. Podem ser suposições subjacentes que refletem previsões condicionais "Se..., então..." e regras para viver ("Se eu não verificar, então a casa vai
queimar", "Se algo der certo, então algo está prestes a dar errado" ou "Se ser magro
é atraente, então a gordura é grosseira e intolerável"), ou podem ser crenças centrais absolutas ("Eu não sou amável" ou "O mundo é um lugar muito perigoso").
As suposições subjacentes muitas vezes podem ser efetivamente testadas ao longo
de várias semanas usando experimentos comportamentais, enquanto as crenças
centrais podem ser mais difíceis de mudar, pois são incondicionais e consideradas
completamente "verdadeiras". Por esse motivo, o progresso clínico muitas vezes
pode ser feito mais rapidamente se o terapeuta e o cliente trabalharem no nível de
suposição subjacente.

As suposições subjacentes estão ligadas às crenças centrais. Assim, um cliente
que mantém a crença central "Eu sou inútil" provavelmente também mantém supo-

sições subjacentes relacionadas, como "Se eu cometo um erro, então meus esforços são inúteis". Experimentos comportamentais em que as pessoas avaliam o valor de esforços imperfeitos podem começar a mudar a suposição subjacente e indiretamente começar a enfraquecer a crença central relacionada. Assim, muitas vezes é aconselhável trabalhar no nível de suposição subjacente da crença por um extenso período antes de decidir se é necessário trabalhar diretamente com as crenças centrais (Padesky, 2020a).

As crenças centrais estão no nível mais inflexível das crenças e, se não forem abordadas, às vezes perpetuam problemas. Portanto, grande parte deste capítulo explora como trabalhar com as crenças centrais. Desde a década de 1990, os terapeutas descrevem estratégias para modificar essas crenças. As intervenções clássicas da TCC foram adaptadas e elaboradas para serem mais eficazes com essas crenças absolutas e rígidas. Descrições sucintas podem ser encontradas em Beck et al. (2015), Padesky (1994; 2020a) e Young e colaboradores (2006). As intervenções mais comumente usadas estão resumidas no Apêndice deste capítulo. Para ser eficaz ao usar essas estratégias, um terapeuta também deve desenvolver uma aliança positiva e envolver o coração e a mente do cliente que mantém crenças fixas. Sem a participação total do cliente, essas estratégias provavelmente serão infrutíferas.

O primeiro passo para o engajamento é ajudar os clientes a apreciar uma justificativa para o uso de estratégias que, de outra forma, poderiam parecer potencialmente ameaçadoras ou fúteis. Um bom ponto de partida, estruturado como um diálogo socrático, é a analogia do preconceito de Padesky (Padesky, 1991; 2003). Ela revela a natureza das crenças centrais, indica como elas são mantidas ao longo do tempo, fornece uma justificativa para as intervenções e instila esperança.

A metáfora do preconceito de Padesky

Conforme ilustrado na demonstração em vídeo de Padesky (2003) sobre a construção de novas crenças centrais, pede-se a uma cliente que nomeie alguém que ela sabe que detém um preconceito, mas um preconceito que ela própria não compartilha. Isso configura uma discussão em que a cliente tem um pensamento mais flexível sobre o tópico do que a pessoa que está imaginando. Por exemplo, a cliente pode escolher um vizinho que acha que pessoas de determinada etnia são "preguiçosas".

Em seguida, Padesky pede à cliente que descreva como é provável que seu vizinho interprete uma pessoa dessa etnia que parece preguiçosa (por exemplo, "Bem como eu pensava!") ou não parece preguiçosa. Em resposta à segunda instância (que contradiz a crença do vizinho), a cliente pode ser questionada com uma série de perguntas para elucidar quatro processos de manutenção de esquemas comuns (Padesky, 1994):

- não perceber informações contraditórias;
- desconsiderar informações contraditórias;
- distorcer experiências;
- alegar que uma observação é uma "exceção à regra".

Cada uma dessas previsões da cliente sobre a resposta do vizinho é anotada pela terapeuta, que exibe grande curiosidade sobre esses processos que a cliente antecipa tendo em mente o vizinho.

O breve diálogo a seguir ilustra como isso pode ser feito. Observe como a terapeuta propõe várias circunstâncias para obter os quatro processos comuns de manutenção do esquema (destacados entre parênteses):

Terapeuta: Então, como você acha que o seu vizinho reagiria a alguém que é um imigrante recém-chegado e, no entanto, não é preguiçoso?

Cliente: Acho que ele poderia dizer: "Bem, essa é apenas uma pessoa. Ela não se encaixa no molde". (*Exceção à regra*)

Terapeuta: Vamos anotar isso. (Escreve.) "Ela não se encaixa no molde". É como se ele estivesse dizendo que há exceções para todas as regras, mas isso não significa que a regra não seja verdadeira.

Cliente: Exatamente. É assim que ele pensaria.

Terapeuta: O que você acha disso?

Cliente: Eu pensaria: "Todo mundo é diferente. Você não pode fazer uma regra para abarcar todas as pessoas — até mesmo pessoas de um único grupo de imigrantes".

Terapeuta: Vamos registrar essas duas maneiras de pensar nesta folha aqui. O seu vizinho pensaria que...

Cliente: Todos nesse grupo são iguais, mesmo que uma pessoa não se encaixe no molde.

Terapeuta: E você pensaria que...

Cliente: Uma regra não pode abranger todos num grupo. As pessoas são diferentes.

Terapeuta: Vamos considerar outra circunstância. Suponha que o primeiro imigrante que seu vizinho viu e que parecia preguiçoso mencione que está se sentindo muito melhor agora. Ele estava doente na semana anterior, quando o vizinho o viu. O que o seu vizinho preconceituoso poderia pensar?

Cliente: Ele poderia pensar: "Isso é apenas uma desculpa. Vejo que são preguiçosos". (*Experiências distorcidas*)

Terapeuta: E o que você pensaria?

Cliente: Essa é uma informação nova. Eu pensaria algo diferente sobre o que vi.

Terapeuta: Vamos anotar essas duas ideias em nossas colunas rotuladas "Meu vizinho pensa" e "Eu acho". (Solicita à cliente que comece a escrever.) E se aquele imigrante que o seu vizinho acha que é preguiçoso estiver lá fora uma tarde fazendo um trabalho de jardinagem extenuante? Você acha que o seu vizinho prestaria atenção nisso e reconsideraria as crenças dele?

Cliente:	Não, ele pode nem prestar atenção nisso. (*Não percebendo informações contraditórias*)
Terapeuta:	Você acha que é fácil ignorar informações que não se encaixam nas nossas crenças?
Cliente:	Sim, acho que é.
Terapeuta:	Por que você não escreve isso na coluna do vizinho? "Ignora informações que não se encaixam nas crenças dele". (Pausa enquanto a cliente escreve.) E se você apontasse ao seu vizinho que o imigrante que ele achava preguiçoso estava trabalhando muito no jardim, o que ele diria?
Cliente:	Ele provavelmente diria: "Ah, ele não está trabalhando tanto. Eu trabalho mais". (*Desconsiderando informações contraditórias*)
Terapeuta:	Anote isso. (Pausa enquanto a cliente escreve.) O que você pensaria ao ouvi-lo dizer isso?
Cliente:	"Você acha que está certo, mas informações diferentes estão bem na sua frente".
Terapeuta:	Isso é interessante. Escreva essa ideia na coluna "Eu acho".

A cliente é então questionada sobre como mudaria o preconceito do vizinho. Nesse ponto, a terapeuta faz perguntas para estimular a consideração de como é difícil mudar um ponto de vista firmemente mantido. Perguntas podem ser feitas para sugerir à cliente que considere a necessidade de gerar várias evidências contraditórias, anotando-as para o vizinho e apontando experiências que não se encaixam nas crenças preconceituosas.

Por fim, pergunta-se à cliente por que ela acha que a terapeuta está entrando em tantos detalhes com ela sobre a mudança das crenças preconceituosas do vizinho. Nesse ponto, os clientes muitas vezes têm um momento de revelação; talvez suas próprias crenças negativas fortemente mantidas, como um preconceito, sejam mantidas por experiências confirmatórias, bem como experiências contraditórias que são desconsideradas, distorcidas, não notadas ou vistas como uma exceção à regra. Esse *insight* é usado pelo terapeuta como uma justificativa para os principais métodos de mudança de crenças centrais usados na TCC: a importância de perceber muitas experiências diferentes (especialmente aquelas que contradizem as crenças firmemente mantidas), registrá-las e permitir que o terapeuta observe e aponte informações relevantes que o cliente pode não ter notado. Os terapeutas são sábios em estabelecer esse plano como um experimento, em vez de afirmar que as crenças rígidas do cliente são preconceitos. Um terapeuta pode dizer: "Não sabemos se sua crença é verdadeira ou realmente um preconceito. Vamos analisar cuidadosamente as informações que reunirmos nas próximas semanas para descobrir. Você estaria disposto a fazer isso comigo?"

Uma vez que nossos clientes entendam a natureza das crenças fixas e os desafios para combatê-las, podemos continuar a usar métodos de descoberta guiada à medida que:

- "desembrulhamos" e entendemos as principais crenças (tanto as do cliente quanto as do terapeuta);
- coletamos informações para desenvolver uma formulação partilhada;
- fornecemos justificativas para intervenções;
- infundimos esperança diante da recaída e do pessimismo.

O restante deste capítulo demonstra como atingir esses objetivos e ilustra armadilhas comuns a serem evitadas ao trabalhar com clientes com crenças inflexíveis. Os leitores também são encaminhados à seção do Capítulo 7 que analisa em profundidade os princípios da gestão de recaídas. Os clientes com crenças inflexíveis são particularmente vulneráveis a lapsos, e é crucial que aprendam a gerenciá-los de forma eficaz.

Mantenha em mente

- Crenças firmemente mantidas são compreensíveis uma vez que os significados pessoais são desvendados.
- A mudança rápida de crenças só acontece no nível de pensamentos automáticos ou suposições subjacentes. Pode-se esperar que as crenças centrais e outras crenças firmemente mantidas mudem lentamente.
- A recaída é comum. Esteja preparado para ela.
- Os terapeutas também precisam atentar às suas próprias crenças inúteis. Certifique-se de receber supervisão ou realizar consultas suficientes com colegas experientes.

ARMADILHAS COMUNS EM TERAPIA: CRENÇAS INFLEXÍVEIS

Manter os princípios anteriores em mente sem dúvida ajudará você e o seu cliente. Além disso, mantenha em mente que o trabalho ainda pode ser difícil e desafiador, especialmente porque existem algumas armadilhas comuns em que o terapeuta pode cair. Agora abordaremos sistematicamente cada uma das cinco armadilhas comuns listadas no Quadro 6.1, as quais entram em cena no trabalho com crenças inflexíveis.

Armadilha 1

O terapeuta continua a terapia sem uma aliança de trabalho sólida.

A qualidade de uma aliança terapêutica não é constante. Com alguns clientes, é difícil estabelecer e manter uma aliança de trabalho colaborativa. Com outros clientes, uma aliança terapêutica estabelecida é frágil ou frequentemente rompida. Pode ser tentador se contentar com menos do que uma boa relação terapêutica e tentar avançar apenas numa determinada sessão. No entanto, as dificuldades da aliança

Diálogo socrático para a descoberta em psicoterapia **235**

QUADRO 6.1 Armadilhas comuns quando se trabalha com crenças inflexíveis

Armadilha 1
O terapeuta continua a terapia sem uma aliança de trabalho sólida, muitas vezes apenas esperando o melhor.

Armadilha 2
O terapeuta não entende as razões por trás das crenças do cliente ou deixa de identificar as crenças de difícil acesso, persistindo na terapia ineficaz.

Armadilha 3
O terapeuta e o cliente revisitam os mesmos problemas, sessão após sessão, de maneiras repetitivas.

Armadilha 4
O terapeuta fica sem esperança (isso também pode fazer nossos clientes caírem em uma "armadilha").

Armadilha 5
Crenças inflexíveis do cliente desencadeiam crenças inflexíveis do terapeuta (inúteis).

---

podem se agravar se fizermos isso. Tais dificuldades surgem por muitas razões, incluindo:

- As tensões se desenvolvem porque as crenças de um cliente são muito diferentes das nossas. Como resultado, não conseguimos "entender", nossas sínteses frustram nosso cliente porque erram o alvo, ou até perdemos a curiosidade e começamos a desafiar em vez de testar suas crenças.
- Nosso cliente desconfia de nós, o que impede o engajamento e o investimento adequados no relacionamento.
- As crenças do cliente (muitas vezes não expressas) contribuem para as dificuldades de manter uma aliança verdadeiramente "funcional".

Esses problemas podem ser frustrantes, mas não são insuperáveis.

As crenças do cliente são muito diferentes das crenças do terapeuta

Não é incomum que as crenças do cliente e do terapeuta sejam diferentes, mas a discrepância pode ser particularmente acentuada quando o cliente apresenta problemas que, pelo menos superficialmente, seu terapeuta não consegue entender. Por exemplo, alguns terapeutas acham difícil se relacionar com crenças anoréxicas, clientes que experimentam profunda falta de valor e desesperança ou pensamento relacionado ao transtorno obsessivo-compulsivo (TOC). Isso também pode ocorrer quando clientes com traços de transtorno de personalidade exibem perspectivas e comportamentos extremos e erráticos que violam os valores ou a tolerância de seu terapeuta.

Os clientes geralmente estão cientes de que seu terapeuta tem crenças *muito* diferentes das deles. Quando isso acontece, é fácil para eles concluir que você não os entende. A sensação de ser incompreendido por alguém que deve ser útil certamente pode desgastar a relação. Outras vezes, eles se apegam tanto a suas crenças que realmente não querem desistir delas e temem que você tente forçá-los a fazê-lo. Os clientes podem estar convencidos de que estão fazendo algo que vale a pena para passar fome, se exercitar, realizar verificações obsessivamente ou até se matar, e temem que você tente impedi-los. Se você representar uma ameaça ao que eles acreditam ser o "melhor caminho" para si mesmos, eles não serão motivados a trabalhar *com* você.

É compreensível que os clientes possam não ter confiança em nossa capacidade de ser empáticos e de apreciar como seu mundo interior funciona. Como já sugerimos, você pode realmente se ver tendo dificuldades para entender o que os impulsiona de tempos em tempos. Quando isso acontece, é muito importante que você explore, com curiosidade genuína, por que certas crenças e comportamentos do cliente são tão convincentes. Continue se perguntando: "Por que essas crenças/comportamentos fazem sentido para essa pessoa?" Mantenha-se curioso e você chegará lá. Prefacie as perguntas com boa vontade. Por exemplo, "Eu sei que você deve ter boas razões para XYZ. Você pode me ajudar a entender quais são?"

Os textos sobre terapia sempre dizem que os terapeutas devem adotar uma postura sem julgamento. É realmente crucial fazê-lo, pois os clientes podem se sentir constrangidos, ou mesmo envergonhados, por suas crenças e comportamentos. Você precisa criar o contexto adequado para que eles se sintam confiantes em compartilhar informações com você.

O desafio do terapeuta aqui é duplo:

1. Comunicar que compreende os medos e objetivos do cliente, mesmo que não os partilhe.
2. Ajudar o cliente a ver que vale a pena arriscar dar uma chance para se engajar na terapia com você.

A seguir, vamos ver como uma terapeuta trabalha para enfrentar esses dois desafios de forma simultânea. Ela está trabalhando com Alan, um homem de 45 anos que teve dificuldade em controlar explosões de raiva:

Terapeuta: (Olhando para as anotações de Alan da semana anterior.) Aqui você escreve que ficou com raiva e agrediu verbalmente um homem, mas classificou essa como uma noite muito boa. Eu não tenho certeza de que entendi. Poderíamos repassar esse episódio de ontem à noite?

Alan: Sim, mas eu realmente não espero que você entenda — que entenda por que preciso da minha raiva, por que gosto dela. Eu estava tomando um drinque com amigos. Relaxando um pouco, sabe? Estávamos rindo, e eu me senti muito bem. Este sujeito de terno, não sei o que ele estava fazendo em nossa região da cidade, me empurrou no seu caminho para o bar. Eu fiquei furioso e parti para cima dele.

Terapeuta:	Você ficou furioso? Pode falar um pouco mais sobre como foi?
Alan:	É só um "pá!", fico furioso e só quero descontar em alguém.
Terapeuta:	Você pode falar mais sobre os sentimentos que tem — o "pá!"?
Alan:	Sinto-me elétrico, carregado, pronto para qualquer coisa. Sinto-me como um leão.
Terapeuta:	Então essa é uma sensação boa? (Alan acena com a cabeça.) E o que passa pela sua mente nesse momento?
Alan:	Eu quero respeito e quero que as pessoas vejam que ninguém me supera.
Terapeuta:	Eu entendo. Então, o que aconteceu depois, quando você "partiu para cima dele"?
Alan:	Eu gritei com ele, disse para ele nunca me encostar. Nunca. Eu disse que era melhor ele pedir desculpas ou ele se arrependeria.
Terapeuta:	O que você quis dizer?
Alan:	Eu não sei realmente, apenas senti que era a coisa certa a dizer, e isso realmente o assustou. Eu teria dado um soco nele se ele tivesse me pressionado, mas ele se desculpou e saiu logo depois.
Terapeuta:	E como estavam as coisas com você então?
Alan:	Ótimas. Senti que tinha provado o meu ponto e que as pessoas perceberiam que não se mexe com o Alan.
Terapeuta:	O que há de tão bom nisso?
Alan:	Sinto-me seguro. Passei a minha infância com medo de todos e me sinto seguro se as pessoas têm medo de mim.
Terapeuta:	Então, estar com raiva parece ser uma coisa boa para você. A sensação faz você se sentir poderoso e alcançar dois objetivos realmente bons: sentir-se seguro e sentir-se respeitado. (Alan assente.) Percebo por que é uma reação tão importante e poderosa para você. (Pausa.) Existe algum lado negativo?
Alan:	Às vezes sinto que as pessoas não me respeitam, apenas têm medo de mim, mas tudo bem, porque ainda me sinto seguro.
Terapeuta:	Mais alguma coisa?
Alan:	Eu me meto em problemas de vez em quando: a polícia me parou, fui banido de alguns lugares e isso acabou com algumas relações muito rapidamente. Estou aqui porque a polícia me parou.
Terapeuta:	O que acontece quando você é parado pela polícia?
Alan:	É um transtorno. É uma perda de tempo, fico com má reputação no trabalho e é caro. As multas que paguei! E, na verdade, acho isso embaraçoso. Minha namorada me dá trabalho, pois ela tem que vir me buscar e se ressente do custo.
Terapeuta:	Então, se você tem problemas com a polícia, como acaba se sentindo?
Alan:	Não é bom. Fico com raiva de mim mesmo e me sinto envergonhado por ter decepcionado meu chefe e minha namorada, então me sinto inseguro.

Terapeuta:	E como você se sente em ser banido de lugares?
Alan:	Inicialmente eu não me importo, mas depois fico irritado comigo mesmo e envergonhado quando preciso dizer aos amigos que não tenho permissão para entrar em certos lugares.
Terapeuta:	E os relacionamentos que terminam por causa das suas explosões de raiva, como isso faz você se sentir?
Alan:	Esse é um problema muito grande. Eu me sinto fraco em vez de forte. Às vezes fico ainda mais irritado, e isso me dá uma reputação ainda pior como funcionário e como namorado. A notícia se espalha. Muitas vezes, acabo me sentindo realmente inútil porque causei isso a mim mesmo.
Terapeuta:	Deixe-me ver se entendi isso: há momentos em que ficar com raiva parece ótimo, você se sente seguro, poderoso e respeitado; mas também há momentos em que as consequências de suas explosões de raiva lhe trazem muito sofrimento, e você acaba se sentindo inútil e inseguro. Um dilema e tanto.
Alan:	Sim, é. Não sei o que fazer. Não há como eu querer me sentir ou ser visto como fraco, mas não quero o lado negativo da minha raiva. Dito isso, a sensação é tão boa que também não sei se quero abrir mão dela.
Terapeuta:	Então você quer se sentir seguro, respeitado, e quer aquela sensação incrível de vez em quando?
Alan:	Sim, é só isso.
Terapeuta:	Esses são todos bons objetivos. Você estaria disposto a ver se poderíamos pensar em maneiras de alcançá-los que não impliquem uma desvantagem tão grande? Então você poderia se sentir seguro e respeitado e, ocasionalmente, ter esse sentimento incrível, mas de maneiras que não perturbem tanto a sua vida.

Na mente do terapeuta

Nesse diálogo, simplesmente sendo curiosa e não confrontadora, a terapeuta cria um ambiente seguro para Alan contar a ela sobre sua raiva. Ela não se concentra em dizer que ele está disposto a agredir um homem, por exemplo, embora isso não tenha lhe escapado e ela pretenda prestar atenção ao risco que Alan representa para os outros. Por meio de perguntas curiosas, ela primeiro o encoraja a explicar por que a raiva é algo com que ele se sente bem. Somente quando ela entende a atração da raiva (e ele expressa isso) é que levanta a possibilidade de haver uma desvantagem nela. Ela decide ajudá-lo a expressar o dilema colocado por sua raiva. Nessa fase da terapia, a terapeuta sente que é importante que ambos apreciem esse conflito, pois isso pode dar ao cliente a motivação para trabalhar com a terapeuta e dar a ela a compaixão para entender o que impulsiona o comportamento raivoso dele. Finalmente, ela oferece esperança ao sugerir que eles trabalhem juntos para alcançar os objetivos dele de uma maneira mais adaptativa.

O cliente desconfia do terapeuta

Alguns clientes com crenças inflexíveis terão dificuldade em se envolver com você. Memórias de serem magoados, traídos e rejeitados podem ser revividas na relação terapêutica. Elas ativarão crenças fixas sobre os perigos de confiar e farão com que os clientes tentem proteger-se deixando de se envolver com você, aberta ou veladamente.

Seu desafio como terapeuta nesse caso é demonstrar que é seguro confiar em você enquanto terapeuta e, ao mesmo tempo, ser realista sobre o que você pode oferecer. No diálogo a seguir, Caroline, uma mulher solteira de 35 anos que sofre de transtorno de estresse pós-traumático (TEPT), expressa uma variedade de preocupações sobre a segurança e a confiabilidade da terapia, bem como do terapeuta.

Terapeuta:	Pode ser útil definirmos o cenário para as nossas sessões para que você se sinta o mais confortável possível nelas.
Caroline:	Quer dizer que eu não vou ter que me sentir mal?
Terapeuta:	Bem, haverá momentos em que precisaremos explorar assuntos que podem ser angustiantes, mas podemos pensar em como fazer isso para que você se sinta o mais forte e no controle possível.
Caroline:	Como você vai fazer isso, então?
Terapeuta:	Não "eu", mas "nós". Preciso da sua ajuda para avaliar o que será útil para você nos momentos em que se sentir chateada ou assustada. Como isso soa para você?
Caroline:	Sensato, suponho.
Terapeuta:	Dado o que espera dessas sessões, posso perguntar o que mais a preocupa?
Caroline:	Não quero ter *flashbacks*, não consigo enfrentá-los. Isso é o que mais me assusta.
Terapeuta:	Bem, isso é compreensível. Então, nas primeiras sessões, poderíamos nos concentrar em ajudá-la a desenvolver algumas estratégias de gerenciamento de *flashbacks* para que você possa manejá-los, tornando-os menos avassaladores. O que você acha?
Caroline:	Parece bom em teoria, mas não consigo imaginar ser capaz de fazer isso.
Terapeuta:	Existe alguma coisa que você já faz que a ajuda a enfrentá-los?
Caroline	Bem, eu bebo, e isso pode aliviar as coisas. Eu não vou a certos lugares ou assisto a certos programas de TV caso eles acionem os *flashbacks*. Se eu acho que vou ter um *flashback*, tento me manter ocupada.
Terapeuta:	Soa como se você já estivesse fazendo coisas que poderemos levar em conta para avançar. Muito importante: você aprendeu a reconhecer quando está vulnerável. Agora podemos trabalhar no desenvolvimento de mais maneiras de amenizar os *flashbacks* e mais maneiras de se

distrair deles. Se fizéssemos isso, como acha que você se sentiria em relação às sessões?

Caroline: Mais segura, suponho.

Terapeuta: Você consegue pensar em mais alguma coisa que a ajude a se sentir mais segura?

Caroline: Saber que o que eu digo aqui é confidencial — preciso saber o que acontece com as anotações que você faz e preciso saber com quem você vai falar.

Terapeuta: Tudo o que você diz aqui é confidencial. As anotações ficam aqui no meu arquivo e permanecem trancadas quando eu não estou na sala. Quaisquer outras notas armazenadas no computador só são acessíveis usando a minha senha. Como eu disse na nossa primeira consulta, existem alguns limites legais para essa confidencialidade. Lembra-se do que discutimos?

Caroline: Na verdade, não.

Terapeuta: Vamos tratar disso novamente. Por exemplo, se eu descobrir que você é uma ameaça para si mesma ou para outras pessoas... (O terapeuta analisa vários limites legais à confidencialidade.) Além disso, minha secretária tem acesso à correspondência a seu respeito, mas ela está vinculada às leis de confidencialidade, e a única pessoa com quem eu discutiria seu progresso é meu supervisor, que não sabe seu nome verdadeiro. É um requisito profissional para mim ter um supervisor, pois isso a protege de receber tratamento abaixo do padrão, e acho útil obter conselhos e ideias de um profissional experiente. O que você acha de eu conversar com o meu supervisor?

Caroline: Eu não tinha pensado nisso antes, mas fico feliz que receba alguns conselhos. Mas e se eu quiser me matar?

Terapeuta: É isso que quero dizer com uma "ameaça para si mesma". Qual é o seu entendimento do meu dever profissional se você se tornar suicida?

Caroline: Você tem que avisar as pessoas — meu médico de família, um psiquiatra. Pode fazer com que me internem. Você também pode muito bem imaginar que eu simplesmente não vou dizer a você.

Terapeuta: Você tem toda razão: existem outros profissionais que precisariam ser informados, e eu teria que fazer isso se acreditasse que a sua vida está em risco. Compreendo que você estaria relutante em se colocar nessa posição. No entanto, quero que você saiba que eu não tomaria a decisão de quebrar a confidencialidade levianamente e faria o meu melhor para primeiro discutir isso com você, e eu continuaria a ser seu terapeuta e a apoiá-la ao longo das consequências.

Caroline: Grande coisa a sua ajuda seria se me internassem num hospital.

Terapeuta: O hospital também não é a minha primeira opção. Espero que possamos conversar para ver se podemos abordar seus sentimentos na ses-

Diálogo socrático para a descoberta em psicoterapia **241**

são. Se isso fosse possível, poderíamos organizar mais apoio e aliviar os sentimentos suicidas o suficiente para que não fosse necessário que as informações saíssem da sala. Ninguém mais estaria envolvido nesse caso. Mas isso depende de você ser capaz de me dizer como se sente. Ouvindo isso, o que você acha?

Caroline: Eu entendo o seu ponto. Eu não tinha pensado nisso antes, que poderia haver algo para mim se eu lhe dissesse o quão suicida eu me sentia.

Terapeuta: Existe alguma coisa que eu possa fazer para que você se sinta mais capaz de me dizer?

Caroline: Ser aberto assim me ajuda a sentir que você se preocupa com os meus interesses e que não está escondendo nada — eu tenho que saber que você não está escondendo nada.

Terapeuta: Como posso ajudá-la a se sentir confiante quanto a isso?

Caroline: Eu gostaria de ver as anotações que você faz.

Terapeuta: Eu posso fotocopiá-las para você. Também podemos gravar as sessões em áudio para que você possa revisá-las e abordar qualquer aspecto da minha prática que pareça pouco claro ou que a preocupe.

Caroline: Ok. Eu não sabia que isso era possível. Pensei que a terapia fosse mais sigilosa do que isso. (Sorri.)

Terapeuta: Há mais alguma coisa que possa ajudá-la a se sentir mais à vontade?

Caroline: Não consigo pensar em nada agora.

Terapeuta: Ok, então por que não faço algumas perguntas? Como você quer que eu reaja se você ficar angustiada ou tiver um *flashback* na sessão? Pessoas diferentes têm preferências diferentes.

Caroline: Boas perguntas. Se eu começar a chorar, prefiro que você não faça disso um grande problema. Não ignore, apenas me passe alguns lenços e nunca, nunca tente me abraçar.

Terapeuta: Eu normalmente não tocaria nos clientes. Esta seria uma regra básica aceitável: não tocar?

Caroline: Certamente. E, se eu tiver um *flashback*, você pode tentar me tirar dele o mais rápido possível? Não sei como, mas gostaria que me ajudasse a acabar com isso.

Terapeuta: Isso é algo em que já tínhamos planejado trabalhar, então sim. Há mais alguma coisa?

Caroline: Isso pode parecer bobagem, mas eu poderia me sentar ali? Me sinto melhor com as costas contra a parede.

Terapeuta: Isso é fácil de fazer. Por que não se muda para lá agora? (A cliente se move.) Algo mais?

Caroline: Não, acho que é isso.

Terapeuta: Bom, mas que tal mantermos as coisas sob revisão caso surja alguma outra questão? Nossas "regras básicas" não são imutáveis.

Caroline: Eu gosto disso, me ajuda a me sentir mais segura.

Terapeuta: Excelente. Então, em síntese: vou ser o mais aberto possível e você pode ver minhas anotações de terapia e escutar as gravações das nossas sessões, se quiser. Você se sentará ali porque se sente mais confortável com isso. Se você ficar chateada nas sessões, vou reconhecer isso, mas não vou dar muita importância; se você tiver um *flashback*, tentarei ajudá-la a sair dele e trabalharemos em estratégias destinadas a fazer exatamente isso; se você estiver se sentindo suicida, avise-me para que possamos conversar e tentar aliviar esses sentimentos primeiro aqui, apenas nós dois. E, se você estiver em risco de se matar, vou avisar o seu médico e o seu psiquiatra. Discutirei isso com você e oferecerei apoio contínuo. E pode ter certeza de que não vou tocar em você. O que lhe parece?

Na mente do terapeuta

Nesse diálogo, o terapeuta de Caroline começa assumindo a liderança ao afirmar que quer estabelecer uma aliança o mais confortável possível. Aqui (e em outros momentos da sessão), ele sabe que poderia ter sido mais socrático, e primeiro encorajou Caroline a perceber as vantagens de fazer isso — mas, com um cliente cauteloso e ambivalente, muitas vezes é mais fácil ser mais socrático depois que uma aliança é desenvolvida. Os clientes desconfiados podem interpretar o questionamento socrático nas primeiras sessões como o terapeuta tentando "enganá-los" ou influenciá-los. Ele espera que o compartilhamento direto de informações crie confiança mais rapidamente. Mais tarde, Caroline afirmou que queria que seu terapeuta estivesse aberto. Isso confirmou a hipótese dele de que o uso excessivo da abordagem socrática poderia ter resultado na sensação de que estava sendo opaco. Às vezes, é melhor "colocar as cartas na mesa" e dar informações. Nesse caso, ele esperava que o oferecimento de informações lhe desse garantia imediata de sua preocupação e sua abertura.

Mesmo quando você opta por dar informações, pode começar a introduzir um estilo socrático perguntando "O que você acha disso?" ou "Como isso se encaixa nas suas experiências?", e assim por diante, como esse terapeuta faz. Isso levará à reflexão e à consideração sobre as implicações das informações. Como terapeutas, sempre precisamos nos perguntar: "O que eu quero alcançar aqui?" e "Usar o diálogo socrático é a melhor maneira de fazer isso?". O uso do diálogo socrático foi apropriado para esclarecer exatamente o que Caroline temia na terapia, e teria sido negligente assumir seus medos.

O terapeuta também usou o diálogo socrático para desenhar suas estratégias de enfrentamento e ajudá-la a perceber que tinha pontos fortes que poderiam ser refinados — que ele não iria tirar dela suas maneiras de lidar com seus medos, mas sim melhorá-las. Assim, embora ela tenha mencionado alguns métodos abaixo do ideal para enfrentar seus *flashbacks* (tomar uma bebida e evitar), seu terapeuta a credita por fazer o seu melhor. O objetivo disso era ajudá-la a se sentir mais segura na terapia e incutir esperança. O terapeuta também usou perguntas diretas — por exemplo, "Como você quer que eu responda se você ficar angustiada nas sessões...?" —, pois ele não queria que certas questões fossem negligenciadas porque não haviam sido levantadas por Caroline.

Uma pergunta socrática importante e simples que foi usada com bom efeito aqui foi "Algo mais?". Ela maximiza as chances de descobrir os principais medos de Caroline e identificar sua gama de estratégias de enfrentamento.

As crenças do cliente interferem na aliança

Muitas crenças podem interferir no estabelecimento e na manutenção de uma boa aliança terapêutica. Por exemplo, alguns clientes se sentirão compelidos a desenvolver um relacionamento independente em vez de colaborativo. Eles terão "boas razões" para fazer isso: podem ser alimentados por crenças inflexíveis, como crenças centrais de "incompetência", ou crenças centrais e medos poderosos sobre ser fracos ou estúpidos, ou convicções de que você, o terapeuta, é onisciente. Outros clientes podem estabelecer um relacionamento superficial e fazer ou dizer o que acreditam que nos agradará, em vez de participar genuinamente da terapia, porque temem críticas e rejeição. Às vezes, os clientes podem ter um forte senso de integridade e acreditar que suas necessidades devem ser atendidas por outras pessoas, de modo que possam se acomodar na terapia, pensando que o terapeuta deve sempre estar lá para eles e fazer todo o trabalho.

Quando as crenças inflexíveis do cliente interferem na aliança terapêutica, você precisa explorar os significados idiossincráticos dessas crenças e ajudar o cliente a encontrar boas razões para colaborar com você.

Aqui, o desafio do terapeuta é comunicar parâmetros realistas de trabalho em conjunto e suas próprias limitações sem acabar com a esperança de que possa ajudar. Você quer estabelecer uma aliança de trabalho construtiva na qual o cliente colabore com você. Siobhan é uma mulher solteira de 43 anos que sofre de depressão grave e relata um histórico familiar de negligência. Observe como sua terapeuta trabalha com ela para alcançar algum nível de colaboração:

Terapeuta: Vamos pensar na nossa pauta para esta sessão. Vamos fazer uma lista de...

Siobhan: (Avançando antes que a terapeuta termine a frase.) Bem, tudo tem sido realmente ruim, uma semana terrível. Eu me sinto pior do que nunca — eu estava tão ansiosa para ver você. Acho que é muito tempo para esperar entre as sessões. Pensei que o dia de hoje nunca chegaria. Christopher foi tão rude comigo no trabalho, e ninguém lá realmente se importa com meus sentimentos, então ninguém me defendeu e eu apenas me sentei sozinha na hora do almoço e senti vontade de chorar. Eu me sinto tão sem importância, tão sozinha, que não vale a pena me preocupar. Mas você me conhece, eu continuei meu trabalho

	à tarde — segui em frente. Típico da Siobhan. Mas estou chorando por dentro. Minha chefe, Bethany, diz que sou a mais confiável entre os seus funcionários. Ela diz que pode confiar em mim para colocar o trabalho em primeiro lugar e não pensar em mim mesma. Suponho que isso foi o que sempre fiz: me colocar em último lugar. Mas isso nunca me fez bem — nunca houve nenhum agradecimento por isso, sou apenas explorada. A boa e velha Siobhan — pode confiar nela, pode contar com ela, pode até ser muito rude com ela.
Terapeuta:	Podemos fazer uma pausa aí? Parece que a semana foi difícil e algumas coisas perturbadoras aconteceram a você, sobre as quais podemos querer falar. Eu gostaria de saber exatamente o que precisamos colocar na pauta para garantir que abordemos as questões que você considera mais importantes. Podemos começar com a revisão da tarefa da última sessão: você tentaria manter um registro das suas atividades e observar o quão agradável e difícil era cada uma delas. Então, o que mais precisamos incluir na pauta?
Siobhan:	Hum, a questão — você sempre me pergunta isso. Não tenho certeza, suponho que quero conversar sobre isto: por que as pessoas são tão horríveis para mim e quero me sentir melhor.
Terapeuta:	Há um bom objetivo — querer se sentir melhor. "Conversar" pode ser uma boa maneira de conseguir isso, ou talvez haja outras maneiras de chegar lá.
Siobhan:	Sempre me sinto melhor quando falo com você, então acho que é isso que preciso fazer.
Terapeuta:	Isso é interessante, porque você disse que estava se sentindo pior do que nunca esta semana. Isso significa que a sensação de melhora desaparece após a sessão?
Siobhan:	Sim, é por isso que estou tão preocupada com o fim delas. Quantas sessões ainda faltam?
Terapeuta:	Esta é a nossa terceira sessão, então restam 12.
Siobhan:	Não diga isso, isso me assusta. Apenas 12. O que vou fazer quando não puder mais ver você?
Terapeuta:	Parece que temos um item importante para a pauta: como você pode usar melhor as 12 sessões restantes. Assim, você poderá fazer bom uso do que aprendeu, mesmo quando não estiver mais aqui. O que acha?

Na mente do terapeuta

A terapeuta decide evitar conscientemente desfazer as emoções de Siobhan, e até mesmo seus pensamentos, nesse momento. Nas sessões anteriores, elas identificaram crenças centrais do tipo "pobre de mim — o outro competente" e "pobre de mim — o outro cruel".

> Sua terapeuta sabe que focar nas crenças centrais no tratamento breve da depressão pode realmente levar ao agravamento da doença (Hawley et al., 2017). Concentrar-se em mais detalhes sobre suas experiências agora pode ser reconfortante para Siobhan, mas parece que isso não é útil a longo prazo. De fato, uma investigação aprofundada pode se tornar parte de um ciclo de reafirmação improdutiva com algumas pessoas que tendem à dependência.
>
> Com tudo isso em mente, sua terapeuta, em vez disso, reconhece sua angústia e reflete que esse pode ser um item importante para a pauta. Ao mesmo tempo, mantém a estrutura da sessão, criando uma oportunidade para colaborar no âmbito da TCC. Isso é particularmente importante para Siobhan, pois ela tem dificuldade em organizar seu pensamento e iniciar a resolução de problemas. A terapeuta está modelando as habilidades rudimentares de resolução de problemas ao refinar questões-chave.

Você vê a terapeuta de Siobhan fazendo perguntas diretas, se não sugestivas — "Isso significa que a sensação de melhora desaparece após a sessão?" e "Parece que temos um item importante para a pauta: como você pode usar melhor as 12 sessões restantes". Embora essas não sejam questões socráticas, elas convidam à colaboração de Siobhan para colocar a sessão de volta nos trilhos. Existe o perigo de que Siobhan simplesmente concorde com as sugestões da terapeuta, mas isso logo ficará aparente à medida que elas explorarem essas questões; e, pelo menos, a terapeuta está socializando Siobhan para desenvolver uma maneira mais focada de trabalhar.

A terapeuta está sendo consciente ao não se empenhar na tranquilização; apesar das preocupações de Siobhan, ela mantém a data de término claramente à vista. Isso é particularmente importante com clientes que tendem à dependência, pois esse é um ponto extremo que levanta sua questão mais pertinente: temores em torno de enfrentar a situação de forma independente. No entanto, a terapeuta continua a oferecer esperança, sugerindo que elas trabalhem juntas para alcançar bons objetivos e maximizar o benefício das sessões de TCC.

O plano da terapeuta, dado o que ela já entende do mundo interior de Siobhan, é:

1. Revisar a tarefa de casa do Cronograma Semanal de Atividades (CSA) (Greenberger & Padesky, 2016) e comparar quaisquer classificações positivas nele com os sentimentos negativos de Siobhan no início da sessão. Sua hipótese é de que, a longo prazo, o CSA terá sido mais eficaz para melhorar o humor de Siobhan do que simplesmente falar sobre os problemas da cliente. A terapeuta pode estar errada, mas essa é uma oportunidade para se envolver novamente na exploração socrática.

2. Explorar as crenças inflexíveis de Siobhan com o objetivo de ajudá-la a analisá-las como possíveis preconceitos. No entanto, se a terapeuta e Siobhan só falarem sobre evidências de que ela precisa da ajuda de outras pessoas, suas crenças inflexíveis podem ser difíceis de mudar. Experiências concretas em que Siobhan experimenta a autossuficiência são mais propensas a ter um impacto e ser memoráveis para ela uma vez que a terapia termine. Portanto, a terapeuta de Siobhan a ajudará a testar essas crenças experimentalmente,

oferecendo-lhe oportunidades para realizar experimentos relacionados à autossuficiência dentro e fora da sessão de terapia. Isso pode levar tempo e só será produtivo se a terapeuta tiver envolvido Siobhan com sucesso na TCC — daí a necessidade de enfatizar o envolvimento e os prazos para a terapia no início.

Mantenha em mente

- Use a conceitualização para entender as dificuldades do seu cliente. Elabore conceitualizações em colaboração com os clientes para promover a compreensão mútua e também para que você possa prever barreiras e contratempos (cf. Kuyken et al., 2009; Padesky, 2020b).
- Psicoeducar e incutir esperança é crucial. A metáfora do preconceito de Padesky (1991; 2003) é uma maneira eficaz de ajudar os clientes a entender como as crenças inflexíveis são mantidas e quais são os processos que podem ser empregados para testá-las.
- Preste atenção aos problemas no processo. As crenças inflexíveis do cliente muitas vezes terão um impacto nos processos de terapia. Use essas oportunidades para destacar crenças e configurar experimentos na sessão para testar suas previsões.

Armadilha 2

O terapeuta não entende as razões das crenças do cliente ou deixa de identificar as crenças de difícil acesso e persiste na terapia ineficaz.

Nem toda exploração de pensamentos e crenças automáticas ocorre sem problemas. Todos os terapeutas têm dificuldades às vezes para identificar cognições-chave. Isso talvez aconteça com mais frequência com clientes com crenças antigas, fixas e angustiantes. Dois desafios específicos para entender o mundo interior de um cliente surgem (1) quando os significados não são formulados em palavras (ou mesmo imagens) e (2) quando o cliente evita muito a exploração cognitiva e emocional porque teme ficar sobrecarregado por emoções ou memórias traumáticas.

Quando as crenças não são formuladas como palavras ou mesmo imagens

Ocasionalmente, os clientes relatam: "Eu só *me sinto* mal — não consigo colocar em palavras, não há palavras ou imagens em minha mente". Você pode se perguntar como um terapeuta pode agir nessa situação. Em primeiro lugar, podemos manter em mente que os significados são construídos em diferentes momentos de nosso desenvolvimento, e que alguns significados desenvolvidos em idades muito precoces não são facilmente mapeados em termos de linguagem — eles são mais parecidos com um "senso de percepção". Isso também pode acontecer com crenças tão bem estabelecidas e arraigadas que foram transformadas de algo acessível em algo mais

Diálogo socrático para a descoberta em psicoterapia **247**

parecido com uma "reação instintiva" emocional, e pode levar tempo para que seu cliente seja capaz de descobrir o conteúdo cognitivo de uma reação.

O desafio para os terapeutas aqui é duplo: (1) criar um meio de explorar significados que não são mapeados pela linguagem e (2) permitir que os clientes explorem cognições ligadas ao que parecem ser reações emocionais automáticas. Ella é uma estudante de 24 anos que luta para controlar o seu peso. No diálogo a seguir, sua terapeuta usa algumas das estratégias de identificação de imagens mentais descritas no Capítulo 5 para auxiliar Ella a identificar memórias e imagens que podem ajudar ambas a entender o que evoca seu "senso de percepção" de desejo de compulsão:

Terapeuta: Você registrou todos os seus episódios de compulsão alimentar muito bem, mas eu percebo que você não colocou nada na coluna de pensamentos e imagens.

Ella: Isso é porque eu não tenho nenhum.

Terapeuta: Interessante, isso às vezes acontece. Poderíamos dar uma nova olhada nesse acontecimento mais recente, o de ontem à noite, para ver se conseguimos encontrar alguma explicação para esse episódio de compulsão alimentar?

Ella: Sim, claro.

Terapeuta: Você pode me contar um pouco mais sobre o que estava acontecendo naquele momento?

Ella: Tive um dia bastante rotineiro de estudos chatos — coisas que tenho que repassar para os meus exames. Eu não tinha comido muito durante o dia e fiquei satisfeita com isso. Às 7 horas, eu estava realmente cansada de estudar e simplesmente me sentia "compulsiva". Era como se eu precisasse encontrar algo para comer — eu simplesmente tinha que fazer isso. Eu me vi na cozinha olhando os armários sem ter realmente pensado a respeito.

Terapeuta: Você pode falar um pouco mais sobre esse sentimento "compulsivo"?

Ella: É um sentimento, talvez uma emoção, mas não tenho certeza de que é mesmo isso; só não tenho certeza.

Terapeuta: Talvez seja, talvez não, mas você consegue se lembrar de como foi fisicamente? Como isso se manifestou em seu corpo? Onde estava? Tinha uma forma, uma cor, uma temperatura?

Ella: Eu me sinto fisicamente agitada — mais ou menos. Há uma sensação de formigamento sob minha pele... e há uma sensação no fundo do meu estômago — é oca, prateada e gelatinosa. Engraçado, me sinto meio chorosa ao descrever isso: não é uma sensação agradável. Quando penso nisso agora, percebo que quero me livrar dela e que como a fim de parar essa sensação.

Terapeuta: Estaria tudo bem se eu lhe pedisse para permanecer com esse sentimento para que pudéssemos explorá-lo um pouco mais?

Ella:	Ok.
Terapeuta:	Veja se consegue fechar os olhos e entrar em contato com aquela sensação oca, prateada e gelatinosa na boca do estômago. Você a capturou novamente?
Ella:	Sim.
Terapeuta:	Ok, você pode me contar mais sobre ela? Qualquer coisa que vier à mente.
Ella:	Eu me sinto bastante trêmula e chorosa. A sensação de vazio fica mais intensa quanto mais me concentro nela. Essa não é a pior parte. Eu me sinto vulnerável, isolada — eu me sinto indesejada e não amada. Não é estranho?
Terapeuta:	Até onde vão esses sentimentos? Houve algum momento em que você não os teve?
Ella:	Acho que sempre tive, e comia ou bebia para me livrar deles. Provavelmente por isso eu estava muito acima do peso quando criança. Meus pais deixaram claro que eu era uma decepção para eles — nunca me senti desejada, muitas vezes me sentia criticada e tinha esses sentimentos na época.
Terapeuta:	Parece que é possível que você não se sinta amada e desejada desde que era muito pequena e que você tenha experienciado a sensação oca quando criança, e essa sensação corporal ficou com você. Você também disse que é uma sensação horrível e, por isso, tenta controlá-la confortando-se com comida ou álcool. O que você acha disso?
Ella:	Provavelmente está certo, mas é uma ideia tão nova que vou precisar pensar sobre isso.
Terapeuta:	Claro que é só uma ideia, uma possibilidade. No entanto, podemos procurar maneiras de substituir essa sensação oca por uma que não a obrigue a comer ou beber demais. O que você acha disso?
Ella:	Parece uma boa ideia. O que eu faço?

Na mente do terapeuta

A terapeuta de Ella pede permissão para explorar as experiências da cliente, respeitando assim a sua aliança de trabalho. Mantendo a hipótese de que Ella tem uma reação visual que leva à compulsão alimentar, a terapeuta pede que ela se lembre da memória de um incidente recente. Usando perguntas informativas, ela começa a "desembrulhar" as sensações corporais associadas ao desejo de comer demais. Ela faz perguntas informativas diretas e evocativas (como "Tinha uma forma, uma cor, uma temperatura?") não para obter uma resposta "sim" ou "não", mas para encorajar Ella a considerar novas possibilidades.

A terapeuta pergunta sobre a origem das sensações para obter uma melhor compreensão do que está por trás delas — e oferece uma síntese para Ella, de modo a ajudar a cliente a apreciar melhor que há um padrão e que ele faz sentido.

> O ritmo é tranquilo, pois Ella está explorando um "novo território" e precisará de tempo para assimilar essa perspectiva diferente. No entanto, a terapeuta fornece esperança de que ela possa começar o processo de aprender a lidar com sensações prejudiciais, em vez de se sentir angustiada por muito tempo.

O cliente evita explorações terapêuticas por medo de emoções avassaladoras ou memórias traumáticas

Algumas pessoas experimentam emoções intensas, *flashbacks* ou pesadelos quando solicitadas a refletir sobre seus mundos internos. É importante ser sensível a isso e, ao mesmo tempo, não ir na contramão, evitando a exploração de pensamentos problemáticos. Nesses casos, os terapeutas podem empregar estratégias específicas para fundamentar e estabilizar os clientes enquanto usam o diálogo socrático.

Como podemos criar uma sensação de segurança e ser sensíveis às limitações dos clientes enquanto ainda exploramos cognições e emoções relevantes? Joachim é um homem de 51 anos que tem medo de explorar seus pensamentos e sentimentos. Sua terapeuta discute isso com ele para encontrar de forma colaborativa um caminho a seguir:

Terapeuta: Na última sessão, você disse que estava nervoso por tentar manter um diário que capturasse seus sentimentos e pensamentos — e, pelo seu *feedback* agora, parece que isso não era possível para você, afinal. Tudo bem, há outras maneiras de trabalharmos juntos. Estou me perguntando, no entanto, se precisamos fazer algum trabalho para ajudá-lo a se sentir mais confortável em explorar seus sentimentos. O que você acha?

Joachim: Como assim? Não consigo imaginar me sentir confortável.

Terapeuta: Talvez não, mas talvez a gente consiga deixá-lo menos desconfortável, tornar as coisas um pouco mais fáceis. Houve alguma coisa que fez você se sentir um pouco mais confortável quando nos encontramos da última vez?

Joachim: O fato de parecer que você me ouve sem julgamento.

Terapeuta: É útil saber disso. Mais alguma coisa?

Joachim: Talvez o fato de você ter me dito que eu poderia pedir para parar e que poderia fazer uma pausa a qualquer momento — acho que isso me ajudou a me abrir mais.

Terapeuta: Abrir-se de que maneira?

Joachim: Bem, para falar mais sobre o que passei.

Terapeuta: Houve alguma coisa que o ajudou a se abrir mais sobre os seus sentimentos e pensamentos?

Joachim: Bem, acho que me abri mais do que nunca porque você não estava me julgando e me deu permissão para parar as coisas.

Terapeuta:	Ok, então que tal seguirmos com base nisso? Vou tentar continuar a ajudá-lo a não ser julgado aqui, e você sempre pode pedir que paremos se precisar disso. Agora, há mais alguma coisa que possa ajudar?
Joachim:	Não consigo pensar em nada — posso dizer se pensar em alguma coisa mais tarde.
Terapeuta:	Por favor, faça isso. Eu gostaria de receber o seu *feedback* regularmente. Eventualmente, posso fazer o que pode parecer uma pergunta estranha; nesse caso, se você ficasse angustiado, como eu saberia? Pergunto por que, na minha experiência, todos são um pouco diferentes na maneira como mostram que se sentem chateados.
Joachim:	Fico chateado por dentro, mas não deixo você ver isso. Provavelmente vou ficar quieto e depois de um tempo vou começar a ficar com raiva.
Terapeuta:	Se eu reparar que você está ficando quieto, qual é a melhor maneira de eu reagir para que sinta que pode me dizer o que se passa com você?
Joachim:	Boa pergunta. Não quero que ignore — prefiro que diga imediatamente que notou uma mudança em mim. Se você disser alguma coisa sobre isso desde o início, provavelmente não ficarei com raiva, porque não sentirei que meus sentimentos estão sendo ignorados. Mas a ideia de falar sobre emoções ainda me enche de pavor.
Terapeuta:	Por que você acha que isso acontece?
Joachim:	Não faço ideia. (Joachim fica quieto, e a terapeuta deixa as coisas assim por um tempo, considerando usar a oportunidade para respeitar o que o cliente acabou de dizer.)

Na mente do terapeuta

A terapeuta de Joachim pensou que seria útil para ambos se o cliente pudesse explicar sua relutância em explorar seus sentimentos. Sua resposta concisa à última pergunta e o silêncio subsequente a fizeram perceber que provavelmente superestimara a prontidão do cliente em fazê-lo. Ela confundiu a colaboração dele ao procurar maneiras de tornar a terapia segura com a sua disposição de explorar pensamentos e emoções.

Seu silêncio apresenta uma oportunidade de fazer aquilo que eles acabaram de concordar. Então ela reconhece isso e imediatamente lhe oferece uma maneira de lidar com sua dificuldade. A terapeuta espera que isso transmita a Joachim a mensagem de que ele pode esperar obter alívio de sua angústia. Mais tarde, na terapia, quando ele aprender a tolerar melhor o sofrimento, ela o encorajará a permanecer com seus sentimentos em momentos como esse.

Terapeuta:	Joachim, gostaria de saber se você está quieto agora porque a nossa discussão desencadeou algumas emoções difíceis. E, em caso afirmativo, o que podemos fazer para facilitar as coisas para você? Serei guiada por você, mas tenho algumas sugestões, se quiser ouvi-las.

Diálogo socrático para a descoberta em psicoterapia **251**

Joachim:	Não faço ideia. Quer dizer, sim. Quer dizer, tenho alguns sentimentos ruins, mas não quero falar sobre isso e não quero que faça nada. Podemos voltar ao que estávamos falando antes?
Terapeuta:	Ok, certamente. Vamos fazer uma síntese escrita, então, para que nós dois nos lembremos do que combinamos. (Escrevendo enquanto fala.) Para que você se sinta o mais confortável possível, tentarei ouvi-lo com atenção e não o julgarei. Se eu notar que você está quieto, vou comentar sobre isso, mas não vou assumir que você está pronto para falar sobre os seus sentimentos, pois isso ainda é difícil para você. O que lhe parece?
Joachim:	Certo. (Ainda bastante reservado.)
Terapeuta:	E quando fizemos isso — reconhecemos o silêncio e o possível sofrimento por trás dele —, como foi?
Joachim:	Na verdade, funcionou. Eu podia me sentir sendo puxado para baixo por sentimentos e, em seguida, sua pergunta e o comentário sobre como enfrentar meio que quebraram o feitiço.
Terapeuta:	E o que isso lhe diz?
Joachim:	Você não vai me fazer insistir em sentimentos ruins e pode até me ajudar a acabar com eles. Portanto, a terapia pode ser suportável, afinal.
Terapeuta:	Esperemos que sim! Agora vem à sua mente mais alguma coisa que possa ser útil e que devamos adicionar à nossa síntese? (Longa pausa.) Eventualmente, eu posso vir a fazer o que pode parecer uma pergunta estranha; se você ficasse angustiado, como eu saberia?
Joachim:	Você deve saber que eu não a machucaria — eu nunca machuquei ninguém além de mim mesmo. Mas eu posso sair, e acho que você deve me deixar em paz se isso acontecer.
Terapeuta:	Ok, mas que tal voltar para a sessão? Algo que eu pudesse fazer tornaria isso mais fácil para você?
Joachim:	Bem, você ter dito isso me faz sentir como se eu pudesse voltar.
Terapeuta:	O que devemos escrever aqui para ajudá-lo a se lembrar disso?

Na mente do terapeuta

A terapeuta recorreu imediatamente à própria experiência de Joachim, perguntando o que tinha ajudado o cliente na sessão anterior (e pedindo-lhe que refletisse sobre a sua experiência nessa sessão). Isso garantiu que ele não tivesse dificuldade em acessar informações relevantes, e, portanto, ele foi capaz de se envolver no diálogo. Ademais, isso ofereceu uma oportunidade para o desenvolvimento da colaboração e da responsabilidade compartilhada.

A terapeuta manteve suas perguntas muito transparentes (por exemplo, justificando-as: "Eu pergunto porque..."). Isso sinalizou a Joachim que as intenções dela eram diretas. Ela inicialmente perseverou em perguntas relativas ao conforto dele para reforçar sua sensação de segurança com ela. Foi sábio da parte dela perguntar a Joachim como é estar "chateado", porque as pessoas que temem emoções muitas vezes camuflam sua angústia. É uma boa prática perguntar como ela deveria responder se ele ficasse chateado; isso os colocou de volta nos trilhos e os ajudou a desenvolver um plano útil. Essa intervenção deixou Joachim à vontade.

Pode parecer que a terapeuta estava insistindo em um ponto ao se concentrar tanto na criação de uma sensação de segurança, mas isso geralmente é necessário com clientes com medo e também introduz processos de diálogo socrático de uma maneira não ameaçadora. Mais tarde, quando estabeleceram uma relação de trabalho em que Joachim se sentia seguro, ele foi capaz de responder à pergunta da sua terapeuta sobre o seu medo de afeto. Ele relatou: "Eu poderia enlouquecer, ficar sobrecarregado, começar a chorar. Parece que uma barragem poderia se romper e eu choraria loucamente". Essas previsões abriram o caminho para o ensino de habilidades de gestão de afetos, seguidas de experimentos comportamentais para ajudar Joachim a testar suas imagens de medo e construir sua confiança de que ele poderia tolerar tanto o afeto quanto o choro.

Mantenha em mente

- Os significados podem ser armazenados como palavras, imagens ou sensações corporais.
- É importante estabelecer uma relação terapêutica sólida e procurar fazer com que a terapia pareça "segura", antecipando obstáculos ameaçadores e colaborando na elaboração de um plano para gerenciá-los.
- Seja curioso. Não tire conclusões precipitadas por causa das suas expectativas.

Armadilha 3

O terapeuta e o cliente abordam os mesmos problemas, sessão após sessão, de maneiras repetitivas.

Crenças inflexíveis podem levar muito tempo para mudar. Um terapeuta e um cliente podem entrar em uma rotina e continuar dizendo as mesmas coisas repetidamente. É nosso desafio como terapeutas manter a terapia atualizada, mesmo quando trabalhamos com as mesmas crenças por um longo período de tempo. Essas três diretrizes podem ajudar a manter a terapia atualizada ao trabalhar com crenças inflexíveis:

1. Seja paciente e mantenha-se ativo.

Diálogo socrático para a descoberta em psicoterapia **253**

2. Use humor e uma linguagem que o cliente possa adotar.
3. Desenvolva imagens mentais e conceitualizações de casos que deem vida às ideias.

Essas recomendações são ilustradas nas seções a seguir.

Seja paciente e mantenha-se ativo

As crenças inflexíveis geralmente são suposições subjacentes ou crenças centrais; portanto, podemos esperar que elas mudem mais lentamente do que os pensamentos automáticos. Os terapeutas no geral se sentem melhor quando aceitam que algumas crenças mudam lentamente. No entanto, às vezes, quando os terapeutas esperam mudanças lentas, eles se tornam passivos ou se resignam a dizer a mesma coisa cem vezes. Os clientes precisam estar ativamente envolvidos no exame de crenças inflexíveis. Portanto, os terapeutas precisam usar métodos de terapia ativa e variá-los regularmente para manter a curiosidade do cliente.

Experimentos comportamentais são ideais para esses fins. Para maximizar a aprendizagem com experimentos comportamentais, crie uma crença alternativa primeiro, o que permite comparar a crença inflexível do cliente com a crença alternativa e ver qual se encaixa melhor nos dados. Por exemplo, em vez de depender muito do diálogo socrático na sessão para procurar repetidamente evidências que apoiem ou não apoiem uma crença inflexível, use dramatizações para ajudar o cliente a experimentar diferentes perspectivas.

Martine é *chef* e acredita que, "se algo não é perfeito, não vale a pena". Ela pode ser solicitada a simular papéis em uma situação em que um jantar falha de alguma forma, levando a uma reclamação do restaurante. Numa primeira simulação de papéis, a terapeuta pode ser o cliente insatisfeito, e Martine pode vivenciar e discutir suas respostas emocionais e cognitivas às imperfeições da comida mencionadas. A seguir, Martine pode representar o papel de um cliente insatisfeito. A terapeuta pode representar o papel da *chef* de duas maneiras: primeiro, de forma apologética, convencida de que a refeição é "sem valor"; depois, aceitando críticas, pedindo esclarecimentos e expressando assertivamente apreço pelo *feedback* do cliente. Após essas duas simulações de papéis, pode-se questionar Martine sobre o valor da experiência para o cliente e a *chef*, considerando as duas respostas diferentes da "*chef*" diante da imperfeição. Aprender com essas dramatizações e outras subsequentes pode ajudar a gerar uma crença alternativa, como: "Mesmo resultados imperfeitos podem ter valor; pelo menos algo pode ser aprendido com eles".

Para organizar experimentos fora da sessão, Martine e seu terapeuta poderiam criar uma pesquisa por escrito para aplicar a clientes reais. Essa pesquisa poderia pedir-lhes que classificassem a comida daquela noite em uma escala de perfeição e outra escala de seu valor ou importância para o cliente. Os clientes podem ser convidados a fazer sugestões de melhoria se a comida for decepcionante de alguma forma. A crença perfeccionista de Martine prevê que qualquer cliente que avalie a refeição como menos que perfeita também a classificará como sem valor. A crença alternativa prevê que os clientes darão valor mesmo a uma comida imperfeita e que Martine pode aprender coisas valiosas com a pesquisa quando os resultados não são classificados como perfeitos.

Como outro experimento, Martine poderia entrevistar amigos e familiares sobre suas experiências, realizações ou qualquer categoria de experiência mais próxima de seus padrões perfeccionistas. Uma vez identificadas as atividades de maior valor, Martine poderia fazer uma série de perguntas (desenvolvidas com a terapeuta) para testar sua crença inflexível no perfeccionismo. Por exemplo: "Isso foi feito perfeitamente? Quão perfeitamente, em uma escala de 0 a 10?", "Como você avaliaria o valor para você, em uma escala de 0 a 10?" e "O que tornou isso valioso para você, se não foi perfeito?"

Use humor e uma linguagem que o cliente possa aceitar

Crenças inflexíveis geralmente são mantidas com grande seriedade pelos clientes. No início da discussão, os terapeutas demonstram empatia compassiva em relação às origens dessas crenças e ao seu impacto na vida dos clientes. Uma vez que isso tenha sido feito, os terapeutas podem sutilmente mudar a ênfase para a empatia compassiva em relação ao cliente como alguém que está preso a essa crença. Isso pode ser expresso de diferentes maneiras com diferentes clientes, dependendo das metáforas e da linguagem que se encaixa no estilo de fala de cada um. A seguir, estão alguns exemplos de declarações do terapeuta:

- Aqui está aquela crença de falta de valor novamente. Lamento muito que, cada vez que você tenha a chance de progredir, essa crença apareça e o impeça de seguir em frente. Parece tão injusto.
- Sua crença de que "as pessoas não são confiáveis" vem à tona toda vez que começamos a conversar com mais facilidade. Acho que essa crença quer protegê-lo da decepção (caso eu o decepcione). Ela está tentando ajudar, mas também diminui a possibilidade de você se sentir bem aqui.

Uma vez que seu cliente seja capaz de se juntar a você para ver a si mesmo preso por crenças inflexíveis, é possível convidá-lo a empregar humor e linguagem mais lúdica para caracterizar essas crenças. Observe a ênfase em convidar o cliente a empregar o humor. Os terapeutas devem ser cautelosos ao expressar seu próprio humor sobre crenças profundamente arraigadas, porque isso pode falhar e ser encarado como insensível pelo cliente. A vantagem de convidar um cliente a enquadrar suas crenças inflexíveis de maneira bem-humorada é que ver humor em uma situação requer e provoca flexibilidade de pensamento. O diálogo a seguir ilustra esse processo com Jamal, um homem de 22 anos atormentado por pensamentos autocríticos:

Terapeuta:	Imagino essa pessoinha no seu ombro, sussurrando no seu ouvido essa ideia negativa repetidas vezes. É assim que você experiencia a situação?
Jamal:	Não, é mais como um repreender com o dedo, apontando e censurando.
Terapeuta:	Imagino que seja difícil de lidar. Você consegue pensar em alguma maneira de tornar sua crença mais leve ou mais parecida com um desenho animado, para que isso não o incomode tanto?
Jamal:	Como assim?
Terapeuta:	Bem, às vezes, em filmes de animação, um personagem repreensivo ou assustador pode realmente ser desenhado de maneiras que parecem engraçadas e, portanto, esse personagem é menos intimidante.
Jamal:	Ah, você quer dizer como os monstros em *Monstros S.A.*?
Terapeuta:	(Rindo.) Exatamente. Essa é uma ideia perfeita. Aqueles monstros estavam agindo de forma assustadora para manter seus empregos, mas eles não eram realmente perigosos. Você poderia encarar a sua crença assim?
Jamal:	Suponho que sim.
Terapeuta:	Como seria a sua crença monstruosa?

Nesse intercâmbio, o terapeuta convida Jamal a desenvolver uma caracterização da sua crença que muda o impacto emocional dela de intimidante para benigno. Uma vez que isso tenha sido realizado, a imagem humorística de Jamal pode ser referenciada sempre que sua crença for ativada. Com o tempo, essa caracterização humorística pode ajudar a minar a convicção de Jamal de que sua crença inútil é verdadeira.

Desenvolva imagens mentais e conceitualizações de casos que deem vida às ideias

Como demonstrado com Jamal no diálogo anterior, as imagens mentais podem ser empregadas para dar vida às crenças. É provável que Jamal se envolva mais em pensar e avaliar sua crença quando ela se torna um monstro animado de sua própria criação do que quando consiste apenas em palavras que machucam. Da mesma forma, as conceitualizações de casos podem ser desenhadas de maneira colaborativa para manter os clientes envolvidos no exame ativo de suas crenças inflexíveis. As conceitualizações de casos iniciais podem ser descritivas, podendo evoluir ao longo do tempo para descrever gatilhos e fatores de manutenção, ou para capturar a história do desenvolvimento de crenças inflexíveis (Kuyken et al., 2009; Padesky, 2020b). A chave é desenvolver conceitualizações de casos em colaboração com os clientes, de modo a aumentar sua consciência e sua curiosidade sobre crenças inflexíveis.

As melhores conceitualizações de casos de crenças inflexíveis capturam o fluxo da experiência do cliente. Por exemplo, uma cliente achou interessante que ela conseguia manter boas experiências por um tempo, mas, eventualmente, sua crença inflexível de que "ninguém é confiável" arruinava todos os seus relacionamentos. Ela acabou desenhando uma conceitualização de caso que parecia um balde: "É como se eu tivesse um balde com vazamento. Quando os relacionamentos começam, o balde se enche de água. Com o tempo, as boas experiências gradualmente vazam e, quando o balde está vazio, não acredito que realmente tenha havido água lá". Essa conceitualização e essa imagem do caso e do impacto de suas crenças centrais negativas sobre confiar nos outros a levaram a começar a considerar como poderia tapar os buracos em seu balde de experiências. Essa conceitualização e essa imagem de caso a cativaram e levaram a uma série de intervenções úteis que ela perseguiu com interesse e curiosidade.

Mantenha em mente

- Procure manter o trabalho atualizado mesmo quando a terapia se estender muito.
- Seja paciente e permaneça ativo na sessão.
- Use o humor com sensibilidade. Peça ao seu cliente para construir maneiras bem--humoradas de pensar sobre crenças inflexíveis.
- Coconstrua conceitualização e imagens de caso que envolvam seus clientes e os ajudem a obter novas perspectivas.

Armadilha 4

O terapeuta fica sem esperança.

Todos nós já nos sentimos assim: travados, perplexos com a falta de progresso da terapia, esperando que nosso supervisor ou colega possa nos mostrar o caminho para sair de uma rotina. Nosso cliente expressa o desejo de mudar, mas todos os esforços são frustrados, todas as evidências contrárias às crenças existentes são descartadas, e pouco ou nada acontece entre as sessões, porque as crenças não estão mudando o suficiente. Às vezes ocorre o oposto — o progresso é lento porque muita coisa acontece entre as sessões. Descobrimos que as crenças extremas dos clientes são endossadas por redes sociais, domésticas ou profissionais inúteis. Outras vezes, nos sentimos presos porque, apesar do que parecem ser os melhores esforços, nosso cliente continua a recair, e começamos a compartilhar seu pessimismo. A desesperança do terapeuta é frequentemente acompanhada por uma crescente ineficácia.

Existem maneiras de navegar pela armadilha da desesperança. Assim que reconhecer o problema, formule o que está obstruindo o progresso. Há muitos obstáculos a serem considerados, desde a falta prática de recursos até "bloqueios" emocionais, cognitivos e sistêmicos mais complicados existentes em você ou em seu cliente. Se você perceber que seu cliente está descartando evidências porque a crença inflexível

Diálogo socrático para a descoberta em psicoterapia **257**

dele é uma crença central, mudar para intervenções socráticas, como o trabalho contínuo, pode ser mais potente do que simplesmente coletar evidências.

Outro obstáculo comum é o medo (alimentado por crenças inflexíveis). Pode ser útil perguntar rotineiramente aos clientes como eles veem a perspectiva de mudança, usando a consulta socrática para explorar isso. Na verdade, explorar as consequências da mudança pode ser uma parte frutífera de qualquer avaliação e terapia contínua. Às vezes, não são os medos de um cliente individual que bloqueiam a mudança, mas um medo sistêmico, como a falta de vontade de uma família (ou organização) de apoiar a mudança. Os sistemas geralmente operam para manter o *status quo* — às vezes por falta de preocupação e, às vezes, porque a "velha maneira" tem vantagens para o sistema social. "Sistemas" podem manter suas próprias crenças fixas. Um dos autores lembra-se de um cônjuge angustiado que apareceu numa sessão implorando pelo regresso da sua "verdadeira" esposa, que tinha "desaparecido" como resultado da terapia que realizara. Ele queria que a mulher insegura que precisava dele voltasse para a sua vida. Ele realmente acreditava que a única maneira de se sentir e parecer um "homem de verdade" era sendo visto como alguém mais forte do que sua esposa. Isso levou a uma terapia de casal muito útil.

As seções a seguir descrevem estratégias adequadas para gerenciar três obstáculos comuns que podem alimentar a desesperança:

- Todas as evidências contrárias às crenças existentes são desconsideradas.
- Os clientes têm tanto medo de mudanças que pouco ou nada acontece entre as sessões.
- As crenças inflexíveis do cliente são endossadas por redes sociais, domésticas ou profissionais inúteis.

Todas as evidências contrárias às crenças existentes são desconsideradas

Você está satisfeito com o seu trabalho em conjunto: uma experiência comportamental bem executada levou a uma nova conclusão intelectual. Mas como é decepcionante para vocês dois quando ela é rapidamente descartada com um "Sim, mas ele estava apenas dizendo isso para ser gentil", "Sim, mas eles não conhecem o meu eu verdadeiro", "Sim, mas eu tive sorte daquela vez".

Aqui, o desafio do terapeuta é resistir a sentir-se derrotado *e* permanecer engajado na construção de opções esperançosas. Felizmente, essa situação "Sim, mas..." não precisa sugerir desesperança (ao cliente ou ao terapeuta), pois pode representar uma oportunidade para tomar um "caminho socrático" diferente.

Uso *de um* continuum

Quando toda e qualquer evidência que contradiga uma crença é descartada, essa crença é provavelmente uma crença central inflexível. Usar um *continuum* para avaliar uma crença central será mais eficaz do que simplesmente coletar evidências, porque as crenças centrais são, por definição, crenças absolutas de "tudo ou nada". Um *continuum* exige que o cliente considere o meio-termo, a grande área de experiência que o núcleo de crenças geralmente ignora. Na realidade, pouquíssimas experiências de vida realmente se encaixam nos pontos finais de um *continuum*. Assim, as crenças centrais geralmente são enfraquecidas quando os clientes são solicitados a pensar em termos de um *continuum*. E, como você verá, um *continuum* oferece possibilidades alternativas, o que torna o processo de aliviar crenças inflexíveis ainda mais viável.

O trabalho com o *continuum* é geralmente mais eficaz se a crença alternativa, e não a crença inútil, for classificada no *continuum*. Isso ocorre porque as mudanças nas crenças centrais provavelmente acontecerão lentamente. Considere o impacto do uso de um *continuum* se a crença mudar 1%. O cliente já está em um novo território quando acredita 1% em uma ideia alternativa; em contraste, ele ainda está em terreno familiar quando a confiança numa crença atual cai para 99%. No exemplo a seguir, o terapeuta de Caitlyn começa simplesmente pedindo que ela defina uma crença central alternativa antes de estabelecer o *continuum*. Ele faz isso de uma maneira direta, perguntando-lhe: "Como você gostaria de ser?" Caitlyn é uma mulher de 32 anos que enfrenta bulimia, ansiedade social e conflitos de relacionamento.

Terapeuta: Se você não se visse como alguém não amável, como gostaria de ser?

Caitlyn: Amável, eu acho.

Terapeuta: Ok. Vamos desenhar uma escala aqui que classifique a amabilidade de 0 a 100%. (Desenha essa escala contínua.) Como você definiria alguém 100% amável?

Observe que o terapeuta começa pedindo a Caitlyn que defina os pontos finais da escala. Eles são mais fáceis de definir porque combinam bem com a natureza das crenças centrais e a perspectiva estabelecida por Caitlyn. Ele trabalha com ela para garantir que as qualidades que ela escolhe para os pontos finais sejam absolutas:

Caitlyn: Se você é amável, as pessoas gostam de você.

Terapeuta: Então, acho que ser 100% amável significaria que todos no mundo gostam de você.

Caitlyn: Não sei se isso é possível.

Terapeuta: Eu também acho que não. Mas, se ser amável significa que as pessoas gostam de você, então ser 100% amável teria que significar que todos no mundo gostam de você.

Caitlyn: Ah, acho que é isso mesmo.

Ele não questiona os critérios que ela estabelece, porque essa é a sua definição de amabilidade. No entanto, ele garante que os pontos finais de seu *continuum* sejam absolutos. Depois de alguma discussão, ela define ser 100% amável como todo mundo gostar de você, você fazer tudo bem e estar sempre de bom humor.

Diálogo socrático para a descoberta em psicoterapia **259**

Terapeuta:	Então, se isso é ser 100% amável, devemos escrever sob o ponto 0% na escala o oposto dessas coisas. Por exemplo, se ser 100% amável significa que todos no mundo gostam de você, então o que 0% significaria?
Caitlyn:	Que ninguém gosta de você.
Terapeuta:	Escreva isso abaixo de 0%.

Na mente do terapeuta

Enquanto Caitlyn escreve sua definição de 0% ("Ninguém gosta de você, você faz tudo terrivelmente mal e está sempre de mau humor") no *continuum*, seu terapeuta considera como começar a usar esse *continuum*. Ele decide começar perguntando a Caitlyn sobre outras pessoas, já que ela é tão inflexível em relação à sua própria falta de amor.

Terapeuta:	Vamos ver como podemos usar esta escala. Onde você colocaria o seu amigo Paul nesta escala?
Caitlyn:	Ele é amável.
Terapeuta:	Quão amável? Todos no mundo gostam dele? Ele está sempre de bom humor?
Caitlyn:	Muita gente gosta dele, mas nem todo mundo. E às vezes ele não está de bom humor. Acho que o colocaria em cerca de 70%.
Terapeuta:	Quem mais podemos colocar nessa balança?
Caitlyn:	Meu pai. Eu o colocaria em 0%.
Terapeuta:	Ninguém gosta dele, ele faz tudo terrivelmente mal e está sempre de mau humor?
Caitlyn:	Bem, não exatamente. Ok, talvez ele estivesse em 10%.
Terapeuta:	Isso é interessante. Quando você começa a pensar a respeito, o seu pai recebe uma classificação de 10%. Certo. Quem mais?
Caitlyn:	Liza. Ela está entre o meu pai e Paul. Talvez 50%.
Terapeuta:	Onde você se colocaria?
Caitlyn:	Ah, estou em 0%.
Terapeuta:	Pior que o seu pai, então? Ninguém gosta de você, você faz tudo muito mal e está sempre de mau humor?
Caitlyn:	Talvez meu pai devesse estar em 5% e eu vou me colocar em 10%.
Terapeuta:	É bom ver que você realmente começa a fazer essa escala funcionar para você ao pensar mais profundamente sobre as qualidades pessoais. Essa é a ideia, muito bem.

Observe que o uso que esse terapeuta faz do *continuum* com Caitlyn segue o modelo de diálogo socrático de quatro estágios (consulte o Capítulo 2). O terapeuta começa fazendo perguntas informativas (Estágio 1) para definir pontos no *continuum* e perguntar como várias pessoas seriam classificadas nessa escala. Ele ouve

(Estágio 2) as respostas de Caitlyn e garante que suas classificações sejam consistentes com os critérios que ela definiu no início do exercício. Suas classificações marcadas no *continuum* tornam-se a síntese escrita (Estágio 3) de sua discussão, conforme mostrado na Figura 6.1. Por fim, essas classificações contínuas oferecem ricas oportunidades para o terapeuta mostrar curiosidade por meio de perguntas analíticas e sintetizadoras (Estágio 4), como:

- Isso é interessante. Como é que você se preocupa com Paul ou Liza, mesmo que eles não sejam 100% amáveis?
- Você consegue pensar em uma época em que Paul parecia menos de 70% amável? Se sim, como ele se tornou mais amável novamente depois desse tempo? Eu me pergunto o que isso diz sobre ser amável. Isso lhe dá alguma ideia de como você pode se tornar mais de 10% amável?
- Caitlyn pode ser encorajada a ficar ainda mais curiosa e se avaliar em cada um dos critérios de amabilidade que ela definiu. Ela se classifica como 20% apreciada pelos outros, como alguém que faz 40% das coisas bem e como uma pessoa que fica de bom humor por 15% do tempo. Seu terapeuta então pergunta: "Como você explica que tenha uma pontuação mais alta nesses critérios em comparação com a pontuação total de amabilidade que atribuiu a si mesma (10%)?"

Uso de grade 2 × 2 para testar suposições subjacentes

Um *continuum* de linha única, como o usado anteriormente para avaliar uma crença central, não funcionará tão bem se a crença inflexível do cliente for uma suposição subjacente. Isso ocorre porque as suposições subjacentes ligam duas ideias em uma previsão "Se..., então...". No entanto, as suposições subjacentes podem ser testadas de maneira semelhante à ilustrada, criando um *continuum* dos eixos *x* e *y* (com os dois contínuos resultantes superando e parecendo um sinal de mais) para examinar as previsões de uma suposição subjacente. A maioria das pessoas entende ainda melhor se os eixos *x* e *y* são desenhados como uma grade 2 × 2, como demonstrado no exemplo a seguir.

Phil cresceu em uma família caótica, com pais que, com frequência, brigavam fisicamente e batiam nos filhos durante bebedeiras alcoólicas. Quando adulto, ele

FIGURA 6.1 O *continuum* de amabilidade de Caitlyn.

evitava todos os conflitos, retirando-se sempre que começava a se sentir irritado com alguém. Isso levou a dificuldades em seu casamento, porque seu cônjuge, Erik, queria discutir ativamente os desentendimentos e as questões que levavam aos conflitos. O terapeuta do casal ajudou Phil a identificar sua crença de que a raiva e o conflito sempre levam a danos em um relacionamento. Essa crença foi escrita no quadro branco como "Expressar raiva é destrutivo".

Observe que a crença de Phil tem dois conceitos interligados (expressar raiva, destruição). Isso pode ser afirmado como uma suposição subjacente: "Se eu expressar raiva, isso terá um efeito destrutivo em nosso relacionamento". Dizer isso dessa maneira ajuda o terapeuta a configurar experimentos comportamentais para que o casal possa testar se a crença de Phil prevê de forma confiável os resultados em seu relacionamento com Erik. Antes de fazer esses experimentos, o terapeuta decidiu extrair as implicações da crença de Phil, conforme mostrado na Figura 6.2.

Terapeuta: Phil, você desenharia a sua crença desta forma? Isso mostra que grandes expressões de raiva são altamente destrutivas, expressões menores de raiva são menos destrutivas, pequenas tentativas de não expressar raiva são um pouco construtivas e grandes esforços para não expressar raiva são muito construtivos.

Phil: Sim, é exatamente assim que eu vejo.

Terapeuta: Erik, você vê da mesma forma?

Erik: Não. Acho que você pode expressar raiva e fazer com que seja construtivo, e, às vezes, quando não expressa raiva, isso pode prejudicar o seu relacionamento.

Terapeuta: Você pode dar a Phil e a mim alguns exemplos do que você quer dizer?

Erik: Ok. (Virando-se para Phil) Você se lembra da vez em que disse a você que estava zangado por você continuar a enviar mensagens de texto enquanto estávamos comendo?

Phil: Claro. Não faço mais isso porque sei que o incomoda.

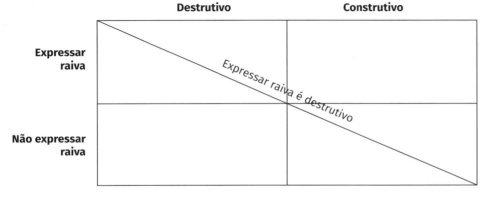

FIGURA 6.2 A crença de Phil "Expressar raiva é destrutivo" desenhada em uma grade 2 × 2.

Erik:	Sim, e significou muito para mim que você tenha parado de fazer isso. Acho que isso tem sido melhor para o nosso relacionamento.
Phil:	Eu também.
Erik:	Então, esse seria um exemplo de um momento em que expressar raiva foi construtivo.
Terapeuta:	Deixe-me escrever esse exemplo nesta caixa superior direita. (Escreve como mostrado na Figura 6.3.) Phil, você consegue pensar em algum exemplo de quando não expressou a raiva que sentiu e isso teve um efeito destrutivo?
Phil:	Suponho que a época em que Erik passava todos os sábados de manhã com Boomer jogando tênis. Fiquei com ciúmes e com raiva, mas não disse nada por semanas. Isso começou a nos distanciar, e Erik nem sabia disso.
Terapeuta:	O que aconteceu depois?
Phil:	Um dia, Erik chegou em casa mais cedo e eu estava chorando. Eu disse que estava chateado porque pensei que ele pudesse estar tendo um caso com Boomer. Ele me convenceu de que não estava e me disse que

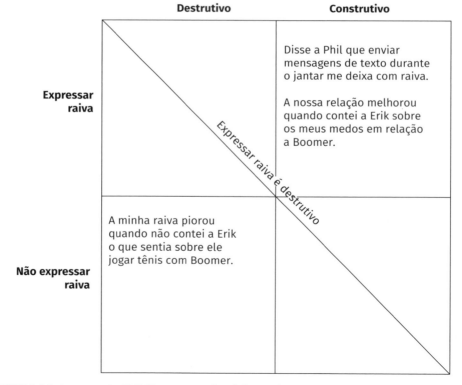

FIGURA 6.3 A crença de Phil "Expressar raiva é destrutivo" desenhada em uma grade 2 × 2 com evidências contraditórias.

eu era bem-vindo para ir com ele à quadra de tênis sempre que quisesse. Eu fui lá algumas vezes e, uma vez que conheci Boomer um pouco melhor, percebi que eles eram apenas amigos que gostavam de jogar tênis e parei de ficar chateado com isso.

Terapeuta: Então, esse exemplo mostra que, quando você não expressou a sua raiva, isso teve um efeito destrutivo em você e no seu relacionamento.

Phil: Sim.

Terapeuta: (Escrevendo como mostrado na Figura 6.3). Deixe-me colocar isso nesta caixa inferior esquerda. E, algumas semanas depois, quando você disse a Erik que estava com ciúmes e com raiva, isso teve um efeito construtivo em você e na sua relação. Está correto?

Phil: Sim, foi isso.

Terapeuta: Onde devemos escrever isso?

Phil: Acho que naquela caixa superior direita.

A Figura 6.3 mostra a crença de Phil com exemplos contraditórios resumidos nas caixas relevantes para registrar evidências de que expressar raiva pode ser construtivo e não expressar raiva pode ser destrutivo.

Terapeuta: Poderíamos obter mais informações sobre exceções à sua crença, Phil. Mas me parece que a ideia mais importante é que você quer ser construtivo, expressando sua raiva ou não.

Phil: Isso mesmo. Nunca pensei naquelas outras caixas... como a raiva poderia realmente ajudar ou como não dizer que você estava com raiva poderia, às vezes, doer.

Terapeuta: Quando você estava crescendo, parece que na maioria das vezes a raiva na sua família estava na caixa destrutiva. Então, como você poderia ter aprendido isso? Você está disposto a fazer algumas experiências para ver se você e Erik podem aprender a expressar raiva e, principalmente, permanecer construtivos? E também aprender a avaliar se deixar de expressar raiva é construtivo ou destrutivo?

Phil: Com certeza. Essa é uma maneira muito diferente de olhar para a questão.

O uso de um *continuum* se encaixa bem nos quatro estágios do diálogo socrático e é ideal para trabalhar com crenças inflexíveis quando o cliente desconsidera todas as evidências que contradizem suas crenças. Como apontado com o modelo de preconceito de Padesky, descrito anteriormente neste capítulo, as crenças centrais também são mantidas porque as pessoas não percebem nem se lembram de evidências contraditórias. Por esse motivo, os principais registros de crenças centrais (às vezes chamados de "registros de dados positivos") também são usados para fortalecer crenças centrais alternativas (Padesky, 1994; 2020a). Os registros de crenças centrais pedem ao cliente, ao longo de vários meses, que mantenha um registro diário de evidências que seja consistente com uma crença central alternativa. Por exemplo, Erik e Phil podem ser solicitados a manter um registro de cada vez que a expressão de raiva leva a um resultado construtivo. Outros métodos de descoberta guiada também podem ser usados para fortalecer crenças centrais alternativas. Para uma descrição mais completa desses métodos, consulte Padesky (2020a).

Os clientes têm tanto medo de mudanças que pouco ou nada acontece entre as sessões

Quando você suspeita que o medo da mudança está levando a um impasse, pode usar o diálogo socrático para entender melhor os medos dos clientes e ajudá-los a criar uma atmosfera de segurança e esperança. Comece fazendo perguntas para saber mais sobre as crenças deles. Por exemplo, Sharya, de 55 anos, concluiu que se beneficiaria de ser mais assertiva e independente e, no entanto, estava muito nervosa para dar os primeiros passos. Seu terapeuta fez perguntas como:

- Pergunto-me: como as coisas poderiam mudar se você expressasse mais as suas opiniões?
- Vamos imaginar que agora você é capaz de ir às compras por conta própria. Você consegue imaginar isso? Como se sente? Prevê algum problema? Como acha que os seus amigos e familiares reagirão?
- Quando você puder fazer essas coisas, qual será a sua visão de si mesma? Como você se verá?

À medida que você e seu cliente imaginam ativamente e/ou simulam papéis para verificar como pode ser a mudança, você pode descobrir crenças inflexíveis adicionais que precisam ser abordadas antes que seu cliente possa ter certeza de que consegue enfrentar as consequências da mudança.

Sharya percebeu que estava com medo de que suas mudanças comportamentais perturbassem tanto a dinâmica familiar que ela pudesse perder o amor e o respeito de seus filhos e seu cônjuge. Isso refletia a crença central "Eu sou essencialmente desagradável" e a suposição "Se você desagradar alguém, ele se voltará contra você". Ela também tinha uma visão (suposição) incômoda (mas muito antiga) de que "mulheres assertivas são insensíveis", e não queria se ver dessa maneira. De longe, a percepção mais desafiadora, no entanto, foi que ela tinha medo de mudar nessa fase de sua vida, pois isso a deixava com um profundo sentimento de decepção e tristeza: "Por que eu não fiz algo antes?"

Na mente do terapeuta

É compreensível que o terapeuta de Sharya agora queira ajudá-la a fazer uma declaração, em vez de formular uma pergunta, já que não podemos testar e revisar perguntas. Ele pretende ser cauteloso ao antecipar que (a) refletir sobre isso pode ativar crenças centrais dolorosas e negativas (o que aconteceu) e que (b) ela pode sentir um enorme pesar ao considerar a magnitude de uma perda (evitável).

Terapeuta:	Essa pergunta, "Por que eu não fiz algo antes?", parece ter trazido à tona algumas emoções realmente profundas. Eu gostaria de saber se você estaria disposta a explorar comigo por que acha que não fez essas mudanças no início da sua vida. Tudo bem?
Sharya:	Porque eu sou estúpida, sou fraca, sou inútil. Eu joguei tudo fora. Sofri todos esses anos e mereço sofrer por ser tão patética. A culpa é minha porque não fiz nada antes. É minha culpa que meus filhos não tenham tido uma infância decente. Eu os deixei marcados para o resto da vida. Isso é imperdoável. Sou uma pessoa sem valor e uma causa sem valor — melhor seria nunca ter nascido. Melhor seria se eu não estivesse aqui agora.

Na mente do terapeuta

Apesar de sua premeditação, o terapeuta subestimou o impacto cognitivo e emocional de "arranhar a superfície". Ele imediatamente se arrependeu de abrir uma linha de investigação que impulsionou Sharya por uma via de autorrecriminação e possível intenção suicida. Felizmente, isso foi no início da sessão e ele poderia investir o tempo restante para ajudá-la a ganhar controle dos sentimentos e acalmar sua autorrecriminação.

Ele considerou a abordagem socrática de procurar "evidências contra" suas declarações negativas, mas conhecia a cliente bem o suficiente para perceber que ela não seria capaz de gerar declarações de contrapeso e provavelmente se sentiria ainda pior por causa disso. Em vez disso, ele decidiu gentilmente encorajá-la a recuar para seu "lugar mental seguro", uma imagem reconfortante e empoderadora que eles estavam desenvolvendo juntos. Nos minutos seguintes, isso a ajudou a recuperar um pouco de calma e autocompaixão.

Assim que Sharya se sentiu mais calma, eles refletiram sobre o que acabara de acontecer e descobriram que ela estava ficando cada vez mais "tensa" por trás de uma fachada de enfrentamento. Ela disse que avaliou sua sensação de estar "tensa" como 7/10 antes de ele fazer a pergunta e como 10/10 quando a ouviu. Eles concordaram que, no futuro, ela contaria ao terapeuta quando atingisse uma classificação 7/10, para que pudessem tomar algumas decisões em conjunto sobre se e como relaxar. Nesse caso, a investigação socrática sobre seu nível de estresse era apropriada; a investigação sobre o conteúdo de sua angústia teria arriscado desencadear muita emoção.

Uma vez atravessado esse impasse, eles continuaram sua tarefa de formular "obstáculos à mudança" juntos, usando questões socráticas, mas mantendo o exercício o mais "intelectual" possível e evitando propositalmente cognições quentes pelo restante da sessão. A fim de manter uma sensação de segurança, o terapeuta de Sharya dedicou um tempo para abordar esses medos antes de retomar seus experimentos comportamentais graduais para agir de forma mais assertiva e independente.

As crenças inflexíveis do cliente são endossadas por redes sociais, domésticas ou profissionais

Às vezes, as redes sociais, familiares ou profissionais realmente ajudam a manter crenças inflexíveis. Considere e faça perguntas para entender quaisquer fatores sistêmicos que possam dificultar a mudança para o seu cliente. Quando esses fatores forem identificados, elabore uma estratégia sistêmica para a mudança com o seu cliente.

Tal como ocorre no caso a seguir, os fatores sistêmicos são por vezes mencionados tangencialmente durante o processo de revisão entre as tarefas de aprendizagem das sessões. Mikey era um jovem de 20 anos em terapia para o tratamento de TEPT após um acidente de trânsito. Ele estava tentando voltar ao local do acidente para testar sua antiga previsão de que não era capaz de tolerar as emoções que isso evocaria. Suas crenças tinham, mais uma vez, permanecido fixas, então seu terapeuta fez mais perguntas sobre sua rede de apoio, formulando questões como:

- Vamos rever a última quinta-feira, quando você tentou revisitar o local do acidente. Você disse que a sua mãe foi com você. Você pode me contar mais sobre isso? Por exemplo, onde ela estava? Ela ficou ao seu lado ou ficou para trás?
- Como ela reagiu?
- O que ela disse?
- E o que isso significou para você?

Foi útil revisar um incidente recente e específico em detalhes, porque essas perguntas revelaram que a mãe de Mikey sempre caminhava e ficava entre ele e a cena do acidente, de modo que pudesse protegê-lo se ele ficasse muito angustiado. Outra coisa que o terapeuta descobriu foi que a própria mãe de Mikey ficou angustiada durante todo o exercício e tentou sair de cena o mais rápido possível. Quando o terapeuta fez a pergunta-chave "E o que isso significou para você?", Mikey respondeu que, embora sua mãe nunca tivesse dito isto, as reações dela confirmaram que aquela era uma situação emocionalmente opressora. Ambos se sentiram compelidos a deixar a cena muito rapidamente — isto é, antes que a previsão negativa fosse devidamente testada. Nesse caso, sua mãe havia sutilmente apoiado a crença de Mikey e minado o valor potencial de sua experiência.

Em outros casos, o apoio a uma crença negativa não é tão sutil ou bem-intencionado. Muitos clientes ouvem regularmente declarações como "Você é realmente estúpido/feio/inútil". Essas são experiências frequentemente vergonhosas e dolorosas para compartilhar com um terapeuta, e os clientes podem, portanto, não relatá-las sem estímulo. Esteja atento para identificar essas experiências e, ao mesmo tempo, pergunte sobre elas de maneira sensível.

Esteja ciente de que as tentativas de mudança podem colocar os clientes em perigo se fizerem parte de sistemas que incluem violência doméstica ou outras interações voláteis. Portanto, a avaliação dos ambientes e contextos sociais do cliente é altamente relevante para o planejamento de mudanças, especialmente para mudanças interpessoais.

Fatores culturais também podem tornar a mudança de crenças inflexíveis mais fácil ou mais difícil. A mudança é mais fácil quando os valores culturais são congruentes com os esforços de mudança. Quando a mudança exige experimentar crenças ou comportamentos contraculturais, podemos prever que as pessoas experimentarão ventos contrários aos seus esforços, tanto interna quanto socialmente. Sempre que possível, leve em conta os valores culturais e tente cocriar planos de mudança que sejam compatíveis com os valores culturais do cliente.

Mikey e seu terapeuta foram capazes de formular uma compreensão de como as respostas de sua mãe desempenharam um papel na desaceleração do progresso. Eles elaboraram isso juntos, o que levou ao seguinte diálogo socrático:

Terapeuta: Olhando para isso agora, o que você vê?

Mikey: Eu percebo que mamãe quer me proteger e que ela também não quer ficar chateada, mas isso na verdade me impede de testar adequadamente minha previsão da maneira como planejamos em nossa sessão.

Terapeuta: Como você acha que as coisas podem ter que mudar para que você possa testá-las adequadamente?

Mikey: Seria melhor se outra pessoa fosse comigo.

Terapeuta: Ok, quem poderia fazer isso? Em quem você confiaria?

Mikey: Teo sempre foi um bom amigo e confio nele para me apoiar sem se envolver muito emocionalmente.

Terapeuta: O que você precisa fazer para organizar as coisas para que Teo possa fazer esses experimentos comportamentais com você?

Mikey: Primeiro, preciso explicar as coisas para a minha mãe, para que ela não se magoe com isso.

Ao fazer uma série de perguntas sintetizadoras, o terapeuta ajudou Mikey a elaborar uma nova estratégia comportamental detalhada que tinha uma chance maior de ajudá-lo e que restabelecia um sentimento de esperança no cliente e no próprio terapeuta.

Um último fator sistêmico significativo a considerar somos nós mesmos. As crenças e os comportamentos do terapeuta podem ser determinantes para o sucesso ou fracasso do processo terapêutico. Por exemplo, alguns terapeutas temem se mover muito rapidamente com clientes que são vistos como "frágeis" e, como resultado, inadvertidamente sabotam o progresso. Alguns terapeutas que são pessoalmente resilientes podem se sentir excessivamente confiantes na capacidade de enfrentamento de seus clientes. É vital estar ciente das nossas próprias crenças e do impacto que elas podem ter na nossa terapia. As crenças do terapeuta são exploradas mais detalhadamente no Capítulo 9.

> **Mantenha em mente**
>
> - Pode-se esperar que as crenças centrais e outras crenças firmemente mantidas mudem com lentidão. A mudança rápida de crenças só acontece no nível de pensamentos automáticos ou suposições subjacentes.
> - A psicoeducação pode ajudar os clientes a formular melhor suas dificuldades e conduzir à esperança.
> - Quando crenças inflexíveis são ativadas, os métodos de terapia experiencial são mais memoráveis do que a discussão por si só.
> - Expresse continuamente uma esperança realista e faça o seu melhor para incuti-la em seu cliente.
> - Considere a influência dos sistemas em que o seu cliente está inserido.
> - Identifique qualquer crença sua que possa ter um impacto negativo na terapia.

Armadilha 5

Crenças inflexíveis do cliente desencadeiam crenças inflexíveis (inúteis) do terapeuta.

Seu cliente simplesmente não está progredindo; as crenças inflexíveis dele não estão mudando. Com que frequência essa situação o leva a ver o progresso do cliente como desesperador e contribui para seus próprios sentimentos de frustração, culpa ou vergonha? Juntamente com as suas reações emocionais, crenças inúteis como estas podem ser desencadeadas:

"Eu sou inadequado — outros terapeutas teriam mais sucesso. Devo me esforçar mais."

"Eu simplesmente *não consigo* trabalhar com transtornos alimentares/TOC/ depressão crônica..."

"Esse tipo de cliente simplesmente não consegue se beneficiar desse tipo de terapia."

"Esse tipo de cliente sempre resiste à terapia/joga um terapeuta contra o outro/ tenta manipular a situação..."

Esse tipo de crença inútil geralmente leva a comportamentos inúteis, como se referir a outro terapeuta prematuramente, ser pego em um diálogo defensivo ou agressivo com seu cliente, tornar-se passivo na sessão ou segurar um cliente quando a terapia realmente não está funcionando para ele.

A chave para gerir essa armadilha é a supervisão ou a consulta. Às vezes, a autossupervisão será suficiente. De qualquer forma, algum tipo de prática reflexiva sistemática é essencial para gerenciar esse dilema do terapeuta. O Capítulo 9 oferece uma visão aprofundada de como usar métodos de descoberta guiada para lidar com suas próprias crenças inúteis. Por favor, leia esse capítulo agora se essa é uma preocupação atual para você.

SÍNTESE

Crenças inflexíveis são comumente encontradas na psicoterapia, especialmente quando os clientes vão à terapia para abordar preocupações mais graves ou crônicas. Felizmente, o diálogo socrático e outras formas de descoberta guiada são adequados para ajudar os terapeutas a gerenciar a variedade de armadilhas que acompanham crenças rigidamente mantidas. Perguntas informativas destinadas a desvendar as origens e as evidências de crenças inflexíveis estabelecem uma base para a conceitualização colaborativa dessas cognições. Uma aliança positiva tem a oportunidade de se formar quando o terapeuta faz essas perguntas com curiosidade genuína e ouve com empatia as experiências do cliente. A curiosidade e a empatia são centralmente importantes para lidar com a desconfiança do cliente em relação ao terapeuta e com as crenças que, de outra forma, poderiam interferir em uma aliança de trabalho positiva. Além disso, os terapeutas são encorajados a se manterem conscientes de que crenças inflexíveis podem ser codificadas em imagens mentais, memórias e, às vezes, em um "senso de percepção". Estas também precisam ser avaliadas de forma contínua.

Crenças inflexíveis geralmente representam suposições subjacentes ou crenças centrais. Esses níveis de pensamento mudam mais lentamente do que os pensamentos automáticos, que são mais situacionais. Assim, os terapeutas precisam ser pacientes e também permanecer ativos, mesmo diante do progresso lento. Os diálogos entre terapeutas e clientes apresentados neste capítulo ilustraram o uso de imagens mentais, aprendizado ativo e humor como caminhos para manter a terapia renovada ao longo do tempo. Além disso, os terapeutas são aconselhados a usar estratégias, como um *continuum* e um registro de crenças centrais, que acomodem a natureza "tudo ou nada" das crenças centrais inflexíveis.

As muitas diretrizes oferecidas neste capítulo podem promover o progresso ao longo do tempo e ajudar a reduzir a desesperança de clientes e terapeutas à medida que trabalham com crenças que parecem inflexíveis. As estratégias ilustradas podem ajudar os terapeutas a despertar com sucesso a curiosidade dos clientes, bem como a identificar e abordar os medos em relação à mudança, a permanecer alertas aos fatores sistêmicos que mantêm crenças-alvo e a manter pacientemente um espírito colaborativo e investigativo pelo tempo necessário para construir e fortalecer crenças mais flexíveis e adaptativas.

Atividades de aprendizagem do leitor

- Identifique um cliente atual que pareça ter crenças inflexíveis.
- Reveja as cinco armadilhas apresentadas neste capítulo e considere se alguma delas se aplica à sua terapia com esse cliente.
- Em caso afirmativo, reveja essas seções e experimente uma das intervenções descritas que pareça ser clinicamente apropriada a esse momento da sua terapia.

- Use o diálogo socrático para colaborar com o seu cliente e avaliar a utilidade da abordagem que está tentando utilizar.
- Se você tem trabalhado com um cliente por um tempo relativamente longo em uma ou mais crenças inflexíveis, revise as sugestões para a Armadilha 3 sobre como manter a terapia "atualizada".
- Se parecer clinicamente apropriado, experimente uma ou mais das estratégias dessa seção e veja se isso leva a um maior envolvimento terapêutico para você e para o seu cliente.
- Se você puder identificar quaisquer clientes que não tenha esperança de ajudar, identifique um supervisor ou consultor habilidoso em trabalhar com crenças inflexíveis. Agende uma sessão com esse supervisor ou consultor para ver se consegue encontrar um caminho a seguir.
- Para intervenções descritas neste capítulo com as quais você tem pouca ou nenhuma experiência, considere aprender um pouco mais fazendo uma leitura de acompanhamento dos textos ou artigos citados. Você também pode procurar formação adicional nessa área.

APÊNDICE
CRENÇAS CENTRAIS E ESTRATÉGIAS DE TCC FOCADAS NO ESQUEMA*

Registros de crenças centrais (registro de dados positivos) para coletar informações para apoiar novas crenças

Trabalho com um *continuum* ou técnicas de dimensionamento para abordar o pensamento dicotômico

Revisão histórica de evidências

Diálogo socrático

Tortas de responsabilidade

Cartões de crenças centrais (com crenças alternativas escritas no verso)

Dramatização

Psicodrama/exercício da cadeira

Transformação do significado das primeiras memórias; transformação de imagens mentais complexas

Transformação da imagem corporal

---

* Assim como na TCC clássica, algumas técnicas são mais puramente verbais e "intelectuais", e outras são mais experienciais. Embora haja evidências de que os métodos experienciais sejam mais poderosos, na medida em que podem promover a mudança mais rapidamente (Arntz & Weertman, 1999), alguns clientes não conseguem tolerar a intensidade emocional dessas intervenções inicialmente, e as estratégias "intelectuais" menos emocionalmente evocativas devem ser a primeira escolha.

REFERÊNCIAS

Arntz, A., & Weertman, A. (1999). Treatment of childhood memories: Theory and practice. *Behaviour Research and Therapy, 37*(8), 715–740. https://doi.org/10.1016/S0005-7967(98)00173-9

Beck, A.T., Davis, D.D., & Freeman, A.(Eds.) (2015). *Cognitive therapy of personality disorders* (3rd ed.). New York: Guilford Press.

Greenberger, D., & Padesky, C. A. (2016). *Mind over mood: Change how you feel by changing the way you think (2nd ed.)*. New York: Guilford Press.

Hawley, L. L., Padesky, C. A., Hollon, S. D., Mancuso, E., Laposa, J. M., Brozina, K., & Segal, Z. V. (2017). Cognitive behavioral therapy for depression using mind over mood: CBT skill use and differential symptom alleviation. *Behavior Therapy, 48*(1), 29–44. https://doi.org/10.1016/j.beth.2016.09.003

Kuyken, W., Padesky, C. A., & Dudley, R. (2009). *Collaborative case conceptualization: Working effectively with clients in cognitive-behavioral therapy*. New York: Guilford Press.

Mooney, K. A., & Padesky, C. A. (2000). Applying client creativity to recurrent problems: Constructing possibilities and tolerating doubt. *Journal of Cognitive Psychotherapy: An International Quarterly, 14*(2), 149–161. https://doi.org/10.1891/0889-8391.14.2.149

Mooney, K. A., & Padesky, C. A. (2004, February). *Cognitive therapy of personality disorders*. 24-hour workshop presented at Palm Desert, California.

Padesky, C. A. (1991). Schema as self-prejudice. *International Cognitive Therapy Newsletter, 6*, 6–7. Retrieved from https://www.padesky.com/clinical-corner/publications/

Padesky, C. A. (1994). Schema change processes in cognitive therapy. *Clinical Psychology and Psychotherapy: An International Journal of Theory and Practice, 1*(5), 267–278. https://doi. org/10.1002/cpp.5640010502

Padesky, C. A. (2003). *Constructing new core beliefs* [Video]. Center for Cognitive Therapy. Retrieved from https://www.padesky.com/digital-padesky-store

Padesky, C.A. (2006). *Therapist beliefs: Protocols, personalities & guided exercises.* [Audio]. Center for Cognitive Therapy. Retrieved from https://www.padesky.com/digital-padesky-store

Padesky, C. A. (2020a). *The clinician's guide to CBT using mind over mood* (2nd ed.). *New York: Guilford Press*.

Padesky, C. A. (2020b). Collaborative case conceptualization: Client knows best. *Cognitive and Behavioral Practice, 27*(4), 392–404. https://doi.org/10.1016/j.cbpra.2020.06.003

Young, J. E., Klosko, J. S., & Weishaar, M. (2006). *Schema therapy: A practitioner's guide*. New York: Guilford Press.

7

Comportamentos impulsivos e compulsivos

Helen Kennerley

> *Os comportamentos de Sylvia pareciam tão autodestrutivos que era difícil entender por que ela os praticava. Ela estava sempre muito desapontada consigo mesma: envergonhada e com remorso. As pessoas que ela amava sofriam, e ainda assim era como se ela não fosse capaz de se conter.*

Alguns comportamentos parecem irresistíveis: as pessoas se sentem compelidas a fazer coisas ou agir por impulso, embora as consequências possam ser terríveis. Sylvia era uma pessoa assim. A expressão "comportamentos impulsivos e compulsivos" é usada para descrever essas ações e abrange uma ampla gama de reações difíceis de controlar que são prejudiciais para o indivíduo ou para os outros: comer demais, comer pouco, purgar, exercitar-se demais, ferir a si mesmo, gastar demais, beber excessivamente, abusar de drogas, jogar jogos *on-line*, verificar, tocar, apostar, realizar práticas sexuais inseguras, ter explosões violentas, perseguir, assistir a pornografia, puxar o cabelo... a lista realmente parece interminável. Neste capítulo, você:

1. verá como entender e avaliar comportamentos impulsivos e compulsivos;
2. conhecerá armadilhas comuns e erros clínicos no tratamento desses comportamentos;
3. aprenderá a usar o diálogo socrático para minimizar erros e gerenciar as armadilhas.

COMPREENDENDO COMPORTAMENTOS IMPULSIVOS E COMPULSIVOS

Comportamentos impulsivos são ações "impulsivas do momento, como ingerir uma grande quantidade de álcool ou comida em uma festa, ou tomar uma dose excessiva não planejada durante uma noite de intensa solidão. Comportamentos compulsivos são mais minuciosamente considerados e englobariam episódios planejados de compulsão alimentar ou autolesão ao longo de um fim de semana solitário, semi-inanição persistente e contatos sexuais de risco planejados. A preparação para o comportamento às vezes é apreciada e às vezes é temida — ou ambas ao mesmo tempo, como foi a experiência de Frank:

> Frank planejou essa noite cuidadosamente para que não tivesse compromissos: estaria livre para beber — e beber muito. Durante todo o dia, antecipou o o estado de desligamento daquela noite, distraído por pensamentos sobre sua luta com a bebida. Sentia-se animado ao saber que seria capaz de se desligar do mundo de uma maneira tão prazerosa. Estava preocupado com o receio de que alguém ou algo interrompesse seu ritual de comprar um bom uísque (apenas um muito bom serviria). Ele tinha medo de que algo desse errado novamente e ele apagasse, e também temia que, embora estivesse planejando a noite com entusiasmo, estivesse perdendo o controle.

Alguns comportamentos são autodirecionados (como puxar os cabelos ou comer excessivamente), enquanto outros se concentram em outras pessoas (por exemplo, perseguição, explosões agressivas); alguns têm um objetivo "positivo" (como relaxamento e tranquilidade alcançados por meio do uso indevido de substâncias, obtenção de atenção desejada, estimulação ao se envolver em atividades arriscadas), enquanto outros têm uma função "negativa" (como autopunição ou punição de outros). Cabe ressaltar que comportamentos impulsivos e compulsivos são, em grande medida, problemas cognitivo-*comportamentais*. Além de abordar cognições pertinentes, os clientes frequentemente recebem ajuda para desenvolver formas alternativas de lidar com o desconforto, para então testá-las na prática. Veremos isso ilustrado em alguns dos exemplos clínicos deste capítulo.

Conforme mostrado no Quadro 7.1, terapeutas que auxiliam pessoas com comportamentos impulsivos e compulsivos precisam ficar atentos a seis armadilhas comuns. Ao longo deste capítulo, serão ilustrados métodos de descoberta guiada que podem auxiliar os terapeutas a evitar ou navegar por essas armadilhas.

A primeira "armadilha" em que podemos cair ao trabalhar com pessoas que lutam para gerenciar comportamentos impulsivos ou compulsivos é continuar com a terapia apesar de não entender completamente o significado pessoal dos comportamentos. Relacionada a isso, há uma segunda armadilha: não apreciar o nível de risco que o comportamento do seu cliente representa, seja para ele mesmo ou para os outros. O diálogo socrático nos ajuda a compreender por que determinados

Diálogo socrático para a descoberta em psicoterapia **275**

comportamentos fazem sentido para uma pessoa, por que são tão irresistíveis e se representam algum perigo. Em seguida, podemos construir uma conceitualização significativa com nosso cliente e, é claro, isso nos orienta em direção a intervenções relevantes.

Armadilha 1
Não compreender o significado pessoal dos comportamentos-problema.

Uma tarefa fundamental da terapia é dar sentido às atividades prejudiciais. Mesmo os comportamentos mais bizarros, chocantes ou prejudiciais *terão* sentido para o cliente. O diálogo socrático oferece um processo para descobrir as origens compreensíveis de um comportamento específico para uma pessoa em particular.

A exploração insuficiente frequentemente ocorre quando presumimos que entendemos o significado por trás de uma ação e, portanto, deixamos de fazer as perguntas adicionais necessárias para verificar nossas suposições. Se desdobrarmos completamente o *significado* idiossincrático dos comportamentos problemáticos, será possível entender realmente por que uma ação que aparentemente não é útil faz sentido para nosso cliente. Ao fazer isso, também podemos adotar mais prontamente uma postura empática e não julgadora.

QUADRO 7.1 Armadilhas comuns na terapia para comportamentos impulsivos e compulsivos
Armadilha 1 Não compreender o significado pessoal dos comportamentos-problema — uma armadilha especialmente provável quando experiências-chave não são mapeadas prontamente pela linguagem.
Armadilha 2 Não avaliar o nível de risco de danos graves ao seu cliente ou a outras pessoas.
Armadilha 3 Subestimar o risco de recaída.
Armadilha 4 Não considerar a oscilação da motivação do seu cliente e, assim, negligenciar abordá-la.
Armadilha 5 Desconsiderar o quadro geral: o mundo mais amplo e profundo do seu cliente.
Armadilha 6 As consequências negativas da mudança.

Além disso, apreciar verdadeiramente o significado idiossincrático de um ato também pode aprimorar nossos experimentos comportamentais. Ao identificarmos as razões específicas que fazem "sentido" em relação a uma ação, podemos ser mais bem-sucedidos ao construir um teste significativo para a atividade problemática. Podemos também utilizar métodos de descoberta guiada para ir além, descobrindo ações alternativas significativas ou substitutos benignos para comportamentos problemáticos, ações que podem amenizar a urgência ou o desejo, permitindo que o cliente possa resistir (como é abordado posteriormente neste capítulo).

Vale ressaltar que diferentes formas de comportamento podem servir ao mesmo propósito ou ter a mesma função para uma pessoa. Assim, uma mulher pode se cortar, comer compulsivamente ou beber para alcançar um estado dissociado profundo. Com várias formas de alcançar seu único objetivo, ela pode alternar entre diferentes comportamentos. Alternativamente, uma única ação pode satisfazer vários objetivos ao mesmo tempo e, portanto, ser particularmente envolvente. Por exemplo, o ato de cortar poderia satisfazer as metas de autopunição, catarse e dissociação. A compulsão alimentar pode proporcionar conforto, distração e punição ao mesmo tempo; o sexo inseguro pode proporcionar emoção, atrair atenção e colocar em risco a própria segurança simultaneamente.

Seja psicológica ou somática, a dissociação é comumente associada a comportamentos impulsivos e compulsivos. Frequentemente, o propósito de ferir a si mesmo, comer/beber/usar drogas excessivamente, gastar demais, entre outros, é alcançar um estado dissociativo. A dissociação pode ser desejável quando promove uma distração profunda do desconforto psicológico e/ou físico ou proporciona um estado gratificante de euforia ou desapego. Curiosamente, os mesmos atos também são usados, por alguns, como um meio de escapar de um estado dissociado: interromper a despersonalização, a desrealização ou um *flashback*, por exemplo. Os terapeutas precisam estar preparados para esperar que alguns clientes que apresentam comportamentos impulsivos e compulsivos se "desconectem" durante a sessão ou sejam arrastados para um *flashback*. Reconhecer esses momentos também oferece uma oportunidade de ensinar ao seu cliente habilidades para o gerenciamento de emoções que ele pode usar nessas circunstâncias ao longo de sua vida. Veja Kennedy et al. (2013) para conferir um guia para gerenciar a dissociação.

Mantenha em mente

- Os comportamentos impulsivos e compulsivos frequentemente têm funções múltiplas, e seu cliente pode apresentar várias combinações diferentes de comportamentos. Assim, a investigação socrática precisa ser minuciosamente delicada, explorando todas as possíveis funções dos comportamentos.
- Estabeleça o significado pessoal dos comportamentos problemáticos para ajudar a entender por que fazem sentido, para orientar o projeto de experiências comportamentais e para gerar possíveis comportamentos substitutos.
- Seus clientes podem estar propensos à dissociação; portanto, esteja ciente das formas que ela pode assumir e esteja preparado para ajudá-los a gerenciar estados de distanciamento e *flashbacks*.

Perguntas úteis que o ajudarão a elaborar significados pessoais e a desvendar as complexidades das ações do seu cliente incluem:

- E há *mais alguma coisa* que você considere distrativa/catártica/calmante neste momento?
- E se isso não fosse possível, *o que mais* você poderia fazer?
- Existem *outras maneiras* de se sentir tão relaxado/emocionado/vivo/punido/ etc.?
- Existem *outras consequências* de fazer isso — outros sentimentos ou pensamentos que você tem como resultado?
- E como os outros reagem?
- E o que acontece a longo prazo? Como você se sente? O que você faz?

Perguntas como essas podem ajudá-lo a desvendar todo o espectro da prática e da intenção do seu cliente.

Cognições centrais: o que procurar

Muitas vezes enfatizamos os aspectos comportamentais dos comportamentos impulsivos e compulsivos, mas é importante avaliar as cognições que impulsionam e facilitam o envolvimento em um ato de outra forma inaceitável. Ainda não existe um modelo cognitivo de comportamentos impulsivos e compulsivos, embora o Modelo de Prevenção de Recaída de Marlatt e Gordon (1985) forneça uma compreensão generalizada do lapso em comportamentos inúteis, e Kennerley (2004) tenha sugerido uma estrutura para o comportamento autolesivo que pode igualmente se aplicar a comportamentos impulsivos e compulsivos. Essa estrutura sugere que as cognições relevantes se enquadram em três categorias, que interagem para manter o padrão de atividades autolesivas (veja a Figura 7.1):

1. Cognições fundamentais e pressupostos associados.
2. Crenças facilitadoras.
3. Reações ao comportamento.

1. **Cognições fundamentais e suposições associadas** são crenças consistentes com ações potencialmente prejudiciais. Elas incluem pensamentos como: "Eu sou ruim e mereço sofrer"; "Eu não sou nada e não importa o que aconteça comigo"; "Eu sou importante e as crianças não"; "Eu sou desprezível, eu deveria ser punido"; "O mundo é cruel e rancoroso — não é para mim"; "Os outros são superficiais e egoístas: ninguém vai estar disponível para mim". Esses são os tipos de crenças que respaldam ações potencialmente prejudiciais, minando as crenças sobre si mesmo ou sobre os outros para que atos "inaceitáveis" comecem a parecer toleráveis e aceitáveis. Às vezes, essas crenças sancionam o comportamento diretamente. Essas cognições podem ser a força motriz dos impulsos e das compulsões.

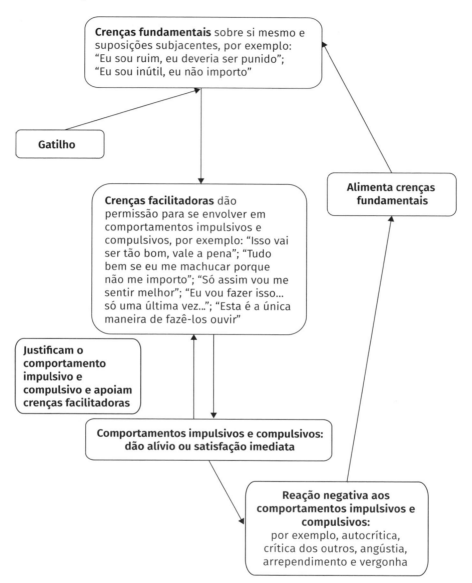

FIGURA 7.1 Manutenção dos comportamentos impulsivos e compulsivos (adaptada de Kennerley, 2004).

2. **Crenças facilitadoras** são declarações de "permissão" que autorizam uma pessoa a considerar aceitável o envolvimento em determinado comportamento. Elas incluem suposições e previsões como "Não posso tolerar esse sentimento e não há outra maneira de lidar com isso"; "Não há problema em fazer isso porque esta é a última vez que vou me machucar"; "Não pense nisso, apenas beba. Você vai se sentir bem"; "Eu tenho que fazer isso, é a única maneira de

parar o desejo"; "Isso vai fazê-la me ouvir"; "Essa é a única maneira de mostrar como eu realmente me sinto"; "Não há outro prazer na minha vida — eu mereço isso". Sem essas cognições facilitadoras, a pessoa não consegue justificar um ato que, de outra forma, seria inaceitável, e ele não ocorrerá. A urgência ou o desejo pode existir, mas não será transformado em ação, a menos que possa ser endossado. Essas cognições muitas vezes são idealmente testadas com experimentos comportamentais, um método de descoberta guiada. Combater as crenças facilitadoras pode ser o meio mais conveniente de gerenciar comportamentos.

3. **Reações ao comportamento** são crenças que alimentam o problema da pessoa nutrindo seu sistema de crenças fundamentais negativas (por exemplo: "Isso prova que sou ruim/estranho/fraco/inútil") ou fornecendo apoio para facilitar as crenças (por exemplo: "Isso *faz* com que eu me sinta bem"; "Esta é a única maneira de eu lidar com isso"; "Isso os *fez* sentar e ouvir"). Esses pensamentos muitas vezes formam um círculo vicioso, tornando uma pessoa vulnerável a um maior envolvimento no comportamento problemático.

Mantenha em mente

Identifique todos os três níveis relevantes de cognição:

- As cognições fundamentais potencializam os comportamentos-problema: sem elas, o problema não surge.
- Cognições facilitadoras dão aos clientes permissão para "soltar o freio": sem essa permissão, o comportamento não ocorre.
- Resposta cognitiva ao comportamento: ela muitas vezes "reabastece o motor". Identificar e lidar com essas cognições pode reduzir o impulso de continuar o comportamento.

O diálogo a seguir, entre Li e seu terapeuta, ilustra a interação desses três níveis de cognição. Li lutava contra um distúrbio alimentar desde o início da adolescência. Ela agora estava com 21 anos e oscilava entre comer demais e comer pouco, usando uma ampla variedade de estratégias "compensatórias" quando sentia que comia demais: estratégias como vômitos, uso excessivo de laxantes, excesso de exercícios e jejum. Ela estava extremamente magra (seu IMC era de 15), e sua saúde estava agora em risco. Nesta vinheta, o seu novo terapeuta tenta compreender por que os seus episódios de compulsão alimentar e de purgação "fazem sentido", uma vez que Li está consciente dos riscos para a saúde envolvidos:

Terapeuta: Podemos analisar a compulsão da noite passada em mais detalhes? Quando você decidiu que iria comer demais?

Li: Eu não tinha comido o dia todo e pensei que seria seguro comer um pouco de macarrão no jantar. Eu estava realmente ansiosa por um jantar "normal" e saudável. Enquanto esperava o espaguete cozinhar, comecei a provar o molho no pote porque estava com muita fome. Então eu não consegui parar.

Terapeuta: O que passava pela sua cabeça naquele momento? Quando não conseguiu parar, o que estava pensando?

Li: No começo eu pensei "Tudo bem, porque não comi o dia todo" (*pensamento facilitador*), e até pensei: "Eu mereço um deleite por estar sendo tão boa" (*pensamento facilitador*).

Terapeuta: Então esses pensamentos a estimularam, e você continuou comendo o molho. O que houve em seguida?

Li: No meio do frasco, me senti cheia. Estufada. Enojada. Então eu não conseguia parar.

Terapeuta: O que estava passando pela sua mente? O que motivou você?

Li: Eu pensei que não adiantava parar. Eu era gorda, nojenta e era para isso que eu servia (*crenças fundamentais centrais*). Eu me sentia inchada e feia (*sensação fundamental percebida*) e só queria uma via de escape. Eu não queria sentir nada. Pensei em me esforçar para superar os sentimentos ruins (*facilitação*) e depois passar fome no dia seguinte para compensar (*facilitação*).

Terapeuta: Deixe-me ver se eu entendi. Por estar com fome, você começou a experimentar o molho, mas logo se sentiu inchada e terrível. Você previu que comer compulsivamente a ajudaria a se sentir melhor?

Li: Sim.

Terapeuta: De que forma?

Li: Fora de mim, relaxada, reconfortada.

Terapeuta: Então não é de admirar que você tenha planejado comer compulsivamente: queria um alívio rápido e previu que comer compulsivamente o proporcionaria. O que houve em seguida?

Li: Eu tive uma das minhas compulsões "clássicas": todos os carboidratos em que pude colocar as mãos.

Terapeuta: Como se sentiu naquele momento?

Li: Eufórica quando comecei, porque é sempre libertador ser livre para comer o que eu gosto (*confirmação de eficácia*). Senti-me entorpecida enquanto fazia isso (*confirmação de eficácia*) e horrível imediatamente depois (*confirmação de crenças nucleares negativas*). Eu me senti pior do que quando comecei.

Terapeuta: Então, a princípio, é ótimo e parece funcionar, mas os efeitos são de curta duração?

Li: Sim. Senti-me tão mal que não consegui suportar e tive que vomitar — era a única maneira de obter alívio (*crença facilitadora*).

Terapeuta: Com a sua permissão, eu gostaria que desenhássemos isso no quadro branco.

Li:	Humm — ok, então. Sim, pode ser.
Terapeuta:	Percebo que isso não é confortável para você, então apenas diga se quiser que eu pare de desenhar, certo? Agora, tudo começou quando você estava com fome e passou a comer... (Eles compilam uma conceitualização simples usando as palavras exatas de Li.)

Na mente do terapeuta

O terapeuta percebeu que Li considerava seu comportamento vergonhoso, então ele foi particularmente cuidadoso em não julgar e ser empático. Ao longo do tempo, ele se esforçou para ser capaz de entender, para que pudesse genuinamente dizer "Não é de admirar que..." ou "É compreensível que..." em resposta ao relato de Li. Ele manteve em mente que muitas vezes há três fases cognitivo-emocionais principais quando as pessoas agem em comportamentos irresistíveis (pré-ação/periação/pós-ação), e ele tentou desvendar os elementos emocionais e cognitivos relevantes de cada uma.

Terapeuta:	(Olhando para a conceitualização.) Como essa imagem impacta você?
Li:	Está mais ou menos certa, é isso que acontece.
Terapeuta:	Olhando para ela, por que é compreensível que você tenha começado a comer em excesso?
Li:	Eu estava com fome.
Terapeuta:	E dado o que você pensa sobre compulsão alimentar, por que você pode ter sido tão vulnerável à compulsão alimentar na noite passada?
Li:	Suponho que realmente pensei que ela faria eu me sentir melhor — e isso aconteceu inicialmente (*confirmação da crença*), mas não por muito tempo.
Terapeuta:	Isso é interessante, porque o diagrama mostra como você volta a comer compulsivamente, mesmo que não pareça ajudar a longo prazo. O que impulsiona isso? O que estava acontecendo?
Li:	Isso me dá esperança — e esse é um sentimento poderoso — e não penso em mais nada no momento. Eu só penso: "Isso vai ser bom — agora!".
Terapeuta:	Então, não é de admirar que você continue recorrendo à compulsão, se isso lhe dá esperança de alívio rápido. Se você refletir sobre o diagrama e sobre o que estamos falando, você consegue formular alguma opinião adicional sobre isso?
Li:	Bem, posso ver que fico com fome e depois fico vulnerável a comer demais, e, quando faço isso, me sinto terrível e acredito que comer em excesso fará eu me sentir melhor. E faz, mas apenas por um tempo muito curto, então me sinto pior do que nunca. Sinto-me como uma porca doente e nojenta (*alimenta crenças nucleares*).

Li e seu terapeuta estudaram os círculos viciosos de seu comportamento alimentar, e Li foi encorajada a pensar em maneiras de quebrar os ciclos. Isso formou a base de experimentos comportamentais que alteraram seus padrões de resposta à comida e ao sofrimento.

O terapeuta também estava ansioso para ajudar Li a desenvolver sua capacidade de resistir a urgências e desejos, desenvolvendo um repertório de comportamentos substitutos alternativos e benignos. Essa etapa da terapia é discutida numa seção posterior deste capítulo.

Dificuldade de expressar significados: senso de percepção

Li foi capaz de colocar em palavras seus pensamentos e sentimentos, mas e a pessoa que tem dificuldades para fazer isso, que tem um "senso de percepção" ou uma sensibilidade corporal em vez de cognições tangíveis? Não é incomum que o significado que impulsiona um ato seja essencialmente visceral, em vez de verbal ou visual, e tanto o cliente quanto o terapeuta podem ter dificuldades para converter esse tipo de significado em palavras. Isso é bem ilustrado pelo cliente com anorexia nervosa que afirma "Eu apenas me *sinto* gordo" ou pelo cliente com transtorno obsessivo-compulsivo (TOC) que protesta: "Eu ainda me *sinto* sujo. Simplesmente *sinto* que poderia contaminar alguém". Ou, como no exemplo abaixo, pelo cliente que tenta explicar que sua automutilação é impulsionada por uma sensação insuportável que parece apenas se transformar se ele se machuca.

Nesses casos, você pode usar o diálogo socrático para primeiro perguntar sobre pensamentos e imagens visuais. Se nada estiver por vir (apesar de dar ao seu cliente tempo suficiente para refletir), pergunte quais emoções estão presentes. Às vezes, essa é uma "âncora" útil para os clientes iniciarem sua exploração. Por exemplo, alguém que não consegue identificar prontamente as cognições pode ser capaz de descrever emoções: "Sinto-me assustado, nervoso..." e assim por diante. Uma vez que as emoções foram identificadas, as pessoas frequentemente começam a adicionar algo como "Eu sinto isso..." e, em seguida, identificam uma cognição como "Eu sinto que algo ruim vai acontecer". Alguns clientes não conseguem nem ancorar suas reações na emoção, então perguntas como estas podem ajudar a ancorá-las na sensação:

- Onde está no seu corpo?
- O que se passa no seu corpo?
- Tem forma/cor?

Novamente, algumas pessoas descobrirão que podem passar da sensação para a cognição (por exemplo, "Quando tenho essa sensação, sei que não estou seguro"). Quando os clientes não fazem essa ponte da sensação para a cognição, você pode permanecer produtivamente com a sensação deles e se envolver em uma transformação "visceral". Por exemplo, você pode ajudar seu cliente a substituir a experiência angustiante em questão por uma experiência física calmante e satisfatória.

Lucas, de 24 anos, tinha um histórico de abuso sexual na infância e na idade adulta. Com a ajuda de sua terapeuta, ele conseguiu reduzir muitos comportamentos inúteis, incluindo compulsão alimentar, excesso de exercícios e gastos excessivos, e parou de se cortar em várias situações. Havia, no entanto, uma situação em que ele se sentia absolutamente compelido a se machucar, mas não conseguia colocá-la em palavras. As tentativas de encorajá-lo a descrever pensamentos, imagens e até emoções falharam. Ele dizia: "Simplesmente é!" ou "Eu só tenho que me cortar. Eu só preciso".

Terapeuta: Vamos rever a última vez que você sentiu esse desejo irresistível de se cortar. Você pode descrever o que estava acontecendo?

Lucas: Eu estava sozinho em casa — nada em particular havia acontecido naquele dia —, e a necessidade de me cortar ficou mais intensa.

Terapeuta: Você consegue se fixar nesse sentimento e me contar um pouco mais sobre ele? Onde ele está no seu corpo? Qual é a cor, a textura e a temperatura dele, por exemplo?

Lucas: Está por todo o meu corpo — é vermelho e está queimando, espeta e está cortando a minha pele. Eu sei que a única maneira de fazê-lo parar é me cortando.

Terapeuta: Vamos avançar e imaginar que você deu fim a essa sensação horrível. O que sente no seu corpo agora?

Lucas: Verde.

Terapeuta: Você pode me falar mais sobre esse sentimento "verde"?

Lucas: É um verde musgoso macio que se espalha pelo meu corpo. Tem manchas douradas.

Terapeuta: Você consegue permanecer com esse sentimento e descrevê-lo com mais detalhes para mim?

Lucas: É calmante, é reconfortante, seguro.

Terapeuta: Pode me falar mais sobre os sentimentos no seu corpo?

Lucas: É como se meus músculos se tornassem esponjosos, mas fortes. Cada músculo, até a ponta dos dedos das mãos e dos pés. Até mesmo no meu rosto.

Terapeuta: Conte-me mais sobre o seu rosto: o que há na sua expressão?

Lucas: Sinto-me relaxado, sereno. Quase posso sentir um sorriso.

Terapeuta: Isso soa bem. Algo mais?

Lucas: Eu respiro com facilidade, e isso faz eu me sentir relaxado e forte.

Terapeuta: E quando você se sente relaxado e forte, como você se sente ou imagina sua posição corporal?

Lucas: Bem, sinto meus ombros se elevarem e se movimentarem para trás, mas não estão tensos. Minha postura parece mais ereta e confiante.

Terapeuta: Excelente. Deixe-me verificar — você está sentindo aquelas sensações intensas e reconfortantes agora?

Lucas:	Sim.
Terapeuta:	Isso é interessante, não é? Você conseguiu aproveitar esse sentimento bom simplesmente usando os seus pensamentos. O que você acha disso?
Lucas:	Talvez eu possa obter os sentimentos verdes sem me cortar?
Terapeuta:	É algo a considerar. Vamos imaginar que você seja capaz de fazer isso no futuro, o que você acha que pode ajudá-lo a ser bom nisso?
Lucas:	Muita prática, suponho.

Observe como a terapeuta de Lucas obteve o máximo de detalhes possível dele. Seu objetivo era esclarecer a experiência reconfortante do cliente e ajudar a construir uma imagem visual vívida. Como foi discutido no Capítulo 5, ela perguntou sobre vários aspectos sensoriais da experiência do cliente, não apenas sobre os visuais. A terapeuta perguntou sobre sensação corporal, posição corporal e expressão facial, a fim de maximizar a vantagem da consciência positiva de Lucas sobre vários aspectos de seu estado desejado.

Assim, essa parte da sua terapia centrou-se em desvendar o significado a um nível visceral e em "substituir" uma experiência visceral negativa por uma experiência construtiva. Lucas e sua terapeuta então elaboraram uma tarefa em que ele praticava o acesso aos "bons" sentimentos sem cortes. Uma vez que ele foi capaz de fazer isso de forma confiável em um período de tempo bastante curto, eles planejaram um experimento comportamental para verificar a validade da crença de Lucas de que se cortar era a única maneira de "desligar" as sensações negativas. Ao se envolver no experimento comportamental, ele descobriu que podia imaginar o sentimento verde e as sensações que o acompanhavam vividamente o suficiente para se acalmar em uma situação particularmente dolorosa, uma situação em que ele normalmente teria se cortado para obter o mesmo resultado.

Lucas e sua terapeuta só podiam especular sobre a origem das poderosas sensações negativas do cliente. Ele havia sido sexualmente violado em tenra idade, e havia registros médicos para comprovar isso. Eles levantaram a hipótese de que ele talvez tivesse estabelecido o "significado" dessas experiências fisicamente dolorosas não em palavras ou mesmo em imagens, mas como um sentido corporal. Lucas aceitou que ele nunca poderia ter certeza da origem de suas terríveis sensações, e ele se concentrou então em aperfeiçoar sua habilidade de combatê-las no seu dia a dia.

Os impulsos fisiológicos também podem contribuir para a manutenção de comportamentos prejudiciais. As pessoas sentem "euforia" quando endorfinas ou adrenalina são liberadas, calma após uma queda na pressão arterial ao ver sangue, e desejos físicos intensos por comida, álcool ou drogas. A motivação por trás dos impulsos e das compulsões não pode ser totalmente apreciada a menos que você também tenha explorado esses aspectos fisiológicos. Faça perguntas como:

"E como isso se manifestou fisicamente, além das emoções?"
"E então, o que acontece em seu corpo ou sua mente?"

Além disso, o envolvimento em comportamentos impulsivos ou compulsivos é mais provável após o uso de drogas ou álcool, que desinibem a pessoa. Recomenda-se a investigação direta sobre o uso de álcool e medicamentos prescritos e não prescritos, a fim de avaliar o risco direto e indireto tanto para o cliente como para aqueles que o rodeiam.

Armadilha 2
Não avaliar o nível de risco de danos graves ao seu cliente ou a outras pessoas.

Os comportamentos impulsivos e compulsivos geralmente implicam risco de perigo para si ou para os outros. É importante lembrar que as pessoas que se apresentam na emergência com automutilação têm um risco relativo de suicídio 49 vezes maior do que o da população em geral (Hawton et al., 2015). O diálogo socrático pode ajudá-lo a identificar o nível de risco do seu cliente, os momentos de risco e também as formas de gerenciar riscos. A avaliação de riscos é de importância crucial e é um requisito legal na maior parte do mundo. Ao longo da terapia, faça perguntas suficientes para conseguir reunir informações que permitam fazer um julgamento sobre o risco de danos ao seu cliente e/ou a outras pessoas (adultos e/ou crianças).

As perguntas sobre comportamento suicida ou agressão em relação a outras pessoas devem revelar respostas não contínuas; portanto, os terapeutas são encorajados a obter clareza fazendo perguntas diretas, como:

"Você tem planos de se matar?"
"Você já pensou que poderia machucá-la?"
"Você já viu isso acontecendo em sua imaginação?"

Tais perguntas de avaliação de risco só possibilitam gerar respostas honestas quando feitas no contexto da estrutura de uma boa relação terapêutica. Defendemos o uso de uma combinação de investigações socráticas e declarações empáticas para ajudar a estabelecer e manter uma aliança terapêutica positiva.

Mantenha em mente
• A avaliação de riscos deve ser contínua e não limitada à sua avaliação inicial. • Estabeleça uma relação de confiança e segurança, a fim de maximizar a probabilidade de o seu cliente ser honesto sobre questões de risco.

Uma mistura de perguntas informativas socráticas diretas ajudará você — e seu cliente — a avaliar se o risco é um problema. Você pode avaliar a possibilidade de

286 Padesky & Kennerley

maneira gentil e sensível, fazendo perguntas exploratórias destinadas a levar seu cliente a considerar e compartilhar sentimentos e pensamentos sobre automutilação ou danos a outras pessoas. As perguntas de acompanhamento podem então ser mais diretas. Por exemplo, observe a sequência de perguntas que esta terapeuta faz a Misha, sua cliente não binária que tem um histórico de autolesão e tentativa de suicídio:

Terapeuta: Eu percebo que você teve uma semana bem mais complicada e que foi realmente difícil para você.

Misha: Sim.

Terapeuta: Quando você se sente tão deprimida, como você enfrenta isso, como você passa a semana?

Misha: Eu saio caminhando, apenas andando por quilômetros e quilômetros.

Terapeuta: Isso ajuda?

Misha: Na verdade, não — me sinto mal quando chego em casa, só que estou muito cansada para fazer qualquer coisa. Então acho que ajuda neste sentido: me impede de fazer alguma coisa.

Terapeuta: Fazer alguma coisa? Que tipo de coisa?

Misha: Beber tanto que não consiga trabalhar direito no dia seguinte.

Terapeuta: Entendo. Algo mais?

Misha: Me cortar muito.

Terapeuta: Pode falar um pouco mais sobre isso?

Misha: Bem, você sabe, ir mais fundo do que o habitual.

Terapeuta: Estou me perguntando: como isso ajuda no momento?

Misha: Bem, acho que isso pode consertar as coisas para sempre.

Terapeuta: Para sempre, como assim?

Misha: Suponho que posso sangrar até a morte.

Terapeuta: Entendo. Misha, pelo que você está me contando, posso perceber que as coisas estão muito mais difíceis para você agora. Você pensa em se matar?

A terapeuta começa fazendo perguntas empáticas e curiosas sobre como Misha está lidando com uma semana muito difícil. Em vez de pular rapidamente para perguntas diretas de avaliação de risco, a terapeuta ouve as declarações de sua cliente e faz perguntas de acompanhamento usando as próprias palavras da cliente sobre o que foi revelado a cada passo ao longo do caminho. Por exemplo: "Fazer alguma coisa? Que tipo de coisa?". Ao reunir pacientemente informações no ritmo em que Misha está disposta a revelá-las, a terapeuta chega ao ponto da entrevista em que parece natural fazer perguntas diretas para estabelecer o risco. Fazer essas perguntas prematuramente poderia ter levado Misha a ser menos franca e honesta sobre suas experiências.

Diálogo socrático para a descoberta em psicoterapia **287**

MANEJO DE RECAÍDAS

Outro risco que precisamos considerar — e manter em mente — é o risco de recaída. Comportamentos irresistíveis são, por definição, difíceis de resistir, e seu cliente pode permanecer em risco de lapso ou recaída durante a terapia e muito depois de o comportamento aparentemente ter cessado. As urgências e os desejos podem ser extremamente poderosos — irresistíveis às vezes. É por isso que é mais realista falar de "manejo" da recaída do que de "prevenção" da recaída. Embora você provavelmente apoie seus clientes a se abster de comportamentos problemáticos (na verdade, pode haver razões legais e/ou médicas para fazê-lo), eles provavelmente permanecerão muito vulneráveis a lapsos, devido à presença de urgências e desejos intensos, e precisam estar cientes do risco de recaídas e das formas mais úteis de manejá-las.

Armadilha 3
Subestimar o risco de recaída.

Há alguns anos, fiquei complacente. Minha cliente e eu tínhamos um contrato em que ela concordava em não se automutilar. Como ela não se machucava há vários meses, cheguei à conclusão de que ela controlava facilmente suas urgências. Numa sessão em outubro, ela chegou após ter se machucado gravemente por uma hora, precisamente. Na manhã do domingo anterior, quando os relógios do Reino Unido mudaram do horário de verão britânico, ela percebeu que havia uma hora não contabilizada em nosso contrato e que, portanto, ela poderia ceder às urgências sem quebrá-lo. Só então percebi que, embora o seu comportamento tivesse mudado, o seu desejo de automutilação quase não tinha se alterado. Pense em como a situação teria sido diferente se eu tivesse verificado meu palpite de que ela estava superando suas urgências; como eu poderia tê-la ajudado a trabalhar no manejo de recaídas anteriormente.

É útil introduzir o conceito de manejo de recaídas o mais rápido possível, para que o seu cliente tenha tempo suficiente para desenvolver a *habilidade* de manejo de recaídas. Um bom manejo de recaídas inclui:

- verificar regularmente os níveis de urgência — não assuma que a ausência do comportamento significa que o desejo se foi;
- ajudar seu cliente a identificar o risco pessoal de lapsos ou urgência/desejo aumentados;
- ajudá-lo a praticar como aprender com os contratempos;
- ajudá-lo a desenvolver um repertório de estratégias de enfrentamento relevantes.

Nossos clientes são particularmente vulneráveis aos comportamentos impulsivos e compulsivos se só tiverem acesso a uma gama empobrecida de opções de enfrentamento, porque então o caminho para se envolver em um comportamento inútil será relativamente desobstruído. Portanto, pretendemos ajudá-los a desenvolver uma variedade de opções de enfrentamento e manter em mente que estratégias alternativas de enfrentamento devem ter credibilidade para eles (consulte a seção posterior "Comportamentos substitutos mais seguros"). Assim, é extremamente importante usar o diálogo socrático para compreender os pontos fortes e as vulnerabilidades idiossincráticas de uma pessoa, a fim de aproveitar esses pontos fortes e ajudar a criar formas alternativas de enfrentamento que atraiam essa pessoa.

Redução de danos

Também pode ser útil empregar uma abordagem que abarque a "redução de danos". Isso significa simplesmente minimizar a extensão do dano a si mesmo ou a outros em caso de lapso. Exemplos incluem: uma pessoa que abusa de drogas planejando usar agulhas limpas e não as compartilhar; alguém que come compulsivamente concordando em não combinar a compulsão com álcool — o que pioraria a situação; uma pessoa que atualmente não consegue resistir ao desejo de se machucar usando lâminas limpas ao se cortar, e assim por diante.

O ensino de manejo de recaídas e redução de danos pode ser feito de forma didática. No entanto, o diálogo socrático pode ser uma abordagem mais útil para entender o risco do seu cliente, conforme demonstrado no diálogo anterior com Misha. As abordagens socráticas também podem ajudar as pessoas a elaborar um plano individualizado de como antecipar contratempos, usar seus lapsos para entender melhor suas necessidades e personalizar o uso de estratégias de enfrentamento. Você pode ver isso em ação no exemplo a seguir com Liz, que também ilustra como o diálogo socrático pode ser usado a fim de desenvolver uma solução orientada ao cliente para manejar a recaída ao mesmo tempo que se aborda o pensamento absolutista, um calcanhar de Aquiles para a recaída.

Mantenha em mente

- Verifique os níveis de urgência e fissura.
- O manejo de recaídas é uma habilidade fundamental para a vida daqueles que são vulneráveis a recaídas, então comece o mais rápido possível. Quanto mais cedo ocorrer o treinamento e a prática, melhor.
- Elabore uma série de estratégias alternativas de enfrentamento; quanto mais significativas forem as estratégias de enfrentamento do seu cliente, menor será a probabilidade de recaída.

Após quase 20 anos de abstinência, Liz, de 45 anos, começou a usar drogas novamente depois de um trauma emocional. Ela voltou a injetar heroína depois de um rompimento de relacionamento. Embora no momento ela estivesse utilizando equipamentos limpos e não misturando drogas, ela usava a substância sozinha, o que era particularmente perigoso.

Diálogo socrático para a descoberta em psicoterapia **289**

Terapeuta:	Deixe-me ver se entendi direito. Ontem à noite, quando você teve essa intensa fissura, percebeu que começou a pensar coisas como: "Agora eu *preciso* disto, nada mais vai servir" e "Esta é a última vez, então eu *vou* parar de uma vez por todas amanhã". Em seguida, você telefonou para um dos antigos contatos que lhe forneciam drogas no passado. Uma vez que um encontro foi marcado, você ficou cada vez mais animada com a ideia de uma dose, e não havia ambivalência sobre usar drogas.
Liz:	É isso mesmo, e é sempre assim. Uma vez que eu tenha isso na minha cabeça, não há como voltar.
Terapeuta:	Parece que temos uma cadeia de eventos aqui. O que acha de procurarmos pontos onde possamos romper essa cadeia?
Liz:	Não tenho certeza de que posso romper a cadeia, mas tudo bem, vamos dar uma olhada.
Terapeuta:	Vamos começar com as fissuras. O que normalmente desencadeia seus desejos?
Liz:	Isso é fácil: duas coisas. Vai acontecer quando o meu corpo me disser que preciso de uma dose e também quando me sentir péssima; quando penso na bagunça que fiz na minha vida e em como sou um espécime miserável. Eu sou um fracasso total.

Na mente do terapeuta

Essa terapeuta agora deve tomar uma decisão: focar no viés cognitivo do pensamento absolutista ("fracasso total") ou na autocrítica da cliente. É o tipo de decisão que os terapeutas têm que tomar com frequência. Conhecendo Liz, a terapeuta decidiu que talvez houvesse mais potencial terapêutico em lidar com a autocrítica, pois essa era uma causa principal para o uso de drogas por parte dela. Há sempre a opção de rever o pensamento "tudo ou nada" (pensamento dicotômico) mais tarde.

Terapeuta:	Vamos tentar uma coisa. Quando você pensa na bagunça que fez e em quão miserável você é... quando você tem esse tipo de pensamento, como um lado mais compassivo de você poderia responder?
Liz:	Já estivemos aqui antes e você sabe que não é tão fácil para mim ser gentil comigo mesma.
Terapeuta:	Eu entendo isso, mas, *se* você fosse gentil consigo mesma, o que diria?
Liz:	Eu diria "Vamos, Liz, não é uma *completa* bagunça, tenha alguma perspectiva aqui. Você teve 15 anos muito bons quando estava limpa, e o relacionamento com Phil era realmente ruim para você, você está melhor sem ele".
Terapeuta:	Isso é bastante encorajador. Vamos anotar isso para nos lembrarmos. (Escreve.) O quanto você acredita nisso?
Liz:	Nove em 10 agora; 1 em 10 quando estou infeliz e sozinha.

Terapeuta:	Bem, nove em 10 me sugere que há mais do que um grão de verdade na sua perspectiva mais gentil. O que acha?
Liz:	Suponho que sim. Essas coisas são verdadeiras o suficiente. Mas é difícil pensar assim quando estou sozinha e me sentindo deprimida.
Terapeuta:	Podemos trabalhar para torná-la mais confiante quando você está sozinha e para baixo. Há mais alguma coisa que você possa dizer para se confortar?
Liz:	Eu me culpo por perder meu emprego e não aparecer para entrevistas, mas suponho que possa me lembrar de que fiz o meu melhor para me manter firme e de que, se eu puder ficar limpa novamente, posso muito bem ter outra chance. Ainda não acabou para mim.
Terapeuta:	Tire um minuto e anote essas ideias também. (Pausa enquanto Liz escreve.) O que você percebe na sua perspectiva quando é mais gentil consigo mesma?
Liz:	Não é tão extremo. Posso ver que não estou totalmente acabada nem sou uma completa e absoluta fracassada.
Terapeuta:	Como isso ajuda você?
Liz:	Sinto mais esperança e menos desespero, então consigo não me sentir tão desesperada por uma solução.
Terapeuta:	Então você já tem uma visão real da sua vulnerabilidade à recaída e alguns desafios relacionados ao primeiro passo da cadeia. Vamos anotar essas coisas. (Pausa enquanto ambas escrevem.) O passo seguinte parece ser você se justificar consigo mesma dizendo coisas como: "Eu preciso disso" e "Esta é a última vez". Como você pode enfraquecer esses pensamentos de "dar permissão"?
Liz:	Bem, eu sei, com base nos meus anos de sobriedade, que eu não preciso da dose; eu apenas sinto como se precisasse. E nunca é a última vez — a quem estou enganando?
Terapeuta:	Quer anotar isso também?
Liz:	Sim.
Terapeuta:	Então você entra em contato com alguém que pode fornecer a droga. Como você pode sabotar essa parte do padrão se as coisas chegarem a esse ponto?
Liz:	Isso é muito difícil, mas entendo que tenho que fazer isso. Eu deveria me livrar de todos os números de telefone. Eu sei que vou me lembrar de um ou dois, então me pergunto se devo me livrar do meu telefone — eu nunca vou ao centro da cidade para encontrar uma dose, eu organizo tudo em casa, então seria muito difícil conseguir as coisas sem o meu celular. Mas a vida seria difícil sem um telefone. Vou ter que pensar nisso.
Terapeuta:	Tudo bem, não queremos apressar nenhuma parte desse planejamento. Seria uma boa ideia pensar no que estamos fazendo agora como

Diálogo socrático para a descoberta em psicoterapia **291**

	a base de um plano, e você poderia "ajustar" o plano ao longo desta semana. O que acha?
Liz:	Parece sensato. Vou fazer isso antes do nosso próximo encontro, o que me dará a oportunidade de ver se consigo conversar com Jake — ele é meu "companheiro de vícios" de anos atrás e nós continuamos em contato. Ele provavelmente tem muitas boas ideias e vai me apoiar nisso.

Juntas, elas mapearam as etapas da cadeia de eventos que levavam ao consumo de drogas e observaram o que haviam identificado até então para romper a cadeia em um estágio inicial. Agora, Liz e sua terapeuta têm um plano para minimizar a probabilidade de ela recair no consumo de drogas nas próximas semanas.

Mas recaídas acontecem, e por isso é importante que Liz tenha habilidades de manejo de recaídas. Não é incomum que os clientes evitem esses planos; se o fizerem, você precisa descobrir o porquê. Talvez eles sintam que isso de alguma forma atrapalhará sua recuperação se pensarem em recair; talvez eles sejam evasivos e não gostem do desconforto de pensar em recaídas; talvez eles sejam pensadores dicotômicos, então uma urgência ou uma fissura será suficiente para fazê-los desistir e abandonar o manejo de recaídas; talvez eles sejam ambivalentes em relação a abrir mão do comportamento. Os terapeutas devem incentivar a exploração completa dos obstáculos ao manejo de recaídas e estar preparados para desempenhar o papel de "advogados do diabo", como a terapeuta de Liz faz mais tarde na sessão:

Terapeuta:	Então, temos um plano preliminar e, com o tempo, vamos "ajustá-lo" para que ele atenda melhor às suas necessidades. Mas vamos pensar em quando as coisas podem dar errado: vamos imaginar que você faça uma ligação para um traficante. Como você vai reagir?
Liz:	Provavelmente vou me rotular como uma fracassada, me sentir pior e buscar a dose.
Terapeuta:	E como uma pessoa gentil e compassiva responderia?
Liz:	(Pausa longa.) Eu diria que todos nós temos lapsos — um telefonema não significa uma recaída. Sou uma viciada, não uma fracassada.
Terapeuta:	Qual é a diferença para você?
Liz:	Falamos sobre isso nas minhas reuniões de dependentes químicos. Se eu me rotulo como um fracasso, desisto. Se eu reconheço que sou uma viciada, então estou dizendo que não é de admirar que eu tenha desejos, mas tenho escolhas — posso ligar para Jake imediatamente e tentar recusar as drogas.
Terapeuta:	Então essa é uma boa estratégia para se recuperar de um lapso; vamos relembrar isso e anotar. Agora, e se as usasse, e se usasse as drogas?
Liz:	Eu tenho que pensar sobre isso? Estou apenas começando a considerar enfrentar a situação novamente. Eu quero ficar com pensamentos positivos.

Terapeuta:	Claro que você quer ficar com pensamentos positivos; isso é natural, e eu não quero estressá-la desnecessariamente, mas você consegue ver alguma vantagem em considerarmos alguns outros cenários? Situações em que pode ter dificuldades?
Liz:	Acho que estou preparada para o pior. Meu pai sempre dizia "Prepare-se para o pior e espere o melhor", e acho que é isso que estamos fazendo. Ok, então, mesmo que eu injetasse, eu poderia tentar fazer dessa a minha última vez, obtendo ajuda o mais rápido possível. Eu quero superar isso.
Terapeuta:	Como você pode facilitar ao máximo a obtenção dessa ajuda?
Liz:	Discagem rápida. É aí que vou manter o número de Jake e do meu mentor do Narcóticos Anônimos, e o contato da enfermeira da comunidade. Também vou adicionar alguns amigos que eu sei que estariam disponíveis para mim.
Terapeuta:	Mais uma vez, outra boa estratégia para sair de um lapso — e, novamente, vamos anotar isso. Isto é realmente encorajador: você tem boas ideias para evitar que um lapso se transforme em um episódio de compulsão por drogas. (Pausa) Agora: você tem uma noção do que precisa procurar quando está vulnerável?
Liz:	Eu discuti muito isso com Jake no passado e sei que minhas situações de alto risco são me sentir sozinha e estar solitária — especialmente em um momento em que meu corpo anseia por uma solução. Por isso, sei que preciso manter contato com os amigos e ter a certeza de que tenho atividades em casa. Você não vai acreditar em quantos quebra--cabeças eu tenho para me distrair! Felizmente para mim, os meus amigos atuais não fazem parte de uma cena ativa de drogas. Meus anos "limpa" me ajudaram a construir um grande círculo social.
Terapeuta:	Excelente. Muito bem. Você sabe quais são as suas situações de alto risco e está tomando medidas para minimizar o risco. Leia o seu plano escrito e certifique-se de ter lembretes lá para que, se você falhar, use estratégias a fim de se recuperar de lapsos, em vez de se repreender e depois se sentir pior. (Pausa enquanto Liz faz isso.) No entanto, há uma coisa que eu gostaria que você acrescentasse ao seu plano.
Liz:	O quê?
Terapeuta:	Quando você tiver um desejo ou um lapso, pergunte-se: "Por que isso é compreensível?", "O que aprendi com isso?" e "O que farei diferente da próxima vez?". Escreva essas três perguntas para que possamos analisá-las juntas. (Repete as perguntas enquanto Liz as escreve em seu plano.) Alguma ideia sobre o motivo pelo qual posso estar perguntando isso a você?
Liz:	Suponho que a primeira pergunta me ajude a ser atenciosa e gentil comigo mesma. A segunda me ajuda a me entender melhor para me

Diálogo socrático para a descoberta em psicoterapia **293**

preparar melhor, e a terceira me leva a atualizar meus planos para que fiquem mais satisfatórios.

Terapeuta: Isso mesmo. Parece um clichê, mas queremos que todos os contratempos sejam uma experiência de aprendizagem útil. Você acha que poderia resumir o que discutimos sobre o manejo de recaídas até agora?

De forma sistemática, Liz e sua terapeuta construíram uma estratégia para manejar recaídas que refletia os pontos fortes e as necessidades particulares da cliente e incorporava contratempos como oportunidades de aprendizagem. Embora a terapeuta seja inicialmente didática em recomendar a estratégia para aprender com os contratempos, sua interação terapêutica se torna socrática quando ela questiona: "Alguma ideia sobre o motivo pelo qual posso estar perguntando isso a você?". Essa pergunta analítica direciona Liz para personalizar a sugestão e gerar uma lógica que torne mais provável que ela utilize a estratégia.

Embora, como terapeutas, desejemos — com razão — encorajar e enfatizar os pontos fortes, quando realizamos o manejo de recaídas, devemos direcionar os clientes para considerar e até mesmo insistir em suas vulnerabilidades. O diálogo socrático sensível pode nos ajudar a fazer isso. Se evitamos fazer isso, ou abordamos as vulnerabilidades de forma muito superficial, corremos o risco de ter planos inadequados em vigor.

Evitar recaídas é cada vez mais provável à medida que nossos clientes se tornam mais habilidosos em estratégias de autoajuda. Uma estratégia conceitualmente simples que também pode ser introduzida desde muito cedo, e que ajuda a combater urgências e desejos, é a substituição por um comportamento mais seguro.

Comportamentos substitutos mais seguros

Como estagiária, muitos anos atrás, observei um grupo de terapia de perda de peso. O líder sugeriu que os desejos de chocolate poderiam ser contidos comendo uma banana. Qualquer um que ame chocolate perceberá que esse é um substituto ruim — mas ele tem muita coisa a seu favor. Assim como o chocolate, a banana é rapidamente acessível, é doce e proporciona uma "elevação" de carboidratos, por isso tem semelhanças que podem diminuir o desejo por chocolate. Às vezes, é possível resistir ao desejo de se envolver em um comportamento problemático se uma ação substituta cumprir uma função semelhante: um desejo por chocolate pode muito bem ser contornada ao comer uma banana.

Comportamentos substitutos são ideais quando podem "aliviar" a urgência. Por exemplo, se o objetivo do seu cliente é aliviar o estresse, formas de relaxamento, treinamento e desenvolvimento de imagens mentais calmantes podem ser úteis. Se o objetivo é a punição, então formas benignas de atividades desagradáveis, como exercícios desconfortáveis ou limpeza de um galpão imundo, podem substituí-la. Se o objetivo é a excitação, então os esportes que geram adrenalina podem ser um bom substituto.

O impacto das atividades substitutas raramente é tão imediato e eficaz quanto o comportamento problemático, e devemos ser honestos sobre isso com nossos clientes — uma banana nunca substituirá perfeitamente uma barra de chocolate. No entanto, atividades substitutas podem interromper o que de outra forma poderia parecer um desejo irresistível de fazer algo prejudicial. A continuação da sessão com Li, que lutou para resistir à compulsão alimentar, ilustra isso.

Mantenha em mente

- Comportamentos substitutos podem atenuar a intensidade de um desejo.
- Seja honesto com seus clientes sobre as limitações desses comportamentos.

Terapeuta: Você disse que comer compulsivamente faz você se sentir bem, poderosa até, e que lhe dá esperança. Você pode me contar um pouco mais sobre a "vantagem" de comer compulsivamente?

Li: Acho que sou uma especialista nisso, então aqui vai. Quando decido comer compulsivamente, sinto muito alívio, porque não preciso mais lutar contra o desejo. E eu me sinto animada com a perspectiva de todos os alimentos diferentes com que eu posso me presentear, coisas muito boas para que eu me sinta especial. Começo a me sentir "normal" porque posso comer o que quiser. E então, quando eu desembrulho os bolos e o chocolate e não há limite para o que posso ter, eu me sinto tão — bem — alegre. Eu sei que é uma palavra forte, mas é assim que me sinto no começo — antes que tudo dê errado. Então entro em pânico e me odeio e tenho tanto medo de engordar que faço o que for preciso para me livrar da comida e da carne nojentas. Eu vomito, tomo laxantes, morro de fome, e corro e corro até sentir que minhas entranhas podem cair.

Terapeuta: Ouvir isso me ajuda a entender por que a compulsão alimentar às vezes é tão irresistível, apesar das consequências, e por que você se sente compelida a tomar medidas drásticas para compensar isso. A compulsão parece oferecer tanto: você tem uma sensação de alívio quando toma a decisão de ceder à vontade de comer; você sente excitação e pode se sentir como se fosse especial; você se sente "normal" e também alegre. Eu entendi você?

Li: Sim, sinto todas essas coisas.

Terapeuta: Existem outras maneiras de alcançar esses sentimentos bons? Talvez maneiras que não envolvam compulsão alimentar?

Li: Nada funciona como comer compulsivamente.

Terapeuta: Absolutamente. Portanto, estamos à procura de atividades que possam, de alguma forma, recriar o poderoso sentimento positivo que

	você tem quando planeja ou se envolve numa compulsão. Por exemplo, há mais alguma coisa que lhe dê uma sensação de alívio?
Li:	Me cortar — mas não quero começar de novo.
Terapeuta:	Acho que é uma boa atitude, mas me conte um pouco mais sobre o alívio que você obtém ao se cortar ou decidir comer em excesso.
Li:	É uma sensação de calma adorável. Toda a minha tensão flui e me sinto um pouco irreal — de uma maneira agradável.
Terapeuta:	Você já teve um *pouco* desse sentimento sem recorrer ao corte ou à compulsão?
Li:	Quando volto de uma corrida, me sinto assim por um tempo; e, embora eu ache que eles sejam bobos, esses exercícios de relaxamento me dão um pouco da sensação, mas apenas um pouco.
Terapeuta:	Então, é um começo — vamos anotar isso. Exercícios de corrida e relaxamento podem recriar um pouco desse sentimento. Algo mais? Qualquer coisa, por mais modesta que seja.
Li:	Bem, há outra coisa que tem um pouco desse efeito: segurar uma caneca quente de leite, especialmente se tiver mel. Adoro o cheiro dele e o calor. Eu tenho que segurar com as duas mãos, e tem que ser uma caneca adequada, não um copo pequeno. Sabe, eu também adoro o cheiro de baunilha, ele me dá uma leve sensação de calma. E também há alguns perfumes que conseguem proporcionar isso.
Terapeuta:	Bom, mais coisas para adicionar à lista. Podemos ser capazes de imaginar ainda mais alternativas para "proporcionar alívio", mas neste momento você tem alguma ideia sobre como usar essa lista de comportamentos alternativos?
Li:	Eu sei aonde você quer chegar com isso. Está sugerindo que, em vez de obter alívio ao planejar uma compulsão, eu deveria ir correr ou relaxar ou algo assim. Mas não é tão fácil.
Terapeuta:	Tenho certeza de que não é nada fácil; caso contrário, você estaria realizando essas atividades sem ajuda. Pode não funcionar todas as vezes, e você disse que o alívio não será tão grande como é ao se cortar ou planejar uma compulsão. Mas que tal tentarmos melhorar suas habilidades de relaxamento e fazermos um planejamento para que seja mais fácil correr, sentir cheiro de baunilha, tomar uma bebida quente? Há algo a perder?
Li:	Não. Vou tentar porque pode me ajudar a superar os impulsos.

Li e sua terapeuta então fizeram planos para levar isso adiante. A terapeuta também usou o diálogo socrático para ajudar Li a identificar quais substitutos poderiam ser adequados para alcançar um certo grau de emoção, os sentimentos de ser normal e especial e a alegria que a cliente havia identificado anteriormente.

Armadilha 4

Não considerar a oscilação da motivação do seu cliente e, assim, negligenciar abordá-la.

Comportamentos impulsivos e compulsivos são, por definição, difíceis de abandonar, e é provável que seu cliente seja muito ambivalente em relação a isso. Portanto, é importante usar o diálogo socrático para ajudá-lo a tomar a decisão *genuína* de mudar antes de se envolver totalmente em métodos de terapia mais "tradicionais" para gerenciar comportamentos impulsivos e compulsivos. Para começar, podemos recorrer aos métodos motivacionais de Miller e Rollnick (2012), que enfatizam a escuta sem julgamento com reflexões sobre dilemas e escolhas.

Mantenha em mente

- Comportamentos irresistíveis são genuinamente atraentes: os clientes podem, assim, oscilar entre a motivação para mudar e a ausência dela. Antecipe que eles estão em risco de recaída.
- Seja o aliado curioso do seu cliente: apoie declarações motivacionais, reflita sobre dilemas e transmita a mensagem de que você não está lá para julgar, mas para ajudar.
- Manter a postura de um aliado sem julgamento pode ser particularmente difícil quando o comportamento de um cliente entra em conflito com nossos próprios valores. Quando esse for o caso, procure supervisão ou consulta.

Lars era um vendedor de 40 e poucos anos casado. Um ano atrás, seu trabalho começou a levá-lo para longe de casa, e ele passava várias noites por mês em hotéis caros. Essa mudança permitiu que ele se entregasse à fantasia de fazer sexo casual. Sua esposa descobrira isso recentemente e o deixara, levando os dois filhos com ela. Seu objetivo na terapia era persuadi-la a voltar.

Na mente do terapeuta

A terapeuta de Lars desaprovava as infidelidades e, portanto, estava muito ciente de que precisava conscientemente deixar de lado seus próprios preconceitos; ela procurou supervisão para ajudar a garantir que fizesse isso. Descobrir por que o comportamento de Lars fazia sentido para ele era sua maneira mais segura de desenvolver empatia pelo cliente, então esse era seu primeiro objetivo. A terapeuta sabia que Lars estava ambivalente em relação à mudança, então ela antecipava incentivá-lo não apenas a tirar suas próprias conclusões sobre as vantagens da mudança, mas também a repetir e rever essas vantagens para que realmente fossem compreendidas. Ela também pretendia explorar a resolução de problemas no início da terapia, pois percebeu que a recaída era muito possível.

Terapeuta:	Sabe, não há garantias de que sua esposa voltará, mesmo que você trabalhe duro na terapia, por isso precisamos pensar no que é possível — quais mudanças estão sob *seu* controle.
Lars:	Isso é lógico, mas não me ocorreu. Tenho pensado mais em fazer com que ela mude de ideia do que em mudar eu mesmo.
Terapeuta:	Você consegue prever algum problema nisso?
Lars:	Sim. Minha esposa é inteligente, e não há esperança de que ela volte, a menos que acredite que fiz mudanças genuínas na maneira como penso e sou. Ela tem que ver que eu estou diferente.
Terapeuta:	Então a mudança genuína vai ser central para o nosso trabalho?
Lars:	Sim. Eu quero mudar.
Terapeuta:	Em uma escala de 1 a 10, em que 10 é o comprometimento máximo e 1 é nenhum comprometimento, como você se classifica?
Lars:	Dez.
Terapeuta:	Isso parece bom, e eu não quero questionar sua sinceridade, mas eu me pergunto o que poderia minar esse comprometimento, se é que existe algo capaz de fazer isso. Você pode me ajudar a entender o que tornou o sexo casual tão preocupante no ano passado?
Lars:	Isso é fácil. Primeiro, há a emoção da sedução: antecipar uma busca e um sexo fantástico, entrar no bar, fazer uma escolha e aproveitar o desafio de cortejá-la. Sinto-me como um leão à procura de acasalamento. Uma vez que estamos no quarto de hotel, somos estranhos, então posso ser quem eu quiser e posso fazer dela quem eu quiser. Não consigo explicar o quão emocionante e libertador isso é — contribui para o melhor sexo que já tive. E isso me deixa querendo mais.
Terapeuta:	Eu posso ver que isso atrai você. Com isso em mente, gostaria de saber qual é o seu comprometimento com a mudança no momento.
Lars:	(Pausa.) Três no máximo.
Terapeuta:	O que isso poderia nos dizer?
Lars:	Eu sei o que devo fazer, e ainda assim quero algo diferente. Para ser honesto, tenho que dizer que quero Viv e as crianças de volta porque as amo, mas não quero desistir do melhor sexo que já experimentei na vida.
Terapeuta:	Este é um grande dilema: você quer compartilhar sua vida com as pessoas que mais ama e quer fazer a coisa que as afastará.
Lars:	Acho que sim.
Terapeuta:	Além de perder sua família, existem outras penalidades por continuar a fazer sexo com outras pessoas?
Lars:	Bem, a "dura realidade" raramente é divertida. Eu nunca quero tomar café da manhã com essas mulheres e, às vezes, é difícil transmitir essa mensagem a elas. Também não me sinto muito bem na manhã se-

guinte, para ser honesto. Tenho que admitir que me sinto vulgar e me preocupo que Viv possa descobrir.

Terapeuta: Você se lembra de como se sentiu quando ela descobriu?

Lars: Sim, essa deve ser a pior sensação de todas. Minha vida passou diante dos meus olhos — eu estraguei tudo o que realmente importava. Perdi a minha família.

Terapeuta: Você consegue se lembrar dos sentimentos que acompanham isso?

Lars: Medo, pânico, arrependimento, devastação, raiva de mim mesmo, dor no estômago. Por Deus, foi ruim.

Terapeuta: Você consegue permanecer com esses sentimentos? Consegue mesmo se lembrar do quão ruins eles são?

Lars: Sim, sinto um mal-estar profundo no estômago. Estou com tanto medo. Eu me odeio. É horrível — simplesmente horrível.

Terapeuta: Então, ao tentar alcançar a melhor sensação que você já experimentou, você sentiu a pior?

Lars: Sim.

Terapeuta: O que é mais forte agora: querer ter a melhor sensação ou querer evitar o pior?

Lars: Querer evitar o pior — e quero dizer 10 em 10!

Terapeuta: É bom que você queira evitar esse sentimento; significa que você está assumindo um compromisso com a mudança. Você sabe que as pessoas às vezes vacilam em seu compromisso durante o curso da terapia: como você pode manter o seu?

Lars: Lembrando daquela noite e desta conversa. E o quanto é devastador pensar que fiz algo tão destrutivo.

Terapeuta: E como você poderia manter as suas memórias vivas?

Lars: (Pensando em silêncio por um minuto.) Poderia fazer uma gravação de voz no meu celular.

A terapeuta continuou a ajudar Lars a se conscientizar e, em seguida, a abordar os verdadeiros dilemas que ele enfrentava. Esse é um aspecto fundamental do trabalho motivacional, e é crucial que o terapeuta seja respeitoso e não julgue nenhum dos lados do dilema — algo que nem sempre é fácil quando os clientes apresentam comportamentos que parecem repreensíveis ou chocantes do ponto de vista do terapeuta.

A primeira tarefa da terapia é ajudar os clientes a considerar seu dilema e manter em mente as consequências negativas de um comportamento, de forma que se sintam motivados a abordá-lo. Então, existe uma possibilidade real de o terapeuta poder usar o diálogo socrático para facilitar as estratégias de manejo. No caso de Lars, a investigação socrática revelou que ele se sentia melhor consigo mesmo durante episódios de sexo ilícito, então sua terapeuta hipotetizou que ele se beneficiaria de trabalhar em sua autoestima — isso levou a um trabalho muito frutífero com a autoestima que realmente diminuiu suas urgências.

Diálogo socrático para a descoberta em psicoterapia **299**

Alguns clientes inicialmente se envolvem na redução de comportamentos-alvo, mas se tornam ambivalentes porque o risco de abrir mão dos comportamentos envolventes parece ser grande demais. Quando isso ocorre, a motivação precisa ser abordada novamente, conforme demonstrado no próximo exemplo de caso.

Hector, de 35 anos, tinha um histórico de 10 anos de ansiedade relacionada à saúde. Ele fez terapia em várias ocasiões, fazendo progresso em alguns momentos, mas repetidamente perdendo a motivação. Ele e sua nova terapeuta mapearam uma formulação que explicava por que ele se sentia compelido a realizar verificações, quase constantemente examinando seu corpo em busca de sinais de problemas de saúde e procurando artigos relacionados à saúde na mídia. Ele havia feito um progresso inicial, mas agora voltava a verificar seu corpo em busca de sinais de doença. Como não sabia o que fazer a seguir, sua terapeuta procurou a supervisão de um especialista em ansiedade em saúde.

O supervisor recomendou que a terapeuta de Hector buscasse entender o envolvimento e o desengajamento do cliente na terapia (por meio de uma investigação socrática mais aprofundada) e fornecer a ele uma experiência real, a fim de consolidar sua motivação para mudar (por meio de experimentos comportamentais). Além disso, o supervisor recomendou que a terapeuta "solucionasse problemas" antecipadamente, prevendo que Hector teria dificuldades em resistir à verificação. Hector tem muito medo de deixar de realizar verificações em seu corpo, como antes, sua terapeuta deve permanecer empática e não confrontativa enquanto identifica dilemas sobre os quais ele pode refletir. O diálogo a seguir indica como a terapeuta de Hector usou o diálogo socrático para realizar essas recomendações:

Terapeuta   Podemos olhar mais de perto para esse padrão de você se sentir motivado a correr o risco de mudar, mas depois se sentir menos capaz de fazer isso?

Hector: Ok.

Terapeuta: Vamos olhar para o problema da verificação, aquele que estamos tentando resolver neste momento. Tudo bem para você se começarmos por aí?

Hector: Sim, isso é algo com que tenho lutado há anos. Há momentos em que sinto que estou conseguindo lidar, mas depois perco a vontade de continuar a lutar — porque é uma luta.

Terapeuta: E se é uma luta tão grande, não é de se admirar que você se sinta tentado a ceder aos impulsos de verificar fisicamente seu corpo em busca de sinais de doença a cada hora ou mais.

Hector: E, depois de todo esse tormento e preocupação, se eu verificar e pedir ao meu parceiro para verificar, recebo o tal alívio e relaxo. Você não tem ideia: sem mais preocupações com a minha saúde e sem mais lutar contra os impulsos.

Terapeuta: Eu consigo ver o lado positivo das verificações, realmente consigo, e entendo por que você perde a vontade de continuar com a terapia. Quanto tempo dura essa sensação de alívio?

Hector:	Quando eu verifico, eu realmente acredito que daquela vez vai funcionar, mas o alívio é passageiro e logo estou preocupado novamente.
Terapeuta:	Então, o que acha disso?
Hector:	Bem, eu posso ver que verificar proporciona uma sensação boa a curto prazo, mas ela não dura — só que não tem jeito de você me fazer parar. É muito difícil e não consigo seguir em frente. Não suporto a sensação de que posso ter uma doença terrível e não perceber por que não verifiquei meu corpo. Mesmo que eu tenha parado de verificá-lo por um período, não me senti melhor por muito tempo. Logo começou a parecer muito arriscado.
Terapeuta:	Você pode falar um pouco mais sobre ser muito arriscado?
Hector:	Bem, posso perder algum tempo verificando coisas que não estão lá, mas, se houver uma chance de haver algo muito ruim, não posso me dar ao luxo de ignorar.
Terapeuta:	Por quê?
Hector:	Porque poderia me matar.
Terapeuta:	Parece que há outra regra aí — outro "Se... então..." — que ajuda a explicar sua necessidade de verificar: como você colocaria isso em palavras?
Hector:	*Se* eu não verificar, *posso* morrer.
Terapeuta:	Essa é uma regra bastante séria. Então, novamente, percebo por que foi tão difícil resistir à verificação. (Pausa.) Isso pode parecer uma pergunta estranha, mas, para você, qual é a pior coisa de morrer?
Hector:	Eu já vi alguém morrer de (pausa) câncer, e é a morte mais dolorosa e indigna. Farei tudo o que puder para evitar isso.
Terapeuta:	Entendi. Pareceu muito difícil dizer isso, mas obrigado por pronunciar as palavras, pois isso realmente me ajuda a entender melhor o seu medo. Posso apenas confirmar se entendi? Trata-se de morrer de câncer com dor e sem dignidade que você teme, não morrer de outras maneiras?
Hector:	Isso mesmo, não quero correr o risco de morrer... daquela maneira.

Essa foi uma nova revelação que ajudou a terapeuta a entender por que era tão difícil para Hector manter os planos de terapia; sua relutância em dizer a palavra "câncer" a impediu de compreender isso antes. Não abordar seu principal medo provavelmente contribuiu para a dificuldade do cliente de se manter motivado, e a investigação socrática finalmente ajudou a revelar o que ele mais temia. Agora, a sua terapeuta poderia atacar esse medo do câncer.

Terapeuta	Entendi. Isso é certamente algo que qualquer um gostaria de evitar, e entendo suas razões para querer continuar fazendo as verificações. Não quero parecer antipática, mas me pergunto até que ponto você pode ter a certeza de que, se não verificar, morrerá de câncer.

Heitor:	Não 100%.
Terapeuta:	Então talvez haja espaço para dúvidas?
Hector:	Talvez.
Terapeuta:	Quanto?
Heitor:	1%.
Terapeuta:	Ok, não vou dizer que a sua suposição está errada — talvez você esteja certo, talvez não. Se estiver certo, talvez precisemos encontrar uma forma mais eficiente de verificar o câncer para que isso não tome muito do seu tempo, e, se não estiver certo, podemos trabalhar em planos para ajudá-lo a deixar isso de lado. Como isso soa para você?
Hector:	Lógico, suponho, mas como seria possível decidir?
Terapeuta:	Sabemos que você tem vivido como se fosse verdade que, se não verificar seu corpo, pode deixar de identificar um sintoma e morrer, então vamos deixar isso de lado por enquanto e seguir o palpite de que, se você não fizer verificações a cada hora, ainda não estará em risco de morrer de câncer. Você já viveu como se esse palpite fosse verdadeiro?
Hector:	Até alguns anos atrás, sim. Eu nem sequer procurava artigos relacionados à saúde. Então meu amigo morreu.
Terapeuta:	Eu entendo que isso pode fazer as coisas parecerem diferentes. Mas vamos voltar, digamos, 12 anos. Com que frequência você verificava o seu corpo em busca de sinais de doença?
Hector:	De vez em quando (sorri). Posso dizer pela sua expressão que quer que eu seja mais específico — uma vez por semana, no máximo. Vivemos em um clima quente, então eu dava uma boa olhada em pintas e sardas de vez em quando. Eu nunca verificava se havia caroços e não fazia o exame de corpo inteiro.
Terapeuta:	E quando verificava, o que acontecia depois?
Hector:	Se parecia tudo bem, eu esquecia.
Terapeuta:	Então você só verificava uma vez e depois deixava passar?
Hector:	Isso mesmo.
Terapeuta:	E, durante esse tempo, alguma vez você deixou de identificar algo significativo?
Heitor:	Não.
Terapeuta:	Com que frequência encontrou algo que o preocupava?
Hector:	Uma vez por ano, talvez.
Terapeuta:	... e o que aconteceu então?
Hector:	Consultei minha médica e ela me tranquilizou ou fez exames.
Terapeuta:	Então uma verificação semanal parecia suficiente naquela época?
Hector:	Sim.
Terapeuta:	Aconteceu alguma coisa que mudou o seu próprio estado de saúde nos últimos 12 anos?

Hector:	Além de envelhecer, não.
Terapeuta:	Alguma coisa já o deixou seguro com relação à sua saúde?
Hector:	Minha médica sempre se esforça para me dizer que estou em forma — e ela é uma boa médica.
Terapeuta:	Então, a sua médica diz que você está tão saudável como sempre esteve, e, no passado, você achava suficiente fazer uma "verificação em casa" uma vez por semana. Onde acha que quero chegar com isso?
Hector:	Eu sei aonde está indo e estou pensando nisso. Posso ver que verificar apenas uma vez por semana parece sensato. Mas eu serei capaz de fazer isso? Eu não sei.

Juntos, eles então listaram os prós e contras de viver como se a vida não estivesse em perigo, e Hector olhou para as listas que ele havia feito e decidiu que valia a pena tentar. Assim, as listas de prós e contras serviram como um exercício socrático adicional para ajudá-lo a chegar às suas próprias conclusões e se motivar.

Terapeuta:	Vamos pensar sobre isso com algum detalhe. Você vai fazer um exame de saúde semanal — quando seria um bom momento para fazer isso?
Hector:	Bem, a ideia é que eu verifique e depois siga em frente, então eu provavelmente faria isso quando soubesse que não posso ficar pensando nas minhas preocupações. Por outro lado, não quero me sentir apressado, ou ficarei frustrado.
Terapeuta:	E o que acontece se você fica frustrado?
Hector:	Não consigo parar de pensar nas coisas, e minhas preocupações com a saúde vão girar na minha cabeça até que eu seja obrigado a verificar adequadamente.
Terapeuta:	"Adequadamente"?
Hector:	Sim...

Ao ouvir com atenção e perceber o uso da palavra "adequadamente", a terapeuta de Hector sabiamente perguntou detalhes sobre o que ele queria dizer. Essas perguntas revelaram que Hector tinha um ritual associado à verificação, que ditava que ele verificasse partes do corpo em determinada ordem para não perder nada. Hector e sua terapeuta então negociaram a rotina mais breve que seria viável naquele momento, que Hector estimou que levaria dois minutos se realizada uma vez. Eles determinaram que a manhã de domingo seria um bom momento para sua verificação semanal, pois ele tinha cerca de meia hora entre o café da manhã e a aula de ioga. Ao fazer a verificação, então, ele não se sentiria apressado.

Terapeuta:	Vamos imaginar que você termine de verificar em dois minutos — e então?
Hector:	Eu sei que ficarei tentado a repetir a verificação.

Terapeuta: O que você poderia fazer para evitar isso?

Hector: Me distrair assistindo ao noticiário de domingo.

Terapeuta: Há mais alguma coisa que você possa fazer para se certificar de que esteja focado em algo neutro?

Hector: Já sei — não vou tomar meu café até esse momento. Ler as notícias e tomar o café fresco pode ser minha recompensa por não verificar novamente.

Terapeuta: Isso parece muito bom, mas precisamos pensar no que pode prejudicar sua nova rotina. Por exemplo, que pensamentos você pode ter na semana seguinte ou após a verificação que podem aumentar seu desejo de verificar novamente?

Hector: Não tenho certeza — são tantos! Um típico é que não posso deixar de identificar algo importante, algo que seja um sintoma importante.

Terapeuta: Como pode responder a isso?

Hector: Isso não é fácil — eu me sinto nervoso pensando nisso —, mas eu poderia tentar me lembrar de que terei a chance de verificar no domingo e que um ou dois dias de espera não farão diferença.

Terapeuta: O que acha desse plano?

Hector: Na verdade, parece realista o bastante.

Terapeuta: Isso soa bem. Tire um momento para anotar isso para não esquecer. (Pausa enquanto ele faz isso.) Podemos experimentar e ver o que acontece. Algum outro pensamento sabotador?

Hector: Há o pensamento "Uma verificação rápida não importa", que me coloca em apuros.

Terapeuta: Como você pode responder a ele?

Hector: Vou dizer a mim mesmo: "Uma verificação rápida é o início de algo maior". Também vou olhar para a minha lista de prós e contras para me lembrar de que vale a pena aderir ao novo regime.

Terapeuta: Excelente estratégia: você está tendo muitas ideias boas. Vamos anotar isso também para que você não esqueça. (Pausa enquanto ele escreve.) Existem outros pensamentos problemáticos?

Hector: Tenho certeza de que sim, mas não consigo pensar em nenhum agora.

Terapeuta: Como dissemos antes, muitas vezes é mais fácil capturar pensamentos e imagens relevantes à medida que eles acontecem, então talvez você possa manter um registro de interferências, pensamentos e imagens ao longo da semana. Se você puder combatê-los, isso será ótimo; se não, podemos fazer isso aqui na sessão.

Hector: Ok (adicionando essa ideia às suas anotações).

Terapeuta: Agora parece que você tem um plano muito bom em andamento. Você pode me explicar?

Hector: Ok, aqui vai. Vou verificar meu corpo uma vez — e apenas uma vez — por semana, aos domingos de manhã antes da minha aula de ioga. Vou me distrair e me recompor com café fresco e ler as notícias depois. Se eu tiver pensamentos que aumentem meu desejo de fazer verificações, vou anotá-los e usar as estratégias que registrei para combatê-los.

O resultado desse experimento comportamental foi um processo de descoberta guiada útil para Hector. Para maximizar a sua aprendizagem, a sua terapeuta usou o diálogo socrático na sessão seguinte para revisar e fazer uma síntese escrita do seu aprendizado. A terapeuta então fez a Hector perguntas analíticas e sintetizadoras, como:

- Isto é realmente interessante: embora tenha sido difícil no início, você descobriu que os impulsos diminuíram com o passar da semana. O que você acha disso?
- Seus níveis de ansiedade caíram gradualmente. O que isso pode dizer sobre a ligação entre a verificação e o modo como você se sente?
- Então, no geral, o que você aprendeu ao fazer essa experiência?
- Como você poderia levar as coisas adiante?

As respostas de Hector ajudaram-no a refinar a sua própria compreensão dos seus impulsos para verificar e personalizar a sua estratégia de resolução do seu problema.

Nesse exemplo, você pôde ver como o diálogo socrático foi usado pela primeira vez para explorar as suposições que davam sentido aos impulsos convincentes e às crenças facilitadoras, que permitiam que Hector realizasse verificações. Em seguida, ele foi usado para suscitar uma nova possibilidade: seria seguro se comportar de maneira diferente. Uma vez que Hector reconheceu isso, sua terapeuta buscou sua colaboração para o desenvolvimento de um experimento comportamental voltado a testar a validade dessa nova possibilidade. Antes de enviar Hector para fazer esse experimento, investigações socráticas foram usadas para identificar obstáculos e solucioná-los, a fim de maximizar a probabilidade de Hector ser capaz de realizar o experimento comportamental. Uma abordagem alternativa seria a terapeuta assumir mais a liderança na atribuição de um experimento comportamental apropriado, mas isso pode minar a sensação de escolha e autonomia, que é tão crucial para remotivar uma pessoa.

Mais tarde na terapia, Hector e sua terapeuta abordaram a busca dele por tranquilidade, tendo notado que o parceiro do cliente estava involuntariamente minando o seu progresso por meio de uma sutil tranquilização. Isso contribuiu para que Hector fizesse menos progresso do que esperava, o que reduziu sua motivação novamente. Esse é um bom exemplo da Armadilha 5, que consiste em negligenciar o "quadro geral".

Armadilha 5

Desconsiderar o quadro geral: o mundo mais amplo e profundo do seu cliente.

Na terapia, aprendemos sobre o mundo interno do nosso cliente: os sentimentos e as cognições que sustentam um comportamento-alvo. No entanto, as habilidades do cliente para lidar com as circunstâncias atuais da vida podem ser igualmente relevantes para entender por que um comportamento é tão irresistível. Sem o traficante de drogas, as críticas constantes de membros da família e o endosso de crenças inúteis por amigos, seu cliente pode não ceder aos impulsos. Muitas vezes, as condições de vida dos nossos clientes são disfuncionais, e isso pode desempenhar um papel significativo na manutenção dos problemas deles. Por outro lado, pode haver elementos de apoio em suas vidas, e precisamos apreciar o potencial que esses recursos positivos oferecem. Você pode notar que realmente precisamos obter o "quadro geral".

O parceiro de Hector prejudicou o seu progresso ao ser "prestativo" e conspirar com a sua verificação. Em última análise, seu parceiro era atencioso e poderia facilmente se tornar um aliado na recuperação de Hector. Você se lembra de Liz? Embora seu pronto acesso a um traficante de drogas a tornasse mais vulnerável a recaídas, seu igualmente pronto acesso ao amigo dependente químico Jake poderia ajudá-la a resistir aos seus desejos por drogas. Fatores externos motivaram inteiramente Lars a mudar — ele queria sua esposa e sua família de volta. É muito importante explorar o mundo mais amplo dos nossos clientes; assim podemos entender melhor suas vulnerabilidades *e* seus recursos. É uma questão de boa prática perguntar sobre apoio social, pois isso é algo que pode proteger a saúde mental do seu cliente. Também é igualmente relevante identificar aspectos disfuncionais e prejudiciais das circunstâncias deles.

O diálogo socrático ou o questionamento direto podem ser empregados para descobrir informações sobre aspectos interpessoais, sociais e culturais da vida de alguém. Faça perguntas simples para coleta de informações, como:

- Quem mais está envolvido?
- Quem mais poderia ser afetado por isso?
- Como você acha que eles se sentirão quando isso acontecer?

Perguntas como essas também podem ajudar os clientes a desenvolver uma apreciação das implicações mais amplas, domésticas, sociais e ocupacionais de seus comportamentos — uma boa habilidade para a vida.

Se a terapeuta de Hector tivesse perguntado anteriormente na terapia "Como os outros respondem quando você faz X?", a tranquilização praticada pelo parceiro do cliente poderia ter sido identificada e abordada mais cedo. Por exemplo, a terapeuta poderia ter feito perguntas socráticas a Hector para ajudá-lo a revisar os prós e contras do apoio de seu parceiro e, por fim, motivá-lo a abandonar a busca por tranquilização e solicitar a ajuda do parceiro para não oferecê-la.

Outros aspectos do quadro geral que às vezes negligenciamos são os recursos e pontos fortes pessoais de nossos clientes. A natureza extraordinária ou exagerada de alguns comportamentos pode chamar toda a nossa atenção para seus aspectos negativos, até porque estamos preocupados com sua segurança. Por exemplo, podemos exclusivamente buscar detalhes sobre porque uma pessoa se envolve em um ato potencialmente prejudicial e sobre quais aspectos de seu mundo interno e externo facilitam isso. Mantenha em mente que é igualmente crucial descobrir o que impede uma pessoa de fazer algo, o que a ajuda a resistir. Podemos fazer perguntas como:

- Quando resiste a fazer verificações, o que passa pela sua cabeça?
- Que tipo de coisa interrompe seus gastos exagerados?
- O que acontece naquelas ocasiões em que você não cede ao impulso?

Respostas a perguntas como essas nos dão *insights* mais profundos sobre o problema e podem ser registradas para ajudar nossos clientes a começar a construir um repertório de enfrentamento.

Mantenha em mente

- Os clientes têm recursos internos e externos.
- Certifique-se de identificá-los e ajude seu cliente a utilizá-los para melhorar a recuperação.

O trecho de terapia a seguir ilustra como uma terapeuta usou o diálogo socrático para identificar recursos internos e externos que ajudaram um cliente a resistir a comportamentos problemáticos. Jahon estava abaixo do peso e tinha dificuldade para comer. Ele temia o ganho de peso porque, embora não gostasse de seu corpo no momento, previa que seria ainda menos atraente se ganhasse peso. Sua terapeuta entendeu a visão muito negativa de Jahon sobre o seu corpo e seus pensamentos negativos em relação à alimentação. Ela hipotetizou que também era importante aprender mais sobre sua capacidade de comer e sobre suas atitudes positivas, pois estas poderiam ser desenvolvidas para ajudá-lo a se encarregar de sua alimentação e se sentir mais confortável consigo mesmo.

Terapeuta: Você me descreveu os aspectos satisfatórios de não comer: a sensação de controle, os sentimentos agradáveis "espaçados", por exemplo, e você me contou sobre os medos que sente em relação a comer. Hoje eu estou interessada em saber mais sobre as coisas boas (mesmo que pequenas) que você consegue lembrar sobre comer. Você tem alguma lembrança positiva?

Jahon: Claro! Eu me lembro de desfrutar da minha comida antes de fazer a dieta, mas agora a vejo como minha bela inimiga.

Terapeuta: Bela inimiga. Interessante, pode falar mais?

Jahon: Bem, eu gostava de comida. De verdade. E, embora alguns alimentos gordurosos e ricos em amido me enojem agora, há muitas coisas que eu adoraria comer.

Terapeuta: E você gostou de alguma comida ultimamente?

Jahon:	Suponho que sim.
Terapeuta:	Você se lembra de um momento recente? Pode descrevê-lo para mim?
Jahon:	Eu fui a uma confraternização organizada por meu amigo. Ele é maravilhosamente formal e organiza reuniões realmente civilizadas com canapés e petiscos — eu não fico tão nervoso com a comida se ela é "pequena".
Terapeuta:	Então "pequena" é bom. Havia mais alguma coisa que possibilitasse aproveitar a comida da festa?
Jahon:	Estava deliciosa — quero dizer, *muito* boa. Então não fiquei tão tentado a devorá-la: quis prová-la. E não havia álcool, o que me ajudou a manter o controle. Eu me torno mais propenso a compulsões alimentares e descuidos se eu bebo.
Terapeuta:	Houve mais alguma coisa que ajudou?
Jahon:	A companhia — eu estava me divertindo. Eu me sentia bem comigo mesmo.
Terapeuta:	O que fez você se sentir bem consigo mesmo?
Jahon:	As pessoas lá eram interessantes e pareciam me achar interessante. Senti que poderia contribuir com algo e que era importante. Foi uma tarde tão fabulosa que guardei fotografias no meu celular.
Terapeuta:	Isso é muito bom. Agora, deixe-me ver se entendi direito. É mais fácil para você relaxar e desfrutar da comida se ela for de alta qualidade e em pequenas quantidades, se você não beber álcool e se você se sentir bem consigo mesmo.
Jahon:	Isso é verdade — e ajuda se eu puder decidir se vou comer ou não. Um *buffet* é mais fácil do que uma refeição "sentado".
Terapeuta	Temos trabalhado nos seus planos alimentares recentemente — como isso pode ser relevante?
Jahon:	Eu poderia tentar comprar apenas comida muito boa de que eu pudesse desfrutar, em vez de comprar quantidades maiores de produtos mais baratos; e nossa discussão ressaltou o que já dissemos sobre a importância de evitar o álcool.
Terapeuta:	É realmente interessante que você tenha dito que tem mais controle quando se sente bem consigo mesmo. Algum pensamento sobre como você pode lembrar a si mesmo de como se sentiu na festa?
Jahon:	Eu poderia olhar para as minhas fotografias — na verdade, eu poderia imprimir as melhores — e tentar me lembrar de como foi, e talvez eu pudesse tentar me conectar com algumas dessas pessoas.

Jahon e sua terapeuta usaram as informações que reuniram para rever seus planos de alimentação de uma forma mais saudável. A terapeuta então voltou à formulação e lembrou a Jahon que outra questão que ele queria discutir era o papel de sua antipatia por sua aparência física.

Terapeuta:	... e há algo no seu corpo que você goste?
Jahon:	Você está brincando?
Terapeuta:	Bem, talvez haja uma parte do seu corpo que você desgoste menos?
Jahon:	Ombros — pelo menos eles nunca são gordos e são bastante quadrados, o que eu gosto. E minhas costas estão bem, são bastante musculosas, mas todo o resto... ugh!
Terapeuta:	Vamos ficar apenas com o que você gosta. Percebi que, quando você descreveu gostar dos ombros e das costas, sentou-se mais reto, parecia um pouco diferente em seu corpo. Como se sentiu nesse momento?
Jahon:	Eu nunca tinha pensado nisso antes, mas acho que me sinto um *pouco* melhor comigo mesmo.
Terapeuta:	Um pouco? Como classificaria isso usando uma das nossas escalas de 1 a 10?
Jahon:	Eu diria 4/10 em vez de 1/10.
Terapeuta:	Para mim, isso parece muito interessante. O que você acha disso?
Jahon:	Suponho que posso me sentir um pouco melhor comigo mesmo se me concentrar nos aspectos positivos, mas ainda não me sinto bem.
Terapeuta:	Mas você se sente um pouco melhor, e isso é um começo. Você consegue pensar em maneiras de usar esse novo *insight*?
Jahon:	Não entendo o que você quer dizer. O que você quer que eu diga?
Terapeuta:	Eu não estava pensando em uma resposta específica, eu estava apenas curiosa para explorar como essa capacidade de se sentir um pouco melhor quanto à sua aparência pode ajudá-lo a lidar com alguns dos problemas que identificamos em nossa formulação.
Jahon:	Bem, eu sempre disse que, quanto pior eu me sinto com relação à minha aparência, mais provável é que eu tenha compulsão, e, quanto mais eu tenho compulsão alimentar, mais eu fico enojado com a minha aparência. Então, suponho que você ache que eu poderia quebrar esse ciclo ao tentar me sentir melhor com o meu corpo.
Terapeuta:	Bem, é uma teoria. Na sua opinião, vale a pena testar?
Jahon:	(Rindo.) Se isso fizer você feliz, vou tentar.

Nesse exemplo, a terapeuta de Jahon cogitou a hipótese de que as imagens visuais e corporais poderiam ajudá-lo a acessar e gerar bons sentimentos que poderiam ser usados para desenvolver novos *insights* a fim de embasar seus experimentos comportamentais. Para Jahon, era improvável que o foco em suas críticas negativas familiares ao seu corpo resultasse tão prontamente nesses novos *insights*.

Armadilha 6

As consequências negativas da mudança.

Outra armadilha em que podemos cair se não conseguirmos usar plenamente a exploração socrática é a armadilha de não perceber as consequências negativas da mudança. Ao considerar o "quadro geral", muitas vezes perguntamos sobre os benefícios de abandonar comportamentos aparentemente inúteis, mas às vezes deixamos de verificar os perigos ou as desvantagens de fazê-lo. Ajudar uma pessoa a mudar um comportamento ou uma reação problemática às vezes pode ter consequências não produtivas. Por exemplo, alguém pode parar de comer em excesso apenas para substituir essa prática por um hábito mais perigoso, como beber mais. Alguém pode aprender a ser assertivo apenas para sofrer uma agressão de um parceiro que não suportou essa mudança.

Em cada um desses casos, o resultado inútil pode ser identificado e gerenciado com antecedência se o terapeuta fizer perguntas para investigar as prováveis implicações da mudança de comportamento. É útil perguntar se pode haver uma desvantagem na mudança. Essa pergunta abre caminho para pensar em como gerenciar os efeitos negativos previstos *antes* de se concentrar na diminuição dos comportamentos-alvo.

Mantenha em mente

- Toda mudança é estressante. O estresse pode esgotar os recursos de enfrentamento de um cliente. Certifique-se de que o seu cliente tem resiliência para enfrentar a mudança.
- Verifique se os sistemas sociais em torno do seu cliente podem lidar com a mudança.
- A mudança pode promover o perigo. Obtenha uma visão geral abrangente o suficiente para garantir que você e seu cliente estejam cientes dos perigos potenciais e estejam preparados para eles.

Sarah, uma adolescente, estava desnutrida e gravemente marcada por dois anos de automutilação. Ela começou a negligenciar a si mesma e a cortar e queimar as pernas e os braços depois que um namorado terminou um relacionamento. Ele tinha sido hipercrítico com a forma do corpo dela, e agora ela odiava a maneira como se via, e isso a levava a se machucar. Compreensivelmente, seu terapeuta queria ajudar Sarah a se recuperar o mais rápido possível, e ele presumiu que a melhor maneira de fazer isso seria ajudá-la a aceitar seu corpo. Nesse exemplo, você verá como ele pressionou buscando mudanças cognitivas e emocionais prematuramente e quase perdeu sua aliança terapêutica com Sarah.

Terapeuta: ... e, para você, qual é o aspecto mais difícil de resistir ao desejo de se machucar?

Sarah: Se eu não me cortar ou me queimar, não consigo destruir este corpo repugnante.

Terapeuta: Repugnante? Em que sentido você acha o seu corpo repugnante?

Sarah:	Simplesmente *sinto* que é repugnante. É só repugnante. Gordo, feio e nojento.
Terapeuta:	É curioso que você diga "gordo" e feio, porque me disse que agora está abaixo do peso médio e recebeu elogios de muitos dos seus amigos. Será que essa informação faz sentido?
Sarah:	Como eu disse, *parece* gordo e feio. Posso sentir isso. Não importa o que a balança ou o espelho digam. Eu me *sinto* gorda, feia, nojenta.
Terapeuta:	Diga-me, se pudéssemos mudar a maneira como você se sente em seu corpo — mudá-la para uma sensação boa —, como seria para você?
Sarah:	Parece impossível, mas suponho que isso ajudaria.

Nesse ponto, o terapeuta usou a reestruturação da imagem corporal para ajudar Sarah a desenvolver uma sensação física agradável e não ameaçadora. Inicialmente, isso parecia ser útil. Sarah sentiu-se menos repelida pela sensação "visceral" de seu corpo e concordou em não se automutilar entre as reuniões. O terapeuta ficou satisfeito com esse rápido progresso. No entanto, quando Sarah voltou para a sessão seguinte, ela ficou muito angustiada com o trabalho que eles haviam feito. Ela explicou que se tornou mais receptiva ao fato de que seu corpo estava "bem" e que isso a aterrorizava porque ela temia atrair atenção, ser ridicularizada novamente e relaxar suas restrições alimentares, tornando-se obesa. Além disso, ao desistir de se cortar, Sarah perdeu um meio muito poderoso de se sentir bem mediante a dissociação, e ela já havia começado a fumar *cannabis* para compensar a perda. Ela também tinha ficado cautelosa com o terapeuta.

Em retrospectiva, o terapeuta de Sarah percebeu que ele deveria ter sido mais exploratório e ter feito perguntas suficientes para estabelecer as funções da autolesão antes de avançar com uma estratégia alternativa de enfrentamento. Ele também considerou que, antes de ensinar à cliente uma estratégia de autoaceitação, deveria ter feito perguntas que pudessem ter revelado as desvantagens de achar seu corpo aceitável — perguntas como:

- Temos falado muito positivamente sobre aprender a se sentir bem no seu corpo. Como você se sente com relação a isso?
- Imagine que se sente bem com o seu corpo, gosta dele e está com amigos ou no trabalho... que pensamentos e sentimentos você tem?

Ou mais diretamente:

- Se você começasse a gostar do seu corpo e se sentir à vontade com ele, o que poderia dar errado?
- Qual seria a pior coisa de se sentir bem na sua própria pele?

Assim que os medos de Sarah foram identificados, seu terapeuta pôde ajudá-la a revê-los antes de se concentrar novamente na reestruturação da imagem corporal. Isso permitiu a reparação de sua relação terapêutica e estabeleceu uma base muito mais firme para o trabalho contínuo com a imagem corporal.

QUANDO OUTROS MÉTODOS SÃO MAIS APROPRIADOS

Como mencionado no Capítulo 1, as abordagens didáticas são muitas vezes mais eficientes para transmitir novas informações, informações que é improvável que o paciente tenha. Por exemplo, uma explicação sobre a base neurobiológica das urgências e desejos (ou informações sobre os perigos físicos da automutilação ou o uso indevido de substâncias) é frequentemente comunicada de forma mais eficiente didaticamente. Recomendar materiais de leitura e *sites* verificados também pode ser uma maneira eficiente de educar um cliente sobre informações importantes. O diálogo socrático, então, pode ajudar a esclarecer o que os clientes aprendem com essas novas informações, suas reações positivas e negativas a elas, por que e como eles escolhem usar ou ignorar essas informações e como gerenciar quaisquer obstáculos relevantes.

As perguntas diretas são, naturalmente, apropriadas para reunir informações básicas. Isso é particularmente crucial ao realizar uma avaliação de risco, pois o terapeuta precisa obter informações críticas de forma rápida e clara. Por exemplo, perguntas diretas são importantes ao avaliar o risco de suicídio (cf. Jobes, 2012). Quando sabemos que comportamentos irresistíveis são potencialmente perigosos, devemos fazer perguntas diretas para avaliar os perigos que nossos clientes, ou outras pessoas ao seu redor, podem enfrentar. Isso pode incluir perguntas diretas sobre o valor que uma pessoa dá para a comida e sobre o número de episódios de vômito, além de informações específicas sobre onde os clientes se cortam, que drogas eles usam, quanto álcool ingerem, se as crianças estão em casa durante a prática do comportamento e quaisquer outros detalhes de risco relevantes.

SÍNTESE

Comportamentos impulsivos e compulsivos podem parecer irresistíveis a nossos clientes, mas podemos ajudá-los a desenvolver estratégias para resistir a eles. Isso depende em grande parte de você e seu cliente desenvolverem uma compreensão compartilhada das motivações que impedem os comportamentos impulsivos e compulsivos dele, e de seu cliente ganhar confiança nas estratégias que evoluem da terapia. Esses dois objetivos terapêuticos muitas vezes podem ser mais bem realizados com o uso de métodos de descoberta guiada. No entanto, os terapeutas devem fazer isso buscando olhar para além das cognições — para experiências relevantes dos sentidos —, para além do individual — para os sistemas em que vivem — e para além do agora — para um futuro no qual as habilidades de manejo de recaídas serão essenciais.

Atividades de aprendizagem do leitor

- Identifique um cliente atual que esteja tentando reduzir comportamentos impulsivos ou compulsivos.

- Reveja as seis armadilhas apresentadas neste capítulo e considere se alguma delas se aplica à sua terapia com esse cliente.
- Em caso afirmativo, revise essas seções e formule os detalhes dessa armadilha. Em seguida, experimente uma das intervenções descritas que pareça ser clinicamente apropriada nesse momento da sua terapia.
- Se os comportamentos-alvo forem perigosos, veja se você consegue usar o diálogo socrático para ajudar seu cliente a identificar comportamentos substitutos mais seguros.
- Se suas próprias crenças e regras correm o risco de dificultar a terapia, formule esse obstáculo e, se necessário, leve-o a uma sessão de supervisão ou consulta.
- Entreviste seu cliente para aprender mais sobre os riscos percebidos e/ou as consequências negativas da mudança.
- Tenha cuidado para não ignorar nem deixar de formular o papel do quadro geral. Descubra quem mais na vida do cliente será afetado se ele fizer e mantiver totalmente as mudanças. Como ele acha que as outras pessoas reagirão?

REFERÊNCIAS

Hawton, K., Bergen, H., Cooper, J., Turnbull, P., Waters, K., Ness, J., & Kapur, N. (2015). Suicide following self-harm: Findings from the multicentre study of self-harm in England, 2000–2012. *Journal of Affective Disorders, 175,* 147–151. https://doi.org/10.1016/j.jad.2014.12.062

Jobes, D. A. (2012). The Collaborative Assessment and Management of Suicidality (CAMS): An evolving evidence-based clinical approach to suicidal risk. *Suicide and Life-Threatening Behavior, 42,* 640–653. https://doi.org/10.1111/j.1943-278X.2012.00119.x

Kennedy, F. C., Kennerley, H., & Pearson, D. G. (Eds.). (2013). *Cognitive behavioural approaches to the understanding and treatment of dissociation.* London: Routledge.

Kennerley, H. (2004). Self-injurious behaviour. In J. Bennett-Levy, G. Butler, M. Fennell, A. Hackman, M. Mueller, & D. Westbrook (Eds.), *Oxford guide to behavioral experiments in cognitive therapy* (pp. 373–392.). Oxford: Oxford University Press.

Marlatt, G. A., & Gordon, J. R. (1985). *Relapse prevention.* New York: Guilford Press.

Miller, W. R., & Rollnick, S. (2012). *Motivational interviewing: Helping people change, 3rd Ed.* New York: Guilford Press.

8

Descoberta guiada com adversidade

Stirling Moorey

A adversidade tem o efeito de provocar talentos que, em circunstâncias prósperas, teriam ficado adormecidos.
— **Horácio, Sátiras, Livro II, 8, 73-74**

Havendo escolha, a maioria de nós preferiria uma vida confortável, mas, quando desafiados, é notável como podemos encontrar pontos fortes que nunca pensamos ter. Em seu quinquagésimo aniversário, a jornalista sueca Ulla-Carin Lindquist foi diagnosticada com esclerose lateral amiotrófica, uma condição neurológica degenerativa incurável. Em *Rowing without oars* (Lindquist, 2006), seu notável relato de seu último ano de vida, ela diz:

> Há apenas um fim: a morte. Sem cura. Sem recuperação.
> O que acontece com uma pessoa nesta situação?
> Há um ano, eu era repórter de TV em tempo integral. Hoje não consigo comer sem ajuda, andar ou me lavar.
> Sinto profunda tristeza por tudo o que não vou experimentar. Estou devastada por em breve deixar os meus quatro filhos.
> Ao mesmo tempo, sinto grande alegria e felicidade por tudo o que estou vivenciando no momento. Várias vezes ao dia, a minha casa se enche de gargalhadas.
> Isso soa estranho?
>
> (Lindquist, 2006, 1)

O livro de Ulla-Carin Lindquist narra a história emocionante de como ela viveu com sua condição, resolvendo problemas práticos, mantendo alguma qualidade de vida diante de um mundo que inexoravelmente se encolhia e preparando a si mesma e à sua família para a sua morte. É também um relato de sua jornada emocional de luto antecipado — de deixar para trás, de "remar sem remos". Isso exemplifica de uma maneira particularmente vívida o dilema enfrentado por qualquer pessoa que lide com a adversidade: como manter um senso de controle da minha vida enquanto reconheço que há coisas sobre as quais não tenho mais controle? Isso é resumido sucintamente na famosa "Oração da serenidade":

> Conceda-me a serenidade para aceitar as coisas que não posso mudar, a coragem para mudar as coisas que posso,
> E a sabedoria para perceber a diferença.

Ajudar as pessoas a enfrentar a adversidade tem muito a ver com apoiá-las na tomada de decisões sobre o que aceitar e o que mudar em sua vida, na busca por maneiras de exercer controle sobre situações aparentemente incontroláveis e na tarefa de viver com incerteza e incontrolabilidade. Ulla-Carin Lindquist encontrou profundezas de resiliência dentro de si mesma. Muitas outras pessoas, quando confrontadas com desafios significativos, como doenças degenerativas, incapacidade, perda ou privação social ou financeira, também negociam esses desafios naturalmente.

No entanto, para algumas pessoas, os desafios da adversidade são tão grandes que elas se sentem sobrecarregadas e experimentam ansiedade clínica ou depressão. Para essas pessoas, a terapia cognitivo-comportamental (TCC), usando descoberta guiada, pode ser um modelo particularmente apropriado por vários motivos. Em primeiro lugar, a TCC se baseia no pressuposto de que todos estamos fazendo o nosso melhor dentro do nosso mundo cognitivo único: é trabalho do terapeuta nos ajudar a analisar se nossos pensamentos e nossas respostas de enfrentamento são tão realistas e úteis quanto possível. Trata-se de um modelo de normalização, não de patologização. O empirismo colaborativo da TCC oferece uma abordagem solidária e respeitosa para os clientes que enfrentam desafios significativos da vida, porque lhes permite descobrir por si mesmos o que funciona e o que não funciona.

Em segundo lugar, a TCC se baseia no pressuposto de que o terapeuta se alia aos pontos fortes e aos recursos do cliente, ajudando-o a redescobrir talentos que "ficaram adormecidos", nas palavras de Horácio, que não foram necessários porque "o zumbido da vida tem sido muito alto" (Lindquist, 2006, 128). Esse trabalho pode ser, na verdade, mais fácil do que a TCC em geral em configurações psiquiátricas, porque muitas pessoas lidando com adversidades têm lutado efetivamente durante toda a vida e só descompensaram sob estresse extremo. Isso significa que o terapeuta muitas vezes não precisa ensinar novas habilidades, mas capacitar o cliente a redescobrir velhas abordagens de enfrentamento ou usá-las com mais habilidade. A TCC se baseia no conhecimento existente do cliente sobre como ele gerenciou situações no passado e o ajuda a pensar em como pode aplicar isso aos seus problemas atuais.

Este capítulo descreve como o diálogo socrático pode ser aplicado a diferentes situações adversas da vida. Ele inicia com a apresentação de algumas perguntas que os terapeutas podem fazer aos clientes para ajudá-los a lidar melhor com sua situação, ilustradas a partir da história de Lindquist. Em seguida, utiliza exemplos da prática clínica para demonstrar como abordagens socráticas podem ajudar a lidar com algumas das dificuldades comuns encontradas ao trabalhar com esse grupo de clientes.

Considerei clinicamente útil dividir o enfrentamento em três áreas de foco. No *enfrentamento focado no problema*, fazemos coisas para remover ou reduzir os efeitos do problema que estamos enfrentando. No *enfrentamento focado na vida*, nos envolvemos em atividades significativas que podem não estar diretamente relacionadas ao problema, mas que podem nos apoiar no enfrentamento ou simplesmente nos ajudar a seguir a vida, mantendo a sua qualidade. No *enfrentamento interno*, atentamos aos efeitos emocionais dos problemas que estamos enfrentando, seja gerenciando emoções difíceis, seja disponibilizando espaço para que sentimentos naturais de tristeza, luto, etc. sejam vivenciados.

O relato de Ulla-Carin Lindquist ilustra os três tipos de enfrentamento:

> Há um ano, carreguei um tripé ao longo de Sveavägen, em Estocolmo.
> Hoje sou alimentada com comida pastosa.
> Há um ano, fiz perguntas sobre seguros de viagem.
> Hoje estou verificando meu seguro de vida.
> Mas.
> Eu posso rir.
> Abraçar meus quatro filhos ou pelo menos levantar meu braço esquerdo para poder tocá-los.
> Abraçar meu marido e beijá-lo com a boca semiparalisada.
> Ler.
> Ouvir música.
> Respirar ar fresco.
> Devanear no labirinto da minha memória.
> Ouvir os amigos.
> Paz...?
> Sinto a paz dentro de mim!
> (Às vezes.)
>
> (Lindquist, 2006, 130-131)

Quando verifica seu seguro de vida e descobre como dar carinho com um corpo enfraquecido, ela está lidando diretamente com sua doença e mitigando o impacto dela em sua vida (enfrentamento focado no problema). Ao encontrar atividades que ainda podem lhe dar prazer, como ler e estar com amigos, ela está se concentrando em áreas de sua vida que ainda pode controlar, e não nas áreas que não pode (enfrentamento focado na vida). Ao mesmo tempo, ela também está se permitindo experimentar a tristeza decorrente da perda de controle sobre a sua vida e o futuro da sua família (enfrentamento com foco interno).

PERGUNTAS PARA AJUDAR A DESBLOQUEAR PONTOS FORTES DOS CLIENTES

Esta seção oferece dicas sobre como a descoberta guiada pode ser usada para:

- ajudar os clientes a avaliar seus problemas de forma realista e útil (Quadro 8.1);
- construir pontos fortes em cada uma das três áreas de enfrentamento (Quadros 8.2 a 8.4);
- encontrar um equilíbrio em seus enfrentamentos (Quadro 8.5).

O cerne de qualquer modelo cognitivo é a suposição de que nossas avaliações moldam nossos sentimentos e nosso comportamento. Antes de podermos selecionar estratégias de enfrentamento, precisamos ser capazes de avaliar a situação de maneira realista e esperançosa. Ulla-Carin Lindquist avaliou sua situação com um realismo ardente e não se escondeu do fato de que iria morrer. Ela não respondeu com negação ou pensamento positivo, e ainda assim não caiu em desesperança e desamparo. Ela não presumiu que sua vida tinha acabado, ou que não havia nada para dar sentido à vida enquanto ela ainda vivia. Isso não significa que ela às vezes não experimentasse raiva, desespero e até mesmo autopiedade. O enfrentamento não consiste em navegar pela adversidade sem tempestades, mas em algo diferente; Lindquist fez uso de seus recursos e de apoio para ancorar suas avaliações na realidade. Ela tomou uma decisão sobre o que, para ela, era a maneira mais útil de abordar sua vida:

> Há dois caminhos que posso seguir. Um é deitar-me, ser amarga e esperar. O outro é transformar a desgraça em algo valioso. Enxergá-la de forma positiva, por mais banal que isso pareça. Meu caminho é o segundo. Tenho que viver no presente imediato. Não há um futuro brilhante para mim. Mas há um presente brilhante. Nada depois disso. Portanto, rio como uma criança.
>
> (Lindquist, 2006, 72)

Nem todos conseguem apresentar esse nível de resiliência. A avaliação realista de uma situação negativa pode facilmente levar a uma espiral de pensamentos automáticos distorcidos que ampliam e catastrofizam a situação, transformando algo que é ruim em algo ainda pior. A investigação sensível e compassiva pode ajudar os clientes a separar a avaliação negativa realista do pensamento distorcido e inútil. As perguntas que os terapeutas podem fazer aos clientes ou que os clientes podem fazer a si mesmos estão listadas no Quadro 8.1.

Pesquisas mostraram consistentemente que o enfrentamento *focado no problema* (Lazarus & Folkman, 1984) está associado a um melhor ajuste em uma série de situações estressantes. As perguntas que facilitam o enfrentamento focado no problema giram em torno do tema: "Posso fazer alguma coisa para resolver ou reduzir o efeito do estresse?". A doença de Lindquist era terminal, mas ela foi capaz de mitigar seus efeitos até certo ponto.

Diálogo socrático para a descoberta em psicoterapia **317**

QUADRO 8.1 Perguntas para ajudar a avaliar a situação

- Posso separar pensamentos negativos realistas de pensamentos críticos ou catastróficos inúteis?
- Estou catastrofizando ou superestimando algum aspecto do problema?
- Estou subestimando a minha capacidade de enfrentamento?
- Estou tirando conclusões precipitadas? Como serão as coisas daqui a seis meses ou um ano? Estou fechando as portas para o futuro?
- Posso encarar isso como um desafio?
- Há algo de bom que possa surgir disso?
- Se a situação é tão ruim quanto parece, quais são as implicações? Estou fazendo suposições sobre o que isso significa para o meu valor e a minha autoestima aos meus olhos e aos dos outros?

Ela, como muitas pessoas com doenças terminais, foi capaz de planejar o futuro, realizar ações para preparar seus filhos para a morte e utilizar recursos práticos para maximizar seu controle sobre a vida. Um dos exemplos mais marcantes é que ela escreveu a última parte de seu livro usando um refletor na ponta do nariz para pressionar as teclas do computador. As perguntas que os clientes podem fazer a si mesmos para ajudar a promover o enfrentamento focado no problema são apresentadas no Quadro 8.2.

O *enfrentamento focado na vida* é, como o enfrentamento focado no problema, um método de enfrentamento ativo e baseado na mudança. Não é possível ou desejável gastar todo o nosso tempo gerindo situações adversas da vida. A vida continua, há deveres e responsabilidades, e também alegrias e sonhos. Portanto, é importante não perder de vista o que torna a vida significativa; continuar a avançar em direção a objetivos valorizados pode acontecer junto com o enfrentamento focado no problema. Lindquist se envolvia em atividades que ainda conseguia gerir, como ler, ouvir música e ouvir os amigos. Acima de tudo, em seu estado paralisado, ela ainda era capaz

---

QUADRO 8.2 Perguntas para ajudar na resolução de problemas

- Que pontos fortes e recursos tenho para enfrentar a situação?
- Já enfrentei dificuldades semelhantes no passado? Como lidei com elas?
- Que ajuda prática ou conselho está disponível para mim?
- Existem coisas com as quais eu poderia lidar que estou evitando?
- O que posso fazer para remover o estresse/problema/dificuldade?
- Se eu não puder eliminá-lo, o que pode ser feito para minimizá-lo ou gerenciá-lo?
- Posso dividir as tarefas de resolução de problemas em etapas gerenciáveis?
- O que preciso para começar?
- Que obstáculos vou enfrentar?
- Como posso superar esses obstáculos?

de "devanear no labirinto" de sua memória, passando mentalmente por ações como tricotar, cozinhar e remar: memórias que eram uma mistura agridoce de prazer e tristeza. O enfrentamento focado na vida para ela tinha muito a ver com viver no momento presente e encontrar coisas que ainda conseguia fazer, mesmo quando tinha pouca mobilidade. Algumas perguntas para ajudar os clientes a se concentrarem na qualidade de vida podem ser encontradas no Quadro 8.3.

QUADRO 8.3 Perguntas para ajudar com atividades focadas na vida

- O que é importante para mim na vida?
- Estou gastando tempo em atividades que me levam em direção aos meus objetivos valorizados?
- Posso encontrar atividades que me proporcionem uma sensação de domínio ou prazer?
- Posso encontrar atividades que considero encorajadoras e nutritivas?
- O que posso fazer dentro das limitações da minha situação que ainda é gratificante?

Até agora, discutimos a avaliação da situação, a resolução de problemas relacionados a ela e a garantia de que outras áreas gratificantes da vida não sejam sacrificadas. Às vezes também é importante se voltar e aceitar sentimentos dolorosos como parte do processo de adaptação (*enfrentamento com foco interno*). Se estamos de luto pela perda de um ente querido, não podemos gastar todo o nosso tempo resolvendo os aspectos práticos do funeral ou trabalhando. Precisamos nos dar espaço para o luto. Esse terceiro foco de enfrentamento não deve ser ignorado. Ao longo do livro de Lindquist, ela descreve como seu riso é intercalado com lágrimas pelo que havia perdido e estava prestes a perder. Algumas sugestões de perguntas para ajudar os clientes a prestar atenção à sua experiência interna e a aceitar e gerenciar emoções estão listadas no Quadro 8.4.

QUADRO 8.4 Perguntas para ajudar a lidar com as emoções

- Eu aceitei a realidade da situação?
- Estou aceitando que sentimentos intensos são uma parte natural de enfrentar a adversidade?
- Posso permitir que sentimentos intensos venham e vão, sabendo que são sinais de adaptação?
- Estou me certificando de não me criticar ou catastrofizar por me sentir chateado?
- Eu me permiti expressar os meus sentimentos?
- Existe alguém que possa me dar apoio emocional para lidar com essas dificuldades?
- Estou me permitindo tirar um tempo para cuidar de mim?
- O que posso fazer para me cuidar? (Por exemplo, dormir o suficiente, encontrar tempo livre, relaxar, meditar, praticar ioga, fazer atividades de que ainda possa desfrutar.)

Finalmente, o enfrentamento pode ser entendido como um ato de equilíbrio: o enfrentamento focado no problema, na vida e na emoção pode ser útil nas circunstâncias e doses corretas. As perguntas para ajudar os clientes a encontrarem um equilíbrio em seus esforços de enfrentamento estão listadas no Quadro 8.5.

QUADRO 8.5 Perguntas para ajudar a encontrar um equilíbrio

- Quanto tempo estou gastando para tentar resolver o problema e quanto tempo gasto vivendo o resto da minha vida? Estou conseguindo equilibrar as coisas?
- Estou colocando os meus esforços no que posso controlar ou tentando controlar o que não posso?
- Existe um equilíbrio entre resolução de problemas, tarefas e prazer na minha vida?
- A ideia de enfrentar o problema está me levando à evitação e à distração? O que posso fazer em relação a isso?
- Existe alguém que possa me ajudar a enfrentar meus medos?
- Estou me permitindo experimentar uma tristeza realista com relação à situação ou estou tentando não pensar nela?

A descoberta guiada pode ser usada para ajudar as pessoas a responder a todas essas perguntas. Mesmo assim, às vezes a descoberta guiada precisará ser complementada por mais intervenções diretas. Se o cliente não conseguir descobrir as respostas ou colocá-las em prática, outras abordagens podem ser mais apropriadas. Por exemplo, pode haver momentos em que os terapeutas precisem ser mais psicoeducativos, como quando um cliente não tem habilidades de resolução de problemas, assertividade ou manejo do estresse.

ARMADILHAS COMUNS NO TRABALHO COM CLIENTES QUE ENFRENTAM ADVERSIDADES

De acordo com a minha experiência, o principal desafio de trabalhar com pessoas que enfrentam adversidade vem menos da necessidade de quaisquer mudanças técnicas na terapia e mais das dúvidas que surgem no terapeuta e no cliente sobre a aplicabilidade da TCC às suas reais dificuldades. Lidar bem com a relação terapêutica e usar a descoberta guiada é essencial para que a terapia seja bem-sucedida. Consideraremos duas armadilhas comuns associadas ao cliente que são frequentemente encontradas:

Armadilha 1
Os clientes acham difícil aceitar que o modelo cognitivo é relevante para sua situação, especialmente a suposição de que nosso pensamento afeta o grau de sofrimento que experimentamos. Para eles, o modelo cognitivo parece invalidar a gravidade dos problemas que enfrentam.

320 Padesky & Kennerley

Armadilha 2
O cliente acredita que as coisas têm que ser como eram ou não valem a pena.

Também veremos duas armadilhas associadas aos terapeutas:

Armadilha 3
O terapeuta experimenta uma resposta emocional intensa e fica sobrecarregado com sua reação empática ao cliente.

Armadilha 4
O terapeuta enfatiza demais os aspectos "racionais" da terapia cognitiva.

Por fim, examinaremos como o próprio ambiente adverso pode interferir no tratamento eficaz:

Armadilha 5
As restrições da situação adversa limitam as oportunidades de resolução de problemas, como quando a doença física, a deficiência ou o empobrecimento social restringem as opções de resolução de problemas ou ativação comportamental.

Armadilha 6
Uma longa história de adversidade desgasta o cliente e dificulta que ele se baseie em crenças e experiências construtivas ou identifique possibilidades alternativas.

Armadilhas do cliente

A literatura popular sobre TCC e até mesmo alguns dos materiais de autoajuda disponíveis podem dar a impressão de que a TCC consiste em pensar positivamente ou desafiar crenças irracionais. Isso deturpa a TCC e pode parecer excessivamente simplista para os clientes enfrentando adversidades que sabem muito bem que suas circunstâncias são negativas. Uma abordagem de resolução de problemas também pode parecer irrelevante quando há um acordo social ou cultural generalizado segundo o qual a adversidade enfrentada é esmagadora.

Armadilha 1
Os clientes acham difícil aceitar que o modelo cognitivo é relevante para sua situação, especialmente a suposição de que nosso pensamento afeta o grau de sofrimento que experimentamos. Para eles, o modelo cognitivo parece invalidar a gravidade dos problemas que enfrentam.

Os terapeutas que são novatos ou têm menos experiência em trabalhar com a adversidade podem, inadvertidamente, exacerbar isso. Erros comuns incluem:

- entregar ao cliente panfletos de autoajuda que não sejam adaptados à sua situação;
- apresentar o modelo cognitivo de forma muito didática, em vez de orientar a compreensão do cliente por meio da descoberta guiada;
- apresentar uma explicação simplista do "pensamento distorcido";
- introduzir a resolução de problemas ou os registros de pensamentos automáticos muito rapidamente.

Prevenção da Armadilha 1: o papel do diálogo socrático

Adaptar nossa abordagem às necessidades do cliente é especialmente importante no caso de pessoas que enfrentam perdas ou grandes desafios na vida, pois fórmulas excessivamente simples não fazem justiça à base realista de seus problemas. O questionamento colaborativo, sensível e empático ajuda o terapeuta a entender o mundo do cliente e ajuda o cliente a se sentir compreendido. Isso fornece a base para moldar o modo como introduzimos intervenções terapêuticas. Por exemplo, uma cliente que exibe traços de transtorno de personalidade *borderline* pode se sentir sobrecarregada, irritada e sem esperança depois de perder um emprego:

Cliente: Acabou! É terrível!

Terapeuta: Esse foi um verdadeiro golpe para você. Você acabou de dizer que parece o fim do mundo. Todos ficaríamos chateados se algo assim acontecesse conosco. Eu realmente gostaria de entender o que, na perda desse emprego, é especialmente terrível para você.

Essa cliente se beneficiará de alguma ajuda na resolução de problemas, mas a terapeuta primeiro precisa validar sua angústia e encontrar os significados idiossincráticos que a tornam tão avassaladora e sem esperança. Avançar para a resolução de problemas muito rapidamente pode levar uma pessoa a concluir que seu terapeuta não aprecia o quão difícil é para ela lidar com a adversidade atual.

Quando as pessoas enfrentam uma mudança significativa em sua sorte, muitas vezes passam por uma fase inicial de emoções que flutuam rapidamente enquanto processam a experiência. Pode ser necessário empregar mais intervenções de validação e apoio nesse momento, em vez de iniciar imediatamente a resolução de problemas (Moorey & Greer, 2012). Dar tempo ao cliente para contar a sua história, normalizar as reações emocionais à sua situação e simplesmente ouvir são formas de facilitar a expressão emocional e a aceitação. O diálogo socrático pode ser útil ao demonstrar curiosidade sobre a experiência do cliente a fim de provocar emoções e cognições que podem ser confusas ou evitadas. Sínteses escritas são extremamente importantes para pessoas que têm memória fraca porque sua adversidade inclui de-

322 Padesky & Kennerley

safios neurológicos ou porque estão tomando medicamentos fortes. Tal como acontece com todos os clientes, a linguagem usada nas sínteses e nas outras etapas do diálogo socrático deve ser o mais simples possível e refletir o próprio estilo e vocabulário da linguagem do cliente.

Carol recentemente se separou do parceiro por causa de abuso doméstico. Ela se sente deprimida, ainda está emocionalmente entorpecida e minimiza a gravidade do controle e da violência a que foi submetida. O terapeuta, no diálogo a seguir, ajuda-a a acessar alguns dos sentimentos que ela pode estar evitando ao prestar atenção em pistas emocionalmente relevantes quando surgem. Observe como o terapeuta identifica o material que a perturba, mas que é expresso sem emoção por Carol. Fazer perguntas sobre os sentimentos de um cliente em relação a experiências que normalmente evocariam reações emocionais pode ajudar a superar a evitação experiencial:

Terapeuta: Isso soa realmente horrível. Ouvindo você descrever aquilo pelo que passou, me sinto bastante chateada. Como você se sente agora? Como é para você descrever as coisas que lhe aconteceram?

Se Carol descreve que não consegue sentir nada, esse pode ser um sinal de que ela está entorpecida, como ocorre com algumas pessoas quando um transtorno depressivo é grave ou durante e após um trauma. Essa pode ser uma indicação de que seu terapeuta deve avaliar a presença de transtorno de estresse pós-traumático ou transtorno de desapego e ajustar o plano de tratamento em conformidade. Alternativamente, Carol pode revelar crenças negativas sobre a expressão emocional, por exemplo: "As pessoas vão pensar que sou fraca e vulnerável se eu mostrar minhas emoções". A sessão de terapia pode ser usada como um contexto seguro para identificar e testar esse tipo de crença sobre sentimentos:

Terapeuta: Você acha que eu vou pensar menos de você se você ficar triste aqui?
Carol: Suponho que não.
Terapeuta: Qual é a pior coisa que você consegue imaginar que pode acontecer?
Carol: Se eu começar a chorar, não vou conseguir parar.
Terapeuta: Será difícil para você seguir em frente sem que olhemos para alguns dos sentimentos de raiva e tristeza que você está sentindo. Como podemos tornar mais seguro para você sentir essas coisas?
Carol: Talvez pudéssemos parar de falar sobre coisas perturbadoras se eu chorar por mais de 10 minutos.
Terapeuta: Vamos tentar isso como um experimento?
Carol: Ok.
Terapeuta: Para realizar um experimento adequado, vamos fazer uma previsão. Você disse que tem medo de que, uma vez que comece a chorar, não consiga parar. Essa é uma previsão. Que outra possibilidade haveria?

Diálogo socrático para a descoberta em psicoterapia **323**

Carol:	A possibilidade de eu ser capaz de parar, eu suponho?
Terapeuta:	Seria útil para você descobrir? Ou seja, descobrir se você conseguiria ou não parar de chorar se chorasse por 10 minutos devido às coisas que aconteceram?
Carol:	Sim.

Outra maneira útil e sem julgamento de conceitualizar as reações emocionais durante as fases iniciais da terapia é o modelo de cinco partes (Greenberger & Padesky, 2016; Padesky & Mooney, 1990), que demonstra interações recíprocas entre eventos da vida, pensamentos, humores, comportamentos e reações físicas. Ele é particularmente aplicável a situações adversas da vida e pode ser gerado de forma personalizada usando a investigação socrática (Padesky, 2020).

Uma maneira de envolver o cliente na construção desse modelo é gerar de forma colaborativa uma descrição das interações entre seus eventos de vida, pensamentos, sentimentos, comportamentos e sintomas físicos. O modelo de cinco partes dá peso igual a todos os cinco elementos; portanto, não há suposição de que o sofrimento emocional do cliente seja causado por um "pensamento falho" ou de que qualquer parte do sistema esteja causando esse sofrimento. Essa é uma grande vantagem sobre o modelo ABC mais simples, que descreve como os pensamentos (B) sobre uma situação (A) moldam as emoções e o comportamento (C). O modelo ABC prioriza a na interpretação dos eventos, mas imediatamente convida à resposta: "Sim, mas eu realmente tenho algo com que me preocupar!".

O modelo de cinco partes também permite que o terapeuta reconheça a importância das tensões externas, por meio da inclusão de componentes ambientais e situacionais. Estresses financeiros, interpessoais e sociais podem ser incluídos no modelo, assim como perdas como divórcio ou luto, incapacidade ou doença contínua e até ameaças futuras de deterioração ou morte. Escrevê-los nas próprias palavras do cliente contribui para a sensação dele de ser compreendido e de que a imensidão do problema não está sendo subestimada. A inclusão do estado físico no modelo de cinco partes pode ser muito útil para pessoas com uma condição médica, porque permite que as interações complexas entre sensações corporais, estado emocional, pensamentos e reações comportamentais sejam desembaraçadas.

O diálogo a seguir, com Mary, que teve doença óssea metastática por câncer de mama, ilustra o uso do modelo de cinco partes como uma forma simples de conceitualização de caso de TCC. Os analgésicos funcionaram para aliviar sua dor quando Mary estava no hospital, mas, quando ela foi para casa, a dor pareceu romper o efeito da medicação, e ela sentiu que precisava tomar mais remédios. A terapeuta simpatizou com a dor e a angústia de Mary e começou fazendo perguntas sobre a parte mais convincente do modelo para ela, sua dor.

Terapeuta:	Lamento saber que você tem tido tantos problemas com a dor desde que chegou em casa.

Mary:	Sim, é insuportável. Não aguento mais.
Terapeuta:	Você diz que o medicamento não está funcionando tão bem quanto quando estava no hospital?
Mary:	Eu preciso de uma dose mais alta, eu acho. Não sei se vai ajudar muito, preciso falar com o meu médico.
Terapeuta:	Você pode estar certa, mas talvez eu possa ajudar com a maneira como você está enfrentando a dor. Você estaria disposta a olharmos para a forma como está gerindo a situação quando a dor piora?
Mary:	Vou tentar qualquer coisa.
Terapeuta:	Muitas vezes achamos útil desenhar um diagrama de como diferentes aspectos da situação se encaixam — como a dor interage com seus pensamentos e sentimentos e o que você faz quando está com muita dor. Tudo bem se fizermos isso juntas agora?
Mary:	Se você acha que ajudaria.
Terapeuta:	Onde no seu corpo você sente dor?
Mary:	Eu sempre sinto dor nas costas e, quando está pior, ela se espalha por toda a lateral do meu corpo.
Terapeuta:	Como se sente emocionalmente quando isso acontece?
Mary:	Fico ansiosa porque o câncer está se espalhando ainda mais.
Terapeuta:	Então você se sente ansiosa, e parece que tem alguns pensamentos ansiosos sobre o câncer piorar.
Mary:	Sim, e então não consigo parar de me preocupar com o que vai acontecer a seguir.
Terapeuta:	Isso deve ser muito perturbador. Como isso afeta o seu humor?
Mary:	Fico mais preocupada e não consigo me conter.
Terapeuta:	O que você costuma fazer quando a dor piora assim?
Mary:	Eu tomo mais comprimidos, mas eles só me deixam sonolenta. Eles não parecem ajudar. Então, quando me sinto cansada, tenho que ir para a cama.
Terapeuta:	Isso alivia a dor?
Mary:	Não sei. Se acontece alguma coisa, parece ser uma piora.
Terapeuta:	Como é isso?
Mary:	A dor na lateral do corpo aparece quando estou na cama.
Terapeuta:	Você acha que é mais fácil parar de pensar na dor quando está na cama?
Mary:	Só se eu dormir. Se estou acordada, não consigo parar de pensar nela.
Terapeuta:	(Mostrando à paciente o modelo de cinco partes da Figura 8.1.) Eu estava anotando isso enquanto você descrevia a sua dor. Do ponto de vista físico, você sente muita dor e percebe novas dores surgindo. Eu

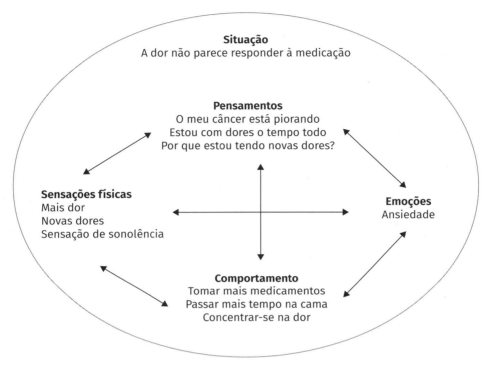

FIGURA 8.1 Conceitualização descritiva da dor de Mary usando o modelo de cinco partes. (Modelo adaptado com permissão de Christine A. Padesky, copyright © 1986).

	também indiquei que você se sente sonolenta a maior parte do tempo com a medicação. Está correto?
Mary:	Sim.
Terapeuta:	(Apontando para as seções relevantes na Figura 8.1.) Quando tem dores, você começa a pensar: "O meu câncer está piorando" e "Por que estou tendo novas dores?". Você também mencionou que sente dor o tempo todo. Isso é algo em que você pensa muito?
Mary:	Sim. Eu me preocupo porque a dor nunca vai embora. (A terapeuta adiciona isso ao diagrama.)
Terapeuta:	Se olhamos para o que você faz quando está com dor, vemos que toma mais medicação e vai para a cama. Entendo por que você faz isso. Quando você olha para esta imagem (indicando a Figura 8.1), como você acha que ir para a cama pode afetar estas outras partes?
Mary:	(Olhando para o diagrama.) Faz eu me sentir mais cansada... e parece que tenho mais dores.
Terapeuta:	E quanto a estes pensamentos negativos?
Mary:	Acho que passo muito tempo na cama pensando demais nas coisas.

Uma investigação mais aprofundada ajudou Mary a reavaliar sua decisão de ir para a cama quando estava com dor. Mary percebeu que, enquanto estava na cama, não havia nada que a distraísse da dor, o que a fazia se concentrar ainda mais nela, tornando a sensação cada vez pior. Ficar longos períodos na cama era desconfortável, e ela notava novas dores, começando a se preocupar com elas como mais uma evidência de que a doença estava progredindo mais rápido.

O diálogo socrático e o uso do modelo de cinco partes como uma síntese escrita das informações coletadas ajudaram Mary a dividir suas reações à dor em suas partes constituintes. Uma visualização como essa muitas vezes ajuda a melhorar a visão socrática do processo. O questionamento empático reconheceu a realidade de seus sintomas físicos e ajudou a criar um espaço sem julgamento no qual Mary poderia explorar os efeitos de seu pensamento e seu comportamento sobre o modo como se sentia, sem sentir que sua dor estava sendo desconsiderada.

Quando os clientes acham que o terapeuta não entende

Há muitas razões pelas quais os clientes podem concluir que seu terapeuta não os entende ou não entende sua situação. Às vezes, os clientes têm a sensação de que o seu terapeuta não está levando em conta a enormidade dos seus problemas. Algumas pessoas frequentemente se encontram em situações adversas por causa de habilidades fracas de resolução de problemas ou más escolhas de amigos e parceiros. Se elas também acreditam que são intrinsecamente incapazes de enfrentamento, podem esperar que o terapeuta as resgate. Elas podem ficar com raiva se sentirem que o terapeuta não entende o quão difícil é para elas enfrentar os problemas da vida que surgem durante a terapia.

Pessoas com doenças crônicas ou recorrentes às vezes enfrentam desafios há anos e podem ficar desgastadas até o ponto em que só querem ser cuidadas. Outro revés ou recaída durante a terapia pode parecer a gota d'água. Elas podem sentir raiva se o terapeuta não reconhecer o quanto têm tentado e o quão cansadas estão.

Cliente: Você acha que é fácil continuar enfrentando isso? Eu gostaria de ver você conseguir enfrentar metade do que eu tive que passar por metade do tempo!

Terapeuta: Não, eu entendo que não é nada fácil. Você passou por muita coisa e entendo por que quer desistir. Podemos pensar juntos sobre como fazer algumas mudanças em nossa terapia para que possamos superar seus desafios em vez de aumentá-los?

Um comentário empático como esse, juntamente com uma investigação socrática, pode levar à colaboração na busca de equilíbrio entre os componentes de apoio e aqueles focados no problema da terapia.

Quando um cliente pensa que você simplesmente não entende o quão difícil as coisas são para ele e exige compreensão em vez de mudança, há quatro etapas básicas a serem seguidas:

1. Valide as emoções de seu cliente.
2. Faça perguntas para entender a perspectiva dele.
3. Faça resumos reflexivos e empáticos para verificar sua compreensão da perspectiva dele.
4. Em seguida, investigue como vocês podem trabalhar de forma mais eficaz juntos.

Essas etapas são ilustradas no exemplo a seguir.

John era um advogado de sucesso que vinha de uma família britânica negra de pais solteiros muito empobrecidos. Ele sentia que, para provar a si mesmo, sempre tivera que trabalhar duas vezes mais do que seus colegas brancos, muitos dos quais progrediram em suas carreiras mais rapidamente. Seu estilo determinado e às vezes contraditório lhe serviu bem para superar a discriminação e lutar por justiça para seus clientes, mas também contribuiu para sentimentos de insatisfação, insegurança e irritabilidade. Ele sentia que sua terapeuta branca não conseguia realmente entender como era enfrentar o preconceito diariamente; ele também estava preocupado que ela tentasse persuadi-lo de que ele deveria ser capaz de racionalizar tudo isso e não fazer alvoroço.

Ela começou reconhecendo que sua experiência de vida tinha sido muito diferente da dele, e que ela nunca poderia entender completamente o que ele havia enfrentado. Ela disse que não era surpreendente que ele tivesse dúvidas sobre sua capacidade de empatia e sobre a terapia (Etapa 1). Ela enfatizou que a terapia era um processo colaborativo, em que ele precisava testar se havia algo útil a ser oferecido. Ela então se concentrou em entender quais aspectos do modelo pareciam pouco empáticos e trabalhou com John para desenvolver uma conceitualização que levasse em conta a gravidade da discriminação que ele experimentara em sua infância e depois dela (Etapa 2).

Na mente do terapeuta

A terapeuta de John se perguntou: "Se eu estivesse na situação de John, como eu pensaria e me sentiria? Quais são os significados desta situação de terapia para ele?". Às vezes, ela se sentia frustrada e irritada com a rejeição de John às intervenções que ela considerava promissoras. Ao se perguntar "Posso encarar o comportamento de John como sua melhor tentativa de enfrentamento, dada a maneira como ele está vendo as coisas?", ela foi capaz de reconhecer que a "resistência" do cliente era baseada em um ceticismo que tinha sido uma estratégia de enfrentamento útil ao longo de sua vida.

A terapeuta de John resumiu algumas das regras que haviam sido úteis para o cliente:

Não confiar em ninguém até que provem o contrário.
Se você não se defender, ninguém mais o fará.
Se você assumir o controle de uma situação, é menos provável que sofra abuso.

Ela refletiu que agora entendia ainda mais claramente por que era difícil para John aceitar a terapia (Etapa 3) e perguntou o que ele precisava que acontecesse para estar disposto a se comprometer com as sessões (Etapa 4). A terapia foi formulada como um experimento comportamental no qual John concordou em tentar alguns dos métodos, como o monitoramento de pensamentos, para ver se eles lhe forneciam alguma informação útil sobre si mesmo. Seu *feedback* também ajudou a terapeuta a afastar o foco inicial da terapia da identificação de distorções no pensamento de John para maneiras pelas quais ele poderia controlar sua raiva e agir de forma assertiva, em vez de passiva ou agressiva, em situações difíceis de trabalho. Essa abordagem focada no problema lhe deu a confiança de que a TCC tinha algo a oferecer.

Quando os clientes estão céticos, às vezes é útil parar de fazer perguntas. Afaste-se do diálogo socrático quando o questionamento for visto como um dos componentes irritantes da terapia! Nesse caso, é mais seguro permanecer com comentários empáticos até que uma aliança colaborativa seja alcançada.

Gerenciando a Armadilha 2: teste e avalie o pensamento de "tudo ou nada"

Armadilha 2
O cliente acredita que as coisas têm que ser como eram ou não valem a pena.

É uma experiência quase universal que, por mais confiantes que estejamos em nossas habilidades, quando confrontados com uma grande mudança de vida, duvidamos de nós mesmos e de nossa resiliência. Sob pressão, voltamos a um processamento emocional mais primitivo, como o pensamento de "tudo ou nada" (pensamento dicotômico). Podemos alternar entre nos vermos como competentes e nos vermos como completamente incapazes de enfrentar a situação. Em algum momento da vida, a maioria das pessoas passará de sua crença habitual de que são competentes e capazes de exercer controle, e de que o futuro tem alguma esperança, para a posição oposta, em que se sentem desamparadas e sem esperança.

Felizmente, a maioria das pessoas sai disso muito rapidamente e encontra maneiras de acessar seus pontos fortes do passado. Uma minoria fica fixada no polo negativo. Um exemplo comum disso é a pessoa que afirma que a lacuna entre onde ela está e onde costumava estar é tão grande que não vale a pena fazer nada. Se o cliente tiver uma doença física, o foco pode estar em todas as coisas que ele não é mais capaz de fazer no dia a dia. Se ele perdeu um ente querido, pode pensar em tudo o que não tem mais.

Um homem de negócios sempre acreditou que as pessoas só têm valor se estiverem fazendo uma contribuição e aplicou essa regra a si mesmo e a outras pessoas. Quando ele se aposentou, ficou deprimido porque não era mais capaz de fazer uma contribuição como fizera no passado. Outras atividades, como *hobbies* ou cuidar dos netos, foram percebidas como alternativas de segunda categoria.

Diálogo socrático para a descoberta em psicoterapia **329**

O diálogo socrático pode ser útil para extrair os prós e contras de tal estilo de pensamento de "tudo ou nada". O uso de recursos visuais, como desenhar um *continuum* e localizar pontos ao longo do caminho para registrar as informações coletadas, também é bastante útil. Um *continuum* ajuda a quebrar a dicotomia, e ver os possíveis estágios entre os extremos pode muito bem motivar o cliente a dar alguns pequenos passos em direção ao seu objetivo final.

Karen era uma mulher desempregada de 27 anos que estava moderadamente deprimida. Ela tinha um diagnóstico de transtorno bipolar. O pai partiu quando ela tinha apenas 3 anos, e a mãe a criara sozinha. Elas tinham um relacionamento próximo, no qual faziam muitas coisas juntas, e Karen acreditava que não podia lidar sozinha com as pressões da vida cotidiana. Quando estava numa fase hipomaníaca, acumulou dívidas de £ 15 mil, e a mãe também estava endividada. Quando Karen encarou sua situação de vida atual, parecia tão longe de onde ela queria estar que ela simplesmente desistiu. Isso foi agravado pelo fato de ela pensar que a única maneira de ser feliz era se tivesse muito dinheiro para poder viver em uma fazenda com a mãe. Ela tinha uma fantasia elaborada de como seria sua vida, mas isso enfatizava ainda mais a discrepância entre sua situação ideal e a atual. Observe como o terapeuta de Karen usa o diálogo socrático para descompactar os prós e contras dessa fantasia:

Terapeuta: Como você se sente quando pensa onde gostaria de estar na sua vida?

Karen: Eu tenho uma sensação de conforto quando penso em estar com a minha mãe e ter muito dinheiro.

Terapeuta: Você passa muito tempo sonhando acordada com isso?

Karen: Geralmente antes de eu ir dormir à noite.

Terapeuta: Como se sente quando pensa nisso durante o dia?

Karen: Nem sempre é tão bom, porque não consigo me afastar do que a vida realmente é, então sinto que não há esperança e não vale a pena continuar.

Terapeuta: Parece haver um abismo entre o lugar onde você está e aquele onde quer estar — parece enorme?

Karen: Exatamente. É tão grande que não consigo pensar nisso sem pensar em suicídio.

Terapeuta: No momento, parece que ou você tem todas as coisas que deseja e está feliz, ou não as tem e está infeliz. Você mencionou sua amiga Teri; ela tem mais na vida do que você?

Karen: Suponho que não; ela está desempregada e é mãe solteira. Eu não sei como ela consegue.

Terapeuta: Ela está infeliz?

Karen: Não. Ela acha difícil às vezes.

Terapeuta: Ela gostaria de ser rica, ter conforto e apoio?

Karen: Claro.

Terapeuta:	Por que será que ela não está infeliz?
Karen:	Ela não pensa nisso como eu.
Terapeuta:	Você sabe o que ela pensa quando olha para o futuro?
Karen:	Não sei... talvez ela só pense no dia seguinte?
Terapeuta:	Ela está ansiosa pelas coisas?
Karen:	Sim. Mas são apenas coisas pequenas. Ela parece não se importar que não tenha as grandes coisas.
Terapeuta:	Muitas vezes descobrimos que, se as pessoas tiverem uma visão muito ambiciosa em comparação com onde estão, podem ficar muito desanimadas. É como querer escalar uma montanha e manter sempre os olhos no cume. Às vezes, focar no acampamento-base pode nos levar mais longe e nos motivar mais.
Karen:	Não sei. Entendo o que está dizendo...
Terapeuta:	Qual poderia ser o primeiro passo?
Karen:	Talvez eu pudesse falar com a Teri sobre como ela enfrenta as coisas.
Terapeuta:	É uma boa ideia. Ela pode ter algumas ideias melhores do que as minhas, porque ela também enfrenta muitas dificuldades, assim como você. Vamos ver se podemos planejar como você vai fazer isso. O que quer saber da Teri? Como vai perguntar? Quando vai fazer isso?

Na mente do terapeuta

O terapeuta usa perguntas socráticas para entender o impacto do pensamento positivo de Karen em sua vida. Formulando isso como um problema de pensamento dicotômico, ele sai do quadro socrático e faz uma pergunta principal: "Parece haver um abismo entre o lugar onde você está e aquele onde quer estar — parece enorme?". O objetivo é expressar empatia e transmitir uma atitude sem julgamento. O terapeuta então retorna às perguntas socráticas para compreender melhor como a amiga da cliente enfrenta uma situação semelhante. Muitas vezes, as pessoas são mais capazes de pensar de forma flexível sobre outras pessoas do que sobre si mesmas. Embora o terapeuta pensasse que a metáfora de escalar uma montanha seria um bom exemplo do efeito desmotivador do pensamento "tudo ou nada", ele observa que Karen retorna à comparação com sua amiga quando pensa em dar o primeiro passo. Portanto, ele segue o exemplo dela e começa a planejar com a cliente quais perguntas ela gostaria de fazer à amiga.

Esse diálogo seria apenas o início de um processo de engajamento e motivação, testando se desistir dos devaneios e se concentrar nos objetivos do dia a dia poderia ajudar Karen a se sentir menos deprimida. O Quadro 8.6 resume os métodos de descoberta guiada propostos nesta seção para lidar com armadilhas comuns de clientes que surgem ao trabalhar com pessoas que enfrentam adversidades.

Diálogo socrático para a descoberta em psicoterapia **331**

QUADRO 8.6 Armadilhas comuns baseadas no cliente e métodos de descoberta guiada recomendados

Armadilha 1

- Os clientes acham difícil aceitar que o modelo cognitivo é relevante para sua situação, especialmente a suposição de que nosso pensamento afeta o grau de sofrimento que experimentamos. Para eles, o modelo cognitivo parece invalidar a gravidade dos problemas que enfrentam.

Métodos de descoberta guiada

- Use o diálogo socrático para desenvolver de forma colaborativa uma conceitualização compassiva, utilizando cordialidade, compreensão e empatia, que valorizam a experiência do cliente e identificam algumas maneiras de lidar com a situação.
- A linguagem usada pelo terapeuta pode ser muito importante no envolvimento de clientes céticos, por isso é necessário adaptá-la à situação do cliente. Isso também se aplica ao vocabulário e ao estilo linguístico usados, especialmente quando a atenção ou a memória de um cliente estão comprometidas.

Armadilha 2

- O cliente acredita que as coisas têm que ser como eram ou não valem a pena.

Métodos de descoberta guiada

- Use questionamento, *continuum* e experimentos comportamentais para testar o pensamento de "tudo ou nada".

Armadilhas dos terapeutas

Não podemos deixar de ser afetados pela tristeza de alguém que está enfrentando a morte, ou pela vida limitada de uma mãe solteira desempregada com uma criança com uma condição do espectro autista, ou pela frustração de um requerente de asilo que não tem benefícios e nenhuma maneira de obter uma boa representação legal. Essa identificação emocional pode nos levar a nos sentirmos sem esperança em relação às nossas habilidades para lidar com os problemas dos clientes. Pode também ir mais longe, a ponto de aceitarmos a visão desamparada e sem esperança dos clientes sobre a situação. Esse ponto de vista de que é perfeitamente apropriado que o cliente esteja deprimido, zangado ou paralisado pela ansiedade também pode ser reforçado pelas expectativas de parceiros, cuidadores e outros profissionais.

Armadilha 3

O terapeuta experimenta uma resposta emocional intensa e fica sobrecarregado com sua reação empática ao cliente. Por exemplo: "Eu me sentiria deprimido/aterrorizado/zangado se estivesse nesta situação".

Essa armadilha surge quando o terapeuta simpatiza com os aspectos emocionais e/ou cognitivos da experiência do cliente e, em seguida, fica paralisado. Permita-se experimentar o sofrimento emocional do seu cliente e mostre que você o entende, mas, ao mesmo tempo, lembre-se de não fazer suposições. O fato de uma situação gerar sentimentos quase universais de medo ou tristeza não significa que todos se sintam tristes ou ansiosos pelos mesmos motivos.

Um primeiro passo ao se sentir sobrecarregado pela emoção em reação à adversidade do cliente é usar a investigação socrática em si mesmo para provocar e esclarecer seus pensamentos e sentimentos. Em segundo lugar, faça perguntas socráticas para compreender o significado real da situação para o seu cliente. Você pode então comparar os dois. Você talvez descubra que as cognições do cliente são completamente diferentes das suas na mesma situação, e isso pode liberá-lo para ser mais objetivo. Estabelecer os pensamentos e sentimentos reais do cliente às vezes revela pensamentos tendenciosos e ajuda a identificar possíveis maneiras de sair da situação aparentemente sem esperança. Os terapeutas são aconselhados a considerar fazer seus próprios registros de pensamento e procurar supervisão quando se sentirem sem esperança ou sobrecarregados pelos problemas de um cliente. Mais dicas sobre como gerenciar o envolvimento empático excessivo podem ser encontradas nos Capítulos 1 e 12 do livro *The therapeutic relationship in cognitive behavior therapy*, de Moorey e Lavender (2019).

Gerenciamento dessa armadilha: não faça suposições

Uma de nossas excelentes terapeutas cognitivas que atuam em cuidados paliativos (Kathy Burn, comunicação pessoal) lembra-se de uma cliente com quem trabalhou quando era novata. A cliente estava experimentando crises de pânico, que a terapeuta presumiu estarem relacionados ao medo de morrer. Felizmente, ela verificou essa suposição:

Terapeuta: Quando o pânico está pior, o que você teme que aconteça?

Cliente: Acho que não vou conseguir oxigênio suficiente. Vou sufocar.

Terapeuta: Acha que vai morrer?

Cliente: Não sei. Pior do que isso. Posso acabar como um vegetal.

Terapeuta: O que você quer dizer?

Cliente: Bem, se você não recebe oxigênio, o seu cérebro morre, não é? Mas você ainda está viva. É como um inferno.

O medo dessa mulher era que ela ficasse sem oxigênio e, assim, sofresse danos cerebrais. O maior desastre seria ficar em um estado vegetativo. Verificou-se que ela havia passado muitos anos cuidando do marido, que havia sido incapacitado por um acidente vascular cerebral, e essa era a razão para essa interpretação idiossincrática de seus sintomas de pânico. Tendo usado o questionamento socrático para identificar a crença da mulher, a terapeuta foi capaz de lhe dar algumas informações básicas

Diálogo socrático para a descoberta em psicoterapia **333**

sobre a função respiratória: o cérebro e os pulmões funcionam automaticamente, e não é possível que uma crise de pânico cause danos cerebrais.

Mantenha em mente

A revelação da crença idiossincrática dessa cliente foi inesperada. A menos que a terapeuta tivesse perguntado, ela nunca teria adivinhado que esse era o medo subjacente às crises de pânico. É importante verificar as nossas suposições sobre o que está subjacente às reações emocionais dos nossos clientes.

A terapeuta e a cliente então foram além da discussão, para coletar informações. Como tarefa de casa, a paciente pesquisou na internet informações independentes sobre crises de pânico e função cerebral. Elas então levaram a descoberta guiada um passo adiante, criando um experimento comportamental para testar sua crença, induzindo sintomas de falta de ar para ver se isso levava a danos cerebrais. Essa descoberta guiada orientada para a ação aumentou ainda mais a confiança da cliente de que seus medos eram infundados.

Armadilha 4

O terapeuta enfatiza demais os aspectos "racionais" da terapia cognitiva.

Em uma seção anterior, discutimos o que pode acontecer se o cliente acreditar que a TCC é muito simplista. Esse problema pode ser iatrogênico: os terapeutas podem administrar a TCC de forma excessivamente simplista. Exemplos disso incluem:

- O terapeuta conduz o cliente à resolução de problemas muito cedo (ver Armadilha 1).
- O terapeuta não consegue discriminar entre pensamento negativo realista e pensamento negativo enviesado.
- O terapeuta adere muito rigidamente a técnicas como procurar evidências a favor e contra pensamentos negativos quando os pensamentos são negativos, mas realistas.

Pelo menos em parte, cada um desses erros do terapeuta resulta da negligência de uma consideração empática das experiências do cliente. Existem várias razões para o fracasso de um terapeuta em reconhecer a necessidade de uma abordagem mais empática:

- Os terapeutas iniciantes tentam aderir a práticas baseadas em evidências e, às vezes, tentam encaixar seus clientes em modelos baseados em transtornos e seguir protótipos sem entender completamente o "mundo cognitivo e emocional" da pessoa à sua frente.

334 Padesky & Kennerley

- Uma segunda razão, que se aplica particularmente a terapeutas que mudam de ambientes de psicoterapia geral para ambientes de saúde, é a falha em adaptar o modelo de um teste de pensamento distorcido a um exame colaborativo da utilidade dos padrões de pensamento.
- Por fim, os desafios emocionais de trabalhar com pessoas que enfrentam deficiências, condições degenerativas ou privação social contínua são significativos. Alguns terapeutas se refugiam em um estilo mais distanciado emocionalmente, que pode alienar os clientes ou levar a intervenções improdutivas.

Os pensamentos automáticos negativos de pessoas que enfrentam adversidades geralmente contêm os mesmos vieses cognitivos vistos em qualquer pessoa com ansiedade ou depressão. Por exemplo: "Como perdi meu parceiro, nunca mais poderei ter felicidade" ou "Estar desempregado significa que não tenho valor aos olhos de ninguém". Esses pensamentos certamente podem ser examinados observando as evidências que os apoiam e não os apoiam. No entanto, também haverá muitos pensamentos negativos e realistas. Adotar uma abordagem muito "racional" pode confirmar a visão do cliente de que ele não está sendo levado a sério. Perguntas que visam a demonstrar que um pensamento é distorcido podem parecer condescendentes nesse contexto. É aqui que um estilo de "questionamento curioso" para realmente entender os fatos da situação pode ser útil. Os clientes podem ser questionados para que consigam explorar se estão:

- superestimando a gravidade do evento estressante;
- subestimando sua capacidade de enfrentamento;
- perdendo possíveis caminhos de apoio;
- chegando a conclusões generalizadas sobre o significado do estressor para si mesmos, para os outros ou para o futuro.

Sidney trabalhava na mesma empresa há 40 anos e precisava se aposentar por causa do início de uma demência leve. Ele estava deprimido e não conseguia ver nenhum futuro. Ele disse: "Minha vida acabou agora, não tenho mais nada para esperar, estou na pilha de descarte". Por meio de questionamento curioso, a terapeuta ajudou Sidney a ver que ele já havia mapeado seu futuro com a suposição de que não havia opções para que sua vida fosse diferente de uma vida "na pilha de descarte".

Explorar o passado de Sidney revelou que ele havia experimentado uma série de perdas significativas (sua mãe morreu quando ele tinha 12 anos e ele perdeu sua primeira esposa para o câncer), as quais ele enfrentara extremamente bem. A terapeuta perguntou como ele havia conseguido superar esses problemas e descobriu que Sidney havia lidado com uma profunda tristeza no passado usando apoio social e um grande interesse em tornar o mundo um lugar melhor para os outros. Em seguida, sua terapeuta perguntou se e como ele poderia utilizar qualquer um desses recursos para a sua situação atual.

Ela também perguntou o que sua esposa pensava sobre a demência e a aposentadoria dele, e descobriu que ela tinha várias ideias sobre o que eles poderiam fazer juntos agora.

Com a permissão de Sidney, a terapeuta convidou a esposa para as sessões. A esposa de Sidney introduziu uma fonte de apoio e se tornou uma "coterapeuta", ajudando a criar experimentos para testar se o marido sentia algum prazer e encontrava sentido em fazer coisas com ela. Isso ajudou, mas era mais importante para ele recuperar a sensação de ser útil, então ele concordou em perguntar a seus filhos se eles queriam alguma ajuda com os netos. Sidney e sua esposa começaram a buscá-los na escola duas vezes por semana, e isso melhorou consideravelmente seu humor. Por meio do diálogo socrático, a terapeuta de Sidney o ajudou a redefinir seu senso de valor e o que significava ser "útil" para além dos limites rígidos de sua identidade de trabalho e nessa nova fase de sua vida, quando ele precisava começar a enfrentar os estágios iniciais da demência.

Quando os pensamentos automáticos negativos são realistas, as perguntas que exploram a utilidade das crenças e dos comportamentos costumam ser a melhor estratégia. Em vez de perguntar "Quais são as evidências?", perguntar "Qual é o efeito de pensar dessa maneira?" pode ser mais produtivo. Isso pode levar a experimentos para testar os efeitos desses pensamentos. Da mesma forma, perguntas que geram uma perspectiva alternativa são valiosas. As pessoas que enfrentam bem situações objetivamente terríveis frequentemente se concentram em áreas de sua vida que ainda podem controlar e no que resta de esperança para o futuro. O terapeuta, de fato, diz ao paciente:

> "Você está em uma situação realisticamente difícil. Meu trabalho é ajudá-lo a investigar como está lidando com ela, e juntos podemos descobrir se existem outras maneiras de pensar ou agir que possam ajudá-lo a enfrentar as coisas de uma maneira ainda melhor."

Apesar de ter deficiência visual e auditiva, Helen Keller se considerava uma otimista e tomou a decisão consciente de se concentrar no que tinha em sua vida e no que poderia alcançar, em vez de no que havia perdido:

> Se eu considerasse minha vida do ponto de vista do pessimista, estaria arruinada. Procuraria em vão a luz que não visita meus olhos e a música que não ressoa em meus ouvidos. Eu imploraria noite e dia e nunca ficaria satisfeita. Eu ficaria isolada em terrível solidão, presa do medo e do desespero. Mas, como considero um dever para comigo e para com os outros ser feliz, escapei de uma miséria pior do que qualquer privação física.
>
> Helen Keller (1903, 21)

Uma abordagem que consideramos útil em nosso trabalho com pessoas em cuidados paliativos, e que também pode ser aplicada a qualquer tipo de adversidade, foi usar o diálogo socrático seguido de experimentos comportamentais para explorar os benefícios e custos de crenças e comportamentos atuais em comparação com um modelo alternativo de enfrentamento. Usamos o "plano A" e o "plano B", descritos pela primeira vez no contexto da depressão por Melanie Fennell (1989). O plano A é continuar com o estilo de enfrentamento atual. O terapeuta discute isso fazendo perguntas detalhadas sobre as consequências presentes do comportamento e investigando os efeitos futuros. Isso pode envolver projeção de tempo: imaginar o que gostaria de obter em 1 ou 5 anos se as estratégias de enfrentamento atuais forem mantidas. O plano B é investigar maneiras alternativas de abordar o problema, que geralmente envolvem uma resolução de problemas mais ativa e instrumental, um pensamento mais construtivo e uma visão mais esperançosa do futuro. O exemplo a seguir ilustra melhor essa abordagem.

Jim era um homem de 35 anos que sofria de depressão, juntamente com traços de personalidade evitativos e paranoicos. Ele havia sido abusado fisicamente durante toda a infância por seu pai, que era um valentão quixotesco. Sua mãe não estava interessada em cuidar dele e lhe transmitiu a mensagem de que ele era um incômodo por sua própria presença. Jim desenvolveu a crença de que o mundo era um lugar hostil onde ninguém podia ser confiável. Pequenas injustiças feitas a ele ou a outros desencadeavam uma raiva que ele não podia expressar abertamente. Ele passava horas a fio andando pelos cômodos em seu pequeno apartamento e ruminando sobre o estado do mundo. Dentro de pouco tempo, isso se intensificou para incluir pensamentos sobre seu pai, e ele então gritava com raiva enquanto andava de um lado para o outro. Ele acreditava que, uma vez que esse processo começasse, não havia como pará-lo até que ele seguisse seu curso por 2 a 4 horas.

Terapeuta:	Gostaria que víssemos como você está enfrentando essas memórias do seu pai e se existem outras maneiras de lidar com esses sentimentos de raiva. Conversamos muito sobre o seu ritmo e a ruminação. Você gostaria de resumir o que descobrimos?
Jim:	Eu suponho que eu já saiba que isso me deixa mais irritado. Uma vez que eu começo, a coisa tem que continuar por horas até se extinguir. Mas depois me sinto exausto.
Terapeuta:	Vamos chamar esse enfrentamento atual de seu "plano A". No momento, você sente que essa é a melhor maneira de lidar com a situação.
Jim:	É a única maneira.
Terapeuta:	Se fôssemos imaginar um "plano B", como seria?
Jim:	Bem, nós conversamos sobre como eu apenas pioro ao ruminar.
Terapeuta:	Há algum momento em que você consegue romper o ciclo?
Jim:	Muito ocasionalmente posso cortar pela raiz.
Terapeuta:	Como é que você consegue isso?
Jim:	Às vezes eu consigo parar saindo para passear, embora tenha que ser no escuro, ou eu fico preocupado em estar perto de outras pessoas.
Terapeuta:	Ok, então parte do plano B pode ser fazer algo ativo, como dar um passeio, quando você começar a ruminar. O que mais um plano alternativo pode conter?

Os componentes do plano A e do plano B foram desenvolvidos, anotados e examinados lado a lado. O plano B foi então configurado como um experimento que Jim tentou executar nas sessões seguintes. Ele voltou após a primeira semana bastante desanimado:

Jim: Eu fiquei ruminando mais do que nunca.

Terapeuta: Você conseguiu experimentar o plano B?

Jim: Minha raiva tomou conta antes que eu pudesse fazer qualquer coisa.

Terapeuta: Você pode me lembrar do que colocamos na lista do plano B? Você tem a lista com você?

Jim: (Olhando para a lista.) Dar um passeio, assistir a um DVD, fazer uma xícara de chá e telefonar para um amigo.

Terapeuta: Conseguiu experimentar algum desses?

Jim: Não. Eu nem pensei neles no momento.

Terapeuta: Então ainda não testamos o plano B. Parece que pode haver dois problemas com o nosso plano B atual. Primeiro, você fica com raiva muito rapidamente e isso cria dificuldades, porque...?

Jim: Em parte, eu começo o plano A sem pensar. Eu também não me lembrava do plano B.

Terapeuta: Hum. Então, o que poderíamos adicionar ao plano B para aumentar a probabilidade de você pensar nele e tentar praticá-lo?

Jim: (Pausa, pensando.) Eu poderia pendurar alguns *post-its*.

Terapeuta: Como isso ajudaria? Você deixaria de ficar com raiva e de andar de um lado para o outro?

Jim: Eu costumo olhar no espelho e gritar para o meu rosto primeiro. Talvez eu pudesse colocar um *post-it* lá.

Terapeuta: Boa ideia. E quanto ao seu celular?

Jim: Suponho que eu poderia colocar um lembrete?

Terapeuta: Sim. O que esse lembrete diria?

Jim: Eu poderia colocar um lembrete todas as manhãs e tardes para ler o plano B e lembrar de tentar colocá-lo em prática se eu ficar com raiva.

Jim considerou os lembretes úteis e experimentou mais atividades — ele descobriu que as tarefas que ocupavam sua atenção, como cozinhar ou fazer compras, eram mais eficazes para quebrar o ciclo de ruminação do que atividades mais passivas. Ele as adicionou às suas anotações no celular sobre o plano B.

Consulte o Quadro 8.7 para obter uma síntese dos métodos de descoberta guiada propostos nesta seção para lidar com as armadilhas comuns experimentadas pelo terapeuta ao trabalhar com clientes que enfrentam adversidades.

> **QUADRO 8.7** Armadilhas comuns baseadas no terapeuta e métodos de descoberta guiada recomendados
>
> **Armadilha 3**
>
> O terapeuta experimenta uma resposta emocional intensa e fica sobrecarregado com sua reação empática ao cliente. Por exemplo: "Eu me sentiria deprimido/aterrorizado/zangado se estivesse nesta situação".
>
> **Métodos de descoberta guiada**
>
> Esclareça as suas próprias crenças e reações emocionais. Não faça suposições de que elas correspondem às experiências dos seus clientes. Use perguntas curiosas para entender as razões e crenças que sustentam suas reações emocionais. Teste-as conforme for apropriado.
>
> **Armadilha 4**
>
> O terapeuta enfatiza demais os aspectos "racionais" da terapia cognitiva.
>
> **Métodos de descoberta guiada**
>
> Ouça com empatia as circunstâncias dos seus clientes. Em seguida, faça perguntas para ajudá-los a explorar se eles estão:
>
> - superestimando a gravidade do evento estressante;
> - subestimando sua capacidade de enfrentamento;
> - perdendo possíveis caminhos de apoio;
> - chegando a conclusões generalizadas sobre o significado do estressor para si mesmos, para os outros ou para o futuro.

Armadilhas ambientais

O enfrentamento focado no problema está consistentemente associado a um melhor ajustamento psicossocial; portanto, uma das maneiras mais eficazes de melhorar o bem-estar na adversidade é a resolução de problemas. Isso muitas vezes, embora não exclusivamente, envolve realizar alguma ação física: fazer algo para melhorar a situação. Por exemplo, quando as pessoas se sentem deprimidas e consideram as circunstâncias da vida sem esperança, a ativação comportamental aumenta a autoeficácia e melhora o humor. Esse é um exemplo de enfrentamento focado na vida que pode não mudar diretamente a situação adversa e, no entanto, melhorar a qualidade da vida em torno dela. No entanto, circunstâncias adversas da vida podem limitar as oportunidades de resolução de problemas e ação.

> **Armadilha 5**
>
> As restrições da situação adversa limitam as oportunidades de enfrentamento focado no problema e na vida.

Por exemplo, doenças físicas ou deficiências podem impedir certas atividades energizantes, como ir à academia ou até mesmo dar um passeio. O empobrecimento financeiro pode reduzir as opções de socialização. Os refugiados podem ter encargos extras relacionados à luta por asilo, à aprendizagem de um novo idioma e à falta de acesso a caminhos de ação culturalmente familiares. A discriminação contra grupos marginalizados pode tornar algumas ações mais difíceis ou até perigosas. Existem três maneiras de enfrentar esse obstáculo:

1. Estabeleça tarefas gradativas para dividir a tarefa em etapas menores. Quando não é possível atingir o objetivo completo, os passos ao longo do caminho podem, por si sós, ser gratificantes.
2. Identifique atividades realizáveis que ainda dão uma sensação de prazer e domínio.
3. Identifique os valores e significados subjacentes às atividades anteriores dos clientes e elabore novas atividades que proporcionem satisfação semelhante.

Atribuição de tarefas gradativas

Dora estava com insuficiência cardíaca. Ela costumava ser muito ativa e, mesmo aos 89 anos, gostava de ir às lojas próximas todos os dias e de se encontrar com as pessoas. Desde que sofrera um ataque cardíaco recentemente, ela ficava sem fôlego quando caminhava qualquer distância, e agora passava grande parte do tempo sentada em casa assistindo à tevê. As atribuições de tarefas gradativas são familiares para os terapeutas de TCC que trabalharam com clientes que se sentem deprimidos. As tarefas são divididas em etapas pequenas e gerenciáveis. Para Dora, isso significava criar uma série de jornadas de dimensão crescente, começando com apenas sair da cadeira e ficar de pé por um minuto, e aumentando sua resistência e sua força até que pudesse caminhar até o portão da frente. Esse plano foi aprovado pelo seu cardiologista como parte de uma recuperação saudável.

Seu terapeuta apresentou isso como um experimento: "Não sabemos até onde você será capaz de chegar, mas podemos tentar descobrir". Dora conseguiu começar com algumas pequenas viagens pela sala de estar e se surpreendeu. À medida que aumentava sua confiança, ela descobriu que poderia fazer caminhadas um pouco mais longas, descansando conforme necessário, e eventualmente conseguiu chegar ao portão do jardim. Embora desapontada por não ser capaz de ir além dele, ela sentiu uma sensação de conquista e um pequeno grau de independência. Nessa abordagem, é necessário tomar cuidado para garantir que as etapas não sejam desqualificadas por serem muito insignificantes (ver Armadilha 2). O diálogo socrático pode ser usado para identificar tarefas que são alcançáveis, mas ainda relevantes para o objetivo geral:

Terapeuta: O que você realmente gostaria de poder fazer?

Dora: Dar uma volta nas lojas.

Terapeuta: Não sei se conseguiremos chegar tão longe, mas podemos tentar. Você encontraria significado em outra coisa além de chegar às lojas?

Dora:	Eu gostaria de poder andar pela casa um pouco mais do que eu tenho conseguido. E talvez chegar a uma cadeira no meu jardim, para que eu possa desfrutar sentada do lado de fora em um dia agradável.
Terapeuta:	Qual seria a primeira coisa que conseguiria fazer?
Dora:	Bem, eu poderia me levantar mais da cadeira. O fisioterapeuta disse que, se eu não usar as pernas, vou ficar mais fraca.
Terapeuta:	Quanto tempo você aguentaria?
Dora:	Não sei.
Terapeuta:	Vamos descobrir?

Em vez de esperar que Dora testasse isso em casa, seu terapeuta a convidou para fazer um experimento comportamental: ficar de pé naquele momento, durante a consulta. Ele pediu que ela previsse a probabilidade de conseguir ficar de pé por um minuto. Dora expressou dúvidas de que seria capaz de fazer isso sem ajuda. Mas ela descobriu que podia ficar de pé por três minutos, apoiando as mãos nas costas de uma cadeira até recuperar a confiança. O terapeuta mostrou curiosidade sobre o que Dora havia aprendido com cada pequeno experimento, começando com este primeiro no consultório:

Terapeuta:	Foram três minutos. Como se sentiu ao fazer essa experiência?
Dora:	Estou um pouco surpresa por ter aguentado tanto tempo.
Terapeuta:	Quão difícil você diria que foi fisicamente?
Dora:	Foi difícil ficar de pé. Mas, assim que consegui, a posição não estava tão ruim, embora minhas pernas tenham começado a ficar bastante cansadas no último minuto.
Terapeuta:	Quão cansadas elas estão agora que você está sentada novamente?
Dora:	Ah, elas estão bem agora.
Terapeuta:	Anotei a sua previsão antes de tentar. Você só deu a si mesma 15% de chance de ser capaz de ficar de pé sem assistência. E você previu que só conseguiria ficar em pé por um minuto se conseguisse se levantar.
Dora:	Sim, estou surpresa com o quão bem eu me saí.
Terapeuta:	Deixe-me escrever aqui os resultados dos seus esforços. Você ficou de pé sem ajuda e ficou de pé por três minutos.
Dora:	Apoiei as mãos na cadeira enquanto estava de pé. Mas acho que foi inteligente, porque eu poderia me segurar se começasse a cair.
Terapeuta:	Vou adicionar isso à nossa síntese da sua experiência aqui (escreve). O que significa para você ter conseguido ficar em pé por três minutos, com as mãos na cadeira?
Dora:	Eu sinto um pouco de esperança, na verdade. Isso já é um começo! Um maior do que eu esperava.
Terapeuta:	De 0 (não muito) a 10 (o melhor que poderia esperar), como você classificaria essa conquista hoje?

Dora:	Eu me daria um 7. Eu realmente me saí bem e espero poder fazer mais nas próximas semanas.
Terapeuta:	Então qual seria o próximo passo que você gostaria de dar esta semana?

Dora não foi muito boa em registrar seus experimentos nas semanas seguintes, mas seu terapeuta estava atento e revisava minuciosamente as sensações de fadiga, força e domínio da cliente a cada semana. Perguntas de síntese como "O que isso significa para você?" e "Você se sente mais ou menos independente esta semana?" ajudaram Dora a ver que cada passo poderia ser recompensador por si só, embora houvesse apenas uma pequena esperança de que ela atingisse seu maior objetivo: reconquistar seu nível anterior de independência.

Identificar atividades ligadas ao domínio e ao prazer

Como já foi discutido com relação à Armadilha 2, às vezes as pessoas acreditam que, se não podem fazer o que podiam no passado, as atividades atuais são inúteis. Para outras pessoas, pode ser simplesmente que elas não estejam pensando em toda a gama de atividades disponíveis, mas apenas no que costumam fazer. Quando questionar um cliente não gera ideias, incluir o parceiro ou cuidador dele na discussão às vezes revela uma série de atividades agradáveis que ele costumava fazer. Às vezes, dar a uma pessoa uma lista de atividades prazerosas ajudará a refrescar a memória ou a libertar a mente para poder debater novas ideias. A descoberta guiada tem tudo a ver com induzir um senso de curiosidade nos clientes: o que eles ainda podem fazer que podem ter esquecido? Que novas atividades eles podem tentar? O terapeuta e o cliente podem então testar se essas atividades levam a uma sensação de domínio ou prazer.

Identificar novas atividades consistentes com os valores do cliente

A terceira abordagem é influenciada pela terapia de aceitação e compromisso (TAC; Hayes et al., 2016). Ela estabelece os valores subjacentes aos comportamentos que são gratificantes para as pessoas. Uma vez identificados os valores, pode haver uma discussão sobre maneiras alternativas pelas quais esses valores poderiam ser perseguidos. Na TCC, compreende-se que um valor oferece um caminho a seguir. Alcançar objetivos ao longo do caminho não é a meta; uma vez que alcançamos uma meta, geralmente estabelecemos outra. É mais importante sentir que estamos agindo de forma condizente com os nossos valores. Para algumas pessoas, isso pode incluir ver a si mesmo como gentil, construtivo, cooperativo, forte ou outras características valorizadas.

Trevor teve uma lesão na coluna devido a um acidente de trânsito e agora estava em uma cadeira de rodas. O terapeuta o ajudou a identificar seus valores da seguinte maneira:

Terapeuta: Temos falado sobre coisas que você pode querer fazer no futuro que o ajudariam a se sentir bem consigo mesmo. Antes do acidente, você era um jogador de tênis muito bom. Do que você gostava no tênis?

Trevor: Era muito bom poder saber que eu estava em forma.

Terapeuta: Como era estar em forma?

Trevor: Me fazia sentir bem, e agora olha para mim. Que utilidade eu tenho numa cadeira de rodas?

Terapeuta: Há mais alguma coisa relacionada ao tênis que você está perdendo?

Trevor: Fui campeão do clube por três anos seguidos. Acho que sou uma pessoa bastante competitiva.

Terapeuta: Então há algo gratificante em vencer um oponente?

Trevor: Com certeza. Eu não gosto de perder. É por isso que me saí tão bem com a minha reabilitação.

Terapeuta: Sim, ouvi dizer que você surpreendeu os fisioterapeutas com a rapidez com que está se recuperando.

Trevor: Sim, mas eu sei que nunca mais vou andar.

Terapeuta: Era a aptidão física ou a vitória que importava para você?

Trevor: Ambas... Bem, eu acho que vencer era o principal.

Terapeuta: Então, competir e superar um oponente é algo que lhe dá uma grande sensação de conquista. Se é isso que é importante para você, pergunto-me se existem outras áreas em que você poderia se aventurar.

Trevor: Eu não vou ser um daqueles atletas paraolímpicos — você não vai me colocar numa corrida de cadeira de rodas.

Terapeuta: Havia algum esporte não físico de que você gostava?

Trevor: Xadrez, mas não é um esporte... Bem, na verdade eu era o campeão de xadrez da escola... Sim... Não jogo há anos.

Terapeuta: Você teve uma sensação de conquista ao vencer um oponente no xadrez?

Na mente do terapeuta

Como primeiro passo, o terapeuta descobriu que Trevor é competitivo, então juntos eles podem procurar atividades competitivas que ele pode praticar, considerando os prazeres que elas podem lhe proporcionar. O terapeuta também está ciente de que a competição nem sempre é uma coisa boa, especialmente nos relacionamentos. Portanto, ele também quer descobrir que valores deram prazer a Trevor fora da competição. Que valores ele tinha fora do tênis? Algum valor foi sacrificado ao longo do caminho para ele se tornar um ótimo jogador de tênis? Para qual deles ele mais se arrependeu de não ter tempo? Algum desses aspectos da vida pode ser um foco significativo agora?

Os fatores que limitam a ação não são apenas físicos; eles também podem ser psicossociais. O estigma social pode limitar as oportunidades para refugiados ou pessoas com problemas crônicos de saúde mental. Às vezes, as famílias têm expectativas

Diálogo socrático para a descoberta em psicoterapia **343**

irrealistas ou expressam tantas críticas que as pessoas enfrentam dificuldades para prosperar. O diálogo socrático pode ser usado para ajudar as pessoas a questionarem de onde vieram essas crenças culturais e se perguntarem se realmente precisam atribuí-las a si mesmas. Jane estava desempregada e sua família tinha expectativas irracionais quanto ao tipo de carreira a que ela deveria aspirar:

Terapeuta: Então, toda a sua família acredita que você não é nada a menos que tenha um emprego profissional.

Jane: Com certeza.

Terapeuta: Quanto você acredita nisso?

Jane: Não sei.

Terapeuta: As outras pessoas acreditam nisso?

Jane: Eu nunca me perguntei sobre isso antes.

Terapeuta: Eu me pergunto como podemos descobrir. Por exemplo, às vezes fazemos pesquisas para descobrir essas coisas.

Jane e seu terapeuta elaboraram uma pesquisa que perguntava que tipo de trabalho as pessoas achavam que era uma conquista aceitável, o que pensariam de alguém que não tinha um emprego, que coisas poderiam valorizar em alguém para além de uma conquista em sua carreira, etc. Ela entregou essa pesquisa a vários amigos e a pessoas de um grupo de bate-papo *on-line* que frequentava. Os resultados a ajudaram a ver que as regras de sua família não eram universais. O próximo desafio para Jane era encontrar suas próprias regras e vivê-las diante do julgamento negativo de sua família. A investigação socrática a ajudou a encontrar seu próprio conjunto de valores e a experimentar como seria viver com base neles.

Da mesma forma, as pessoas que sofrem de estigma social podem achar difícil manter um senso de valor quando muitos na sociedade as consideram inferiores. Aqui, novamente, o diálogo socrático pode ser empregado para questionar se esses valores são moralmente aceitáveis ou úteis de alguma forma. Encontrar contatos sociais que sejam compassivos, solidários e receptivos é, muitas vezes, um componente importante para ajudar as pessoas a lidarem com a estigmatização social ou familiar.

Armadilha 6

Uma longa história de adversidade desgasta o cliente e dificulta que ele se baseie em crenças e experiências construtivas ou identifique possibilidades alternativas.

Examinamos como as circunstâncias externas limitam algumas pessoas nos *comportamentos* que estão disponíveis para elas. As pessoas que experimentaram adversidades intensas ao longo de suas vidas podem viver em um ambiente *cognitivamente* empobrecido. Elas não têm um banco de dados de enfrentamento nem boa sorte em que se basear; portanto, usar perguntas socráticas para reunir evidências de crenças alternativas e mais adaptativas pode ser muito difícil. Às vezes, são pessoas que sofreram abuso físico, emocional ou sexual quando crianças, ou privações graves devido ao *status* de grupo refugiado ou marginalizado, e depois passaram a viver em ambientes socialmente carentes ou abusivos quando adultas.

Jim, que conhecemos antes, havia sido severamente abusado física e emocionalmente quando criança. Ele não apenas acreditava que ninguém era confiável, mas pensava que, se entrasse em qualquer conversa, o que dissesse poderia ser usado contra ele. Por exemplo, ele nem consideraria iniciar uma conversa na sua banca de jornal local com medo de que descobrissem informações sobre ele e as usassem para assaltar sua casa. Ele tinha pouquíssimas evidências para contrariar essas crenças. Seu início de vida tinha sido passado com pessoas violentas, seu bairro era sujeito a roubos frequentes e, nos últimos anos, ele só tinha mantido dois amigos. Seus longos anos de evitação social o impediram de reunir informações que contradiziam suas crenças negativas.

O questionamento empático e a escuta são necessários para entender a extensão da privação, do abuso ou da mágoa de alguém e para ajudar essa pessoa a compreender como seu sistema de crenças se desenvolveu. Às vezes, uma conceitualização compassiva a ajudará a alcançar alguma distância de suas crenças centrais. As perguntas podem ser usadas para identificar exceções, pontos fortes e habilidades de enfrentamento. Jim trabalhou 10 anos como guarda de trânsito e desempenhou essa função de forma muito satisfatória. Nesta sessão, o terapeuta de Jim usou essas informações como um trampolim para descobrir outras informações que poderiam ajudá-lo:

Terapeuta: Fiquei surpreso ao saber que você tinha sido guarda de trânsito. Como conseguiu fazer isso, dado o seu medo das pessoas?

Jim: Não é tão ruim quanto as pessoas pensam. Você não enfrenta muitos problemas. A maioria das pessoas não se importa se você explicar por que está dando uma multa a elas.

Terapeuta: Como você as enfrentou se é tão difícil falar com as pessoas?

Jim: Você tem um *script*. Você sabe quais são as regras. E você tem o uniforme, então pode simplesmente se encaixar na função.

Terapeuta: Quão bem você lidou com a situação?

Jim: Nada mal nos primeiros anos. Acabei sendo um treinador e então tive 16 pessoas sob minha supervisão.

Terapeuta: Como isso se encaixa na sua crença de que você não pode interagir com segurança com as pessoas?

Jim: Suponho que posso interagir se souber as regras.

Terapeuta: Você diria que alguém que passou 10 anos fazendo um trabalho em que teve que lidar com motoristas em situações complicadas tinha algumas habilidades sociais?

Jim: Suponho que sim.

Terapeuta: Você acha que eles o promoveram porque pensaram que você tinha habilidades sociais?

Jim:	Suponho que sim.
Terapeuta:	Não precisa concordar comigo. Sinceramente, o que acha?
Jim:	Eu era capaz de interações sociais no passado.
Terapeuta:	Especialmente se você conhecesse as regras.
Jim:	Sim.
Terapeuta:	Você acha que poderíamos descobrir juntos algumas regras que você poderia usar para ajudá-lo agora?
Jim:	Bem... Creio que sim.
Terapeuta:	Se pudéssemos, acha que isso faria diferença?
Jim:	Eu fui capaz de interagir socialmente no passado. Então, acho que, se eu tivesse algumas regras para seguir, poderia ser capaz de fazer isso de novo.

A investigação interessada e empática de seu terapeuta permitiu que Jim começasse a reconhecer que houve momentos em sua vida em que ele foi capaz de confiar nos colegas de trabalho o suficiente para interagir com eles. O terapeuta usou isso como ponto de partida para testar sua crença de que ele não poderia se dar bem com as pessoas e de que ninguém era confiável.

Consulte o Quadro 8.8 para ver uma síntese dos métodos de descoberta guiada propostos nesta seção para lidar com as armadilhas comuns do ambiente experienciadas ao trabalhar com clientes que enfrentam adversidades.

QUADRO 8.8 Armadilhas comuns baseadas no ambiente e métodos de descoberta guiada recomendados

Armadilha 5

As restrições da situação adversa limitam as oportunidades de enfrentamento focado no problema e na vida.

Métodos de descoberta guiada

Use a atribuição de tarefas gradativas para dividir a tarefa em etapas menores. Concentre-se nas recompensas do que pode ser feito em vez de no que não pode ser feito no momento. Identifique atividades realizáveis que ainda dão uma sensação de prazer e domínio. Identifique os valores e significados subjacentes às atividades anteriores dos clientes e elabore novas atividades que proporcionem satisfação semelhante.

Armadilha 6

Uma longa história de adversidade desgasta o cliente e dificulta que ele se baseie em crenças e experiências construtivas ou identifique possibilidades alternativas.

Métodos de descoberta guiada

Use o questionamento empático e a escuta para entender a extensão da privação, do abuso ou da mágoa de alguém e para ajudar essa pessoa a entender como seu sistema de crenças se desenvolveu. Faça perguntas destinadas a identificar exceções, pontos fortes e habilidades de enfrentamento.

SÍNTESE

Este capítulo considerou a aplicação de técnicas cognitivas e comportamentais com clientes que enfrentam adversidades da vida real. Embora grande parte do trabalho possa seguir as abordagens-padrão da TCC, há uma série de armadilhas para os terapeutas. As armadilhas do cliente e do terapeuta tendem a se espelhar. Os clientes podem sentir que a TCC é muito racional e não dá atenção à gravidade dos problemas que enfrentam, e isso às vezes é exacerbado por terapeutas ansiosos ou inexperientes que aplicam técnicas de forma muito simplista ou racional. A solução aqui é enfatizar a cordialidade, a compreensão e a empatia e usar a investigação socrática para entender a perspectiva única do cliente sobre o mundo. Outros clientes podem considerar sua situação desesperadora e vê-la em termos de tudo ou nada. Em reação a isso, os terapeutas podem ficar desanimados e "comprar" o desamparo e a desesperança do cliente. Os métodos de descoberta guiada são particularmente valiosos para entender e testar as crenças e os comportamentos do cliente que alimentam a desesperança e o desamparo. Circunstâncias externas podem interferir na terapia, limitando o escopo do trabalho comportamental e cognitivo. A investigação socrática pode ser usada para identificar comportamentos alternativos que atendam a metas valiosas e para identificar pontos fortes que podem ser negligenciados.

Uma vez que os terapeutas estejam cientes das armadilhas abordadas neste capítulo, trabalhar com pessoas que enfrentam grandes dificuldades na vida muitas vezes não será tão desafiador quanto se poderia esperar. Frequentemente, há ganhos mais rápidos do que com outros clientes. Os clientes que enfrentam adversidades geralmente têm habilidades de enfrentamento que simplesmente foram submersas, e o diálogo socrático estimula sua redescoberta. Se os terapeutas abordarem os problemas dos clientes com compaixão e respeito, eles considerarão o trabalho com esse grupo muito gratificante. A experiência da adversidade é universal, mas também o é a capacidade de esperança e de viver a vida em sua plenitude. Como afirma Ulla--Carin Lindquist ao terminar sua história:

> Um vento fresco sopra da costa quando desfaço o nó e parto para o mar.
> O mar está agitado, com pequenos cavalos brancos.
> Eu me acomodo confortavelmente no convés e espero.
> O vento me leva para longe e estou em paz.
> Quando ele abrandar ao anoitecer, terei chegado ao meu refúgio.
> Cada segundo é uma vida.
>
> (Lindquist, 2006, 197)

Atividades de aprendizagem do leitor

Com base no que você aprendeu sobre o uso de métodos de descoberta guiada com clientes que enfrentam adversidades, responda:

- Qual das seis armadilhas abordadas neste capítulo você vê no seu trabalho?

- Quais dos seus clientes se encaixam nessas armadilhas?
- Quais dos métodos de descoberta guiada ilustrados podem ser úteis para eles?
- O que você precisa aprender ou praticar antes de poder experimentar tais métodos com esses clientes?
- Como você vai fazer isso acontecer?
- O que você precisa fazer para aumentar a sua compreensão dessas questões ou a sua base de competências (por exemplo, leitura, formação, supervisão ou consulta)?

AGRADECIMENTOS

Sou grato às minhas colegas Kathy Burn e Lyn Snowden por fornecerem material clínico de supervisão e por seus comentários úteis em um rascunho preliminar do capítulo.

REFERÊNCIAS

Fennell, M. (1989). Depression. In K. Hawton, P. M. Salkovskis, J. Kirk, & D. M. Clark (Eds.), *Cognitive behaviour therapy for psychiatric problems: A practical guide* (pp. 169-234). Oxford: Oxford University Press.

Greenberger, D., & Padesky, C.A. (2016). *Mind over mood: Change how you feel by changing the way you think*, 2nd ed. New York: Guilford Press.

Hayes, S. C., Strosahl, K. D., & Wilson, K. G. (2016). *Acceptance and commitment therapy: The process and practice of mindful change* (2nd ed.). London: Guilford Press.

Keller, H. A. (1903). *Optimism: An essay.* New York: T. Y. Crowell and Company, 21.

Lazarus, R. S., & Folkman, S. (1984). *Stress, appraisal, and coping.* New York: Springer.

Lindquist, U-C. (2006) *Rowing without oars.* London: John Murray.

Moorey, S., & Greer, S. (2012) *The Oxford guide to CBT for people with cancer.* Oxford: Oxford University Press.

Moorey, S., & Lavender, A. (2019). *The therapeutic relationship in cognitive behaviour therapy.* London: SAGE.

Padesky, C. A. (2020). Collaborative case conceptualization: Client knows best. *Cognitive and Behavioral Practice, 27*, 392–404. https://doi.org/10.1016/j.cbpra.2020.06.003

Padesky, C. A. & Mooney, K. A. (1990). Clinical tip: Presenting the cognitive model to clients. *International Cognitive Therapy Newsletter*, 6, 13–14. [available from: http://padesky.com/clinical-corner/publications].

9

Perseguindo Janus:
diálogo socrático com crianças e adolescentes

Robert D. Friedberg

Janus é uma figura da mitologia romana que representa mudança, crescimento e progresso, bem como a capacidade de ver múltiplas perspectivas. Na verdade, Janus é frequentemente representado com duas cabeças. Embora seja ocasionalmente visto como duvidoso, ele também pode ser considerado alguém de mente aberta. Mais especificamente, Janus também é lembrado como o deus das portas e dos portais. O diálogo socrático eficaz abre portas, caminhos e portais para novos padrões de pensamento, sentimento e ação. À medida que as perspectivas truncadas se ampliam, surgem estratégias de resolução de problemas, e uma nova luz é lançada sobre as suposições e crenças dos jovens. O bom diálogo socrático pode moldar a arte do possível e abrir caminho para que os jovens passem por novas portas perceptivas.

ARMADILHAS COMUNS NA TERAPIA COM CRIANÇAS E ADOLESCENTES

Crianças e adolescentes angustiados operam sob ilusões precárias sobre si mesmos, seu mundo, suas experiências e seu futuro. Essas interpretações errôneas contribuem para uma variedade de emoções disfóricas, como depressão, ansiedade, raiva, frustração, vergonha e culpa. A elaboração hábil de um diálogo socrático com esses jovens clientes pode afastá-los de suas suposições equivocadas. Por meio da descoberta guiada, surgem novas opções e perspectivas.

Três armadilhas clínicas que os terapeutas encontram e em que podem cair são apresentadas neste capítulo. Primeiro, os terapeutas caem em uma armadilha quando o diálogo socrático se assemelha a interrogatórios, coerção ou questionários destinados a refutar o pensamento das crianças. Os terapeutas também podem cair em armadilhas relacionadas, como tentar argumentar ou debater em vez de iniciar a descoberta guiada. Na pior das hipóteses, os terapeutas podem adotar a postura de um oponente, o que resulta em trocas injuriosas, especialmente com crianças ou adolescentes argumentativos. As crianças podem reagir com raiva às lutas de poder percebidas; alternativamente, às vezes se retiram ou se submetem obsequiosamente aos terapeutas. Algumas crianças e adolescentes se distanciam emocionalmente por inteiro do empreendimento terapêutico.

Uma segunda armadilha ocorre quando o diálogo é um colóquio intelectual, e não uma tarefa sensível e emocional. Alguns terapeutas até adotam um papel profissional rígido, o que pode parecer paternalista para crianças e adolescentes. Finalmente, uma terceira armadilha é encontrada ao trabalhar com crianças cuja tolerância à ambiguidade, à abstração e à frustração é tão baixa que o diálogo socrático é oneroso.

O capítulo começa com reflexões sobre as diferenças entre jovens e adultos ao usar o diálogo socrático. A seção a seguir, "Diferenças entre crianças e adultos ao estruturar um diálogo socrático", fornece uma orientação geral para o resto do capítulo. Em seguida, nossas três armadilhas são descritas ("Navegando em três armadilhas comuns no uso do diálogo socrático"), e a utilização de métodos de descoberta guiada para gerenciá-las é ilustrada com exemplos clínicos. Os quadros "Mantenha em mente" ao longo deste capítulo guiam os terapeutas quanto aos princípios orientadores úteis nessas situações complicadas. Por fim, são apresentados inúmeros diálogos terapêuticos e exemplos de exercícios experienciais destinados a unir a mente e o coração.

DIFERENÇAS ENTRE CRIANÇAS E ADULTOS AO ESTRUTURAR UM DIÁLOGO SOCRÁTICO

As crianças entram na terapia cognitiva de maneiras fundamentalmente diferentes dos adultos. No nível mais básico, as crianças raramente procuram tratamento psicológico por conta própria. Na maioria dos casos, outra pessoa decidiu que a criança precisava de tratamento e deveria fazer psicoterapia. Portanto, poucas crianças são verdadeiramente autorreferidas. Quando elas vão para as sessões iniciais, preferem estar em outro lugar (para muitas, qualquer outro lugar seria preferível).

Como essas crianças são levadas ao tratamento por pessoas influentes, elas têm crenças implícitas sobre o processo. Algumas veem a terapia cognitiva como punição. Outras acham que ir à terapia as torna estranhas, esquisitas, problemáticas, defeituosas ou fracas. As crianças pequenas podem até pensar que vão tomar uma vacina ou ser forçadas a engolir uma pílula.

O padrão cognitivo das crianças influencia a forma como o diálogo socrático será interpretado. Se o tratamento é visto como punição, os jovens estão preparados para interpretar o diálogo como repreensão. As crianças que acreditam que ir à clínica de saúde mental significa que são estranhas e problemáticas ficam propensas à hipervigilância a qualquer linha de questionamento que cheire a culpa ou patologização. Crianças mais novas são conhecidas por sempre concordarem e podem "se conformar para seguir em frente", concordando passivamente com os terapeutas para encurtar o tratamento e/ou evitar desaprovação.

Woody Allen (2007, 127) escreveu: "a física, como um parente irritado, tem todas as respostas". O pedantismo raramente ganha terreno na mente de crianças e adolescentes. Como é o caso com qualquer um dos nossos clientes, os psicoterapeutas não devem presumir ter todas as respostas para os jovens. Ao acompanhar as crianças por meio do processo de descoberta guiada, lembre-se de que elas não são pequenos adultos (Kingery et al., 2006; Piacentini & Bergman, 2001). Tenha em mente as variações de desenvolvimento. A sensibilidade à linguagem, à tomada de perspectiva, às habilidades de raciocínio e às habilidades de regulação/mediação verbal é obrigatória, ou a terapia não irá bem.

A atenção às dificuldades típicas do desenvolvimento é outro requisito importante para uma terapia eficaz com os jovens. Embora o mantra adolescente estereotipado de que a vida gira em torno de "sexo, drogas e *rock and roll*" seja uma generalização excessiva, ele não é completamente falso para os adolescentes. Jim Morrison, líder do icônico grupo de *rock* The Doors, disse: "Cada geração quer novos símbolos, novas pessoas, novos nomes. Eles querem se divorciar dos seus antecessores". Do ponto de vista da neurociência, Dahl (2004, 7) observou que:

> [...] os adolescentes gostam de intensidade, excitação e estimulação. Eles são atraídos por videoclipes que chocam e bombardeiam os sentidos. Adolescentes se reúnem para ver filmes de terror e suspense. Eles dominam as filas esperando para andar nos brinquedos de alta adrenalina nos parques de diversões. A adolescência é um momento em que sexo, drogas, música muito alta e outras experiências de alta estimulação assumem grande importância. É um período de desenvolvimento em que o apetite por aventura, a predileção por riscos e o desejo por novidades e emoções parecem atingir níveis naturalmente altos.

Os adolescentes experimentam emoções com paixão e frequentemente essas paixões sobrecarregam suas habilidades de raciocínio (Dahl, 2004; Daniel & Goldston, 2009).

Os adolescentes sentem uma ânsia urgente por independência e autonomia, mas têm capacidades de enfrentamento imaturas. Equilibrar respeitosamente sua exigência de autodeterminação e libertação da autoridade parental/adulta com uma apreciação de suas capacidades semidesenvolvidas é uma dialética difícil. No entanto, alcançar esse equilíbrio na terapia com adolescentes é vital.

Em *Razão e sensibilidade*, Jane Austen (1908) escreveu: "Há algo tão amável nos pré-julgamentos de uma mente jovem que lamentamos vê-los dar lugar à recepção de opiniões mais gerais". As visões relativamente ingênuas das crianças às vezes são cativantes e muitas vezes refletem uma perspectiva imaculada da vida — e podem inoculá-las contra a autocrítica perniciosa. Por exemplo, as crianças mais novas mostram um viés de autoaprimoramento quando se distanciam do fracasso e recebem crédito pelos sucessos (Zuckerman, 1979). De fato, esse viés normalmente as protege da depressão autocrítica (Leahy, 1985). No entanto, essa proteção desaparece ostensivamente no meio da infância. Consequentemente, há um custo para um maior desenvolvimento cognitivo.

NAVEGANDO EM TRÊS ARMADILHAS COMUNS NO USO DO DIÁLOGO SOCRÁTICO

Terry Malloy: *Então, o que acontece? Ele foi disputar o título — e o que eu recebo? Uma passagem só de ida para o fundo do poço. [...] Eu poderia ter classe, poderia ter sido um competidor, poderia ter sido alguém em vez de um vagabundo, que é o que sou.*

— *Sindicato de Ladrões* (Schulberg, 1954)

Armadilha 1
A criança/o adolescente vê o diálogo socrático como interrogatório e/ou tentativa de controle/coerção.

A cena lendária do filme americano clássico *Sindicato de Ladrões* demonstra profundo arrependimento pessoal, um pensamento absolutista e quase fatalista. Um processo de pensamento semelhante assola muitos adolescentes deprimidos. Colocar em dúvida esse tipo de padrão cognitivo por meio de um diálogo socrático requer flexibilidade, paciência e criatividade consideráveis. Mudar os pontos de vista pessoais é especialmente árduo para adolescentes que lidam com questões de independência e identidade.

Logicamente, brigar com os jovens geralmente é improdutivo. O diálogo se transforma numa interação soco-contra-ataque. Crianças e adolescentes se esquivam e driblam para evitar serem agredidos. Eles evitam confrontos verbais para não serem encurralados contra as cordas do ringue. Os adolescentes são cautelosos diante da possibilidade de serem golpeados e derrubados. Resista à tentação de discutir e brigar para não acabar no fundo do poço e ficar fora de combate.

Mantenha em mente
• Assuma a posição de advogar pela defesa de clientes jovens, em vez de um papel de oponente.
• Mantenha o estado de alerta cultural para questões de etnia, gênero, *status* socioeconômico, orientação sexual, identidade de gênero, capacidade física, religião/espiritualidade, etc.
• Incorpore o diálogo socrático à conceituação colaborativa de caso.
• Adote uma abordagem colaborativa para testar hipóteses.
• Lembre-se de que os pontos de estagnação na terapia fornecem dados e oportunidades para ser curioso e fazer novas perguntas.
• Convide crianças ou adolescentes a escrever sínteses do que você e eles aprendem ou escreva sínteses para eles.

Sócrates é reconhecido por sua paixão pelo autoexame e pelo questionamento de suposições (Lageman, 1989). James et al. (2010, 83) explicaram: "Dentro da terapia cognitiva, as perguntas são usadas para explorar questões de diferentes ângulos, criar dissonância e facilitar a reavaliação de crenças, ao mesmo tempo em que constroem estilos de pensamento mais adaptativos". No entanto, como ilustrado ao longo deste livro, o diálogo socrático é composto por mais do que perguntas.

Punir a persistência de crenças incorretas até que um jovem se renda raramente é eficaz. Misturar declarações empáticas com perguntas proporciona uma pausa para o jovem cliente e comunica compreensão. A escuta ativa vitaliza o questionamento socrático (Padesky, 1988, 1993). Variar o tipo de pergunta feita ou misturar perguntas com afirmações é outro componente útil ao andamento. Por exemplo, você pode aliar o diálogo socrático a comentários declarativos como: "Diga-me como perder uma competição de natação faz você pensar que você é inaceitável".

O diálogo a seguir com Jeff, um menino euro-americano de 12 anos que luta contra a ansiedade, ilustra um bom ritmo e a adoção, pelo terapeuta, de um papel de defensor.

Jeff: Eu não quero falar sobre a minha ansiedade.

Terapeuta: Eu entendo que você prefira manter esses sentimentos e ideias para si mesmo. O que espera que aconteça se os compartilhar?

Jeff: Eu não sei... isso vai piorar as coisas.

Terapeuta: Me diga, o que faz você pensar que isso as tornará piores?

Jeff: Quando penso nisso, me sinto pior.

Terapeuta: Isso certamente faz sentido, então. Não é de admirar que queira manter isso para si mesmo.

Jeff: Sim.

Terapeuta: Você realmente quer segurar isso.

Jeff: Sim.

Terapeuta: E se você soltasse e me dissesse...

Jeff: Eu não controlaria mais.

Por meio do acompanhamento, o terapeuta foi capaz de descobrir os pensamentos particulares de Jeff. O *mix* terapêutico incluiu declarações empáticas (por exemplo, "Eu entendo que você prefira manter esses sentimentos e ideias para si mesmo", "Isso certamente faz sentido", "Você realmente quer segurar isso"). Além disso, o terapeuta variou o tipo de pergunta usada com Jeff (por exemplo, "O que você espera que aconteça se as compartilhar? Me diga, o que faz você pensar que isso as tornará piores?"). Por fim, o terapeuta convidou Jeff a preencher o espaço em branco em uma frase incompleta ("E se você soltasse e me dissesse...").

Os adolescentes podem ser clientes difíceis na terapia. Eles frequentemente são hábeis em provocar o terapeuta. Quando os diálogos socráticos se tornam contraditórios, os resultados favoráveis se tornam menos certos. Considere o exemplo de

Bailey, uma menina deprimida de 16 anos, com um histórico de comportamento de automutilação, que tinha excelentes habilidades para transformar interações em discussões:

Bailey: Isso é uma maldita perda de tempo (mascando chiclete e fazendo uma bola).

Terapeuta: Tire o chiclete da boca, por favor.

Bailey: Não... Por quê?

Terapeuta: Isso tira o foco da sessão.

Bailey: Não, não tira!

Terapeuta: Coloque o chiclete no cesto de lixo.

Bailey: Dane-se! É a minha sessão...

Terapeuta: (Entrega o cesto de lixo a Bailey.) Cuspa aqui.

Bailey: Me obrigue!

Esse diálogo contencioso levanta vários pontos. Primeiro, o terapeuta transformou em uma questão algo que não é essencialmente um problema. A mastigação de chiclete provavelmente não tem interferência terapêutica e aumenta o conforto da cliente na sessão. Se o terapeuta realmente acreditasse que a mastigação de chiclete era um comportamento interferente, um experimento poderia ser configurado (por exemplo, mascar chiclete na metade da sessão, classificar a eficácia dessa parte da sessão, cuspi-lo, trabalhar sem o chiclete na segunda metade, classificar a eficácia e comparar as duas metades). Por fim, o terapeuta assumiu um papel pseudoparental com Bailey e entrou em uma batalha pelo controle.

Esse cenário nos lembra da importância de nos mantermos sintonizados com as ideias do terapeuta — o que estava impulsionando o comportamento antiterapêutico desse terapeuta? Onde estava a curiosidade dele? As suposições dos terapeutas são exploradas mais detalhadamente no Capítulo 11.

Pedindo permissão para testar pensamentos

Mudar crenças fortemente arraigadas pode ser assustador. Mesmo as crenças ligadas a emoções dolorosas podem tornar o mundo compreensível e previsível. Verdades privadas familiares às vezes oferecem certo grau de conforto para os jovens, apesar da sua natureza angustiante. Portanto, obter permissão para testar um pensamento é um hábito respeitoso a ser desenvolvido. O diálogo a seguir com Paula, uma menina afro-americana de 15 anos que apresenta humor deprimido, mostra uma maneira de obter permissão para testar pensamentos:

Paula: Sinto que a minha mãe está constantemente me julgando e avaliando. Ela não consegue me deixar em paz, e eu me ressinto muito com ela!

Terapeuta:	Você parece furiosa com a sua mãe.
Paula:	Eu estou! Ela me oferece sempre o mesmo.
Terapeuta:	Não sei bem o que você quer dizer.
Paula:	Vejo o olhar de reprovação nos olhos dela. Eu sei o que ela está pensando... Eu nunca vou estar à altura do olhar dela. Então, dane-se! Eu vou provar para ela como eu sou fracassada.
Terapeuta:	Você está determinada. Esses são sentimentos e pensamentos poderosos.
Paula:	Estou acostumada com eles.
Terapeuta:	Tudo bem se testarmos alguns desses pensamentos?
Paula:	Testá-los? O que isso significa?
Terapeuta:	Talvez possamos esclarecer um pouco os pensamentos para ver se eles são totalmente precisos.
Paula:	Estão na minha cabeça. Eu sei o que é verdadeiro ou não. Então eu não entendo o que você quer dizer com essa coisa de teste.
Terapeuta:	Concordo totalmente que esses são seus pensamentos, e é crucial que você decida sobre a precisão deles. Ao falar em testar, quero dizer conversar sobre os pensamentos para que possamos olhá-los com uma perspectiva nova de todos os lados. Em uma escala de 1 a 10, o quanto você está disposta a tentar?
Paula:	Talvez 5.
Terapeuta:	Que parte de você está relutante?
Paula:	Eu não quero que você tome o partido da minha mãe e estou cansada de ser culpada.
Terapeuta:	Isso é muito razoável. Ninguém quer ser culpado. Testar não tem a ver com atribuir culpa. Tem a ver com olhar para o quadro completo, então você pode decidir quais conclusões são as melhores para você. Como isso soa?
Paula:	Bem, do jeito que você colocou, eu acho que estaria tudo bem.

Crianças e adolescentes sentem que têm pouco controle sobre suas vidas. Sempre que encontrar uma oportunidade para capacitar os adolescentes, aproveite-a! Obter permissão é um meio simples de aumentar sua percepção de controle. O terapeuta autorizou diligentemente Paula a manter o controle no diálogo. Ele fez uma pergunta aberta sobre a disposição dela para testar pensamentos ("Em uma escala de 1 a 10, o quanto você está disposta a tentar?"), em vez de uma pergunta fechada de sim/não. Isso criou algum espaço terapêutico para manobrar. Consequentemente, o terapeuta foi capaz de processar a falta de vontade de uma perspectiva dimensional, em detrimento de uma perspectiva "tudo ou nada" ("Que parte de você está relutante?"). De fato, essa pergunta levou a uma resposta extremamente significativa ("Estou cansada de ser culpada").

Mantenha em mente

- Use flexibilidade, paciência e criatividade em suas comunicações.
- Permaneça como um defensor: não entre em confronto direto com a pessoa.
- Crie um bom *mix* terapêutico no diálogo, incorporando empatia e formatos variados de perguntas.
- Colabore e peça permissão para testar pensamentos.
- Resista ao impulso de entrar em disputas por controle.

Quando e por que os adolescentes querem manter os pensamentos

Wandinha Addams, a filha gótica, taciturna e icônica de Mortícia e Gomez Addams, criada pelo cartunista Charles Addams e mais tarde imortalizada no musical *A Família Addams* (Brickman, 2010), advertiu: "Não me analise, trata-se de um buraco profundo e escuro, e você não quer entrar nele!". Muitas crianças e adolescentes compartilham essa visão, agarrando-se firmemente a seus padrões de pensamento incorretos. Tornar públicos seus pensamentos privados e submetê-los a testes empíricos às vezes é uma experiência dolorosa para esses jovens. Não é surpreendente, então, que o diálogo socrático com esses clientes possa ser um desafio.

No diálogo a seguir, Stacy, uma adolescente deprimida de 16 anos, de ascendência euro-americana, que acabou de terminar o relacionamento com o namorado, envia uma mensagem "Não entre aí" para sua terapeuta:

Stacy:	Eu me sinto tão mal. Ninguém entende como me sinto mal. As pessoas simplesmente não ouvem.
Terapeuta:	O que faz você se sentir tão mal?
Stacy:	Acabei de perder meu namorado! O que é tão difícil de entender?
Terapeuta:	Você pode me contar um pouco mais sobre o que aconteceu?
Stacy:	Por quê? Você não quer saber. Eu não quero dizer porque faz eu me sentir mal e eu não quero me sentir pior. Então estamos quites.

Esse diálogo claramente é uma luta nesse momento. Stacy mantém crenças sobre revelar o que está passando pela sua cabeça, sobre em que medida expressar isso vai ajudá-la e sobre qual será a reação da terapeuta ao compartilhamento. Sua terapeuta precisa mudar o foco para as crenças que medeiam a postura "Não entre aí".

Terapeuta:	Você está me dizendo muitas coisas. Vamos ver se conseguimos dividi-las juntas. O que faz você dizer que eu não quero ouvir o que você tem a dizer?
Stacy:	Ninguém quer... Faz com que se sintam desconfortáveis e com pena de mim. Não preciso da pena deles. Eu tenho muito disso sozinha.

Terapeuta:	Entendo. Você acha que eu vou ver você como digna de pena e quase vou ficar assustada com o que você diz.
Stacy:	É... Mais ou menos.
Terapeuta:	O que estou deixando passar?
Stacy:	Nem eu mesma quero ouvir isso... Faz eu me sentir mal comigo mesma.
Terapeuta:	Claro. Se você acha que eu vou ficar assustada e você vai se sentir mal consigo mesma, então é claro que você não quer me contar o que está passando pela sua cabeça.
Stacy:	É o que eu estou dizendo!
Terapeuta:	Você estaria disposta a testar uma parcela disso?
Stacy:	O que você quer dizer?
Terapeuta:	Bem, vamos ver... Me diga o aspecto mais seguro do que você vê como digno de pena em você. Depois de um tempo, vamos checar para ver se você está se sentindo mal ou pior. Como isso soa?

Nesse ponto, a terapeuta está envolvida em um cálculo difícil e fazendo ajustes em tempo real na sessão. A colaboração está sendo procurada assiduamente (por exemplo, o uso da palavra "juntas" e a pergunta "O que estou deixando passar?"). A resposta empática está integrada ao diálogo (por exemplo, "Se você acha que eu vou ficar assustada e você vai se sentir mal consigo mesma, então é claro que você não quer me contar o que está passando pela sua cabeça"). Finalmente, a terapeuta lançou a ideia de uma tarefa gradativa não ameaçadora que oferecia a Stacy maior controle.

As crenças dos jovens muitas vezes representam uma forma de demarcação de limites. Eles podem ver suas emoções e cognições como posses (por exemplo, "Esses pensamentos são meus"). Além disso, em sua mente, essas atitudes podem preservar sua identidade (por exemplo, "Eu estou dentro da cena. É assim que pensamos e sentimos. Eu não esperaria que você entendesse"). Sua identidade os torna diferentes, únicos e separados dos outros, especialmente da família. Esses jovens podem equiparar mudança a coerção. Consequentemente, eles podem pensar que mudar suas crenças significa que estão se vendendo e se conformando com a autoridade adulta/parental.

Nesses casos, o diálogo pode explorar seu raciocínio absoluto (por exemplo, "Meus pensamentos definem quem eu sou. Desistir deles significa que perco quem eu sou"). É melhor combinar questionamento gentil com aceitação explícita e entendimento não julgador de seu anseio por independência e identidade.

O diálogo a seguir é entre Kat e sua terapeuta. Kat é uma adolescente latina de 16 anos cujas crenças estão bloqueadas pelo estabelecimento de limites.

Terapeuta:	Você parece muito deprimida, Kat.
Kat:	Eu sei que você e os meus pais estão preocupados comigo. Mas é assim que eu sou. É realmente quem eu sou.

Terapeuta:	O que você quer dizer ao afirmar que essa é quem você é?
Kat:	Encare, eu sou uma emo.
Terapeuta:	Uma emo?
Kat:	Você não sabe o que são emos? Nós todos nos sentamos juntos no almoço. As outras crianças nos encaram. Todos nós temos *problemas*. A gente meio que assusta as outras crianças, especialmente os atletas e os populares.
Terapeuta:	Então, é o seu grupo.
Kat:	Sim. Nós temos os mesmos interesses e os mesmos problemas emocionais. Nós nos entendemos... ajudamos uns aos outros.
Terapeuta:	Parece que esse grupo é útil para você. Como ele se relaciona com sua depressão?
Kat:	Nós todos estamos deprimidos... Eu não me corto, mas muitos dos meus amigos, sim.
Terapeuta:	Estou aprendendo muito sobre seus amigos, mas não tanto sobre sua depressão.
Kat:	Olha... nós nos sentimos deprimidos pelas mesmas coisas. A escola é sem sentido... os pais são ignorantes... e focam nas coisas erradas... Nós não nos encaixamos... estamos perdidos, desajustados. Rejeitados... somos as coisas que as pessoas mastigam e cospem... nós somos atropelados.
Terapeuta:	Quanto você acredita nessas coisas sobre você mesma?
Kat:	Muito. Me irrita quando as pessoas estão muito alegres e acham que tudo tem que estar bem. Como minha mãe, ela sempre me diz para olhar o lado ensolarado da vida... Ela fica tão... fora de si. Ela meio que inventou o lado cor-de-rosa da vida.
Terapeuta:	E sua cor é preto.
Kat:	Ela não entende ... mas eu sinto por ela... Ela queria uma filha animada e bonita como ela era... e agora ela está presa a mim... Isso deve ser horrível para ela.
Terapeuta:	Você está sintonizada nos pensamentos e sentimentos das outras pessoas, como os da sua mãe e do seu grupo. E você? Me diga o que você prevê que acontecerá se seus sentimentos e pensamentos deprimidos começarem a mudar.
Kat:	É quem eu sou! Eu não quero mudar quem eu sou.
Terapeuta:	Eu entendo como você se sente, o quão dividida você se sente e o quão irritante a terapia é para você às vezes. Você acredita que, se estiver menos deprimida, corre o risco de perder quem você é... O seu verdadeiro eu.
Kat:	Sim.

Terapeuta:	O que está claro é que você se define pela sua depressão. Que outras coisas compõem quem você é?
Kat:	Eu amo música *heavy metal*. Eu sou realmente fã de *anime*. Eu gosto de *graphic novels*.
Terapeuta:	E quanto à sua personalidade?
Kat:	Eu tenho um tipo de humor meio doentio... Às vezes eu penso profundamente. Eu tenho um... senso de moda peculiar.
Terapeuta:	Mais alguma coisa?
Kat:	Não, eu acho que não.
Terapeuta:	Eu vou desenhar um gráfico e quero que você o divida, atribuindo a cada um desses fatores uma porcentagem com base em quanto você acha que eles determinam sua personalidade.
Kat:	Ok... Metal (preenche cerca de 15%)... *Anime*, isso é muito, talvez um quarto do gráfico (25%)... *Graphic novels* (preenche cerca de 10%), humor (10%), pensamentos profundos (5%), moda (5%)...
Terapeuta:	Então, essa última parte é a depressão (cerca de 30% do gráfico ainda está em branco).
Kat:	Sim.
Terapeuta:	O que isso significa sobre a depressão definir completamente quem você é?
Kat:	Talvez defina menos do que eu pensava.

Nesse diálogo, o terapeuta fez um bom trabalho adotando uma postura não julgadora enquanto questionava gentilmente a percepção de Kat de que a depressão a definia. Empatia (por exemplo, "E sua cor é preto", "Eu entendo como você se sente dividida e o quão irritante a terapia é para você", "Você acredita que, se estiver menos deprimida, corre o risco de perder quem você é"), perguntas socráticas (por exemplo, "Me diga o que você prevê que acontecerá se seus sentimentos e pensamentos deprimidos começarem a mudar") e uma postura colaborativa ajudaram a envolver Kat. As declarações sintéticas levaram o diálogo adiante. Finalmente, a pergunta sintetizadora foi propositadamente aberta para impulsionar a descoberta guiada ("O que isso significa sobre a depressão definir completamente quem você é?").

Mantenha em mente

- Respeitar pensamentos, sentimentos e comportamentos de demarcação de limites.
- Equilibrar aceitação explícita, uma atitude não julgadora e questionamento gentil e sistemático.
- Adotar uma abordagem de tarefa gradativa.
- Fazer ajustes em tempo real durante a sessão.

Armadilha 2

O diálogo socrático se assemelha a um colóquio intelectual, em vez de a uma tarefa emocionalmente significativa.

Os diálogos socráticos são empreendimentos interpessoais que podem ter um impacto emocional significativo. Diálogos que se assemelham a debates intelectuais ou palestras fracassam com adolescentes e crianças. Embora possa haver um questionamento socrático sincero ocorrendo na sessão, quando se torna intelectualizado ou abstrato, ou é acompanhado por uma postura distante por parte do terapeuta, será recebido com o ensurdecedor silêncio emocional.

Ter clareza sobre a diferença entre análise racional e racionalização é uma maneira de se manter no caminho certo. A racionalização é um mecanismo de defesa que protege os indivíduos da ansiedade. Shapiro et al. (2005, 108) resumiram: "quando a necessidade de evitar ansiedade e angústia supera a necessidade de adaptação baseada na realidade, as pessoas usam mecanismos de defesa para evitar ter consciência de algum aspecto doloroso de seu mundo interno ou externo". A racionalização causa distorções nos testes de realidade e, consequentemente, atrapalha a visão clara. Mecanismos de defesa turvam a consciência e estagnam o crescimento psicológico.

A análise racional, por outro lado, é um conjunto de habilidades que ajudam as pessoas a verem a si mesmas, aos outros e às suas experiências com mais precisão. A análise racional é um processo de raciocínio lógico que pode ser aplicado a crenças firmemente mantidas, embora imprecisas, a fim de promover um funcionamento emocional mais adaptativo e uma ação produtiva. Os terapeutas cognitivos seminais (Bandura, 1986; Beck, 1976) concluíram que os padrões de pensamento ilógico de uma pessoa são uma função de aparências enganosas, evidências insuficientes, generalização excessiva, vieses de seleção, raciocínio indutor falho e análises dedutivas defeituosas. A análise racional, impulsionada pelos diálogos socráticos, serve para esclarecer e modificar esses erros de pensamento (Friedberg et al., 2014).

Dois diálogos diferentes com uma adolescente afro-americana de 14 anos chamada Ciara servem para ilustrar a distinção entre racionalização e análise racional. No primeiro diálogo, o terapeuta reforça a racionalização:

Ciara: Estou tão preocupada que os colegas da minha turma riam do meu projeto. Eu sei que vai ser horrível.

Terapeuta: Como você sabe disso, Ciara?

Ciara: Simplesmente sei. Parece certo.

Terapeuta: Será útil para você se preocupar com isso?

Ciara: Não... Creio que não.

Terapeuta: Então não ajuda. Eles já riram de você antes?

Ciara: Não... Acho que não.

| Terapeuta: | Então, embora pareça que eles vão rir, eles não riram no passado, e pensar sobre isso não é útil. Assim, talvez seja uma boa ideia não se preocupar com coisas que não acontecerão. |

Para o olho desinformado, isso pode parecer uma reestruturação cognitiva rudimentar ou uma "reformulação". No entanto, a mensagem para Ciara é excessivamente otimista e ingênua, no estilo Pollyanna, um "Não se preocupe com isso", o que é uma forma de racionalização. O terapeuta está involuntariamente em conluio com o estilo de Ciara de evitar ansiedade e temer avaliação negativa.

No segundo diálogo, a seguir, veja como o terapeuta estimula a análise racional com Ciara, em vez da racionalização:

Ciara:	Estou tão preocupada que os colegas da minha turma riam do meu projeto. Eu sei que vai ser horrível.
Terapeuta:	Esses pensamentos aumentam a sua ansiedade e, por isso, é claro que você quer adiar o projeto. O que faz você adivinhar que as crianças vão rir?
Ciara:	Simplesmente sei. Parece certo.
Terapeuta:	Porque parece certo para você, você se convenceu de que o riso vai acontecer.
Ciara:	Sim!
Terapeuta:	É assim que funciona com a ansiedade e os pensamentos que a cercam. Posso pedir a sua ajuda com uma coisa?
Ciara:	Ok.
Terapeuta:	Quando no passado os colegas riram do seu projeto?
Ciara:	... Nunca... mas já vi isso acontecer com os outros.
Terapeuta:	Isso a assustou, e você ficou preocupada que a mesma coisa pudesse acontecer com você.
Ciara:	Exatamente.
Terapeuta:	Entendo. Agora, para que eu possa ter uma ideia clara de como isso é para você, o que seria tão horrível se eles rissem de você?
Ciara:	Seria constrangedor, eu não aguentaria.
Terapeuta:	Você se sentiria muito desconfortável. O que passa pela sua cabeça?
Ciara:	Eles vão pensar que eu sou estúpida. Seria constrangedor e tal. Eu me sentiria nervosa, e eu sou uma pessoa tranquila.
Terapeuta:	Se essa coisa horrível acontecer, o que isso significa para você?
Ciara:	Se eles não gostam de mim ou pensam que eu sou estúpida, então eu sou uma farsa. Eles vão ver através de mim.
Terapeuta:	Uau, então a apresentação oral é uma ameaça porque eles poderiam ver a verdadeira você, que é estúpida e chata.
Ciara:	(Lágrimas.) Sim.

Terapeuta:	Podemos olhar para essa crença mais de perto?
Ciara:	Acho que sim.
Terapeuta:	A verdadeira você é estúpida e chata. O que convence você disso?
Ciara:	Não sei.
Terapeuta:	Deixe-me perguntar de uma maneira diferente. O que faz você acreditar que é estúpida e chata?
Ciara:	Eu olho para todos os outros colegas e eles parecem estar bem. Eles não se estressam com pequenas coisas. Eu surto com tudo.
Terapeuta:	Então, uma coisa é que você se sente muito estressada. E você não vê os outros colegas estando, como você diz, assustados.
Ciara:	Sim.
Terapeuta:	Vou registrar isso aqui como fatos que dizem que você é chata e estúpida. O que mais acontece aqui?
Ciara:	Hum... Eu não conheço todos os filmes populares e programas de tevê legais.
Terapeuta:	Vou listar isso. O que mais?
Ciara:	Eu não brinco muito com os colegas na escola.
Terapeuta:	Entendo. Essa é uma terceira informação. O que mais?
Ciara:	... Acho que é mais ou menos isso.
Terapeuta:	Ok... Agora, o que faz você duvidar que é estúpida e chata?
Ciara:	Não consigo pensar em nada.
Terapeuta:	Eu me pergunto se você consegue pensar em algo que tem em si que mostre que você não é estúpida.
Ciara:	Eu estou nas turmas avançadas, eu acho.
Terapeuta:	Ok. Agora, o que é verdadeiro sobre você que não poderia ser tão verdadeiro se você não fosse legal?
Ciara:	Como o quê?
Terapeuta:	Vamos dar um passo para trás. O que "legal" significa para você?
Ciara:	Você sabe... ser popular... ter muitos amigos... ser tranquila.
Terapeuta:	Então me conte dos seus amigos.
Ciara:	Bem, eu tenho alguns bons amigos.
Terapeuta:	Quanto tempo você passa com eles?
Ciara:	Bem, bastante, eu acho.
Terapeuta:	O que eles pensam de você?
Ciara:	Acho que eles me consideram tranquila.
Terapeuta:	Eles a conhecem bem? Quero dizer, a verdadeira você.
Ciara:	Sim.
Terapeuta:	Então, se eles acham que você é tranquila, você diria que isso a faz duvidar um pouco de que você não é legal?
Ciara:	Mais ou menos.

Diálogo socrático para a descoberta em psicoterapia **363**

O segundo diálogo não antecipa as crenças imprecisas de Ciara. Os pensamentos são analisados e examinados. Além disso, Ciara completa o trabalho difícil de questionar seus próprios mitos mentais. O terapeuta orientou a autorreflexão de Ciara fazendo perguntas específicas (por exemplo, "O que em você mostra que você não é estúpida?"; "O que significa ser legal?"; "O que é verdadeiro sobre você que não poderia ser tão verdadeiro se você não fosse legal?").

Barreiras criadas pelo terapeuta

No filme *O Mágico de Oz* (Fleming, 1939), o Professor Marvel proclama sobre si mesmo: "O Professor Marvel nunca adivinha, ele sabe". Às vezes, os terapeutas confundem o diálogo socrático com ser persuasivos e palestrar. Quando os terapeutas tentam palestrar, eles se envolvem em monólogos intermináveis. Um indicador confiável dessa armadilha é o rosto do jovem se revestindo de confusão e/ou tédio.

Ser um sabe-tudo como o Professor Marvel geralmente afasta os jovens. De fato, uma postura clínica pedante e dogmática pode refletir o narcisismo terapêutico. Freeman et al. (2008, 369) escreveram:

> O narcisismo terapêutico pode se manifestar quando o terapeuta diz aos clientes como eles se sentem em vez de perguntar isso a eles. Pode aparecer de outras maneiras: decidindo o que o cliente precisa sem consultá-lo, acreditando que a mudança deveria levar menos tempo do que leva, estabelecendo metas de mudança distantes e grandiosas, ou rotulando os clientes como resistentes por continuarem a acreditar nas ideias disfuncionais ensinadas pelos pais e outras pessoas significativas.

Às vezes, os terapeutas caem na armadilha de exibir seus talentos. Ao trabalhar com jovens, eles demonstram suas habilidades de raciocínio bem desenvolvidas e suas capacidades de teste de hipóteses e esquecem que estão lidando com indivíduos que estão hipervigilantes em relação à avaliação. Crianças e adolescentes frequentemente têm tendência a ver os diálogos com autoridades adultas como batalhas nas quais os adultos dizem: "Eu ganho, você perde. Estou certo, você está errado. Sou inteligente, você é burro". Quando os terapeutas se exibirem, as crianças provavelmente se declararão sem contestação e se submeterão, em vez de participar do processo de descoberta guiada. Além disso, elas podem agir passivamente como uma plateia e assistir sem entusiasmo ao terapeuta se apresentar. Portanto, tenha em mente que não há problema se os terapeutas parecerem "burros".

O primeiro diálogo com Davis, um garoto euro-americano de 12 anos, ilustra a versão dessa armadilha na qual a criança se rende e se resigna à lógica do terapeuta:

Terapeuta: Então você acredita que seu irmão se acha o rei da família e quer fazê-lo de escravo.

Davis: Sim, eu não vou ser escravo dele.

Terapeuta: Eu acho que ver seu irmão como um rei tentando fazer você de escravo está lhe causando problemas, e você acaba se metendo em confusão com sua raiva. O que há de rei em seu irmão?

Davis: Não sei.

Terapeuta: Talvez você pense isso porque ele tem suas próprias ideias.

Davis: Acho que sim.

Terapeuta: Ele pode ter suas próprias ideias e não ser seu rei?

Davis: Acho que sim.

Terapeuta: Talvez ele só queira uma chance de fazer o que deseja.

Davis: Talvez.

Terapeuta: Então seria mais útil para você se parasse de vê-lo como um rei e o visse apenas como um cara que tem suas próprias ideias. Está correto?

Davis: Certo.

Nesse diálogo falho, o terapeuta trabalha unilateralmente para atenuar o pensamento de "tudo ou nada" de Davis que o levou a rotular seu irmão como "rei". Há uma ausência evidente de colaboração e uma imposição de novas interpretações. A reação de Davis a essa discussão unilateral foi se calar e externamente ceder ao pensamento do terapeuta.

O próximo diálogo, com Blake, um garoto euro-americano de 11 anos, ilustra outro aspecto dessa armadilha:

Terapeuta: Você certamente tem muitas preocupações com coisas ruins que poderiam acontecer se parasse de se preocupar. Tenho uma ideia de algo que pode ajudar.

Blake: Ok.

Terapeuta: Eu listei algumas das coisas ruins que podem acontecer. Veja: um tornado, um acidente de carro, um incêndio em casa, sofrer *bullying* na escola, seus pais ficarem doentes, ser reprovado em um teste, seus pais serem roubados e seu cachorro fugir.

Blake: Isso é ruim.

Terapeuta: São coisas ruins, mas não são muito prováveis. Algumas nunca vão acontecer com você, certo?

Blake: Algumas.

Terapeuta: Mas você ainda se preocupa com elas, certo?

Blake: Sim.

Terapeuta: Ok. Se ficar preocupado com essas coisas as impedisse de acontecer, nenhuma delas aconteceria caso você se preocupasse com elas. Mas ainda assim elas acontecem. Então, isso significa que a preocupação não tem nenhum efeito sobre as coisas ruins que acontecem, certo?

Blake: Nunca pensei nisso assim antes.

Diálogo socrático para a descoberta em psicoterapia **365**

Nesse exemplo, Blake observou o terapeuta desmascarar sua crença "Se eu me preocupar, coisas ruins não acontecerão". Embora a lógica do terapeuta possa ser impecável, Blake não teve oportunidade de testar seu próprio pensamento. Os dados vieram quase exclusivamente do terapeuta.

Um diálogo socrático é fundamentalmente um empreendimento criativo (Greenberg, 2000; Mooney & Padesky, 2000). Em um sentido muito simples, crianças e adolescentes chegam à terapia "presos". Persistem com padrões mal-adaptativos e improdutivos. Esses jovens às vezes ficam paralisados devido à sua inércia psicológica e à sua sensação de desesperança. A criatividade pode desbloquear os seus recursos congelados.

Mantenha em mente

- Não há problema e, às vezes, é preferível que os terapeutas sejam burros.
- O diálogo genuíno e bidirecional pode aumentar a criatividade e desbloquear os recursos congelados do jovem.

Uso socrático de jogos

Os jogos são ótimas maneiras de facilitar o diálogo socrático com crianças mais novas. Os terapeutas podem usar jogos de tabuleiro, jogos de *videogame*/computador, jogos eletrônicos portáteis e assim por diante. O Quadro 9.1 oferece uma lista parcial de jogos potenciais.

Um terapeuta usou jogos para ajudar Kashmir, um menino afro-americano de 9 anos que ficou zangado e agressivo quando acreditou que sua autoestima havia sido atacada. Perder num jogo, tirar uma nota baixa ou ser repreendido eram gatilhos típicos. Como o diálogo socrático escrito e puramente verbal era um tanto improduti-

---

QUADRO 9.1 Jogos úteis como estímulos para o diálogo socrático

Damas
Xadrez
Jenga
Jogos de cartas
Connect Four
Batalha naval
Operando
Mouse Trap
Hipopótamos Famintos
Jogo da memória
Password
Nerf Basquete
Jogo da velha
Jogos de Wii

vo, Kashmir e seu terapeuta decidiram usar o *videogame* como uma maneira de testar os pensamentos do cliente. O diálogo a seguir demonstrou como os jogos podem ser usados como comandos para o diálogo socrático:

Kashmir: Você senta aqui e pratica o dia todo! É por isso que está ganhando!

Terapeuta: Estou ganhando mais pontos do que você neste momento.

Kashmir: Esse não é o meu jogo favorito, de qualquer maneira. Eu odeio isso! (Atira o controle do jogo.)

Terapeuta: Ok, Kash, vamos parar por aqui. Olhe aqui para esse quadro branco. Como se sente?

Kashmir: Irritado.

Terapeuta: Que bom que você me deixa saber que você está chateado, mas jogar algo não é uma boa maneira de mostrar a sua raiva. Temos que descobrir o que se passa pela sua cabeça quando você joga coisas. Então, o que passou pela sua cabeça naquele momento?

Kashmir: Odeio perder!

Terapeuta: Entendo. O que significa para você estar perdendo?

Kashmir: Eu não sou bom! Eu não quero ser um perdedor. Os perdedores são uma droga! Está me fazendo ser um fracassado!

Terapeuta: Não admira que você esteja tão zangado. Parece que também se sente um pouco envergonhado.

Kashmir: Eu deveria vencer você o tempo todo!

Terapeuta: Kash, agora percebo como fica zangado. Você acha que, quando os outros o vencem, estão envergonhando você e fazendo-o acreditar que é ruim.

Kashmir: Acho que sim.

Terapeuta: Posso perguntar uma coisa?

Kashmir: Ok.

Terapeuta: Que outras razões poderiam haver para as pessoas ganharem ou vencerem você num jogo?

Kashmir: Não sei... Elas trapaceiam?

Terapeuta: Ok... é possível. E se elas tiverem sorte?

Kashmir: Ok.

Terapeuta: O que mais? Vou anotar para você.

Kashmir: ... Elas são mais velhas... Elas jogaram mais... Acho que podem ser melhores.

Terapeuta: Então você veio com três outras explicações. Se você pensou que perdeu porque as pessoas são mais velhas, jogam mais ou até são melhores do que você, o quanto acredita que elas estão propositadamente tentando fazer com que você se sinta mal?

Kashmir: Não sei...

Terapeuta:	Ser melhor num jogo é o mesmo que tentar fazer com que você se sinta mal consigo mesmo?
Kashmir:	Acho que não.
Terapeuta:	Então que tal esta ideia: você estaria disposto a escrever sobre a questão "Quais são as razões pelas quais as pessoas ganham além de tentar fazer eu me sentir mal?" num cartão, para mantê-lo consigo e lê-lo antes de explodir?
Kashmir:	... Eu faço isso se você escrever o cartão.

O terapeuta usou a emoção provocada pelo jogo para iniciar o diálogo socrático. Ele processou os pensamentos e sentimentos de Kashmir, bem como estabeleceu limites na sessão (por exemplo, "Jogar algo não é uma boa maneira de mostrar sua raiva"). Como Kashmir era uma criança mais nova, o terapeuta simplificou a tarefa escrevendo as ideias sintetizadas para ele. É improvável que Kashmir use o cartão por conta própria fora da terapia, a menos que ele e seu terapeuta o utilizem na sessão quando o cliente perder jogos futuros. O uso do cartão na sessão também dá a ambos a chance de ver se essa prática ajuda ou não.

Promova diversão na terapia

O humor na terapia requer espontaneidade e é consistente com a noção de aprendizagem experiencial (Franzini, 2001). Martin e Ford (2018) concluíram que o humor na terapia promove uma aliança positiva e estimula a flexibilidade cognitiva, o pensamento alternativo e a perspectiva mais ampla. Além disso, o humor estimula a adaptação e minimiza as críticas (McGraw & Warren, 2010).

Portanto, evite se tornar enfadonho e rígido em sua conduta clínica. No mínimo, esteja atento ao usar vocabulário e jargão adultos. O exemplo a seguir, com Isiah, de 10 anos, ilustra um diálogo marcado por uma linguagem excessivamente sofisticada:

Isiah:	Eu sei que não posso me deixar ter amigos. Vai acabar mal. Eles vão me provocar e me intimidar.
Terapeuta:	Você parece com medo de ser vulnerável e preocupa-se que seus amigos vão abandoná-lo.
Isiah:	... Hum... Acho que sim, mas eu não sei o que essas palavras significam.
Terapeuta:	Vulnerável significa ser machucado, e abandonado significa sentir que seus amigos vão deixá-lo. Você entendeu agora?
Isiah:	... Eu acho que sim.
Terapeuta:	Então vamos fazer um teste de evidência.
Isiah:	... Não sei o que significa evidência.

Nessa breve conversa, o terapeuta errou ao usar linguagem e jargão excessivamente sofisticados. Palavras como "vulnerável" e "abandono" não são comumente usadas em conversas informais. Uma abordagem preferível seria explicar os conceitos em linguagem cotidiana que as crianças entendam. (Por exemplo, em vez de dizer "abandonado", dizer "sentir-se sozinho"). Além disso, "evidência" é um termo técnico. Uma opção melhor poderia ser explicar o processo (por exemplo, "Você está disposto a verificar se suas suposições sobre seus amigos se concretizarão?").

A diversão é um conceito subestimado nos diálogos socráticos com as crianças. Quando as crianças consideram a terapia lúdica, tendem a esquecer que estão em terapia. Dessa forma, é mais provável que elas se aproximem de materiais emocionalmente poderosos. Histórias, jogos, desenhos animados, humor, metáforas e exercícios são as "coisas da infância". Portanto, incluí-los na descoberta guiada é mentalmente sensível e contribui para a diversão.

Livros de exercícios podem promover diálogos socráticos e oferecer aos clínicos vantagens consistentes (Friedberg, 1996). Livros de exercícios orientam os terapeutas por meio de processos de descoberta guiada. Eles fornecem estrutura e direção aos diálogos. Os exercícios são inerentemente interativos, para que a participação das crianças seja incentivada. Por fim, os livros normalmente incluem tarefas escritas, que permitem fazer sínteses e revisões. Há diversos livros de exercícios divertidos disponíveis para crianças e adolescentes (Kendall et al., 2013; Stallard, 2019). Para adolescentes, há uma série de obras que incluem desenhos animados e características de *graphic novel*. Elas abordam uma variedade de questões, como: timidez e ansiedade social (Shannon, 2022); ansiedade, preocupação e pânico (Shannon, 2015); procrastinação e perfeccionismo (Shannon, 2017); e abordagens de atenção plena para gerenciar depressão, ansiedade e trauma (Scarlet, 2017).

Apesar dessas vantagens, é importante ter em mente alguns cuidados. Primeiro, para crianças com dificuldades de leitura, escrita ou atenção, os livros de exercícios podem ser desagradáveis. Em segundo lugar, a dependência excessiva de livros pode distanciar os terapeutas das crianças. Essas ferramentas podem ser usadas quando fazem a aliança de tratamento avançar, em vez de atrapalhá-la. Em suma, os terapeutas são incentivados a trabalhar diligentemente para que os exercícios ganhem vida e não fiquem estagnados na página. Certifique-se de encontrar uma maneira de envolver as crianças em algum trabalho escrito.

Usar marionetes como parte dos diálogos socráticos é benéfico para muitas crianças (Friedberg & McClure, 2018). Um personagem-fantoche pode expressar os pensamentos ligados à angústia da criança, e o outro pode usar o diálogo socrático para orientar a descoberta do primeiro. A prática pode começar com o terapeuta desempenhando o papel socrático e, em seguida, progredir para a criança assumindo o papel de um amigo sábio que expresse ideias alternativas ao fantoche em dificuldades.

As metáforas também podem ajudar a libertar os jovens de pensamentos inflexíveis que os algemam emocionalmente. Elas fornecem distância psicológica dos problemas e facilitam o pensamento alternativo. Um diálogo socrático metafórico é um estilo de questionamento usado com crianças (Beal et al., 1996). Grave e Blissett (2004) enfatizaram que as metáforas com crianças simplificam os processos de raciocínio sofisticados envolvidos em testes de evidência, reatribuição e descatastrofização.

Por exemplo, uma fala do filme da Disney *Mulan* (Bancroft e Croft, 1998) fornece a base para uma metáfora renomada. Nesse filme encantador, o imperador da China explica: "A flor que floresce na adversidade é a mais rara e bela de todas". Essa metáfora pode ser usada para ajudar as crianças a compreenderem a importância de tolerar e persistir, apesar da excitação emocional negativa. Para as crianças mais velhas atormentadas por arrependimentos debilitantes e remorso por pequenas falhas e contratempos, Don Draper, o protagonista da série de televisão estadunidense *Mad Men* (Veith, 2008), tem um mantra: "Eu vivo a vida em uma direção... para a frente!". É apropriado. Os terapeutas podem iniciar o diálogo socrático focando em como essa metáfora poderia se aplicar a eles.

Abraçar o imediatismo na sessão é uma maneira fundamental de mobilizar os diálogos socráticos com as crianças. Em geral, o imediatismo se refere a assistir e responder a reações momento a momento nas sessões. Mudanças de humor, fisiologia, comportamento e cognição são pistas para o imediatismo. Associar questões socráticas à aprendizagem experiencial é outra opção para evitar ser muito intelectual na sessão. Kraemer (2006) reconheceu que a psicoterapia é um encontro intenso e, muitas vezes, se assemelha ao teatro ao vivo. Em consonância com essa ideia, os jogos de teatro improvisados são excelentes veículos para a descoberta guiada experiencial com crianças e adolescentes. Os jogos de teatro improvisados não são roteirizados, ocorrem em tempo real, envolvem diminuição das demandas verbais e mantêm os clientes focados no presente (Fink, 1990; Weiner, 1994). Os jogos de improvisação podem apresentar situações semelhantes às que incomodam a criança ou que evocam humores ou pensamentos similares.

O Teatro da Monstruosidade (Weiner, 1994) é um método divertido e experimental de descoberta guiada que pode ajudar as crianças a ver objetivamente seus problemas e obter uma perspectiva adicional. Nesse jogo, uma lista de atributos monstruosos é gerada. Weiner recomenda que esses atributos incluam emoções, maneirismos, hábitos de higiene e estratégias interpessoais. A criança então interpreta o "monstro" na cena, e o terapeuta a ajuda a processar suas experiências internas (por exemplo, pensamentos/sentimentos), bem como seu efeito sobre os outros.

O Teatro da Monstruosidade se encaixa bem com a abordagem de retorno ao transtorno obsessivo-compulsivo (TOC) defendida por March e Mulle (1998). Essencialmente, o Teatro da Monstruosidade cria um processo de objetificação. Por exemplo, o monstro pode assumir as características do TOC (exigente, mandão, controlador, severo, punitivo, etc.). O terapeuta e a criança se revezam no papel de monstro. Inicialmente, a criança interpreta o monstro do TOC, e o terapeuta modela estratégias de resposta durante o diálogo. Durante o "intervalo", o terapeuta e a criança processam o primeiro ato (por exemplo, "Como foi interpretar o monstro do TOC?", "O que passou pela sua cabeça quando eu revidei?", "Como o monstro se sentiu então?", "Quando você estava interpretando o monstro, se sentiu mais poderoso?", "Quais foram as melhores maneiras de responder?"). As melhores refutações devem então ser escritas em fichas.

Durante a fase seguinte, no segundo ato, as crianças brincam sozinhas em uma cena com o monstro do TOC. A criança pode optar por manter algumas fichas de sugestão à mão para ajudar a construir as estratégias de resposta. Da mesma forma, após a conclusão do segundo ato, o terapeuta e o paciente processam o exercício. O terapeuta ajudará o jovem cliente a registrar pensamentos produtivos de enfrentamento e fornecer *feedback* útil para desenvolver estratégias adicionais.

Descoberta guiada por experiência

Conforme descrito no Capítulo 1, o diálogo socrático pode ser facilmente acoplado a procedimentos experimentais. Crenças rigidamente mantidas requerem experiências poderosas de desconfirmação para se alterar (Bandura, 1977). Adicionar um componente experiencial pode tornar as discussões mais emocionalmente ricas e genuínas. Vincular exercícios experimentais concretos ao diálogo socrático promove o consenso entre a cabeça e o coração (Padesky, 2004).

Considere o seguinte exemplo com Brandi, uma menina euro-americana de 9 anos que frequentemente achava que não era boa o suficiente. Esse pensamento estava associado a humores tristes e ansiosos. Apenas falar sobre essa crença não levou a nenhuma dissonância cognitiva. Portanto, seu terapeuta introduziu uma tarefa experimental, Rótulos Fantásticos (Friedberg et al., 2011). Rótulos Fantásticos ensina três princípios cruciais. As crianças aprendem que rótulos falsos não determinam o conteúdo. Além disso, compreendem que o conteúdo às vezes é independente de rótulos. Por fim, percebem que testar a acuracidade e a validade dos rótulos é importante.

Na primeira fase da tarefa, o terapeuta levou duas latas de refrigerante à sessão. Nesse exemplo, uma lata era de refrigerante cola e a outra era de refrigerante de guaraná. O terapeuta então rotulou um copo de isopor como "Refrigerante cola" e outro copo como "Refrigerante de guaraná". Então ele pediu a Brandi que fechasse os olhos e colocou o refrigerante de guaraná em ambos os copos. O diálogo a seguir retoma a sessão nesse ponto:

Brandi: Ei, ambos são refrigerante de guaraná!

Terapeuta: (Sorrindo.) Mas eles não foram rotulados dessa forma, foram?

Brandi: Você me enganou!

Terapeuta: Sim, eu enganei. É mais ou menos da mesma forma que a sua mente engana você. Às vezes, os rótulos que você coloca em si mesma não correspondem ao que está dentro de você. Você acha que isso pode ser verdade para alguns dos rótulos que você coloca em si mesma?

Brandi: Talvez.

Brandi: Como você sabia que o rótulo desse copo não estava certo?

Brandi: Eu podia sentir o gosto do que estava dentro.

Terapeuta: Então você sabia que era refrigerante de guaraná. Você podia saborear os ingredientes. Ajudaria se você tivesse certeza sobre o que está sob o seu rótulo de ser boa o suficiente?

Diálogo socrático para a descoberta em psicoterapia **371**

Brandi:	Acho que sim.
Terapeuta:	Então vamos testar as coisas que fazem você ser boa o suficiente, para ter certeza sobre o rótulo. Que coisas são boas o suficiente em você?
Brandi:	Eu sou uma boa aluna... Estou no conselho estudantil... Eu costumo ganhar nos meus campeonatos de natação... Eu sou uma boa amiga... Não me meto em problemas com os meus pais.
Terapeuta:	Ótimo. Acabei de escrever as coisas que estão sob o seu rótulo de ser boa o suficiente.

O trabalho com Brandi mostra como as tarefas experienciais tornam o material abstrato mais concreto. Brandi aprendeu com um experimento da vida real que os rótulos podem ser arbitrários e até imprecisos. O terapeuta trabalhou diligentemente para ajudá-la a aplicar essas ideias à sua própria criação de rótulos. Por fim, ele simplificou a tarefa escrevendo ideias resumidas para Brandi.

Santana era uma menina latina de 10 anos muito ansiosa. Ela temia desaprovação e, consequentemente, estabelecia padrões rigorosos para si mesma. Ela acreditava que nunca deveria criticar ninguém ou quebrar qualquer regra, por menor que fosse. Embora o diálogo socrático por si só tenha tido um sucesso modesto, suas crenças permaneceram relativamente arraigadas. Portanto, um experimento foi projetado colaborativamente. Santana preencheu um cartão com comentários negativos e o colocou na caixa de sugestões. Ela também jogou uma lata de refrigerante vazia na lixeira em vez de no recipiente de reciclagem à vista da equipe da clínica. Antes de realizar esses experimentos, Santana fez previsões (por exemplo, "As pessoas vão pensar que sou irresponsável e serei punida"); depois de completar a tarefa, ela processou a experiência com seu terapeuta ("Quais previsões se concretizaram?", "O que você acha de elas não se concretizarem?", "Como você explica isso?").

Mantenha em mente

- Seja claro na distinção entre análise racional e racionalização.
- Abrace o imediatismo na sessão.
- Faça verificações repetidas com a criança e com o adolescente.
- Não se exiba e não expresse "narcisismo terapêutico".
- Integre exercícios experienciais, livros de exercícios, materiais lúdicos, humor e diversão aos diálogos socráticos.

Armadilha 3

A tolerância das crianças à ambiguidade, à abstração e à frustração é baixa, e os terapeutas têm dificuldades para lidar com isso.

Crianças que têm baixa tolerância à ambiguidade, à abstração e à frustração representam uma terceira armadilha para os terapeutas. Crianças com uma grande necessidade de certeza podem considerar as perguntas abstratas e sem respostas aversivas. O medo de perder o controle pode estar por trás da grande necessidade de certeza das crianças. Além disso, perguntas ambíguas muitas vezes passam despercebidas por crianças que são limitadas pelo pensamento concreto. Por fim, crianças e adolescentes com baixa tolerância à frustração buscam gratificação imediata. Em resumo, elas querem respostas, não mais perguntas. Consequentemente, podem boicotar o processo de descoberta guiada.

Acompanhe o nível de processamento de informações da criança

A correspondência dos métodos de descoberta guiada com o nível de processamento de informações da criança minimiza a frustração. Para crianças e adolescentes cujo raciocínio abstrato é menos desenvolvido, os métodos de descoberta guiada que incluem desenhos animados, gráficos e outros materiais simplificados são indicados (Kingery et al., 2006; Piacentini & Bergman, 2001). Além disso, os métodos de descoberta guiada que enfatizam experimentos comportamentais e outros procedimentos baseados na experiência são boas ideias. Testes escritos de evidências são benéficos apenas para crianças cujas habilidades de raciocínio lógico e sequencial estão bem desenvolvidas.

Existem várias estratégias que podem tornar os diálogos socráticos mais acessíveis para esses jovens. Primeiro, é imperativo desdobrar as perguntas em sua forma mais simples. Usar perguntas curtas e diretas pode impulsionar a análise racional estagnada. Ser sucinto é bom. Os jovens se perdem em perguntas prolixas, vagas e difusas. Tente adequar as demandas da tarefa às capacidades de resposta das crianças.

Jake é um menino de 12 anos diagnosticado com transtorno do espectro autista (TEA). Como outros jovens com TEA, Jake está preso a regras rígidas para si mesmo, para os outros e para a forma como o mundo deve funcionar. Sua terapia forneceu uma excelente ilustração de como navegar pela terceira armadilha trabalhando com crianças que têm baixa tolerância à ambiguidade, à abstração e à frustração. Você pode ver como Jake relutou na primeira parte do diálogo socrático a seguir. Veja se consegue discernir os erros cometidos por sua terapeuta ao cair na armadilha de sua frustração.

Jake: Eu não consigo acreditar como minha professora de artes da linguagem é estúpida e chata. Eu dou minha opinião sobre o livro para ela e ela me manda para a diretoria. Todas as crianças me chamam de *nerd* e riem de mim. Eu odeio isso!

Terapeuta: O que você disse para ser mandado para a diretoria?

Jake: Eu disse para a professora que não deveríamos estar gastando nosso tempo valioso lendo livros como aquele. Isso foi tudo.

Diálogo socrático para a descoberta em psicoterapia **373**

Terapeuta:	Entendo. Como você se sentia naquele momento?
Jake:	Muito bravo.
Terapeuta:	Bravo? O que passou pela sua cabeça?
Jake:	Eu odeio artes da linguagem. Essa disciplina está sugando a minha vida.
Terapeuta:	Essas são palavras fortes. O que quer dizer com sugar a sua vida?
Jake:	Eu não deveria ter que fazer essa disciplina.
Terapeuta:	Você realmente tem algumas regras claras para si mesmo.
Jake:	Não sei o que quer dizer.
Terapeuta:	Você acha que as pessoas devem ser de determinadas maneiras, e que o mundo deve funcionar de certo modo.
Jake:	Não é assim com todo mundo?
Terapeuta:	Claro que sim.
Jake:	Então qual é o problema?
Terapeuta:	As suas regras funcionam para você?
Jake:	Claro que sim. Por que não funcionariam?
Terapeuta:	Vamos dar uma olhada nas evidências de que as regras funcionam para você.
Jake:	Por quê?
Terapeuta:	Acha que vai ser útil?
Jake:	Acho que não.
Terapeuta:	Por que não?
Jake:	As regras são minhas. Não quero mudar as minhas regras.
Terapeuta:	Eu me pergunto por que você não quer mudar as suas regras.
Jake:	Eu gosto delas. Por que eu deveria mudar?
Terapeuta:	Se olharmos para possíveis vantagens e desvantagens, talvez possamos ver se as artes da linguagem seriam mais fáceis se você mudasse as regras.
Jake:	Por que sou eu que tenho que mudar? Por que a senhora Promer não poderia mudar e nos dar um livro diferente?

Jake começou seu boicote no início do diálogo (por exemplo, "Não é assim com todo mundo?", "Então qual é o problema?", "Por que não funcionariam?"). A terapeuta ficou frustrada e desviou-se para perguntas "Por quê?" improdutivas (por exemplo, "Por que não?", "Eu me pergunto por que você não quer mudar as suas regras"). As perguntas "Por quê?" pareciam levar Jake a justificar ainda mais suas regras e afundaram o diálogo. Talvez um diálogo mais produtivo surgisse se a terapeuta ajustasse sua postura para abordar a falta de vontade de Jake de mudar suas regras (por exemplo, "Você está determinado a manter suas regras. Qual é a razão pela qual você está tão determinado?", "Você parece estar lutando pelas suas regras. O que há por trás disso?", "O que acha que aconteceria se afrouxasse as suas regras?"). O diálogo a seguir mostra como essas perguntas "O quê?" são mais produtivas do que as perguntas "Por quê", especialmente quando estão associadas à empatia pelo ponto de vista de Jake:

Terapeuta: Você está determinado a manter as suas regras. Qual é a razão pela qual você está tão determinado?

Jake: Eu me sinto mais calmo quando as regras fazem sentido.

Terapeuta: Eu entendo. Isso se encaixa com o motivo pelo qual você começa a enfrentar seus professores quando eles insistem em uma regra diferente — uma que não faz sentido para você.

Jake: As regras deles são estúpidas. Eu não deveria ter que fazer artes da linguagem.

Terapeuta: Entendi. E eu também me preocupo com você.

Jake: O que você quer dizer?

Terapeuta: Eu acho que, como existe uma lei segundo a qual todo aluno tem que fazer artes da linguagem, essa é uma regra que você não vai conseguir mudar. Mas vejo o quanto isso deixa você chateado e me preocupo com como você será capaz de lidar com esse sentimento o tempo todo.

Jake: Sim. Isso é chato!

Terapeuta: Eu gostaria de saber se podemos descobrir uma maneira de você não ficar tão chateado, mesmo quando uma regra não faz sentido para você.

Jake: Não sei o que quer dizer.

Terapeuta: Eu também não tenho certeza. Acho que precisaríamos descobrir juntos. Você estaria disposto a ver se poderíamos ter algumas ideias para ajudá-lo a se sentir melhor com regras que não fazem sentido?

Equilibre o diálogo socrático com empatia e dúvida ideal

Dosar o diálogo socrático é uma estratégia produtiva. Simplesmente ajuste o diálogo para que o processo viabilize a aprendizagem, em vez de ser excessivamente frustrante. No diálogo anterior, a terapeuta misturou perguntas com expressões de compreensão empática das respostas de Jake. Expressões de preocupação equilibraram a introdução de uma ideia nova e um tanto desafiadora: "Eu gostaria de saber se podemos descobrir uma maneira de você não ficar tão chateado, mesmo quando uma regra não faz sentido para você". A lei de Yerkes-Dodson aponta o caminho aqui. Como um lembrete, Yerkes e Dodson (1908) afirmaram que, em uma situação, há um ponto ótimo de excitação; se a excitação for muito baixa ou muito alta, o desempenho será afetado. Os terapeutas devem garantir que seus diálogos socráticos sejam suficientemente estimulantes para provocar dúvidas, mas não tão estimulantes a ponto de criar frustração ou desânimo.

Gerar dúvida é uma tarefa dimensional, não uma tarefa categórica. Portanto, os terapeutas devem abraçar a questão de quanto de dúvida é necessário criar com o diálogo socrático.

A questão sobre se uma quantidade suficiente de dúvida é suscitada é ambígua. Aprender a tolerar a ambiguidade é essencial para os terapeutas (Mooney & Padesky, 2000; Padesky, 2007). Um critério absoluto para avaliar se há dúvida suficiente é a construção de um pensamento completamente novo que reflita com precisão múltiplos aspectos da experiência de alguém. Um critério relativo é diminuir o grau de crença da pessoa em um pensamento automático negativo. Aceitar critérios relativos pode deixar os terapeutas com uma sensação perturbadora de incompletude. No entanto, adotar uma perspectiva terapêutica que incorpore uma variedade de dúvidas é prudente. Ao longo do tempo e com sessões repetidas, os terapeutas podem revisitar pensamentos distorcidos e trabalhar para diminuir ainda mais sua credibilidade.

O seguinte diálogo, com uma jovem asiático-americana de 16 anos chamada Sydney, é um exemplo de adoção de uma visão dimensional da dúvida e de dosagem do diálogo. Além de experimentar estados de ânimo deprimidos e irritados, Sydney estava presa entre o desejo de seus pais de que ela aderisse aos valores culturais tradicionais coreanos (por exemplo, respeito estrito aos mais velhos e à autoridade, desvalorização da autonomia, manutenção de um grau de estoicismo emocional, etc.) e o seu próprio desejo de se adaptar à cultura adolescente dominante dos Estados Unidos. Consequentemente, o terapeuta precisava introduzir um contexto cultural em seu diálogo socrático:

Sydney: Meus pais me tratam como se eu fosse um bebê ou uma criança que acabou de sair de uma *van* escolar (risos).

Terapeuta: Você está rindo, mas me disse que isso a deixa muito furiosa.

Sydney: Sim. E daí se eu falto à escola? É tão chato na escola mesmo. Para que preciso dessa mer**? Sim, estou com raiva e deprimida, mas não sou uma criança de mer**.

Terapeuta: Quanto acha que os seus pais confiam em você?

Sydney: Nem um pouco.

Terapeuta: Tenho certeza de que isso dói. Como você acha que os seus pais a veem?

Sydney: Você teria que perguntar a eles.

Terapeuta: É justo. Mas qual é o seu palpite sobre como eles a veem?

Sydney: Uma decepção... Uma fudi**... Uma criança que tem que ser vigiada para não colocar um garfo na torradeira.

Terapeuta: Então você acredita que a proteção dos seus pais se deve a eles verem você como um bebê e uma fudi**.

Sydney: Sim.

Terapeuta: Como você quer que eles a vejam?

Sydney: Não desse jeito. Como alguém que sabe o que faz. Alguém que está no comando da sua vida.

Terapeuta: Você quer que eles a vejam como alguém capaz...

Sydney:	E eles me veem como uma completa estúpida!
Terapeuta:	Ok... Entendo... Quanta certeza você tem sobre isso?
Sydney:	100%.
Terapeuta:	Uau, você está convencida. É certamente possível que a superproteção dos seus pais se deva a vê-la como um bebê. Eu me pergunto que outras razões poderia haver.
Sydney:	Como o quê?
Terapeuta:	Não tenho certeza. Vamos ver se juntos podemos pensar em algumas coisas. Por exemplo, até que ponto seu pai é preocupado?
Sydney:	Muito... Ele enlouquece com tudo!
Terapeuta:	Isso poderia torná-lo superprotetor por alguma razão?
Sydney:	Acho que sim. Ele sempre se preocupa que coisas ruins aconteçam comigo.
Terapeuta:	Vamos anotar isso. O que mais?
Sydney:	... Bem, minha mãe é maníaca por controle.
Terapeuta:	E você acha que pode ser por isso que ela é superprotetora?
Sydney:	Com certeza.
Terapeuta:	Mais alguma coisa?
Sydney:	... Eles acham que o mundo vai te fod**... Acho que isso vem de assistir muito ao noticiário.
Terapeuta:	Vou escrever isso também. (Escreve.) Quanto acha que eles querem o melhor para você?
Sydney:	... Bastante.
Terapeuta:	Vou escrever o que temos até agora. Então, vimos que o seu pai é preocupado, que a sua mãe é maníaca por controle, que eles acham que o mundo vai fod** você e que eles podem querer o melhor para você. O quanto você acredita em cada uma dessas coisas?
Sydney:	... Numa escala de 1 a 10, vamos ver... Meu pai ser preocupado: 10. Minha mãe ser maníaca por controle: definitivamente 10. O mundo vai fod** você: mais de 8. Eles querendo o melhor para mim: 4 ou 5.
Terapeuta:	Vamos fazer uma pausa e ver o que escrevemos até agora, porque acho que é muito interessante. A princípio, parecia que a superproteção dos seus pais se devia 100% ao fato de eles acharem que você era uma fracassada. Então você fez algumas observações realmente interessantes — seu pai é preocupado (10/10), sua mãe é controladora (10/10), eles acham que o mundo vai fod** você (8/10), e eles querem o melhor para você (4-5/10). Levando tudo isso em conta, eu gostaria de saber: o que você pensa a respeito?

Esse longo diálogo ilustra os méritos da paciência. O terapeuta usou as classificações das crenças repetidamente para desgastar o raciocínio absoluto de Sydney. Essas classificações permitiram que ele estabelecesse as bases para a dúvida com uma pergunta sintetizadora ("Eu gostaria de saber: o que você pensa a respeito?"). De fato, para mudar seu padrão cognitivo, Sydney não precisava acreditar que seus pais a viam como alguém 100% competente; ela só precisava diminuir sua certeza de que a superproteção era absolutamente determinada pela visão negativa que seus pais tinham dela.

Mantenha em mente

- Utilize perguntas curtas e claras.
- Tente adequar as demandas da tarefa às capacidades de resposta das crianças.
- Dose o diálogo para que a aprendizagem seja facilitada.
- Enfatize a capacidade da criança de ajudar a si mesma.
- Defenda uma visão dimensional da dúvida por meio do uso liberal de classificações de crenças.

SÍNTESE

Crianças e adolescentes que enfrentam dificuldades emocionais podem ter pensamentos sombrios e subversivos sobre si mesmas, seu futuro, suas experiências presentes e outras pessoas. Trajetórias de desenvolvimento e comportamentos produtivos podem ser bloqueados por essas histórias privadas. O uso proficiente do diálogo socrático orienta as crianças a identificar, testar e eventualmente duvidar de suas suposições prejudiciais. Este capítulo apresentou armadilhas comuns encontradas ao aplicar métodos de descoberta guiada. Mantenha em mente os princípios que guiaram o caminho.

Lembre-se de que a *expertise* no diálogo socrático é mais um processo contínuo do que uma habilidade alcançada. A competência no diálogo socrático é dimensional, e o movimento ao longo do *continuum* é impulsionado por supervisão, aprendizagem experiencial e autorreflexão que aprecie tanto os sucessos quanto os fracassos. Se a paciência ao trabalhar com crianças e adolescentes é fundamental, a paciência consigo mesmo é uma virtude essencial. Um diálogo perfeito é um padrão impossível. Pontos de impasse inevitáveis podem ser providenciais, pois podem levar a campos robustos para investigação. Assim como Janus, enquanto terapeutas cognitivos, procuramos abrir várias portas e valorizar explicitamente a exploração ampla. Valores terapêuticos como flexibilidade, criatividade, paciência, prática autorreflexiva, colaboração e o aprendizado de abraçar a excitação emocional negativa, bem como de tolerar a ambiguidade, promovem um bom diálogo socrático com crianças e adolescentes.

> **Atividades de aprendizagem do leitor**
>
> - Em que armadilhas você se vê caindo na sua terapia com crianças e adolescentes?
> - Para cada armadilha, revise as seções anteriores e este capítulo como um todo e formule o seu padrão prejudicial. Em seguida, experimente uma ou mais das intervenções descritas que pareçam ser clinicamente apropriadas para os seus clientes, levando em conta a sua idade e o seu nível de raciocínio.
> - Considere quais atividades experienciais poderiam contribuir para a sua terapia com crianças e adolescentes. Experimente uma delas que seja promissora como meio de orientar a descoberta do seu cliente e combine-a com o diálogo socrático.
> - Se você mantém quaisquer crenças ou suposições de terapeuta que corram o risco de criar barreiras em sua terapia, identifique-as. Considere como abordá-las em autossupervisão ou com um supervisor ou consultor.

REFERÊNCIAS

Allen, W. (2007). *Mere anarchy*. New York: Random House.

Austen, J. (1908). *Sense and sensibility*. London: Cassell.

Bancroft, T., & Croft, B. (Directors). (1998). *Mulan* [Film]. United States: Walt Disney Feature Animation.

Bandura, A. B. (1977). *Social learning theory*. Englewood Cliffs, NJ: Prentice-Hall.

Bandura, A. B. (1986) *Social foundations of thought and action*. Englewood Cliffs, NJ: Prentice-Hall.

Beal, D., Kopec, A. M., & DiGuiseppe, R. (1996). Disputing patients' irrational beliefs. *Journal of Rational-Emotive and Cognitive Behavioral Therapy, 14*, 215–229. https://doi.org/10.1007/BF02238137

Beck, A. T. (1976). *Cognitive therapy of the emotional disorders*. New York: International Universities Press.

Brickman, M. (Writer). (2010). *The Addams Family Musical* [Musical theatre]. United States: Stuart Oken, Roy Furman, Michael Leavitt, 5 cent Productions and Elephant Eye Theatrical Productions.

Dahl, R. E. (2004). Adolescent brain development: a period of vulnerabilities and opportunities. *Annals of the New York Academy of Sciences, 1021*, 1–22. https://doi.org/10.1196/ann als.1308.001

Daniel, S. S., & Goldston, D. B. (2009). Interventions for suicidal youth: A review of the literature and developmental considerations. *Suicide and Life-Threatening Behaviors, 39*, 252–268. https://onlinelibrary.wiley.com/doi/abs/10.1521/suli.2009.39.3.252

Fink, S. O. (1990). Approaches to emotion in psychotherapy and theatre: Implications for drama therapy. *The Arts in Psychotherapy, 17*, 5–18. https://doi.org/10.1016/0197-4556(90)90036-P

Fleming, V. (Director). (1939). *The Wizard of Oz* [Film]. United States: Metro-Goldwyn-Mayer.

Franzini, L. (2001). Humor in therapy: the case for training therapists in its uses and risks. *Journal of General Psychology, 128*, 170–193. https://doi.org/10.1080/00221300109598906

Freeman, A., Felgoise, S. H., & Davis, D. (2008). *Clinical psychology: Integrating science and practice*. New York: Wiley.

Friedberg, R. D. (1996). Cognitive behavioral games and workbooks: Tips for school counselors. *Elementary School and Guidance Counseling, 31*, 11–20. https://www.jstor.org/stable/42869167

Friedberg, R. D., Gorman, A. A., Wilt, L. H., Buickians, A., & Murray, M. (2011). *Cognitive behavioral therapy for the busy child psychiatrist and other mental health professionals: Rubrics and rudiments.* New York: Routledge.

Friedberg, R. D., & McClure, J. M. (2018). *Clinical practice of cognitive therapy with children and adolescents: The nuts and bolts* (2nd ed.). New York: Guilford.

Friedberg, R. D., McClure, J. M., & Garcia, J. H. (2014). *Cognitive therapy techniques for children and adolescents: Tools for enhancing practice.* New York: Guilford.

Grave, J., & Blissett. J. (2004). Is cognitive behavior therapy developmentally appropriate for young children? A critical review of the evidence. *Clinical Psychology Review, 24,* 399–420. https://doi.org/10.1016/j.cpr.2004.03.002

Greenberg, R. L. (2000). The creative client in cognitive therapy. *Journal of Cognitive Psychotherapy, 14,* 163–174. https://doi.org/10.1891/0889-8391.14.2.163

James, I. A., Morse, R., & Howarth, A. (2010). The science and art of asking questions in cognitive therapy. *Behavioural and Cognitive Psychotherapy, 38,* 83–93. https://doi.org/10.1017/S135246580999049X

Kendall, P. C., Beidas, R. S., & Mauro, C. (2013). *Brief coping cat: The 8-session coping cat workbook.* Ardmore, PA: Workbook Publishing.

Kingery, J. N., Roblek, T. L., Suveg, C., Grover, R. L., Sherill, J. T., & Bergman, R. L. (2006). "They're not just little adults": Developmental considerations for implementing cognitive behavioral therapy with youth. *Journal of Cognitive Psychotherapy, 20,* 263–273. https://doi.org/10.1891/jcop.20.3.263

Kraemer, S. (2006). Something happens: Elements of therapeutic change. *Clinical Child Psychiatry and Psychology, 11,* 239–248. https://doi.org/10.1177/1359104506061415

Lageman, A. G. (1989). Socrates and psychotherapy. *Journal of Religion and Health, 28,* 219–223. https://doi.org/10.1007/BF00987753

Leahy, R. L. (1985). The cost of development: Clinical implications. In R. L. Leahy (Ed.), *The development of the self* (pp. 267–294). San Diego: Academic Press.

McGraw, A. P., & Warren, C. (2010). Benign violations: Making immoral behavior funny. *Psychological Science, 21,* 1141–1149. https://doi.org/10.1177/0956797610376073

March, J. S., & Mulle, K. (1998). *OCD in children and adolescents: A cognitive behavioral treatment manual.* New York: Guilford.

Martin, R. D. & Ford, T. (2018). *The psychology of humor: An integrative approach.* London: Elsevier Academic Press.

Mooney, K. A., & Padesky, C. A. (2000). Applying client creativity to recurrent problems: Constructing possibilities and tolerating doubt. *Journal of Cognitive Psychotherapy, 14,* 149–161. https://doi.org/10.1891/0889-8391.14.2.149

Padesky, C. A. (1988). *Intensive training course in cognitive therapy.* Newport Beach, CA.

Padesky, C. A. (1993, Sept.). *Socratic questioning: changing minds or guided discovery.* Keynote address at the meeting of the European Congress of Behavioral and Cognitive Psychotherapies, London, UK. Retrieved from https://www.padesky.com/clinical-corner/ publications

Padesky, C. A. (2004). Behavioral experiments at the crossroads. In J. Bennett-Levy, G. Butler, M. Fennell, A. Hackman, M. Mueller, & D. Westbrook (Eds.), *Oxford guide to behavioral experiments in cognitive therapy* (pp. 433–438). Cambridge, UK: Oxford University Press.

Padesky, C. A. (2007, July). *The next frontier: building positive qualities with cognitive behavior therapy.* Invited address at the 5th World Congress of Behavioural and Cognitive Therapies, Barcelona, Spain.

Piacentini, J., & Bergman, R. L. (2001). Developmental issues in cognitive therapy with childhood anxiety disorders. *Journal of Cognitive Psychotherapy, 60*, 1181–1194. https://doi.org/10.1891/0889-8391.15.3.165

Scarlet, J. (2017). *Superhero therapy: Mindfulness skills to help teens and young adults deal with anxiety depression & trauma.* Oakland, CA: New Harbinger Publications.

Schulberg, B. (Writer). (1954). *On the waterfront* [Film]. United States: Horizon Pictures and Columbia Pictures.

Shannon, J. (2015). *The anxiety survival guide for teens: CBT skills to overcome fear, worry and panic.* Oakland, CA: New Harbinger Publications.

Shannon, J. (2017). *A teen's guide to getting stuff done: Discover your procrastination types, stop putting things off, and reach your goals.* Oakland, CA: New Harbinger Publications.

Shannon, J. (2022). *The shyness and social anxiety workbook for teems: CBT and ACT skills to help you build social confidence.* Oakland, CA: New Harbinger Publications.

Shapiro, J. E., Friedberg, R. D., & Bardenstein, K. K. (2005). *Child and adolescent therapy: Science and art.* New York: Wiley.

Stallard, P. (2019). *Think good, feel good: A cognitive behavioural therapy workbook for children and young people.* Chichester, UK: Wiley.

Veith, R. (Writer). (2008). The new girl (Season 2, Episode 5) [TV series episode]. In Matthew Weiner (Executive Producer), *Mad men.* Weiner Bros. Productions; Lionsgate Productions; AMC Original Productions.

Weiner, D. J. (1994). *Rehearsals for growth.* New York: W. W. Norton.

Yerkes, R. M., & Dodson, J. D. (1908). The relation of strength of stimulus to rapidity of habit formation. *Journal of Comparative and Neurological Psychology, 18*, 459–482. https://doi.org/10.1002/cne.920180503

Zuckerman, M. (1979). Attribution of success and failure revisited or the motivational bias is alive and well in attribution theory. *Journal of Personality and Social Psychology, 47*, 245–287. https://doi.org/10.1111/j.1467-6494.1979.tb00202.x

10

Diálogo socrático na terapia de grupo

James L. Shenk

Célia: Fiquei muito deprimida no fim de semana. Eu estava planejando ir para a festa do trabalho na sexta-feira à noite, mas eu realmente não tinha vontade de ir. Eu me sentia muito cansada e não queria ver ninguém. Não sei o que fazer. Acho que não estou melhorando.

John: (Para Célia.) Você nos disse semana passada que ia àquela festa do trabalho. Quero dizer, acho que você deve tomar uma atitude e se esforçar para sair se quiser fazer algum progresso real. (Vira-se para os outros membros do grupo.) Não é mesmo?

Célia parece mais desanimada depois do comentário de John. Os outros membros do grupo de terapia estão em silêncio. Alguns membros olham para o chão, outros para o terapeuta. Como terapeuta do grupo, você se encontra rapidamente contemplando suas opções. Você pode ver que Célia está realmente se sentindo deprimida. Ninguém parece estar respondendo diretamente a ela; ninguém está demonstrando empatia. Ela pode não se sentir segura no grupo neste momento. Você poderia validar os sentimentos dela, mas talvez seja melhor dar aos outros membros a oportunidade de responder primeiro. Ou talvez seja melhor continuar com a abordagem didática que você tinha planejado para hoje. Recorrer ao planejamento pode amenizar a tensão, e você já está um pouco atrasado na agenda planejada para a sessão. Você poderia perguntar aos outros sobre seus sentimentos e pensamentos automáticos, mas e quanto aos sentimentos de Célia? Pareceria mais genuíno apenas deixar os outros responderem de forma natural, mas ninguém está dizendo nada a ela!

Essa cena ilustra os desafios e dilemas típicos que os terapeutas encontram na terapia em grupo. Um terapeuta de grupo precisa decidir se deve focar nas necessidades de Célia no momento (no estilo de comunicação de John), redirecionar para os tópicos da agenda daquela sessão ou focar em cognições, processos e comportamentos interpessoais. Os formatos limitados no tempo, comuns na terapia cognitivo-comportamental (TCC), obrigam os terapeutas a manterem seu foco durante pelo menos parte de cada sessão em conceitos e aquisição de habilidades relevantes para a agenda da sessão. Um terapeuta de grupo também deve atender a todos os participantes ao mesmo tempo, mantendo-os ativamente engajados enquanto fomenta um senso de confiança quanto à valorização do que é dito no grupo e ao fato de que as respostas serão geralmente solidárias e construtivas. Alguns terapeutas podem assumir que uma interação de grupo natural e progressiva levará a aprendizagens poderosas e resultados positivos sem muito envolvimento deles próprios. Outros podem estar inclinados a responder diretamente a cada membro do grupo, talvez assumindo que sua formação clínica avançada e sua experiência garantirão os melhores resultados. As diferentes personalidades, necessidades clínicas e dinâmicas interpessoais da terapia em grupo apresentam muitas armadilhas clínicas potenciais para qualquer terapeuta ou terapeutas conduzindo um grupo.

O diálogo socrático oferece uma solução elegante para o desafio complexo da terapia em grupo de ensinar habilidades relevantes, envolver os membros ativamente nos processos de aprendizagem e responder às necessidades emocionais dos participantes. Na situação anterior, o terapeuta poderia empregar o diálogo socrático para:

1. perguntar sobre os pensamentos automáticos de Célia ou de outros membros em resposta ao comentário e ao tom um tanto crítico de John;
2. incentivar respostas empáticas de John ou de outros membros;
3. informar-se sobre perspectivas alternativas relacionadas à dificuldade de Célia com seus planos de participar da festa;
4. pedir aos membros que compartilhem estratégias que consideram úteis quando se sentem cansados ou desencorajados a comparecer a um evento social.

Observe o que acontece quando esse terapeuta de grupo começa a empregar o diálogo socrático:

Terapeuta: John, você está apontando para o valor de nos esforçarmos para fazer atividades, como discutimos nas duas primeiras sessões. Agradeço por encorajar isso (*síntese*; *escuta empática*). Vamos manter esse objetivo em mente, mas talvez alguém possa primeiro ter uma resposta para Célia sobre como ela tem se sentido e o quão difícil foi para ela ir à festa como planejado. Às vezes, quando recebemos compreensão e apoio, nos sentimos mais capazes de agir mesmo quando estamos deprimidos. (Tentando facilitar a *escuta empática* enquanto também prepara o terreno para *perguntas informativas* futuras.)

Letisha: Bem, eu acho que sei como você se sente, Célia. Quando estou realmente deprimida, a última coisa que quero fazer é estar com outras

	pessoas. Sinto que não seria divertida em uma festa e que ver outras pessoas felizes só faria eu me sentir pior.
Célia:	Você acertou.
Terapeuta:	Letisha, você parece entender os sentimentos de Célia e o desejo de recuar. Você consegue pensar em algumas razões pelas quais pode ser importante para Célia se reconectar com outras pessoas? E como ela pode começar a fazer isso quando está se sentindo tão triste?
Letisha:	Às vezes, apenas estar com outras pessoas me ajuda a me sentir menos sozinha e triste.
Célia:	É verdade. Eu sei que preciso sair. Eu me senti muito mal por ficar em casa o fim de semana todo.
Terapeuta:	Então, Letisha, ou outra pessoa, quando se sente cansada e deprimida, o que pode fazer para se encorajar a sair?
Letisha:	Acho que pode ter relação com o que conversamos na segunda sessão. Tipo, eu poderia me perguntar, ou acho que perguntaria a você, Célia, o que você seria capaz de fazer para se sentir melhor. Talvez um pequeno passo, chamar um amigo para tomar um café ou assistir a um filme ou algo assim? (Célia permanece quieta.)
Terapeuta:	Você acha que seria mais factível para você, Célia, dar um pequeno passo?
Célia:	Sim. Acho que sei para quem posso ligar, talvez esta noite quando chegar em casa. Alguém que tenho afastado ultimamente.
Terapeuta:	Parece bom, Célia. Obrigado por se abrir conosco no grupo. Para ajudá-la a fazer isso, hoje falaremos sobre este mesmo dilema: o que fazer quando nos sentimos deprimidos e temos pensamentos negativos de tudo ou nada, por exemplo: "Não posso fazer nada quando me sinto assim". Vamos ver como avaliar e testar esses pensamentos negativos.

A terapia de grupo oferece uma oportunidade empolgante e dinâmica para os terapeutas darem vida à descoberta guiada, atraindo a participação dos membros e buscando evidências experienciais, perspectivas alternativas e empatia das diversas origens representadas em determinado grupo. As respostas interpessoais e o *feedback* entre os participantes oferecem oportunidades para aprender e testar ideias de maneiras que vão além do que é possível na terapia individual. Os membros aprendem com a observação dos outros e com a participação ativa, às vezes animada, em discussões e exercícios em grupo.

As ilustrações clínicas deste capítulo exemplificam como o diálogo socrático oferece um meio flexível para o terapeuta de grupo: (1) responder efetivamente às reações interpessoais emergentes mesmo ao permanecer estruturado e focado em uma agenda de grupo; (2) garantir que respostas empáticas apropriadas e aprendizagem ocorram em momentos de tensão ou vulnerabilidade; (3) manter os membros ativamente envolvidos em vez de apenas ouvir ou observar passivamente; e (4) facilitar a aplicação de técnicas cognitivas em um ambiente social real e *in vivo*. Como no exemplo apresentado anteriormente, também incluímos ilustrações de como transformar uma falha ou um conflito empático em uma oportunidade de aprendizagem para todo o grupo.

UMA INTRODUÇÃO À TERAPIA COGNITIVO--COMPORTAMENTAL EM GRUPO

Os focos estruturados e educacionais da TCC são muito passíveis de um formato de terapia de grupo, e muitos estudos demonstram a eficácia da TCC de grupo para transtornos psicológicos comuns (por exemplo, Brown et al., 2011; Söchting, 2014). Uma aplicação em grupo foi descrita e defendida no texto clássico sobre tratamento da depressão de Beck et al. (1979). Um modelo para a TCC em grupo usando o guia do cliente *A mente vencendo o humor* (Greenberger & Padesky, 2016) foi descrito mais recentemente (Padesky, 2020a).

A terapia fornecida em grupos faz sentido a partir de uma série de perspectivas. A oportunidade de receber apoio social e emocional de outras pessoas que têm uma base semelhante de experiência e compreensão é apreciada por aqueles que enfrentam sofrimento psicológico. Pertencer a um grupo pode reduzir o sentimento de alienação e vergonha e ajudar a normalizar as lutas pessoais de uma forma muito poderosa e terapêutica. Um formato de grupo torna os serviços terapêuticos mais econômicos e acessíveis, um benefício notável em tempos de aumento dos custos dos cuidados de saúde, especialmente dado o número limitado de terapeutas de TCC altamente treinados. Além disso, a terapia de grupo pode ser oferecida pela internet, o que a torna muito mais acessível para pessoas que têm dificuldade em se deslocar para a sessão. Por fim, as experiências interpessoais complexas e imprevisíveis de um grupo podem realmente se aproximar dos eventos desafiadores e muitas vezes imprevisíveis da vida diária de nossos clientes. Assim, a aprendizagem alcançada em grupos pode ser generalizada de forma mais eficaz para situações sociais e estressores da vida real, aumentando a resiliência e promovendo maiores níveis de funcionamento na sociedade.

Os terapeutas grupais existenciais têm uma longa história de foco em oportunidades de aprendizagem que surgem por meio de processos interpessoais naturais em grupos. Os terapeutas da TCC compartilham um valor na aprendizagem experiencial e podem obter uma compreensão significativa da dinâmica de grupo a partir da leitura de DeLucia-Waack e colegas (2013), Yalom e Leszcz (2008) e outros autores que dedicaram sua carreira ao estudo dos processos de terapia de grupo. Existem, no entanto, diferenças significativas na conceituação e nos níveis de intervenção na TCC em grupo. Particularmente, os terapeutas da TCC fornecem mais estrutura e descoberta guiada do que normalmente é encontrado nos processos grupais tradicionais. Confiar nos processos interpessoais naturais pode resultar em conversas ou sessões que não facilitam a aprendizagem relevante de problemas ou necessidades dos membros. As intervenções socráticas podem ser embasadas na sabedoria da li-

Diálogo socrático para a descoberta em psicoterapia **385**

teratura tradicional sobre terapia de grupo e, ao mesmo tempo, ser cuidadosamente guiadas por conceitualizações cognitivas que levam a intervenções capazes de melhorar a eficiência e a eficácia das terapias de grupo.

DIÁLOGO SOCRÁTICO NA TERAPIA DE GRUPO

Pouco foi escrito ou ilustrado sobre o modo como o diálogo socrático pode ser implementado em um ambiente de terapia de grupo. Bieling et al. (2006) e Söchting (2014), em seus guias abrangentes para a TCC em grupos, descrevem como as mesmas estratégias e métodos de ensino usados na TCC individual são tipicamente adaptados para grupos. Eles observam que um terapeuta de grupo da TCC envolve os membros em um processo de *empirismo colaborativo* e emprega vários processos de *descoberta guiada*, juntamente com outras técnicas e estratégias mais específicas modificadas para os grupos. Esses textos fornecem alguns exemplos de diálogo socrático em terapia de grupo. Padesky e Greenberger (Padesky, 2020a) também oferecem exemplos de diálogo socrático e outros exercícios de descoberta guiada em terapia de grupo.

Envolver um grupo diversificado de indivíduos no processo de empirismo colaborativo é uma tremenda oportunidade e um desafio. Os terapeutas podem empregar todos os princípios detalhados no Capítulo 2 deste livro em um *diálogo em grupo estrategicamente orientado*. Perguntas informativas, escuta empática, sínteses e perguntas sintetizadoras provavelmente provocarão uma gama mais ampla de respostas e ideias, e potencialmente maior credibilidade para essas ideias, do que a que seria provocada em uma única díade terapeuta-cliente. Idealmente, os diálogos em grupo envolvem cada vez mais os membros como participantes ativos no processo de descoberta guiada.

Vantagens de usar o diálogo socrático na terapia de grupo

A TCC em grupo fornece um contexto no qual o diálogo socrático pode ser particularmente dinâmico e eficaz. Considere estas sete vantagens potenciais do diálogo socrático na terapia de grupo:

1. **O importante entendimento de que pensamentos e crenças são, na verdade, interpretações e suposições** *subjetivas* pode ser facilmente observado e demonstrado reunindo os diferentes pontos de vista dos participantes em relação a um incidente ou problema específico. A cena a seguir ilustra esse processo.

Terapeuta: Então, Najeeb, o que passaria pela sua cabeça se ela o rejeitasse quando você a convidasse para sair? Na verdade, deixem-me pedir a cada um de vocês que pense na possibilidade de ser recusado quando convidar para sair uma pessoa por quem realmente se sente atraído. O que provavelmente passaria pela sua cabeça? (O terapeuta faz uma pausa e depois se vira para cada um, um de cada vez.)

Jose: Hum. Provavelmente isto: que eu não sou atraente o suficiente.

Najeeb: Que devo ter me aproximado dela da maneira errada. Talvez tenha dito alguma coisa estúpida.

Carl: Eu só acho que ela é muito arrogante, uma daquelas mulheres frias. Quero dizer, ela pelo menos poderia ser amigável e falar um pouco comigo.

Terapeuta: Interessante como cada um de vocês tem um ponto de vista diferente sobre esse contexto específico. Então, o que essa diferença de interpretação ilustra sobre os nossos pensamentos automáticos numa situação particular? (*Pergunta analítica*)

2. Um grupo oferece um **conjunto mais amplo de evidências experimentais**. A história única de experiências da vida real de cada membro expande o banco de dados de evidências potenciais para entender e avaliar um pensamento, uma crença ou um dilema clínico. A probabilidade de acessar uma experiência relevante e *desconfirmadora* em resposta a um pensamento ou uma crença mal-adaptativa é aumentada substancialmente pela presença de várias pessoas. Além disso, pode haver maior credibilidade quando dois ou mais membros, com base em sua experiência de vida, desafiam uma cognição inútil ou validam uma útil. Considere as seguintes questões socráticas apresentadas pelo terapeuta e imagine o que pode acontecer posteriormente no diálogo em grupo:

Michele: Eu só sei que as pessoas não gostam de ser confrontadas. Nunca tive uma boa experiência ao tentar isso. Eu realmente não quero falar com Jules sobre o que ele me disse ou como estou me sentindo.

Terapeuta: (Falando para o grupo.) Existem exceções à regra de que as pessoas não gostam de ser confrontadas e à previsão de Michele de que isso não funcionará bem? (Pausa para os membros do grupo responderem.) Alguém já experimentou algo positivo ao confrontar uma pessoa que o magoou? (Pausa para respostas do grupo.) Pela sua experiência, importa como vocês lidam com esse confronto?

3. Os participantes do grupo podem ajudar a identificar uma **ampla gama e variedade de *perspectivas alternativas* e *soluções* criativas**. As diferentes personalidades, carreiras, constelações de relacionamento e situações de vida presentes em um grupo oferecem mais oportunidades para identificar pontos de vista ou soluções viáveis e alternativas que serão aceitáveis para determinado membro do grupo. O processo expandido de geração de ideias também pode aumentar a conscientização sobre o valor da tenacidade na busca de soluções para os problemas.

Maria: É simplesmente um beco sem saída para mim tentar entrar no programa de assistente jurídica quando tenho um filho pequeno para cui-

Diálogo socrático para a descoberta em psicoterapia **387**

dar. A vinda da minha mãe para cá era a minha última esperança, mas agora ela diz que não pode vir.

Terapeuta: Como o resto de vocês se sente ao ouvir sobre o dilema de Maria? (O terapeuta seleciona a palavra "sentir" para incentivar as respostas empáticas, antecipando que os membros também sugerirão soluções.)

Jeremy: Isso deve ser decepcionante, se a sua mãe sabe o quão importante isso é para você.

Cindi: Mas não há outra coisa que você possa tentar para ajudar com o cuidado da criança?

Maria: Acredite em mim, pensei em tudo e não estou disposta a deixar um estranho cuidar do meu filho quando estiver nas aulas. Também não tenho amigos que possam fazer isso.

Cindi: E quanto a estudar *on-line*, isso é uma opção?

Lou Anne: E quanto a entrevistar babás com muito cuidado, como pessoas indicadas por amigos? Eu tive uma babá por um tempo, e os meus filhos a amavam. Ela era ótima! O único problema era que eu ficava com um pouco de ciúmes do quanto meus filhos gostavam dela.

Maria: Hum. Eu não sei. Talvez pudesse fazer as aulas *on-line*, mas eu realmente teria que pensar na opção de babá. Parece assustador, mas talvez eu devesse considerar.

4. As respostas obtidas dos colegas **podem ser consideradas mais autênticas, relevantes e imparciais do que as provenientes de um terapeuta**. Às vezes, o *feedback* oferecido por um terapeuta é desconsiderado porque um cliente assume que o terapeuta está "apenas fazendo seu trabalho... para que eu me sinta melhor", em vez de fornecer respostas imparciais. O *feedback* obtido de colegas que estão enfrentando emoções ou desafios semelhantes, como dificuldades econômicas ou baixa autoestima, tende a ser visto como relativamente confiável, não como representativo de alguma "agenda"; portanto, pode ser mais facilmente assimilado por um cliente. Além disso, as respostas dos colegas podem realmente ser mais realistas e relevantes do que as do terapeuta, podendo fazer mais para ajudar determinado cliente em sua aprendizagem e sua recuperação. Observe como o terapeuta a seguir está alerta para envolver outros membros.

Briana: É tão difícil ter coragem de falar com minha chefe quando sinto que meu trabalho está em jogo e não há muitos outros trabalhos por aí. Mas tenho que dizer alguma coisa, porque não consigo dar conta de todo o trabalho que ela me passa. Ele continua a se acumular!

Terapeuta: (Observando outros membros balançarem a cabeça afirmativamente.) Notei alguns de vocês balançando a cabeça. O que vocês podem dizer sobre como é difícil falar algo assim?

Na mente do terapeuta
Quando os terapeutas observam os membros do grupo respondendo a um tópico ou uns aos outros de maneiras não verbais, isso pode ser uma indicação de cognição e emoção relevantes e ativadas. Muitas vezes, esse é um momento útil para a investigação socrática.

Jiang: Bem, é difícil, mesmo que tenha planejado um bom discurso e ensaiado muitas vezes. Você simplesmente não consegue prever como o chefe responderá. E pode ser muito ruim perder um emprego, ter que procurar outro com a economia como está. Fiquei sem trabalho por 10 meses e foi assustador. Se eu fosse Briana, faria algumas experiências antes de dizer qualquer coisa muito significativa para a chefe dela.

Terapeuta: (Facilitando o diálogo socrático ao reformular as suas palavras numa breve *síntese* e, em seguida, fazer uma *pergunta informativa*.) Este é um ponto interessante: fazer experiências. Que maneiras de fazer isso vocês acham que seriam eficazes? Há alguma maneira mínima e de baixo risco de Briana começar a ser assertiva com sua chefe?

5. A terapia de grupo oferece o potencial de **confirmação e desconfirmação imediata e significativa de pensamentos e suposições por meio de consenso social e até de respostas não verbais**. Como mencionado anteriormente, o *feedback* em grupo pode fortalecer ou enfraquecer imediatamente as crenças de um indivíduo. Obter democraticamente *feedback* ou perspectivas de outros membros consiste em uma forma de *coleta de dados sociais*, um tipo de experimento comportamental que implica menos atraso e esforço do que as tarefas de casa na terapia individual.

Estar presente quando um cliente obtém opiniões ou respostas do grupo permite que o terapeuta tenha algum grau de controle de qualidade na condução desse tipo de experiência comportamental. Terapeutas de grupo e participantes podem observar e comentar diretamente experiências interpessoais reais em grupo, o *feedback* dado e o modo como um indivíduo está interpretando esse *feedback*. O imediatismo dos experimentos comportamentais em sessão oferece oportunidades para a aprendizagem simultânea de quaisquer reações críticas ou outras respostas negativas inesperadas. Observações *in vivo* de interações em grupo também podem ajudar a detectar e corrigir a tendência de um indivíduo para atenção seletiva ou má interpretação de experiências. Considere o exemplo a seguir, em que a observação do terapeuta das lágrimas de Sharon é seguida por uma pergunta *informativa* que leva a um experimento comportamental:

Terapeuta: Sharon, notei que você ficou com os olhos marejados quando Brian disse que achou que o seu comentário foi muito perspicaz. O que passou pela sua cabeça quando ele disse isso?

Sharon:	Eu sei que ele não quis dizer isso. As pessoas são tão hipócritas, sempre tentando manipular você de alguma forma ou apenas tentando fazer você se sentir bem quando na verdade não se importam.
Terapeuta:	(Intervindo imediatamente para evitar uma interação possivelmente improdutiva entre Sharon e Brian e facilitar um experimento comportamental.) Você estaria disposta a verificar essa impressão com outras pessoas do grupo? Você pode pedir às pessoas que sejam realmente honestas com você, porque entendo que o *feedback* não é útil se não for autêntico.
Sharon:	Não sei. Eu acho que sim. Então (para o grupo), não parecia meio falso quando ele disse que eu era perspicaz? Vamos lá, sejam sinceros comigo, pessoal!
David:	Para dizer a verdade, acho que você está certa, que Brian estava apenas tentando brincar de terapeuta. (Para Brian.) Percebi que você parece sempre dizer a "coisa certa" (gesticula aspas no ar), como se estivesse tentando ganhar pontos ou algo assim.
Terapeuta:	Sharon, como se sente ao ter David validando a sua impressão da observação feita por Brian?
Sharon:	Estou surpresa. Eu não esperava que alguém fosse verdadeiro.
Terapeuta:	Você acha que David está sendo honesto e verdadeiro?
Sharon:	Sim.
Terapeuta:	Talvez você devesse anotar essa experiência no seu registro de crenças centrais positivas, em que procura evidências de que as pessoas são honestas e genuínas.
Sharon:	Ok. (Pega seu caderno para escrever uma breve síntese dessa conversa.)
Terapeuta:	Enquanto Sharon faz isso, eu me pergunto: Brian, como você está reagindo ao que David disse?

Na mente do terapeuta

Esse terapeuta reconheceu a importância de orientar construtivamente a discussão em grupo. Ele pede a Sharon que observe e contemple se esse novo comentário (de David) pode ser uma forma de *feedback* autêntico, algo que ela não notou nas pessoas, embora às vezes possa estar ocorrendo. O terapeuta estrategicamente chama a atenção para esses dados experimentais que contradizem a crença central de Sharon ("As pessoas são hipócritas") e fortalecem a crença alternativa de que algumas pessoas às vezes são honestas e genuínas. O terapeuta pontua que essa crença pode ser relevante para sua depressão e a leva a fazer uma síntese por escrito para que essa informação não seja perdida.

Ao mesmo tempo, o terapeuta reconhece que Brian pode estar se sentindo atacado porque David concordou que seu comentário poderia ser "falso". Assim, o terapeuta foca a atenção em Brian para começar a verificar suas reações ao julgamento de David sobre seus comentários anteriores.

6. **Os membros do grupo podem iniciar ou participar do diálogo socrático com diferentes estilos de comunicação ou escolhas alternativas de palavras que sejam mais significativas e eficazes do que o que o terapeuta pode oferecer.** Certos tipos de frases coloquiais ou exemplos da vida cotidiana podem captar e comunicar ideias de maneiras que talvez não sejam familiares a um terapeuta. As pessoas do grupo podem vir de subculturas específicas (por exemplo, coortes de idade, raça ou vizinhança) ou ter compartilhado experiências situacionais ou emocionais bastante únicas (por exemplo, agressão sexual ou rejeição por colegas no ensino médio). Terapeutas experientes em TCC obterão *feedback* relevante do grupo e, às vezes, permitirão que as interações continuem entre os membros mesmo que não compreendam totalmente ou não estejam familiarizados com a história, as palavras e os estilos de comunicação. Eles fazem isso iniciando sutilmente o diálogo e, em seguida, recuando habilmente quando um processo construtivo de interação está ocorrendo no grupo. Aqui está um exemplo desse tipo de processo:

Terapeuta: Então, o que acham que Abel está sentindo e precisando ouvir agora, enquanto fala do seu embaraço com aquela mulher na loja? (Incentivando respostas de *escuta empática* do grupo.)

Riana: Eu acho que foi muita maldade dela usar a palavra "patético" assim. Eu acho que ela foi uma vadia, uma vadia de verdade! Talvez ela tivesse vivido alguma má experiência com um cara ou algo assim, mas isso não é desculpa. Eu achei que o que você disse foi muito doce e corajoso, sério!

Diane: Sim, eu gostaria que um cara como você viesse até mim e dissesse algo assim; quero dizer, nunca tive um homem que falasse comigo dessa maneira. Tive uma sensação agradável por dentro só de ouvir o que estava dizendo a ela!

Essas respostas espontâneas dos membros podem soar autênticas de maneira poderosa para o cliente e não precisam ser "reembaladas" pelo terapeuta.

7. **Os participantes podem obter uma maior consciência de si mesmos e dos processos de mudança cognitiva observando e participando do diálogo socrático com outros membros.** Ouvir os diálogos socráticos se desdobrarem com outros participantes pode ajudar os membros do grupo a aprenderem e internalizarem o processo socrático de uma maneira única. O processamento de informações dos próprios membros não tem tanta probabilidade de ser comprometido pela excitação afetiva nem tão impulsionado pela emoção quanto quando eles estão enfrentando sua própria questão pessoal e sensível. Observar as respostas de outros membros pode levá-los a aprender indiretamente a questionar suas próprias crenças, formular respostas adaptativas e promover a autocompaixão. Os membros do grupo também aprendem maneiras eficazes de se relacionar com os outros (responder com empatia, por

exemplo) quando colaboram em diálogos socráticos em grupo. Eles podem até se beneficiar observando como certas respostas realmente bloqueiam a consideração de perspectivas novas ou diferentes. Os participantes potencialmente adquirem uma compreensão terapêutica de suas próprias respostas emocionais, seus comportamentos ou sua relutância em enfrentar desafios, assim como dos outros.

Níveis estratégicos do diálogo socrático em terapia de grupo

Os terapeutas podem usar o diálogo socrático em vários formatos e com diferentes níveis de participação em grupo. As vantagens de envolver todos os membros em um diálogo socrático são defendidas ao longo deste capítulo. Há situações, no entanto, em que usar o diálogo socrático com apenas um indivíduo no grupo é mais clinicamente apropriado. O terapeuta pode até solicitar aos membros do grupo que iniciem o diálogo socrático com os colegas. Essa participação como "coterapeuta" é possível quando os participantes do grupo realmente aprenderam os processos de empirismo colaborativo e descoberta guiada.

Diálogo socrático com um indivíduo focal no grupo

Às vezes, é prudente que o terapeuta de grupo se envolva brevemente no diálogo socrático com apenas um indivíduo. Isso pode ser útil para garantir que uma sequência de perguntas e respostas em desdobramento ilustre um conceito central e importante para o grupo. Exemplos relevantes incluem situações em que um cliente com transtorno do pânico insiste que não tem pensamentos automáticos durante uma crise de pânico como os outros no grupo parecem ter, ou quando um cliente com uma forma "puramente O" de transtorno obsessivo-compulsivo (TOC) revela um pensamento intrusivo sobre sexo ou violência. Nesses exemplos, em que os membros do grupo podem não ter o conhecimento clínico ou o treinamento para responder de maneira direta, direcionada e construtiva, o terapeuta pode usar o diálogo socrático com um cliente enquanto educa os membros do grupo de maneira discreta, o que provavelmente incentivará que respostas mais relevantes e úteis advenham deles. Aqui estão algumas perguntas informativas que um terapeuta pode fazer a um cliente com uma forma "puramente O" de TOC que pode não ser familiar para outros membros do grupo:

- Quando você se depara com aquela imagem intrusiva de esfaquear a sua filha, que suposições você faz sobre a imagem?
- O que você tende a fazer para gerir o seu medo ou para viabilizar outra forma de enfrentamento quando a imagem surge?
- Que provas você tem de que agiria com base em tal imagem?
- Você tem algum histórico de agir de forma violenta?
- Você consegue pensar em uma razão alternativa para que essa imagem surja com tanta frequência?

Uma vez que o indivíduo tenha refletido e respondido a essas perguntas, o terapeuta pode se voltar para o grupo e pedir ideias adicionais sobre a persistência dessa imagem violenta. As ideias do grupo podem ser escritas em uma síntese e, em seguida, tanto o indivíduo que via a imagem original quanto outros membros do grupo podem ser questionados analiticamente ou por meio de perguntas sintetizadoras para construir uma visão alternativa desses pensamentos intrusivos.

Um diálogo socrático focado em um único indivíduo também pode ser justificado quando um membro está revelando uma questão muito sensível ou está passando por um sofrimento emocional intenso. Os membros do grupo têm diferentes níveis de maturidade emocional, habilidades de comunicação e empatia. Às vezes, eles podem fazer observações ofensivas, depreciativas ou distrativas em um momento sensível. Esse risco provavelmente seria maior nas primeiras sessões de um grupo, quando as propensões de resposta são desconhecidas, em grupos de controle da raiva ou em grupos com membros que têm habilidades sociais mais fracas (por exemplo, atualmente experimentando psicose), ou quando impulsividade ou agressividade verbal são mais prováveis de ocorrer. A decisão de limitar o diálogo socrático dessa maneira pode restringir brevemente a participação do grupo, mas, no quadro geral, pode impedir trocas negativas que, de outra forma, levariam a inibições mais amplas à participação. Essa manutenção cautelosa do diálogo deve ser usada com moderação. Muitas vezes, uma aplicação habilidosa do diálogo socrático permitirá uma retomada rápida da participação útil de todos os membros, como será ilustrado mais adiante neste capítulo.

Um terceiro cenário em que o diálogo socrático pode ser focado em um membro do grupo por um tempo limitado é quando um participante tem recursos internos adequados, mas tende a confiar excessivamente na opinião ou na ajuda de outros. Isso pode se aplicar àqueles com traços de personalidade dependentes, TOC (busca de tranquilidade), agorafobia ou baixa autoestima. Nessas situações, os diálogos socráticos guiados pelo terapeuta podem orientar o indivíduo a acessar seu próprio conjunto interno de conhecimento, sabedoria e soluções, em vez de esperar para ouvir o que os outros podem oferecer.

Diálogo socrático com todo o grupo sobre um problema comum

Muitas vezes, as questões ou problemas abordados na terapia de grupo são familiares a vários ou a todos os membros, particularmente em grupos homogêneos. Um diálogo socrático com todo o grupo pode, portanto, ser muito natural, com o terapeuta fazendo perguntas, ouvindo com empatia e fazendo sínteses escritas das respostas de um, depois de outro membro, tentando garantir que todos contribuam e se sintam incluídos na discussão. Por exemplo:

Terapeuta: Alguns de vocês podem ter pensamentos ansiosos sobre fazer esse exercício de exposição. Como vocês podem se convencer a não concluir essa tarefa de casa? Vamos ouvir todo mundo. Sumiko, você registraria a resposta de cada membro no quadro?

ou

Terapeuta: Quais desses pensamentos automáticos o levaram a parar de tomar seus remédios? Por exemplo, como Keneisha acabou de mencionar (escrevendo em um quadro branco), quando a depressão parece estar diminuindo e você começa a se sentir realmente com energia?

Os membros do grupo também podem participar fornecendo um resumo ou sintetizando uma resposta após uma discussão conjunta:

Terapeuta: Quem gostaria de resumir os principais pontos da nossa discussão sobre...?

Envolvendo outras pessoas no diálogo socrático sobre a questão clínica de um indivíduo

O uso do diálogo socrático mantém outros membros do grupo atentos e ativamente envolvidos, atraindo-os para a discussão sobre os pensamentos, os sentimentos e as respostas de um indivíduo. Como discutido anteriormente, as observações em grupo oferecem diversas perspectivas e ideias e podem promover o empirismo colaborativo. O terapeuta muitas vezes pode orientar os participantes a responder diretamente a pensamentos automáticos ou suposições de outro membro. Por exemplo: "Algum de vocês poderia identificar um possível 'pensamento automático quente' no que Raphael acabou de dizer?", ou "Marjan, quando ouviu David dizer que se sentiu estúpido depois de perder as chaves no escritório, você balançou a cabeça. Existe alguma perspectiva alternativa que você tenha sobre isso? Alguma evidência relevante que você possa apontar sobre a ideia dele de que era 'estúpido'?".

Este capítulo inclui muitos exemplos de como outros membros do grupo podem ser conduzidos a um diálogo socrático quando se aborda uma questão apresentada por um indivíduo. As cenas ilustrarão como o terapeuta de grupo pode orientar esse processo, direcionando e redirecionando ativamente para incentivar respostas empáticas e construtivas, minimizando o risco de que um indivíduo angustiado se sinta envergonhado ou criticado.

Envolvendo outros membros como facilitadores do diálogo socrático

Após várias semanas de modelagem do diálogo socrático em grupo, os terapeutas às vezes podem atrair os membros para um papel de liderança na orientação de um diálogo socrático. O terapeuta, por exemplo, pode levar um membro a fazer perguntas informativas ou analíticas a outro participante ou ao grupo como um todo. O terapeuta está, assim, abordando as necessidades do grupo ao mesmo tempo que aprofunda a aprendizagem experiencial da pessoa que é solicitada a assumir um papel facilitador no processo socrático. O terapeuta, é claro, permanece disponível para orientar ou redirecionar o processo conforme necessário. Considere os exemplos a seguir de envolvimento de membros do grupo como guias no diálogo socrático. Observe que o terapeuta oferece lembretes de como o diálogo socrático pode soar:

- Um de vocês assumiria o papel de ajudar Liam a avaliar essa suposição de que ele seria um "fracasso" se não passasse no exame desta vez? Liam, vou pedir-lhe para fazer o mesmo com outro membro do grupo mais tarde. Pode ser útil praticar essas questões socráticas uns com os outros. Então, o que Liam pode perguntar a si mesmo para ajudá-lo a se concentrar em evidências relevantes e pontos de vista alternativos? Direcionem essas perguntas para o Liam, por favor.
- Mike, você poderia ser o responsável por perguntar a cada membro sobre a tarefa de casa, tendo em mente as questões socráticas que discutimos para maximizar a aprendizagem com essa tarefa? Você pode consultar a folha de comentários que dei a cada um de vocês na semana passada.
- Elesha, considerando que finalmente conseguiu falar mais abertamente com o seu chefe na semana passada, você ajudaria Cynthia a desenvolver uma experiência comportamental para se afirmar com seu novo empregador? E quanto aos demais membros do grupo, ajudem Elesha com quaisquer perguntas ou etapas do processo que possam ser úteis para Cynthia.

A prática de envolver os participantes como "colíderes" no diálogo socrático deve ser usada criteriosamente, para minimizar o risco de os membros se sentirem condescendentes com seus colegas ou concluírem que o terapeuta acredita que um "colíder" é mais inteligente do que eles. A oportunidade de os membros experimentarem o uso do diálogo socrático, no entanto, pode potencialmente aprofundar sua compreensão e reforçar sua habilidade de questionar seus próprios pensamentos e comportamentos. Essa experiência pode, portanto, aumentar a capacidade dos membros de aplicar esses processos empíricos para enfrentar seus próprios problemas de vida.

O terapeuta também pode optar por incorporar exercícios em grupo que desenvolvam habilidades de terapia cognitiva, ao mesmo tempo que orienta os membros a assumirem o papel socrático uns com os outros. Isso pode ocorrer após 6 a 8 semanas de sessões. Por exemplo:

Vamos agora dividir o grupo em díades, com um membro desempenhando o papel de "pensamento depressivo" e o outro fazendo perguntas para orientar o parceiro na avaliação de seus pensamentos automáticos. Quando vocês forem o guia, lembrem-se da importância de incluir empatia. E de incluir sínteses que incorporem os principais pontos e conclusões. Lembrem-se: aquele no papel de ouvinte é um guia para o outro, devendo principalmente fazer perguntas em vez de dar conselhos ou sugestões. Escrevi essas orientações no quadro para ajudá-los a lembrar.

Diálogo socrático para a descoberta em psicoterapia **395**

Exercício para o leitor: níveis estratégicos do diálogo socrático na terapia de grupo

Analise as vantagens e desvantagens de escolher o diálogo socrático em um ou outro nível de intervenção considerando o exemplo a seguir. Além disso, avalie quando, na sequência de sessões em grupo, as perguntas específicas podem ser apropriadas. Observe que, nas opções apresentadas a seguir, apenas a parte do diálogo do terapeuta está incluída.

Susan: Parece tão real que vou perder o controle se não sair ou fugir da situação quando sentir o pânico chegando. Fico muito abalada e tenho esses sentimentos de irrealidade, e sinto que estou perdendo o controle. Aconteceu ontem no supermercado.

Opção 1: o terapeuta fala diretamente com Susan, modelando o processo e permitindo que os membros observem e considerem dados emergentes.

Terapeuta: Susan, o que você aprendeu até agora sobre esse medo de "perder o controle", sobre o que realmente ocorre quando está em pânico? (Susan responde.) Quais são as evidências que apoiam o contraponto de que você pode optar por permanecer em uma situação mesmo que sinta o pânico subir para níveis elevados? (Susan responde.) Como você resumiria esses diferentes pontos que acabou de mencionar? (Susan responde.) Quão confiante você está agora de que perderá o controle quando entrar em pânico?

Opção 2: o terapeuta envolve todo o grupo no diálogo socrático sem abordar diretamente Susan.

Terapeuta: (Para o grupo.) O que todos vocês aprenderam até agora sobre esse medo de "perder o controle", sobre o que realmente acontece no pânico e o que realmente ocorreria se vocês ficassem em vez de fugir quando começassem a sentir pânico? (Vários membros do grupo respondem.) Como poderíamos resumir esses diferentes pontos? (Vários membros do grupo fazem sugestões.) Quão confiantes vocês estão agora de que perderão o controle quando entrarem em pânico?

Opção 3: o terapeuta envolve outros membros em um diálogo socrático para responder a Susan.

Terapeuta: (Para o grupo.) Quem pode oferecer uma pergunta ou resposta relevante a Susan sobre ela achar que perderá o controle quando se sentir em pânico? (Vários membros do grupo falam com Susan.) O que todos vocês aprenderam até agora sobre esse medo de "perder o controle"? O que podem dizer a Susan com base na sua experiência? (Vários membros do grupo respondem.) Susan, como você resumiria esses diferentes pontos mencionados por outras pessoas no grupo?

Opção 4: o terapeuta socrático orienta os membros a assumir papéis de liderança no processo socrático.

Terapeuta: (Para o grupo.) Vocês conhecem o tipo de pergunta que pode ajudar Susan a avaliar seus pensamentos de medo. Quem estaria disposto a assumir o papel de fazer perguntas a Susan para ajudá-la a examinar as evidências sobre seu medo de pânico, de perder o controle se ela não escapar ou sair?

Aplicações específicas do diálogo socrático na terapia de grupo

Existem muitas oportunidades para integrar o diálogo socrático na terapia de grupo, mesmo em modelos muito focados e de curto prazo. Três situações comuns encontradas na TCC em grupo são discutidas como ilustrações de aplicações típicas do diálogo socrático.

Estágios didáticos iniciais de desenvolvimento de habilidades

Adotar o diálogo socrático para as partes mais didáticas da terapia de grupo, como socializar os membros com o modelo cognitivo ou aprender a identificar e avaliar pensamentos automáticos, é bastante simples. O modelo de diálogo socrático de quatro estágios de Padesky (2020b), conforme articulado no Capítulo 2, é aplicado com uma consciência adicional para equilibrar as interações entre todos os participantes do grupo, atraindo ativamente os mais silenciosos, bem como aqueles que são mais francos.

Considere os seguintes exemplos de contrastes entre um estilo puramente didático (D) e um estilo socrático (S) de ensino em grupo:

Exemplo 1: terapeuta (socializando o grupo para a TCC na primeira sessão)
    D: Os exemplos de mudanças comportamentais que ocorrem quando as pessoas estão deprimidas incluem...
    S: Que tipos de comportamentos mudam em sua vida diária quando sua depressão piora?
Exemplo 2: terapeuta (falando com o grupo)
    D: Vários meses depois de perder um relacionamento romântico de longo prazo, uma pessoa que está mais deprimida provavelmente terá pensamentos "tudo ou nada", como... Em contraste, esse tipo de pessoa é mais propenso a se recuperar se reconhecer que seu pensamento pode não ser totalmente preciso e procurar exceções ou evidências de como as coisas podem melhorar com o tempo, com pensamentos como...

S: Imagine que se passaram vários meses depois de perder um relacionamento romântico de longo prazo e você ainda se sente profundamente deprimido. Que tipos de pensamentos automáticos podem estar mantendo a sua depressão? E, em contraste, que tipos de pensamentos contribuiriam para você se sentir melhor? Vou registrar suas respostas no quadro em duas colunas, "Pensamento depressivo" e "Pensamento para se sentir melhor".

Exercícios experimentais e tarefas de casa

O diálogo socrático pode facilitar o acesso a evidências imediatas sobre pensamentos automáticos durante exercícios experimentais, como experiências comportamentais ou dramatizações conduzidas em grupo. Da mesma forma, no desenvolvimento da tarefa de casa, o diálogo socrático pode aumentar a motivação, estimular uma gama mais ampla de ideias relevantes e ajudar os membros do grupo a antecipar obstáculos ou desafios potenciais. Observe, na discussão a seguir, o uso que uma terapeuta faz do terceiro e do quarto estágios do diálogo socrático (sínteses e perguntas analíticas ou sintetizadoras). Essa discussão ocorreu após ela ouvir as respostas dos participantes às perguntas informativas sobre uma exposição baseada na simulação de papéis em um grupo de ansiedade social.

Terapeuta: Então, parece haver um dilema comum aqui. Todos vocês estão cientes de certos sintomas de ansiedade que podem ser notados por outras pessoas. Quando isso acontece, vocês têm um medo intenso de serem julgados ou rejeitados. (*Síntese*) O que isso sugere que as pessoas têm que fazer para progredir, para superar a inibição, quando têm sintomas de ansiedade que os outros podem ver? (*Pergunta analítica*)

Célia: Bem, os registros de pensamento só me ajudam um pouco, não tanto com esse tipo de coisa, então acho que temos que eventualmente fazer aquelas exposições de que você falou. Isso deveria diminuir a ansiedade, certo?

Terapeuta: (Ignorando deliberadamente essa pergunta por enquanto.) Ponto válido, Célia. E essas exposições significariam que os outros poderiam ver que você tem alguma ansiedade, certo? Então, o que podemos fazer para nos preparar para essa experiência de pessoas percebendo? (*Pergunta analítica*)

Célia: Nós precisamos sair e enfrentar situações em nossas hierarquias como parte das tarefas de casa?

Terapeuta: O que poderíamos fazer aqui no grupo como um passo preliminar antes de sair para fazer as tarefas, a fim de construir um pouco de confiança para esses próximos passos? (*Pergunta analítica*)

Alejandro: Acho que podemos tentar isso aqui primeiro, em grupo. Mas eu realmente não sei se isso vai ajudar, porque quando a gente só pratica não é real.

398 Padesky & Kennerley

Depois de alguma discussão, a terapeuta conseguiu envolver Alejandro em uma simulação de conversa com uma garota em que ele estava interessado.

Terapeuta: Então, Alejandro, você acha que sentiu alguma ansiedade real durante essa simulação de papéis? (*Pergunta informativa*)

Alejandro: Sim, me surpreendeu, mas eu sei que estava suando um pouco como faço quando estou com outras meninas. Realmente fiquei preocupado quando você fez Susan perguntar por que eu estava suando tanto.

Terapeuta: (Incorporando um experimento comportamental espontâneo em grupo.) Alejandro, você estaria disposto a perguntar aos outros se eles notaram o seu suor e que pensamentos passaram pela mente deles sobre você? (Alejandro está relutante, mas disposto. Susan e dois outros dizem que notaram que ele estava suando um pouco.)

Terapeuta: Então, algumas pessoas, e parece que eram as mais próximas de você nesta sala, notaram o suor. Agora, você pediria a eles que dissessem o que pensavam de você, ou o que pensariam se o vissem falando com eles em público e suando assim?

Alejandro: Então (para Susan), no que você pensou quando me viu suando?

Susan: Honestamente, Alejandro, você só parecia tímido, um pouco nervoso, mas, para alguém como eu, isso não é uma coisa tão ruim. Na verdade, o que notei mais foi que você estava olhando para o chão enquanto falava. Muitas mulheres não gostam que o cara seja muito cheio de si e o achariam menos ameaçador se notassem que você é um pouco tímido. Mas a coisa do contato visual... eu só acho que o contato visual é muito mais importante com as mulheres.

Terapeuta: (Reconhecendo o valor de guiar o diálogo em direção aos dados empíricos mais pertinentes aos pensamentos automáticos "quentes" do cliente.) Alejandro, Susan lhe pareceu sincera no *feedback* dela? (Alejandro assente.) Como esse *feedback* se relaciona com o seu pensamento automático original sobre parecer "nojento" quando você sua? (*Pergunta sintetizadora*)

Alejandro: Não sei. Talvez seja verdade que algumas pessoas somente pensem que estou nervoso. Mas ainda não gosto de parecer nervoso.

Na mente do terapeuta

A terapeuta ignorou a pergunta inicial de Célia sobre se a exposição reduziria a ansiedade. No curto prazo, os exercícios de exposição provavelmente aumentarão a ansiedade, e o objetivo da exposição não é diminuí-la, mas testar as crenças sobre as suas consequências. No entanto, essa discussão teria se desviado do assunto no momento nesse grupo. Um dos desafios da terapia de grupo é que várias emoções, pensamentos e preocupações surgirão para cada pessoa durante as interações grupais. É importante que os terapeutas ouçam com empatia os comentários dos clientes e respondam àqueles que contribuem para o progresso do grupo. Ao mesmo tempo, os terapeutas são advertidos a não direcionar o diálogo apenas para respostas simples e "agradáveis" que possam parecer valiosas. Assim, a terapeuta fica quieta quando Susan fala com Alejandro sobre contato visual. Essa é uma informação útil para ele assimilar. Se o terapeuta redireciona rapidamente comentários ou emoções negativas, a metamensagem pode ser de que "apenas sentimentos positivos podem ser expressos aqui (no grupo)". Assim, os clientes podem abster-se de expressar dúvidas ou emoções disfóricas, e o terapeuta pode permanecer no escuro sobre pensamentos ou suposições relevantes que bloqueiam a integração de novas evidências e perspectivas. Escuta empática, sínteses e perguntas de acompanhamento relevantes ajudam a preservar um processo autêntico e aberto de empirismo colaborativo.

À medida que a terapeuta continua a discussão em grupo, ela reconhece a oportunidade de responder com empatia e também de esclarecer e aprimorar a síntese de novas informações feita por Alejandro:

Terapeuta: Sabe, Alejandro, faz sentido que você não goste de se sentir assim, que realmente queira parecer calmo e se sentir mais à vontade. Aposto que outros de vocês (olhando para o grupo) conseguem se identificar com esse sentimento. (Algumas cabeças acenam afirmativamente. Ela então se volta para Alejandro.) No entanto, esta diferença é significativa — que talvez você seja visto apenas como "nervoso", em vez de "repugnante"?

Alejandro: (Pausa.) Sim, acho que é bem diferente, na verdade. Talvez eu precise trabalhar na coisa do contato visual, pelo menos.

Terapeuta: Isso parece útil, Alejandro. Agora, algum de vocês pode pensar em uma boa tarefa de aprendizagem de acompanhamento para fazer esta semana a fim de testar seus pensamentos automáticos e suas suposições sobre parecerem ansiosos?

Abordando questões interpessoais que surgem no grupo

Pensamentos automáticos relacionados à apresentação de problemas são frequentemente estimulados por ações interativas e dinâmicas interpessoais em um ambiente de grupo. Bieling e colegas (2006, 5) observam que as respostas em grupo são muito mais do que "incidentais", oferecendo oportunidades únicas de aprendizagem, concentrando-se em um "componente relacional significativo que raramente é abordado nos protocolos tradicionais de TCC". Os participantes de grupos para depressão ou ansiedade social, por exemplo, muitas vezes experimentam um estímulo a esquemas relacionados a inferioridade, rejeição, dependência ou alienação social desencadeado por interações grupais ou por comparações com outras pessoas no grupo. A TCC em grupo oferece uma oportunidade única de observar e responder socraticamente *no momento* em que essas cognições sociais estão prementes. Isso permite que os terapeutas ilustrem conceitos e apliquem as habilidades de TCC de maneira poderosa, ao mesmo tempo que abordam as reações do grupo a fim de facilitar uma experiência grupal cooperativa e coesa.

Em contraste com a prática mais comum nos processos de grupo tradicionais de deixar as interações se desdobrarem "naturalmente", com base na suposição de que algum benefício terapêutico ocorrerá de modo espontâneo, o terapeuta cognitivo está preparado para orientar o processo de descoberta, embasado por uma conceitualização cognitiva e pelo modelo geral da terapia cognitiva. O julgamento clínico está altamente envolvido nas decisões sobre quando e como intervir. Os terapeutas funcionam melhor quando permanecem fiéis ao empirismo colaborativo, evitando o desejo de direcionar o conteúdo ou as conclusões para algumas noções preconcebidas, conforme ilustrado na interação em grupo a seguir.

Manny: Uhh, Yoshi, ou Yo-shoe, ou qualquer que seja o seu nome, você poderia, por favor, parar de me interromper quando eu falar? Você acha que o que tem a dizer é mais importante do que o que eu digo.

Yoshi: Isso não é verdade! Eu só queria dizer uma coisa também.

Terapeuta: (Reconhece o risco de deixar essa troca diádica se intensificar e também vê a possibilidade de usá-la como uma oportunidade educacional.) Essa é uma oportunidade para analisar interpretações, ou pensamentos automáticos, que pode ajudar a entender o que cada um de vocês está sentindo agora. Manny, o que passou pela sua cabeça quando Yoshi o interrompeu?

Manny: Que ele não acha que o que eu tenho a dizer é importante. Ele acha que é melhor do que eu.

Terapeuta: Imagino que isso não tenha sido muito agradável, *se* é isso que ele estava insinuando ao interromper. Você estaria disposto a perguntar a ele sobre isso, a perguntar se esse era o motivo dele ou se há outra explicação para ele ter interrompido você alguns minutos atrás?

Manny: Eu posso perguntar, mas ele provavelmente vai apenas negar ou inventar alguma coisa, então qual é o ponto?

Terapeuta: Bem, você será o juiz final que avaliará se as respostas dele lhe parecem credíveis. E, se Yoshi estiver disposto, você pode se sentir à vontade para investigar com outras perguntas se a explicação dele parece válida ou não. Isso é razoável?

Manny: Sim, talvez. Eu acho que sim. Bem, por que você me interrompeu assim? Você fez isso pelo menos três vezes esta noite.

Yoshi: Sabe, Manny, na verdade me sinto inferior a você neste grupo. Quero dizer, você tem um diploma universitário, e eu não. E você parece sempre pensar em coisas boas para dizer. Então não, não tem nada a ver com me sentir melhor do que você. Eu sou meio impulsivo e digo coisas sem pensar às vezes. Meu namorado odeia quando faço isso e me diz que tenho TDAH. E faço isso com os outros, se não notou.

Terapeuta: Manny, alguma resposta ao que Yoshi acabou de revelar?

ARMADILHAS CLÍNICAS COMUNS NA TCC EM GRUPO

Os terapeutas de TCC em grupo enfrentam um desafio que normalmente é mais complexo do que interagir com um cliente de terapia individual. Eles devem concomitantemente (1) considerar diferentes necessidades individuais, (2) manter o foco nos objetivos do grupo e (3) abordar conflitos emergentes e outras questões interpessoais no grupo. Os terapeutas de grupo precisam tomar muitas decisões no momento, como quando concentrar o diálogo socrático em um indivíduo ou em todo o grupo e quando explorar uma interação interpessoal ou retornar a um tópico didático planejado para o dia. A interação de diferentes necessidades e problemas resulta em muitas armadilhas clínicas potenciais que podem interferir na participação e na aprendizagem ideais do grupo. O restante deste capítulo orienta os terapeutas a reconhecer, evitar e responder de forma mais eficaz às armadilhas clínicas na terapia de grupo por meio do uso criterioso do diálogo socrático.

As armadilhas clínicas na terapia de grupo podem derivar de participantes individuais, de interações de membros do grupo ou de fatores do terapeuta. A lista no Quadro 10.1, "Armadilhas clínicas comuns na terapia de grupo", não é exaustiva, mas fornece um guia útil para discussão e ilustração de como os terapeutas podem usar o diálogo socrático a fim de transformar armadilhas potenciais em oportunidades de aprendizagem. Independentemente da origem da armadilha clínica, as suposições de um terapeuta provavelmente serão importantes porque influenciam diretamente a forma como respondemos ou não. Portanto, ao longo desta seção, os pressupostos do terapeuta sobre cada armadilha são considerados.

QUADRO 10.1 Armadilhas clínicas comuns na terapia de grupo

Armadilhas associadas aos participantes

Armadilha 1

Um membro do grupo expressa necessidades emocionais vigorosamente, exibe intensa reatividade ou domina o tempo da terapia em grupo de uma forma que interfere no foco educacional do grupo ou na oportunidade de outros participarem do processo de terapia.

Armadilha 2

Existem grandes discrepâncias entre os membros em termos de prontidão ou capacidade de se engajar no processo terapêutico: diferentes níveis de motivação, aderência às tarefas de casa, participação, compreensão ou aquisição de habilidades. Isso leva o terapeuta a oferecer atenção desigual aos membros do grupo.

Armadilha 3

As interações entre os membros tornam-se duras ou hostis, ou resultam em conflitos que são potencialmente prejudiciais e podem levar a desistência emocional, crises clínicas ou evasão. O terapeuta tenta controlar ou encobrir o conflito, em vez de usá-lo como uma oportunidade de aprendizagem.

(Continua)

402 Padesky & Kennerley

> **QUADRO 10.1** Armadilhas clínicas comuns na terapia de grupo *(Continuação)*
>
> ### Armadilhas associadas ao terapeuta
>
> #### Armadilha 4
>
> O terapeuta domina o grupo por meio de apresentações didáticas em vez de envolver ativamente os participantes.
>
> #### Armadilha 5
>
> O terapeuta solicita a participação do grupo, mas depois adota uma abordagem *laissez--faire* na qual há dependência excessiva ou indiscriminada das interações dos participantes, fornecendo pouca orientação no diálogo grupal em desenvolvimento.

> ### Armadilha 1
>
> Um membro do grupo expressa necessidades emocionais vigorosamente, exibe intensa reatividade ou domina o tempo da terapia em grupo de uma forma que interfere no foco educacional do grupo ou na oportunidade de outros participarem do processo de terapia.

A primeira armadilha ocorre quando alguém do grupo responde repetidamente com um afeto muito intenso ou um estilo dominador de interação; outros podem se sentir ameaçados ou intimidados, o que os leva a recuar emocionalmente e até fisicamente do grupo. Às vezes, os membros também param de frequentar o grupo ou se envolver nele, devido ao tédio ou ao sentimento de exclusão, se o terapeuta permite que um indivíduo fale por um longo período. Alguns terapeutas caem na armadilha da passividade, permitindo que esses padrões interfiram na agenda ou nas oportunidades para outros membros. Outros terapeutas confrontam o membro de uma forma contraproducente. O diálogo socrático permite que o terapeuta responda à Armadilha 1 engajando os outros na discussão, envolvendo-os em um processo verdadeiramente colaborativo que fornece aprendizagem e apoio ao indivíduo focal, ao mesmo tempo que mantém os outros envolvidos em um processo de aprendizagem que parece seguro e construtivo.

Uma conceitualização cognitiva do fenômeno de um grupo desequilibrado, no qual um membro ou alguns membros dominam as discussões, pode orientar o terapeuta a determinar a melhor forma de responder. Essa conceitualização vai determinar as crenças relevantes e os processos cognitivos do(s) indivíduo(s) dominante(s), dos participantes menos ativos e, o mais importante, do terapeuta, que supostamente está orientando e gerenciando os níveis de participação.

Um membro do grupo franco e altamente expressivo pode estar operando com o déficit cognitivo de simplesmente não perceber a presença ou as necessidades dos outros, em particular quando suas crenças centrais são ativadas. Alternativamente, um membro mais expressivo que é influenciado por crenças comuns e traços de personalidade narcisistas ou dependentes pode assumir que suas próprias necessida-

Diálogo socrático para a descoberta em psicoterapia **403**

des substituem as dos outros. Por exemplo: "Os outros não estão sofrendo como eu. Quando me sinto tão mal, mereço..." ou "Estou tão sobrecarregado... Não consigo lidar com isso... Preciso de ajuda agora!". Em outros casos, membros dominantes podem simplesmente não ter um bom sistema de suporte, chegando à conclusão de que "Esse é o único lugar onde posso obter ajuda... onde as pessoas vão me entender!".

Às vezes, os vieses cognitivos ou hábitos de um terapeuta levam ao domínio por um membro e à falta de participação equilibrada entre todos os membros. Alguns terapeutas têm uma forte tendência a se envolver longamente com os membros mais "interessantes" ou expressivos de um grupo. Eles podem operar com "visão de túnel", respondendo ao afeto ou à angústia energicamente expressos de um indivíduo sem considerar ou valorizar adequadamente as necessidades dos outros. Eles podem ter suposições exageradas e desequilibradas, como "Devo sempre responder (diretamente) quando os outros estão sofrendo. Estarei sendo insensível se não o fizer".

Esse tipo de pensamento tendencioso em terapeutas pode ocorrer devido a um extenso histórico de fornecimento de terapia individual e à falta de treinamento ou supervisão no trabalho com grupos. O terapeuta pode não ter desenvolvido a capacidade de examinar os membros com o objetivo de atender aos níveis relativos de participação. Da mesma forma, alguns terapeutas se envolvem em interações individuais excessivamente devido à sua própria ansiedade em liderar um grupo ou com base em suposições não examinadas, como "Eu sempre preciso gerenciar emoções intensas com muito cuidado no grupo; caso contrário, as coisas sairão do controle... Outros membros não saberão o que dizer... dirão as coisas erradas". Alguns terapeutas têm a tendência de responder individualmente com base na intensa necessidade de mostrar o quão competentes são, ou pela gratificação de se sentirem emocionalmente envolvidos e valorizados a cada momento em seu trabalho. Por fim, alguns permitem passivamente que um participante domine devido a medos excessivos dos resultados de confrontar membros agressivos.

Essa armadilha de permitir que membros dominem um grupo de terapia gera sérios riscos clínicos. Membros menos ativos podem experimentar um reforço de crenças centrais como "Eu não sou importante". Outros membros podem concluir que o grupo de terapia, ou a TCC em geral, não terá valor pessoal para eles. Além disso, se um terapeuta se envolver em interações extensas e profundas com um membro, esse cliente pode acabar divulgando mais do que se sente pronto para expor aos seus colegas. Se isso acontecer, ele pode se sentir vulnerável e ansioso sobre como os outros o perceberão, e pode até optar por não retornar ao grupo. Por outro lado, outros no grupo podem se preocupar: "E se o terapeuta expuser meu problema oculto... minha experiência de incesto/infidelidade/sentimento de ser inútil?". De todas essas maneiras, essa armadilha pode levar a ressentimento, ansiedade ou perda de interesse, possivelmente levando à desistência da participação no grupo, mas certamente resultando em benefícios diminuídos para alguns membros.

O diálogo socrático permite que o terapeuta envolva outras pessoas, mesmo quando membros específicos tendem a dominar. O terapeuta pode expandir o foco pedindo aos outros que revelem se tiveram sentimentos ou experiências semelhantes, pode envolver outras pessoas no fornecimento de informações, *feedback* ou empatia, ou pode solicitar que outros sintetizem conceitos ou forneçam resumos. Às vezes, as necessidades de um indivíduo vão além do que poderia ser fornecido em um grupo de terapia por tempo limitado. Mesmo nessa situação, o terapeuta pode envolver outras pessoas por meio de perguntas informativas sobre soluções ou recursos na comunidade, fortalecendo simultaneamente seu senso de valor e importância como "ajudantes".

Observe, no diálogo em grupo a seguir, como o diálogo socrático fornece uma maneira eficaz de lidar com a armadilha de um membro dominante, convidando e orientando a participação de outros. Nessa ilustração, Suzanne está se sentindo muito triste por ter sido deixada pelo namorado. Ela já expressou em lágrimas sua dor e seu desespero no grupo de terapia de depressão por mais de 10 minutos, e outros membros estão começando a parecer desconfortáveis. Alguns fizeram comentários empáticos, mas Suzanne continua chorando. A terapeuta está ciente de que os comentários do grupo não são expressos a Suzanne com muito carinho e de que ela não parece estar ouvindo.

Suzanne: Parece uma dor tão profunda que eu não sei como enfrentá-la. Não vejo como posso continuar sozinha depois de ficar com ele por oito anos. Estou envelhecendo e sinto que desisti de tudo por ele. (Lágrimas escorrendo.) (Os membros do grupo parecem mal-humorados e permanecem quietos.)

Terapeuta: Suzanne, eu certamente posso entender e imaginar que essa é uma perda tremenda para você, um momento muito doloroso agora. Tudo bem para você, Suzanne, ouvir algumas respostas de outros membros agora? (Essa escolha de palavras enfatiza a colaboração e também aumenta a probabilidade de Suzanne prestar atenção às respostas dos outros.)

Suzanne: Eu realmente não sei se alguma coisa vai ajudar.

À medida que a discussão continua, a terapeuta orienta os membros do grupo em direção à escuta empática, atrasando por um momento qualquer movimento em direção às estratégias de enfrentamento. Um foco no segundo estágio do diálogo socrático, a escuta empática, é muito importante quando um cliente está altamente vulnerável. Isso incentiva os membros do grupo a responder a reações emocionais, ao mesmo tempo que aumenta a receptividade do indivíduo angustiado a outras formas de *feedback*. A seguir, observe como a escolha cuidadosa de palavras da terapeuta reduz a probabilidade de um comentário que possa parecer inacreditável ou inválido para o cliente, como "Eu sei o que você está sentindo. Eu passei pela mesma coisa".

Terapeuta: Eu sei que nenhum de nós consegue entender completamente o que Suzanne está vivendo. No entanto, alguns de vocês podem ter perdido alguém com quem realmente se importavam e talvez tenham alguma

Diálogo socrático para a descoberta em psicoterapia **405**

maneira de oferecer compreensão ou apoio. Isso se aplica a alguém aqui?

Ryan: Eu senti que a minha vida estava chegando ao fim quando a minha mulher me deixou. Ela tinha sido minha namorada do ensino médio, a única mulher que eu já amei.

A resposta de Ryan não é realmente direcionada de maneira empática para Suzanne e, portanto, a terapeuta reorienta o processo para ela, falando primeiro com Ryan e depois virando a cabeça para Suzanne.

Terapeuta: Então, Ryan, pela sua experiência, que palavras de compreensão e apoio você seria capaz de dizer a Suzanne neste momento?

Ryan: Eu só sei que, com o tempo, você ficará bem, mesmo que não pareça agora. Depois de um tempo, você pode se reconectar com as pessoas que costumava ver antes desse relacionamento. Comecei a reencontrar alguns dos meus velhos amigos e até comecei a correr novamente pela primeira vez em anos. Quero dizer, se passaram alguns meses antes de eu querer fazer qualquer coisa, mas gradualmente comecei a sair e descobri que ainda poderia ter uma vida.

Terapeuta: (Opta por continuar envolvendo outras pessoas em vez de voltar a focar em Suzanne por enquanto.) Obrigado, Ryan. Alguém mais teve algum sentimento ou pensamento quando ouviu sobre o que Suzanne está vivendo?

Depois de obter respostas de alguns outros membros, a terapeuta reconhece uma oportunidade de se concentrar novamente na pauta. Ela opta por fornecer uma síntese em vez de pedir a um participante que o faça, garantindo assim um retorno suave à pauta do grupo.

Terapeuta: Suzanne, espero que você sinta algum carinho vindo do grupo, sinta que os outros têm pelo menos algum entendimento de que essa perda é realmente dolorosa e levará tempo para ser superada. Como você se sente com relação ao *feedback*, em particular quanto a sair novamente com os amigos e perseguir alguns dos seus próprios interesses e *hobbies*?

Suzanne: Eu sei que posso tentar voltar a nadar. Tenho certeza de que isso vai ajudar. Mas eu simplesmente não tenho amigos íntimos com quem conversar agora, porque eu era muito centrada em John. (Lágrimas novamente brotam dos olhos dela.)

Terapeuta: (Percebendo que ela precisará de apoio social adicional fora do grupo; dirige uma *pergunta informativa* a todos os membros.) Alguém conhece algum grupo de apoio ou recursos na nossa comunidade que possam ser úteis para Suzanne?

Juwan: A minha irmã passou por um divórcio e encontrou um bom grupo de apoio no Centro de Saúde da Mulher, perto do centro da cidade. Tenho certeza de que está aberto a qualquer pessoa que passe por uma separação.

Terapeuta: Você poderia escrever o nome e até mesmo o número de telefone para a Suzanne, se tiver? Muito obrigado, Juwan. (Pausa.) Nesta semana, continuaremos a analisar nossos pensamentos automáticos. Ouvimos uma série de pensamentos automáticos de Suzanne sobre seu rompimento. Que tipos de pensamentos automáticos o resto de vocês notou esta semana?

Armadilha 2

Existem grandes discrepâncias entre os membros em termos de prontidão ou capacidade de se engajar no processo terapêutico: diferentes níveis de motivação, aderência às tarefas de casa, participação, compreensão ou aquisição de habilidades. Isso leva o terapeuta a oferecer atenção desigual aos membros do grupo.

Não é incomum que os membros do grupo tenham diferentes níveis de engajamento, motivação e compreensão ou diferentes ritmos de desenvolvimento de habilidades. O diálogo socrático com um grupo pode criar pontes significativas que atravessem as diferenças para melhorar a participação e a aprendizagem. As decisões sobre como empregar o diálogo socrático são mais bem tomadas quando embasadas por uma conceitualização das diferenças do cliente e também das próprias tendências de resposta do terapeuta.

Os membros podem parecer menos motivados ou ativos devido a pensamentos automáticos, suposições e crenças fundamentais como:

- Não tenho nada interessante/inteligente o suficiente para dizer... Se eu falar, vou parecer estúpido.
- Todos os outros são mais inteligentes/mais avançados/melhores do que eu. Não farei essa tarefa tão bem quanto os outros, e o terapeuta vai me expor na frente do grupo. Ou, em contraste:
- Esse exercício não vai me ajudar. Eu já sei essas coisas. Eu sei mais do que os outros, então por que devo fazer essa tarefa?

A investigação socrática fornece uma maneira educacional e colaborativa de identificar e abordar esses tipos de obstáculos e promover a participação e a motivação. Por exemplo, se um cliente de um grupo para psicose não está participando de uma discussão sobre o fato de um psiquiatra deixar a clínica, e esse cliente claramente era muito apegado a tal médico, o terapeuta pode perguntar: "Aaron, notei que você permaneceu quieto durante nossa discussão sobre a saída do doutor Chavez, mas sei que você era bastante apegado a ele. O que estava passando pela sua cabeça quando pedi a cada um de vocês que expressasse seus sentimentos sobre a partida dele?". Se a

Diálogo socrático para a descoberta em psicoterapia **407**

baixa autoestima é central para a conceitualização do caso de Aaron e isso o inibe de expressar suas próprias reações, seu terapeuta pode levar isso em conta e fazer a pergunta desta forma: "Aaron, você desenvolveu um bom relacionamento com o doutor Chavez. Como acha que a saída dele afetará os pacientes daqui?".

As suposições, as interpretações e os vieses dos terapeutas em relação às diferenças entre os membros do grupo influenciarão suas respostas e sua vulnerabilidade a essa segunda armadilha clínica. Considere como os seguintes pensamentos desencorajariam um terapeuta a usar o diálogo socrático com todo o grupo:

- Raul está simplesmente fazendo muitas perguntas, desacelerando o grupo. É melhor ignorá-lo.
- Briana é a única que realmente faz tarefas, a única que realmente trabalha duro em grupo. Ela merece a minha atenção.
- David se sente inferior aos outros. Preciso incentivá-lo.
- Saed está sempre dando as melhores respostas. Ele vai fazer os outros se sentirem mal. Tenho que interrompê-lo quando ele falar.

Os pressupostos do terapeuta que levam a esse tipo de interpretação e o direcionam à armadilha de oferecer atenção desequilibrada aos membros do grupo incluem:

- Se eu esperar mais tempo, os clientes quietos acabarão decidindo por conta própria participar.
- Algumas pessoas aprendem melhor apenas observando.
- Se eu disser algo sobre a falta de participação, ele se sentirá incomodado/mal/ irritado e poderá desistir.
- As pessoas devem trazer sua própria motivação para a terapia. É responsabilidade delas fazer um esforço se quiserem obter algo do grupo.
- Membros dominantes às vezes precisam ser trazidos de volta à realidade ou serem lembrados de sua posição para que recuem e deem aos outros uma chance de participar.

Mantenha em mente

Os terapeutas de grupo precisam autoavaliar e conceituar suas próprias vulnerabilidades cognitivas que podem minar seu papel no grupo, examinando suas próprias suposições sobre pessoas, motivações e processo de grupo, bem como seu papel como terapeutas. Um método eficaz para fazer isso é gravar sessões ou convidar um terapeuta de grupo experiente para participar das sessões. Em seguida, examine os dados que apoiam e não apoiam a ideia: "Estou usando o diálogo socrático para envolver os membros de maneira equilibrada e eficaz". Nos momentos em que a declaração não é respaldada, a gravação ou o *feedback* do consultor pode ajudá-lo a identificar e abordar pensamentos automáticos relevantes e crenças subjacentes que estejam interferindo.

Uma estratégia simples para abordar as diferenças de participação, motivação ou competência é direcionar o diálogo socrático para os membros menos ativos ou avançados, em um esforço para equalizar seu envolvimento ou melhorar sua taxa de aprendizagem. Observe como a terapeuta a seguir envolve uma integrante tímida, Juliana, nos estágios avançados de resumir informações e fornecer uma síntese do diálogo em grupo. Aqui continuamos a vinheta sobre Suzanne, que perdeu o namorado com quem passara oito anos.

Terapeuta: Juliana, notei que você estava ouvindo atentamente o que a Suzanne dizia e como os outros estavam respondendo. Quais você acha que são os pontos mais importantes para Suzanne enquanto ela passa por esse processo de se recuperar da sua perda?

Juliana: Acho que você só tem que seguir em frente com as coisas e voltar a se ocupar com a vida.

Terapeuta: Juliana, seu ponto é muito importante para Suzanne e todos nós: encontrar uma maneira de seguir em frente, mesmo quando, ou especialmente quando, passamos por perdas e dificuldades reais.

Embora a resposta de Juliana não tenha sido particularmente abrangente ou elegante, a terapeuta apoia seus comentários na esperança de que isso fortaleça sua confiança em participar do grupo.

Esforços simplistas para equilibrar a atenção e o diálogo a fim de garantir a participação igualitária de todos podem deixar os membros mais qualificados insuficientemente desafiados e até mesmo sentindo-se negligenciados ou entediados. É possível lidar com essa armadilha potencial pedindo aos membros que respondam aos obstáculos ou déficits de aprendizagem de outros membros do grupo e que o façam de maneiras que minimizem o risco de serem vistos como preferenciais ou condescendentes, como ilustrado no exemplo a seguir:

Simona: Eu realmente não pareço ter pensamentos automáticos antes de vomitar. Eu simplesmente me vejo no banheiro fazendo isso, sem realmente pensar a respeito.

Terapeuta: É difícil identificar pensamentos automáticos quando você faz algo muitas vezes, como um hábito. (*Escuta empática*) Quem no grupo pode descrever uma maneira de acessar pensamentos em uma situação como essa, quando você teve um episódio compulsivo e sentiu vontade de vomitar? (*Pergunta informativa*)

Shirleen: Eu sei o que a Simona quer dizer sobre nem sequer pensar nisso, mas essa técnica de frase incompleta de que falamos me ajudou. Como quando me perguntei: "Se eu não fizesse isso, se eu não vomitasse, então eu me preocuparia que 'x' acontecesse". No meu caso, eu me preocuparia em parecer uma porca gorda novamente.

Terapeuta: (Para reduzir o risco de Simona se sentir em evidência e garantir que outras pessoas se envolvam, o terapeuta abre o diálogo para todo o grupo.) Shirleen, você poderia escrever essa frase incompleta aqui no quadro branco, e vamos ouvir o grupo e ver se isso nos ajuda a identificar os pensamentos desencadeantes mais relevantes ou aqueles "pensamentos que dão permissão" sobre os quais falamos. Simona, você poderia começar imaginando aquele momento na sexta-feira? Imagine-se terminando a caixa de *donuts* Krispy Crème de que falou...

O terapeuta, na vinheta a seguir, envolve Sierra, que está aprendendo a abordar seu TOC de forma mais eficaz, para ajudar Amir, que aparentemente não tem feito as tarefas de aprendizagem de exposição e prevenção de resposta (ERP) entre as sessões em grupo.

Terapeuta: Amir, o que tem impedido você de realizar tarefas de ERP? O que passa pela sua cabeça quando falamos sobre elas, ou quando você está em casa e pensa em fazê-las?

Amir: Tenho medo do que pode acontecer, mas sei que todos no grupo dizem que também sentem medo. Acho que o principal é que eu não consigo ficar motivado o suficiente, você sabe, para me dispor a sentir essa ansiedade.

Terapeuta: Sierra, você tem lidado bem com a sua ERP, fazendo mais do que foi designado. O que a ajuda a ser motivada e, especificamente, o que a ajuda a iniciar as exposições?

Em um grupo de terapia de ansiedade social, outro terapeuta abordou várias discrepâncias:

Terapeuta: Alguém pode fazer aquelas perguntas que ajudam a identificar pensamentos automáticos? Talvez auxiliar um pouco Daren nesse processo?

Faris: (Para Daren.) Então, o que passa pela sua cabeça, quero dizer, qual é a pior coisa que você acha que aconteceria se falasse com alguém por quem se sente atraído?

Daren: Meu rosto fica vermelho muito facilmente; acho que está vermelho agora. Só sinto que pareço nervoso.

Terapeuta: (Procura garantir uma resposta *empática* e de apoio a Daren.) Isso ajuda a entender o seu sentimento de ansiedade, mas notei, Faris, que você estava balançando a cabeça. Você tem um comentário ou pergunta de acompanhamento que ajudaria a esclarecer os pensamentos e suposições de Daren?

Faris: Sim, como Rolando estava dizendo, o que é pior no fato de você parecer nervoso?

Daren: Acho que me sinto fraco e patético quando fico nervoso assim. Odeio isso!

Terapeuta: Acho que está chegando aos pensamentos relevantes, Daren. Isso é bom. Então, Thomas (vira-se para outro membro), ouvir as perguntas

	de Faris, ou os pensamentos automáticos de Daren, o ajudou a identificar algum de seus pensamentos e hesitações sobre se aproximar de um cara atraente?
Thomas:	Sim. Sinto que vou soar como, e parecer, uma pessoa ridícula e que não é inteligente. Depois me sinto muito mal, como se tivesse arruinado uma boa oportunidade.
Terapeuta:	Vale a pena anotar essas perguntas e pensamentos automáticos. (Olha para Viktor, que tem habilidades limitadas em inglês e que perdeu a sessão anterior, sobre identificação de pensamentos automáticos. O terapeuta vê que Viktor está tomando notas, mas não participa.) Viktor, essa discussão o ajudou a esclarecer como identificar pensamentos automáticos?
Viktor:	Acho que sim.
Terapeuta:	O que você percebe que é comum nesses pensamentos sobre conhecer alguém e ficar ansioso? (*Pergunta sintetizadora*)
Viktor:	Acho que todos sentem que a outra pessoa vai julgar ou criticar. E acho que isso também se aplica a mim.

Como mostram essas breves ilustrações, o fluxo do grupo pode ser mantido mesmo quando há diferenças significativas entre os membros. Os terapeutas são incentivados a equilibrar as consultas entre os indivíduos, envolvendo membros mais qualificados para ajudar os outros e obter sínteses ou esclarecimentos de participantes que não estão se manifestando de outra forma. Essas aplicações flexíveis do diálogo socrático mantêm envolvidos membros com todos os níveis de habilidade e motivação. Elas incentivam a aprendizagem de todo o grupo quando os membros podem assumir funções que potencializam seus conhecimentos e suas habilidades crescentes. O terapeuta pode orquestrar esse processo criteriosamente para garantir que todos os participantes se sintam estimulados, valorizados e respeitados.

Armadilha 3

As interações entre os membros tornam-se duras ou hostis, ou resultam em conflitos que são potencialmente prejudiciais e podem levar a desistência emocional, crises clínicas ou evasão. O terapeuta tenta controlar ou encobrir o conflito, em vez de usá-lo como uma oportunidade de aprendizagem.

Comentários agressivos ou conflitos entre os membros da terapia de grupo são desafiadores para qualquer terapeuta e podem levar à Armadilha 3. Reações interpessoais intensas, ou mesmo aquelas sutis e embotadas, podem desviar a atenção da aprendizagem em grupo e ser contraproducentes. Ao mesmo tempo, hostilidade e conflito podem fornecer excelentes oportunidades para indagar sobre pensamentos automáticos "quentes" e ilustrar conceitos e habilidades de TCC *in vivo*. É mais prová-

Diálogo socrático para a descoberta em psicoterapia **411**

vel que esses tipos de interações em grupo se tornem oportunidades de aprendizagem construtivas se o terapeuta abordar o conflito usando o diálogo socrático, em vez de cair na armadilha de tentar controlar ou encobrir a situação.

Alguns terapeutas respondem reflexivamente a críticas ou conflitos no grupo, tentando defender uma "vítima" percebida, desviando rapidamente a atenção para outro tópico ou confrontando o "agressor" percebido. Os pensamentos e as suposições relevantes do terapeuta que contribuem para essas reações incluem:

- Esse cliente é vulnerável... precisa da minha ajuda... não consegue se defender.
- Não posso permitir comportamentos cruéis e insensíveis no grupo. Devo confrontar qualquer um que tente diminuir outro membro.

O conflito pode provocar ansiedade nos membros do grupo, bem como no terapeuta. Um terapeuta que não tem experiência em empregar o diálogo socrático em um grupo pode tender a recorrer a tentativas excessivas de controle "pelo bem do grupo", com base em crenças como:

- O conflito é... ruim, perigoso e não terapêutico.
- As coisas estão ficando fora de controle. Tenho que controlá-las agora!
- Não sei o que fazer. É melhor eu voltar ao tópico da pauta.

Um terapeuta experiente e autoconsciente pode usar o diálogo socrático para orientar construtivamente o grupo por meio de conflitos emergentes, facilitando a aprendizagem útil, como ilustrado a seguir.

Carl: Você me enoja com suas queixas mesquinhas sobre tudo. Você não tem ideia do que é sofrer. Cumpri dois períodos de serviço no Iraque, e teríamos rido ao ouvir um homem choramingar e chorar como você, por nada.

Darren: Bem, fod*** você! Você acha que tem tudo sob controle, mas é inútil quando se trata de lidar com as pessoas! Você apenas se esconde atrás da fachada militar e nunca fala sobre si mesmo, sobre seus próprios problemas. Você não consegue nem manter um emprego, então por que não lida com as suas próprias questões em vez de atacar os outros?

Carl: Bem, eu consigo desbancar caras como você sem esforço. E você acha que trabalhar atrás de uma mesa e usar gravata faz de você uma boa pessoa?

Terapeuta: Darren e Carl, parece que cada um de vocês tem sentimentos muito legítimos ativados aqui. Gostaria de pedir a vocês dois que trabalhem comigo um pouco para trazer esta discussão de volta aos nossos objetivos grupais. Como vocês sabem, estávamos falando sobre "pensamentos quentes" e como eles podem ser poderosos para desencadear emoções fortes. (Ambos os membros estão olhando um para o outro.) Trabalhem comigo aqui, vocês dois, por um minuto. Carl, quando foi o momento ou qual foi a coisa que Darren disse que o levou a ficar com raiva?

Carl: Ele estava choramingando; ele estava dizendo como é difícil encontrar um substituto para a secretária dele. E então...

Reconhecendo a importância de orientar a discussão em direção ao tema do dia, "Encontrando evidências sobre pensamentos automáticos", o terapeuta opta por interromper Carl:

Terapeuta: Então, quando ele falou da secretária, alguma coisa foi acionada em você. O que passou pela sua cabeça naquele momento?

Carl: É só que... que coisa trivial ter que assumir as tarefas da secretária, talvez ficar um pouco atrasado no trabalho por alguns dias e colocar um anúncio para buscar ajuda. Isso é besteira!

Terapeuta: Carl, parece que algo mais foi acionado aqui. O que mais estava passando pela sua mente? Que outros pensamentos, imagens ou memórias poderiam nos ajudar a entender a intensidade com que você reagiu? Imagino que tenha algumas boas razões para se sentir assim. (*Escuta empática*)

Carl: (Pausa, como se não tivesse certeza se deve continuar.)

Terapeuta: Falar sobre esse assunto pode ser muito útil, se estiver disposto a fazer isso.

Carl: Bem, se você... se quiser falar sobre ter que substituir alguém. (Carl parece estar tremendo um pouco.) Se um dos caras do seu batalhão for abatido, e ele for o cara que o protegeu nos últimos três meses em combate. Venha me falar do que é difícil fazer e eu posso lhe dizer mais merda do que você quer ouvir!

Na mente do terapeuta

Essa fala sugere que os comentários de Darren podem ter desencadeado uma reação de transtorno de estresse pós-traumático (TEPT) em Carl. O processamento do material do TEPT vai além dos objetivos deste grupo de depressão. Portanto, o terapeuta decide manter o foco nos pensamentos interpessoais e começar modelando a escuta empática.

Terapeuta: Carl, que perda imensa. Mais do que nós, civis, poderíamos compreender. (Virando-se para Darren.) Darren, isso o ajuda a entender as reações de Carl, sabendo o que foi desencadeado em sua mente?

Darren: Bem, eu não gosto de ser atacado assim em grupo, mas, sim, eu entendo. Faz muito mais sentido. Ei, Carl, eu, eu realmente sinto muito pelo que aconteceu com o seu amigo lá fora. Sério. Acho que o meu problema é meio trivial em comparação a isso.

Às vezes, a escuta empática pode ser formulada de maneiras que também reforçam outros princípios-chave da TCC. Aqui, o terapeuta chama a atenção para a ideia de que as reações emocionais intensas de Carl estavam relacionadas a pensamentos e memórias vivenciadas dentro dele, em vez de serem devidas simplesmente ao que Darren disse sobre sua secretária.

Reações interpessoais sutis são ainda mais comuns em grupos de terapia do que aquelas vigorosamente expressas. Quando essas reações são observadas, os terapeutas podem optar por explorá-las ou por permanecer focados na agenda ou no tópico atual de discussão. Eles podem, por exemplo, continuar o tópico em andamento ou o planejamento de atribuições de aprendizagem pós-sessão, em vez de indagar sobre os sentimentos entre os membros do grupo. No entanto, negligenciar o endereçamento de sinais de tensão interpessoal pode resultar em oportunidades perdidas para aprendizagens relevantes e pode gerar escalada de conflitos ou retirada. O diálogo socrático, felizmente, com frequência fornece um método para abordar respostas interpessoais enquanto também as vincula ao tópico do dia em um grupo. O seguinte exemplo de um grupo de terapia para pessoas com transtorno bipolar ilustra isso bem.

Terapeuta: Sirena, eu notei que você estava muito ativa na nossa discussão sobre avaliar pensamentos automáticos, e então você parou de participar de repente e pareceu distraída. Aconteceu algo no grupo, ou algo significativo passou pela sua mente alguns minutos atrás? (*Pergunta informativa*)

Sirena: Não exatamente, eu estou apenas um pouco cansada.

Terapeuta: Eu sei que este é um grupo noturno e que hoje é um dia de trabalho. (*Escuta empática*) Eu notei, porém, que sua reação pareceu ocorrer logo depois que Sandy disse que achava que você estava exercitando a leitura de mentes em excesso. O que você sentiu naquele momento? O que passou pela sua mente quando ela disse que achava que você estava exercitando muito a leitura de mentes? (*Perguntas informativas*)

Sirena: Acho que ela é um tanto arrogante, me julgando e me dizendo que meus pensamentos estão errados, achando que é melhor do que eu.

Terapeuta: Talvez possamos explorar isso com a Sandy logo mais, mas eu aprecio que você esteja disposta a dizer o que passou pela sua mente naquele momento. Houve outros pensamentos ou imagens, mais alguma coisa que passou pela sua mente quando a ouviu dizer aquilo?

Sirena: Bem, aquilo não fez eu me sentir bem comigo mesma.

Terapeuta: O que aquilo significou para você, ouvir aquele comentário? (*Pergunta informativa*)

Sirena: Parece que não consigo fazer nada direito. Que as pessoas não gostam de mim, como eu disse no início do grupo.

Exercício para o leitor

Existem várias respostas socráticas úteis que um terapeuta pode empregar em qualquer situação. Antes de continuar a ler, reserve um momento para voltar ao exemplo anterior e refletir sobre como você poderia responder nesse ponto do diálogo usando uma das etapas do diálogo socrático.

Não há uma única melhor intervenção para um ponto qualquer de uma sessão de terapia. A seguinte seção ilustra três das muitas direções alternativas que o terapeuta poderia seguir no diálogo anterior. Compare essas possíveis respostas com aquela que você concebeu. Os potenciais riscos e benefícios de cada resposta são observados.

Opção A: o terapeuta foca na prioridade de envolver todos os membros.

Terapeuta: Existem outros no grupo que se sentem assim às vezes, sentem que estão sendo julgados ou que não conseguem fazer nada certo?

PRÓS/CONTRAS: Essa pergunta convidará os outros a participarem e pode levar a uma discussão produtiva, especialmente se o terapeuta fomentar um diálogo socrático sobre as respostas dos membros. No entanto, essa pergunta por si só pode ser considerada *pseudossocrática*, pois é ambígua, não direciona a discussão para a aprendizagem de um conceito ou uma habilidade relevante, e não necessariamente leva à empatia por Sirena. Pode tanto conduzir o tópico para a história de outro membro do grupo quanto dar seguimento aos pensamentos e sentimentos de Sirena, e pode distrair de uma valiosa oportunidade de aprendizagem.

Opção B: o terapeuta se concentra em duas prioridades, que consistem em responder aos sentimentos e às reações de Sirena e envolver outras pessoas no tópico da pauta de avaliação de pensamentos automáticos.

Terapeuta: É compreensível que você se sinta magoada ou frustrada quando parece que alguém está julgando-a. Você estaria disposta a ouvir como outras pessoas perceberam ou interpretaram o comentário de Sandy?

PRÓS/CONTRAS: Esse diálogo envolve os outros de forma ativa e colaborativa e está focado em pensamentos e interpretações alternativas. Pode ajudar a demonstrar a subjetividade da cognição e, possivelmente, gerar uma perspectiva alternativa que pareceria credível para Sirena. Há algum risco, no entanto, de que essa maneira de envolver os outros deixe Sirena à margem por muito tempo, gerando a sensação de que ela não é tão capaz quanto os outros de ser objetiva ou avaliar seu próprio pensamento. Isso poderia reforçar um autoesquema negativo de ser inadequada. Além disso, não envolve diretamente a fonte de dados mais relevante na avaliação de seus pensamentos automáticos iniciais, Sandy. E isso pode até alienar Sandy, por não lhe dar a chance de esclarecer desde o início sua intenção e seus sentimentos relativos a Sirena.

Opção C: o terapeuta direciona o diálogo para o tópico da agenda de avaliação de pensamentos automáticos, mas mantém o foco principalmente nas respostas dos dois membros envolvidos na interação relevante.

Terapeuta: Então, Sirena, você estaria disposta a fazer um breve experimento comportamental aqui no grupo? Você estaria disposta a testar seus pensamentos automáticos perguntando a Sandy a intenção dela ao fazer esse comentário sobre ler mentes? Basta perguntar a ela de qualquer maneira que você ache que poderia lhe dar uma resposta honesta e crível.

PRÓS/CONTRAS: Essa resposta do terapeuta poderia incentivar Sirena a agir de maneira mais direta, a fim de reunir evidências relevantes para avaliar seus pensamentos automáticos. Ela também oferece aos membros do grupo a oportunidade de observar um processo muito focado de identificação e avaliação de pensamentos automáticos relevantes, semelhante ao processo interno de teste de pensamento que eles estão aprendendo a usar na vida cotidiana. Além disso, os membros podem observar como um conflito entre duas pessoas pode ser abordado por meio de investigação objetiva, em vez de reatividade. Por outro lado, essa abordagem pode acarretar um risco de escalada adicional entre os dois membros, mantendo-os envolvidos um com o outro, em vez de difundir o foco envolvendo outros. Ademais, poderia deixar outros membros à margem por um longo período.

Qualquer uma das três opções anteriores pode ser proveitosa, desde que o terapeuta esteja alerta para redirecionar a discussão se e quando surgirem problemas e oportunidades no processo de desdobramento do grupo. Por exemplo, a Opção C pode ser bastante eficaz se o terapeuta continuar a envolver outros membros no fornecimento de observações, resumos ou sínteses de conceitos relevantes.

Armadilha 4

O terapeuta domina o grupo por meio de apresentações didáticas, em vez de envolver ativamente os participantes.

Oportunidades importantes para a aprendizagem ativa são reduzidas quando o terapeuta depende extensivamente de uma abordagem didática na terapia de grupo. Períodos de educação didática são claramente prudentes em grupos com tempo limitado, especialmente nas fases iniciais de aquisição de conceitos e habilidades. O envolvimento experiencial de todos os membros, no entanto, aumenta a aprendizagem relevante, oferecendo oportunidades para integrar novas ideias quando as emoções e crenças centrais são ativadas pelo contexto social dinâmico de um grupo.

A Armadilha Didática 4 talvez seja um risco maior para os terapeutas de grupo iniciantes ou para aqueles que têm suposições perfeccionistas sobre a necessidade de transmitir um "quadro geral" (ou seja, maior detalhe ou amplitude de informações) ao grupo. Muito tempo dedicado à apresentação didática interfere nas oportunidades de aprendizagem ativa e experiencial. As suposições relevantes do terapeuta incluem:

- Há muito para eles aprenderem, então é melhor eu continuar ensinando todo o material importante.
- Este grupo não será eficaz se eu deixar coisas de fora.

Essa armadilha didática também pode ser acionada, e não questionada, no caso de terapeutas de grupo que foram ou atualmente são instrutores de sala de aula, devido à semelhança de estímulo entre as duas configurações.

Considere o que teria sido perdido nos exemplos de terapia no início deste capítulo se o terapeuta tivesse tentado ensinar simplesmente transmitindo informações sobre TCC e usando exemplos hipotéticos, em vez de adotar uma abordagem socrática. Por exemplo, no caso da raiva entre Carl, que lutou no Iraque, e Darren, que usava gravata e trabalhava em um escritório, o terapeuta excessivamente didático poderia ter respondido da seguinte forma:

Terapeuta: Essas emoções intensas que Carl e Darren estão expressando são, sem dúvida, desencadeadas por pensamentos automáticos, como descrevi para vocês hoje. Com a raiva, geralmente temos pensamentos de julgamento sobre os outros, enquanto, com a depressão, os pensamentos são mais propensos a ser sobre nós mesmos. Vamos rever a lista de distorções cognitivas...

Claramente, muitas oportunidades de aprendizagem tridimensional são perdidas com um foco tão estreito na transmissão de informações didáticas. Embora algum ensino formal seja bastante útil em grupos de TCC, confiar demais em um estilo didático geralmente leva à passividade do grupo, ao tédio e a oportunidades de aprendizagem perdidas ou enfraquecidas.

Armadilha 5

O terapeuta solicita a participação do grupo, mas então adota uma abordagem *laissez-faire* na qual há dependência excessiva ou indiscriminada das interações dos participantes, fornecendo pouca orientação no diálogo grupal em desenvolvimento.

A falta de orientação do terapeuta pode ser igualmente prejudicial para a aprendizagem em grupo. Quando um terapeuta depende indiscriminadamente da interação grupal, o grupo pode começar a se desviar sem rumo, potencialmente se movendo em direções que não são úteis, que resultam em conflito ou confusão contraproducente ou que divergem dos objetivos e das necessidades dos membros do grupo. Embora um papel menos diretivo de um terapeuta possa permitir que questões relevantes do processo se materializem espontaneamente, isso limitará as oportunidades de aprendizagem de princípios e habilidades de tratamento. Baixos níveis de orientação do terapeuta não funcionariam bem em grupos para transtornos relacionados ao humor (como depressão, pânico ou ansiedade social) com tempo limitado.

É aconselhável identificar e conceituar seus próprios pensamentos e suposições sobre quanta estrutura e direção deve fornecer ao grupo, especialmente quando perceber que está se desviando da agenda, atrasando o cronograma, enfrentando conflitos interpessoais ou tendo períodos com pouca participação produtiva dos membros. Esses podem ser sinais de que você está caindo na armadilha clínica da orientação inadequada do grupo. As crenças e suposições relevantes do terapeuta podem incluir:

- Se eu interromper a discussão, o membro do grupo (ou os membros, se for o caso) se sentirá magoado, ofendido, não compreendido.
- Se eu apenas permitir que a discussão vá mais longe, alguém fornecerá boas ideias, sugestões ou soluções. É melhor dar mais tempo.
- A melhor aprendizagem sempre vem nas interações espontâneas, pois cada indivíduo e o grupo como um todo são plenamente capazes de se ajudarem mutuamente na recuperação.
- Não sei o que seria certo dizer ou fazer aqui. É melhor não dizer nada se não tiver certeza.

Observe que as premissas anteriores e as identificadas previamente neste capítulo não são necessariamente incorretas ou inválidas. As armadilhas que respondem a elas surgirão quando essas crenças do terapeuta forem rígidas, desequilibradas ou excessivas no contexto da terapia de grupo. Novamente, os terapeutas são encorajados a conceituar e abordar suas próprias suposições. As discussões com um consultor ou colega geralmente podem ajudar quando seus esforços individuais não levam a melhores interações ou resultados em grupo.

O diálogo socrático permite que os terapeutas de grupo variem seu nível de envolvimento conforme necessário para garantir o uso produtivo do tempo de terapia, para que os membros estejam ativamente envolvidos na aprendizagem significativa. Conforme ilustrado ao longo deste capítulo, o diálogo socrático ajuda o terapeuta de grupo a orientar as interações grupais e a troca de ideias, e também facilita e aprimora as experiências de aprendizagem espontâneas.

Quando o diálogo socrático não é apropriado na terapia de grupo?

O diálogo socrático pode se tornar uma segunda natureza para os terapeutas, mesmo na complexa dinâmica da terapia de grupo. Existem algumas situações, no entanto, em que outros métodos de terapia seriam mais prudentes. Conforme indicado na seção anterior, uma abordagem mais diretiva às vezes é superior quando surgem emoções ou conflitos intensos, como quando um membro experimenta um *flashback* de TEPT ou quando um participante está profundamente deprimido e em risco de suicídio. Usar o diálogo socrático com um membro muito agitado, ou tentar envolver outros membros do grupo nesse tipo de situação, pode resultar em maior escala ou níveis excessivos de estresse e ansiedade para os participantes.

Em situações de alta agitação ou volatilidade, os terapeutas podem responder brevemente com empatia ao membro ou aos membros relevantes e, em seguida, explicar explicitamente que acreditam que é melhor retornar ao tópico planejado para a sessão. Nesse ponto, um breve módulo didático pode efetivamente dispersar a situação e retomar uma interação em grupo mais construtiva. Quando um membro muito agitado não se acalma, o terapeuta pode se oferecer para conversar com ele em particular após a sessão, ou até mesmo pedir que ele saia do grupo, se necessário, e dentro dos limites da segurança clínica. Por exemplo, os grupos de pacientes internados às vezes incluem pacientes que são altamente agressivos com os outros ou que se machucam; eles podem precisar deixar o grupo por um tempo e receber supervisão da equipe.

Em uma situação em que um membro está passando por uma crise de pânico ou um *flashback* de um evento traumático, envolver outros membros do grupo acarreta maiores riscos de respostas inúteis ou contraproducentes. Orientações claras do terapeuta podem ajudar a garantir um resultado construtivo para o indivíduo, ensinar uma sequência de habilidades terapêuticas e também ilustrar que emoções intensas podem ser gerenciadas de forma eficaz. Essa observação pode fortalecer a confiança de outros participantes do grupo no trabalho de exposição.

Uma interação diretiva em grupo com um paciente suicida seria muitas vezes mais prudente do que uma socrática. Os terapeutas podem, assim, garantir que uma avaliação inicial do risco de suicídio seja concluída em grupo, mesmo que planejem continuar a avaliação após a sessão. Outros membros raramente se envolveriam no diálogo socrático com um membro altamente suicida. A maioria dos membros da terapia de grupo não é treinada para lidar com o risco de suicídio e provavelmente teria ansiedade em relação ao que dizer ou não dizer, dada a gravidade inerente à situação. Os membros do grupo podem não responder de forma prestativa e podem se sentir ansiosos ou culpados pelo que disseram após a sessão do grupo, especialmente se a pessoa suicida não respondeu bem aos seus comentários ou fez uma tentativa de suicídio após o encontro em grupo.

Ideias-chave sobre o diálogo socrático na terapia de grupo

- A terapia de grupo oferece uma oportunidade dinâmica para maximizar os benefícios do diálogo socrático, usando evidências experimentais e perspectivas alternativas de membros com diversas origens.
- Ter vários participantes invariavelmente fornece uma gama mais ampla de respostas alternativas e soluções para crenças ou situações problemáticas.
- Os terapeutas de grupo funcionam melhor quando respeitam o valor educacional das interações sociais naturais e em desenvolvimento, mas reconhecem as oportunidades de incorporar a orientação socrática para garantir a aprendizagem ideal.
- Os membros do grupo podem aceitar empatia, *feedback*, sínteses e conclusões de outros membros mais do que aqueles provenientes do especialista. O *feedback* dos colegas pode ser percebido como, e na verdade pode ser, mais credível e relevante para suas próprias necessidades particulares e sua situação de vida, e pode ser comunicado de maneiras mais significativas.
- As interações em grupo oferecem oportunidades para preparar e testar cognições interpessoais relevantes em tempo real, enquanto as emoções estão "quentes".
- O diálogo socrático pode ser empregado em diferentes níveis no grupo: às vezes, é prudente focar apenas em um membro em determinado momento, mas o diálogo geralmente é mais eficaz quando envolve de maneira ativa todos os membros do grupo, eventualmente guiando o envolvimento deles até mesmo como colaboradores no diálogo socrático à medida que se tornam mais experientes com o método.
- O terapeuta de grupo pode empregar o diálogo socrático para lidar efetivamente com as armadilhas clínicas desencadeadas pelas necessidades individuais, pelas características dos membros do grupo, pelas interações entre eles ou pelas próprias propensões e vulnerabilidades do terapeuta em um ambiente de grupo.
- A capacidade de reconhecer, entender e abordar armadilhas clínicas é mais bem guiada por uma conceitualização cognitiva de crenças e comportamentos relevantes. Os terapeutas funcionam de forma mais eficaz quando autoavaliam e conceitualizam seus próprios padrões, juntamente com uma compreensão das respostas individuais e grupais a esses padrões.

SÍNTESE

O diálogo socrático oferece muitas oportunidades únicas para melhorar a aprendizagem do cliente na terapia de grupo. Seu uso pode ser bastante valioso para evitar ou abordar as armadilhas clínicas descritas neste capítulo. Manter uma postura socrática nos grupos pode ser desafiador e requer uma ampla atenção a vários membros com diferentes necessidades e competências, bem como respostas estratégicas às ações de interação entre os participantes. A consciência, a compreensão, a confiança e a habilidade do terapeuta para trabalhar com grupos e empregar o diálogo socrático nesse cenário provavelmente determinarão quão bem os desafios da terapia de grupo serão atendidos e transformados em oportunidades de aprendizagem. Terapeutas menos experientes se beneficiarão da leitura ou observação de recursos de treinamento relevantes (por exemplo, o Capítulo 2 deste livro; Padesky, 2020a; demonstração em vídeo de Padesky, 1996, do diálogo socrático) e da consulta com terapeutas de grupo experientes.

Engajar-se no diálogo socrático com um grupo pode ser estimulante e recompensador para o terapeuta. É pessoalmente significativo participar de uma experiência comunitária em que os membros colaboram em um esforço comum de aprendizagem e autocrescimento. Embora a terapia de grupo envolva algumas complexidades adicionais, a confiança e a facilidade desenvolvidas com o diálogo socrático na terapia individual podem ser alcançadas na terapia de grupo quando os terapeutas estão dispostos a experimentar e receber *feedback*. Pode ser bastante gratificante ver como os participantes começam a ajudar uns aos outros usando os mesmos princípios e habilidades que o terapeuta se esforçou para ensinar, incluindo a capacidade de iniciar o diálogo socrático com seus colegas em grupo.

Atividades de aprendizagem do leitor

Agora que você aprendeu sobre o uso do diálogo socrático na terapia de grupo, considere as orientações a seguir:

- Tente aumentar o uso do diálogo socrático nos seus grupos de terapia.
- Muitas vezes, é útil começar usando o diálogo socrático para interrogar os membros do grupo sobre atividades de aprendizagem experimentadas ou praticadas entre as sessões de terapia.
- Considere avaliar seu uso do diálogo socrático usando a Escala de Avaliação e Manual de Diálogo Socrático (Padesky, 2020b), disponível em inglês pelo *link* https://www.padesky.com/clinical-corner/clinical-tools/.
- Grave uma sessão de terapia de grupo e ouça-a para ver se você usa diálogos socráticos com indivíduos, díades ou com todo o grupo.
- Se você cair nas armadilhas descritas neste capítulo, reveja as seções correspondentes para conferir como pode responder às situações de forma mais eficaz.
- Para quaisquer armadilhas que você experimente com frequência, identifique suas próprias suposições subjacentes e tendências comportamentais que possam contribuir. Se você se sentir bloqueado, procure consulta ou supervisão de um terapeuta de grupo experiente em TCC.

REFERÊNCIAS

Beck, A. T., Rush, J. A., Shaw, B. F., & Emery, G. (1979). *Cognitive therapy of depression*. New York: Guilford Press.

Bieling, P. J., McCabe, R. E., & Antony, M. M. (2006). *Cognitive-behavioral therapy in groups*. New York: Guilford Press.

Brown, J. S. L., Sellwood, K., Beecham, J., Slade, M., Andiappan, M., Landau, S., Johnson, T., & Smith, R. (2011). Outcome, costs and patient engagement for group and individual CBT for depression: a naturalistic clinical study. *Behavioural and cognitive psychotherapy*, 39(3). 355–358. https://doi.org/10.1017/S135246581000072X

DeLucia-Waack, J. L., Kalodner, C. R., & Riva, M. T. (Eds.) (2013). *Handbook of group counseling and psychotherapy*. Thousand Oaks, CA: Sage.

Greenberger, D., & Padesky, C. (2016). *Mind over mood: Change how you feel by changing the way you think* (2nd ed.). New York: Guilford Press.

Padesky, C. A. (Guest Expert). (1996). *Guided discovery using Socratic Dialogue*. [Educational video]. Retrieved from https://www.padesky.com/clinical-corner/publications-video/

Padesky, C. A. (2020a). *Clinician's guide to CBT using mind over mood (2nd ed.)*. New York: Guilford Press.

Padesky, C. A. (2020b). *Socratic Dialogue rating scale and manual*. Retrieved from: https://www.padesky.com/clinical-corner/clinical-tools/

Söchting, I. (2014). *Cognitive behavioral group therapy: Challenges and opportunities*. Chichester, UK: Wiley.

Yalom, I. D., & Leszcz, M. (2008). *The theory and practice of group psychotherapy* (5th ed.). New York: Basic Books.

11

Supervisão e crenças do terapeuta

Helen Kennerley e Christine A. Padesky

> *Jamais consideraríamos liberar terapeutas não treinados para lidar com pacientes necessitados; por que, então, permitiríamos que supervisores não treinados orientassem terapeutas não treinados que auxiliam esses pacientes necessitados?*
>
> — **C. E. Watkins Jr.** (org.). *Handbook of psychotherapy supervision* (1997, p. 606)

Após a perspicaz declaração de Watkins em 1997, observou-se um aumento da atenção dedicada à supervisão em TCC. Atualmente, ela é considerada crucial para o desenvolvimento e a manutenção de padrões adequados em TCC (Beidas et al., 2012; Liness et al., 2019; Rakovshik et al., 2016). Na última década, especialmente, avançamos além da aceitação de que a supervisão é simplesmente uma questão de um profissional mais experiente dialogar com um menos experiente, ou de uma sessão de terapia por procuração. A supervisão é reconhecida como uma interação complexa de relacionamentos e tarefas. Os métodos de descoberta guiada têm um lugar sólido na contribuição para resultados bem-sucedidos.

A forma como utilizamos esses métodos na supervisão é muito semelhante à maneira como os empregamos para gerar e testar hipóteses em nossa prática clínica; portanto, nada é fundamentalmente novo para o profissional experiente. Ao observar a supervisão de Stella por Harold no caso a seguir, veja se consegue reconhecer os métodos e as motivações dele com base no que já aprendeu nos outros capítulos.

Stella mencionou que sua cliente Kae havia dito que, às vezes, desejava não estar aqui. Harold imediatamente considerou a hipótese de que Kae estivesse com pensamentos suicidas e fez perguntas diretas para avaliar o risco. As respostas de Stella indicaram que Kae provavelmente não estava em risco, mas que Stella havia sido bastante vaga em sua avaliação de risco. Perguntas mais diretas revelaram que Stella realmente conhecia os procedimentos de avaliação de risco, mas não os utilizara com essa paciente. O diálogo socrático revelou o porquê:

Harold: (Hipotetizando que Stella não leva a avaliação de risco suficientemente a sério.) Por que você acha que estou perguntando sobre o desejo dela de não estar aqui?

Stella: Porque você acha que ela pode estar pensando em suicídio.

Harold: Sim. Agora que discutimos isso aqui, qual você acha que seria o curso de ação correto?

Stella: Perguntar a ela, é claro. Eu sei disso. Mesmo que ela provavelmente não esteja em risco, eu deveria ter passado pela avaliação de risco da mesma forma.

Harold: Eu me pergunto por que você não fez isso.

Stella: Eu não sei — é como se eu só quisesse passar por aquilo o mais rápido possível. Não tenho certeza se sei por que me senti assim, mas parecia a coisa certa a fazer na época.

Harold: (Agora supõe que Stella tinha medo de fazer perguntas diretas.) O que você acha que poderia ter acontecido se tivesse perguntado a Kae o que ela quis dizer quando desejou não estar aqui?

Stella: Bem, suponho que pensei que, se ela já não tivesse considerado se matar, minhas perguntas poderiam colocar essa ideia na cabeça dela.

Harold: E o que isso significaria?

Stella: Que eu poderia tê-la tornado suicida — e isso teria sido horrível.

Se Harold tivesse simplesmente lembrado Stella de que a avaliação do suicídio sempre deve ser feita, ele poderia não ter descoberto a crença dela de que fazer perguntas diretas sobre o suicídio pode aumentar o risco de um cliente. Ao usar o diálogo socrático para verificar suas próprias suposições, Harold foi capaz de descobrir o que havia impedido Stella de colocar em ação o que ela sabia ser uma boa prática. Ele então usou métodos de descoberta guiada para encorajar Stella a rever sua previsão de que discutir o suicídio tornaria uma pessoa mais suicida. Ele e Stella concordaram que ela faria algumas buscas na internet e realizaria uma pesquisa com colegas para testar a validade de sua previsão.

Assim que Stella recolheu dados dos seus colegas terapeutas, partilhou as suas descobertas com Harold. De 10 terapeutas que responderam, nenhum observou que falar sobre suicídio resultara em uma tentativa de suicídio, e 90% disseram com confiança que era improvável que falar colocasse a ideia na cabeça de alguém. Harold então simplesmente fez a pergunta socrática mais básica, "O que você acha disso?", o que levou Stella a olhar para suas descobertas e concluir por si mesma que é seguro fazer perguntas sobre o risco de suicídio. Harold então perguntou como ela poderia usar essas informações para embasar suas sessões no futuro. Stella disse que agora sempre realizaria uma avaliação de risco adequada se sentisse que um cliente poderia estar considerando o suicídio.

AS MÚLTIPLAS TAREFAS DE SUPERVISÃO

Mesmo que os métodos de descoberta guiada funcionem de maneira semelhante, as tarefas enfrentadas por um supervisor de terapia não são precisamente as mesmas que as enfrentadas por um terapeuta, e precisamos adaptar nossos métodos de acordo. Embora as definições específicas das tarefas de supervisão ainda sejam debatidas, há um consenso geral de que o bem-estar do cliente é central (Bernard & Goodyear, 1998) e de que existem três funções distintas de supervisão (Milne, 2007):

- **Educacional/formativa:** o supervisor facilita a aquisição de informações e habilidades relevantes pelo supervisionando.
- **Apoiadora/restaurativa:** o supervisor oferece uma plataforma para explorar dificuldades, manter o supervisionando no caminho certo e facilitar o autocuidado dele.
- **Gerencial/normativa:** o supervisor garante a manutenção dos padrões de prática.

As sessões mudarão, e devem mudar, de foco para refletir a necessidade. Uma reunião de supervisão pode se concentrar em uma tarefa em um momento e mudar rapidamente para o processo conforme a necessidade surge. Uma sessão pode enfatizar as necessidades de desenvolvimento de um supervisionando, e a próxima, abordar o gerenciamento de riscos do cliente ou o gerenciamento de casos em resposta às demandas de serviço do cliente. As primeiras sessões de supervisão podem oferecer modelagem didática, enquanto sessões posteriores exigem que o supervisionando tome mais iniciativa. Essa flexibilidade cuidadosa também é necessária no uso da descoberta guiada e de outros métodos para alcançar os objetivos de uma boa supervisão.

Novamente, há um consenso geral, em vez de uma base empírica, indicando as habilidades essenciais de supervisão (Roth & Pilling, 2008). Geralmente são mencionadas as seguintes habilidades:

- contratação (incluindo definição de agenda);
- estabelecimento de metas;
- estruturação;
- entrega e obtenção de *feedback*;
- avaliação de desempenho;
- desenvolvimento e trabalho com a aliança terapêutica.

Veremos como essas importantes habilidades podem ser desenvolvidas ao percorrer o capítulo, explorando onde e quando usar a descoberta guiada de maneira mais eficaz.

Ainda mais do que na terapia, na supervisão, nosso papel implica um "malabarismo" habilidoso. Como já observado, os supervisores devem considerar o foco apropriado de uma sessão e ser responsivos à necessidade, atendendo simultaneamente à execução adequada das habilidades essenciais e à educação do supervisionando. Mas há ainda mais para equilibrar: um supervisor deve ser autorreflexivo *e* sintonizado às perspectivas do supervisionando, *considerando* as necessidades e perspectivas do cliente, as necessidades daqueles que têm relacionamentos significativos com o cliente *e* as características desses relacionamentos. Para nos desafiar ainda mais, devemos ser capazes de apreciar que clientes, supervisionandos e supervisores estão todos inseridos em sistemas dinâmicos (lar, trabalho, instituição, cultura) junto com crianças e parceiros com quem têm um papel recíproco. O "quadro geral" se torna ainda mais complicado quando intérpretes estão envolvidos ou quando supervisionamos em grupos.

Portanto, embora as relações evidentes sejam entre supervisor e supervisionando e entre terapeuta e cliente, você pode perceber que há muito mais a ser considerado (veja a Figura 11.1). Tudo isso precisa ser mantido em mente durante uma sessão de supervisão, ao mesmo tempo que atendemos à variedade de tarefas de supervisão delineadas anteriormente. Às vezes, a supervisão pode nos dar a sensação de estarmos fazendo malabarismo com bastões, bolas e fogo!

ARMADILHAS COMUNS NA SUPERVISÃO

O que abordamos até agora sobre a educação, o escopo da supervisão e a complexidade dos envolvidos começa a nos conduzir às armadilhas em que podemos cair, resumidas no Quadro 11.1, "Armadilhas comuns na supervisão". Cada uma delas será abordada sequencialmente neste capítulo.

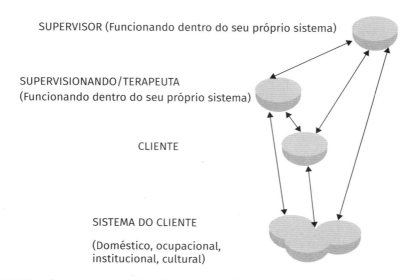

FIGURA 11.1 A "estrutura do sistema" da supervisão em TCC.

Diálogo socrático para a descoberta em psicoterapia **427**

QUADRO 11.1 Armadilhas comuns na supervisão

Armadilha 1
Armadilha educacional: assumir a posição de especialista e instruir os supervisionandos com muita frequência, falhando em equilibrar as coisas corretamente e, assim, deixando de aprimorar a aprendizagem.

Armadilha 2
Desconsiderar as suposições do terapeuta e do supervisor.

Armadilha 3
Perder de vista o quadro geral. Não pensar além do terapeuta e do cliente.

Armadilha 4
Desconsiderar o relacionamento de supervisão. Falhar em ser sensível, respeitoso e consistentemente atento à necessidade de manter a aliança de trabalho entre supervisor e supervisionando.

Os supervisores frequentemente preferem profissionais que dedicam tempo a instruções didáticas, pois isso retira a pressão e o controle sobre eles. No entanto, a aprendizagem dos supervisionandos geralmente é aprimorada quando apresentam seus próprios processos de pensamento e raciocínio. Apresentações clínicas e discussões ajudam tanto o supervisionando quanto o supervisor a identificar e abordar lacunas no conhecimento e na prática.

Armadilha 1

Armadilha educacional: assumir a posição de especialista e instruir os supervisionandos com muita frequência, falhando em equilibrar as coisas corretamente e, assim, deixando de aprimorar a aprendizagem.

Supervisão para aprimorar a aprendizagem — encontrando o equilíbrio ideal

Um desafio fundamental na supervisão é decidir quanto tempo de cada reunião dedicar ao papel de ensino didático "especializado" e quanto tempo guiar os supervisionandos para pensar e processar informações por conta própria. Você está encontrando o equilíbrio adequado em sua própria supervisão? Como você saberia? Existem dois passos simples que você pode seguir para descobrir se cai nessa armadilha. O primeiro é obter *feedback* do seu supervisionando (uma das habilidades essenciais na supervisão). O segundo é gravar suas sessões de supervisão e revisá-las periodicamente para aumentar sua própria consciência e aprendizagem. Recomendamos que você dê o primeiro passo a cada sessão de supervisão e que agende lembretes para periodicamente dar o segundo passo.

Solicitando e oferecendo feedback

Em vários momentos, durante e certamente no final de uma sessão de supervisão, precisamos perguntar aos nosso(s) supervisionando(s) sobre sua experiência. Isso se traduz facilmente em uma pergunta direta: "O que foi mais útil e o que foi menos útil na sessão de supervisão hoje?". Talvez um supervisionando mais experiente e confiante possa fornecer uma resposta completa, combinando críticas construtivas com *feedback* favorável a essa pergunta, sinalizando abertura para ambos os tipos de *feedback*. No entanto, muitos supervisionandos têm dificuldade em estruturar sua resposta e se sentir à vontade para dar o que consideram ser um *feedback* negativo a um supervisor que, muitas vezes, tem poder avaliativo sobre eles.

Portanto, pode ser muito útil anteceder uma solicitação de *feedback* com uma justificativa:

> Como supervisor, quero garantir que estou atendendo às suas necessidades e quero me tornar um supervisor ainda melhor com o tempo. Portanto, cada vez que nos encontrarmos, vou pedir suas opiniões e seu *feedback* sobre a supervisão. Essencialmente, preciso saber o que você considera útil na supervisão — para que possamos seguir com base nisso — e como você acha que a supervisão pode ser ainda mais útil. Talvez você possa manter isso em mente durante nossas reuniões para poder me fornecer um *feedback* honesto. Eu estou realmente aberto tanto ao *feedback* negativo quanto ao positivo.

Perguntar o que correu bem e o que poderia tornar a sessão ainda mais produtiva incentivará até mesmo o supervisionando reticente a oferecer críticas construtivas. Dessa forma, aumenta-se a probabilidade de obter informações relevantes. Além disso, sua pergunta se torna mais socrática ao apresentar um convite para que seu supervisionando reveja e reflita profundamente o suficiente para ajudá-lo a descobrir uma perspectiva nova. Ao solicitar *feedback*, lembre-se também de dar tempo suficiente ao seu supervisionando para refletir e responder. Caso contrário, ele pode achar difícil gerar um *feedback* útil.

Da mesma forma, o *feedback* que você, como supervisor, dará ao seu supervisionando pode e deve ser discutido no início, conforme você formula seu contrato de trabalho conjunto (outra habilidade essencial da supervisão). Veja como Tomas (a seguir) estabelece a expectativa para o *feedback* da supervisão em sua primeira sessão com uma nova terapeuta, Alice.

Na mente do supervisor

Tomas percebeu que Alice provavelmente tinha pouca noção da variedade de maneiras pelas quais ele poderia fornecer *feedback* a ela. Ele planejava usar a investigação socrática para ajudá-la a refinar suas ideias sobre a melhor abordagem para ela, mas percebia que poderia ser necessário "semear" a discussão com alguns exemplos, para que ela tivesse conhecimento relevante sobre *feedback* na supervisão.

Diálogo socrático para a descoberta em psicoterapia **429**

Tomas: Parte do meu papel como supervisor é fornecer *feedback* a você. Quero incentivá-la a reconhecer e desenvolver seus pontos positivos e a perceber em que aspectos pode aprimorar suas habilidades terapêuticas. Pessoas diferentes têm preferências distintas quanto ao recebimento de *feedback* — alguns dos meus supervisionandos dizem coisas como "Me dê as más notícias primeiro, não enrole!". Espero que meu *feedback* nunca soe como "más notícias", mas entendo o que eles querem dizer. Outros pedem para eu começar com o que correu bem em seu trabalho e depois passar para as áreas que precisam de desenvolvimento. Quero que você esteja no estado de espírito certo para receber *feedback*, então talvez você possa começar a pensar sobre o que funciona melhor para você. [...] Espero ouvir a gravação de pelo menos uma sessão completa de terapia a cada trimestre. Alguns supervisionandos gostam que eu faça isso sozinho e depois lhes dê *feedback*. Alguns preferem receber um *feedback* por escrito antes de nos encontrarmos novamente, para que possam refletir, outros não. Também estou disposto a analisar uma gravação "ao vivo" junto com você, fazendo comentários enquanto avançamos.

Depois de apresentar essas opções, Tomas deu a Alice uma síntese por escrito dessas expectativas gerais e diretrizes para que ela revisasse. Ele pôde então fazer perguntas com mais confiança, como:

"Então, como você gostaria de receber *feedback*?"
"Há alguma coisa que tornaria isso mais memorável?"
"Como podemos avaliar se estamos alcançando o equilíbrio adequado para você?"

Embora Tomas pergunte a Alice como ela gostaria de receber *feedback*, tenha em mente que o *feedback* de cada sessão oferecido aos supervisionandos deve incluir uma descrição do que foi bem feito. É importante destacar as habilidades do terapeuta, as boas intenções e os momentos em que lidou com desafios de maneira competente. O *feedback* positivo é encorajador e também reforça bons comportamentos, atitudes e processos de raciocínio, que servem tanto ao supervisionando quanto a seus clientes. Recomendamos também pedir que os supervisionandos identifiquem o que fizeram bem em qualquer gravação de sessão que analisarem. Isso ajuda a mitigar a tendência humana de focar mais em erros e falhas do que em pontos fortes e no que é bem feito.

Gravação e análise de sessões de supervisão

Um segundo passo que você pode dar para avaliar se está criando o melhor ambiente para a aprendizagem é ouvir ou assistir a gravações de suas sessões de supervisão. Você pode então fazer a si mesmo perguntas de descoberta guiada sobre o que observa e configurar experimentos comportamentais para testar abordagens alternativas. Como observado no parágrafo anterior, também é crucial avaliar o que foi bem feito na sessão de supervisão. Isso pode ser feito por você mesmo e/ou você pode solicitar uma avaliação a um colega ou ao seu próprio supervisor de supervisão.

Tomas tinha seu próprio supervisor de supervisão e levava gravações de suas sessões para receber *feedback* sobre pontos específicos e obter uma avaliação geral. No entanto, essas reuniões não eram tão frequentes quanto ele gostaria, e às vezes se via sozinho diante de um problema de supervisão. Ele então arranjou tempo para a *autossupervisão*, voltando suas habilidades de supervisão para si mesmo. Enquanto ouvia as gravações, ele pausava para se perguntar: "Como me senti naquele momento?"; "O que estava passando pela minha mente?"; "Como posso verificar isso da próxima vez que encontrar Alice?"; "O que mais preciso saber — o que estou deixando escapar?"; "Onde vou conseguir essa informação?".

Ouvir as próprias gravações, como Tomas faz consigo mesmo, ou as dos supervisionandos é uma boa oportunidade para evitar a segunda armadilha da supervisão.

Armadilha 2

Desconsiderar as suposições do terapeuta e do supervisor.

Tomas observou alguns comportamentos recorrentes, como ultrapassar o tempo em suas sessões com Alice. Mesmo quando tentava mudar esses comportamentos, isso era difícil para ele. Em seu treinamento de TCC, ele aprendeu que hábitos comportamentais difíceis de mudar muitas vezes são mantidos por suposições subjacentes (ver Capítulo 6 e também Padesky, 2020). Ele trabalhou para identificar suposições subjacentes relevantes — como "Se eu terminar no horário e não tiver abordado completamente as perguntas de Alice, então a próxima sessão com essa cliente dará errado" — e as testou com experimentos comportamentais.

Envolvendo os supervisionandos na aprendizagem da estruturação da sessão

Um passo pragmático que você pode dar para aumentar a probabilidade de atender às necessidades de aprendizagem de seus supervisionandos é pedir a eles que preparem uma pergunta específica de supervisão antes de comparecer à sua reunião. Boas perguntas de supervisão são específicas, realistas e respaldadas por informações suficientes para permitir sua abordagem.

Tomas se encontrou com sua supervisionanda regular, Alice, e questionou qual era a pergunta de supervisão dela para aquela reunião. Ela respondeu: "É o Wim. Onde eu errei?". Essa claramente era uma pergunta urgente de Alice, mas não muito específica, então Tomas fez mais indagações para obter uma pergunta de supervisão mais precisa.

Supervisor:	Eu me lembro do seu paciente Wim. Na verdade, tenho minhas anotações aqui, com a formulação inicial da depressão dele. Você poderia me atualizar, contextualizar a situação? Lembre-me do que estava fazendo na sessão que a preocupa.
Alice:	É a quarta sessão. Embora ele tenha começado bastante fechado e defensivo, achei que estávamos progredindo. Ele estava se tornando mais ativo, reduzindo o consumo de álcool; ele foi honesto ao compartilhar pensamentos suicidas. Senti que tínhamos uma boa aliança. A revisão das tarefas de casa correu bem, então comecei a explorar mais com ele, tentando obter mais detalhes para nossa formulação. Porém tudo desmoronou — ele parecia irritado, não estava mais aberto e solicitou sair mais cedo. Não compreendi o que aconteceu.
Supervisor:	Então, sua pergunta de supervisão seria...?
Alice:	Ainda não tenho certeza.
Supervisor:	Vamos imaginar que é o final da nossa sessão e que a sua questão de supervisão foi abordada. O que saberá então que desconhece agora?
Alice:	Saberei o que eu posso ter feito para desencadear a retração em um cliente que havia cooperado no início da sessão e em sessões anteriores.
Supervisor:	Sua pergunta seria: "O que eu posso ter feito para desencadear a retração nesse cliente normalmente cooperativo?".

Ao utilizar perguntas e estímulos, Tomas auxiliou Alice a converter sua solicitação geral em uma pergunta específica de supervisão — isso significa que teriam maior probabilidade de abordar suas necessidades de aprendizagem (e, ao mesmo tempo, provavelmente atenderiam melhor às necessidades do cliente).

Padesky (1995) oferece uma planilha estruturada para os supervisionandos preencherem antes da reunião de supervisão, o que os ajuda a formular uma pergunta de supervisão útil e a pensar antecipadamente. Dessa forma, proporciona um quadro socrático, incentivando os supervisionandos a explorar o conhecimento que possuem e, sempre que possível, gerar suas próprias ideias. Seu formulário também inclui diversas dicas e recomendações para um melhor aproveitamento. A planilha inicia solicitando ao supervisionando uma pergunta específica de supervisão e, em seguida, requisita sucessivamente a conceituação de caso, uma descrição de um plano de tratamento baseado em evidências, uma autoavaliação do conhecimento e das habilidades para executar o plano de tratamento e vários tipos de hipóteses sobre obstáculos que poderiam limitar o progresso do tratamento. Padesky recomenda começar o preenchimento pela pergunta de supervisão no topo e seguir para as etapas subsequentes até que o supervisionando não saiba mais o que dizer. Como terapeuta iniciante, Alice pode escrever sua pergunta e o início de uma conceituação, mas não saber o que incluir em um plano de tratamento, então ela interromperia a planilha aí.

Essa planilha estruturada tem três vantagens incorporadas para a supervisão:

1. Quando os supervisionandos precisam pensar em uma pergunta específica antes da supervisão, ela direciona seu pensamento para além dos usuais "O que devo fazer em seguida?" ou "O que fiz de errado?". Frequentemente, ao preencher o formulário, o supervisionando encontra uma resposta para sua pergunta inicial (ao revisar a conceitualização, por exemplo) e desenvolve uma pergunta mais refinada para fazer.

2. A supervisão pode ser focada de maneira útil na melhoria da compreensão, pelo supervisionando, de cada etapa no formulário. O supervisor geralmente pode identificar lacunas de conhecimento/habilidades revisando o que está escrito na planilha e também ao ver onde o supervisionando parou de escrever porque "teve um branco". Isso geralmente é um bom foco para aquela sessão de supervisão.

3. O supervisor pode revisar o que foi escrito no formulário para identificar lacunas no conhecimento e nas habilidades do supervisionando. Pode-se avaliar rapidamente se a conceitualização e o plano de tratamento parecem adequados ou se estão faltando elementos-chave. Discussões subsequentes sobre o mesmo cliente podem simplesmente adicionar novas informações à planilha, com novas perguntas destacadas.

Empregue métodos de aprendizagem ativa na supervisão

Outra estratégia para aprimorar a aprendizagem do supervisionando é utilizar métodos de aprendizagem ativa, valendo-se do diálogo socrático para extrair conhecimento deles. Métodos de aprendizagem ativa na terapia incluem sínteses escritas, imagens mentais, experimentos comportamentais e simulação de papéis (Padesky, 2019). O mesmo se aplica à supervisão. Ao empregar uma variedade desses métodos na supervisão, a aprendizagem pode se tornar mais memorável do que ao simplesmente discutir questões de casos semana após semana. A Tabela 11.1 apresenta uma amostra de opções de supervisão que podem ser utilizadas para aprimorar as habilidades e a aprendizagem do supervisionando com base nas ideias discutidas no Capítulo 1.

Imagine a diferença entre a experiência de aprendizagem de trabalhar com um supervisor que utiliza apenas a discussão de casos e o ensino didático (coluna 1) na supervisão e a de trabalhar com um que emprega todos os métodos da tabela. Um supervisor habilidoso não apenas varia os métodos e focos na supervisão, mas também escolhe os métodos e focos mais adequados para atender às atuais necessidades de aprendizagem do supervisionando. Dessa forma, um terapeuta principiante pode beneficiar-se inicialmente da discussão de casos e da aprendizagem didática. Posteriormente, essas informações podem ganhar vida quando o supervisor realiza uma simulação de papéis demonstrando os métodos discutidos, seguida por uma simulação com o supervisionando no papel de terapeuta.

Não se pode esperar que um terapeuta identifique consistentemente o que não sabe ou o que pode estar fazendo inadequadamente na terapia. A observação ao

TABELA 11.1 Opções de supervisão para aprimorar a aprendizagem

Foco	Métodos combinados com diálogo socrático para viabilizar a aprendizagem					
	Discussão de casos/didática	Observação ao vivo ou gravada	Simulação de papéis	Exercício de imagens mentais	Experimento comportamental	Síntese escrita
Conceitualização de caso						
Habilidades terapêuticas específicas						
Relação cliente-terapeuta						
Plano de tratamento						
Reações do terapeuta						
Relacionamento/ Processos de supervisão						

434 Padesky & Kennerley

vivo e a análise de gravações de sessões são as melhores maneiras de avaliar as habilidades do supervisionando e as lacunas de conhecimento. À medida que os terapeutas se tornam mais experientes, às vezes conseguem revisar suas próprias gravações e apontar partes de uma sessão que se beneficiarão da análise na supervisão.

Explicações didáticas podem parecer claras e simples, mas a prática dessas mesmas ideias em simulações frequentemente revela aspectos sutis de um método que são difíceis de realizar ou que não foram totalmente compreendidos. Exercícios de imagens mentais podem ser utilizados de maneira frutífera para ajudar um terapeuta a recordar seus próprios pensamentos e sentimentos em uma sessão passada, imaginar uma intervenção do ponto de vista de seu cliente ou visualizar a execução de passos terapêuticos em uma sessão futura para avaliar como isso pode se desdobrar.

Experimentos comportamentais podem ser empregados em uma sessão de supervisão para testar uma variedade de abordagens ou avaliar suposições subjacentes do supervisor ou do supervisionando. Da mesma forma, as suposições do supervisionando ou a utilidade de abordagens terapêuticas específicas podem ser avaliadas por meio de experimentos comportamentais com os clientes. O supervisor pode exemplificar boas práticas no uso de experimentos comportamentais ao solicitar ao supervisionando que faça previsões antecipadas sobre os resultados desses experimentos com base em crenças atuais e alternativas.

O modelo de diálogo socrático de quatro estágios (ver Capítulo 2) apoiará a aprendizagem, independentemente dos métodos da Tabela 11.1 escolhidos na supervisão. Lembre-se, como visto no Capítulo 2, de que o diálogo socrático é utilizado na terapia no início das sessões para revisar a aprendizagem entre os encontros e ao final das sessões para elaborar uma síntese escrita da aprendizagem, a ser levada para casa, além de planos de como essas ideias podem ser aplicadas na próxima semana. O diálogo socrático pode estruturar as sessões de supervisão da mesma forma. *Feedback* sobre a utilidade das ações realizadas desde a última sessão de supervisão pode ser obtido utilizando o diálogo socrático e pode resultar em uma síntese escrita da aprendizagem para o supervisionando levar adiante. Cada sessão de supervisão pode se concluir com uma síntese escrita do que foi aprendido e um plano de como levar essas ideias adiante com os clientes. Usar processos de diálogo socrático dessa forma fornece uma ponte entre as sessões de supervisão e também modela esses processos para os supervisionandos que tentarão usar essas mesmas práticas em suas sessões de terapia.

Prática reflexiva

Ao longo deste livro, descrevemos como métodos de descoberta guiada podem ser habilmente empregados para aprimorar a aprendizagem. Uma abordagem relacionada amplamente promovida na supervisão de TCC é a prática reflexiva. Essa é uma tarefa dupla, pois exige que um supervisor:

- faça autorreflexão sobre a supervisão;
- incentive a autorreflexão do supervisionando.

A prática reflexiva vai além de simplesmente revisitar experiências e revisar ações; é a capacidade de refletir sobre uma ação para engajar-se no processo de aprendizagem *contínua*. O psicólogo John Dewey foi quem primeiro promoveu esse conceito, na década de 1930 (Dewey, 1960). Na época e ainda hoje, isso tem muito a ver com fazer perguntas a si mesmo, e a abordagem assumiu uma posição firme na prática da supervisão de TCC. Houve muitos aperfeiçoamentos do conceito de Dewey, principalmente por Lewin (1946), Kolb (1984), Gibbs (1988) e Bennett-Levy (2006). Mas nem sempre é possível manter em mente estruturas complicadas quando estamos ativos na supervisão, e é por isso que gostaríamos de lembrar você da heurística simples e, portanto, memorável de Borton (1970), que compreende três perguntas: o quê? E daí? E agora?

Até mesmo o supervisor ou supervisionando mais estressado geralmente consegue manter a Figura 11.2 em mente.

Schön (1984) aprofundou o conceito de Dewey ao fazer uma distinção significativa que é muito relevante para a supervisão — a saber, que a reflexão oferece uma oportunidade dupla:

- **Reflexão *sobre* a ação:** avaliação retrospectiva consciente por meio de autoanálise, discussão e manutenção de um diário reflexivo.
- **Reflexão *na* ação:** capacidade consciente ou inconsciente de "pensar rapidamente" enquanto realizamos tarefas e abordamos problemas.

Mantenha em mente	
A aprendizagem é um processo de investigação ativa, e ela é facilitada por um supervisor que estimula a prática reflexiva. Isso significa perguntar:	
O quê?	Pause e, em seguida, analise o que o supervisionando lhe diz.
E daí?	O que isso significa? O que isso nos diz? O que estamos aprendendo?
E agora?	O que faremos com essa nova perspectiva ou compreensão?

FIGURA 11.2 Estrutura reflexiva de Borton.

O valor dessas três perguntas é ilustrado no exemplo de supervisão a seguir. O supervisor de Alice, Tomas, ouviu um trecho da gravação da terapia conduzida por ela. Alice isolou essa parte da sessão porque sentiu que representava o que ela chamou de "a prática ruim que afastou Wim", e ela esperava um *feedback* construtivo de Tomas. Enquanto ouviam a gravação, ela indicou o momento em que achou que deixara de ser colaborativa. Tomas usou uma sugestão socrática para ajudá-la a refletir *sobre* suas ações:

Alice: (Pausa a gravação.) Aqui — é onde ele se distancia e começa a parecer irritado.

Supervisor: Nesse ponto, você pergunta sobre os filhos dele. Qual foi a razão por trás de sua decisão de fazer isso?

Alice: Eu estava tentando desenvolver a formulação. Quando nos conhecemos, ele era menos comunicativo, então a formulação era meio "minimalista". Agora ele estava se abrindo, então eu estava ansiosa para aproveitar a oportunidade de incluir tudo o que fosse relevante.

Supervisor: Esse é um bom motivo. O que, então, a levou a apontar isso como seu exemplo de "prática ruim"?

Alice: Foi aí que as coisas começaram a dar errado. Wim de repente pareceu desconcertado, e foi quando senti que perdemos nossa colaboração.

Supervisor: Você pensou nas possíveis razões disso?

Alice: Não tenho certeza — pareceu tão repentino. (Pausa para refletir.) Eu me pergunto se toquei em um ponto sensível, talvez.

Supervisor: Por que você diz isso?

Alice: Bem, percebo que ele acabou de receber permissão para ver os filhos novamente sem supervisão. Agora estou pensando se ele achou que eu estava questionando sua capacidade como pai. Eu estava meio animada pensando que estávamos conversando mais e que eu poderia começar a ter uma formulação mais detalhada de suas dificuldades. Acho que me esqueci de considerar sua situação e seus sentimentos.

Supervisor: Ok, isso me deixa com duas linhas de pensamento. Uma é perguntar como você pode verificar sua intuição, e a segunda é perguntar o que você aprendeu com isso e o que fará de diferente como resultado.

Alice: Verificar isso é fácil — vou sugerir que dediquemos um tempo para refletir sobre isso quando nos encontrarmos novamente. Acho que ele vai apreciar que eu seja aberta a respeito. A segunda pergunta é mais difícil de responder. Acho que aprendi a não agir tão rapidamente, talvez a me afastar e resumir, pausar, dar a mim mesma tempo para considerar os prós e os contras das minhas perguntas.

Supervisor: Isso parece excelente, mas como você vai garantir que vai fazer isso?

Alice: Não sei. Veja bem, eu meio que já sei de tudo isso, e ainda assim, nessa sessão, eu simplesmente me precipitei.

Diálogo socrático para a descoberta em psicoterapia **437**

Supervisor:	Você se lembra do que estava passando pela sua cabeça no momento?
Alice:	Não — mesmo quando ouço a gravação, não tenho certeza. Ouço e penso "Não faça isso, Alice!", e eu fiz, e não sei por que fiz.

Tomas ficou satisfeito por Alice estar tão aberta à exploração. Para ajudá-la a entrar em contato com os sentimentos e pensamentos que a levaram a questionar Wim sobre seus filhos naquele momento, Tomas se ofereceu para encenar a situação. Dessa forma, ele esperava ajudá-la a "reviver" a situação para que suas perguntas fossem mais frutíferas. Em pontos regulares, quando Tomas esperava capturar uma "cognição quente", ele interrompia a simulação de papéis e fazia uma pergunta socrática para incentivar Alice a participar da reflexão *na* ação:

Supervisor:	(Sai do papel.) Neste momento, o que está passando pela sua cabeça?
Alice:	Ele mencionou os filhos — isso é bom. Tenho que ter uma formulação sistêmica. Esta é minha chance.

Eles retomaram a simulação de papéis, e Tomas reencenou o afastamento do cliente da terapia e seu desconforto, enquanto Alice continuava fazendo perguntas sobre o relacionamento com os filhos. Novamente, Tomas interrompeu:

Supervisor:	(Sai do papel.) Mais perguntas — qual é o benefício dessas investigações agora?
Alice:	Ele está se desengajando, e posso perder minha chance. Tenho que aguentar firme.
Supervisor:	E como você está se sentindo?
Alice:	Estou ansiosa — parece que estou perdendo-o, e preciso segurá-lo.
Supervisor:	Não é de admirar que haja tanta urgência em suas perguntas. Você consegue me dizer algo mais?
Alice:	Não — é isso mesmo. Sinto-me impelida a continuar questionando-o porque temo perder sua cooperação. Isso se voltou contra mim, não é?

Nesse ponto, eles encerraram a simulação de papéis e conseguiram *refletir sobre a ação* novamente. Tomas ajudou Alice a formular uma compreensão dos medos que a levaram ao questionamento improdutivo; depois, perguntou o que ela faria de diferente agora, dada sua nova perspectiva. Ela se prontificou a abordar suas perguntas de avaliação de maneira mais moderada e ponderada, e eles elaboraram algumas suposições alternativas para ajudá-la em tais situações. Em seguida, encenaram uma situação em que Alice recuava, observava o quadro geral e mantinha a calma. Por fim, criaram juntos um plano para que Alice monitorasse suas tendências de dar prioridade às tarefas procedimentais em detrimento da relação terapêutica. Assim, na sessão de supervisão, ela conseguiu refletir *na* ação, refletir *sobre* suas ações e participar de um processo de aprendizagem contínua em níveis intelectuais e comportamentais. Tomas foi capaz de modelar e promover uma prática reflexiva que ia além de uma revisão superficial e que refletia bons processos de descoberta guiada.

Esse não precisa ser o fim do processo reflexivo. Tomas realizará sua própria reflexão sobre sua supervisão. Ao revisar suas notas de supervisão e relembrar sua experiência, ele recordou que, na simulação de papéis, ficou tentado a adotar uma persona agressiva. Ele se perguntou: "O que foi isso?". Rapidamente, ele reconheceu seu próprio calcanhar de Aquiles — tinha uma tendência a ficar irritado quando os terapeutas colocavam procedimentos antes do processo, como Alice fez. Ele sentia isso tão intensamente que, no passado, tinha a tendência de prontamente "orientar" seus supervisores a respeito. Na simulação de papéis — talvez justamente porque estivesse em uma simulação de papéis —, ele controlou seus sentimentos, e isso resultou em uma sessão produtiva com Alice, na qual ela também percebeu por si mesma que havia perdido a aliança terapêutica por causa de sua dedicação ao procedimento. Isso lembrou a ele que, muitas vezes, a melhor decisão é não intervir para "corrigir" um terapeuta iniciante — é melhor deixá-lo fazer suas próprias descobertas, se possível. Ele adicionou mentalmente isso ao seu "registro de dados" de experiências que reforçavam uma abordagem mais orientada à descoberta guiada na supervisão formativa e restauradora. Como muitos de nós, Tomas frequentemente usava a *autossupervisão*. Assim como a supervisão externa, a autossupervisão é mais produtiva se for estruturada e incorporar métodos de descoberta guiada.

O processo reflexivo também continuaria quando Alice e Tomas se encontrassem novamente, porque a agenda deles conteria uma revisão da sessão de terapia subsequente com Wim. Ensinar os supervisionandos a fazer a revisão crítica de cada sessão e a considerar suas reações e ações é uma das lições mais valiosas da supervisão. Quando os terapeutas gravam e revisam sessões, mantêm seus próprios registros de pensamento e realizam experimentos comportamentais para testar suas suposições, eles desenvolvem uma compreensão melhor de suas forças e vulnerabilidades. Aprender a observar de perto o conteúdo e os processos de cada sessão de terapia ajuda os terapeutas a se manterem no caminho, formulando dificuldades em cada sessão e prevendo problemas e pontos de bloqueio.

O uso de registros de pensamento e a revisão de experimentos comportamentais são excelentes métodos de descoberta guiada para a autossupervisão. Muitos obstáculos na terapia e na supervisão podem ser resolvidos por meio desse tipo de prática reflexiva. Quando os obstáculos não são resolvidos na autossupervisão ou surgem problemas significativos, eles podem ser levados para a supervisão ou a supervisão da supervisão. E, como mencionado anteriormente, uma "boa" supervisão começa com uma "boa" pergunta de supervisão. Terapeutas familiarizados com a prática reflexiva estarão bem versados nas habilidades necessárias para pensar sobre o que desejam aprender com a supervisão.

Esse processo é ilustrado pelo terapeuta Jonas, que reservou um tempo para revisar as gravações de suas reuniões com seu cliente Philip. Ele estava preocupado com sua terapia com Philip porque pareciam estar fazendo pouco progresso, e Jonas

Diálogo socrático para a descoberta em psicoterapia **439**

se sentia desanimado quando se encontravam. Suas perguntas de supervisão para si mesmo eram: "Como posso entender meus sentimentos de 'estagnação'?" e "O que posso fazer de diferente para me 'destravar'?". Ao ouvir a sessão de terapia, Jonas tentou prestar atenção ao conteúdo, à relação terapêutica e aos seus próprios pensamentos e sentimentos. Ele notou algumas "rupturas" na sessão, nas quais estava ciente de que seus próprios sentimentos de frustração e desesperança estavam transparecendo, mas ainda se sentia perdido quanto ao que fazer com essa percepção. Portanto, ele decidiu levar isso para sua próxima sessão de supervisão.

Com a ajuda de seu supervisor, Jonas identificou um pensamento prejudicial fundamental:

> Eu não posso pedir a ele para me contar mais sobre sua experiência de abuso pelo padre — ele verá isso como mais um abuso por parte de um homem em uma posição de confiança.

Jonas percebeu rapidamente que estava tirando conclusões precipitadas e entrando em um ciclo de evitação que impedia a ele e a Philip de desenvolverem uma formulação compartilhada e que os prejudicaria ao testar e reestruturar as crenças do cliente sobre o abuso sofrido.

Ao analisarem o ciclo de evitação, seu supervisor fez perguntas a Jonas:

- Como você pode modificar esse ciclo? O que pode mudar?
- Você já esteve em circunstâncias semelhantes? O que ajudou naquela época?
- Como você vai organizar isso com Philip? O que você precisa compartilhar?
- O que precisa estar em vigor para a mudança ocorrer?

Jonas decidiu que tinha duas tarefas principais pela frente. Primeiro, ele precisava esclarecer com Philip como ele se sentia diante da ideia de Jonas explorar sua história com mais detalhes. Para isso, Jonas fez uma pergunta simples:

> Eu gostaria de saber um pouco mais sobre o abuso que você sofreu na escola — como você se sentiria em relação a isso?

Jonas descobriu que seus preconceitos sobre o cliente eram infundados. Philip estava aberto a falar mais.

Sua segunda tarefa foi compartilhar o ciclo interpessoal prejudicial que ele havia identificado. Ele fez isso declarando que queria incluir na agenda da sessão um item para analisar maneiras de melhorar o progresso de Philip. Philip ficou feliz em incluir esse item e, juntos, revisaram o ciclo e maneiras de rompê-lo. Essa prática colaborativa deu a ambos uma sensação de esperança.

Armadilha 3
Perder de vista o quadro geral. Não pensar além do terapeuta e do cliente.

Enxergando o quadro geral

Analisar de forma mais ampla e revisar as implicações e o impacto total de nossas sessões de supervisão nos permite apreciar quando fatores além da tríade supervisor-supervisionando-cliente desempenham um papel. Isso significa formular perguntas que ampliarão a perspectiva de seu supervisionando:

- ... E quando essa pessoa sai de uma sessão de terapia e retorna ao trabalho, qual é o impacto de seu ambiente de trabalho e de seu chefe dominador?
- Os filhos deles estão em risco?
- Como você pode ajudar a alcançar esses objetivos em um serviço com recursos limitados?
- Quem mais pode ajudar ou atrapalhar a recuperação do seu cliente?

Você também precisa garantir que está ciente do "quadro geral" que é relevante para você e fazer a si mesmo perguntas pertinentes, por exemplo:

- Estou enfrentando problemas em meus relacionamentos familiares no momento; estou impondo alguns dos meus medos pessoais nesta sessão de supervisão?
- Estou me sentindo muito protetor em relação ao cliente e irritado com meu supervisionando; o que isso significa?
- O que mais eu sei sobre o cliente que pode fortalecer minhas hipóteses?
- Posso realmente apoiar este terapeuta no tempo disponível para nós?
- Estou descontente com as expectativas do chefe do meu supervisionando. Como posso explorar/exprimir isso da melhor forma?

Perceba que manter o quadro geral em mente frequentemente se relacionará com crenças — as nossas, as do supervisionando e as de outros "fora da sala".

Mantenha em mente

Use a investigação socrática para maximizar sua compreensão dos sistemas mais amplos e profundos nos quais cada pessoa está inserida. Isso significa:

- Olhar para além da "sala". Regularmente, pergunte a si mesmo e ao seu supervisionando: "O que mais?" e "Quem mais?".
- Prestar atenção aos pensamentos e sentimentos — aos seus próprios e aos daqueles a quem a supervisão impacta.

Às vezes, fatores adicionais aumentam a complexidade do quadro geral. Por exemplo, quando a terapia ou supervisão é realizada por meio de um intérprete, há fatores adicionais a serem considerados, conforme ilustrado nos dois exemplos a seguir.

Rachel, uma terapeuta alemã, estava trabalhando por um ano em Bangladesh, ajudando a desenvolver um curso de treinamento de TCC. Além de ensinar terapeutas em um ambiente de tutoria, ela foi contratada para oferecer a eles supervisão ao vivo de seu trabalho clínico. Para fazer isso, ela precisava de um intérprete. Foi a prática de supervisão mais gratificante e também a mais difícil de sua carreira. Em uma sessão, ela supervisionou a terapia ao vivo de Raja com Shanti, um homem com ansiedade, e um intérprete fez uma tradução simultânea.

Jenna trabalhava em um serviço para pessoas com deficiência auditiva e ela mesma tinha deficiência auditiva; assim, sua supervisão (com um supervisor ouvinte) ocorria com dois intérpretes presentes. Eles traduziam para a linguagem de sinais o que o supervisor dizia e depois articulavam o que Jenna assinalava. As questões práticas de precisar de uma sala maior e mais tempo para supervisão foram superadas com relativa facilidade, mas o supervisor estava desconfortável com uma equipe de intérpretes em constante mudança.

Nesses dois cenários, os supervisores inicialmente deixaram de compreender o impacto das sessões sobre os intérpretes, e esse ponto cego limitou a utilidade da supervisão. Rachel presumiu que seu intérprete seria capaz de traduzir precisamente o que Shanti dizia, mas havia certas questões que o tradutor estava constrangido em revelar a uma mulher. Jenna simplesmente acolheu os dois intérpretes em seu escritório sem descobrir que nenhum deles havia sido informado de que poderiam ouvir relatos de trauma, e um dos intérpretes ficou claramente afetado ao relatar uma sessão clínica.

Esses problemas poderiam ter sido facilmente evitados por meio de um contrato adequado antes do início das sessões. Saber o que incluir em tal contrato exige uma investigação socrática cuidadosa e minuciosa, como ilustrado pela experiência de Rachel.

Na mente do supervisor

Embora Rachel nunca tivesse realizado esse tipo de supervisão ao vivo antes, a instituição de caridade para a qual ela trabalhava a havia designado para essa atividade. Com o tempo, ela desejou ter discutido isso com seu chefe, pois agora se sentia despreparada. No entanto, ela sabia que tinha a oportunidade de discutir isso com Raja e o intérprete, ambos mais experientes no uso de intérpretes do que ela. Rachel percebeu que poderia usar a investigação socrática com ambos para obter uma compreensão melhor da configuração (fazendo perguntas diretas de coleta de informações) e que poderia descobrir dicas importantes sobre como superar problemas. Uma síntese por escrito do que discutiram poderia compor um esboço preliminar de um acordo contratual entre os três.

Na situação ideal, Rachel teria desenvolvido um contrato com o terapeuta (seu supervisionando) e o intérprete antes mesmo de encontrarem o primeiro paciente. Isso não aconteceu porque a organização para a qual Rachel trabalhava impunha um contrato padronizado e presumia que "o formato único servia para todos". Ela logo percebeu que os arranjos precisavam ser mais personalizados e marcou uma reunião

442 Padesky & Kennerley

adicional para que, com Raja e o intérprete, pudesse refinar sua forma acordada de trabalhar.

Rachel: Vocês dois já fizeram isso antes; podem me dizer como podemos configurar a sessão de terapia/supervisão da melhor forma? Vocês têm alguma sugestão para torná-la o mais útil possível para o cliente e o terapeuta? (Virando-se diretamente para o intérprete.) E há algo que vocês descobriram que facilita o seu trabalho? Talvez possamos começar com Raja. Você já fez isso antes, eu não, então você poderia me dizer alguns dos obstáculos que você encontrou ao usar um intérprete em uma sessão clínica com supervisão ao vivo?

Raja: Certamente há problemas. O principal para mim é que isso interfere no fluxo da terapia, porque é distrativo tanto para mim quanto para o cliente.

Rachel: Estou anotando isso. Vamos fazer um *brainstorming* e depois voltamos à lista para considerar soluções. Vocês conseguem pensar em mais obstáculos?

Raja: A mistura de gêneros pode fazer diferença. Acho que um homem pode ser mais reservado com uma intérprete mulher e também com uma supervisora mulher, especialmente uma mulher ocidental e educada. Sinto muito dizer isso, mas você precisa entender que pode dificultar as coisas.

...

Rachel: (Mais tarde, virando-se para o tradutor.) E que dificuldades você descobriu durante o tempo em que traduziu nessas sessões clínicas?

Tradutor: A pressão para traduzir rapidamente pode causar problemas. Às vezes, uso a melhor palavra que consigo, porque não tenho tempo para refletir sobre as nuances do discurso do paciente.

Rachel: Hum, isso poderia ser bastante significativo. Existem outras questões em torno da precisão da tradução?

Tradutor: Bem, às vezes sinto que os pacientes relutam em dizer exatamente o que os está incomodando; assim, eles usam eufemismos para sua condição ou comportamento. Daí realmente é difícil entender o que eles querem dizer, traduzir e ainda acompanhar a sessão. Você sabe que sou um tradutor geral e não especializado em trabalho terapêutico? Então, às vezes, quando percebo o que o paciente está tentando dizer, sinto vergonha de compartilhar. Às vezes, fico chocado com o que ouço e me sinto muito incomodado.

Se tivessem tido essa reunião antes de verem o primeiro paciente juntos, a sessão poderia ter sido muito mais produtiva, pois teriam antecipado problemas e sido capazes de tomar medidas proativas para lidar com eles. Dado o que aconteceu, agora

Diálogo socrático para a descoberta em psicoterapia **443**

poderiam usar o tempo para esclarecer os obstáculos e resolver as dificuldades, a fim de aproveitar ao máximo uma configuração desafiadora no futuro.

Como você pode ver, a investigação socrática em si nesse cenário não é particularmente sofisticada ou única, mas, para fazer diferença no resultado da sessão de supervisão, deve destinar-se às pessoas certas no momento certo. Esse frequentemente é o caso — o "bom" uso do diálogo socrático não se trata apenas do que você diz ou mesmo de como diz, mas também de quando diz.

A relação de supervisão

Considerar as complexidades do "quadro geral" envolve necessariamente ser sensível aos aspectos da relação de supervisão. Além de levar em consideração todas as questões que já indicamos, você precisa estar ciente, desenvolver e manter uma aliança de supervisão que facilite uma boa supervisão. Essa relação precisa ser muito mais do que uma discussão de apoio confortável. Deve ser um fórum em que seu supervisionando se sinta seguro para compartilhar preocupações (sem que isso se torne terapia). É um meio para viabilizar o conhecimento terapêutico, as competências e as habilidades reflexivas do seu supervisionando, e não uma terapia por procuração para o cliente.

Armadilha 4

Desconsiderar o relacionamento de supervisão. Falhar em ser sensível, respeitoso e consistentemente atento à necessidade de manter a aliança de trabalho entre supervisor e supervisionando.

A relação de supervisão precisa ser honesta, autêntica e capacitadora. Isso pode ser alcançado investindo tempo no desenvolvimento de um contrato de supervisão por escrito, sendo aberto sobre dificuldades potenciais, negociando o oferecimento e o recebimento de *feedback* e estabelecendo metas e limites claros e acordados para a supervisão. Todos esses aspectos contribuirão para o desenvolvimento de uma aliança de trabalho segura e produtiva. No entanto, isso pode se revelar quase um malabarismo, ainda mais quando oferecemos supervisão em grupo. No Capítulo 10 deste livro, Shenk descreve as maneiras pelas quais os métodos de descoberta guiada são mais bem utilizados em ambientes de grupo. Recomendamos esse capítulo como um complemento a este quando você estiver oferecendo supervisão em grupo.

Mantenha em mente

- A relação de supervisão é destinada à supervisão da prática terapêutica. Não é uma terapia por procuração ou uma terapia para o supervisionando.

- Essa relação proporciona um ambiente para o crescimento e o desenvolvimento. Portanto, ela deve ser coplanejada para incentivar e desafiar o supervisionando.
- Rupturas na aliança/relação precisam ser abordadas com rapidez e sensibilidade.

Christiana era uma supervisora experiente em um curso de treinamento conduzido por uma universidade. Ela costumava assumir um pequeno grupo de supervisionandos. Neste semestre, ela tinha três supervisionandos, incluindo Ruby, que oferecia apoio a vítimas de trauma por meio de uma organização de caridade. Durante a sessão de supervisão, Christiana reconheceu um padrão repetitivo de tensão interna crescente ao responder a perguntas de Ruby. Ela estava insatisfeita por se ver adotando uma abordagem muito didática e autoritária com Ruby. Após a sessão, ela ouviu uma gravação da reunião de supervisão e percebeu:

"Estou ficando ansiosa. Quanto mais eu trabalho com Ruby, mais ansiosa me sinto."

Ela levou essa questão ao seu supervisor de supervisão, Noa. Sua pergunta para ele foi: "Como posso me manter calma e atender às necessidades de supervisão de Ruby de maneira mais socrática?".

Noa precisava contextualizar essa pergunta de supervisão, então fez uma série de indagações para esclarecer o problema. Ele fez perguntas de coleta de informações para ajudá-lo a compreender o escopo do problema. Descobriu que a organização de caridade de Ruby operava com muito pouco dinheiro e, mesmo assim, assumia um grande número de clientes que haviam sido recentemente traumatizados. Como resultado, todos os terapeutas estavam sob pressão para atender às pessoas rapidamente, por pouco pagamento e com supervisão escassa. Ele também precisava entender a dinâmica entre Christiana e Ruby e entre os membros do grupo em geral. Portanto, perguntou a Christiana sobre a interação entre ela e Ruby — como Christiana se sentia, o que fazia e como Ruby respondia.

Na mente do supervisor de supervisão

Após reunir essas informações contextuais, Noa pensou que uma simulação de papéis da interação de supervisão entre Christiana e Ruby poderia trazer vida à dinâmica entre elas. Ao mesmo tempo, ele hipotetizou que as reações de Christiana tinham algo a ver com as próprias suposições dela, e não apenas com seu relacionamento de supervisão com Ruby. Portanto, ele também pensou em sugerir que Christiana representasse um dos outros membros do grupo quando o foco da supervisão estivesse em Ruby. Ele esperava que essa mudança de perspectiva a ajudasse a identificar algumas percepções úteis sobre o que estava acontecendo. Ele manteve essas opções em mente e pretendia estar aberto a qualquer descoberta que ocorresse, estimulando Christiana a usar seu próprio conhecimento e suas habilidades o máximo possível.

Diálogo socrático para a descoberta em psicoterapia **445**

Noa:	(Compartilhando uma síntese concisa.) Então, Ruby está sob pressão: ela tende a trazer várias questões de supervisão de uma vez e, embora tenha desenvolvido perguntas claras de supervisão, muitas vezes há muito a tratar em sua sessão.
Christiana:	É verdade, e eu me sinto muito estressada com isso. Imagino que seja por isso que eu precise da sua ajuda para aprender a ficar calma.
Noa:	Vamos continuar vendo como você se sente e o que pensa na hora. Você pode me contar mais sobre isso?
Christiana:	Estou meio perdida, fico tão tensa... estou sentindo isso agora e não consigo pensar direito!
Noa:	Por que não tentamos identificar um momento específico — de preferência um recente — e então fazemos uma simulação de papéis? Podemos tomar o tempo necessário e desvendar o que está por trás dessa tensão confusa.

Eles então encenaram a situação, com Noa fazendo pausas regulares, saindo do papel de "Ruby" e incentivando Christiana a refletir sobre seus pensamentos, suas imagens e suas emoções.

Noa:	Naquele momento, o que estava acontecendo do seu ponto de vista?
Christiana:	Havia o pensamento de que há muito a cobrir em uma sessão. Fico ansiosa por não conseguir abordar as perguntas de Ruby.
Noa:	Mais alguma coisa?
Christiana:	Fico com raiva dela por me colocar nessa posição mês após mês.
Noa:	Mais alguma coisa?
Christiana:	Fico zangada comigo mesma por me sentir assim e depois ainda mais irritada comigo mesma porque começo a dar discursos sobre como tratar vítimas de trauma. Estou tentando consertar os clientes dela a distância e não estou pensando no desenvolvimento dela como terapeuta. E eu ignoro o resto do grupo.
Noa:	Continue...
Christiana:	E, quando penso no resto do grupo, sinto muita vergonha por estar negligenciando-os, e tenho receio de pedir a eles *feedback* sobre a supervisão, de que me digam o quão ruim eu sou como supervisora.
Noa:	Nossa — tanta coisa acontecendo para você. Há mais alguma coisa passando pela sua mente?
Christiana:	Acho que não. Acho que já é o bastante.
Noa:	Então, como você resumiria o que captou da simulação de papéis e do relato da ação?
Christiana:	Não é de surpreender que eu esteja sobrecarregada, porque Ruby traz questões relevantes, frequentemente perturbadoras, e ela está estressada e sobrecarregada, então não é de surpreender que ela despeje

Noa: (continued) tudo sobre mim. Eu também consigo entender por que fico irritada com ela e depois comigo mesma — mesmo que eu não ache que isso seja justificado. Preciso resolver isso.

Noa: Essa é uma formulação concisa. Como você se sente agora que elaborou isso?

Christiana: Sinto-me mais calma — apenas chegar ao ponto de poder dizer "Não é de surpreender que..." me ajuda a compreender minha posição e ser mais empática com Ruby. Acho que sinto compaixão por ela em vez de frustração, e acredito que isso tornará menos provável que eu ignore suas necessidades de desenvolvimento.

Noa: Parece bom — mas o que você realmente fará para garantir que as coisas mudem?

Christiana: Vou anotar minha formulação resumida e vou olhar para ela antes da sessão. Acho que vou perguntar ao grupo se posso gravar a reunião para que eu possa fazer minha própria revisão depois — monitorar como estou com Ruby.

Noa: Parece bom. Mas eu me pergunto se você tem mais ideias de como levar as coisas adiante. Estou realmente interessado no que você disse sobre "precisar resolver" o fato de ficar irritada com Ruby e consigo mesma. Que pensamentos você teve quando disse isso?

Christiana: Fazer esse exercício me fez perceber que preciso revisitar meu contrato com Ruby e preciso pedir ao meu chefe para analisar o contrato que temos com essa instituição de caridade. Suspeito que estamos prometendo mais do que podemos cumprir e isso me preocupa eticamente. Ela pode precisar de supervisão individual em vez de em grupo.

Christiana se sentiu confiante para abordar seu chefe e também revisitar o contrato de Ruby, então isso não era algo em que ela e Noa precisassem se concentrar. No entanto, ele percebeu a preocupação de Christiana com a possibilidade de estar negligenciando os outros membros do grupo.

Noa: Você disse que se sentia "envergonhada" por "negligenciar" os outros membros do grupo. Isso é algo que também precisamos analisar?

Christiana: Acho que sim. Eu não trouxe isso como uma pergunta de supervisão porque realmente só pensei nisso hoje.

Noa: Estamos mais ou menos na metade de nossa sessão. Você tinha mencionado outro item, sobre se preparar para seu recredenciamento. Você acha que devemos abordar ambos os problemas ou priorizar um deles nesta sessão?

Christiana: Acho que a questão do credenciamento pode ser abordada em outro momento — é uma pergunta bastante concreta e prática, e tenho alguns colegas passando pelo mesmo processo, então eu poderia falar

Diálogo socrático para a descoberta em psicoterapia **447**

com eles. Prefiro usar o tempo de supervisão para analisar meu relacionamento com os membros do grupo. A pergunta que eu gostaria de abordar é: o que se passa em suas mentes e como se sentem quando eu foco em Ruby?

Noa: Não sei se podemos ler as mentes dos membros do seu grupo, mas certamente podemos desenvolver algumas hipóteses e pensar em maneiras de testá-las. E também podemos nos concentrar no que se passa em sua mente, como você se sente e reage.

Christiana: Isso poderia funcionar— olhar para meu papel nisso. Sim... podemos começar por aí?

Noa: Certamente. Vamos preparar o terreno. Você consegue se lembrar de um incidente recente em que percebeu que estava negligenciando os outros membros do grupo e me contar sobre ele?

Conforme Christiana narrava uma sessão de supervisão recente com seu grupo, Noa pedia a ela para pausar e refletir sobre seus sentimentos, pensamentos e ações, bem como sobre as reações de vários membros do grupo. Ao fazer isso, ela desenvolveu uma formulação do problema de supervisão, que escreveu no quadro branco de Noa. Ela se deu conta de que, enquanto ficava estressada e focada de maneira muito didática em Ruby, estava ciente de que outros na sala estavam sendo negligenciados, mas evitava contato visual para que eles não a interrompessem. Ela ficava ainda mais didática na tentativa de encerrar a supervisão de Ruby para poder dar tempo aos outros. No final da sessão, ela não dava tempo aos membros do grupo para oferecer *feedback* autêntico; assim, Christiana nunca soube realmente como eles se sentiam em relação à sessão. Dado esse ciclo, ela entraria na próxima sessão com as mesmas preocupações e seguiria o mesmo padrão.

Na mente do supervisor de supervisão

Noa está ciente de que Christiana é uma terapeuta experiente que sabe como usar uma formulação para testar hipóteses e criar intervenções. Ele decide que precisa fazer muito pouco além de incentivá-la. Isso a deixará mais confiante de que ela pode lidar com questões relacionadas ao relacionamento de supervisão.

Noa: Olhe para sua formulação. O que ela está dizendo para você?

Christiana: Que eu deveria dar tempo aos meus supervisionandos para o *feedback*, para que eu possa começar a entender como se sentem e do que precisam?

Noa: Ok. Por que você não escreve isso, assim podemos retomar esse assunto depois? Agora, o que mais ela está dizendo para você?

Christiana: Que eu evito o contato visual e não incentivo a supervisão colaborativa, e isso significa que provavelmente perco o interesse deles e cer-

Noa:

tamente não sintonizo com suas reações e necessidades... (Christiana compila uma lista de conclusões e hipóteses.)

Agora, olhe para sua lista — vamos pegar a primeira intuição, de que seria uma boa ideia obter *feedback* significativo no final da sessão. Como você garantirá que fará isso?

Usando apenas estímulos mínimos, Noa conseguiu extrair de Christiana uma formulação, hipóteses e maneiras de testá-las. Quando ele perguntou a ela o que aprendeu com a supervisão em termos de caminhos a seguir, da aliança de supervisão e de si mesma, ela relatou que ficou aliviada por agora ter "planos" práticos para melhorar suas sessões, mas, mais do que isso, disse que aprendeu a se distanciar e apreciar melhor as interações de supervisão, percebendo que seus próprios pensamentos, sentimentos e comportamentos desempenham um papel nisso. Ela também percebeu que, se tivesse reservado um tempo, poderia ter se autossupervisionado com relação a esse problema. Noa então perguntou: "E, sabendo disso, o que você fará de diferente no futuro?". Mais uma vez, essa é uma excelente pergunta socrática analítica em muitas situações.

Gerenciando uma ruptura na supervisão

Anteriormente, descrevemos o desconforto na supervisão de Christiana — ela se sentiu desconfortável por perceber um desequilíbrio em sua atenção às necessidades do grupo. Ela conseguiu analisar o que estava acontecendo e tomar medidas para lidar com seus comportamentos que contribuíam para isso. Isso provavelmente remediará a situação.

Existem momentos, no entanto, em que a "ruptura" na aliança de supervisão exige uma participação mais ativa do supervisionando. Em 1990, Safran e Segal desenvolveram uma abordagem para lidar com rupturas interpessoais nas sessões de terapia, e suas diretrizes também se adequam bem à gestão de questões interpessoais na supervisão. Isso é especialmente aplicável a este capítulo, pois sua abordagem, assim como o diálogo socrático, inclui processos de hipotetização, exploração e incentivo ao questionamento e à resolução por outra pessoa.

Resumidamente, Safran e Segal recomendam que utilizemos a nós mesmos como fontes de informação, refletindo sobre nossas sessões e observando interações que comprometem o relacionamento de trabalho. Quando suspeitamos que há uma ruptura em nossa aliança, devemos:

- **Observar** o padrão interpessoal hipotético e coletar dados suficientes para nos assegurar de que não se trata de uma questão desviante — devemos evitar tirar conclusões muito rapidamente.
- **Formular** a interação problemática entre as pessoas envolvidas e garantir que, se a ruptura refletir nossas próprias questões, as levaremos para outro lugar.
- **Assumir o "dilema"** que temos na sessão — dizer com o que *nós* estamos lutando.

Diálogo socrático para a descoberta em psicoterapia **449**

- **Compartilhar** o dilema: "Eu tenho dificuldade..."; "Estou preocupado que eu..."; "Eu preciso de ajuda para entender algo...".
- **Resolver problemas** de forma colaborativa.

O exemplo de supervisão a seguir ilustra esse processo. Conrad teve dificuldades supervisionando Bill porque inicialmente pensava que ele era excessivamente obediente em suas reuniões de supervisão e muito prolixo. Ele refletiu sobre isso e reconheceu que rapidamente ficava desinteressado no que Bill lhe contava e depois se distanciava, com a atenção vagando. Conrad percebeu que suas reações poderiam explicar, pelo menos parcialmente, o desenvolvimento limitado das habilidades terapêuticas de Bill.

Conrad não tinha certeza do que fazer, então levou o problema à sua supervisora de supervisão (SS), que o ajudou a explorar seu próprio papel nessa interação problemática. Conrad foi capaz de desenvolver algumas hipóteses sobre o mundo interior de Bill.

SS: Você pode contextualizar a situação para mim? Me fale de um momento na supervisão em que você percebeu que estava se distanciando.

Conrad: Bill concluiu recentemente seu treinamento em TCC, embora tenha uma longa história como conselheiro e seja mais velho do que eu. Ele é educado e quase, bem, servil — desculpe se pareço julgador, mas é assim que percebo a situação —, e suas apresentações são como um "blá-blá-blá" de livro didático, e ele só apresenta pacientes que estão se saindo bem. Eu não confio nele — acho que não está sendo honesto sobre sua prática, e isso pode ser perigoso. Novamente, peço desculpas por parecer tão condenatório com ele, mas, ao pensar nisso, percebo o quanto ele me incomoda. Acho que ele está me enganando.

SS: É bom que você tenha percebido que ele o incomoda — essa é uma pista excelente de que algo precisa ser resolvido. Saber que ele causa esse efeito ajuda você a progredir?

Conrad: Na verdade, não. Se interfere em alguma coisa, é no fato de eu me sentir um pouco mais desanimado com relação às minhas habilidades como supervisor. Realmente, eu deveria conseguir superar isso.

SS: Podemos focar nisso por um momento? Você acha que deveria conseguir superar essa ruptura de supervisão e se sente desanimado com relação às suas habilidades como supervisor.

Conrad: Estou supervisionando há dois anos. Meu local de trabalho adota a abordagem "Observe, faça e supervisione", e, para ser honesto, sempre me senti destreinado e, portanto, inadequado. Quando percebo que não estou supervisionando Bill adequadamente, isso confirma que sou um pouco charlatão.

450 Padesky & Kennerley

SS:	Essa é uma visão interessante e relevante — ela veio à tona enquanto refletimos sobre a sessão; ela vem à tona na sessão?
Conrad:	Eu acho que sim, e acho que fico irritado com minha organização e com Bill, e depois me sinto mal por ter esses sentimentos; em seguida, "desligo" mental e emocionalmente. E agora estou irritado comigo mesmo por não ter percebido isso mais cedo e por ser tão mesquinho.
SS:	Parece que o uso da supervisão por Bill preocupa você por razões éticas, e porque ele possivelmente não é aberto, e que o dilema que você enfrenta com ele lembra que sua organização não lhe deu o treinamento e o apoio de que você precisa para lidar com rupturas de supervisão. Isso deixa você irritado com eles e, posteriormente, irritado consigo mesmo por não resolver a situação. Uma carga bastante pesada — estou pensando que pode ser compreensível você "desligar".
Conrad:	Suponho que sim... (Silêncio.)
SS:	Essa síntese lhe dá ideias sobre como seguir em frente?
Conrad:	Bem, me lembra que há três jogadores em campo: minha organização, Bill e eu. Eu poderia levar a questão da falta de treinamento para nossa reunião departamental. Tenho certeza de que outros sentem o mesmo. Isso deve ser fácil o suficiente. Preciso enfrentar Bill — não tenho certeza de como confrontá-lo — e preciso resolver minhas próprias reações. Preciso ser capaz de ganhar alguma perspectiva na sessão que me permita dar um passo atrás em vez de "desligar". Eu não sei em quem focar: em mim ou em Bill.
SS:	Uma terceira opção pode ser analisar sua interação com Bill...

Na mente do supervisor de supervisão

A supervisora de Conrad ficou satisfeita por ele estar agora visualizando um "quadro maior" da interação com Bill e da influência de sua própria organização. Havia várias formas de avançar com a supervisão. Ela considerou continuar explorando o quadro geral e talvez examinar mais de perto o histórico organizacional e pessoal de Bill, ou a situação pessoal de Conrad, ou elaborar hipóteses sobre as motivações de Bill e desenvolver maneiras de testar essas hipóteses. Conrad já havia dito que não era um supervisor confiante, então ela achou melhor não "dar uma de especialista" tomando uma decisão, pois isso só reforçaria a visão dele de que não era totalmente competente. Em vez disso, ela decidiu pedir a Conrad que decidisse como prosseguir. Ele escolheu tentar definir a sua interação com Bill.

SS:	Considerando o que você observou em si mesmo e o que você sabe sobre Bill, como você conceitualizaria agora a ruptura entre vocês dois?
Conrad:	Quando não estou com Bill, consigo perceber que ele ainda é um terapeuta cognitivo-comportamental bastante novato. Se eu fosse especular, diria que ele não tem muita confiança, mas talvez esteja

Diálogo socrático para a descoberta em psicoterapia **451**

constrangido em levar suas dificuldades para a supervisão. Ele lida com a situação buscando agradar seu supervisor (e evita revelar seus dilemas e erros), o que me deixa pensando que ele não é sincero. Fico irritado, perco o interesse e me distancio. Quando percebo o que estou fazendo, sinto-me culpado, assumo repentinamente o controle da sessão de supervisão e fico didático. Ele então se fecha. Isso não está ajudando-o a desenvolver sua confiança e suas habilidades, e assim ficamos presos a um ciclo improdutivo.

SS: Essa parece uma formulação sucinta. Como você poderia romper o ciclo?

Conrad: Bem, o mínimo que posso fazer é assumir o controle do meu próprio comportamento. Vou manter uma cópia da "formulação de ruptura" nas minhas anotações para me ajudar a permanecer empático com Bill, e vou tentar ser aberto e curioso, como sei que posso ser com outros supervisionandos.

SS: Parece bom, mas vou ser advogado do diabo e perguntar: o que poderia sabotar suas melhores intenções?

Conrad: Bill continuar se defendendo da mesma maneira de sempre. Eu não me sinto confortável confrontando-o com o que acho que está acontecendo com ele.

SS: Então...?

Conrad: Eu poderia perguntar a ele, não é? Eu não preciso "confrontar"; eu poderia simplesmente oferecer a ele a oportunidade de me dar um *feedback* verdadeiro sobre como poderíamos melhorar nossas sessões.

SS: Certamente — mas mais uma vez vou ser advogado do diabo e perguntar: o que poderia sabotar suas melhores intenções?

Conrad: Se ele for tão inseguro e defensivo a ponto de continuar dizendo que está tudo bem, que a supervisão é ótima e que ele não tem dificuldades clínicas?

SS: Sim, com base na sua descrição, isso pode acontecer. Então, pode ser bom ter outra opção — uma que não arrisque colocá-lo em uma situação desconfortável. Uma opção que permita a ele ser mais aberto e não perder a estima.

Na mente do supervisor de supervisão

A supervisora de Conrad achou que aquele era um bom momento para oferecer a opção de apresentar o dilema do supervisor (adaptado de Safran e Segal, 1990) em vez de uma confrontação. Como Conrad indicou não ter familiaridade com essa estratégia, ela usou uma abordagem didática, dando a ele uma visão geral verbal e também direcionando-o para um material de leitura. Juntos, eles formularam uma declaração autêntica sobre a difícil posição de Conrad.

SS:	Então, a ideia é que você realmente assuma o dilema de supervisão que enfrenta — sem truques, sem mensagens veladas de culpa, apenas uma declaração honesta de sua dificuldade como supervisor. O que você poderia dizer?
Conrad:	Eu poderia começar dizendo que, quando ele apresenta as coisas como estando bem, eu sinto...
SS:	Posso pausar aqui? Como ele poderia interpretar "Quando você faz tal coisa, eu sinto..."?
Conrad:	Sim, eu entendo. Ele poderia levar isso para o lado pessoal e ficar na defensiva.
SS:	Exatamente. Então, para evitar esse risco, será que você poderia formular as coisas de modo que sua declaração simplesmente reflita suas dificuldades, seu dilema?
Conrad:	Isso é mais difícil do que eu pensava.

Os dois então trabalharam juntos para desenvolver uma declaração que fosse uma avaliação honesta da posição de Conrad. Eles fizeram simulações e as aprimoraram até que Conrad sentiu que o resultado era aceitável e que ele tinha confiança para compartilhar sua perspectiva com Bill.

Conrad:	Lá vai — "Bill, há um assunto que eu gostaria de colocar na nossa pauta. Estou preocupado com a minha prática de supervisão e a qualidade da supervisão que você recebe de mim. Veja, às vezes eu 'perco o fio da meada' em nossas sessões. As coisas parecem estar indo tão bem, eu me vejo não conseguindo identificar problemas reais e então percebo que não estou me concentrando adequadamente. Perder o foco já é ruim o suficiente, mas também estou preocupado que eu não esteja atentando a questões importantes, e isso não é bom para você nem para seus clientes. Eu pensei que poderíamos explorar isso, ter a sua visão. Isso seria bom para você? Então, talvez pudéssemos ver se poderíamos trabalhar juntos para melhorar as coisas".
SS:	Isso parece verdadeiro?
Conrad:	Sim. Sim, parece.
SS:	E você se sente confiante ao dizer isso?
Conrad:	Sim, porque é verdade e não é acusatório. Na verdade, me sinto bastante calmo — mais do que isso, estou animado para explorar isso com o Bill. Será bom trabalhar *com* ele, pelo menos desta vez!

Diálogo socrático para a descoberta em psicoterapia **453**

Na mente do supervisor de supervisão

Conrad demonstrou habilidades significativas de supervisão ao compartilhar e formular o problema, desenvolvendo uma abordagem que considerou o "quadro geral" e foi encorajadora e empática em relação a Bill. Sua supervisora de supervisão não queria que esse esforço passasse despercebido. Uma opção seria resumir as realizações de Conrad; outra alternativa seria obter essas informações diretamente dele.

SS: Você tinha dúvidas sobre sua competência como supervisor. Após realizar esse trabalho, o que você diria que aprendeu sobre si mesmo nesse papel?

Conrad: Ainda tenho muito a aprender! Mas também sinto que você me ajudou a apreciar o quanto eu já sei — você me incentivou a realizar o trabalho. Acho que perdi o rumo com Bill devido aos meus próprios sentimentos de culpa e raiva. Se eu puder aprender a identificar essas emoções e explorar o relacionamento da maneira que fizemos hoje, provavelmente conseguirei me autossupervisionar quando encontrar rupturas, podendo resolver muitos dos problemas que enfrento.

Problemas adicionais na supervisão

Existem muitos outros tipos de problemas que você encontrará na supervisão. Esperamos que este capítulo o inspire a utilizar métodos de descoberta guiada para compreender e superar os diversos obstáculos. Por exemplo, quando um supervisionando não cumpre tarefas acordadas, é possível usar o diálogo socrático para descobrir as razões disso. Se membros de um grupo de supervisão parecem agir em conjunto para direcioná-lo para um papel mais didático, é possível identificar esse processo e usar métodos de descoberta guiada, como simulações de papéis e experimentos comportamentais, para proporcionar ao grupo experiências com outras opções. Em seguida, é possível usar o diálogo socrático para incentivar a reflexão dos membros do grupo sobre os benefícios desses métodos mais ativos em comparação com uma apresentação didática.

QUANDO OUTROS MÉTODOS PODEM SER MAIS ADEQUADOS

Embora este capítulo ilustre o uso de métodos de descoberta guiada na supervisão, há também espaço para abordagens mais didáticas quando elas são mais adequadas para atingir os objetivos da supervisão. Por exemplo, os supervisores são incentivados a atribuir leituras preparatórias aos supervisionandos sobre tópicos pertinentes aos seus objetivos de aprendizagem na supervisão. Assistir a vídeos de demonstração ou modelar abordagens terapêuticas específicas durante a supervisão pode ser uma maneira eficiente de iniciar o desenvolvimento de habilidades. E, quando um supervisionando tem lacunas de conhecimento que podem ser abordadas com mais facilidade de modo didático do que com o diálogo socrático, é certamente apropriado usar métodos mais didáticos na supervisão. Claro, se na maioria das vezes métodos didáticos forem mais eficientes, pode-se cair na primeira armadilha listada neste capítulo: assumir a posição de especialista com muita frequência e não equilibrar corretamente as coisas para aprimorar a aprendizagem.

Terapeutas precisam desenvolver habilidades para o autodesenvolvimento que possam praticar ao longo de suas carreiras. Portanto, é uma boa ideia, às vezes, direcionar os supervisionandos a realizar pesquisas na internet para encontrar informações baseadas em evidências sobre questões específicas do cliente ou protocolos de tratamento, em vez de fornecer essas informações didaticamente na supervisão. O supervisionando pode ser solicitado a fornecer uma síntese na próxima sessão de supervisão sobre o que aprendeu e como determinou se uma fonte na internet era confiável. Essa é uma habilidade importante a desenvolver, porque os terapeutas encontrarão muitos novos dilemas clínicos ao longo de suas carreiras e precisarão de estratégias para o autodesenvolvimento.

Às vezes, os supervisionandos podem indicar que desejam terapia pessoal do supervisor. Um sinal disso é quando pedem para explorar mais a fundo seus próprios pensamentos e reações emocionais durante a terapia ou quando levantam questões pessoais durante a supervisão. Claro, o diálogo socrático poderia levar o supervisor a explorar essas questões mais profundas. No entanto, na supervisão, isso só é apropriado se o foco dessa discussão for o impacto dessas reações na terapia com o cliente. Se parecer que o interesse (ou a necessidade) do supervisionando é mais pessoal, é apropriado explorar os benefícios de buscar sua própria terapia para os problemas em questão.

SÍNTESE

Os supervisores podem confiar em métodos de descoberta guiada para aprimorar a aprendizagem dos supervisionandos, compreender e superar armadilhas comuns e gerenciar o relacionamento de supervisão, assim como as rupturas que ocorrem. Embora haja muitas tarefas concorrentes a serem atendidas na supervisão, há diversas maneiras de os supervisores colaborarem com os supervisionandos para maximizar o potencial de aprendizagem dessas reuniões. É uma boa prática estabelecer acordos de supervisão antecipadamente, estruturar sessões, trocar *feedback* regular com os supervisionandos e fornecer orientações sobre os tipos de preparação que se espera que eles realizem antes de uma sessão de supervisão. Foi desenvolvido um formulário que pode ajudar os supervisionandos a preparar perguntas específicas de supervisão com antecedência e organizar informações relevantes de modo a obter a ajuda necessária para respondê-las (Padesky, 1995).

Armadilhas comuns de supervisão foram destacadas, juntamente com métodos de descoberta guiada para ajudar a navegar por elas. Em particular, os supervisores

Diálogo socrático para a descoberta em psicoterapia **455**

podem evitar ser excessivamente didáticos empregando métodos de ação na supervisão, em vez de depender exclusivamente de discussões de casos e minipalestras. O uso regular do diálogo socrático orienta os supervisionandos a acessar e ampliar sua própria base de conhecimentos e habilidades reflexivas. Ao realizar esse trabalho, os supervisores são aconselhados a prestar atenção às suposições do terapeuta e do supervisor, ao mundo exterior e ao contexto social fora da terapia e da supervisão, bem como ao relacionamento de supervisão.

Embora a preocupação com o cliente seja central para todo trabalho clínico, a supervisão se destina a desenvolver as competências e habilidades reflexivas dos supervisionandos. Portanto, o trabalho do supervisor não é o de fazer terapia por procuração ou o de agir como um crítico avaliador quando o supervisionando comete erros clínicos. Em vez disso, ser um supervisor requer flexibilidade, sintonia com as necessidades tanto do supervisionando quanto do cliente, e um interesse aguçado em promover aprendizagem, competência e crescimento. Métodos de descoberta guiada, associados à prática reflexiva de supervisão, são ferramentas essenciais para ajudar os supervisores a equilibrar os muitos requisitos de supervisão competente. Por fim, como ilustrado em diversos exemplos clínicos, os supervisores podem se beneficiar regularmente da autossupervisão e/ou de consultas com um supervisor de supervisão.

Atividades de aprendizagem do leitor

- Você reconhece que cai em alguma das armadilhas apresentadas neste capítulo? Elabore uma conceitualização de seus padrões pessoais e busque maneiras de libertar-se deles usando ideias deste capítulo que você considera úteis.

- Você tem um acordo de supervisão escrito que personaliza para orientar sua supervisão? Se não, anote algumas ideias e comece a criar um.

- Você solicita *feedback* regularmente em cada sessão de supervisão? Como você prepara o terreno para que os supervisionandos estejam dispostos e aptos a fornecer *feedback* honesto e construtivo? Com base no que aprendeu neste capítulo, o que você pode fazer para melhorar isso?

- Você fornece *feedback* regularmente aos supervisionandos sobre o que fazem bem e quais são seus pontos fortes, além de fornecer *feedback* sobre áreas de prática que precisam melhorar? Se não, por quê? Como garantir o oferecimento de *feedback* equilibrado a todos os supervisionandos? Anote ideias e um plano para implementá-las.

- Imprima a Tabela 11.1. Ao longo do próximo mês, preencha os campos que se aplicam a cada sessão de supervisão. Analise quais atividades você realiza regularmente e quais tende a negligenciar.

- Com base no que aprendeu na etapa anterior, faça um plano para experimentar o uso de alguns dos outros métodos de supervisão e focos de ação que tem negligenciado. Obtenha *feedback* de seus supervisionandos. Essas abordagens promovem tipos adicionais ou diferentes de aprendizagem?

- Grave uma sessão de supervisão na qual pratique o uso da indagação socrática em pelo menos uma situação em que normalmente começaria o ensino didático. Ouça a gravação e reflita sobre como se saiu, o que poderia ter feito melhor e como pode levar sua aprendizagem para futuras sessões.

> • Agende uma sessão de autossupervisão ou supervisão de supervisão pelo menos uma vez por mês. Para cada uma das próximas sessões, concentre-se em uma seção relevante deste capítulo e veja quais ideias se mostram úteis ao refletir sobre o que fez bem e o que pode melhorar.

REFERÊNCIAS

Beidas, R. S., Edmunds, J. M., Marcus, S. C., & Kendall, P. C. (2012). Training and consultation to promote implementation of an empirically supported treatment: A randomized trial. *Psychiatric Services, 63*(7), 660–665. https://doi.org/10.1176/appi.ps.201100401

Bennett-Levy, J. (2006). Therapist skills: A cognitive model of their acquisition and refinement. *Behavioural and Cognitive Psychotherapy, 34*(1), 57–78. https://doi.org/10.1017/S135246580 5002420

Bernard, J. M., & Goodyear, R. K. (1998). *Fundamentals of clinical supervision.* Boston: Allyn & Bacon.

Borton, T. (1970). *Reach, Touch and Teach.* New York: McGraw-Hill.

Dewey, J. (1960). *How we think: A restatement of the relation of reflective thinking to the educative process.* Lexington, MA: Heath. (Original work published 1933)

Gibbs, G. (1988). *Learning by doing: A guide to teaching and learning methods.* London: Further Education Unit.

Kolb, D.A. (1984). *Experiential learning.* Englewood Cliffs, NJ: Prentice-Hall.

Lewin, K. (*1946*). Action research and minority problems. *Journal of Social Issues, 2*, 34–46. https://doi.org/10.1111/j.1540-4560.1946.tb02295.x

Liness, S., Beale, S., Lee, S., Byrne, S., Hirsch, C. R., & Clark, D. M. (2019). The sustained effects of CBT training on therapist competence and patient outcomes. *Cognitive Therapy and Research, 43*, 631–641. https://doi.org/10.1007/s10608-018-9987-5

Milne, D. L. (2007). An empirical definition of clinical supervision. *British Journal of Clinical Psychology, 46*, 437–447. https://doi.org/10.1348/014466507X197415

Padesky, C. A. (1995). Supervision worksheet. Retrieved from https://www.padesky.com/clinical-corner/clinical-tools/

Padesky, C. A. (2019, July 18). Action, dialogue & discovery: Reflections on Socratic questioning 25 years later. Invited address presented at the Ninth World Congress of Behavioural and Cognitive Therapies, Berlin, Germany. Retrieved from https://www.padesky.com/clinical-corner/publications/

Padesky, C. A. (2020). *The clinician's guide to CBT using Mind Over Mood* (2nd ed.). New York: Guilford Press.

Rakovshik, S. G., McManus, F., Vazquez-Montes, M., Muse, K., & Ougrin, D. (2016). Is supervision necessary? Examining the effects of internet-based CBT training with and without supervision. *Journal of Consulting and Clinical Psychology, 84*(3), 191–199. https://doi.org/ 10.1037/ccp0000079

Roth, A. D., & Pilling, S. (2008). A competence framework for the supervision of psychological therapies. Retrieved from https://www.ucl.ac.uk/pals/research/clinical-educational-and-health-psychology/research-groups/competence-frameworks

Safran, J., & Segal, Z. (1990). *Interpersonal processes in CT.* New York: Basic Books.

Schön, D. A. (1984). *The reflective practitioner: How professionals think in action.* New York: Basic Books.

12

Diálogos para a descoberta:
e agora?

Christine A. Padesky

A sorte favorece apenas a mente preparada.
— **Louis Pasteur**

Iniciamos este livro convidando você a considerar as diversas maneiras pelas quais a descoberta pode ser transformadora. Esperamos que você tenha experimentado muitas novas descobertas durante a leitura e que, por sua vez, essas descobertas tenham começado a transformar sua prática terapêutica, tornando-a ainda mais eficaz e envolvente para seus clientes.

Todos os autores dos capítulos modelaram a colaboração e a curiosidade nos diálogos terapeuta-cliente, sendo ambas marcas registradas de nossa abordagem. Ao mesmo tempo, cada autor de capítulo demonstrou sua própria "voz terapêutica" e nos ensinou que há muitas maneiras de personalizar o diálogo socrático para adequá-lo à personalidade do terapeuta e às necessidades específicas do cliente. Você é incentivado a desenvolver sua própria voz terapêutica à medida que praticar o diálogo socrático e outros métodos de descoberta guiada no futuro.

Este texto oferece uma rara oportunidade de ver mentes de terapeutas especializados em ação e apreciar as sutilezas e complexidades da boa prática. Embora nós, organizadoras, tivéssemos experiência no uso do diálogo socrático, ouvir as perspectivas de outros autores nos impulsionou em nossa própria jornada de descoberta. Coletivamente, os autores dos capítulos ilustraram uma versatilidade, uma adaptabilidade e uma criatividade que nos permitiram ir além de nosso pensamento atual. Eles também nos deram uma melhor compreensão do alcance terapêutico do bom diálogo socrático, bem como de suas limitações em certos contextos.

Você também teve a oportunidade de ver o que chamo de "terapia de três velocidades" em ação (veja o Capítulo 2 e o Quadro 12.1). Nossos autores especialistas, todos imersos em consciência teórica e sabedoria clínica, nos lembraram de que um diálogo socrático realmente bom é fundamentado em um sólido conhecimento clínico (parte da primeira velocidade: mais rápida); sem isso, nossa prática pode sofrer com a limitação das hipóteses a serem exploradas em nossos diálogos socráticos. Os autores também usaram seu conhecimento clínico para orientar suas escolhas sobre o que é apropriado discutir com os clientes e em que momento (segunda velocidade: um pouco mais lenta), a fim de criar a base certa para descobertas frutíferas. Vimos repetidamente os processos de pensamento sofisticados desses terapeutas experientes em ação: ao tomar decisões-chave sobre o que dizer, o que não dizer e quando dizer; ao usar a linguagem do cliente; e ao avaliar o *timing* ideal. O envolvimento em uma sessão pode ser perdido se os terapeutas fizerem muitos movimentos errados nessa velocidade. Por fim, vimos a consciência da velocidade em ação à medida que cliente e terapeuta avançaram nas atribuições entre as sessões para incentivar a descoberta guiada contínua, a fim de progredir em direção aos objetivos da terapia (terceira velocidade: mais lenta das três).

QUADRO 12.1 Terapia de três velocidades

1. Velocidade mais rápida: pensamentos acelerados através da mente do terapeuta.
2. Velocidade um pouco mais lenta: o que de fato expressamos ao cliente em voz alta.
3. Velocidade mais lenta das três: instruções dadas aos clientes entre as sessões.

DESCOBERTAS REALIZADAS

Este livro incentiva uma compreensão mais profunda dos processos de descoberta na psicoterapia. Aqui, consideramos brevemente os ganhos súbitos na pesquisa psicoterapêutica e, em seguida, recapitulamos muitas das ideias que você aprendeu ao longo deste livro.

Resultados da pesquisa: ganhos súbitos na psicoterapia

Se, como Pasteur afirma na citação apresentada no início deste capítulo, "A sorte favorece apenas a mente preparada", é interessante especular se os métodos de descoberta guiada, incluindo o uso do diálogo socrático, funcionam como uma das forças motrizes para ganhos súbitos na psicoterapia (Tang & DeRubeis, 1999). Ganhos súbitos se referem aos momentos, no curso da terapia, em que uma melhoria significativa dos sintomas é identificada entre as sessões. Os ganhos súbitos estão associados a resultados terapêuticos mais positivos, bem como à manutenção da melhoria. Originalmente observados no tratamento da depressão, os ganhos súbitos foram posteriormente relatados para muitos diagnósticos adicionais em mais de cem estudos publicados (Shalom & Aderka, 2020).

O uso regular do diálogo socrático prepara tanto terapeutas quanto clientes para a possibilidade de descobertas novas e inesperadas. Com essa preparação, quando uma descoberta significativa ou uma nova ideia relevante surge, terapeutas e clientes têm mais probabilidade de reconhecê-la e fazer bom uso dela, o que poderia levar a ganhos súbitos. Isso pode ser especialmente verdadeiro quando o modelo de diálogo socrático de quatro estágios, detalhado no Capítulo 2, está sendo utilizado. Novas ideias significativas são registradas em uma síntese, e são feitas perguntas analíticas e sintetizadoras ao cliente para que ele considere como aplicar melhor essas ideias em sua vida: "Como essa ideia pode ajudá-lo daqui para a frente?" e "O que você poderia fazer de diferente nesta semana agora que sabe disso?".

Pesquisas citadas no Capítulo 1 são consistentes com essa hipótese de ganhos súbitos. Lembremos de que o uso do questionamento socrático pelo terapeuta prevê mudanças nos sintomas de sessão para sessão na terapia cognitiva para depressão (Braun et al., 2015). Outras pesquisas sugerem que a relação entre o questionamento socrático e a mudança nos sintomas é mediada pela mudança cognitiva (Vittorio et al., 2022). Como demonstrado em todos os capítulos deste livro, a mudança cognitiva é promovida quando o diálogo socrático é combinado com experimentos comportamentais, imagens mentais, simulações de papéis e outros métodos de descoberta guiada.

Modelo de diálogo socrático de quatro estágios: recapitulação

Para alguns, o modelo de diálogo socrático de quatro estágios que desenvolvi (Padesky, 1993; 2019; 2020a) e detalhei no Capítulo 2 foi uma nova descoberta. Seu uso dessa abordagem daqui para a frente tem o potencial de transformar a psicoterapia que você oferece. Mantenha este texto por perto e consulte-o conforme necessário para solucionar quaisquer dificuldades que surjam. Para acompanhar seu progresso, utilize a Escala de Avaliação do Diálogo Socrático (Padesky, 2020a) a fim de medir sua habilidade atual, identificar lacunas e monitorar suas melhorias ao longo do tempo.

Modelo de diálogo socrático de quatro estágios
1. Perguntas informativas
2. Escuta empática
3. Síntese das informações coletadas
4. Perguntas analíticas ou sintetizadoras

Para terapeutas já familiarizados com minha abordagem de quatro estágios, espero que as elaborações descritas ao longo deste livro aprofundem e enriqueçam sua compreensão e seu uso dela. O uso da Escala de Avaliação do Diálogo Socrático para medir sua fidelidade a esse modelo pode destacar áreas que precisam de melhoria de sua parte.

Muitos capítulos deste livro detalham aplicações do modelo de diálogo socrático de quatro estágios que são novas para alguns leitores.

1. **Imagens mentais:** muitos terapeutas evitam a identificação e a exploração de imagens mentais na terapia porque não têm certeza do que fazer com elas. O Capítulo 5 descreveu diversas aplicações do diálogo socrático com imagens mentais. Algumas dessas intervenções envolveram apenas o diálogo para explorar e avaliar as imagens mentais. Outras intervenções (por exemplo, uso de um *continuum*, trabalho com imagens mentais cinestésicas e alucinações) incorporaram o diálogo socrático em exercícios escritos, simulação de papéis e experimentos comportamentais.

2. **Depressão e transtornos de ansiedade:** enquanto muitos terapeutas cognitivo-comportamentais estão familiarizados com o uso do diálogo socrático na terapia para depressão (Capítulo 3) e transtornos de ansiedade (Capítulo 4), terapeutas de outras abordagens talvez estejam menos familiarizados com o papel que esse método pode desempenhar na terapia voltada a essas questões.

3. **Terapia de grupo, terapia com crianças e adolescentes e supervisão:** mesmo terapeutas com vasta experiência no uso do diálogo socrático na terapia para depressão e ansiedade muitas vezes estão menos familiarizados com sua aplicação na terapia de grupo (Capítulo 10), na terapia com crianças e adolescentes (Capítulo 9) e na supervisão (Capítulo 11). Capítulos sobre esses temas ilustram a natureza robusta do diálogo socrático e sua flexibilidade para se adaptar a várias populações clínicas e formatos.

4. **Crenças inflexíveis, comportamentos impulsivos e compulsivos, adversidades sérias:** terapeutas em todos os níveis de experiência que utilizam o diálogo socrático frequentemente enfrentam dificuldades em sua aplicação com crenças inflexíveis (Capítulo 6), comportamentos impulsivos e compulsivos (Capítulo 7) e clientes lidando com adversidades sérias (Capítulo 8). Esses capítulos apresentam processos e métodos específicos para lidar com as armadilhas comuns encontradas tanto quando a terapia aborda intencionalmente essas questões como quando essas questões interferem no progresso terapêutico.

DESCOBERTAS AINDA POR VIR

Pesquisa

É lamentável que o diálogo socrático tenha sido negligenciado pela pesquisa empírica até recentemente. Poderíamos ter avançado muito mais em nossa compreensão do seu papel nos resultados da psicoterapia e nos processos de mudança. Esperamos que este texto estimule futuras pesquisas sobre o impacto do diálogo socrático na psicoterapia. Além disso, incentivamos os pesquisadores a medir e avaliar o uso habilidoso de todos os quatro estágios (perguntas informativas, escuta empática, sínteses escritas e perguntas analíticas/sintetizadoras), em vez de simplesmente mensurar o número de perguntas usadas. Pesquisas preliminares sugerem que a qualidade, assim como a quantidade, das perguntas socráticas é importante (Kazantzis et al., 2016). Portanto, uma investigação mais cuidadosa dos diferentes elementos desses procedimentos é justificada.

Estamos satisfeitos com o fato de que os pesquisadores começaram a prestar atenção a esses processos terapêuticos e aguardamos suas novas descobertas. No Capítulo 1, sugerimos várias questões de pesquisa sobre o diálogo socrático que poderiam ser frutíferas para exploração. Agora que você leu este livro, propomos perguntas adicionais que merecem estudo.

Áreas férteis para a pesquisa sobre o diálogo socrático

- Existem momentos ou circunstâncias na terapia em que o uso do diálogo socrático mostra vantagens claras sobre outras abordagens terapêuticas?
- O modelo de diálogo socrático de quatro estágios apresentado neste texto facilita a aprendizagem de processos eficazes de diálogo socrático pelos terapeutas?
- O uso desse modelo de diálogo socrático aumenta a probabilidade de ganhos súbitos na terapia?
- Quando o diálogo socrático é uma intervenção suficiente por si só e quando é mais bem utilizado como meio para revisão de experimentos comportamentais, aprendizagem por simulação de papéis, exercícios imaginários e outros tipos de intervenções?
- Existem tipos específicos de pessoas ou problemas que respondem melhor ao uso de descoberta guiada e outros que respondem melhor a outras abordagens terapêuticas?
- Adicionar um componente de imagens mentais à descoberta guiada aumenta seu impacto?
- Existem benefícios em garantir que os clientes tenham aprendido a habilidade de autoquestionamento socrático?
- O uso do diálogo socrático melhora a aprendizagem dos supervisionandos?

Essas e centenas de outras perguntas aguardam seus estudos e respostas. Para ajudar a investigá-las, oferecemos (a) um modelo de diálogo socrático de quatro estágios claro, bem como (b) a referência a uma medida de seu uso eficaz (Padesky, 2020a), e fornecemos (c) numerosas ilustrações clínicas e de supervisão de como combiná-lo com outros métodos terapêuticos para orientar as descobertas do cliente e do terapeuta.

Terapeutas individuais

Alguns terapeutas, especialmente aqueles que consideram as ideias deste livro novas e convincentes, podem ter a inclinação de lamentar descobertas perdidas por ex-clientes que poderiam ter se beneficiado de um maior uso desses processos socráticos. Outros que pensam estar usando métodos descritos nestes capítulos de forma desajeitada podem se preocupar que seus clientes não estejam fazendo tantas descobertas quanto poderiam. Para esses leitores, oferecemos encorajamento. As organizadoras deste texto estão envolvidas nesses processos, ao todo, por mais de meio século, e ainda apreendemos muitas ideias novas dos autores dos capítulos e também do nosso próprio pensamento renovado sobre os diversos tópicos discutidos aqui. Descobertas potenciais ainda estão por aí para serem feitas. E acreditamos que os terapeutas que seguirem as orientações oferecidas nestas páginas podem aprender a ajudar seus clientes a fazer essas descobertas mais rapidamente.

Tenha em mente que nem todas as descobertas são iguais. Os terapeutas são aconselhados a considerar cuidadosamente as descobertas que provavelmente serão mais significativas para seus clientes e os métodos de descoberta guiada que oferecerão o caminho mais claro para ajudar a revelá-las. Acreditamos que modelos baseados em evidências para entender as forças e angústias humanas fornecem bons mapas para identificar temas cruciais a serem explorados com os clientes. Por exemplo, sabemos que pessoas que lutam contra a ansiedade (Capítulo 4) provavelmente se beneficiarão ao aprender a investigar suas superestimações de perigo, assim como suas subestimações de suas próprias habilidades internas de enfrentamento e seus recursos de ajuda externos. Sabemos que pessoas com comportamentos impulsivos se beneficiam ao identificar os significados pessoais desses comportamentos, reconhecer os sinais de suas motivações flutuantes para mudar e considerar comportamentos substitutos mais seguros (Capítulo 6). Assim, não estamos procurando apenas quaisquer descobertas; estamos buscando as descobertas mais relevantes e úteis para um indivíduo específico. Cada uma das organizadoras deste livro escreveu outros textos descrevendo modelos baseados em evidências para uma variedade de questões clínicas, bem como orientações detalhadas sobre como implementá-los usando descoberta guiada (Kennerley, 2021; Padesky, 2020b).

Encorajamos você a considerar suas próprias velocidades ideais para colocar em prática o que aprendeu. A leitura deste livro se deu, provavelmente, na velocidade mais rápida de sua aprendizagem. Na seção "Desenvolvendo suas habilidades de 'diálogos para a descoberta'", fornecemos alguns exercícios de prática reflexiva para você fazer em uma velocidade mais lenta, para ajudá-lo a planejar maneiras de incorporar as ideias que você considerou mais significativas em sua prática clínica. Você pode antecipar que a velocidade mais lenta das três será sua prática clínica deliberada com o diálogo socrático e outros métodos de descoberta guiada. Planeje praticar esses métodos e revisar seu progresso ao longo de muitos meses para se dar mais chances de desenvolver sua própria *expertise* em sua aplicação.

Desenvolvendo suas habilidades de "diálogos para a descoberta"

Cada capítulo deste livro terminou com uma série de "Atividades de aprendizagem do leitor". Se você optou por realizar algumas dessas atividades após ler um capítulo, é altamente provável que tenha feito novas descobertas sobre si mesmo como terapeuta, sobre como praticar uma psicoterapia mais eficaz e sobre maneiras de lidar com as armadilhas abordadas naquele capítulo. Caso não tenha realizado nenhuma dessas atividades de aprendizagem, recomendamos vivamente que faça um plano para realizá-las em um futuro próximo, escolhendo os capítulos que têm mais relevância para seu trabalho clínico atual. Assim como os clientes que realizam tarefas de aprendizagem têm melhores resultados na psicoterapia (Kazantzis et al., 2016), os terapeutas que colocam novas aprendizagens em prática e refletem sobre seu impacto têm mais probabilidade de desenvolver melhorias em sua atuação psicoterapêutica (Davis et al., 2015).

Bennett-Levy (2006) distinguiu três sistemas de aprendizagem no desenvolvimento de habilidades terapêuticas para explicar a taxa diferencial de desenvolvimento de várias habilidades: conhecimento declarativo, conhecimento procedimental e conhecimento reflexivo. O primeiro sistema, *conhecimento declarativo*, pode ser pensado como o "conhecimento dos livros". Após a leitura deste livro, você adquiriu conhecimento declarativo sobre descoberta guiada, os quatro estágios do diálogo socrático e muitos outros tópicos. Com base nesse conhecimento declarativo, você consegue descrever o que aprendeu a outros terapeutas.

O segundo sistema no modelo de Bennett-Levy é o *conhecimento procedimental*, que significa desenvolver as habilidades para aplicar junto aos clientes aquilo que você aprendeu. A leitura por si só não construirá o conhecimento procedimental. As atividades de aprendizagem do leitor após cada capítulo foram projetadas para fornecer a prática e a aplicação estruturada inicial das ideias ensinadas. Muitas vezes, é útil praticar uma área de aprendizagem com vários clientes, em vez de tentar expandir seu conhecimento procedimental em muitas habilidades com uma ampla variedade de clientes. Por exemplo, terapeutas para quem as ideias abordadas neste livro são novas podem se concentrar em usar o modelo de diálogo socrático de quatro estágios regularmente com certo tipo de cliente (focando no Capítulo 2 e no capítulo mais relevante para esse tipo de cliente). Ou podem começar usando o diálogo socrático para revisar as atividades de aprendizagem do cliente entre sessões (também conhecidas como "tarefas de casa"), conforme descrito nos Capítulos 1 e 2. A prática dessa única aplicação clínica com vários clientes pode acelerar o desenvolvimento de sua habilidade procedimental com o uso do diálogo socrático. E, se você não tem confiança em aplicar o diálogo socrático, lembre-se de que ensaiar na imaginação pode lançar as bases para a prática na vida real, assim como realizar uma simulação de papéis com um colega ou supervisor.

Pode ser necessária uma prática considerável para desenvolver a aplicação flexível e habilidosa das ideias ensinadas neste livro. Essa é uma das razões pelas quais, em cada capítulo, enfatizamos armadilhas comuns que podem interferir na execução das estratégias ensinadas (para uma síntese, ver "Guia de armadilhas", no Apêndice, nas páginas 473-476). Esperançosamente, muitas das dificuldades que você encontrar no desenvolvimento de suas habilidades procedimentais serão abordadas nas discussões dos capítulos sobre como gerenciar essas armadilhas. Se fizemos nosso trabalho bem, este livro economizará seu tempo ao aprender a superá-las.

A outra prática que o ajudará a se tornar proficiente mais rapidamente é empregar o terceiro sistema de aprendizagem de Bennett-Levy, a *prática reflexiva*. A prática reflexiva é considerada essencial para o desenvolvimento de habilidades terapêuticas, pois requer que os terapeutas reflitam e construam seu conhecimento declarativo e habilidades procedimentais assim que começarem a se desenvolver. "O sistema reflexivo é normalmente colocado em prática quando surge um problema na prática clínica (por exemplo, discrepância entre expectativas e resultado). Após a reflexão sobre o problema, o sistema reflexivo pode ser usado para aprimorar o conhecimento declarativo e as habilidades procedimentais" (Bennett-Levy et al., 2009, 573). Para terapeutas mais experientes, essas reflexões podem levar a regras mais refinadas de "quando isso acontecer, faça aquilo" (Bennett-Levy, 2006). As soluções propostas para as armadilhas abordadas ao longo deste livro são o resultado da prática reflexiva dos autores dos capítulos em suas áreas de especialização. Além disso, muitos dos princípios que os autores dos capítulos extraíram de sua própria prática reflexiva estão em destaque nas seções "Mantenha em mente" que aparecem em cada capítulo.

A prática reflexiva não deve simplesmente surgir de dificuldades na prática. Os terapeutas são incentivados a fazer reflexões deliberadas regularmente. Bennett-Levy e Padesky (2014) descobriram que os terapeutas que frequentaram um *workshop* de dois dias tinham mais probabilidade de praticar novas habilidades e pensar regularmente sobre a aprendizagem do *workshop* em relação à sua terapia se preenchessem "planilhas de reflexão" nas semanas seguintes ao evento. Essas planilhas de reflexão eram personalizadas, pois as primeiras (preenchidas durante o *workshop* e uma semana depois) pediam aos terapeutas que identificassem as principais coisas que aprenderam no evento pertinentes à sua própria prática clínica e que indicassem como planejavam praticar essas habilidades durante o próximo mês. As planilhas subsequentes (quatro e oito semanas após o *workshop*) pediam aos terapeutas que refletissem sobre qual aprendizagem do evento eles tinham praticado ou implementado, as barreiras para fazer isso e as mudanças que poderiam realizar para implementar mais completamente sua aprendizagem. Aqueles terapeutas que preencheram essas planilhas de reflexão relataram uma maior conscientização e prática das habilidades aprendidas do que um grupo de controle que não recebeu planilhas de reflexão ou instruções para refletir sobre sua aprendizagem pós-*workshop*.

De maneira semelhante, recomendamos que você comece uma prática reflexiva agora. A seção "Formulários de prática reflexiva" apresenta três formulários de prática reflexiva para ajudá-lo a focar mais diretamente em como você pode levar sua aprendizagem pessoal adiante para continuar seu progresso *Diálogo socrático para a descoberta em psicoterapia*. Esses formulários estão disponíveis no Apêndice. As versões preenchíveis podem ser encontradas na página do livro em loja.grupoa. com.br.

Diálogo socrático para a descoberta em psicoterapia **465**

Formulários de prática reflexiva

O Formulário de prática reflexiva 1 é o primeiro que recomendamos que você preencha (ver Apêndice, p. 470). Levará cerca de 15 minutos. Faça isso agora, se puder. Caso contrário, agende um horário para preenchê-lo em breve, para que as ideias deste livro ainda estejam frescas em sua mente. Ele pede que você liste as principais ideias aprendidas neste livro que poderiam beneficiar sua prática terapêutica e que reflita sobre como uma maior proficiência nessas ideias poderia ajudar você, seus clientes e seus supervisionandos. Em seguida, você é solicitado a escolher uma área de aprendizagem para praticar ao longo do próximo mês. Pedimos que você defina uma meta e recomendamos que essa meta seja específica e alcançável. Por exemplo, em vez de "Melhorar o uso do diálogo socrático", sua meta poderia ser: "Usar todos os quatro estágios do diálogo socrático com pelo menos três clientes por semana" ou "Certificar-se de fazer uma síntese por escrito com pelo menos três clientes e fazer a eles as perguntas analíticas e sintetizadoras listadas no Capítulo 2". Recomendamos agendar uma revisão semanal de seu plano. Gravar uma ou mais de suas sessões durante o próximo mês permitirá que você reflita sobre seu desempenho real, em vez de sua lembrança retrospectiva.

O Formulário de prática reflexiva 2, na página 471, deve ser preenchido daqui a um mês. Reserve uma sessão de reflexão de 30 a 60 minutos para revisar seu progresso. Uma série de perguntas nesse segundo formulário solicita que você considere o que fez bem e que melhorias pode realizar, e que faça um plano para o próximo mês a fim de continuar progredindo e superar quaisquer obstáculos.

O Formulário de prática reflexiva 3, na página 472, pode ser preenchido um mês depois de você completar o segundo formulário e em todos os meses seguintes até atingir todas as suas metas de aprendizagem. Reserve de 20 a 60 minutos a cada mês para revisar seu progresso e refletir sobre o que mais você pode fazer para consolidar e expandir suas habilidades usando o diálogo socrático e outras formas de descoberta guiada. Esse formulário também o estimula a considerar se há outros recursos que você poderia usar para apoiar seu progresso, como consultoria, supervisão, demonstrações em vídeo ou áudio, simulações de papéis com colegas e revisão de capítulos ou artigos. Agende o uso desses e de outros recursos.

Dicas para uma prática reflexiva bem-sucedida

O diálogo socrático por si só pode orientar sua prática reflexiva. Note que a primeira ou as primeiras perguntas em cada formulário de prática reflexiva (no Apêndice) são perguntas informativas amplas (Estágio 1 do diálogo socrático). Ao responder a essas perguntas, tente ouvir suas respostas com empatia, em vez de autocrítica ou julgamento (Estágio 2 do diálogo socrático). O perfeccionismo aniquila o espírito de aprendizagem. Portanto, é realmente importante reconhecer o progresso pessoal ou as tentativas persistentes como passos na direção certa. Faça uma lista para resumir o que você fez melhor neste mês (Estágio 3 do diálogo socrático). Isso pode incluir uma parte específica de uma sessão com um cliente, o reconhecimento de armadilhas quando você cai nelas ou a lembrança de usar certos métodos com mais frequência. As perguntas subsequentes nos formulários de prática reflexiva são analíticas ou sintetizadoras (Estágio 4 do diálogo socrático). Consulte sua síntese por escrito para respondê-las. Ao pensar em suas respostas, você pode lembrar-se de coisas adicionais que fez bem ou que foram difíceis durante o mês. Adicione essas lembranças à sua síntese por escrito.

Adicione etapas de ação

Para garantir que sua reflexão não seja simplesmente um exercício intelectual, adicione algumas etapas de ação:

1. Use o ensaio imaginário para planejar como você gostaria de implementar uma habilidade em que está trabalhando com um ou mais clientes ou supervisionandos nas próximas semanas.
2. Faça simulação de papéis para trabalhar a habilidade com um colega ou supervisor de confiança. A prática pode ajudar a aumentar sua confiança.
3. Selecione algumas sessões para gravar, a fim de lembrar momentos cruciais em que praticou novas habilidades.
4. Seja empático consigo mesmo e use autoencorajamento positivo ao revisar suas sessões ou ouvir/assistir a gravações delas.
5. Concentre-se primeiro em identificar três ou quatro coisas que você está fazendo bem em uma parte de uma sessão. Focar a atenção nos pontos positivos pode ajudar a contrabalançar a tendência humana comum de enfatizar falhas em vez de melhorias em seu desempenho.
6. Identifique quaisquer dificuldades ou erros que você detectar.
7. Faça um plano de ação construtivo sobre como amenizar esses problemas em sessões futuras.
8. Pratique seu plano de ação com imagens mentais ou por meio de dramatização, de modo a aumentar a probabilidade de você lembrar dele e tentar implementá-lo no futuro.

O FUTURO DO *DIÁLOGO SOCRÁTICO PARA A DESCOBERTA EM PSICOTERAPIA*

O futuro diálogo socrático está em suas mãos. Ao longo deste livro, apresentamos nosso argumento sobre os benefícios de incorporar mais descobertas guiadas na prática terapêutica e de supervisão, e de realizar mais pesquisas sobre o impacto do diálogo socrático. Esperamos que você se sinta inspirado a experimentar essas ideias e conduzir suas próprias pesquisas, seja em estudos de caso únicos ou em projetos de pesquisa maiores.

CLÍNICOS/SUPERVISORES: principalmente se você é um clínico, ou também se é um supervisor, esperamos que você use os formulários de prática reflexiva nos pró-

Diálogo socrático para a descoberta em psicoterapia **467**

ximos meses para aprimorar suas habilidades na implementação desses processos. Seja curioso, colaborativo e mantenha a mente aberta para novas descobertas. Use a descoberta guiada consigo mesmo, assim como com seus clientes.

ESTUDANTES/PESQUISADORES: se você é um estudante ou pesquisador, considere todas as áreas férteis de pesquisa que ainda esperam sua exploração. A maioria das perguntas importantes sobre descoberta guiada em geral e o modelo de diálogo socrático de quatro estágios ilustrado neste texto ainda não foram respondidas. Você pode ser um pioneiro neste campo.

SÍNTESE

Se você leu todo este livro ou mesmo uma seleção de seus capítulos, concluiu uma jornada significativa. No Capítulo 1, descrevemos as origens e a história do uso do questionamento socrático, a evolução dos diálogos socráticos e o modelo de diálogo socrático de quatro estágios da psicoterapia. Abordamos as perguntas: "O quê?", "Por quê?" e "Quando?" em relação ao uso do diálogo socrático e de outros métodos de descoberta guiada na psicoterapia. Capítulos subsequentes responderam a uma série de perguntas "Como?". Como esses métodos são usados e adaptados a questões específicas ou populações clínicas? Como o diálogo socrático pode nos ajudar a navegar por armadilhas comuns que bloqueiam o progresso da terapia? Por fim, ao completar as atividades de aprendizagem do leitor, você praticou a implementação do que aprendeu para construir e ampliar suas habilidades de aprendizagem procedural.

Este capítulo o incentivou a personalizar as respostas para as perguntas "O quê?", "Por quê?", "Quando?" e "Como?". Você também foi convidado a refletir sobre o que aprendeu; e, ao longo deste capítulo, você foi encorajado a se perguntar:

- Quais métodos discutidos neste livro eu quero incorporar em minha prática clínica ou supervisora e/ou usar como ponto de partida para novas pesquisas?
- Por que acho que essas abordagens de aplicação prática serão úteis? Por que essa pesquisa fará diferença?
- Quando planejo experimentar essas abordagens? Com quais clientes ou questões?
- Como vou realizar meu plano? Que métodos vou usar? Como vou orientar minha própria descoberta ao fazer isso?

Como ilustrado ao longo deste livro, defendemos métodos de aprendizagem ativa que exigem ação, e não apenas "ler, pensar ou falar sobre algo". Métodos de aprendizagem ativa podem levar a uma compreensão mais profunda, ser mais memoráveis e contribuir mais para a *expertise* a longo prazo. Nossa esperança é que você pratique e investigue ativamente os métodos ensinados e ilustrados aqui. É por meio desse engajamento ativo que você faz descobertas pessoais. Ao fazer isso, você participa do avanço coletivo da nossa compreensão dos papéis que o *Diálogo socrático para a desco-*

berta em psicoterapia e a descoberta guiada baseada em ação desempenham na prática eficaz da psicoterapia.

REFERÊNCIAS

Bennett-Levy, J. (2006). Therapist skills: A cognitive model of their acquisition and refinement. *Behavioural and Cognitive Psychotherapy*, 34(1), 57–78. https://doi.org/10.1017/S1352465805002420

Bennett-Levy, J., McManus, F., Westling, B. E., & Fennell, M. (2009). Acquiring and refining CBT skills and competencies: Which training methods are perceived to be most effective? *Behavioural and Cognitive Psychotherapy*, 37, 571–583. https://doi.org/10.1017/S1352465809990270

Bennett-Levy & Padesky, C. (2014). Use it or lose it: Post-workshop reflection enhances learning and utilization of CBT skills. *Cognitive and Behavioral Practice*, 21(1), 12–19. https://dx.doi.org/10.1016/j.cbpra.2013.05.001

Braun, J. D., Strunk, D. R., Sasso, K. E., & Cooper, A. A. (2015). Therapist use of Socratic questioning predicts session-to-session symptom change in cognitive therapy for depression. *Behaviour Research and Therapy*, 70(7), 32–37. https://doi.org/10.1016/j.brat.2015.05.004

Davis, M. L., Thwaites, R., Freeston, M. H., & Bennett-Levy, J. (2015). A measurable impact of a self-practice/self-reflection programme on the therapeutic skills of experienced cognitive-behavioural therapists. *Clinical Psychology & Psychotherapy*, 22(2), 176–184. https://doi.org/10.1002/cpp.1884

Kazantzis, N., Whittington, C., Zelencich, L., Kyrios, M., Norton, P. J., & Hofmann, S. G. (2016). Quantity and quality of homework compliance: A meta-analysis of relations with outcome in cognitive behavior therapy. *Behaviour Therapy*, 47(5), 755–772. https://doi.org/10.1016/j.beth.2016.05.002

Kennerley, H. (2021). *The ABC of CBT*. London: Sage Publications.

Padesky, C. A. (1993, September 24). *Socratic questioning: Changing minds or guiding discovery?* Invited address delivered at the European Congress of Behavioural and Cognitive Therapies, London. Retrieved from https://www.padesky.com/clinical-corner/publications/

Padesky, C. A. (2019, July 18). *Action, dialogue & discovery: Reflections on Socratic Questioning 25 years later*. Invited address presented at the Ninth World Congress of Behavioural and Cognitive Therapies, Berlin, Germany. Retrieved from https://www.padesky.com/clinical-corner/publications/

Padesky, C. A. (2020a). *Socratic Dialogue Rating Scale and Manual*. https://www.padesky.com/clinical-corner/clinical-tools/

Padesky, C. A. (2020b). *The Clinician's Guide to CBT Using Mind Over Mood* (2nd ed.). New York: Guilford Press.

Shalom, J. G., & Aderka, I. M. (2020). A meta-analysis of sudden gains in psychotherapy: Outcome and moderators, *Clinical Psychology Review*, 76, 101827. https://doi.org/10.1016/j.cpr.2020.101827

Tang, T. Z., & DeRubeis, R. J. (1999). Sudden gains and critical sessions in cognitive-behavioral therapy for depression, *Journal of Consulting and Clinical Psychology*, 67(6), 894–904. https://doi.org/10.1037/0022-006X.67.6.894

Vittorio, L. N., Murphy, S. T., Braun, J. D., & Strunk, D. R. (2022). Using Socratic questioning to promote cognitive change and achieve depressive symptom reduction: Evidence of cognitive change as a mediator. *Behaviour Research and Therapy*, 150, 104035. https://doi.org/10.1016/j.brat.2022.104035

Apêndices

Formulário de prática reflexiva 1.. 470

Formulário de prática reflexiva 2.. 471

Formulário de prática reflexiva 3.. 472

FORMULÁRIO DE PRÁTICA REFLEXIVA 1

**Use após a leitura de *Diálogo socrático para a descoberta em psicoterapia*.
Tempo estimado: 15 minutos.**

1. Liste as ideias-chave deste livro que você acredita que poderiam beneficiar sua prática terapêutica.

2. Como uma maior proficiência nessas áreas ajudaria você, seus clientes e seus supervisionandos?

3. Faça um plano para trabalhar em uma dessas áreas ao longo do próximo mês. Meu objetivo é (deve ser específico e alcançável):

   O que você fará de maneira diferente?

   Com mais frequência?

   Com menos frequência?

4. Crie um lembrete em sua agenda para revisar esse plano semanalmente.

5. Considere gravar uma ou mais sessões de terapia e/ou supervisão para que você possa refletir sobre seu desempenho real e não fique limitado à memória retrospectiva.

Apêndices **471**

FORMULÁRIO DE PRÁTICA REFLEXIVA 2

Use um mês após o Formulário de prática reflexiva 1.
Tempo estimado: 30 a 60 minutos.

Revise as gravações; dê uma olhada em suas anotações e no plano escrito que você preencheu no mês passado no Formulário de prática reflexiva 1. Em seguida, faça a si mesmo as seguintes perguntas e faça anotações em resposta a cada uma para sua revisão futura.

1. Quais aprendizagens ou habilidades de *Diálogo socrático para a descoberta em psicoterapia* eu pratiquei ou implementei neste mês para progredir em direção aos meus objetivos?

2. O que correu bem? O que fiz bem?

3. Que melhorias posso realizar? O que preciso fazer para viabilizá-las?

4. Quais práticas planejadas eu não consegui implementar?

5. O que me impediu de fazer isso? Quais são os obstáculos?

6. Existe uma maneira de praticar isso no próximo mês? Se sim, como?

472 Apêndices

FORMULÁRIO DE PRÁTICA REFLEXIVA 3

Use mensalmente até atingir os objetivos.
Tempo estimado: 20 a 60 minutos.

Agende um horário para reflexão a cada mês até atingir seus objetivos. Em cada sessão de reflexão, reveja suas notas sobre reflexões anteriores.

1. Quais aprendizagens ou habilidades de *Diálogo socrático para a descoberta em psicoterapia* eu pratiquei ou implementei neste mês para progredir em direção aos meus objetivos?

2. O que estou fazendo mais e o que estou fazendo menos?

3. Como posso aprimorar minhas habilidades nessas áreas no próximo mês?

4. Que outras mudanças quero fazer? Se alcancei meu objetivo atual, vou definir um novo.

5. O que preciso fazer para alcançar essas mudanças/esses novos objetivos?

6. Existe uma maneira de praticar isso no próximo mês? Se sim, como?

7. Quais aprendizagens do livro eu não consegui praticar ou implementar? O que me impediu de fazer isso?

8. Existem recursos adicionais que eu poderia usar para promover meu progresso? Se sim, agende (consulta, supervisão, demonstrações em vídeo ou áudio, simulação de papéis com colegas, revisão de capítulos/artigos).

Guia de armadilhas

Capítulo 2 – Modelo de diálogo socrático de quatro estágios

Os terapeutas fazem tantas perguntas que os clientes se sentem
bombardeados, achando que seu ponto de vista não é
compreendido nem aceito 57

O terapeuta formula diversas boas perguntas e obtém informações úteis,
mas nem ele nem o cliente sabem como aplicar esses dados
aos problemas específicos do cliente.. 66

O cliente busca respostas no terapeuta. Este se esforça cada vez mais
ao longo do tempo, enquanto a terapia progride de maneira bem lenta....... 72

O cliente solicita sugestões ao terapeuta. Sempre que ideias úteis
são oferecidas, o cliente responde com um "Sim, mas..." 72

O terapeuta utiliza o diálogo socrático apropriadamente,
porém sem eficácia, pois não aborda as crenças ou os comportamentos
centrais e mantenedores relacionados aos problemas do cliente 84

Capítulo 3 – Descoberta guiada para depressão e suicídio

O cliente é pessimista desde o início e quer prova de que a terapia
funcionará; o terapeuta se sente desafiado 95

O cliente está muito agitado para se concentrar;
o terapeuta assume o controle 95

Quando um cliente apresenta baixa motivação ou energia,
os terapeutas podem tender a ser inativos ou a pular etapas na terapia.
Como resultado, o cliente percebe a terapia como ineficaz, pois a dose
de tratamento recebida é insuficiente para ser útil 106

Os terapeutas ficam sem esperança diante da desesperança do cliente
e perdem a motivação para permanecer engajados e colaborativos e
para continuar a resolução ativa de problemas 119

Capítulo 4 – Descoberta guiada voltada à ansiedade

O cliente tem alta intolerância à incerteza, e o terapeuta
oferece tranquilidade 140

Exemplo 1: algo terrível poderia acontecer 140

Exemplo 2: e se? Necessidade de ter certeza 145

Exemplo 3: preocupação interminável.. 148

O cliente tem alta necessidade percebida de autoproteção e busca
muitos conselhos do terapeuta, que faz sugestões diretivas
frequentes para que o cliente pare de evitar e usar comportamentos
de busca de segurança 153

Exemplo 4: assumindo um risco... 153

Exemplo 5: quatro aspectos da tarefa de casa 155

O cliente é excessivamente rígido no comportamento e no processamento
cognitivo. O terapeuta inadvertidamente colabora com o cliente
construindo tarefas de casa que reforçam a necessidade de estar
no controle, em vez de ajudá-lo a tolerar mais flexibilidade.................... 163

Exemplo 6: abandonando o controle 163

Ser conivente com a evitação por medo de ser indelicado 166

Exemplo 7: medo de ser indelicado.. 166

Ser conivente com a evitação devido a temores de que a vulnerabilidade
do cliente possa ser real... 168

Exemplo 8: a vulnerabilidade pode ser real 168

Capítulo 5 – Imagem mental: a linguagem da emoção

Quando questionado, o cliente nega construir imagens,
e o terapeuta não pergunta mais... 186

O terapeuta pergunta sobre imagens de forma muito superficial ou
se abstém de questionar 187

O cliente relata uma imagem que evoca uma variedade de significados
e associações na mente do terapeuta; estes interferem
no processamento das reações do cliente pelo terapeuta......................... 199

As imagens mentais evocam reações intensas, e o cliente e/ou
o terapeuta se sentem sobrecarregados de emoção................................ 200

O cliente relata várias imagens, e o terapeuta não tem certeza de quais
delas é importante explorar 202

As imagens mentais envolvem cheiros, sensações cinestésicas ou
outro conteúdo não verbal, e o terapeuta não sabe como proceder 204

O terapeuta tem certeza de que as imagens mentais descritas realmente
não ocorreram, no entanto, o cliente tem reações emocionais
intensas a elas e não consegue tirá-las da mente com facilidade.............. 210

Guia de armadilhas **475**

Capítulo 6 – Crenças inflexíveis

O terapeuta continua a terapia sem uma aliança de trabalho sólida.............. 234

O terapeuta não entende as razões das crenças do cliente ou deixa
de identificar as crenças de difícil acesso e persiste na terapia ineficaz 246

O terapeuta e o cliente abordam os mesmos problemas, sessão após
sessão, de maneiras repetitivas 252

O terapeuta fica sem esperança 256

Crenças inflexíveis do cliente desencadeiam crenças inflexíveis (inúteis)
do terapeuta 268

Capítulo 7 – Comportamentos impulsivos e compulsivos

Não compreender o significado pessoal dos comportamentos-problema 275

Não avaliar o nível de risco de danos graves ao seu cliente ou
a outras pessoas.. 285

Subestimar o risco de recaída.. 287

Não considerar a oscilação da motivação do seu cliente e, assim,
negligenciar abordá-la 296

Desconsiderar o quadro geral: o mundo mais amplo e profundo
do seu cliente... 304

As consequências negativas da mudança 308

Capítulo 8 – Descoberta guiada com adversidade

Os clientes acham difícil aceitar que o modelo cognitivo é relevante
para sua situação, especialmente a suposição de que nosso pensamento
afeta o grau de sofrimento que experimentamos. Para eles, o modelo
cognitivo parece invalidar a gravidade dos problemas que enfrentam 320

O cliente acredita que as coisas têm que ser como eram ou
não valem a pena 328

O terapeuta experimenta uma resposta emocional intensa e fica
sobrecarregado com sua reação empática ao cliente. Por exemplo:
"Eu me sentiria deprimido/aterrorizado/zangado se estivesse
nesta situação" 331

O terapeuta enfatiza demais os aspectos "racionais" da terapia cognitiva....... 333

As restrições da situação adversa limitam as oportunidades de
enfrentamento focado no problema e na vida... 338

Uma longa história de adversidade desgasta o cliente e dificulta
que ele se baseie em crenças e experiências construtivas ou
identifique possibilidades alternativas... 343

476 Guia de armadilhas

Capítulo 9 – Perseguindo Janus: diálogo socrático com crianças e adolescentes

A criança/o adolescente vê o diálogo socrático como interrogatório e/ou tentativa de controle/coerção.. 352

O diálogo socrático se assemelha a um colóquio intelectual, em vez de a uma tarefa emocionalmente significativa... 360

A tolerância das crianças à ambiguidade, à abstração e à frustração é baixa, e os terapeutas têm dificuldades para lidar com isso 371

Capítulo 10 – Diálogo socrático na terapia de grupo

Um membro do grupo expressa necessidades emocionais vigorosamente, exibe intensa reatividade ou domina o tempo da terapia em grupo de uma forma que interfere no foco educacional do grupo ou na oportunidade de outros participarem do processo de terapia............... 402

Existem grandes discrepâncias entre os membros em termos de prontidão ou capacidade de se engajar no processo terapêutico: diferentes níveis de motivação, aderência às tarefas de casa, participação, compreensão ou aquisição de habilidades. Isso leva o terapeuta a oferecer atenção desigual aos membros do grupo............... 406

As interações entre os membros tornam-se duras ou hostis, ou resultam em conflitos que são potencialmente prejudiciais e podem levar a desistência emocional, crises clínicas ou evasão. O terapeuta tenta controlar ou encobrir o conflito, em vez de usá-lo como uma oportunidade de aprendizagem.... 410

O terapeuta domina o grupo por meio de apresentações didáticas, em vez de envolver ativamente os participantes 415

O terapeuta solicita a participação do grupo, mas então adota uma abordagem *laissez-faire* na qual há dependência excessiva ou indiscriminada das interações dos participantes, fornecendo pouca orientação no diálogo grupal em desenvolvimento....................... 416

Capítulo 11 – Supervisão e crenças do terapeuta

Armadilha educacional: assumir a posição de especialista e instruir os supervisionandos com muita frequência, falhando em equilibrar as coisas corretamente e, assim, deixando de aprimorar a aprendizagem.. 427

Desconsiderar as suposições do terapeuta e do supervisor........................... 430

Perder de vista o quadro geral. Não pensar além do terapeuta e do cliente...... 439

Desconsiderar o relacionamento de supervisão. Falhar em ser sensível, respeitoso e consistentemente atento à necessidade de manter a aliança de trabalho entre supervisor e supervisionando....................... 443

Índice

Para benefício dos usuários digitais, termos indexados que abrangem duas páginas (por exemplo, 52–53) podem, ocasionalmente, aparecer em apenas uma dessas páginas.

Tabelas, figuras e quadros são indicados por *t*, *f* e *q* em itálico, respectivamente, após o número da página/do parágrafo.

A

abordagem colaborativa de teste de hipóteses 352
    abordagem didática 310–312
    como abordagem mais eficaz 36–37
    comportamentos impulsivos e compulsivos 310–312
    supervisão e crenças do terapeuta 427–428, 432, 434, 451*q*, 453–454
    terapia de grupo 417–418
abordagem focada no problema 326–328
abordagem repetitiva dos mesmos problemas em cada sessão 252–256
abstração, baixa tolerância para 371–379
abuso de álcool 284–285
abuso doméstico 321–323
abuso emocional 171–175
abuso sexual 210–213, 283–284
abuso/uso indevido de drogas 284–285, 288–293
ação 28–29
    declarações 74–76
    etapas 465–467
    métodos 13–15, 176, 454–455
    plano 118–119
    tarefas 73–74
ações alternativas 275–276
Addams, C. 355–356
Adler, A. 7–9, 16–17

adolescentes *ver* crianças e adolescentes
adversidade 22–24, 313–347
    armadilhas ambientais e gerenciamento 319–321, 337–345
        adversidade de longo prazo desgasta o cliente 320–321, 343*q*, 343–345
        restrições situacionais limitam oportunidades de resolução de problemas 319–320, 338*q*, 338–340
    armadilhas do cliente e gerenciamento 319–331
        cliente acredita que as coisas têm que ser como eram ou não valem a pena 319–320, 328*q*, 328–331
        não aceitação pelo cliente da relevância do modelo cognitivo para sua situação 319–328, 320*q*, 330–331
    armadilhas do terapeuta 319–320, 330–338
        ênfase excessiva nos aspectos "racionais" da terapia 319–320, 332*q*, 333–338, 338*q*
        reação emocional intensa 319–320, 331*q*, 331–333, 338*q*
    atividades focadas na vida, perguntas para ajudar em 317–318
    atribuição de tarefa gradativa 339–342

478 Índice

desbloqueio dos pontos fortes dos clientes
(perguntas) 316–320
domínio e prazer, identificação de
atividades ligadas a 339–342
emoções, perguntas para ajudar com as
318–319
equilíbrio, perguntas para ajudar a
encontrar 318–319
novas atividades consistentes com os
valores do cliente, identificação de
339–343
perguntas de avaliação da situação 317
perguntas para resolução de problemas 317
"advogado do diabo" 290–292
afantasia 190–192
agitação 102–106, 417–418
agorafobia 137, 158–159, 184–185, 392–393
agressão 284–285, 365–367, 417–418
ver também violência
alexitimia 171–172
aliança 13–28, 35–36, 61–62
continuação da terapia sem uma aliança
de trabalho sólida 234–246
positiva 85, 230–231, 268–269, 284–285,
367–368
respeitosa 147–148
terapêutica 58–60
aliança de trabalho respeitosa 147–148
"algo terrível pode acontecer" 140–145
"aliviar" 293–294
Allen, W. 351
alucinações 189–191, 220–221
auditivas 205–208
ambientes físicos pessoais 22–23
ambientes interpessoais 22–23
ambientes sociais 22–23
ambiguidade, baixa tolerância à 371–379
ameaça
atenção seletiva para 138
percebida 136–137, 139
superestimação incapacitante de
135–136
análise racional e distinção de racionalização
359–363
anorexia nervosa 37, 235–236, 282
ansiedade 85, 135–176, 460, 461–462
adversidade 314–315, 333–335
ajuste fino do diálogo socrático 170–175
clientes que evitam o afeto 171–173
evitar perguntas que amplificam a
preocupação 171–172

experiência limitada do cliente em
não estar ansioso (ansiedade
crônica) 173–175
falta de confiança do cliente 172–174
armadilhas comuns (cliente) 139–165,
175q
autoproteção, necessidade percebida
de 139q, 152–163, 175
intolerância à incerteza 139q,
139–153, 175
rigidez na resposta à ansiedade 139q,
163–165, 175
armadilhas comuns (terapeuta) 165–171
medo de que a vulnerabilidade do
cliente seja real 165q, 167–171,
175
medo de ser indelicado 165q,
166–168, 175
assumindo riscos 153–156
componentes cognitivos, somáticos,
emocionais e comportamentais
135–136
compreensão da 135–139
controle, abandono de 163–165
crenças centrais 19–20
crianças e adolescentes 352–354,
367–372
crônica 173–175
e se? — necessidade de ter certeza
145–148
explorando emoções 21–22
fatores ambientais 22–23
fatores mantenedores 138
fatores psicológicos e fisiológicos
135–137
imagens mentais 182–184, 188–190,
193–194, 202–203, 217–218
medo de que algo terrível possa acontecer
140–145
perguntas informativas 80–81
persistente 153–154
preocupação interminável 147–153
pressupostos subjacentes 18–19
problemas secundários 138–139
próximos passos 156
respostas tranquilizadoras às perguntas
157–159
revisão de progresso 158–159
tarefa de casa 155–163
terapeuta 118–119, 128–129, 139–140
transtorno misto de ansiedade 138

transtornos relacionados 136–139
ver também ansiedade social; transtorno
de ansiedade generalizada (TAG)
vulnerabilidade pode ser real 167–171
ansiedade social 138, 144, 153–156
crenças inflexíveis 258–260
crianças e adolescentes 367–369
imagens mentais 184–185
terapia de grupo 396–399, 409–410
ansiedades relacionadas à saúde 184–185,
214–215, 298–305
antecipações 193–194
apoio emocional 384
apoio social 304–305, 384
aprendizagem
contínua 434–435, 437–439
declarações 74–76
extrair, resumir e maximizar 14–15
profunda 85
síntese 77–78
ver também tarefas de casa
aprendizagem/terapia experiencial 369–372
ativa 14–15
crenças inflexíveis 267–270
crianças e adolescentes 367–370, 377–379
terapia de grupo 384–385, 393–394,
396–399
aprisionamento 102–104
Arntz, A. 138
artrite reumatoide crônica 203–206
aspectos disfuncionais e prejudiciais das
circunstâncias do cliente 304–305
aspectos interpessoais da vida do cliente
304–306
aspectos sociais da vida do cliente 304–306
aspirações 79–80
assumindo riscos 153–156
ataques interpessoais 22–24
atenção cultural 352
atenção plena 22–23, 129–130, 367–369
atenção por meio do contato visual 58–60
atitude evitativa 355–357
atitude socrática 144, 155–156
ativação comportamental 21–22, 73–74,
90–92, 107–108, 132–133, 337–338
atividade física 91–92
atividades focadas na vida, perguntas para
ajudar em 317–318
atribuições comportamentais 92–95
ver também tarefas de casa
Austen, J. 351

autoavaliação 407q, 419–420, 431–432
autocompaixão 78–80
autoconfiança 153–154
autocrítica 289q
autocuidado 91–92
autodesenvolvimento 453–454
autoeficácia 106–107, 337–338
autoencorajamento 465–466
autoestima
ansiedade 153–154
comportamentos impulsivos e
compulsivos 298–299
crianças e adolescentes 365–366
depressão e tentativa de suicídio 106–107,
129–131
imagens mentais 214–216
terapia de grupo 392–393
autolesão
comportamentos impulsivos e
compulsivos 282–287, 309–311
crianças e adolescentes 353–354
desesperança 118–120
imagens mentais 193–194
suposições subjacentes 18–19
terapia de grupo 417–418
autoperdão 105–106
autopiedade 316
autoproteção, necessidade percebida de 139q,
152–163, 175
autoquestionamento 461
autorreflexão 166–167, 362–363, 377–379
autossuficiência 245–246
autossupervisão 166–168, 230, 268–269,
429–430, 438–439
avaliação de riscos
autolesão e dano a outros 284–287
comportamentos impulsivos e
compulsivos 284–285, 310–312
o propósito atual da terapia envolve coleta
de informações ou discussão 36
supervisão e crenças do terapeuta 423–425
avaliações 78–80

B

bases de conhecimento, tirando proveito das
próprias 50–57
conhecimento de experiências humanas
comuns 51–53
curiosidade relevante 50–52
história compartilhada de cliente e
terapeuta 54–57

480 Índice

história e cultura do cliente 52–55
silêncio, importância do 56–57
Beck, A. T. 4–5, 7–12, 16–17, 43–44, 183, 384
Bennett-Levy, J. 18–20, 434–435, 462–465
Bieling, P. J. 385, 399
Blissett, J. 368–369
Borkovec, T. D. 137
Borton, T. 434–435
brainstorming 35–36
brincadeira criativa 21–23
busca de tranquilidade 151–152
busca por supervisão (terapeuta) 296–299,
    296*q*, 331–332
Butler, J. 135–176

C

"caixa/seta dentro/seta fora" 17–18, 84–85
capacidade de enfrentamento, subestimação
    da 135–136
cartão com comentários negativos 371–372
cartas de perdão 21–22
cartões de enfrentamento 128–129, 131–133
círculos de responsabilidade 21–22
circunstâncias de vida 33–34
Clark, D. M. 184–186
Clark, G. I. 26–28
cliente cético 94–102
cognições
    centrais 277–282
    facilitadoras 279
    fundamentais 277, 278*f*, 279
    interpessoais 418–419
colaboração 11–12, 61–62, 457
    cliente deprimido agitado 102
    crianças e adolescentes 356–357
    recusa 89
coleta de dados sociais 387–388
coleta ou discussão de informações, propósito
    atual da terapia envolvendo 36
colíderes 394–395
comentários declarativos 352–353
comentários reflexivos 58–60
compaixão 11–12, 36, 346–347
comportamento 33–34, 86
    ansioso 173–174
    autodirigido 274–275
    avaliação de 21–22
    imagens mentais 196–197, 219–220
    mudança de 215–220
    novo 16–17
    perigoso (potencial) 308–312

substituto 275–277, 293–296, 461–462
comportamentos alternativos 345–347
comportamentos compulsivos *ver*
    comportamentos impulsivos e
    compulsivos
comportamentos de busca de segurança
    135–136, 152–153, 170–171
comportamentos impulsivos e compulsivos
    90–91, 273–312, 460–462
    abordagens didáticas 310–312
    armadilhas comuns 274–311, 275*q*
        desconsideração do quadro geral
            304–309
        exploração insuficiente do
            significado pessoal de
            comportamentos problemáticos
            274–285
        mudança, consequências negativas
            da 308–311
        não considerar e negligenciar a
            oscilação da motivação do cliente
            295–305
        necessidade de avaliação de risco
            para autolesão e dano a outros
            284–287
        subestimação do risco de recaída
            286–296
    cognições centrais 277–282
    cognições fundamentais e pressupostos
        associados 277, 278*f*
    comportamentos substitutos 293–296
    crenças facilitadoras 278–279, 278*f*
    entendimento de 273–287
    manejo de recaídas 286–311
    manutenção de 278*f*
    preocupações obsessivas com limpeza
        157
    reações ao comportamento 279
    redução de danos 287–294
    "senso de percepção" 282–285
    ver também transtorno obsessivo-
        -compulsivo (TOC)
comportamentos irresistíveis (pré-ação/
    periação/pós-ação) 281*q*, 286–287
comportamentos problemáticos, significado
    pessoal de 274–285
compulsão alimentar 136–137, 246–249,
    258–260, 279–284, 293–296
conceitualização de casos 17–18, 197,
    209–210, 220–221, 431–432
    colaborativa 84–85, 197–203, 352

conceitualização
    cognitiva 384–385, 402–403
    crenças inflexíveis 245–246
    imagens mentais 202–203
    supervisão e crenças do terapeuta
      431–432
    terapia em grupo 407*q*
    ver também conceitualização de casos
conclusões 160–161, 418–419
conexão 59–60
conexões sociais 59–61
confiabilidade 92–93
confiança 70–71
confiança/falta de confiança 172–174,
    184–186
    ver também autoconfiança
conflito de relacionamento 18–19, 85,
    197–202
    comportamentos impulsivos e
      compulsivos 296–299
    crenças inflexíveis 258–260
    fatores ambientais 22–23
conflitos interpessoais 416–417
conhecimento
    declarativo 462–463
    procedural 462–464
    sincera renúncia ao 10–12
consulta, busca de (terapeuta) 296–297
contato social 91–92
conteúdo oculto ou ausente 62–64
continuum 78–80, 257–260, 268–270,
    329–331, 460
contratempos, recuperação de 131–132
controle, deixando de lado o 163–165
convites 157*q*
crença/interpretação idiossincrática 332–333,
    333*q*
crenças 33–34, 79–80, 86
    absolutas *ver* crenças centrais
    alternativas 114–115, 220–221, 228,
      253–254, 258, 367–368, 383, 391–392
    ansiedade 136–137, 155–163, 165,
      170–171, 173–174
    classificações de 376–378
    condicionais 18–19
    confirmação de 281
    depressão 92–93
    do cliente interferem na aliança 242–246
    do cliente muito diferentes das crenças do
      terapeuta 235–238
    emocionalmente carregadas 230–231

facilitadoras 278–280, 278*f*
fundamentais 279, 280
imagens mentais 196–197, 215–216,
    219–220
metacognitivas 214–215
negativas 90, 92–94, 322–323
novas 16–17
terapeutas *ver* supervisão e crenças do
    terapeuta
teste de 11*q*, 17–22
    ver também crenças centrais;
      pensamentos automáticos;
      suposições subjacentes
    ver também crenças inflexíveis
crenças centrais 17–18, 19–22
    crenças inflexíveis 228, 230–231,
      233–234, 244*q*, 253–254, 257–258,
      260, 263–264, 264*q*, 267–270
    faltas em sessões 128–129
    imagens mentais 196–197
    incompetência 242–243
    manejo de recaídas 128–130
    métodos de mudança 232–234
    negativas 255–256, 280
    plano de segurança para ideação suicida
      123–124
    terapia de grupo 489*q*, 402–403, 406–407
    trabalhar com elas muito cedo na terapia
      20–22
crenças inflexíveis 227–271, 460
    abordagens terapêuticas 230–234
    armadilhas comuns 234–269
      abordagem repetitiva dos mesmos
        problemas em cada sessão
        252–256
      continuação da terapia sem uma
        aliança de trabalho sólida 234–246
      crenças inflexíveis do cliente
        desencadeiam crenças inflexíveis
        do terapeuta 267–269
      desesperança do terapeuta 256–268
      terapeuta não percebe razões para as
        crenças/tem dificuldade de acessar
        crenças e persiste em terapia
        ineficaz 246–253
    cliente com tanto medo da mudança
      que pouco ou nada acontece entre as
      sessões 257–266
    cliente desconfia do terapeuta 239–243
    compreensão 229–230
    continuum, uso de 257–260

482 Índice

crenças do cliente interferem na aliança 242–246

crenças do cliente muito diferentes das crenças do terapeuta 235–238

crenças não formuladas como palavras ou até mesmo imagens 246–249

endossadas por redes sociais, domésticas ou profissionais 265–268

evitação de explorações terapêuticas devido ao medo de emoções avassaladoras ou memórias traumáticas 248–253

grade 2 × 2 para testar suposições subjacentes 260–264

humor e linguagem que o cliente pode abraçar 254–256

imagens mentais e conceitualização de casos dando vida às ideias 255–256

metáfora do preconceito (Padesky) 230–234

subjacentes 159–162

ter paciência e permanecer ativo 253–255

toda evidência contrária às crenças existentes é desconsiderada 257–264

crianças e adolescentes 349–379, 460

abuso físico e emocional 335–338, 343–345

abuso sexual 210–213, 283–284

adolescentes querendo manter pensamentos 355–360

armadilhas comuns 349–350, 352–379

ambiguidade, abstração e frustração, intolerância a 371–379

terapia vista como colóquio intelectual, em vez de tarefa emocionalmente significativa 359–372

terapia vista como interrogatório ou controle/coerção 352–360

barreiras criadas pelo terapeuta 362–365

diversão e humor na terapia 367–370

empatia e dúvida ideal 374–379

estruturando o diálogo socrático 350–351

exploração para entender a experiência do cliente 36

explorando emoções 21–23

imagens mentais 203–204

jogos como estímulos 364–367

nível de processamento de informações da criança, correspondência ao 372–375

pedindo permissão para testar pensamentos 353–356

terapia experiencial 369–372

trauma 191–193

crises de pânico 136–137, 140–141, 141q, 143–144, 168–169, 331–333, 417–419

crítica construtiva 427–428

Cronograma Semanal de Atividades (CSA) de tarefas de casa 245–246

cuidados paliativos 331–333, 335–336

culpa 19–22

cultura do cliente, compreensão da 63–66

curiosidade e questionamento curioso 11–12, 235–237, 268–270, 286–287, 333–335, 457

adversidade 340–342

neutra 70–71

relevante 50–52

D

Dahl, R. E. 351

dano a outros 285–286

dano físico, ameaças de 136–137

declarações de permissão *ver* crenças facilitadoras

declarações empáticas 100q, 284–285, 352–354

defesa 352–353

definições 4–6

definições universais 9–11

delírios 189–191

DeLucia-Waack, J. L. 384–385

demência 334–335

depressão 3–5, 85, 459, 460

adversidade 314–315, 321–323, 328–331, 333–342

aguda 417–418

ativação do cliente deprimido 106–107

contribuições biológicas 90

contribuições cognitivas 90

crenças centrais 19–20

crenças inflexíveis 244q

crianças e adolescentes 352–359, 367–369, 375–378

e ansiedade 138

explorando emoções 21–22

fatores ambientais 22–23

ganhos repentinos 457–458

gatilhos 92–94

imagens mentais 182–186, 193–194, 202–203, 207–209, 219–220

maior 217–218, 242–244

Índice **483**

perguntas analíticas e sintetizadoras 72
pontuações 3–4
resultados de pesquisa empírica 26–29
revisão de tarefas entre sessões 73–76
terapia em grupo 381–384, 389q,
394–395, 399
ver também depressão e tentativa de
suicídio
visão de longo prazo 92–93
depressão e tentativa de suicídio 89–133
desesperança 118–129
manejo de recaídas 128–133
terapia cognitivo-comportamental (TCC)
para depressão 90–94
ver também tratamento colaborativo e
engajamento do cliente
visão geral da depressão 90–91
desapego 276–277
descoberta guiada (definição) 5–6
desconfiança do cliente, gerenciamento da
239–243, 268–269
desejos 286–287
desengajamento 72, 118–120, 227–228
terapeuta 118–119
desenhos animados 372–373
desenvolvimento de habilidades (para diálogos
de descoberta) 462–465
desenvolvimento de personalidade 19-20
desesperança 3–5, 118–129
adversidade 320–322, 328–332, 337–338,
345–347
aguda 119–120
armadilha 119q
ativando cliente deprimido 106–107
cliente agitado faltando sessão
123–129
cliente deprimido agitado 103–103q
crenças inflexíveis 227–228, 235–236,
269–270
crianças e adolescentes 364–365
crônica 119–120
depressão e suicídio 89–91
perguntas analíticas e sintetizadoras 72
plano de segurança para clientes suicidas
120–124
supervisão e crenças do terapeuta 439
terapeuta 118–120, 256–268, 331–332
desespero 316
despersonalização 276–277
desrealização 276–277
desvalorização 235–236

Dewy, J. 434–436
diálogo controverso/comportamento
antiterapêutico 353–354
diálogo socrático
assemelhando-se a colóquio intelectual
em vez de tarefa emocionalmente
significativa 359–372
definição 5–6
"versão insípida" do 2–4
visto como interrogatório ou controle/
coerção 352–360
diálogos para a descoberta, razões para usar
25–29
dificuldades emocionais 377–379
discriminação social 22–24
discussão de casos entre pares 166–167
dissociação 201–202, 276–277, 309–310
distorções 196–197, 232–233
diversão e humor na terapia 367–370
Dodson, J. D. 374–375
doença crônica ou recorrente 326–327
doença degenerativa 314–315
doença física ou deficiência 22–23, 328,
338–339
artrite reumatoide crônica 203–206
doença degenerativa 314–315
doença óssea metastática 323–327
esclerose lateral amiotrófica 313–315
insuficiência cardíaca e falta de ar grave
339–342
lesão na coluna e dependência de cadeira
de rodas 341–342
dor 323–327
Dugas, M. J. 137
dúvida ideal 374–379

E

eficácia, confirmação de 280
Egan, S. J. 26–28
Ehlers, A. 184–186
elevação 276–277
emoções 21–23, 33–34, 82–83, 86
gerenciamento 276–277
imagens mentais 193–197, 215–216,
219–220
perguntas para ajudar a lidar e gerenciar
318–319
positivas 183–185
resultados de pesquisa empírica 26–27
empatia 465–466
adversidade 330q, 330–332, 345–347

484 Índice

ansiedade 152–153
cliente deprimido agitado 105–106
comportamentos impulsivos e
    compulsivos 275–276, 281*q*, 296*q*,
    298–299
crenças inflexíveis 254–255, 268–269
crianças e adolescentes 358–359,
    374–379
exploração para entender a experiência do
    cliente é suficiente 36
fatores ambientais 25–26
plano de segurança para ideação suicida
    123–124
propósito atual da terapia envolve coleta
    de informações ou discussão 36
quando NÃO usar o diálogo socrático 34–36
resultados de pesquisa empírica 27–28
revisão de tarefas entre sessões 74–76
síntese das informações coletadas 65–67
terapia de grupo 392–395, 403–404,
    417–419
ver também escuta empática
empirismo colaborativo 10–11, 314–315, 385,
    390–391, 398–399*q*, 399–400
energia baixa 106–107, 106*q*
enfrentamento
    com foco interno 315, 317–318
    focado na emoção 317–319
    focado na vida 315, 317–319, 337–338
    focado no problema 315–319, 337–338
entrevista motivacional 26–27
envolvimento 85, 94–95, 184–186, 245–246,
    330–331
    de supervisionandos na estruturação da
        aprendizagem da sessão 430–432
    empático excessivo 331–332
equilíbrio, alcançando o 318–319, 427–431
Escala de Avaliação do Diálogo Socrático
    27–28, 39–40, 86, 459–460
esclerose lateral amiotrófica 313–315
escrita interativa 14–15
escuta 34–36
    ativa 352–353
    ver também escuta empática
escuta empática 12–16, 57–66, 78–83,
    460–461
    aliança terapêutica 58–60
    ansiedade 143*q*, 144, 160–161, 171–173
    armadilhas comuns 57
    caminhos frutíferos de investigação
        59–61

cliente cético deprimido 97–98
compreensão da cultura do cliente
    63–66
conteúdo oculto ou ausente 62–64
crenças inflexíveis 259–260
depressão 93–94
imagens mentais 204–206, 219–220
linguagem ressonante com o cliente
    60–63
perguntas analíticas e sintetizadoras 73,
    83–84
plano de segurança para ideação suicida
    122–123
Registro de Pensamentos em Sete Colunas
    78–79
resultados positivos 365*q*
revisão de tarefas entre sessões 73–75,
    77–78
terapia de grupo 382, 385, 389–391,
    398–399*q*, 399, 404–405, 413*q*, 414
especificidade 48–49
esperança 3–5, 245–246
esquizofrenia 184–185
estabelecimento de limites 357–358
estágios de desenvolvimento de habilidades
    didáticas 396–397
estigma social 343
estratégia comportamental 267–268
estratégias compensatórias 279
estratégias de autoajuda 293–294
estratégias de enfrentamento 461–462
    adversidade 314–319, 330–331, 335–336,
        343–344, 346–347
    ansiedade 136–137
    comportamentos impulsivos e
        compulsivos 287–289, 305–306,
        308–311
    crenças inflexíveis 242
    crianças e adolescentes 351, 367–370
    foco interno 315, 317–318
    foco na emoção 317–319
    foco na vida 315, 317–319, 337–338
estresse 314–315
estrutura 128–129, 132–133, 454–455
evidência
    aqui e agora 396–398
    contraditória 263–264
    contrária às crenças existentes,
        desconsiderando 257–264
    escassa, gerada para contra-atacar
        pensamentos quentes 114–122

experiencial 383, 418–419
modelos baseados em 333–334, 431–432,
461–462
evitação 135–136, 138, 152–153, 166–167,
439
de afeto 171–173
de explorações devido a medo de
emoções avassaladoras ou memórias
traumáticas 248–253
de perguntas que amplificam a
preocupação 171–172
experiencial 321–322
exceção à regra 231–232
excesso de exercício 283–284
excitação 135–136, 351, 374–375
exercício de revivência 166–167
exercícios de meditação 174–175
exercícios de relaxamento 174–175
experiência desconfirmadora 385–386
experiências
da vida pessoal 229
de estimulação 351
interpessoais 383–385, 387–389
sensoriais, corporais ou táteis 192–193
experimento de vídeo analógico 27–28
experimentos comportamentais 13–15, 46,
78–80, 459, 460, 461
adversidade 328, 330–333, 335–336,
340–341
ansiedade 144, 152–153, 155–156,
160–161, 164, 173–176
ativando cliente deprimido 106–108,
111q, 112–115
avaliação comportamental 21–22
cliente deprimido agitado 105–106
comportamentos impulsivos e
compulsivos 275–279, 282, 284,
298–299, 303–304, 308–309
crenças inflexíveis 230–231, 252–254,
257, 261, 265–266
crianças e adolescentes 372–373
depressão 91–92
explorando crenças, comportamentos,
emoções, reações fisiológicas e
circunstâncias de vida 33–34
explorando emoções 21–22
faltas em sessões 128–129
fatores ambientais 22–23
imagens mentais 202–203, 205–208,
207f, 219–221
investigações fisiológicas 22–23

revisão de tarefas entre sessões 73–74
supervisão e crenças do terapeuta
429–432, 434, 438–439, 453–454
suposições subjacentes 18–20
terapia de grupo 387–389, 394–398
explicações didáticas 432, 434
exposição 21–22, 28–29
ansiedade 163–166
imagens mentais 184–186, 220–221
terapia em grupo 398–399q
expressão e aceitação emocional 321–322
expressões faciais 49–50, 58–60

F

faltas em sessões sem causa compreensível
118–119, 123–129
fatores
ambientais 22–26, 86
culturais 266–267, 304–306, 375–378
fisiológicos 284–285
sistêmicos 265–270
feedback
depressão 92–95
faltas em sessões 128–129
interpessoal 383–384, 387–389
supervisão e crenças do terapeuta
427–430, 434–436, 454–455
terapia em grupo 387–390, 390q,
418–420
Fennell, M. 119–120, 335–336
flashbacks 184–185, 193–195, 248–249,
276–277, 417–419
flexibilidade cognitiva 367–368
fobias 28–29, 138
agorafobia 137, 158–159, 184–185,
392–393
fobia de cobras 184–186
fobia dentária 156
fobia específica 138
fobia social 137–138
forças e vulnerabilidades idiossincráticas
287–288
Ford, T. 367–368
formatos com tempo limitado 381–382
formulação do cliente 61–62
fornecimento de informações 241q, 241–243
Freeman, A. 362–363
Freud, S. 7–8
Friedberg, R. D. 349–379
frustração 439
baixa tolerância à 371–379

486 Índice

função educacional/formativa da supervisão
425
função gerencial/normativa da supervisão
425
função negativa 274–275

G

ganhos súbitos 457–459, 461
gastos excessivos 283–284
gestos com as mãos 58–60
Gibbs, G. 434–435
grade 2 × 2 para testar suposições subjacentes
260–264
gráficos 372–373
Grave, J. 368–369
Greenberger, D. 17–19, 385

H

habilidades de pensamento crítico 25–26
habilidades de regulação/mediação verbal
351
hábitos comportamentais 59–61, 429–431
Hallford, D. J. 217–218
história compartilhada de cliente e terapeuta
54–57
história e cultura do cliente 52–55
histórico do diálogo socrático 6–26
Holmes, E. A. 181–221
homofobia 23–26
Horácio 313–314, 314–315
hostilidade 50–51
hotspots 166, 193–195, 202–203
humor 14–15, 112–113, 196–197, 217–218,
368–370
    atividades para melhorar o 131–132
    avaliações de 31–33
    habilidades de manejo de 33–34
    na terapia 254–256, 268–270,
        367–370

I

ideação suicida/tentativa de suicídio
    adversidade 329
    avaliação de risco 418–419
    cliente deprimido agitado 103–104
    comportamentos impulsivos e
        compulsivos 284–287, 310–312
    desesperança 118–120
    fatores ambientais 22–23
    imagens mentais 184–186, 188–190,
        193–194, 207–209

o propósito atual da terapia envolve coleta
    de informações ou discussão 36
perguntas analíticas e sintetizadoras 72
plano de intervenção para suicídio
    207–208
plano de segurança 120–124
supervisão e crenças do terapeuta
    424–425
terapia de grupo 417–419
ver também depressão e tentativa de
    suicídio
imagens mentais 13–15, 37–38, 46, 60–64,
    181–221, 459, 460, 461
    alucinatórias 460
    ansiedade 135–137
    armadilhas comuns 197–198*q*, 199*q*,
        202*q*, 203*q*, 209*q*
    auditivas 182, 188*q*, 205–208, 220–221
    avaliação de significados e implicações de
        uma imagem 214–216
    cheiros ou outros conteúdos não verbais
        203–206
    cinestésicas 192–193, 203–206, 220–221,
        460
    comportamentos impulsivos e
        compulsivos 293–294
    conceitualização colaborativa de casos
        197–203
    condição 183–184
    construção alternativa de imagens
        212–215
    construtivas 184–186
    conteúdo 214–215
    corporais 308–309
    crenças inflexíveis 246–247, 268–270
    crenças metacognitivas 214–215
    definição 182–183
    diálogo socrático 197–220
    distorções 207–211
    do cliente 61–62
    e conceitualização de casos dando vida às
        ideias 255–256
    emoções, explorando 21–23
    ensaio 22–23, 34–35, 210–212, 216–218,
        219*q*, 465–466
    exploração e teste de 202–216
    explorar crenças, comportamentos,
        emoções, reações fisiológicas e
        circunstâncias de vida 33–34
    flashback 184–185
    importância de 183–186

aumento da confiança em crenças
alternativas 184–186
imagens negativas intrusivas
184–185
impacto emocional mais intenso do
que o do processamento verbal
183–185
investigações fisiológicas 22–23
modificação 184–186
monitoramento da realidade 209–216
mudança de comportamento e adesão a
tarefas de aprendizagem 215–220
multimodais 182, 182q
negativas 203–204, 208–209, 220–221
negligência do terapeuta: armadilhas
comuns 185–197
ajudando clientes a identificar
imagens mentais 188–191
após relatos de imagens mentais pelo
cliente 194–197
cliente acha "esquisito" perguntar
sobre imagens mentais 196–197
cliente nega construir imagens
mentais, e o terapeuta não indaga
mais 186q, 186–187
clientes não relatam ou experienciam
imagens mentais 190–194
como saber se uma imagem mental é
importante 193–195
conversando com clientes sobre
imagens mentais 187–189
terapeuta pergunta superficialmente
sobre imagens mentais ou se
abstém totalmente de perguntar
186q, 187–188
terapeuta teme abrir um "vespeiro"
196–197
olfativas 182, 188q, 220–221
perturbadoras 208–209
positivas 203–204, 216–220
"quentes" 202–203
reações emocionais intensas provocadas
por 201–203
revisão da tarefa de casa entre sessões
73–74
síntese da aprendizagem da sessão e
planejamento das próximas etapas do
tratamento 34–35
sínteses escritas 82–83
supervisão e crenças do terapeuta 432,
434

teste 17–22
transformação da imagem mental
210–213
única modalidade 182
várias imagens relatadas 202–203
visuais 182, 188q, 191–192, 220–221,
308–309
ver também crenças centrais;
pensamentos automáticos; suposições
subjacentes
imaginação 82–83
imediatismo, abraçando o 368–370
impotência 328, 330–332, 345–347
incapacidade 314–315
incentivo 82–83
incerteza 145–148, 314–315
intolerância à 137, 139q, 130–153, 175
incontrolabilidade 314–315
inércia psicológica 364–365
informações contraditórias 232–234
insensibilidade 321–323
insônia 36–37
insuficiência cardíaca e falta de ar grave
339–342
interpretações (terapeuta) 406–407
intérpretes 425–426, 440–443, 441q
interrupções 103–104
Inventário de Depressão de Beck 94–95,
102–104
investigação, caminhos frutíferos de 59–61
investigações colaborativas 4–5
investigações fisiológicas 22–23
ironia socrática 7

J

James, I. A. 352–353
jargão, uso de 367–368
jogos como estímulos 364–370
jogos de teatro improvisados 368–370
Josefowitz, N. 184–186

K

Keller, H. 335–336
Kennerley, H. 1–38, 227–271, 273–312,
423–455
Kolb, D. A. 434–435
Kraemer, S. 368–370
Kuyken, W. 17–18

L

Ladouceur, R. 137

488 Índice

lei de Yerkes-Dodson 374–375
lesão medular e dependência de cadeira de
rodas 341–342
Leszcz, M. 384–385
Lewin, K. 434–435
léxico terapêutico 60–61
limitação de danos 287–294
Lindquist, U.-C. 313–318, 346–347
linguagem
    da emoção *ver* imagens mentais
    do cliente 60–64, 67–71
    excessivamente sofisticada 367–368
    ressonante com o cliente 60–63, 254–256,
      321–322, 330–331, 351
listas de prós e contras 302
Loftus, E. F. 61–63
luto 313–315, 317–318, 328, 334–335
    agudo 36, 212–215
    antecipado 313–315

M

manejo de recaídas 128–133, 133
    comportamentos impulsivos e
      compulsivos 286–311
    crenças inflexíveis 233–234
    imagens mentais 184–186, 220–221
    plano de 129–130, 132–133
    recuperação de humor baixo 129–133
    sintetizando a aprendizagem da sessão
      e planejando as próximas etapas do
      tratamento 34–35
manuais/planilhas 367–369, 431–432,
    454–455
manual de TCC para tratamento da depressão
    4–5
marcadores de atenção, periódicos 58–60
March, J. S. 369–370
Martin, R. D. 367–368
McManus, F. 135–176
mecanismos de defesa 359–360
medo 257
    de mudança tão grande que pouco ou
      nada acontece entre as sessões (cliente)
      257–266
    de ser cruel (terapeuta) 165*q*, 166–168,
      175
    de vulnerabilidade real do cliente
      (terapeuta) 165*q*, 167–171, 175
"melhor caminho" 235–236
memória/lembranças 61–63, 82–83, 192–193,
    197–198, 198*q*, 268–269

autobiográfica 197–198
banco de 143–144
episódica 197–198
episódica sensorial-perceptual 197–198
falsa 210–211, 220–221
generalizada 90–91
metáfora do preconceito (Padesky)
    230–234, 245–246, 263–264
metáforas 60–64, 77–78, 82–83
    ansiedade 152–153
    crenças inflexíveis 254–255
    crianças e adolescentes 368–369
    imagens mentais 205–206, 208–209,
      218–219
    preconceito 245–246
metas
    de curto prazo 128–129
    estabelecimento de 92–93
    positivas 274–275
métodos escritos 13–15
Miller, W. R. 295–296
minando crenças 277
modalidades sensoriais 185–186
modelagem didática 425
modelo ABC 323–324
modelo de cinco partes 17–18, 322–327, 325*f*
modelo de diálogo socrático de quatro estágios
    12–16, 27–28, 37–38, 43–86, 459–467
    armadilhas comuns 47*q*
    crenças inflexíveis 259–260
    depressão 93–94
    do questionamento socrático ao diálogo
      socrático 44
    inserção em outros métodos de descoberta
      guiada 78–80
    quando não usar 84–85
    quando usar 84–85
    Registro de Pensamentos em Sete Colunas
      78–79
    supervisão e crenças do terapeuta
      434–435
    terapia de três velocidades 44–46
    terapia em grupo 396–397
    uso construtivo 79–84
    ver também escuta empática; perguntas
      analíticas e sintetizadoras; perguntas
      informativas; sínteses escritas
Modelo de Prevenção de Recaída 277
modelo de terapia cognitiva 399–400
modelos baseados em transtornos 333–334
modificações não verbais 220–221

modificações verbais 220–221

monólogos 362–363

Mooney, K. A. 16–17, 79–80, 217–219

Moorey, S. 313–347

Morrison, J. 351

motivação 196–197, 330–331
    baixa 106–107, 106q, 118–119
    do cliente, não apreciação e negligência 295–305
    do terapeuta, perda de 118–119
    para a mudança 32–33

mudança
    cognitiva 368–370, 459
    comportamental 197, 368–370, 396–397
    consequências negativas de 308–311
    fisiológica 368–370
    medo de 269–270

mudando a mente dos clientes 2–6

Mulle, K. 369–370

N

narcisismo terapêutico 362–363

negligência 171–173, 242–244
    da oscilação da motivação do cliente 295–305
    de suposições do terapeuta e do supervisor 427q, 430q, 429–431
    do relacionamento supervisionando 427q, 443q

nível de processamento de informações da criança, correspondência ao 372–375

O

observações 78–80, 206–208

opressão 22–24

"Oração da serenidade" 313–315

overdose 37

Overholser, J. C. 9–12, 11q, 16–17

P

Padesky, C. A. 1–38, 43–86, 181–221, 227–271, 423–455, 457–468

padrões sociais 22–23

palestra (durante a sessão) 362–363

Palmer, J. C. 61–63

"papagaio humilde" 61–63

papel
    colaborativo ativo 32–33
    didático 453–454
    do cliente 17
    facilitador 393–394

participação do coterapeuta 334–335, 390–391

Pascal, B. 43–44

Pasteur, L. 457–458

pauta da sessão 35–36

pautas (sessões) 33–36
    crenças inflexíveis 243–244, 244q
    depressão e ideação suicida 92, 94–95
    supervisão e crenças do terapeuta 425, 438–440, 452–453
    terapia em grupo 381–384, 401–402, 404–406, 411–412, 414–417

pazes, fazer as 105–106

pensamento "tudo ou nada" 257–258, 268–270, 330–331, 345–347
    ansiedade 152–153
    comportamentos impulsivos e compulsivos 389q
    crianças e adolescentes 363–364
    manejo e recaída 129–130
    ver também crenças centrais

pensamento absolutista 287–289, 389q

pensamento alternativo ou equilibrado 78–79

pensamento dicotômico 129–130, 330q

pensamentos
    ansiedade 135–137, 173–174
    equilibrados 114–115, 117
    negativos 3–5, 92–94, 112–113, 128–130, 193–194
    verbais 183–185, 209–210

pensamentos automáticos 17–19
    catastróficos 136–137, 143–144
    crenças inflexíveis 228, 233–234, 246–247, 267–270
    distorcidos 316
    interpessoais 413q
    intrusivos e verificações 137
    manejo de recaída 128–130
    negativos 333–336, 374–376
    "quentes" 78–79, 114–115, 117 , 398, 410–411
    terapia em grupo 393–400, 406–407, 409–410, 415–416

percepção 182, 202–204

perda 314–315
    ver também luto

perfeccionismo 367–369

perguntas 34–36, 114–115, 276–277
    avaliação da situação 317
    "boas" 17
    colaborativas 320–322
    "Como?" 157q, 162–163, 466–468

490 Índice

concretas 128–129
construtivas 81–83, 218–219
curiosas 286–287, 333–335
de acompanhamento 47–48, 285–287, 398–399*q*
"De que adianta?" 118–119
desconstrutivas 81–82, 218–219
direcionadoras 330*q*
diretas 36, 304–305, 310–312
"E se?" 145–148
empáticas 286–287, 320–322, 325–328, 343–345
exploratórias 94–95, 285–286
"O quê?" 157*q*, 162–163, 373–375, 466–468
para ajudar a avaliar a situação 317
para desbloquear os pontos fortes dos clientes 316–320
para resolução de problemas 317
"Por quê?" 373–375, 466–468
"Quando?" 466–468
sensíveis 320–322
sistemáticas 9–11
sugestivas 330*q*
supervisão específica 430–432
ver também perguntas analíticas; perguntas analíticas e sintetizadoras; perguntas informativas; perguntas sintetizadoras
perguntas analíticas 85–86
ansiedade 172–173
cliente deprimido cético 98–99
comportamentos impulsivos e compulsivos 292–293
faltas em sessões 124–125
imagens mentais 196–197, 204–205
revisão de tarefas entre sessões 76–78
terapia em grupo 393–394, 397–398
ver também perguntas analíticas e sintetizadoras
perguntas analíticas e sintetizadoras 12–17, 71–80, 82–83, 459–461, 464–466
armadilhas comuns 72*q*
cliente deprimido cético 99–100
comportamentos impulsivos e compulsivos 303–304
crenças inflexíveis 259–260
depressão 93–94
imagens mentais 206–208, 219–220
planejamento dos próximos passos do tratamento 33–35

Registro de Pensamentos em Sete Colunas 78–79
revisão de tarefas de aprendizagem entre sessões 32–33, 73–78
sínteses 33–35, 66–67, 70–71
terapia de grupo 391–392, 396–398
perguntas informativas 12–15, 31–32, 47–57, 78–81, 460–461, 465–466
ampliando a perspectiva do cliente 49–51
ansiedade 158–161
ativação de cliente deprimido 108*q*, 110–111
cliente deprimido cético 97–99
comportamentos impulsivos e compulsivos 285–286
crenças inflexíveis 248*q*, 259–260, 268–269
curiosidade neutra 49–50
depressão 93–94
diretrizes 47*q*
especificidade 48–49
evidências escassas para contradizer pensamento quente 115, 117
fazendo perguntas que o cliente pode responder 47–49
imagens mentais 204–205, 219–220
perguntas analíticas e sintetizadoras 73
Registro de Pensamentos em Sete Colunas 78–79
revisão de tarefas entre sessões 73–78
síntese da aprendizagem da sessão e planejamento das próximas etapas do tratamento 33–35
solicitação de informações consistentes com as crenças do cliente 48–50
supervisão e crenças do terapeuta 441*q*, 444
terapia de grupo 382, 385, 387–389, 391–394, 396–398, 403–404, 414
tirando proveito de suas próprias bases de conhecimento relevantes 50–57
perguntas sintetizadoras 71–74
adversidade 341–342
cliente deprimido cético 100
crenças inflexíveis 267–268
crianças e adolescentes 358–359, 376–378
depressão e tentativa de suicídio 132–133
revisão de tarefas entre sessões 76–77
terapia de grupo 385, 392–393, 398, 410–411

ver também perguntas analíticas e
sintetizadoras
perigo percebido 136–137, 139, 152–153
perigo, superestimação incapacitante de
135–136
permissão, pedir para testar pensamentos
353–356
personalidade narcisista 60–62, 402–403
perspectiva 129–130, 351, 367–368
perspectivas futuras 466–467
persuasão 362–363
pesadelos 210–212, 248–249
pesquisa 25–29, 457–462
pesquisa empírica 25–29, 209–210, 457–462
pessimismo 89
planejamento das próximas etapas do
tratamento 33–35
"plano A" e "plano B" 335–338
plano de segurança 132–133
  faltas em sessões 123–124, 128–129
  para clientes suicidas 120–124, 131–133
plano de tratamento 431–432
plano pós-terapia 131–132
Platão 7
pontos fortes 314–315
  identificando 123–124, 128–129
  perguntas para desbloquear 316–320
postura
  colaborativa 358–359
  de oponente 353–354
  não julgadora 236–237, 275–276, 281q,
    295–299, 330q, 358–359
  relaxada 58–60
prática de habilidades 128–130
prática reflexiva 434–440, 435f, 454–455,
  463–465
  dicas 465–467
  formulários 463–467, 470, 471, 472
  sistemática 268–269
práticas de aceitação 22–23
prazos 245–246
preconceito 245–246
preocupação 147–153, 367–369
pressupostos
  ansiedade 160–163
  depressão 92–93
  disfuncionais 90–91
  terapeuta 406–407
  ver também suposições subjacentes
prevenção de resposta 163
previsão 206–208

privação social ou financeira 314–315
processos verbais 85
procrastinação 367–369
projeção de tempo 335–336
psicose 188–191, 193–194, 205–206

Q

"quadro geral" 308–309, 439–444, 450q,
  453q
  perder de vista o 304–309, 427q, 439q
questionamento
  colaborativo 320–322
  empático 286–287, 320–322, 325–328,
    343–345
  sensível 320–322
  socrático (definição) 5–6
questões
  de conteúdo e processo, interação de 9–11
  de imagem corporal 307–311
  de processo 245–246
  interpessoais 399–400, 447–448

R

Rachman, S. 170–171
raciocínio
  absoluto 357–358, 376–378
  emocional 138
  indutivo 9–11, 11q
  habilidades de 351
racismo 23–26
raiva 19–22, 202–203, 365–367
  adversidade 316, 320–323, 326–328,
    335–338
  crenças inflexíveis 236–238, 238q
  crianças e adolescentes 375–378
  fatores ambientais 25–26
reação negativa 278f
reações emocionais 59–61
reações fisiológicas 33–34, 197
recursos e forças pessoais 305–306
recursos visuais 329
  ver também continuum
reestruturação da imagem corporal 309–311
reflexão 157–159
  sobre a ação 435–439
  sobre dilemas e escolhas 295–296
  ver também autorreflexão
registro de dados 438–439
Registro de Pensamentos em Sete Colunas
  18–19, 78–79, 112–113, 116, 114–116f,
  216–217

registro e revisão de sessões de supervisão 427-432, 434, 465-466

registros de crenças centrais (também conhecidos como registros de dados positivos) 263-264, 268-270

registros de pensamento 21-22, 33-34, 145, 156

do terapeuta 331-332

imagens mentais 184-186, 202-203, 220-221

recuperação de humor baixo 131-133

supervisão e crenças do terapeuta 438-439

ver também Registro de Pensamentos em Sete Colunas

regras de priorização 137

"regras de vida" 229

regras rígidas 372-375

relação de empatia 35-36, 61-62

relacionamento superficial 242-243

relacionamentos de dependência 242-246

remorso 105-106

reparação 105-106

resiliência 129-130, 308-309, 314-316, 328, 384

resolução de problemas 7-8, 11q, 22-23, 35-36, 90-91, 123-124

adversidade 321-322, 326-327, 333-336

ansiedade 136-137, 169q

crenças inflexíveis 244q

crianças e adolescentes 349

depressão e suicídio 89, 132-133

manejo de recaídas 129-130

perguntas 317

respeito 346-347

resposta cognitiva ao comportamento 279

respostas

construtivas 393-394

de enfrentamento 132-133

empáticas 356-357, 383-384

"Eu não sei" 118-119

físicas 86

interpessoais 383-384, 387-389, 414

tranquilizadoras a perguntas 157-159

revisão do progresso 158-159

rigidez cognitiva 90-91, 123-124, 137, 139q, 163-165, 175

risco, superestimação incapacitante de 135-136

riscos percebidos 136-137, 139

ritmo 59-60, 352-354

Rollnick, S. 295-296

ruminação 90-92, 102-103, 102-103q

S

Safran, J. 447-449

Schön, D. A. 435-436

Schulberg, B. 352

Segal, Z. 447-449

sensações cinestésicas 192-193, 203-206, 220-221, 460

sensações físicas 82-83

"senso de percepção" 229, 246-247, 268, 280, 282-285, 311-312

sentimentos 173-174

ver também emoções

sentimentos difíceis de expressar *ver* "senso de percepção"

sessões de reforço 128-131

Shapiro, J. E. 359-360

Shea, S. C. 102

Shenk, J. L. 381-420, 443-444

significado idiossincrático de comportamentos problemáticos 275-276, 321-322

significados pessoais 176, 233-234, 274-285

silêncio terapêutico 56-57, 62-64, 81-83, 218-219

simulação de papéis 14-16, 33-34, 37-38, 46, 459, 460-466

avaliação de comportamento 21-22

crenças inflexíveis 253-254, 264

depressão 91-92

emoções, exploração de 21-23

fatores ambientais 22-23

imagens mentais 202-203, 220-221

sintetizando a aprendizagem da sessão e planejando as próximas etapas do tratamento 34-35

supervisão e crenças do terapeuta 432, 434, 437-439, 444q, 445, 451-454

terapia de grupo 396-398

sinais de alerta pessoais 129-130

sinais não verbais 58-60, 79-80, 85

ver também expressões faciais; gestos com as mãos

sinais verbais 58-60

sínteses 12-16, 33-35, 65-71, 78-80, 459

ansiedade 172-173

armadilha comum 66q

crianças e adolescentes 358-359

depressão 92-95

escuta empática 61–62
evidências escassas para contradizer o
  pensamento quente 114–115, 117–118
faltas em sessões 128–129
perguntas analíticas e sintetizadoras 73
plano de segurança para ideias suicidas
  122–123
quando NÃO usar o diálogo socrático
  34–36
sínteses orais e escritas frequentes 66–71
terapia de grupo 382, 385, 392–398,
  398–399q, 404–406, 418–419
ver também sínteses escritas
sínteses escritas 65–71, 82–83, 86, 460–461,
  464–466
  adversidade 321–322, 325–327
  ansiedade 142–145, 147, 151q, 151–152,
    162–163, 170–172
  ativando cliente deprimido 109q
  comportamentos impulsivos e
    compulsivos 303–304
  crenças inflexíveis 259–260
  crianças e adolescentes 352–353,
    366–367
  depressão e suicídio 93–94, 132–133
  escuta empática 61–62
  humor baixo, recuperação de 132–133
  imagens mentais 82–83, 204–208,
    219–220
  perguntas analíticas e sintetizadoras 72,
    83–84
  propósito atual da terapia envolve coleta
    de informações ou discussão 36
  Registro de Pensamentos em Sete Colunas
    78–79
  revisão de tarefas entre as sessões 75–78
  supervisão e crenças do terapeuta
    428–429, 432, 434–435, 441q
  terapia de grupo 389q, 391–393
sistema de crenças 343–344
sistemas sociais 308–309
Söchting, I. 385
Sócrates 7–8
socrático (definição) 5–6
sofrimento 20–21, 321–327, 331–332, 384
sofrimento psicológico 384
"solucionar problemas" 298–299
sonhos 213q, 213–215, 220–221
  aspiracionais 82–83
"sorriso terapêutico" 79–83
Stein, H. T. 7–8

Stopa, L. 183
subestimação do risco de recaída 286–296
substâncias, abuso/uso indevido de 18–19,
  202–203, 310–311
superestimação incapacitante de ameaça, risco
  e perigo 135–136
supervisão
  acordos 454–455
  ansiedade 166–167
  crenças inflexíveis 268–269
  crianças e adolescentes 377–379
  formativa 438–439
  pergunta específica 430–432
  restaurativa 438–439
  ver também autossupervisão; supervisão e
    crenças do terapeuta
supervisão e crenças do terapeuta 423–455, 460
  armadilhas comuns 426–455
    armadilha educacional 427q,
      453–454
    negligenciando as suposições do
      terapeuta e do supervisor 427q,
      430q, 429–431
    negligenciando o relacionamento de
      supervisão 427q, 443q
    perdendo de vista o quadro geral
      427q, 439q
  engajamento do supervisionando na
    estruturação da aprendizagem da
    sessão 430–432
  equilíbrio adequado 427–431
  estrutura do sistema 426f
  feedback 427–430
  função apoiadora/restaurativa da
    supervisão 425
  função educacional/formativa da
    supervisão 425
  função gerencial/normativa da supervisão
    425
  gravação e revisão das sessões de
    supervisão 429–431
  métodos alternativos 453–455
  métodos ativos de aprendizagem 432,
    434–435
  opções de supervisão para aprimorar a
    aprendizagem 433t
  prática reflexiva 434–440, 435f
  problemas adicionais 453–454
  relacionamento de supervisão 442–453
  ruptura na supervisão, gerenciamento de
    447–453

494 Índice

supervisor de supervisão 444, 444*q*, 446*q*, 448-449, 450*q*, 451*q*, 453*q*
tarefas de supervisão 425-426
visão geral 439-444, 450*q*, 453*q*
suposições subjacentes 17-20
ansiedade 155-159
avaliação de comportamento 21-22
crenças inflexíveis 228, 230-231, 233-234, 253-254, 267-270
grade 2 × 2 para testar 260-264
manejo de recaídas 128-130
supervisão e crenças do terapeuta 429-432, 434

T

tarefa gradativa não ameaçadora 356-357
tarefas de aprendizagem de exposição e prevenção de resposta (ERP) 408-411
tarefas de casa 21-22, 45-46, 73-74, 462-464
aderência 215-220
adversidade 332-333
ansiedade 151-152, 155-163, 164
crenças inflexíveis 245-246
depressão e tentativa de suicídio 132-133
imagens mentais 197, 216-218, 219-220
manuais/planilhas 367-369, 431-432, 454-455
quando NÃO usar o diálogo socrático 35-36
revisão 29-33, 73-78
tarefas de observação 73-74
tarefas de processamento de informações 138
tarefas diárias, responsabilidade por 91-92
Teatro da Monstruosidade 369-370
teatro de marionetes 368-369
técnica da "seta descendente" 20-21
técnicas de reestruturação cognitiva 166-167
teoria da especificidade cognitiva (Beck) 193-194
ter paciência e permanecer ativo 253-255
terapeuta
ansiedade 118-119, 128-129, 139-140
barreiras criadas pelo 362-365
crenças *ver* supervisão e crenças do terapeuta
desengajamento 118-119
desesperança 118-120, 256-268, 331-332
evitar desconforto do cliente 165-166
incompreensão das razões para a(s) crença(s) do cliente/omissões de

crenças de difícil acesso, resultando em terapia ineficaz 246-253
papel do 17
perda de motivação 118-119
terapia cognitivo-comportamental (TCC)
baseada em pontos fortes 46, 79-81, 217-218
terapia construtiva 85
terapia de aceitação e compromisso (TAC) 341-342
terapia de grupo 381-420, 425-426, 460
aplicações específicas do diálogo socrático 396-400
estágios iniciais de construção de habilidades didáticas 396-397
exercícios experienciais e tarefas de casa 396-399
questões interpessoais 399-400
armadilhas comuns 401-420, 401*q*
apresentações didáticas e dominantes, em vez de participação ativa dos membros 401*q*, 416*q*, 416-417
discrepâncias na prontidão/habilidade dos membros para a participação 401*q*, 406*q*, 405-411
expressão vigorosa de necessidades emocionais ou reatividade intensa e/ou dominação do tempo da terapia 401*q*, 401-406
interações hostis ou duras e conflito potencialmente prejudicial 401*q*, 410*q*, 410-416
orientação inadequada 401*q*, 417*q*, 416-418
confirmação e desconfirmação de pensamentos e suposições por meio de consenso social e respostas não verbais 387-389
consciência aprimorada do *self* e dos processos de mudança cognitiva por meio da interação entre pares 390-391
evidência experiencial, conjunto mais amplo de 385-386
feedback dos pares tido como mais autêntico, relevante e imparcial do que o do terapeuta 386-388
frases coloquiais entre pares ou exemplos da vida cotidiana mais significativos e eficazes do que os do terapeuta 389-391
ideias-chave 418-420

níveis estratégicos do diálogo socrático 390–396

 envolvimento de outros membros como facilitadores 393–396

 envolvimento de outros no problema clínico individual 393–394

 envolvimento de todo o grupo em uma questão comum 392–393, 395–396

 um indivíduo focal no grupo 391–393, 395–396

pensamentos e crenças como interpretações e suposições subjetivas 385–386

perspectivas alternativas e soluções criativas, variedade e diversidade de 385–387

quando o diálogo socrático NÃO é apropriado 417–420

vantagens 385–391

terapia de três velocidades 44–46, 85–86, 457–458, 457*q*

 velocidade mais lenta das três (o que o cliente é solicitado a fazer entre as sessões) 45, 46, 50–52, 85–86, 457–458

 velocidade mais rápida (ritmo dos pensamentos que passam pela mente do terapeuta) 45, 46, 50–52, 85–86, 457–458

 velocidade um pouco mais lenta (o que é dito em voz alta para o cliente) 45, 46, 50–52, 85–86, 457–458

terapia desconstrutiva 79–80, 85

terapia pessoal (supervisionandos) 454–455

timidez 367–369

tom de voz/tom vocal 49–50, 59–60, 80–81

tom vocal 49–50, 59–60, 80–81

trabalho motivacional 295, 298–299

traço de personalidade evitativo 335–337

traços de personalidade dependente 138, 392–393, 402–403

traços de personalidade paranoicos 335–337

transformação positiva 220–221

transtorno bipolar 184–185, 329–331, 414

transtorno de ansiedade de doença 137, 144, 145, 163

transtorno de ansiedade generalizada (TAG) 18–19, 26–29, 137–138, 147–153, 171–172, 184–185

transtorno de desapego 322–323

transtorno de estresse pós-traumático (TEPT) 27–28

 adversidade 322–323

 ansiedade 137, 144, 165–166

 crenças inflexíveis 239–242, 265–267

 imagens mentais 184–186, 194–196, 203–204

 terapia de grupo 413*q*, 417–418

transtorno de personalidade *borderline* 217–218, 320–322

transtorno do espectro autista (TEA) 372–375

transtorno do pânico 27–28, 137, 138, 167–168, 391–392

transtorno misto de ansiedade 138

transtorno obsessivo-compulsivo (TOC) 85, 157, 282

 ansiedade 137, 144, 163, 167–168

 crenças inflexíveis 235–236

 imagens mentais 188–190, 193–194, 220–221

 Teatro da Monstruosidade 369–370

 terapia de grupo 391–393, 408–411

transtornos alimentares 85, 136–137, 202–203, 279–282, 305–309

 ver também anorexia nervosa; compulsão alimentar

transtornos de personalidade 19-20, 217–218, 235–236

transtornos emocionais 183

transtornos psicológicos 384

transtornos relacionados ao estresse 217–218

tratamento colaborativo e engajamento do cliente 93–119

 armadilhas comuns 95*q*

 ativação de clientes deprimidos 106–115

 cliente agitado 102–106

 cliente cético 94–102

 cliente gerando evidências escassas para contestar pensamentos quentes 114–122

trauma 193–194, 367–369

 grave 201–202

 respostas 22–23

 transtornos 193–195

treinamento de autoconfiança 91–92

treinamento de relaxamento 293–294

tristeza 315, 322–323, 370–372

U

uso inapropriado do diálogo socrático 34–37, 84–85

V

variações do desenvolvimento 351
vergonha 19-20, 21-22
viagem mental no tempo 182-183
videogames 365-366
viés
    autoaperfeiçoamento 351
    clínico 197-200
    cognitivo 402-403, 406-407
    de autoaprimoramento 351
    de expectativa 138
    de interpretação 26-27, 138
    expectativa 138
    explícito 14-15
    implícito voltado à fala para viés
        explícito em direção à ação, mudança
        de 14-15

violência 173-175
visualização 325-327
    ver também imagens mentais
volatilidade 417-418
vulnerabilidade 136-137, 151-152, 167-171,
    176, 293-294, 407*q*

W

Watkins, C. E. 423-424
Weiner, D. J. 369-370
Weishaar, M. E. 89-133
Wilson, E. O. 1-2
workshops 463-465

Y

Yalom, I. D. 384-385
Yerkes, R. M. 374-375